普通高等教育"十三五"规划教材

蔬 菜 栽 培

杨忠仁　刘金泉　主编

科学出版社

北 京

内 容 简 介

　　本书是"教育部、财政部职业院校教师素质提高计划——'园艺'本科专业职教师资培养标准、培养方案、核心课程和特色教材开发"项目（项目编号：VTNE056）的成果之一。本书设计了内容图解、任务分析、栽培流程图等，力求给学生营造一个更加直观的认知环境，便于学生学习和使用，体现职业教育的实用性、操作性、做中学等特点。全书共分为蔬菜识别、播种、育苗、分苗和定植、田间管理、采收和瓜类蔬菜栽培等17项专业技能项目，基本涵盖了蔬菜栽培与管理岗位所需的专业理论知识和基本操作技能，充分体现了高职教育的实用性和针对性。专业技能种类根据目前蔬菜大生产、大流通和大市场的现状，既注重现在种植的蔬菜，又着眼将来，兼顾南北方；项目设计基于工作过程，重点任务按照任务的导入、提出、资讯、实施、考核、注意事项、总结及思考和兴趣链接的体例编排，其中在任务导入中，按照典型案例、技术解析、专家评议和知识拓展的顺序导入，既基于工作过程进行教学设计，又注意激发学生的学习兴趣。

　　本书适用于职教师资培养院校和应用型本科院校的园艺类、农学类等专业学生，也可作为蔬菜生产人员的培训教材和蔬菜技术人员的参考用书。

图书在版编目（CIP）数据

蔬菜栽培／杨忠仁，刘金泉主编. —北京：科学出版社，2017.10
普通高等教育"十三五"规划教材
ISBN 978-7-03-053422-4

Ⅰ. ①蔬… Ⅱ. ①杨… ②刘… Ⅲ. ①蔬菜园艺 - 高等学校 - 教材
Ⅳ. ① S63

中国版本图书馆 CIP 数据核字（2017）第 133784 号

责任编辑：丛　楠　文　茜／责任校对：贾娜娜　贾伟娟
责任印制：吴兆东／封面设计：黄华斌

斜　学　出　版　社 出版
北京东黄城根北街 16 号
邮政编码：100717
http://www.sciencep.com

北京虎彩文化传播有限公司 印刷
科学出版社发行　　各地新华书店经销
*
2017 年 10 月第 一 版　开本：787×1092　1/16
2021 年 2 月第三次印刷　印张：25 3/4
字数：611 000

定价：78.00 元
（如有印装质量问题，我社负责调换）

出 版 说 明

《国家中长期教育改革和发展规划纲要（2010—2020年）》颁布实施以来，我国职业教育进入到加快构建现代职业教育体系、全面提高技能型人才培养质量的新阶段。加快发展现代职业教育，实现职业教育改革发展新跨越，对职业学校"双师型"教师队伍建设提出了更高的要求。为此，教育部明确提出，要以推动教师专业化为引领，以加强"双师型"教师队伍建设为重点，以创新制度和机制为动力，以完善培养培训体系为保障，以实施素质提高计划为抓手，统筹规划，突出重点，改革创新，狠抓落实，切实提升职业院校教师队伍整体素质和建设水平，加快建成一支师德高尚、素质优良、技艺精湛、结构合理、专兼结合的高素质专业化的"双师型"教师队伍，为建设具有中国特色、世界水平的现代职业教育体系提供强有力的师资保障。

目前，我国共有60余所高校正在开展职教师资培养，但由于教师培养标准的缺失和培养课程资源的匮乏，制约了"双师型"教师培养质量的提高。为完善教师培养标准和课程体系，教育部、财政部在"职业院校教师素质提高计划"框架内专门设置了职教师资培养资源开发项目，中央财政划拨1.5亿元，系统开发用于本科专业职教师资培养标准、培养方案、核心课程和特色教材等系列资源。其中，包括88个专业项目，12个资格考试制度开发等公共项目。该项目由42家开设职业技术师范专业的高等学校牵头，组织近千家科研院所、职业学校、行业企业共同研发，一大批专家学者、优秀校长、一线教师、企业工程技术人员参与其中。

经过三年的努力，培养资源开发项目取得了丰硕成果。一是开发了中等职业学校88个专业（类）职教师资本科培养资源项目，内容包括专业教师标准、专业教师培养标准、评价方案，以及一系列专业课程大纲、主干课程教材及数字化资源；二是取得了6项公共基础研究成果，内容包括职教师资培养模式、国际职教师资培养、教育理论课程、质量保障体系、教学资源中心建设和学习平台开发等；三是完成了18个专业大类职教师资资格标准及认证考试标准开发。上述成果，共计800多本正式出版物。总体来说，培养资源开发项目实现了高效益：形成了一大批资源，填补了相关标准和资源的空白；凝聚了一支研发队伍，强化了教师培养的"校—企—校"协同；引领了一批高校的教学改革，带动了"双师型"教师的专业化培养。职教师资培养资源开发项目是支撑专业化培养的一项系统化、基础性工程，是加强职教教师培养培训一体化建设的关键环节，也是对职教师资培养培训基地教师专业化培养实践、教师教育研究能力的系统检阅。

自2013年项目立项开题以来，各项目承担单位、项目负责人及全体开发人员做了大量深入细致的工作，结合职教教师培养实践，研发出很多填补空白、体现科学性和前瞻性的成果，有力推进了"双师型"教师专门化培养向更深层次发展。同时，专家指导委员会的各位专家以及项目管理办公室的各位同志,克服了许多困难,按照两部对项目开发工作的总体要求,为实施项目管理、研发、检查等投入了大量时间和心血,也为各个项目提供了专业的咨询和指导,有力地保障了项目实施和成果质量。在此,我们一并表示衷心的感谢。

教育部 财政部职业院校教师素质

提高计划成果系列丛书编写委员会

2016 年 3 月

丛 书 序

没有一流的教师，就没有一流的教育；没有一流的教育，就培养不出一流的人才。近年来，国家把大力发展职业教育作为繁荣经济、促进就业、消除贫困、保障公平、维护稳定的一项重要举措。要实现新形势下职业教育的使命和发展目标，就必须以一支高素质的教师队伍为保障，进一步突出教师队伍建设的基础性、先导性、战略性。

为全面落实全国教育工作会议精神和《国家中长期教育改革和发展规划纲要（2010—2020年）》，适应职业教育、加强内涵建设、提高办学质量的迫切需要，建设一支高素质专业化"双师型"教师队伍，是当前职业教育发展的迫切要求。教育部、财政部于2011年11月颁发了《关于实施职业院校教师素质提高计划的意见》（教职成〔2011〕14号），根据职业院校教师素质提高计划，2013～2015年，中央财政投入了1.5亿元，支持43个全国重点建设职教师资培养培训基地作为项目牵头单位，组织职业院校、行业企业等各方面的研究力量，共同开发了100个职教师资本科专业的培养标准、培养方案、核心课程和特色教材（简称"职教师资培养资源开发项目"）。职教师资培养资源开发项目是完善职教师资培养体系建设、确保职教师资培养质量的基础性工程。通过项目的实施，进一步规范职教师资培养过程，开发形成一批职教师资优质资源，不断提高职教师资培养质量，更好地满足加快发展现代职业教育对高素质专业化"双师型"职业教师的需要，加强职业教育师资培养体系的内涵建设。

内蒙古农业大学职业技术学院有幸承担了"'园艺'本科专业职教师资培养标准、培养方案、核心课程和特色教材开发"项目（项目编号：VTNE056），3年来，项目组全体成员"走遍千校万企、历经千辛万苦、道破千言万语、想尽千方百计"，高质量、创新性地完成了包括"调研报告"、"专业教师标准"、"专业教师培养标准"、"培养质量评价方案"、"课程资源"（专业课程大纲、主干课程教材、数字化资源）等系列成果，其中，主干课程教材是该项目的核心成果。根据专业教师培养标准，结合专业教师标准和调研报告，我们确定和开发了《园艺植物生产环境》、《果树栽培》、《蔬菜栽培》、《花卉栽培》、《果蔬花卉生产技术专业教学法》和《园艺技能实训教程》6门主干课程的特色教材。

该系列教材体现如下特点：一是内容上聚焦服务于中等职业学校果蔬花卉生产技术专业教师的培养，围绕培养职教师范生的"专业实践能力"、"专业实践问题的解决能力"等进行开发，且在内容的选取上体现学科的专业要求，并尽可能体现已应用于实际的园艺学科前沿成果、同时融入与国家职业技能证书相关的知识和标准。二是创新了编写体例。打破传统的学科化、单纯的学术知识呈现的模式，以园艺生产任务为驱动，采用工作过程系统化的设计思想，设计了"模块"、"任务"等体例，将理论知识与实践技能进行有机结合，合理地选择工作任务；编写形式上有较大创新，实现了知识上与本科对接，技能上与中等职业学校对接，突出专业性、职业性、师范性的"三性"融合，强化了实践教学。三是编写形式体现多样性，并不固化于工作过程系统化教材。例如，《园艺植物生产环境》教材,有机整合原学科体系下"土壤与施肥"、"农业气象"、"农业微生物"等课程内容,按照园艺植物生产所需的光、温、水、土、肥、气、微生物等环境因子展开编写,既重视基础知识的教授,又突出技能训练;《果树栽培》教材,设计了"任务目的、实践操作、引导思考、知识链接、考核评价"等形式,要求学生明白为了完成任务,需要学习哪些知识内容,从而做到做中学;《花卉栽培》教材以任务目标、任务分析、基础知识、任务流程、栽培实践、园林应用、知识拓展、考核评价 8 个板块展开,突出了理实一体化的要求;《园艺技能实训教程》首次采用表格的形式进行编写,细化了"操作步骤",重点突出了"操作方法及要求",体现了简洁、实用、易懂、可操作性强的特点。四是简洁明了、直观易学,如设计了内容概括图、任务分析图、任务工作过程图(栽培技术流程图)、思维导图等,力求给学生营造一个更加直观的认知环境,便于学生学习和使用,体现职业教育的实用性、操作性、做中学等特点。

在历时 3 年的项目开发过程中,项目开发全体成员付出了巨大的努力,教育部专家指导委员会、项目组顾问委员会、项目管理办公室全体成员均投入了大量心血,项目第三组(农林牧渔、土木类)全体专家、参与本项目咨询论证的专家对项目内容进行了严格的把关并给予了诚恳的建议,被调研单位及调研访谈的专家、教师、技术人员、学生及为本项目提供帮助的所有相关人员给予了方便和热情的配合,承担教材出版任务的科学出版社也给予了大力支持。在此,我们一并表示衷心的感谢!

项目主持人:葛茂悦

2016 年 3 月

前　言

本书是"教育部、财政部职业院校教师素质提高计划——'园艺'本科专业职教师资培养标准、培养方案、核心课程和特色教材开发"项目的核心成果之一，是该项目《专业教师培养标准》中"园艺专项技能训练"和"综合技能训练"等课程的配套教材，经过项目组系统调研和专家充分研讨论证之后而汇编成册。本书凝聚了内蒙古农业大学职业技术学院多年职教师范生培养的实践经验和项目组 2013～2015 年开发的成果结晶。本书的出版对改善和丰富园艺类专业职教师资培养资源，提高职教师资的整体素质和教学能力，完善职教师资培养体系，全面推动职教教师队伍建设工作，加快造就一支适应职业教育以就业为导向、强化技能性和实践性教学要求的教师队伍具有极大的应用价值，同时也希望本书能对园艺专业的实践教学改革起到积极的示范和推动作用。

全书分为蔬菜识别、蔬菜播种、蔬菜育苗、蔬菜整地、蔬菜分苗和定植、蔬菜田间管理、蔬菜采收和瓜类蔬菜栽培等 17 项专业技能项目，基本涵盖了蔬菜栽培与管理岗位所需的专业理论知识和基本操作技能，充分体现了高职教育的实用性和针对性。项目的选取兼顾全国各校的教学范围和教学对象已有的基础，以编写适用的通用版本教材，又注意处理好与高校使用的《园艺植物栽培学》《设施园艺学》《蔬菜栽培学》和《蔬菜生产技术》及中职使用的《蔬菜生产》等教材的关系；专业技能种类根据目前蔬菜大生产、大流通和大市场的现状，既注重现在种植的蔬菜，又着眼将来，兼顾南北方；项目设计基于工作过程，按照任务导入、任务提出、任务资讯、任务实施、任务考核、任务注意事项、任务总结及思考和兴趣链接的体例编排，其中在个别重点任务导入中，按照典型案例、技术解析、专家评议和知识拓展的顺序导入，既基于工作过程进行教学设计，又注意激发学生的学习兴趣。本书设计了内容图解、栽培流程图、任务实施和任务考核表格及部分图片，有利于学生的直观理解和培养学习兴趣。

本书由内蒙古农业大学杨忠仁、刘金泉担任主编，尹春、张凤兰、黄修梅、李明担任副主编。编写分工如下：杨忠仁（内蒙古农业大学）负责编写项目三、项目十三、项目十四；刘金泉（内蒙古农业大学）、赵鹏（包头师范学院）负责编写项目八；尹春（内蒙古农业大学）、张卫华（天津农业学院）负责编写项目五、项目十、项目十五、项目十六；张凤兰（内蒙古农业大学）负责编写项目二、项目六、项目九；黄修梅（内蒙古农业大学）、赵鹏（包头师范学院）负责编写项目一、项目十一；李明（内蒙古农业大学）负责编写项目四；秦丽（内蒙古农业大学）负责编写项目七；侯佳（内蒙古农业大学）负责编写项目十二、项目十七。呼和浩特市平凡农场的赵一凡高级农艺师和北京丰民同和国际农业科技发展有限公司的夏峰农艺师分别从企业角度对全书编写提出了指导意见，并提供了部分资料。全书由杨忠仁完成统稿工作，由赵清岩教授、郝丽珍教授完成审稿工作。

本书适用于职教师资培养院校、应用型本科院校园艺及相关专业学生的理论和实践教学（各院校可根据实际情况进行相应任务的选择），也可作为蔬菜生产人员、新型职业农民的培训教材，还可作为广大蔬菜工作者和蔬菜企业技术人员的参考用书。

　　书中部分内容参考了同行学者的文献资料，在此致以衷心的感谢。由于项目开发时间紧、任务重，加之编者水平有限，书中难免有不足之处，恳请读者不吝批评指正。

编　者
2016 年 12 月

目　　录

蔬 菜 识 别

【知识目标】

1．了解蔬菜作物的分类方法。
2．掌握每种分类方法的优点和局限性。
3．熟悉主要蔬菜作物在不同分类法中的地位。

【能力目标】

能够正确识别常见蔬菜种类，指出本地主要蔬菜在不同分类法中的地位。

【内容图解】

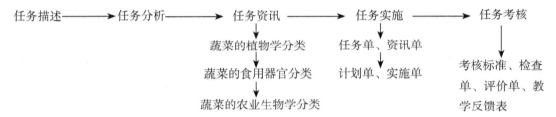

【任务描述】

本地主要蔬菜的重要特征与分类地位。

【任务分析】

蔬菜的种类繁多，食用器官多样，有柔嫩的叶子、新鲜的种子和果实、膨大的肉质根或块茎，还有的是嫩茎、花球或幼苗。除了一二年生草本植物外，还有多年生草本（如黄花菜、石刁柏、韭菜）和木本植物（如竹笋、香椿、刺槐花），以及许多真菌和藻类（如蘑菇、香菇、紫菜、海带等）。由于不同蔬菜种类的生物学特性、生态适应性和栽培管理技术等差异很大，为了更好地研究、栽培和利用蔬菜，科学的分类十分必要。

【任务资讯】

蔬菜植物的分类方法很多，在蔬菜栽培学上常用的主要有植物学分类、食用器官分类和农业生物学分类，其次还有生态学分类等。

一、蔬菜的植物学分类

（一）分类依据和体系

植物学分类法主要依据蔬菜植物的形态特征，尤其是花的形态特征进行分类。植物学分类体系包括界、门、纲、目、科、属、种等分类等级，种为基本的分类单位，但蔬菜植物常在种以下还分亚种和变种。每个分类单位可以再加入亚级分类单位，如种有亚种，属有亚属，科有亚科，目有亚目，纲有亚纲，门有亚门等。此外，还有在亚科之下设族的。分类等级越高，区别越明显；分类等级越低，区别越细微。

按照植物学分类法，每种植物都按植物学命名法有个拉丁名。拉丁名的构成采用"双名法"或"三名法"。种的命名采用"双名法"，即由"属名＋种加词"构成。属名采用名词，或名词化的形容词；种加词采用形容词，或作为形容词用的名词。属名和种加词书写时用斜体，属名的第一个字母大写，如茄子（*Solanum melongena* L.）。亚种、变种、变型的命名采用"三名法"，即由"属名＋种加词＋亚种、变种或变型的分类单位名（ssp., var., form.）＋上述分类单位的加词"构成，这些加词也是形容词或作为形容词的名词，如圆茄（*Solanum melongena* var. *esculentum* Bailey.）。

属以上的分类单位的名称，全部采用名词或作为名词用的形容词。属的名称为单数，属以上的名称为复数。分类单位的名称可以是任意来源的词，也可以是人名或地名，书写时用正体。种加词有各种形式，但其性、数、格应与属名保持一致。

（二）主要蔬菜的植物学分类

据不完全统计，中国栽培和食用的蔬菜近 70 科约 300 种，绝大多数属于高等植物的种子植物门，包括双子叶植物纲和单子叶植物纲。在双子叶植物中，以十字花科、豆科、茄科、葫芦科、伞形科、菊科为主；在单子叶植物中，以百合科、禾本科为主。此外，还有蕨类植物门的蕨菜、紫萁等，低等植物中的真菌门的各种食用菌类，地衣植物门石耳科的石耳、冰岛衣等，以及一些藻类植物。常见的蔬菜按科分类如下。

1. 单子叶植物

（1）禾本科（Gramineae）　毛竹笋、麻竹、菜玉米、茭白。

（2）百合科（Liliaceae）　黄花菜、芦笋、卷丹百合、洋葱、韭葱、大蒜、南欧葱（大头葱）、大葱、分葱、韭菜、薤。

（3）天南星科（Araceae）　芋头、魔芋。

（4）薯芋科（Dioscoreaceae）　普通山药、田薯（大薯）。

（5）姜科（Zingiberaceae）　生姜。

2. 双子叶植物

（1）藜科（Chenopodiaceae）　根恭菜（叶恭菜）、菠菜。

（2）落葵科（Basellaceae）　红落葵、白落葵。

（3）苋科（Amaranthaceae）　苋菜。

（4）睡莲科（Nymphaeaceae）　莲藕、芡实。

（5）十字花科（Cruciferae）　萝卜、芜菁、芜菁甘蓝、芥蓝、结球甘蓝、抱子甘蓝、羽衣甘蓝、花椰菜、青花菜、球茎甘蓝、小白菜、结球白菜、叶用芥菜、茎用芥菜、芽用芥菜、根用芥菜、辣根、豆瓣菜、荠菜。

（6）豆科（Leguminosae）　豆薯、菜豆、豌豆、蚕豆、豇豆、菜用大豆、扁豆、刀豆、矮刀豆、苜蓿。

（7）伞形科（Umbelliferae）　芹菜、根芹、水芹、芫荽、胡萝卜、小茴香、美国防风。

（8）旋花科（Convolvulaceae）　蕹菜。

（9）唇形科（Labiatae）　薄荷、荆芥、罗勒、草石蚕。

（10）茄科（Solanaceae）　马铃薯、茄子、番茄、辣椒、香艳茄、酸浆。

（11）葫芦科（Cucurbitaceae） 黄瓜、甜瓜、南瓜（中国南瓜）、笋瓜（印度南瓜）、西葫芦（美洲南瓜）、西瓜、冬瓜、瓠瓜（葫芦）、普通丝瓜（有棱丝瓜）、苦瓜、佛手瓜、蛇瓜。

（12）菊科（Compositae） 莴苣（莴笋、长叶莴苣、皱叶莴苣、结球莴苣）、茼蒿、菊芋、紫背天葵、牛蒡、朝鲜蓟。

（13）锦葵科（Malvaceae） 黄秋葵、冬寒菜。

（14）楝科（Meliaceae） 香椿。

（三）植物学分类法的特点

1．优点 植物学分类法体系严密，内在联系紧密，应用广泛。

1）明确了各种蔬菜亲缘关系的远近和形态及生理上的差异，植物学分类法的最大特点是明确了不同蔬菜在形态、生理、遗传和系统发生上的亲缘关系。尤其是在科、属、种分类单元上的相似性与蔬菜的有性繁殖及栽培技术有密切关系。凡在越低的等级上划为一类的蔬菜，其亲缘关系越近。亲缘关系越近的蔬菜，往往在形态和生理上有更多的相似性，有许多栽培技术也是相同的。例如，结球甘蓝与花椰菜，同为一个种，虽然其产品器官不同，前者是叶球，后者是花球，但二者亲缘关系很近，遗传和生理特性很相似，而且栽培技术相近；西瓜、甜瓜、南瓜、黄瓜都属于葫芦科蔬菜，在生物学特性及栽培技术上都有更多的共同点。

2）每种蔬菜都有世界统一的拉丁名称，便于国际交流，避免了俗名混乱。

3）分类体系严密，不同分类等级间有密切的内在联系，每种蔬菜都可以找到适宜的分类地位。

2．局限性 植物学分类法在蔬菜栽培上也有一定的局限性。并非亲缘关系越近的蔬菜就一定有相同或相似的栽培技术，有的同科蔬菜，产品形态和栽培技术相差甚远。例如，番茄与马铃薯同为茄科，但前者为果菜，后者为地下块茎菜，二者栽培技术上管理的重点不同；菜豆与豆薯同为豆科，但前者为果菜，后者为根菜，栽培管理的重点不同。同样，并非亲缘关系远的蔬菜其栽培技术就一定差异很大。例如，马铃薯和菊芋，前者为茄科，后者为菊科，但二者的栽培技术在土壤管理上有更多的相似性。

3．适应范围 植物学分类法在蔬菜栽培上的主要应用：一是在蔬菜栽培制度中指导轮作倒茬，二是在蔬菜种子生产中指导制订隔离措施。

由于植物学分类明确了不同种类蔬菜在亲缘关系上的远近，凡是同一种的蔬菜彼此容易杂交，在杂交制种或种子生产时需注意采取适当的隔离措施，尤其是对异花授粉作物。蔬菜轮作制度要求，在同一块土地上不同年份应种植性质不同的蔬菜。这里的"性质不同"通常是指不同科的蔬菜。例如，结球甘蓝与花椰菜有共同的病虫害，不宜轮作；白菜与萝卜，番茄与马铃薯分别为同科，有相同的病虫害；各种葫芦科蔬菜有许多病原是可以相互传染的，如枯萎病，轮作防病要求是相似的。

二、蔬菜的食用器官分类

（一）分类依据

不同蔬菜的食用器官不同，根据食用部位的植物学器官可将蔬菜分为根菜类、茎菜类、叶菜类、花菜类和果菜类五大类（图1-1）。

图 1-1 按食用器官分类的各类蔬菜

（二）分类体系

1. 根菜类　按食用器官分类的根菜类（root vegetable）是指以肥大的肉质直根或块根为食用产品的一类蔬菜，包括肉质直根类蔬菜（fleshy taproot vegetable）和块根类蔬菜（tuberous root vegetable）。

（1）肉质直根类蔬菜　是由直根膨大成为产品器官的一类蔬菜，如萝卜、胡萝卜、根用芥菜（大头菜）、芜菁、芜菁甘蓝、根用甜菜、牛蒡等。

（2）块根类蔬菜　由侧根或不定根膨大成块状，作为产品器官的一类蔬菜，如豆薯、红薯、葛等。

2. 茎菜类　茎菜类（stem vegetable）是指以植物学茎或茎的变态器官为食用产品的一类蔬菜，包括地下茎类蔬菜（subterranean stem vegetable）和地上茎类蔬菜（aerial stem vegetable）。

（1）地下茎类蔬菜　又分为块茎类（马铃薯、菊芋、山药、草石蚕等）、根茎类（莲藕、生姜等）和球茎类（荸荠、芋头等）。

（2）地上茎类蔬菜　又分为肉质茎类（茭白、莴笋、茎用芥菜、球茎甘蓝等）和嫩茎类（石刁柏、竹笋等）。

3. 叶菜类　叶菜类（leafy vegetable）是指以植物学叶片及其变态器官为食用产品的一类蔬菜，包括普通叶菜类（common leaf vegetable）、结球叶菜类（heading leaf vegetable）、香辛叶菜类（aromatic and pungent leaf vegetable）和鳞茎菜类（bulbous vegetable）4 类。

（1）普通叶菜类　以叶丛为食用产品，如小白菜、叶用芥菜、菠菜、芹菜等。

（2）结球叶菜类　以叶球为食用产品，如结球甘蓝、大白菜、结球莴苣、包心芥菜等。

（3）香辛叶菜类　以具有香辛风味的植物学叶为食用产品，如大葱、韭菜、芫荽、茴香、薄荷、荆芥、罗勒等。

（4）鳞茎菜类 以由叶膨大形成的鳞茎为食用产品，如洋葱（叶鞘基部膨大）、大蒜（侧芽上无叶身的叶鞘膨大而形成蒜瓣）、百合等。

4. 花菜类 花菜类（flower vegetable）是指以植物学花及其变态器官为食用产品的一类蔬菜，包括花器类和花枝类。

（1）花器类 以花蕾或花器为食用产品，如黄花菜、朝鲜蓟等。

（2）花枝类 以肥大变态的花枝为食用产品，如花椰菜、青花菜、菜薹、芥蓝等。

5. 果菜类 果菜类（fruit vegetable）是指以植物学果实为食用产品的一类蔬菜，包括幼嫩果实和成熟果实。依果实的植物学类型又可分为浆果类（berry fruit vegetable）、荚果类（legume vegetable）、瓠果类（pepo fruit vegetable）等。

（1）浆果类 以肉质浆果为食用产品，如番茄、茄子、辣椒等。

（2）荚果类 以脆嫩的豆荚或豆粒为产品，如菜豆、豇豆、毛豆、豌豆、蚕豆、扁豆等。

（3）瓠果类 以肉质瓠果为食用产品，如黄瓜、南瓜、冬瓜、西瓜、丝瓜、蛇瓜、苦瓜、甜瓜、佛手瓜、瓠瓜等。

（4）其他果类 以其他类型的果实为食用产品，如黄秋葵、甜玉米、玉米笋、糯玉米等。

（三）食用器官分类法的特点

1. 优点 食用器官分类法与消费食用关系密切，特别适合于蔬菜商品流通和营销。

一般来说，食用器官相同的，生物学特性和生理上有相似性，栽培技术也大体相近。例如，萝卜和胡萝卜，前者为十字花科，后者为伞形科，但食用器官分类均为根菜，在栽培上对土壤的要求及土壤管理都很相似。

2. 局限性 食用器官分类法按照高等植物的植物学器官进行分类，所以只适于高等植物，不适用于低等植物。因此，食用菌类、藻类、地衣类蔬菜没有分类地位。有的蔬菜按食用器官分类虽同类，但生长习性和栽培技术相差甚远，如花椰菜与黄花菜，生姜与莲藕。而有的蔬菜栽培技术相近，其食用器官却大不相同，如结球甘蓝、花椰菜与球茎甘蓝。

三、蔬菜的农业生物学分类

（一）分类依据

农业生物学分类也称栽培学分类，其分类依据是既考虑蔬菜植物的生物学特性，又考虑其栽培管理技术。实际上，农业生物学分类也尽量参考了不同蔬菜亲缘关系（植物学分类）的远近。

按照农业生物学分类，一般将生物学特性相似，且栽培技术相近的蔬菜归为一类。

（二）分类体系

按农业生物学分类法，可将蔬菜分成直根菜类、白菜类、茄果类、瓜类、豆类、葱蒜类、绿叶菜类、薯芋类、水生蔬菜、多年生蔬菜、野生蔬菜、芽苗菜类、菌藻类蔬菜、其他蔬菜等14个种类（图1-2）。

1. 直根菜类 直根菜类蔬菜（taproot vegetable）是指以肥大的肉质直根为食用器

直根菜类　　　　　白菜类　　　　　茄果类　　　　　瓜类

豆类　　　　　葱蒜类　　　　　绿叶菜类　　　　　薯芋类

水生蔬菜　　　　　多年生蔬菜　　　　　野生蔬菜　　　　　芽苗菜类

菌藻类蔬菜　　　　　　　　　其他蔬菜

图 1-2　农业生物学分类学中的各类蔬菜

官的一类蔬菜，包括萝卜、胡萝卜、芜菁甘蓝、芜菁、根用芥菜、根用甜菜、根用芹菜、牛蒡、美洲防风、辣根、婆罗门参等。直根菜类均为二年生蔬菜，都起源于温带地区，喜温和或较冷凉的气候和充足的光照，耐寒而不耐热。用种子繁殖，发芽快，不宜育苗移栽；肉质根的形成和肥大要求耕层深厚、质地均匀、疏松肥沃的土壤。

2. 白菜类　　白菜类蔬菜（Chinese cabbage vegetable）是指十字花科芸薹属以叶球、花球或肥大肉质茎等变态茎叶器官为食用产品的一类蔬菜，包括大白菜、结球甘蓝、球茎甘蓝、花椰菜、青花菜、抱子甘蓝、结球芥、茎用芥、抱子芥等。它们大多数起源于温带南部，要求温和的气候条件，耐寒而不耐热；用种子繁殖，可育苗移栽；发芽快，生长速率快；根系较浅，要求保水保肥良好的土壤，对氮肥要求较高。

3. 茄果类　　茄果类蔬菜（solanaceous fruit vegetable）是指茄科中以果实为产品的一类蔬菜，包括番茄、茄子、辣椒等。这类蔬菜起源于热带地区，喜温暖而不耐寒，要求在无霜期生长；都为一年生植物，用种子繁殖，育苗移栽；根系发达，要求土层深厚；要求强光或中等以上强度的光照，对日照长短要求不严；环境适宜时结果期长，可以树化栽培。

4. 瓜类 瓜类蔬菜（cucurbitaceous vegetable）是指葫芦科中以瓠果为产品的一类蔬菜，包括黄瓜、南瓜、西瓜、甜瓜、冬瓜、丝瓜、苦瓜、蛇瓜、瓠瓜、菜瓜等。瓜类蔬菜多数为起源于热带的一年生植物，喜温怕霜不耐寒冷，只能在无霜期生长；用种子繁殖，多育苗移栽；茎蔓生，多为雌雄异花同株；多数根系发达，要求土层深厚；生育期要求较高的温度和充足的光照。

5. 豆类 豆类蔬菜（legume vegetable）是豆科植物中以幼嫩豆荚或种子为食用产品的一类蔬菜，包括菜豆、豇豆、毛豆、刀豆、扁豆、豌豆、蚕豆等。除豌豆和蚕豆为半耐寒性二年生蔬菜外，一般都要求温和的气候条件，喜温怕寒不耐霜，为一年生蔬菜。豆类蔬菜有不同程度的根瘤菌，用种子繁殖，根系易老化和木栓化，不耐移栽，需要直播或短苗龄育苗；蔓生种需要支架。

6. 葱蒜类 葱蒜类蔬菜（allium vegetable）是百合科葱属中以鳞茎或叶片为食用产品，具有香辛味的一类蔬菜，包括洋葱、大蒜、大葱、韭菜、细香葱等。用种子繁殖或无性繁殖，二年生或多年生，生长速率慢，根系不发达，要求土壤湿润、肥沃；生长要求温和气候，耐低温能力较强，鳞茎形成需要长日照条件。

7. 绿叶菜类 绿叶菜类蔬菜（green leafy vegetable）是以幼嫩的绿叶、叶柄或嫩茎为食用产品的一类速生蔬菜，包括莴苣、芹菜、菠菜、小白菜、菜薹、芫荽、冬寒菜、茼蒿、苋菜、蕹菜、落葵等。这类蔬菜的起源地较广。植物学分类上有的亲缘关系甚远，对环境条件的要求也差异甚大，既有耐寒的，如菠菜、芹菜等；也有耐热的，如苋菜、落葵。用种子繁殖，除芹菜外，一般不育苗移栽；绿叶菜生长迅速，对氮肥和水分要求高，尤以速效氮肥为主；多数植株矮小，适宜于间作套种。

8. 薯芋类 薯芋类蔬菜（tuber vegetable）是以肥大的地下茎或地下根为食用产品的一类蔬菜，包括马铃薯、芋头、生姜、山药、豆薯、草石蚕、银条菜、魔芋、葛等。在生产上主要采用无性繁殖，产品器官富含淀粉，也是主要的繁殖器官，繁殖系数低；在地下形成产品，要求湿润、肥沃、疏松、土层深厚的土壤；除马铃薯不耐炎热外，其余都喜温耐热。

9. 水生蔬菜 水生蔬菜是指在淡水中生长的，其产品可供作蔬菜食用的维管束植物。我国水生蔬菜包括水蕹、莲藕、茭白、慈姑、水芹、菱角、荸荠、芡实、蒲菜等，多利用低洼水田和浅水湖荡、河湾、池塘等淡水水面栽培，也可实施圩田灌水栽培；其主要产地在水、热、光等资源比较丰富的黄河以南地区。

10. 多年生蔬菜 多年生蔬菜是指一次播种或栽植，连续生长和采收在两年以上的蔬菜。包括多年生草本和木本植物：多年生草本蔬菜有竹笋、黄花菜、百合、石刁柏、朝鲜蓟、霸王花、食用大黄、辣根、韭菜、血皮菜、水芹、土洋参、款冬、菊花等；木本蔬菜有香椿等。该类蔬菜的食用器官、生物学特性、栽培技术都有很大的差异。

11. 野生蔬菜 野生蔬菜（wild vegetable）是指能作为蔬菜食用的野生植物，如蕨菜、蒌蒿、菊花脑、马兰、荠菜、蒲公英、紫背菜、马齿苋等。野生蔬菜的共同特点是自然野生，对环境条件的适应能力强，生长环境各异，产品器官多样。随着野生蔬菜的开发，有些野生蔬菜已逐渐实现人工栽培，划分到与其生物学特性和栽培技术相近的相关类中。

12. 芽苗菜类 芽苗菜类（sprout vegetable）是指用植物种子或营养体长出的幼芽

（幼嫩的下胚轴、子叶，有的还带真叶）或嫩茎叶作为食用产品的一类蔬菜，如黄豆芽、绿豆芽、豌豆芽苗、香椿芽苗、萝卜芽、苜蓿芽、荞麦芽、芝麻芽、菊苣芽等。芽苗菜类产品柔嫩多汁，一般要求在温暖或凉爽、湿润、弱光或黑暗条件下生长，生长快，生长期短。

13. 菌藻类蔬菜　菌藻类蔬菜（edible fungi and alga vegetable）是一类可食用的低等植物，包括食用菌类（edible fungi），如蘑菇、草菇、香菇、平菇、金针菇、猴头、黑木耳、银耳；食用藻类（edible alga），如紫菜、海带、石花菜、地软；食用地衣（edible lichen），如石耳、冰岛衣。菌藻类蔬菜一般用孢子、菌丝等进行繁殖，要求湿润的生长环境。食用菌类多要求温暖或凉爽、湿润、黑暗或弱光条件；食用藻类一般要求在海水中生长。

14. 其他蔬菜　其他蔬菜是指暂时尚未归入上述 13 类中的蔬菜，如甜玉米、糯玉米、黄秋葵等。这类蔬菜生物学特性和栽培技术并不一定相近，产品器官也不尽相同。

（三）农业生物学分类法的特点

1. 优点　农业生物学分类集合了植物学分类和食用器官分类的优点，强调了同时考虑生物学特性和栽培技术的相似性的分类原则，因此更适合于蔬菜栽培的生产实际。

2. 局限性　农业生物学分类的分类体系不是十分严密，有的种类难以归类，或归在同一类却在生物学特性和栽培技术上缺乏相似性，如其他蔬菜。

【任务实施】

工作任务单

任务	常见蔬菜识别与分类	学时	
姓名：			组
班级：			
工作任务描述： 以校内实训基地、蔬菜标本圃和大型菜市场为例，详细观察各种蔬菜的生长状态及形态特征，确定所属科及类型；观察各种蔬菜的食用部分，了解其食用器官的形状、颜色、大小等，具备能够对常用主要蔬菜进行识别和分类的能力；具备对蔬菜分类中常见问题的分析与解决能力。						

学时安排	资讯学时	计划学时	决策学时	实施学时	检查学时	评价学时

提供资料：
1. 校内实训基地、蔬菜标本圃和大型超市的调研。
2. 各类蔬菜种类的图片、PPT、影像资料。
3. 校园网精品课程资源库、校内电子图书馆。

具体任务内容：
1. 根据工作任务提供学习资料，进行市场与基地调研，获得相关知识。
1）学会正确识别各种蔬菜。
2）对当地的主要蔬菜按三种分类方法进行分类。
3）调查了解菜市场中每类蔬菜的产地及价格，区分蔬菜档次。
4）调研大型蔬菜市场，总结当地每季主要蔬菜种类及来源。
5）调研蔬菜主产区的蔬菜种类、种植面积、销售区域和价格。
2. 各组列出当季消费的主要蔬菜种类、分类、来源和价格。
3. 各组列出当季蔬菜主产区生产的主要蔬菜种类、分类、销售区域、销售方式和价格。
4. 各组选派代表陈述调研报告，由小组互评、教师点评。
5. 教师进行归纳分析，引导学生，培养学生对专业的热情。
6. 安排学生自主学习，修订调研报告，巩固学习成果。

续表

对学生的要求：
1. 能独立自主地学习相关知识，收集资料、整理资料，形成个人观点，在个人观点的基础上，综合形成小组观点。
2. 对调查工作认真负责，具备科学严谨的态度和敬业精神。
3. 具备网络工具的使用能力和语言文字表达能力，积极参与小组讨论。
4. 具备较强的人际交往能力和团队合作能力。
5. 具有一定的计划和决策能力。

任务资讯单

任务	常见蔬菜识别与分类	学时	
姓名：			组
班级：			

资讯方式：学生分组进行市场调查和蔬菜生产基地调研，小组统一查询资料。

资讯问题：
1. 蔬菜的分类依据、分类体系及各自的优缺点。
2. 常见蔬菜种类的植物学特征、产品器官、在三种分类方法中的地位。
3. 当地消费的主要蔬菜种类、分类地位和来源。
4. 当地生产的主要蔬菜种类、分类地位和来源。

资讯引导：教材、杂志、电子图书馆、蔬菜生产类的其他书籍。

任务计划单、任务实施作业单见附录。

【任务考核】

任务考核标准

任务	常见蔬菜识别与分类	学时	
姓名：			组
班级：			

序号	考核内容	考核标准	参考分值
1	任务认知程度	根据任务准确获取学习资料，有学习记录	5
2	情感态度	学习精力集中，学习方法多样，积极主动，全部出勤	5
3	团队协作	听从指挥，服从安排，积极与小组成员合作，共同完成工作任务	10
4	调研报告制订	有工作计划，计划内容完整，时间安排合理，工作步骤正确	10
5	工作记录	工作检查记录单完成及时，客观公正，记录完整，结果分析正确	10
6	分类体系	掌握蔬菜的植物学分类法、食用器官分类法、农业生物学分类法的分类体系	10
7	分类依据	掌握蔬菜的植物学分类法、食用器官分类法、农业生物学分类法的特点、优缺点和适用范围	10

续表

8	消费领域	能够说出当地主要消费的蔬菜种类、分类地位、产地和蔬菜价格及档次（大路菜、特菜、净菜、绿色蔬菜等）	10
9	生产领域	能够说出当地主要生产的蔬菜种类、分类地位、销售区域和销售价格	10
10	综合运用	能够根据不同分类标准，熟练地将调查的蔬菜进行分类	10
11	工作体会	工作总结体会深刻，结果正确，上交及时	10
合计			100

教学反馈表

任务	常见蔬菜识别与分类		学时	
姓名：				组
班级：				
序号	调查内容	是	否	陈述理由
1	是否掌握三种分类方法的分类依据？			
2	是否掌握三种分类方法的分类体系？			
3	能否简述当地消费的主要蔬菜种类及其分类体系？			
4	能否简述当地种植的主要蔬菜种类及其分类体系？			
收获、感悟及体会：				
请写出你对教学改进的建议及意见：				

任务评价单、任务检查记录单见附录。

蔬菜播种

【知识目标】

1. 掌握蔬菜种子含义、分类、萌发特性及播前处理。
2. 掌握蔬菜播种方式、播种量确定等内容。

【能力目标】

能够正确对各类种子进行播前处理及播种方式和播种量的确定。

【内容图解】

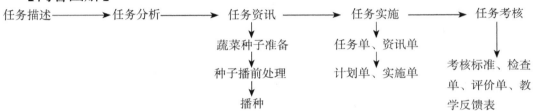

【任务描述】

以某种蔬菜种子为播种材料，完成该类种子的播种任务。

【任务分析】

一年之计在于春，春天是播种季节。播种过早，地温等自然条件差，种子发芽出苗的时间长，病虫侵害机会多，易造成缺苗。播种过晚，作物的生育时间不能保证，不能充分成熟，造成减产减收。掌握在作物最佳播种期播种，既能够使作物达到苗全、苗齐、苗壮，又能够使作物充分成熟，提高作物的产量和品质。

【任务资讯】

一、蔬菜种子准备

（一）确定蔬菜种子类别

蔬菜栽培上应用的种子含义很广，概括地说泛指所有的播种材料。主要包括以下4类。

（1）植物学上的种子　　由胚珠受精后形成，如瓜类、豆类、茄果类和白菜类蔬菜的种子。

（2）果实　　由胚珠和子房共同发育而成，如菊科（瘦果）、伞形科（双悬果）、藜科（聚合果）蔬菜的果实。

（3）营养器官　　有些蔬菜用鳞茎（如大蒜、百合）、球茎（芋头、荸荠）、根茎（生姜、莲藕）、块茎（马铃薯、山药）作为播种材料。

（4）菌丝体　　真菌的菌丝体，如蘑菇、木耳等。

（二）了解蔬菜种子的形态和结构

1. 种子的形态　　种子形态是指种子的外形、大小、颜色、表面光洁度、种子表面特点（如沟、棱、毛刺、网纹、蜡质、突起物等）。种子形态是鉴别蔬菜种类、判断种子质量的重要依据。例如，成熟种子色泽较深，具蜡质；欠成熟的种子色泽浅，皱瘪。新种子色泽鲜艳光洁，具香味；陈种子色泽灰暗，具霉味。

蔬菜种子的大小差别很大，小粒种子的千粒重只有 1g 左右，大粒种子千粒重却高达 1000g 以上。一般瓜类、豆类蔬菜种子较大，绿叶菜类种子相对较小，如荠菜、芹菜、苋菜的种子。种子的大小与营养物质的含量有关，对胚的发育有重要作用，还关系到出苗的难易和秧苗的生长发育速度。种子越小，播种的技术要求越高，苗期生长越缓慢。

2. 种子的结构　　蔬菜种子结构包括种皮、胚，有的蔬菜种子还有胚乳，有的果实型种子还有果皮。根据成熟种子胚乳的有无，可将种子分成有胚乳种子（如番茄、菠菜、芹菜、韭菜的种子）和无胚乳种子（如瓜类、豆类、白菜类的种子）。

（三）了解蔬菜种子寿命和使用年限

种子的寿命又称发芽年限，指种子保持发芽能力的年数。种子寿命和种子在生产上的使用年限不同。生产上通常以能保持 60%~80% 发芽率的最长贮藏年限为使用年限。一般贮藏条件下，蔬菜种子的寿命不过 1~6 年，使用年限只有 1~3 年（表 2-1）。

表 2-1　主要蔬菜的种子寿命与使用年限

蔬菜种类	寿命	使用年限	蔬菜种类	寿命	使用年限
大白菜	4~5	1~2	芜菁	3~4	1~2
甘蓝	5	1~2	根用芥菜	4	1~2
球茎甘蓝	5	1~2	菠菜	5~6	1~2
花椰菜	5	1~2	芹菜	6	2~3
芥菜	4~5	2	胡萝卜	5~6	2~3
萝卜	5	1~2	莴苣	5	2~3
洋葱	2	1	瓠瓜	2	1~2
韭菜	2	1	丝瓜	5	2~3
大葱	1~2	1	西瓜	5	2~3
番茄	4	2~3	甜瓜	5	2~3
辣椒	4	2~3	菜豆	3	1~2
茄子	5	2~3	豇豆	3	1~2
黄瓜	5	2~3	豌豆	3	1~2
南瓜	4~5	2~3	蚕豆	3	2
冬瓜	4	1~2	扁豆	3	2

（四）了解蔬菜种子的萌发过程及所需条件

1. 种子萌发的过程　　蔬菜种子的萌发需经历吸水、萌动和出苗的过程。种子吸水可分为吸胀吸水和生理吸水两个阶段。有生活力的种子，随着水分吸收，酶的活动能力加强，贮藏的营养物质开始转化和运输；胚部细胞开始分裂、伸长。胚根首先从发芽孔伸出，这就是种子的萌动，俗称"露白"或"破嘴"。种子萌动后，胚根、胚轴、子叶、胚芽的生长加快，胚轴顶着幼芽破土而出。

2. 种子萌发的条件　　水分、温度、氧气是种子萌发的三个基本条件。

（1）水分　　水分是种子萌发的重要条件，种子萌发的第一步就是吸水。一般蔬菜种子浸种 12h 即可完成吸水过程，提高水温（40～60℃）可使种子吸水加快。种子吸水过程与土壤溶液渗透压及水中气体含量有密切关系。土壤溶液浓度高、水中氧气不足或 CO_2 含量增加，可使种子吸水受抑制。种皮的结构也会影响种子的吸水。例如，十字花科种皮薄，浸种 4～5h 可吸足水分；黄瓜则需 4～6h；大葱、韭菜需 12h。

（2）温度　　蔬菜种子发芽要求一定的温度，不同蔬菜种子发芽要求的温度不同。喜温蔬菜种子发芽要求较高的温度，适温一般为 25～30℃；耐寒、半耐寒蔬菜种子发芽适温为 15～20℃。在适温范围内，发芽迅速，发芽率也高。

（3）氧气　　种子贮藏期间，呼吸微弱，需氧量极少，但种子一旦吸水萌动，则对氧气的需要急剧增加。种子发芽需氧浓度在 10% 以上，无氧或氧不足，种子不能发芽或发芽不良。光能影响种子发芽，根据种子发芽对光的要求，可将蔬菜种子分为需光种子、嫌光种子和中光种子三类。需光种子发芽需要一定的光，在黑暗条件下发芽不良，如莴苣、紫苏、芹菜、胡萝卜等；嫌光种子要求在黑暗条件下发芽，有光时发芽不良，如苋菜、大葱、韭菜及其他一些百合科蔬菜种子；大多数蔬菜种子为中光种子，在有光或黑暗条件下均能正常发芽。

（五）掌握蔬菜种子的质量检验指标

蔬菜种子质量的优劣，最终表现为播种的出苗速度、整齐度、秧苗纯度和健壮程度等。这些种子的质量标准，应在播种前确定，以便做到播种、育苗准确可靠。种子质量的检验内容包括种子净度、品种纯度、千粒重、发芽势和发芽率等。

1. 种子净度　　是指供检样品中净种子的重量百分率，其他植物种子、泥沙、花器残体、果皮等都属于杂质。

2. 品种纯度　　是指品种在特征、特性方面典型一致的程度，是鉴定品种一致性程度高低的指标。用本品种的种子数占供检本作物样品种子数的百分率表示。

3. 千粒重　　是度量蔬菜种子饱满度的指标，用自然干燥状态的 1000 粒种子的重量（g）表示，称作种子的"千粒重"或"绝对重量"。同一品种的蔬菜种子，千粒重越大，种子越饱满充实，播种质量越高。

4. 发芽势　　是指种子发芽试验初期（规定日期内）正常发芽种子粒数占供试种子粒数的百分率。种子发芽势高，则表示种子活力强、发芽整齐、出苗一致，增产潜力大。种子发芽势的计算公式为

$$种子发芽势（\%）= \frac{发芽试验初期（规定日期内）正常发芽种子粒数}{供试种子粒数} \times 100$$

5. 发芽率　　是指在发芽试验终期（规定日期内）全部正常发芽种子粒数占供试种子粒数的百分率。种子发芽率的计算公式为

$$种子发芽率(\%)=\frac{发芽试验终期（规定日期内）全部正常发芽种子粒数}{供试种子粒数}\times 100$$

统计发芽种子粒数时，凡是没有幼根、幼根畸形、有根无芽、有芽无根毛及种子腐烂者都不算发芽种子。蔬菜种子发芽势和发芽率的测定条件及规定天数见表 2-2。

表 2-2　蔬菜种子的发芽技术规定

蔬菜种类	发芽床	温度 /℃	初次计数天数 /d	末次计数天数 /d	附加说明，包括破除休眠的建议
洋葱	TP；BP；S	20；15	6	12	预先冷冻
大葱	TP；BP；S	20；15	6	12	预先冷冻
韭菜	TP	20～30；20	6	14	预先冷冻
芹菜	TP	15～25；20；15	1	10	预先冷冻；用KNO₃溶液处理
冬瓜	TP；BP	21～30；30	7	14	
结球甘蓝	TP	15～25；20	5	10	预先冷冻；用KNO₃溶液处理
花椰菜	TP	15～25；20	5	10	预先冷冻；用KNO₃溶液处理
青花菜	TP	15～25；20	5	10	预先冷冻；用KNO₃溶液处理
结球白菜	TP	15～25；20	5	7	预先冷冻
辣椒	TP；BP；S	20～30；30	7	14	用KNO₃溶液处理
甜椒	TP；BP；S	20～30；30	7	14	用KNO₃溶液处理
芫荽	TP；BP	20～30；20	7	21	
甜瓜	BP；S	20～30；25	4	8	
黄瓜	TP；BP；S	20～30；25	4	8	
笋瓜	BP；S	20～30；25	4	8	
南瓜	BP；S	20～30；25	4	8	
西葫芦	BP；S	20～30；25	4	8	
胡萝卜	TP；BP	20～30；20	7	14	
瓠瓜	BP；S	20～30	4	14	
普通丝瓜	BP；S	20～30；30	4	14	
番茄	TP；BP；S	20～30；25	5	14	用KNO₃溶液处理
苦瓜	BP；S	20～30；30	4	14	
菜豆	BP；S	20～30；25；20	5	9	
豌豆	BP；S	20	5	8	
萝卜	TP；BP；S	20～30；20	4	10	预先冷冻
茄子	TP；BP；S	20～30；30	7	14	
菠菜	TP；BP	15～10	7	21	预先冷冻
蚕豆	BP；S	20	4	14	预先冷冻
长豇豆	BP；S	20～30；25	5	8	
矮豇豆	BP；S	20～30；25	5	8	

注：①表中符号 TP 为纸上，BP 为纸间，S 为砂

②表中数据来源于 GB/T 3543.1～3543.7—1995《农作物种子检验规程》

③第 3 列中，只有一个数值的为最适温度；有两个数据的，第一个数据为最适温度，第二个数据为变温处理中的低温温度；有范围号的数值表示最适温度范围

二、种子播前处理

种子播前处理包括浸种、催芽、种子消毒、机械处理等。播前处理能促进种子迅速整齐地萌发、出苗，消灭种子内外附着的病原菌，增强幼胚和秧苗的抗性。

（一）确定浸种方法

浸种是将种子浸泡在一定温度的水中，使其在短时间充分吸水，达到萌芽所需的基本水量。水温和时间是浸种的重要条件。

1. 一般浸种 是指用温度与种子发芽适温（20～30℃）相同的水浸泡种子。一般浸种法对种子只起供水作用，无灭菌和促进种子吸水的作用，适用于种皮薄、吸水快的种子。

2. 温汤浸种 将种子投入55～60℃的热水中，保持恒温15min，然后自然冷却，转入一般浸种。由于55℃是大多数病原菌的致死温度，15min是在致死温度下的致死时间，因此，温汤浸种对种子具有灭菌作用。适用于种皮较薄、吸水较快的种子。

3. 热水烫种 将充分干燥的种子投入75～85℃的热水中，然后用两个容器来回倾倒搅动，直至水温降至室温，转入一般浸种。热水烫种有利于提高种皮透性，加速种子吸水，兼起到灭菌消毒的作用。适用于一些种皮坚硬、革质或附有蜡质、吸水困难的种子，如西瓜、丝瓜、苦瓜、蛇瓜等种子。种皮薄的种子不宜采用此法，避免烫伤种胚。

浸种前应将种子充分淘洗干净，除去果肉物质和种皮上的黏液，以利于种子迅速充分地吸水。浸种水量以种子量的5～6倍为宜，浸种过程中要保持水质清新，可在中间换一次水。主要蔬菜的适宜浸种水温与时间见表2-3。

表2-3 主要蔬菜浸种、催芽的适宜温度与时间

蔬菜种类	浸种		催芽	
	温度/℃	时间/h	温度/℃	时间/d
黄瓜	25～30	8～12	25～30	1～1.5
西葫芦	25～30	8～12	25～30	2
番茄	25～30	10～12	25～28	2～3
辣椒	25～30	10～12	25～30	4～5
茄子	30	20～24	28～30	6～7
甘蓝	20	3～4	18～20	1.5
花椰菜	20	3～4	18～20	1.5
芹菜	20	24	20～22	2～3
菠菜	20	24	15～20	2～3
冬瓜	25～30	6～8	28～30	3～4

（二）确定种子催芽温度及时间

催芽是将已吸足水的种子，置于黑暗或弱光环境里，并给予适宜温度、湿度和氧气条件，促使其迅速发芽。具体方法是将已经吸足水的种子用保水透气的材料（如湿纱布、毛巾等）包好，种子包呈松散状态，置于适温条件下。催芽期间，一般每 4～5h 翻动种子包 1 次，以保证种子萌动期间有充足的氧气供给。每天用清水投 1～2 次，除去黏液和呼吸热，补充水分。也可将吸足水的种子和湿沙按 1：1 混拌催芽。催芽期间要用温度计随时监测温度。当大部分种子萌动时，停止催芽，准备播种。若遇恶劣天气不能及时播种时，应将种子放在 5～10℃低温环境下，保湿待播。主要蔬菜的催芽适宜温度和时间见表 2-3。

催芽过程中，采用胚芽锻炼和变温处理有利于提高幼苗的抗寒力和种子的发芽整齐度。胚芽锻炼是将萌动的种子放到 0℃环境中冷冻 12～18h，然后用凉水缓冻，置于 18～22℃条件下处理 6～12h，最后放到适温条件下催芽。锻炼过程中要保持种子湿润，变温要缓慢。经锻炼后，胚芽原生质黏性增强，糖分增高，对低温的适应性增强，幼苗的抗寒力增强，适用于瓜类和茄果类的种子。变温处理是在催芽过程中，每天给予 12～18h 的高温（28～30℃）和 6～12h 的低温（16～18℃）交替处理，直至出芽。

（三）选择种子消毒方法

1. 高温灭菌　　结合浸种，利用 55℃以上的热水进行烫种，杀死种子表面和内部的病菌。或将干燥（含水量低于 2.5%）的种子置于 60～80℃的高温下处理几小时至几天，以杀死种子内外的病原菌和病毒。

2. 药液浸种　　先将种子在清水中浸泡 4～6h，捞出后沥干水，再浸到一定浓度的药液里，经一定时间后取出，清洗后播种，以达到杀菌消毒的目的。浸种的药剂必须是溶液或乳浊液，浓度、时间要严格掌握。药液浸种后必须用清水投洗干净后才能继续催芽、播种，否则易产生药害或影响药效。药液用量一般为种子的 2 倍左右。常用浸种药液有 800 倍的 50% 多菌灵溶液、800 倍的托布津溶液、100 倍的甲醛溶液、10% 的磷酸三钠溶液、1% 的硫酸铜溶液、0.1% 的高锰酸钾溶液等。

3. 药剂拌种　　将药剂和种子拌在一起，种子表面附着均匀的药粉，以达到杀死种子表面的病原菌和防止土壤中病菌侵入的目的。拌种的药粉、种子都必须是干燥的，否则会引起药害和影响种子粘药的均匀度，用药量一般为种子重量的 0.2%～0.5%，药粉需精确称量。操作时先把种子放入罐内或瓶内，加入药粉，加盖后摇动 5min，可使药粉充分且均匀地粘在种子表面。拌种常用药剂有克菌丹、敌克松、福美双等。

（四）选择其他处理方法

1. 微量元素处理　　微量元素是酶的组成部分，参与酶的活化作用。播前用微量元素溶液浸泡种子，可使胚的细胞质发生内在变化，使之长成健壮、生命力强、产量较高的植株。目前生产上应用的有 0.02% 的硼酸溶液浸泡番茄、茄子、辣椒种子 5～6h，0.02% 硫酸铜、0.02% 硫酸锌、0.02% 硫酸锰溶液浸泡瓜类、茄果类种子，有促进早熟、增加产量的作用。

2. 激素处理　　用 150～200mg/L 的赤霉素溶液浸种 12～24h，有助于打破休眠，促进发芽。

3. 机械处理　　有些种子因种皮太厚，需要播前进行机械处理才能正常发芽。例如，对胡萝卜、芫荽、菠菜等种子播前搓去刺毛，磨薄果皮，苦瓜、蛇瓜种子催芽前嗑开种喙，均有利于种子的萌发和迅速出苗。

三、播种

（一）确定播种期

播种期的正确与否关系到产量的高低、品质的优劣和病虫害的轻重，在蔬菜一年多作地区还关系到前后茬口的安排。例如，华北地区立秋前播种大白菜，则病害较重，影响产量。江淮流域，秋马铃薯播种过早，天气炎热，不利于块茎的形成。要使蔬菜健壮生长，获得高产、稳产和优质，须安排合理的播种期，使蔬菜在温、光、水、肥等条件较适宜的时期生长。确定露地播种期的总原则是：根据不同蔬菜对气候条件的要求，把蔬菜的旺盛生长期和产品器官主要形成期安排在气候（主要指温度）最适宜季节，以充分发挥作物的生产潜力。根据这一原则，对于喜温蔬菜春播，可在终霜后进行；对于不耐高温的西葫芦、菜豆、番茄等，应考虑避开炎夏；对不耐涝的西瓜、甜瓜应考虑躲开雨季；二年生半耐寒蔬菜（大白菜、萝卜）在秋季播种，葱蒜类、菠菜也可在晚秋播种，速生蔬菜可分期连续播种。设施蔬菜播种期可根据蔬菜种类、育苗设备、安全定植期，用安全定植期减去日历苗龄来推算。

（二）确定播种方式

根据播种的形式不同，蔬菜播种可分为撒播、条播和穴播三种方式。

1. **撒播** 撒播是将种子均匀撒播到畦面上。撒播的蔬菜密度大，单位面积产量高，可以经济利用土地；缺点是种子用量大，间苗费工，对撒籽技术和覆土厚度要求严格。适用于生长迅速、植株矮小的速生菜类及苗床播种。

2. **条播** 条播是将种子均匀撒在规定的播种沟内。条播地块行间较宽，便于机械化播种及中耕、起垄，同时用种量也减少，覆土方便。适用于单株占地面积较小而生长期较长的蔬菜，如菠菜、胡萝卜、大葱等。

3. **穴播** 又称点播，指将种子播在规定的穴内。适用于营养面积大、生长期较长的蔬菜，如豆类、茄果类、瓜类等。点播用种量少，也便于机械化耕作管理，但播种用工多，出苗不整齐，易缺苗。

根据播种前是否浇水可分为干播和湿播两种方式。

1. **干播** 将干种子播于墒情适宜的土壤中，播前将播种沟或播种畦踩实，播种覆土后，轻轻镇压土面，使土壤和种子紧紧贴合以助吸水。

2. **湿播** 播种前先打底水，待水渗后再播。浸种或催芽的种子必须湿播。

播种深度（覆土厚度）主要根据种子大小、土壤质地、土壤温度、土壤湿度及气候条件而定。种子小，贮藏物质少，发芽后顶土能力弱，宜浅播；反之，大粒种子宜深播。种子播种深度以种子直径的2～6倍为宜，小粒种子覆土0.5～1cm，中粒种子覆土1～1.5cm，大粒种子覆土3cm左右。另外，沙质土壤，播种宜深；黏重土、地下水位高者宜浅播。高温干燥时宜深播，天气阴湿时宜浅播。芹菜种子喜光宜浅播。

（三）确定播种量

播种量应根据蔬菜的种植密度、单位重量的种子粒数、种子的使用价值及播种方式、播种季节来确定。点播种子播种量计算公式如下：

$$单位面积播种量（g）=\frac{种植密度（穴数）\times 每穴种子粒数}{每克种子粒数 \times 种子使用价值}\times 安全系数（1.2\sim4.0）$$

$$种子使用价值=种子净度\times品种纯度\times种子发芽率$$

撒播法和条播法的播种量可参考点播法进行确定，但精确性不如点播法高。主要蔬菜的参考播种量见表 2-4。

表 2-4　主要蔬菜种子的参考播种量

蔬菜种类	种子千粒重 /g	用种量 /（g/ 亩）
大白菜	0.8～3.2	125～150（直播）
小白菜	1.5～1.8	250（育苗）
小白菜	1.5～1.8	1500（直播）
结球甘蓝	3.0～4.3	25～50（育苗）
花椰菜	2.5～3.3	25～50（育苗）
球茎甘蓝	2.5～3.3	25～50（育苗）
萝卜	7～8	200～250（直播）
小萝卜	8～10	150～250（直播）
胡萝卜	1.0～1.1	1500～2000（直播）
芹菜	0.5～0.6	150～250（育苗）
芫荽	6.85	2500～3000（直播）
菠菜	8～11	3000～5000（直播）
茼蒿	2.1	1500～2000（直播）
莴苣	0.8～1.2	20～25（育苗）
结球莴苣	0.8～1.0	20～25（育苗）
大葱	3.0～3.5	300（育苗）
洋葱	2.8～3.7	250～350（育苗）
韭菜	2.8～3.9	3000（育苗）
茄子	4～5	20～35（育苗）
辣椒	5～6	80～100（育苗）
番茄	2.8～3.3	25～30（育苗）
黄瓜	25～31	125～150（育苗）
冬瓜	42～59	150（育苗）
南瓜	140～350	250～400（育苗）
西葫芦	140～200	250～450（育苗）
西瓜	60～140	100～160（育苗）
甜瓜	30～55	100（育苗）
菜豆（矮）	500	6000～8000（直播）
菜豆（蔓）	180	4000～6000（直播）
豇豆	81～122	1000～1500（直播）

注：1 亩≈666.7m²

【任务实施】

工作任务单

任务	蔬菜种子播种	学时	
姓名：			组
班级：			

工作任务描述：
以校内实训基地、实验室为场地，每班分为5组，每组选择一种蔬菜作物，进行播种技术操作。通过实际操作，了解蔬菜种子的分类、萌发特性和质量评价等内容；针对不同蔬菜作物掌握不同的播前处理方法，确定适宜的播种时期、播种量及播种方式；具备大多数常见蔬菜的播种能力，同时对播种过程中常见问题具有分析与解决能力。

学时安排	资讯学时	计划学时	决策学时	实施学时	检查学时	评价学时

提供资料：
1. 校内实训基地、实验室。
2. 各类蔬菜的种子、播种所需的工具及材料；相关知识的书籍、PPT、影像资料。
3. 网络精品课程资源、校内电子图书馆等。

具体任务内容：
1. 以组为单位分好畦，将催出芽的各类蔬菜种子按照点播、条播、散播三种方式进行播种，在进行播种时，严格按照下列程序操作：配基质、打底水、上翻身土、播种、覆土、保湿，把播种后的苗置于20～25℃条件下，观察出苗天数、出苗率等指标。
2. 各组选派代表陈述调研报告，由小组互评、教师点评。
3. 教师进行归纳分析，引导学生，培养学生对专业的热情。
4. 安排学生自主学习，修订播种总结报告，巩固学习成果。

对学生要求：
1. 能独立自主地学习相关知识，收集资料、整理资料，形成个人观点，在个人观点的基础上，综合形成小组观点。
2. 对调查工作认真负责，具备科学严谨的态度和敬业精神。
3. 具备网络工具的使用能力和语言文字表达能力，积极参与小组讨论。
4. 具备较强的人际交往能力和团队合作能力。
5. 具有一定的计划和决策能力。
6. 提交个人和小组文字材料或PPT。

任务资讯单

任务	蔬菜种子播种	学时	
姓名：			组
班级：			

资讯方式：学生分组进行市场调查和蔬菜生产基地调研，小组统一查询资料。

资讯问题：
1. 我国蔬菜种子现状、存在问题和发展趋势。
2. 我国蔬菜播种的现状、存在问题和发展趋势。
3. 蔬菜播前处理的注意事项有哪些？
4. 如何确定蔬菜的适宜播期？

任务计划单、任务实施作业单见附录。

【任务考核】

任务考核标准

任务		蔬菜种子播种	学时	
姓名：				组
班级：				

序号	考核内容	考核标准	参考分值
1	任务认知程度	根据任务准确获取学习资料，有学习记录	5
2	情感态度	学习精力集中，学习方法多样，积极主动，全部出勤	5
3	团队协作	听从指挥，服从安排，积极与小组成员合作，共同完成工作任务	10
4	调研报告制订	有工作计划，计划内容完整，时间安排合理，工作步骤正确	10
5	工作记录	工作检查记录单完成及时，客观公正，记录完整，结果分析正确	10
6	认识蔬菜种子	掌握蔬菜不同种类种子的外形、大小、颜色及物理特征	10
7	播前处理	掌握蔬菜不同种类种子的播前处理方法	10
8	消费领域	能够说出当地蔬菜种子的销售价格等	10
9	生产领域	能够说出当地主要生产的蔬菜种子种类、分类地位、销售区域和销售价格	10
10	综合运用	能够根据不同分类标准，熟练地将调查的蔬菜种子进行分类	10
11	工作体会	工作总结体会深刻，结果正确，上交及时	10
合计			100

教学反馈表

任务		蔬菜种子播种	学时	
姓名：				组
班级：				

序号	调查内容	是	否	陈述理由
1	是否掌握不同蔬菜的播种时间及播种量？			
2	是否掌握各类蔬菜的播前处理方法？			
3	能否简述当地各类蔬菜的播种方式？			
4	能否简述当地种植的主要蔬菜的催芽条件有哪些？			

收获、感悟及体会：

请写出你对教学改进的建议及意见：

任务评价单、任务检查记录单见附录。

蔬 菜 育 苗

【知识目标】

1. 掌握各类蔬菜不同的育苗技术。
2. 了解各类蔬菜育苗方式的差异。
3. 掌握蔬菜的苗期管理。

【能力目标】

能够熟练地运用各类育苗技术进行育苗工作及苗期管理。

【内容图解】

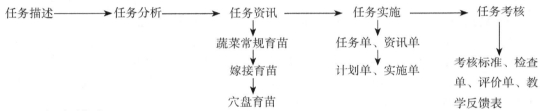

【任务描述】

以某种蔬菜为材料，在适宜的工作场所完成蔬菜的育苗及苗期管理工作。

【任务分析】

育苗的实质是提前生长发育，即在由于气候或茬口等原因或为了增加复种茬次而无法在本田（定植的地块）按计划时间栽培的情况下，创造适宜的条件，以达到按期正常栽培或提早栽培的目的。从另一个角度看，通过育苗可以改变蔬菜栽培的早期环境，这种改变往往是在人为创造的适宜条件下实现的，因而对蔬菜的幼苗期，甚至整个栽培过程产生较显著的影响。

育苗的生物学意义是指由于提前生长发育后作物早期环境的改变对蔬菜所产生的内在的、本质的影响。例如，在番茄春季保护地育苗阶段，完全可以人为创造强光照、低夜温、高营养的良好条件，促进番茄花芽的正常分化与发育，为早熟丰产打下基础；在弱光照、高夜温、低营养的条件下育苗，则会降低秧苗素质，影响栽培效果。

育苗的意义首先在于为作物生长增加积温。无论哪种作物，整个生育期或每个生育阶段的完成必须有一定的积温数，人们通常所说的"生长期不够"实质上是有效积温数不够。通过育苗增加积温，就是提前满足达到一定生育阶段所需的积温数，起到提早成熟或延长生长期的作用。对于通过育苗增加积温的问题，不能简单地看作"数量"的效应，还应看到由于生育期提前而产生环境条件改变对产量形成的影响。例如，花椰菜的容器育苗栽培，不仅使"花球"形成提早，还避免了高温对花球形成及花球质量的不良影响。育苗的另一生物学作用在于人工生态环境的影响。这种作用有时主要表现在"量"的方面，如提高温度、加强营养等，有时主要表现在"质"的方面，如创造适宜的温度条件，防止甘蓝的"未熟抽薹"等，有时"量"和"质"的作用兼而有之。另外，育苗的生物学作用也表现在育苗地理条件的改变而产生的影响。例如，利用夏季冷凉的高山地区培育蔬菜秧苗，秧苗病害轻、质量好，特别在建立大型蔬菜商品苗育苗中心时，对地理条件的选择应当重视。

【任务资讯】

一、蔬菜常规育苗

（一）营养土的配制

营养土是指用大田土、腐熟的有机肥、疏松物质（可选用草炭、细河沙、细炉渣、炭化稻壳等）、化学肥料等按一定比例配制而成的育苗专用土壤，也称苗床土、床土。良好的营养土要求养分齐全、酸碱适度、疏松通透、保水能力强，无病菌、虫卵和草籽。

1. 营养土的种类　根据用途不同，营养土可分为播种床土和分苗床土。

（1）播种床土　要求特别疏松、通透，以利于幼苗出土和分苗、起苗时不伤根，对肥沃程度要求不高。配制体积比为：大田土4份，草炭（或马粪）5份，优质粪肥1份；大田土3份，细炉渣（用清水淘洗几次）3份，腐熟的马粪或有机肥4份。每立方米加化肥0.5～1.0kg。播种床土厚度为6～8cm。

（2）分苗床土　也称移植床土。为保证幼苗期有充足的营养和定植时不散坨，分苗营养土应加大田土和优质粪肥的比例，配制体积比为：田土5～7份，草炭、马粪等有机物3～4份，优质粪肥2～3份，每立方米加化肥1.0～1.5kg。分苗床土厚度为10～12cm。

2. 营养土消毒　为防止营养土带菌，引发苗期病害，可采用下列方法消毒。

（1）药土消毒　将药剂先与少量土壤充分混匀后再与所计划的土量进一步拌匀成药土。播种时，2/3药土铺底，1/3药土覆盖，使种子四周都有药土，可以有效地控制苗期病害。常用药剂有多菌灵和甲基托布津，每平方米苗床用量8～10g。

（2）甲醛溶液熏蒸消毒　一般用100倍的甲醛溶液喷洒床土，拌匀后堆置，用薄膜密封5～7d，然后揭开薄膜待药味挥发后再使用。

（3）药液消毒　用代森锌或多菌灵200～400倍液消毒，每平方米床面用10g原药，配成2～4kg药液喷浇即可。

（二）苗床播种

1. 播种量及苗床面积的确定

$$单位面积播种量（g）=\frac{种植密度（穴数）\times 每穴种子粒数}{每克种子粒数 \times 种子使用价值}\times 安全系数（1.2～4.0）$$

$$播种床面积（m^2）=\frac{播种量（g）\times 每克种子粒数 \times 每粒种子所占面积（cm^2）}{10\ 000}$$

中、小粒种子可按每平方厘米分布3～4粒有效种子计算；较大粒种子可按每粒有效种子占苗床面积4～5cm^{2}计算。

$$分苗床面积（m^2）= \frac{分苗总株数 \times 单株营养面积（cm^2）}{10\,000}$$

2. 播种方法 播种宜选择晴天上午，此时温度高，出苗快且整齐。阴雨天播种，地温低，迟迟不出苗，易造成种芽腐烂。对于茄果类、白菜类等较小粒种子，可采用苗床撒播，对于瓜类和豆类等种子较大、不耐移植的蔬菜可采用营养钵直播或营养土方直播。播前打足底水，待水渗后撒一层药土，播种后盖一薄层药土，上面再覆一层细潮土，覆土厚度为 0.5～2.0cm。已浸种催芽的种子易成团，可先用细河沙或草木灰拌种后再播种。

（三）苗期管理

1. 出苗期 出苗期指从播种到幼苗出土直立为止。播种后应立即用地膜或无纺布覆盖床面，增温保墒，为幼苗出土创造温暖湿润的良好条件。喜温蔬菜苗床温度控制在 25～30℃，喜凉蔬菜控制在 20～25℃。冬季育苗可通过铺设电热温床、加盖小拱棚来提高温度。当幼芽大部分出土时，要撤掉覆盖物，并撒一层细潮土或草木灰来减少水分蒸发，防止病害发生。

2. 小苗期 小苗期指从出苗到分苗为止。此期的特点是幼苗的光合能力还很弱，下胚轴极易发生徒长，形成"高脚苗"。另外，此期极易发生苗期病害。所以，管理重点是创造一个光照充足、地温适宜、气温稍低、湿度较小的环境条件。播种后 80% 幼苗出土就应开始通风，降低苗床气温。喜温蔬菜日温 20～25℃，夜温 12～15℃；喜凉蔬菜日温 15～20℃，夜温 10～12℃，土温控制在 18℃以上。育苗温室草苫早揭晚盖，延长光照时间，小拱棚白天揭开使幼苗多见光。此期尽量不浇水，可向幼苗根部筛细潮土，减少床面水分蒸发，降低苗床湿度，同时还可以对根部进行培土，促使不定根的发生。筛土要在叶面水珠消失后进行，否则污染叶片。后期如苗床缺水，可选晴天浇一次透水再保墒，切忌小水勤浇。如发生猝倒病应及时将病苗挖去，以药土填穴。

3. 分苗（移植） 分苗就是将小苗从播种床内起出，按一定距离移栽到分苗床中或营养钵（或营养土方）中。分苗的目的是扩大幼苗的营养面积，满足光照和土壤营养条件。分苗时期以破心前后为最好，最迟不能超过 2～3 叶期（果菜类花芽分化期）。早分苗根系小，叶面积不大，移植时不易伤根，蒸腾小，成活快，并能促进侧根大量发生。但早分苗必须保证分苗床有较高的土温，喜温蔬菜需 16～18℃，喜凉蔬菜需 10～12℃，否则不如三叶期分苗。

分苗前 3～4d 逐渐降低播种床温度、湿度，给予充足的阳光，增强幼苗的抗逆性，以利分苗后迅速缓苗。分苗前 1d 播种床浇一次透水，避免起苗时伤根。对于不耐移植的蔬菜可将小苗移入营养钵或营养土方中，对于较耐移植的幼苗可移入分苗床中。分苗时注意淘汰病弱苗、无心叶苗等。如幼苗不齐，可按大小分别移植，以便于管理。分苗后苗床密闭保温，创造一个高温高湿的环境来促进缓苗。缓苗前不通风，如中午高温秧苗萎蔫，可适当遮阴。4～7d 后，幼苗叶色变淡，心叶展开，根系大量发生，标志着已缓苗。

4. 成苗期管理 分苗缓苗后到定植前为成苗期。此期生长量占苗期总量的 95%，其生长中心仍在根、茎、叶，同时果菜类又有花器形成和大量的花芽分化。此期要求有较高的日温、较低的夜温、强光和适当肥水，避免幼苗徒长，促进果菜类花芽分化，防止温度过低造成叶菜类未熟抽薹。

（1）温度管理　　喜温蔬菜的适温指标为日温 25～30℃，夜温 15～20℃；喜凉蔬菜日温 20～22℃，夜温 12～15℃。保持 10℃左右的昼夜温差，即所谓的"大温差育苗"。要特别注意控制夜温，夜温过高呼吸消耗大，幼苗细弱徒长。可根据天气调节温度，晴天光合作用强，温度可高些；阴天为减少呼吸消耗，温度可低些。地温高低对秧苗作用大于气温。严寒冬季，只要地温适宜，即使气温偏低秧苗也能正常生长。因此，成苗期适宜地温为 15～18℃。定植前 7～10d，逐渐加大通风降低苗床温度，对幼苗进行低温锻炼，使之能迅速适应定植后的生长环境。

（2）水分管理　　成苗期秧苗根系发达，生长量大，必须有充足的水分供应，才能促进幼苗的生长发育。水分管理应注意增大浇水量，减少浇水次数，使土壤见干见湿。浇水宜选择晴天的上午进行，冬季保证浇水后有 2～3d 连续晴天。否则，温度低，湿度大，幼苗易发病。

（3）光照管理　　可通过倒坨把小苗调至温光条件较好的中间部位。苗长大后将营养钵分散摆放，扩大受光面积，防止相互遮阴。每次倒坨后必然损伤部分须根，故应浇水防萎蔫，冬季弱光季节育苗可在苗床北部张挂反光幕增加光照。

（4）其他管理　　定植前趁幼苗集中，追施一次速效氮肥，喷施一次广谱性杀菌剂。

5. 壮苗指标　　壮苗是指健壮程度较高的秧苗。从生产效果上理解，壮苗是指生产潜力较大的高质量秧苗。对秧苗群体而言，应包括无病虫害、生长整齐、株体健壮三个主要方面。一般来说，壮苗的共同特征是：茎粗短，节紧密；叶片大而厚，叶色浓绿；根毛白色，多而粗壮；无病虫害，无损伤，大小均匀一致。具体到每一种作物，壮苗又有一些特殊的要求。例如，茄果类要第一果穗或第一朵花出现，但不开放，其中番茄、茄子（白绿茄除外）的叶色要浓绿且带紫色，番茄植株上的绒毛较多，苗平顶而不突出。瓜类蔬菜的秧苗要直立，子叶完整肥厚而有光泽，茎叶有刺毛而且较硬。甘蓝类蔬菜的秧苗要求叶片丛生、叶面有蜡粉等。

（四）育苗注意事项

1. 烂种或出苗不齐　　烂种一方面与种子质量有关，种子未成熟、贮藏过程中霉变、浸种时烫伤均可造成烂种；另一方面播种后低温高湿、施用未腐熟的有机肥、种子出土时间长、长期处于缺氧条件下也易发生烂种。出苗不齐是种子质量差、底水不均、覆土薄厚不均、床温不均、有机肥未腐熟、化肥施用过量等原因造成的。

2. "戴帽"出土　　土温过低、覆土太薄或太干，使种皮受压不够或种皮干燥发硬不易脱落。另外，瓜类种子直插播种，也易"戴帽"出土。为防止"戴帽"出土，播种时应均匀覆土，保证播种后有适宜的土温。幼苗刚出土时，如床土过干，可喷少量水保持床土湿润，发现有覆土太薄的地方，可补撒一层湿润细土。发现"戴帽"出土者，可先喷水使种皮变软，再人工脱去种皮。

3. 沤根　　幼苗不发新根，根呈锈色，病苗极易从土中拔出。沤根主要是由于苗床土温长期低于 12℃，加之浇水过量或遇连阴天，光照不足，幼苗根系在低温、过湿、缺氧状态下，发育不良，造成沤根。防止沤根应提高土壤温度（土温尽量保持在 16℃以上），播种时一次打足底水，出苗过程中适当控水，严防床面过湿。

4. 徒长苗　　徒长苗茎细长，叶薄色淡，须根少而细弱，抗逆性较差，定植后缓苗慢，不易获得早熟高产。幼苗徒长是光照不足、夜温过高、水分和氮肥过多等原因造成的，可通过增加光照、保持适当的昼夜温差、适度给水、适量播种、及时分苗等管理措施来防止。

5. 老化苗 老化苗又称"僵苗""小老苗"。老化苗茎细弱、发硬，叶小发黑，根少色暗。老化苗定植后发棵缓慢，开花结果迟，结果期短，易早衰。老化苗是苗床长期水分不足或温度过低或激素处理不当等原因造成的，育苗时应注意防止长时间温度过低、过度缺水和不按要求使用激素。

二、嫁接育苗

蔬菜嫁接育苗又称嫁接换根，指将切去根系的蔬菜幼苗或带芽枝段接于另一种植物的适当部位，两者接口愈合后形成一株完整的新苗。无根的蔬菜幼苗或枝段称为接穗，提供根系的植株称为砧木。

蔬菜嫁接换根可有效地防止多种土传病害，克服设施连作障碍，并能利用砧木强大的根系吸收更多的水分和养分，同时增强植株的抗逆性，起到促进生长、提高产量的作用。

1. 砧木的选择 优良的嫁接砧木应具备以下特点：嫁接亲和力强、共生亲和力强，表现为嫁接后易成活，成活后长势强；对接穗的主防病害表现为高抗或免疫；嫁接后抗逆性增强；对接穗果实的品质无不良影响或不良影响小。

目前常用蔬菜嫁接砧木多为野生种、半野生种或杂交种。例如，黄瓜多以黑子南瓜为砧木，西瓜多以葫芦和瓠瓜为砧木，甜瓜多以杂种南瓜为砧木，番茄、茄子均以其野生品种为砧木。

2. 嫁接场所、工具的准备 嫁接场所最好在育苗温室内，嫁接时要求室温20～25℃，相对湿度不低于80%，光照较弱。如天热光强，要遮阴降温。嫁接工具包括嫁接操作台、座凳、湿毛巾、竹签、双面刀片、嫁接夹或塑料条、喷雾器、水桶、喷壶等。其中竹签要选取一面带有竹皮的细竹棍，一端削成长5～7mm的平滑单斜面，前端要平直锐利、无毛刺，用于砧木苗茎插孔；另一端削成4～8mm的大斜面，用于去除砧木生长点。

3. 催芽播种 以黄瓜为接穗，以黑子南瓜为砧木，可于定植前40d开始浸种催芽。一般接穗的播种量要比计划的苗数增加20%～30%，而砧木的播种量又要比接穗增加20%～30%。由于黑子南瓜的种皮较厚，可通过热水烫种和机械破壳等方法来提高出芽率。黄瓜可播于沙床上，黑子南瓜则可直接播于营养钵中。当砧木第一片真叶半展开，黄瓜苗刚现真叶时为嫁接适期。

4. 嫁接方法选择

（1）靠接法 以黄瓜为例，采用靠接法，黄瓜比砧木提前5～6d播种。嫁接时首先去除南瓜生长点，并在离子叶节5～10mm处的胚轴上，按35°角自上而下斜切一刀，切口深度为茎粗的1/2；在接穗子叶节下12～15mm处，按35°自下而上斜切一刀，切口深度为茎粗的3/5。然后将接穗舌形楔插入砧木的切口中，用嫁接夹固定，使黄瓜子叶压在南瓜子叶上面。嫁接后立即将接穗根系栽入砧木的营养钵。嫁接成活后切断接穗茎基部。靠接的优点是操作容易、成活率高；缺点是嫁接速度慢，后期还有断根、去夹等工作，较费工时，且接口低，定植时易接触土壤。

（2）插接法　　采用插接法，砧木应早播6～7d，嫁接时先去除砧木生长点，然后竹签向下倾斜插入，注意插孔要躲过胚轴的中央空腔，不要插破表皮，竹签暂不拔出。取一株黄瓜苗，在子叶以下8～10mm处，将下胚轴切成楔形。此时拔出砧木上的竹签，右手捏住接穗的两片子叶，插入孔中，使接穗两片子叶与砧木两片子叶平行或呈十字花嵌合。插接法的优点是接口较高，定植后不易接触土壤，省去了嫁接后去夹、断根等工序。缺点是嫁接后对温湿度要求高。

（3）劈接法　　采用劈接法，砧木应早播5～7d，嫁接时去除砧木生长点，使其呈平台状。然后在茎轴一侧自上而下轻轻切开长约1cm的切口，将黄瓜下胚轴切成楔形，插入砧木切口内，立即用嫁接夹固定。

（4）贴接法　　采用贴接法，接穗早播3～4d，砧穗下胚轴粗细接近时嫁接。用锋利刀片削去砧木一片子叶和生长点，椭圆形切口长5～8mm。接穗在子叶下8～10mm处向下斜切一刀，切口与砧木切口贴合，用嫁接夹固定。

5. 嫁接苗的管理

（1）嫁接后1～3d　　嫁接完成后要立即将营养钵整齐地排放在铺有地热线、扣有小拱棚的苗床内保温保湿。此期是愈伤组织形成时期，也是嫁接苗成活的关键时期，一定要保证小拱棚内相对湿度达95%以上，日温保持25～27℃，夜温14～20℃，苗床全面遮阴。

（2）嫁接后4～6d　　此期是假导管形成期。棚内的相对湿度应降低至90%左右，日温保持在25℃左右，夜温16～18℃，可见弱光。因此，小拱棚顶部每天可通风1～2h，早晚可揭开遮阴覆盖物，使苗床见光。如管理正常，接穗的下胚轴会明显伸长，第一片真叶开始生长。

（3）嫁接后7～10d　　此期是真导管形成期。棚内相对湿度应降至85%左右，湿度过大，易造成接穗徒长和叶片感病。因此，小棚应全天开3～10cm的缝，进行通风排湿，一般不再遮阴。正常条件下，接穗真叶半展开，标志着砧穗已完全愈合，应及时将已成活的嫁接苗移出小拱棚。

（4）嫁接后10～15d　　移出小棚后的嫁接苗，经2～3d的适应期后，同自根苗一样进行大温差管理，以促进嫁接苗花芽分化。同时注意随时去除砧木萌蘖，靠接者还应及时给接穗断根。嫁接苗长出3～4片真叶时即可定植，定植时注意培土不可埋过接口处。

三、穴盘育苗

穴盘育苗，是以不同规格的专用穴盘作容器，用草炭、蛭石等轻质无土材料作基质，通过精量播种（一穴一粒）、覆土、浇水，一次成苗的现代化育苗技术。我国引进以后称其为机械化育苗或工厂化育苗，目前多称为穴盘育苗。穴盘育苗运用智能化、工程化、机械化的育苗技术，摆脱自然条件的束缚和地域性限制，实现蔬菜、花卉种苗的工厂化生产。

穴盘育苗优点如下：①穴盘育苗采用自动化播种，集中育苗，节省人力物力，人均管理苗数是常规育苗的10倍以上。与常规育苗相比，成本可降低30%～50%。②穴盘苗重量轻，每株重量仅为30～50g，是常规苗的6%～10%。基质保水能力强，根坨不易散，适宜远距离运输。③幼苗的抗逆性增强，并且定植时不伤根，没有缓苗期。④可以机械化移栽，移栽效率可提高4～5倍。

1. 精量播种系统准备 该系统承担基质的前处理、基质的混拌、装盘、压穴、精量播种，以及播种后的覆盖、喷水等作业。精量播种机是这个系统的核心部分，根据播种器的作业原理不同，精量播种机有真空吸附式和机械转动式两种类型。真空吸附式播种机对种子形状和粒径大小没有严格要求，播种之前无需对种子进行丸粒化加工。而机械转动式播种机对种子粒径大小和形状要求比较严格，除十字花科蔬菜的一些种类外，播种之前必须把种子加工成近于圆球形。

2. 穴盘选择 根据孔穴数量和孔径大小不同，穴盘分为50孔、72孔、128孔、200孔、288孔、392孔和512孔。我国使用的穴盘以72孔、128孔和288孔者居多，每盘容积分别为4630mL、3645mL、2765mL。番茄、茄子、早熟甘蓝育苗多选用72孔穴盘；辣椒及中晚熟甘蓝大多选用128孔穴盘；春季育小苗则选用288孔穴盘，夏播番茄、芹菜选用288孔或200孔穴盘，其他蔬菜如夏播茄子、秋花椰菜等均选用128孔穴盘。

3. 育苗基质准备 穴盘育苗单株营养面积小，每个穴孔盛装的基质量很少，要育出优质商品苗，必须选用理化性好的育苗基质。目前国内外一致公认草炭、蛭石、珍珠岩、废菇料等是蔬菜理想的育苗基质材料。草炭最好选用灰藓草炭，pH5.0～5.5，养分含量高，亲水性能好。适合于冬春蔬菜育苗的基质配方为蛭石：草炭＝1：2或平菇渣：草炭：蛭石＝1：1：1；适合于夏季育苗的基质配方为草炭：蛭石：珍珠岩＝1：1：1或草炭：蛭石：珍珠岩＝2：1：1。为满足蔬菜苗期生长对养分的需求，在配制育苗基质时应考虑加入适量的大量元素（表3-1）。

表 3-1 穴盘育苗化肥推荐用量 （单位：kg/m³）

蔬菜种类	氮磷钾三元复合肥（15：15：15）	尿素＋磷酸二氢钾	
冬春茄子	3.0～3.4	1.0～1.5	1.0～1.5
冬春辣（甜）椒	2.2～2.7	0.8～1.3	1.0～1.5
冬春番茄	2.0～2.5	0.5～1.2	0.5～1.2
春黄瓜	1.9～2.4	0.5～1.0	0.5～1.0
莴苣	0.7～1.2	0.2～0.5	0.3～0.7
甘蓝	2.6～3.1	1.0～1.5	0.4～0.8
西瓜	0.5～1.0	0.3	0.5
花椰菜	2.6～3.1	1.0～1.5	0.4～0.8
芥蓝	0.7～1.2	0.2～0.5	0.3～0.7

4. 育苗温室准备 温室是育苗中心的主要设施，建立一座育苗中心50%以上的开支是温室及温室设施的建造和购置费。黄河以北地区育苗温室宜选用节能型日光温室，其跨度应在7m以上，通道宽大于1.5m，每亩温室可放置育苗盘2500个。设计上要考虑冬季室内最低气温不应低于12℃，出现低温天气需采取临时加温措施，所以需配备加温设备。育苗温室务必选用无滴膜，防止水滴落入苗盘中。夏季育苗注意防雨、通风及配备遮阳设备。

5. 育苗床架选择　　育苗床架的设置一是为育苗者作业操作方便，二是可以提高育苗盘的温度，三是可防止幼苗的根扎入地下，有利于根坨的形成。冬天床架可稍高些，夏天可稍矮些，一般为 50～70cm。为考虑浇水等作业管理方便，苗盘码放时要按一定间隔留有通道。

6. 肥水供给系统选择　　采用微喷设备，自动喷水、喷肥。没有微喷设备，可以利用自来水管或水泵，接上软管和喷头，进行水分的供给。需要喷肥时，在水管上安放加肥装置，利用虹吸作用，进行养分的补给。

7. 催芽室催芽　　穴盘育苗则是将裸籽或丸粒化种子直接通过精量播种机播进穴盘里。冬春季为了保证种子能够迅速整齐地萌发，通常把播完种的穴盘首先送进催芽室，待 60% 种子拱土时挪出。催芽室应具备足够大的空间和良好的保温性能，内设育苗盘架和水源，催芽室距离育苗温室不应太远，以便在严寒的冬季能够迅速转移已萌发的苗盘。如果育苗量较少，也可将催芽室放在育苗温室里，用塑料薄膜隔成一间小房子，提供足够的温度条件即可。

【任务实施】

工作任务单

任务	蔬菜育苗	学时	
姓名：			组
班级：			

工作任务描述：
以校内实训基地、实验室为场地，每班分为 5 组，每组选择一种蔬菜作物，进行蔬菜育苗技术操作。通过实际操作，掌握各种蔬菜的育苗方式；针对不同蔬菜作物，掌握不同的育苗基质配方、育苗技术和苗期管理技术；具备大多数常见蔬菜的育苗能力，同时对育苗过程中的常见问题具有分析与解决能力。

学时安排	资讯学时	计划学时	决策学时	实施学时	检查学时	评价学时

提供资料：
1. 校内实训基地、实验室。
2. 各类蔬菜育苗基质、嫁接和穴盘育苗用的工具及材料；相关知识的书籍、PPT、影像资料。
3. 网络精品课程资源、校内电子图书馆等。

具体任务内容：
1. 以组为单位选好需种植的蔬菜种类，在设施中进行每种蔬菜传统育苗方式、嫁接育苗和穴盘育苗方式的比较。比较内容包括出苗率、出苗时间、生长速度、鲜重、干重等。
2. 任务结束后各组选派代表陈述实验报告，由小组互评、教师点评。
3. 教师进行归纳分析，引导学生，培养学生对专业的热情。
4. 安排学生自主学习，修订育苗实验报告，巩固学习成果。

对学生要求：
1. 能独立自主地学习相关知识，收集资料、整理资料，形成个人观点，在个人观点的基础上，综合形成小组观点。
2. 对调查工作认真负责，具备科学严谨的态度和敬业精神。
3. 具备网络工具的使用能力和语言文字表达能力，积极参与小组讨论。
4. 具备较强的人际交往能力和团队合作能力。
5. 具有一定的计划和决策能力。
6. 提交个人和小组文字材料或 PPT。

任务资讯单

任务	蔬菜育苗	学时	
姓名:			组
班级:			

资讯方式：学生分组进行市场调查和蔬菜生产基地调研，小组统一查询资料。

资讯问题：
1. 我国蔬菜育苗现状、存在问题和发展趋势。
2. 常用蔬菜育苗方式的注意事项有哪些？
3. 劈接和插接的具体操作流程有哪些？
4. 穴盘育苗的操作流程有哪些？

任务计划单、任务实施作业单见附录。

【任务考核】

任务考核标准

任务	蔬菜育苗	学时	
姓名:			组
班级:			

序号	考核内容	考核标准	参考分值
1	任务认知程度	根据任务准确获取学习资料，有学习记录	5
2	情感态度	学习精力集中，学习方法多样，积极主动，全部出勤	5
3	团队协作	听从指挥，服从安排，积极与小组成员合作，共同完成工作任务	10
4	调研报告制订	有工作计划，计划内容完整，时间安排合理，工作步骤正确	10
5	工作记录	工作检查记录单完成及时，客观公正，记录完整，结果分析正确	10
6	育苗类别	掌握蔬菜不同种类的育苗差异及原理	10
7	育苗技术	掌握不同蔬菜所采用的育苗技术	10
8	消费领域	能够说出当地主要消费的蔬菜苗木及价格	10
9	生产领域	能够说出当地主要生产的蔬菜种类、分类地位、销售区域和销售价格	10
10	综合运用	能够根据不同分类标准熟练地将调查的蔬菜进行分类	10
11	工作体会	工作总结体会深刻，结果正确，上交及时	10
合计			100

教学反馈表

任务		蔬菜育苗		学时		
姓名：						组
班级：						
序号	调查内容			是	否	陈述理由
1	是否掌握嫁接育苗？					
2	是否掌握传统育苗？					
3	是否掌握工厂化育苗？					
4	是否掌握育苗注意事项？					
收获、感悟及体会：						
请写出你对教学改进的建议及意见：						

任务评价单、任务检查记录单见附录。

蔬菜整地、做畦、施肥

【知识目标】

1. 掌握蔬菜整地的基本原理。
2. 掌握蔬菜整地的技术和方法。
3. 掌握蔬菜种植做畦的特点。
4. 掌握蔬菜种植做畦的技术和方法。
5. 掌握蔬菜作物的需肥特点。
6. 掌握蔬菜作物的施肥技术要点。

【能力目标】

1. 能够根据实际情况对蔬菜园土地进行合理整治，并掌握土壤耕作原理和改良方法。
2. 能够根据实际情况对蔬菜园土地进行合理的做畦。
3. 能够根据蔬菜作物的实际生长状态和外部环境条件判断需肥状况，进而能够对蔬菜作物进行施肥，促进和调控作物生长发育。

【内容图解】

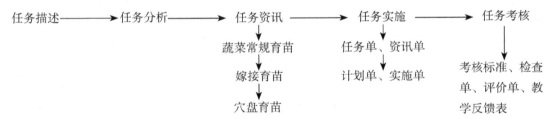

【任务描述】

以某种蔬菜为材料，在适宜的工作场所完成蔬菜整地、做畦和施肥的工作。

【任务分析】

整地为翻地之外的浅层土壤耕作的统称，包括耢地、耙地、压地（也叫镇压）等。一般有整平、耙细、压实的说法，起到便于播种、保土、保水、保肥的目的；整地也有秋整地和春整地之分，顾名思义，春天雨水小、风大，土壤水分损失大，春整地尤为重要（耢地具有平整土地、消灭大土块、开春促进雪融化、提高地温、提前播种等作用）。

做畦（垄）技术是整地的最后一项工作，根据规定和农艺技术要求，把土地做成一定规格的土畦（垄），既为播种（灌水、插秧）做好准备，也是保水、保肥、抵御旱涝的重要措施。

施肥是常年都要进行的工作，蔬菜在生长的不同阶段对肥料的要求不同。底肥在春季播种之前或者打垄之前进行，底肥可保证作物全年的营养需要。底肥是施肥量最大的一次，不但要保证作物全年的需要，还要逐年改善土壤的肥力，尤其是有机肥不但可以供给作物生长需要，还可以培养土壤的团粒结构，对土壤抗旱、抗涝及提高地力都有好处。

【任务资讯】

一、土壤耕作原理与方法

（一）土壤的理化性质对蔬菜栽培生态及根系的影响

蔬菜作物的生长发育过程中，所需的温度、水分、养分、空气等，都与土壤有直接关系，菜田生态系统由菜田土壤、菜田微气象和栽培蔬菜作物所组成，包含水分、空气、土粒、土壤微生物、昆虫和植物等因素。土壤中固相、液相和气相决定着土壤生态系统的特性，同时，在土壤中的微生物和生物种群，依土壤而生存，又对土壤生态系统产生一定的影响。

要保证蔬菜作物能顺利完成生长发育的各个阶段，则要求土壤有较深的土层，最好能达 1m 以上，耕作层至少在 25cm 以上，使水分、养分、空气、热量等因素都有一个保蓄的地下空间，使作物根系有适当伸展和活动的场所。耕层的松紧程度，应当随当地气候、栽培作物的不同而不同。土壤质地要沙黏适中，含有较多的有机质，具有良好的团粒，为根系创造良好的生长发育条件，同时要求土壤 pH 适度、地下水位不太高、土壤中不存在过多重金属及其他有毒物质和感染病虫的蔬菜作物残留物。在环境-植物-动物-土壤这样一个生态系统中，为使作物高产，提高土壤肥力而采用的施肥、灌溉和排水等措施，都是直接改变土壤肥力因素中的某一方面，均可促使根系发育向有利的方面进行。

水分和空气都处在土壤总孔隙中，水分多了就要排斥空气，如果水分少了，而且持续时间短，则有利于土壤气体交换，有利于蔬菜作物的生长；如果土壤水分过多，持续时间长，则由于氧气消耗多，空气更新慢，常迅速造成土壤缺氧状态，阻碍根系生长和对养分、水分的吸收，甚至造成死亡。在这种情况下，微生物活动性质改变，有益的微生物活动受到抑制，产生大量有毒物质并造成养分的损失。

土壤中水分、空气、热量条件的变化，影响和改变了土壤微生物的生活条件，使土壤微生物和生物化学活性的强度也随之改变。当土壤温度较低时，微生物化学活性较弱。对于大多数土壤微生物来说，在常温下，其最适湿度为最大持水量的 60%～80%。湿度加大，空气减少，有机质好气分解过程变成嫌气积累过程。微生物情况的改变，直接影响土壤养分的变化。只有土壤温度、湿度和空气状况适宜时，好气性微生物活动旺盛，才能使土壤潜在养分迅速转化为速效养分，供植物利用。超过或低于最适温度，嫌气微生物占优势，便会使养分朝着相反的方向转化，因此，在土壤耕作时应充分考虑菜田生态系统内部的相互作用。

土壤耕作的技术措施，并不是对水分、养分、空气、热量有直接的增减作用，而是通过机械的作用，创造良好的耕层构造和孔隙度，调节土壤中水分与空气状况，从而调整土壤肥力因素之间的矛盾。根据目前研究的结果证明，作物对土壤肥力因素的要求与土壤能否满足这些要求是随条件而异的，同时，水分、养分、空气、热量在某一时期都可以成为限制因素，但是空气和水分是主要的矛盾，而水分又是这一主要矛盾的主要方面，所以在大范围内改变作物生态环境，不仅要以稳定水分的动态平衡来充分利用热量资源和土壤能量，还要通过土壤耕作措施调节耕层中各个肥力因素，即主要通过水分动态平衡来实现土壤温度和养分的动态平衡。这样，在生产中调节土壤肥力因素和培养土壤肥力时，既可以通过耕层构造也可以通过土壤水分去控制，比只通过耕层构造一个方面更好一些，这些措施都是为了改变土壤的理化性质，以有利于蔬菜作物根系的生长发育。

（二）土壤耕作的主要任务

土壤耕作的主要任务是通过机械作用，创造一个良好的土壤表面状态和适宜的耕层构造；建立土壤中水分、空气、热量等因素与外界环境之间的动态平衡；控制土壤微生物的活动性和生物学活性；调节有机质的分解和积累；创造一定的土壤表面状态，有利于蓄水保墒和防止土壤水分大量蒸发及土壤侵蚀；正确地翻埋肥料，使土、肥混合均匀，加速肥料的分解；减轻病、虫、杂草对蔬菜作物的危害。

1. 加深耕层，疏松土壤　　土壤的松紧度是土壤的重要物理性质之一，是孔隙性的具体表现，而土壤孔隙性又影响土壤肥力因素的变化，土壤过松，大孔隙占优势，通透性强，但持水力差，土壤温度不稳定，有水时好气性微生物活动旺盛，有机质矿化过程快，养分易淋失，不利于有机质的积累，缺水时养分状况也恶化，所以对于轻质土壤和过松土壤，采取镇压的措施压紧土壤很重要。蔬菜作物要求一个深厚的活土层，活是指土壤内尤其是耕层内，水分、养分、空气、热量等肥力因素协调活化，土壤的理化、生物性质变化均能随时配合作物生命活动，满足作物生长的需要；厚是指活土层的深厚，储存的养分、水分多，保证源源不断地及时补给根系对水分和养分的需求，使作物根系分布范围广、吸收能力强，地上部生长良好，一般要求活土层的厚度在25～30cm。而活土层的厚度主要是由作物根系生长发育特点所决定的，一般活土层的厚度可决定根系密集层的厚度和它在耕层中存在的深度。如果活土层只有10～15cm，下面是生土层或是犁底层，则会严重地限制作物根系的伸展，根系密集层距地面太近且密集层薄，则容易受气候骤变的不良影响，如根系密集层距根系地面较远时，说明根系在较深的部位才得到适宜的土壤环境，它不能较早地为地上部输送营养物质，因而将影响地上部位的生长发育。一般认为，以活土层达到25～30cm，使根系密集层达到6～8cm至20～25cm，其根量以占总根量的70%～80%为宜，所以，土壤耕作要根据土层的厚度和作物的根型，翻耕土壤，疏松耕层。

2. 翻耕耕作，混拌土壤　　通过翻耕地将耕作层上下翻转，改变土层位置，以改善耕层的物理、化学和生物状况，同时进行晒垡、冻垡、熟化土壤，以及掩埋肥料、残茬、秸秆和绿肥，调整耕层养分的垂直分布，可以消灭杂草、病虫害和消除土壤的有毒物质。翻耕还可使肥料与土壤均匀混合，有利于有机质的分解，并使耕层形成均匀一致的营养环境，避免有些地方肥料与土壤混合不匀，使作物生长不良，或有些地方肥料过多，溶液浓度过大，造成烧苗现象。

3. 平整地面，压紧土壤　　翻耕可将高低不平的土壤表层整平，以便播种深浅一致，出苗整齐，有利于提高其他耕作措施质量，对盐碱土可减轻返盐，提高排水洗盐效果。干旱时，因减少了土表面积，可减少蒸发，以利保墒。我国北方土壤经过耕作后，有时过于疏松，甚至垡块空架，或因冻融作用使土壤过暄，引起耕层构造上三相比例失调，大孔隙过多。为了减少土壤空气的过分流通，减少水分的蒸发，为种子的发芽和根系的生长发育创造良好的条件，需要压紧土壤，减少非毛细管孔隙，抑制生态水扩散，而下层土壤水分则可通过毛细管孔隙向上运动，起到保墒和引墒的作用，有利于种子萌发和根系生长。在干旱地区和干旱季节，压土是十分必要的，南方雨水较多的地区，整地时不宜压紧土壤。

（三）耕作的适宜时期与方法

土壤耕作的适宜时期，主要指土壤的宜耕性，应依各种不同土壤及其含水量来决定其适宜的耕作时期，此外，还有季节的差异，如春耕与秋耕，在方法上有深耕及各种适合于蔬菜作物栽培的做畦方法。

1. 土壤的宜耕性与耕作时期 决定和影响土壤耕性的主要因素是土壤质地，土壤有机质含量、土壤结构和土壤水分共同影响土壤结持力、黏着力和可塑性，并进一步影响土壤的宜耕性。例如，土壤质地黏重，说明黏粒的比例较大，根据土粒间接触的数目与土粒直径的立方成反比的原理，黏土内土粒接触的面积就大大增加。因此，在水分少时黏土的结持力很大，在水分逐渐增多时，黏土的结持力逐渐减少，但黏着力和可塑性又逐渐增加。黏重与结构差的土壤，耕作时农具所受的阻力大，而且耕作质量差，所以说宜耕性在水分少时主要受结持力的影响，可塑性虽不影响耕作难易，却关系耕作质量，当湿耕时，因可塑性造成明条、垄条，之后，土壤结构受到破坏，总孔隙减少，一旦水分丧失，又重新产生很大的结持力。

在生产上掌握宜耕期比较简便的办法，是选择在土壤水分最适宜的时期，即当土壤水分不是很少，结持力已减少，同时又不太大，黏着力尚未产生的时期。因而可以认为，土壤水分是影响土壤宜耕性最活跃的，也是最容易控制的因素。根据不同土壤的物理性状掌握适耕期，是保证耕作质量最简易而切实可行的方法。不同土壤要求的水分含量比较一致，为其田间持水量的40%～60%。一般表现为脚踏土块散碎，抓一把耕层5～10cm处的土，手握能成团，但不出水，手无湿印，落地即散碎。

2. 深耕 深耕的作用在于加厚活土层，增强土壤蓄水、抗旱和抗涝的能力，而且有利于消灭杂草和病虫害，一般有壁犁耕深为20～25cm，用松土铲进行深松土，深度达30cm以上。一般深耕25～30cm，后效可达到2～3年，因此不需要年年深耕，虽然在50cm以内的深耕对作物根系发育有好处，但应考虑生产成本与经济效益，盲目强调深耕，只能适得其反。深耕的原则是：熟土在上，生土在下，不乱土层。因为不管深耕如何，作物根系有一半以上都集中在0～20cm的土层里，20cm以下土壤氧气含量少，微生物活性低，下层土壤有机肥料及土壤矿质不易分解，对作物根系生长不利，此外深耕应与浅耕相结合。

3. 秋耕与春耕 我国北方寒冷地区，秋耕与春耕这两个时期分得比较清楚，长江以南气候比较温暖，全年都能栽培蔬菜，大都随收随耕，很少或没有休闲时期。秋耕应在作物收获后，土壤结冻前进行，这样有利于积累秋墒，防止春旱。秋耕可以使土壤经过冬季冷冻，增加土壤疏松度和吸水保水力，消灭土壤中的病菌和虫卵，并可提高翌年春季地温。一般准备在早春播种或栽种的田块，都采取秋耕，秋耕时可以进行深耕。春耕大多指在秋耕经过的菜田地块上进行耙磨、镇压、保墒等作业，或对未秋耕地进行深耕，目的在于为春播、春种做准备，春耕宜在土壤化冻5cm左右时进行，以补耕为目的的，不宜深耕，并随耕随耙，以利保墒。

以上几种蔬菜生产上应用的耕作法，大多属于平翻耕法和垄作耕法，除了这些耕法外，还有深松耕法、免耕法、沙田耕法等，都各有一定的优点，适合于某些特定条件和某种作物应用。

二、做畦

由于各地的气候、土壤、栽培方式和蔬菜作物种类不同，常用的菜畦大致可分为以下几种。

（1）平畦　　是畦面与道路相平的栽培畦，地面整平后不特别铸成畦沟和畦面，适于排水良好、雨量均匀、不需要经常灌溉的地区。

（2）低畦　　畦面低于地面，即畦间走道比畦面高的栽培畦形式，这种畦利于蓄水和灌溉，在少雨的季节，干旱地区应用较为普遍，种植叶菜及需要经常灌水的蔬菜作物也常采用这种畦式。

（3）高畦　　在降水多、地下水位高或排水不良的地方，为了减少涝害，采用从地面凸起的栽培畦，畦面宽 1～1.3m，甚至 2.6～3m，高 15～18cm。适于降水量大且集中的地区，如长江以南地区，大多采用这种高畦的方式种菜。

（4）垄　　垄是一种较窄的高畦，垄距一般为 60～80cm，垂直高度为 16～20cm，春季可较快提高地温，雨季便于排水，机耕也较方便，我国北方地区夏秋季多采用这种方式种菜。

（5）畦的走向　　畦的走向取决于种植蔬菜作物的行向，在不同行向栽培的蔬菜植株所受的光照度及光在群体内的分布状况、群体内空气流通、热量状况和地表水分均有所不同，特别对植株较高的蔬菜作物影响较大。畦的走向要根据地形、水渠位置、植株高矮和对光照的要求确定，一般高秧蔬菜以南北走向为好，受光均匀，可避免产生前后遮阴的问题。

三、施肥

（一）蔬菜作物需肥特点

蔬菜作物种类、品种繁多，它们的生长特性各异，对土壤营养条件要求也不尽相同，但是，从蔬菜作物总体来看，它较粮食作物吸肥力强。根是植物吸收养分和水分的重要器官，根系的养分吸着力与根的盐基置换容量的关系密切，有研究指出，每 100g 蔬菜作物根系的置换容量大体可分为三种类型，置换容量最大的有黄瓜、茼蒿、莴苣等，置换容量中等的有茄子、番茄、胡萝卜、萝卜、菜豆、蚕豆等大部分蔬菜作物，置换容量低的有洋葱、大葱等。但总的来看，蔬菜作物根的置换容量显著高于小麦、玉米、水稻等粮食作物，一般来说，盐基置换容量大的，根系容易吸收二阶阳离子如钙、镁等离子，而容量小的，则优先吸收一阶阳离子如钾、氨等离子，由于蔬菜作物根的置换容量较高，因此吸肥力强，且吸收钙素的质量也较多。

（二）蔬菜作物需肥量的确定

1. 蔬菜作物养分吸收量的确定　　蔬菜作物种类很多，对无机养分的要求也各有特点，不尽相同。但从作物机体的构成对营养要素的基本要求来看，蔬菜作物又具有大体上的共性。如果确认蔬菜作物吸收养分的比例大致一定的话，则各种作物的营养元素吸收量主要取决于生育量及产量的大小。当然，这个原则也同样适用于同种作物不同品种，以及同一品种的不同产量。以 1000m² 的产量为标准，可将蔬菜作物的养分吸收量（以 K_2O 的吸收量为标准）大致划分为以下 5 种类型。

1）每 1000m² 产量为 8t，K_2O 吸收量为 40kg，如黄瓜、番茄、茄子、甜瓜、西瓜、甜椒等。

2）每 1000m² 产量为 6t，K_2O 吸收量为 30kg，如芜菁、白菜及萝卜（K_2O 为 20kg）、洋葱（K_2O 为 10kg）等。

3）每 1000m² 产量为 4t，K_2O 吸收量为 20kg，如甘蓝、芹菜、花椰菜、马铃薯等。

4）每 1000m² 产量为 2t，K_2O 吸收量为 10kg，如菠菜、莴苣、抱子甘蓝及胡萝卜（K_2O 为 20kg）、蚕豆（K_2O 为 15kg）等。

5）每 1000m² 产量为 1t，K_2O 吸收量为 10kg，如豇豆、菜豆及芦笋（K_2O 为 20kg）等。

由以上的吸收比例及预定的产量指标即可推断出蔬菜作物所需吸收的养分量。例如，1000m² 面积上收获 8t 黄瓜，则吸收量应为：K_2O 40kg、CaO 32kg、N 24kg、P_2O_5 8kg、MgO 6kg。

应该指出，根据作物对养分的吸收比例及产量来确定的养分吸收量只是一个大体上的范围，即经验吸收量，并不能否定各个作物之间及不同栽培条件下对不同元素吸收所存在的差异。尽管如此，这种推算出的估计值在生产实践中还是有一定的应用价值，因为即使进行精密试验而得到的数据也不能排除实际栽培中的多种因素对养分吸收的影响。当然，在实际进行施肥量计算时，还必须根据大量试验资料计算出不同土壤及蔬菜种类等条件下的土壤天然供给率及肥料利用率，从而计算出施肥倍率，其难度与工作量也是不小的。因此，这种经验养分吸收量最适用于宏观研究或粗略的养分估算等方面。

2. 实行平衡施肥技术时的施肥量计算方法　蔬菜作物平衡施肥的中心问题是要科学地确定各种养分元素的施用量。计算施肥量的方法有很多种，现简要介绍常用的养分平衡法及有效养分系数法。

（1）养分平衡法　又名"差减法"或"差值法"，其基本计算公式为

$$某养分元素合理施用量 = \frac{一季作物的总吸收量 - 土壤供给量}{肥料的养分含量（\%）\times 肥料的利用率（\%）}$$

利用该公式计算施肥量，必须掌握以下参数。

1）计算产量指标。可以凭经验定产，即根据近几年来该种蔬菜（同一栽培季节与栽培方式）实际得到的平均产量或改进某项（些）技术后有可能提高的产量（一般只能高于平均产量的 10%～20%）定产；也可以土壤肥力定产，即选不同土壤肥力的菜地栽培同一种（品种）蔬菜，每块地均设置无肥区与全肥区，依据得到的产量建立 $y = f(x)$ 回归模式（y 为目标产量，x 为无肥区产量或基础产量）。还可以以有机质含量定产，即在一定范围内，土壤有机质含量高低和产量有明显的相关关系，如果通过实测建立起这种相关关系模型，就可用来预测欲进行平衡施肥地块的目标产量。

2）蔬菜作物的养分吸收量。常以每形成 1000kg 蔬菜产品（可实用部分）整个植株吸收的 N（P、K）量（kg）来表示蔬菜作物的需肥量。计算公式为

$$蔬菜需吸收的 N（P、K）（kg） = \frac{目标产量（kg）}{1000}$$

$$\times 每形成 1000kg 经济产量吸收的 N（P、K）量（kg）$$

最好应用当地生产条件下测得的实际参数，因为这个参数并不是恒值，依品种、土壤

肥力状况、施肥水平等生态、栽培条件不同而异。无本地研究资料时，也可借用已有资料，但必须选用与当地栽培条件比较接近的地区的资料，以求尽可能准确一些。

3）土壤供肥量，即土壤供肥能力。一般是利用蔬菜作物在不施肥条件下净吸收的养分量来计算土壤的供肥能力。具体做法是：首先设置至少5个处理的试验，即对照（完全不施肥），P、K区，N、K区，N、P区和N、P、K全肥区，分别测产，然后按以下公式计算出土壤供应N、P、K的能力。

$$土壤供N（P、K）量（kg/hm^2）=\frac{P、K区（N、K区或N、P区）经济产量（kg/hm^2）}{1000}$$
$$\times 每形成1000kg经济产量的吸N（P、K）量（kg）$$

不同土壤肥力及栽培条件下，土壤供肥能力差异较大，应积累多年（多点）资料，以求取得有代表性的参数。

4）肥料有效养分含量。以化肥出厂时注明的有效养分含量作为计算参数。

5）肥料利用率是指当季蔬菜作物从所施肥料中吸收的养分量占施入肥料总养分量的百分数。计算式如下：

$$某肥料利用率（\%）=\frac{蔬菜当季从肥料中吸收某养分量（kg/hm^2）}{施入土壤的某肥料含纯养分量（kg/hm^2）}\times 100$$

根据目前各地的试验资料，菜田氮肥的利用率一般为40%~60%，磷肥的利用率为10%~25%，钾肥的利用率为50%~60%。肥料利用率因土壤、栽培方式、肥料种类、气候等各种影响条件不同差异较大。一般来说，土壤肥力越高或施肥量越大，利用率越低；蔬菜越高产或栽培环境越适宜，利用率越高。采取综合措施不断提高蔬菜的肥料利用率是当前施肥中值得重视的问题之一。

测定肥料利用率一般还是采用差减法，可以和土壤供肥能力的测定同步进行（试验小区设置与之相同）。计算公式如下：

常规施肥区作物吸氮总量=常规施肥区籽粒产量×籽粒氮养分含量
+常规施肥区茎叶产量×茎叶氮养分含量

无氮区作物吸氮总量=无氮区籽粒产量×籽粒氮养分含量+无氮区茎叶产量
×茎叶氮养分含量

$$氮肥利用率（\%）=\frac{常规施肥区作物吸氮总量-无氮区作物吸氮总量}{所施肥料中氮素总量}\times 100$$

有了以上参数，就可将其代入计算公式，即得出某养分元素的合理用量。

养分平衡法的优点是直观、简明、易懂，容易被接受。但是，也得通过试验求得土壤供肥量，不但测定工作量较大，而且施肥后又会导致土壤供肥能力的改变，需要每年或几年测定一次，耗费人力、物力、财力较大。为克服这些不足，有效养分系数法应运而生。

（2）有效养分系数法　有效养分系数法与养分平衡法的原理相同，方法也基本一样，不同的是，有效养分法可用简单的化学测定方法代替繁杂的生物测定方法得到土壤养分供给量这一参数。土壤为蔬菜提供的养分，主要为土壤中的速效养分或称有效养分，但这种养分也不可能被蔬菜全部吸收，也存在"利用率"问题。所以有效养分系数法中的土壤供肥量计算公式应该是

$$土壤供肥量（kg/hm^2）=土壤有效养分测定值（mg/kg）×10^{-6}×2.25×10^6（kg/hm^2）$$
$$×有效养分系数（\%）$$

式中，土壤有效养分测定值是用化学方法测得的土壤中速效 N、P、K 的含量；$2.25×10^6$ 是指每公顷耕层土壤的重量；再乘以 10^{-6} 即换算为每公顷的养分千克数。

土壤有效养分系数的测定方法是：在田间布置 5 个处理的试验（同养分平衡法土壤供肥量测定试验）。在试验开始前采土样测定土壤中速效 N、P、K 含量（土测值），再计算出形成各区蔬菜产量的蔬菜作物养分吸收量，按下面公式计算求得土壤 N、P、K 的有效养分系数。

土壤 N（P、K）有效养分系数（%）=

$$\frac{\dfrac{无 N（无 P、无 K）区蔬菜经济产量（kg/hm^2）}{1000}×每形成 1000kg 经济产量的吸收 N（P、K）量（kg）}{土壤速效 N（P、K）土测值（mg/kg）×2.25（kg/hm^2）}$$

利用有效养分系数求得土壤养分供应量后，则可应用下面公式计算施肥量：

施肥量（kg/hm²）=

$$\frac{\dfrac{目标产量（kg/hm^2）}{1000}×每形成 1000kg 经济产量的养分吸收量（kg）-2.25（kg/hm^2）×土测值（mg/kg）×有效养分系数}{肥料中有效养分含量（\%）×肥料利用率（\%）}$$

要说明的是，如果按上述方法做起来不仅很麻烦，工作量也很大，必须在同一类型不同肥力水平的土壤上做多点 5 区试验，求得各试验块地的有效养分系数，建立起土测值与土壤有效养分系数之间的回归模型。应用时只要测得土测值，代入回归模型即可很快求出有效养分系数。当然，试验和应用这种方法时蔬菜种类必须相同，甚至要求品种一样或相近，以求所得的参数具有较高的可靠性。另外，建立的回归模型，经显著性测验后证明回归显著才能应用。

3. 有机肥施用量的确定方法　　土壤有机质矿化和积累平衡是稳定有机肥用量的基本依据，即土壤有机质矿化后其含量就要降低，为维持和提高土壤有机质的含量就需要补充或增加有机质或施用有机肥，因为土壤有机质的来源，主要靠残留在土中的根系和所施用有机肥的腐殖质化，而前者在菜田土壤中的积累极少，几乎可忽略不计。沈阳农业大学土壤肥力研究室提出了一个简易的算式来计算有机肥料的用量。

$$M=\frac{WaO-CR}{bt}$$

式中，M 为有机肥料施用量（kg/hm²）；O 为原土壤有机质含量或培肥指标；W 为单位面积（hm²）耕层土重，一般按 $2.25×10^6$kg 计算；R 为耕层中根茬残留量（kg/hm²）；C 为根茬物质腐殖化系数（%）；a 为土壤有机质的年矿化率（%）；b 为有机肥料的腐殖化系数；t 为有机肥料中有机质含量。

菜田栽培中，因清洁田园要求，根茬残留极少，R、C 值一般可不考虑，W 值已知，以下分别介绍 O、a、b、t 4 个参数。

（1）土壤有机质的培肥指标　　根据各地高产地块调查及老菜田高度熟化土壤的有机质含量状况，菜田土壤有机质的培肥指标应定在≥3%。

（2）土壤有机质的年矿化率　　沈阳农业大学土壤肥力研究室提出，有机质的年矿化率可用有机氮的年矿化率间接推算。其计算公式为

$$土壤有机质的年矿化率（\%）= \frac{全年每公顷作物吸 N 总量（kg）}{每公顷耕层（0\sim20cm）土壤总 N 量（kg）} \times 100$$

知道了土壤有机质的年矿化率，就可根据土壤有机质含量推算土壤有机质的年矿化量。

$$土壤有机质的年矿化量（kg/hm^2）=2.25 \times 10^6（kg/hm^2）\times 土壤有机质含量（\%）$$
$$\times 土壤有机质的年矿化率（\%）$$

按照年矿化量补充有机质（肥），只能视为确定有机肥施用量的最低计算标准。

（3）有机肥料的腐殖化系数　有机肥料中的有机质转化为土壤有机质的过程称腐殖化，其转化的份额称为腐殖化系数。在实际测定时，腐殖化系数是指一定重量有机肥料中的有机碳在土壤中分解一年所残留的百分数。有机肥的腐殖化系数随土壤的类型及土壤的水分、温度条件差异而不同。大部分经过堆腐的有机肥在旱田中的腐殖化系数为70%～80%。

（4）有机肥料中有机质含量　不同种类有机肥的有机质含量不同。例如，猪粪为25.0%，牛粪为20.3%，马粪为25.4%，羊粪为31.8%，人粪尿为5%～10%，一般堆肥为15%～25%，高温堆肥为24.1%～41.8%。家禽粪肥有机质含量为23.4%～26.2%，饼肥有机质含量高，为75%～85%。从增加土壤有机质角度看，稻草也是一种好材料，其含碳量为34.4%，C/N为59，尤其在多年种菜的温室或大棚中施用，不仅可提高土壤有机质含量，增强土壤缓冲能力，还对防止温室中气体危害及土壤浓度障碍有重要作用。

（三）菜田培肥与施肥

1. 坚持以有机肥为主的施肥制度　有机质是土壤肥力的核心，除了对土壤的一般理化性质的影响外，土壤的酶活性也与之关系密切。很多试验证明，土壤酶活性与土壤肥力关系很大，甚至可以从土壤酶活性角度估计土壤的生产力水平。大量调查资料分析证明，获得蔬菜高产、稳产的土壤有机质含量最低标准约为3%。城郊菜田有60%符合或接近这个标准，而远郊及农区菜田有机质含量一般只有1%～2%，在这种条件下，即使重施有机肥进行培肥，也需要10～15年才能达到这个标准。即使达到了这个标准，也应每年施入必要的维持量。

2. 实行测土平衡施肥　根据各地的调查报道，近20多年来，由于不重视有机肥的施用并完全依靠经验而偏施氮肥，我国菜田土壤肥力普遍有所下降，突出的表现为土壤养分不平衡、氮素过剩、磷素富集、钾素相对不足。严重的已经达到土壤酸化（露地）或次生盐渍化（温室）的程度。解决这个问题的重要措施就是在重视有机肥施用的基础上实行测土施肥。前面提到的施肥量的计算等问题，并不是要求每户农民去做，而是依靠土肥站或"土壤医院"来完成，这样，测土施肥并不难实现，就像"看病、开方、抓药"一样，关键要有比较健全的服务体系。另外，磷、钾在土壤中比较稳定，无需每年每茬测土，测土后只要开出指导性施肥计划即可。土壤中氮素变化大，蔬菜作物反应也很敏感，必须引起重视并加以有效控制。

3. 有机肥与无机肥配合及合理施用　有机肥、无机肥配施中须注意两个问题：其一，无机氮素的施用量及其比例问题。从原则上说，无机氮素的施用量应该依据测土施肥的要求确定，在所需供给的总氮量中，有机肥与无机氮肥大体上以1：1的比例分别施用比较合适。其二，无机肥中也应按土壤的肥力状况配施一定数量的磷、钾肥，以保证养分的全面供给。在施用方法上，有机肥与大部分或全部磷、钾肥应作为基肥施用，无机氮肥的绝大部分或全部用于分次追肥，以充分发挥肥效。到旺盛生长期或产量形成期时，如果营养不足，除正常追肥外，还可采用根外追肥的措施加以补充。

4. 基肥和追肥　　基肥是指在作物播种或定植前施入田间的肥料。基肥常以有机肥为主，应根据其肥料成分，加入适量化肥。基肥施用时，可根据其分解程度分期施入田中，一般不易分解的在深翻土前，撒入田中，翻入土中，如秸秆堆肥等；腐熟或易分解的可在播种或定植前沟施、穴施或撒入畦面，平整畦面时，混入土中。追肥是基肥的补充，应针对不同蔬菜种类、不同生育期的需肥特点，适时、适量、分期施入。

追肥一般在蔬菜作物吸肥量最大的时期进行，如瓜果类蔬菜在大量结果后、结球白菜或甘蓝莲座后期、根菜类肉质根肥大期等。追肥多施速效氮、钾肥和少量磷肥，每次追肥量不宜过多，时间不能过迟，同时要注意蔬菜作物的生长和发育的协调，不要造成作物疯长，而导致减产。必要时可适当进行根外追肥，但要严格掌握适当浓度，以免对作物造成伤害。

根外追肥是蔬菜作物营养的一种方式，特别是当土壤固定和转化率很高，根部营养吸收不充分时，可及时通过叶部吸收营养来补救，是一种辅助性手段。叶部对营养的吸收和转化比根部快。一般尿素施入土壤中 4～5d 后才能生效，而叶部施用只要 1～2d 就呈现效果。叶部营养用肥较为经济，用量仅相当于土壤施用的 1/10～1/5。但蔬菜作物旺盛生长需要大量养分时，只通过叶部追肥是不够的。根外追肥还是补充供给微量元素经济而有效的措施，具有用量小、见效快的优点。

【任务实施】

工作任务单

任务	蔬菜整地、做畦、施肥	学时	
姓名：			组
班级：			

工作任务描述：
以校内实训基地、实验室为场地，每班分为 5 组，每组选择一种蔬菜作物，进行蔬菜整地、施肥、做畦操作。通过实际操作，掌握各种蔬菜的做畦方式、施肥方式；针对不同蔬菜作物掌握不同管理技术；具备大多数常见蔬菜的做畦和施肥的能力，同时对该过程中常见问题具有分析与解决能力。

学时安排	资讯学时	计划学时	决策学时	实施学时	检查学时	评价学时

提供资料：
1. 校内实训基地、实验室。
2. 各类蔬菜整地、施肥的工具及材料；相关知识的书籍、PPT、影像资料。
3. 网络精品课程资源、校内电子图书馆等。

具体任务内容：
以组为单位选好需种植的蔬菜种类，在设施中进行蔬菜整地、施肥和做畦的实践操作。任务结束后各组选派代表陈述实验报告，由小组互评、教师点评。教师进行归纳分析，引导学生，培养学生对专业的热情。安排学生自主学习，修订实验报告，巩固学习成果。

对学生要求：
1. 能独立自主地学习相关知识，收集资料、整理资料，形成个人观点，在个人观点的基础上，综合形成小组观点。
2. 对调查工作认真负责，具备科学严谨的态度和敬业精神。
3. 具备网络工具的使用能力和语言文字表达能力，积极参与小组讨论。
4. 具备较强的人际交往能力和团队合作能力。
5. 具有一定的计划和决策能力。
6. 提交个人和小组文字材料或 PPT。

任务资讯单

任务	蔬菜整地、做畦、施肥	学时	
姓名：			组
班级：			

资讯方式：学生分组进行蔬菜生产基地调研，小组统一查询资料。

资讯问题：
1. 蔬菜整地的基本原理有哪些？
2. 蔬菜整地的技术和方法有哪些？
3. 如何进行蔬菜种植做畦？
4. 蔬菜作物的需肥特点有哪些？
5. 蔬菜作物的施肥技术要点有哪些？

任务计划单、任务实施作业单见附录。

【任务考核】

任务考核标准

任务	蔬菜整地、做畦、施肥	学时	
姓名：			组
班级：			

序号	考核内容	考核标准	参考分值
1	任务认知程度	根据任务准确获取学习资料，有学习记录	5
2	情感态度	学习精力集中，学习方法多样，积极主动，全部出勤	5
3	团队协作	听从指挥，服从安排，积极与小组成员合作，共同完成工作任务	10
4	调研报告制订	有工作计划，计划内容完整，时间安排合理，工作步骤正确	10
5	工作记录	工作检查记录单完成及时，客观公正，记录完整，结果分析正确	10
6	肥料种类识别	掌握不同种类蔬菜需肥机制及肥料特性	10
7	整地、做畦	掌握整地、做畦技术	10
8	消费领域	能够说出当地主要销售的肥料价格	10
9	生产领域	能够说出当地主要生产的肥料种类、分类地位、销售区域	10
10	综合运用	能够根据不同分类标准，熟练地将调查的蔬菜进行分类	10
11	工作体会	工作总结体会深刻，结果正确，上交及时	10
合计			100

教学反馈表

任务	蔬菜整地、做畦、施肥		学时		
姓名：					组
班级：					
序号	调查内容	是	否	陈述理由	
1	是否掌握整地基本技能？				
2	是否掌握做畦基本方法？				
3	是否掌握施肥的技能？				
4	是否掌握整地、施肥和做畦的注意事项？				
收获、感悟及体会：					
请写出你对教学改进的建议及意见：					

任务评价单、任务检查记录单见附录。

蔬菜分苗和定植

【知识目标】

1. 掌握蔬菜分苗和定植的原理。
2. 掌握蔬菜分苗和定植的技术及方法。

【能力目标】

1. 能够根据蔬菜作物的实际生长状态和外部环境条件判断分苗、定植时期。
2. 能够根据实际情况对分苗和定植的蔬菜进行合理的管理。

任务一　蔬　菜　分　苗

【知识目标】

1. 掌握蔬菜分苗时期。
2. 掌握蔬菜分苗密度。
3. 掌握蔬菜分苗技术。

【能力目标】

能根据当地生态条件和生产条件，确定蔬菜适宜分苗期和实现科学分苗。

【内容图解】

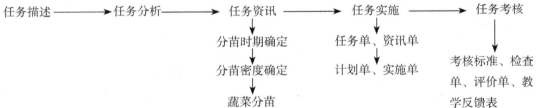

【任务描述】

了解蔬菜生长发育习性，掌握本地不同栽培环境下主要蔬菜的分苗时期和分苗技术。

【任务分析】

蔬菜分苗是蔬菜育苗中的常见技术。分苗早晚和密度严重影响幼苗质量。蔬菜科学分苗，是实现培育壮苗的必备条件，是保证蔬菜前期产量及其品质的基础。

【任务资讯】

一、分苗时期确定

分苗（移植）就是将小苗从播种床内起出，按一定距离移栽到分苗床中或营养钵

（或营养土方）中。分苗的目的是扩大幼苗的营养面积，满足光照和土壤营养条件。分苗时期以破心前后为最好，最迟不能超过 2～3 叶期（果菜类花芽分化期）。早分苗根系小，叶面积不大，移植时不易伤根，蒸腾小，成活快，并能促进侧根大量发生。但早分苗必须保证分苗床有较高的土温，喜温蔬菜需 16～18℃，喜凉蔬菜需 10～12℃，否则不如 3 叶期分苗。

如果苗龄过大时分苗，会影响花芽分化，而且每分苗一次，延迟生长 5～6d。分苗前 3～5d，苗床要降温，加大通风、控制水分、锻炼秧苗。分苗时做到边挖苗，边扎小拱棚排苗盖膜，以防中午高温秧苗萎蔫（图 5-1）。

图 5-1　番茄分苗情境图

二、分苗密度确定

在一定范围内，随苗距的加大，前期产量相对提高，效益也会大幅度增加。一般辣椒苗距 7～8cm，茄子 8～9cm。若苗床不紧张，其苗距可达 8～10cm；营养钵育苗其直径达 8～10cm，钵间用土充实，提高保湿、保温效果，有利于培育壮苗以提高产量。

三、蔬菜分苗

蔬菜应该科学分苗，扩大幼苗的营养、光照面积，促使幼苗加快生长。但是，分苗必然造成不同程度的断根，使根系功能下降，抑制幼苗正常生长。要保证幼苗尽快恢复根系的吸收功能，促使幼苗健康成长，其分苗技术简介如下。

分苗前 3～4d 逐渐降低播种床温度、湿度，给予充足的阳光，增强幼苗的抗逆性，以利分苗后迅速缓苗。分苗前 1d 播种床浇一次透水，避免起苗时伤根。对于不耐移植的蔬菜可将小苗移入营养钵或营养土方中，对于较耐移植的幼苗可移入分苗床中。分苗时注意淘汰病弱苗、无心叶苗等。如幼苗不齐，可按大小分别移植，以便于管理。分苗后苗床密闭保温，创造一个高温、高湿的环境来促进缓苗。缓苗前不通风，如中午高温秧苗萎蔫，可适当遮阴。4～7d 后，幼苗叶色变淡，心叶展开，根系大量发生，标志着已缓苗。

（1）分苗前半天，苗床要浇水　　这样有利于挖苗和苗带土。挖苗时用铁锹或铁铲，挖苗深度要求距幼苗根部 1～2cm。挖苗后用手轻轻挖掉根部大部分土，然后将其放在盆里或篮里，以利排苗。取苗勿伤嫩茎，对子叶应小心保护。

（2）幼苗挖起后立即排苗　　分苗时尽可能集中劳力进行排苗，以利幼苗健壮生长和管理。尤其要防根部被太阳晒或被风吹干，分苗时最好将大小苗分开，剔除病苗、虫伤苗、无头苗。

（3）分苗宜浅排　　一般以子叶出土 1～2cm 为标准，排苗要把根部土培紧，并及时浇足定根水。当天挖的苗当天排完。若上午排不完的，可集中在一起用土围住，并用遮盖物遮盖，以防失水萎蔫，下午及时排完。

【任务实施】

工作任务单

任务	蔬菜分苗	学时	
姓名：			组
班级：			

工作任务描述：
以校内实训基地、设施蔬菜生产地区为例，详细观察各种蔬菜育苗过程，调查各种蔬菜分苗与产量、病虫害、经济效益情况，掌握蔬菜分苗技术即分苗常见问题和解决方法。

学时安排	资讯学时	计划学时	决策学时	实施学时	检查学时	评价学时

提供资料：
1. 校内实训基地、设施蔬菜生产基地的观察调查。
2. 各类设施蔬菜栽培的PPT、影像资料。
3. 校园网精品课程资源库、校内电子图书馆。

具体任务内容：
1. 根据工作任务提供学习资料，参与基地调研，获得相关知识。
2. 学会蔬菜分苗技术。
3. 对实训基地温室蔬菜的分苗进行调研。
4. 查阅电子资料，了解当地蔬菜栽培最适宜的分苗方法。
5. 通过对比实训基地实际生产情况，提供合理的各类蔬菜分苗方案。
6. 列出当季消费的主要蔬菜的茬口。
7. 各组选派代表陈述调研报告，由小组互评、教师点评。
8. 教师进行归纳分析，引导学生，培养学生对专业的热情。
9. 安排学生自主学习，修订调研报告，巩固学习成果。

对学生要求：
1. 能独立自主地学习相关知识，收集资料、整理资料，形成个人观点，在个人观点的基础上，综合形成小组观点。
2. 对调查工作认真负责，具备科学严谨的态度和敬业精神。
3. 具备网络工具的使用能力和语言文字表达能力，积极参与小组讨论。
4. 具备较强的人际交往能力和团队合作能力。
5. 具有一定的计划和决策能力。
6. 提交个人和小组文字材料或PPT。

任务资讯单

任务	黄瓜分苗	学时	
姓名：			组
班级：			

资讯方式：学生分组进行市场调查和蔬菜生产基地调研，小组统一查询资料。

资讯问题：
1. 温室早春黄瓜分苗技术。
2. 温室秋季黄瓜定植技术。
3. 温室早春、秋季黄瓜分苗密度。
4. 温室早春黄瓜和秋季黄瓜分苗深度。
5. 黄瓜分苗前工作。
6. 黄瓜分苗后管理。

资讯引导：教材、杂志、电子图书馆、蔬菜生产类的其他书籍。

任务计划单、任务实施作业单见附录。

【任务考核】

任务考核标准

任务	蔬菜分苗		学时	
姓名:				组
班级:				
序号	考核内容	考核标准		参考分值
1	任务认知程度	根据任务准确获取学习资料，有学习记录		5
2	情感态度	学习精力集中，学习方法多样，积极主动，全部出勤		5
3	团队协作	听从指挥，服从安排，积极与小组成员合作，共同完成工作任务		10
4	调研报告制订	有工作计划，计划内容完整，时间安排合理，工作步骤正确		10
5	工作记录	工作检查记录单完成及时，客观公正，记录完整，结果分析正确		10
6	分苗密度确定	依据茄果类、瓜类、甘蓝、油菜等蔬菜特性确定合理的分苗密度		10
7	分苗步骤确定	依据各类蔬菜的特性确定合理的分苗步骤		10
8	消费领域	能够说出当地主要销售的蔬菜幼苗的等级		10
9	生产领域	能够说出当地主要生产的应季蔬菜的分苗技术		10
10	综合运用	能够根据不同设施条件和气候条件标准，熟练地将调查的蔬菜进行分苗		10
11	工作体会	工作总结体会深刻，结果正确，上交及时		10
合计				100

教学反馈表

任务	蔬菜分苗		学时		
姓名:					组
班级:					
序号	调查内容		是	否	陈述理由
1	是否掌握蔬菜分苗技术？				
2	是否掌握分苗密度和深度？				
3	蔬菜不同季节分苗方法是否相同？				
4	是否能简述分苗时分苗苗床需要注意的问题？				
收获、感悟及体会：					
请写出你对教学改进的建议及意见：					

任务评价单、任务检查记录单见附录。

【任务注意事项】

防止蔬菜分苗后死苗应注意以下几点。

1）提高苗床土温，保证分苗后幼苗对温度的要求。黄瓜、茄子等苗床土温度不低于16℃，甘蓝等苗床土温度不低于8℃。

2）苗床土使用有机肥一定要充分发酵腐熟，并仔细与床土拌和均匀。分苗时要将床土压实、整平，再开沟、摆苗、浇水，水渗后覆土封沟。然后移入营养钵，营养钵要浇透。

3）起苗时不要过多伤根，多带些宿土，随分随起，不要一次起苗过多。起出的苗用湿布包好，以防失水过多。在起苗过程中，还要挑除根少、断折、感病及畸形的幼苗。

4）分苗宜小不宜大，才有利于提高成活率。一般第一次分苗，茄果类幼苗在两叶一心时，甘蓝类幼苗在三叶一心时，黄瓜幼苗在子叶展开前。

5）分苗要选择晴天进行，如温室或大棚光强温度高时，可在棚室上面，隔一定距离放一块草苫遮光，以防止阳光直射刚刚分完的苗。

【任务总结及思考】

1. 黄瓜适宜分苗吗？如果分苗注意什么？
2. 番茄5叶期分苗可以吗？为什么？
3. 分苗时期与产量和品质相关吗？

【兴趣链接】

早春育蔬菜苗，把好分苗关

早春培育蔬菜苗，适时分苗可以改善苗床光照条件和营养状况，是培育壮苗的重要措施。需要分苗的蔬菜有番茄、茄子、辣椒、甘蓝、花椰菜等，瓜类和豆类蔬菜可以不分苗。分苗要把握好以下环节。

1）幼苗出土后要给予较强的光照和较长的光照时间。培育喜温性蔬菜幼苗的苗床，白天温度控制在20～25℃，夜间控制在13～16℃；培育喜冷凉蔬菜幼苗的苗床，白天温度控制在18～22℃，夜间控制在8～12℃。注意早揭晚盖不透明覆盖物，适当加大通风量和延长通风时间。此外，还要向床面撒1～2次干细土，以免畦面龟裂，减少水分蒸发。

2）分苗前3～5d适当降低床温，低温炼苗。分苗应选晴暖天气进行，分苗前1d向苗床喷水，以利于起苗。分苗后茄果类蔬菜幼苗株行距均以10cm为宜，甘蓝类蔬菜幼苗株行距均以8cm为宜。

3）最好采用暗水分苗。先在分苗畦内按行距开深和宽均为6～8cm的沟，沟内浇水后将苗按株距摆在沟边，水渗下后盖土栽好苗。分苗后覆盖塑料薄膜，以提高畦温，促进菜苗扎根缓苗。中午光照较强时，为避免菜苗萎蔫，可覆盖少量草苫遮阳。

任务二 蔬菜定植

【知识目标】

1. 掌握各类蔬菜的定植适宜时期和壮苗指标。

2. 掌握各类蔬菜定植密度。

3. 掌握蔬菜定植方法及技术。

【能力目标】

能根据当地生态条件和生产条件及不同季节，确定蔬菜定植需要的日历苗龄，并在了解生物性习性的基础上熟练掌握蔬菜的定植技术。

【内容图解】

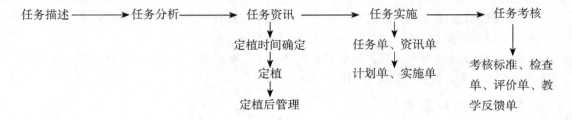

【任务描述】

了解蔬菜生长发育习性，掌握本地不同栽培环境下的蔬菜定植时期和技术。

【任务分析】

对于不少蔬菜作物来说，利用育苗移栽进行栽培，是有效和必要的技术措施。育苗定植可以缩短苗期在田间的时间，既便于管理又可以使蔬菜产品早熟。

【任务资讯】

一、蔬菜定植时期确定

将长到一定大小的幼苗从苗床适时栽到大田里去，称为定植。有些蔬菜作物在定植前需要进行1～2次分苗，主要是为了抑制幼苗徒长和促进根系发育。定植的适当时期与蔬菜作物幼苗的大小、环境条件，尤其是晚霜期、土地的准备、有无保护措施及预期上市时间等条件都有密切的关系。对幼苗大小的要求，依蔬菜种类的不同、植物学特征及生物学特性的差异而有所区别。如何确定蔬菜露地栽培的定植期？由于各地的气候条件不同，并且蔬菜种类繁多，露地蔬菜栽培的定植期不可能进行统一规定。一般应根据当地的气候条件和土壤条件、作物种类、需要产品上市的时间及茬口安排的具体要求，确定播种和定植的时间。

1. 春季定植　春季栽培大多要求早熟丰产，但只要土壤和气候适宜，均应早定植。具体时间一般掌握"三看"（看天、看地、看苗）定植。看天，就要抓住"冷尾暖头"定植，既不受霜害又能争取早熟。看地，就是要在土壤温度适宜、干湿适当的时候定植，以利幼苗发根。看苗，就是要选"老练壮苗"定植，可争取早发棵。如果幼苗"老壮"，土壤干湿适当，即使适当早定植，遇到晚霜后，由于幼苗抵抗力强，也不易损伤。如果幼苗嫩弱，虽土壤干湿适当，也不宜早定植。但如有几个连续晴天，定植后易成活，适当早一些也可以。遇到连阴天、徒长苗及土地太湿等问题时，应创造条件炼苗、囤苗，瞅准时机定植。一般来说，叶菜类蔬菜的幼苗，长到3～4片真叶时为定植的适期。如苗太小则操作困难，苗太大又会因根系受伤太重而影响成活。豆类蔬菜幼苗根再生能力较差，侧根少，应在第1对真叶长出、第3片复叶尚未充分发育时就定植。瓜类幼苗的根再生力也弱，而且叶面积增长速度快，应在幼苗长出4～5片真叶时就定植，定植太晚无论地上部或地下部均易损伤。茄果类蔬菜的幼苗根的再生力强，移栽的适应期较长，但应避免带花或带果定植。

　　在蔬菜种类上，对于喜冷凉的蔬菜，如结球甘蓝、花椰菜、芥菜、马铃薯等，一般在春季土壤解冻后，10cm地温在5～10℃时即可定植；对于番茄、茄子、辣椒、黄瓜等喜温作物；定植时10cm地温应不低于15℃，而且必须断霜。

　　2．夏、秋、冬季定植　　夏、秋高温季节和冬季高寒季节，也要根据上述原则，抓住主要矛盾，做好夏、秋、冬菜的定植。例如，夏、秋季主要矛盾是高温，就要早晚或阴天抢种，以避开烈日、高温的影响，使定植后及早成活。冬季主要矛盾是寒流的侵袭，就要根据寒流的规律抓住回暖的短暂时间，及早定植。

　　蔬菜定植时期变化较大，可根据需要随时定植，但以春、秋为主。一般露地生产时，喜温性的作物只能在无霜期内栽植，春季露地定植的最早时期是当地的终霜期（常以20年平均值来安排生产）过后进行，而耐寒蔬菜比喜温类蔬菜能够提早一个月定植，半耐寒性蔬菜较喜温性蔬菜能够提早15～20d定植。设施生产时，因设施的性能不同，栽培蔬菜可能提早或延后。一般情况下，春季塑料大棚比露地提早一个月定植，日光温室比塑料大棚提早一个月（图5-2）。

图5-2　温室青椒定植情境图

二、定植方法确定

　　沟栽、畦栽、垄栽是蔬菜定植所采用的三种定植方式，并且这三种定植方式都广泛应用于生产中。

　　1．沟栽　　沟栽有两种形式：一是沟底水栽；二是沟侧栽植。

　　沟底水栽，就是将定植行开深15～20cm、宽15～20cm的沟，然后采用先浇水后定植的方法，将蔬菜幼苗定植在沟底，不过这种定植方法是我们所摒弃的。

　　沟栽的另一种方法就是沟侧栽植，这种方法适于茄果类、瓜类蔬菜的定植使用。这种定植方法能够增加土壤的见光面积，有利于提高地温，也有利于控制浇水量，防止一次浇水过大，造成地温变化剧烈，这在冬春季节进行蔬菜生产时尤为重要。

　　2．畦栽　　即平畦栽培。它的优势在于操作方便，便于秧苗定植，也利于浇水，不会造成土壤干旱导致根系缺水，在夏季还可防止地温过高。但它容易造成土传病害的传播，并易造成病害交叉感染，且土壤透气性差，不利于根系呼吸作用的进行。

　　在夏秋高温季节蔬菜定植，宜采用畦栽，因为此时气温及地温高，畦栽可避免地温过高或根系吸水不足的问题。但每次浇水后，都必须进行中耕划锄，以防土壤积水造成根系窒息缺氧而受伤。随着植株的生长，可在蔬菜坐果前扶土成垄，其目的是避免浇水过大造成伤根和避免根部病害交叉感染造成大面积死棵。

3. 垄栽　　垄栽有利于提高土壤透气性，也便于浇水和冲施肥料，还可有效减少土传病害的为害。但在夏秋高温季节不适宜，因垄部干湿度和温度变化大，易出现地温过高不利于根系生长，如果浇水量过小，渗入根系周围土壤的水分不足，容易造成土壤干旱，蔬菜根系缺水。

垄栽又分为半高垄定植、高垄定植和大垄双行定植。

半高垄定植就是按照垄高 10～15cm 起垄定植；高垄定植则是按照垄高 15～20cm、底部宽 25～30cm、顶部宽 10～15cm 进行设置，然后进行单行定植，将蔬菜幼苗定植在垄高的 2/3 或 1/3 处的定植或是定植在垄的顶部的方法。在冬季及早春定植番茄时，因为番茄的侧根萌发能力很强，可以将番茄定植在垄高的 1/3 处，对于辣椒、茄子及瓜类、豆类等根系不发达的蔬菜，可以定植在垄高的 2/3 处；在地下水较浅的地区，定植蔬菜时可以采用定植在垄顶或是采用大垄双行定植的方法，以避免产生沤根现象。

大垄双行定植是将种植行设置成高 20～25cm、底部宽 70～75cm、顶部宽 55～60cm，然后在垄的顶部进行双行定植的方法。这对于一些根系不发达，根量少，再生能力差，根系分布浅，大多数根系分布在 20cm 土层中，吸水肥能力差的辣椒、茄子及豆类蔬菜比较适合，因为这些蔬菜适合生长在疏松、肥沃、透气性好的土壤中，而起垄栽培具有能加厚熟土层、营养集中、土质疏松、通透性好、土壤升温快等优点，对这些蔬菜的幼苗生长和根系生长都非常有利。

三、定植深度

由于土壤表层温度较深层温度高，因此春茬蔬菜宜浅栽。瓜类蔬菜如黄瓜、西瓜等作物栽苗时以幼苗露出宿土为宜，不宜过深。茄科作物如番茄栽植深度以子叶节与地面齐平为准，不宜过深。辣椒栽植深度以幼苗露出宿土为准，栽植过深容易感染疫病等土传病害。反之夏季适当深栽，可减轻高温危害。另外，地势低、地下水位高的地块应浅栽，否则易烂根；土质疏松、地下水位低的地块应深栽，以便保墒。

四、定植密度确定

定植密度因栽培植物种类、茬次、土壤肥力、栽培方式不同而不同。蔓性茎植物，爬地生长的定植密度小，搭架栽培的定植密度大；直立茎植物，分枝力强的定植密度小，分枝力弱的定植密度大；叶菜类密度适当大些，有利于产品器官软化，提高品质；萝卜、胡萝卜密度适当大些，防止歧根产生；果菜类适当稀植，增强光照，有利于维生素合成，提高果实品质。早春茬早熟栽培定植密度大，晚熟品种或大架栽培定植密度小；土壤肥力高，定植密度大，反之，定植密度小；棚室蔬菜多采用"大小行"栽培，大行（操作行）宽度 90cm，小行（种植行）宽度 60cm，因此，黄瓜株距 30～35cm，长茄株距 40～45cm，番茄株距 35～40cm，樱桃番茄双干整枝时株距 45～50cm，甜椒三主枝整枝株距 40～45cm，苦瓜株距以 150cm 为宜。

五、提高定植成活率的措施

（1）提高秧苗质量 达到壮苗标准，即茎秆粗壮、叶色深绿、叶片肥厚、节间短缩。

（2）保证定植质量 秧苗不受伤，及时灌水，覆土紧实，深度适宜，缓苗水及时。

（3）预防天气突变 早春降温要插架防风或熏烟，夏季炎热要遮阴、洒水降温。

（4）提前消灭地下害虫和鼠害 结合整地施入农药，进行农药防治和生物防治，甚至人工捕虫。

（5）及时查苗补苗 等距全苗，确保丰产。

六、定植后管理

（一）早春定植后管理

温室蔬菜早春茬在2月底就开始定植了，做好定植工作需注意以下技术要点。

（1）施基肥 准备定植的温室于上年入冬前结合深翻施有机肥5t、过磷酸钙45kg。

（2）施入化肥 定植前施磷酸二铵20kg、尿素10kg、硫酸钾15kg，起垄铺膜。

（3）10cm土温达到要求 番茄12℃以上、黄瓜15℃以上时，室温达到30℃左右时开始定植。行距50cm，株距：番茄35～40cm，黄瓜30～35cm，定植在垄高的2/3处。

（4）定植后及时浇水 浇好定植水，3d后浇缓苗水，以后不再浇水进行蹲苗，蹲苗期中耕2～3次，到番茄乒乓球大小、黄瓜大拇指大小时开始浇水，同时追肥。

（5）温度要求 定植后温室白天25℃左右，夜间番茄不低于12℃、黄瓜不低于15℃。缓苗后温室白天22℃左右，夜间番茄不低于10℃、黄瓜不低于12℃。

（6）光照 保持膜面清洁，在温度适宜时，尽量早揭晚盖不透明覆盖物，延长光照时间。

（7）病虫害防治 病害主要通过控制适宜的温度、湿度、光照、空气环境来进行预防，同时通过撒药土等进行防治。虫害主要采取挂黄板、蓝板诱杀蚜虫、潜叶蝇、白粉虱等。

（二）夏茬、秋茬定植后管理

1. 温度管理 设施栽培，辣椒定植后的温度应该控制在27～28℃，番茄控制在26～30℃，夜间二者均控制在20～25℃，在此范围内，温度满足时可于中午前后进行短时间的放风降温除湿，同时，缓苗后尽早铺设地膜，不能做到地膜全覆盖的可以在过道均匀地撒一层麦穰，既有利于降低棚内湿度，减少病害的发生，同时还能起到疏松土壤的作用，但麦穰在使用前需用少量多菌灵进行杀菌处理，以免传染病害。

2. 光照管理 刚定植后晴天要早揭晚盖草苫，使其多见光，见强光，延长光照时间。定植一个月内，在保证温度的前提下，遇连阴天气，也要揭掉草苫，使其多见散射光。以后喜光耐光的增强光照，如番茄、黄瓜；喜光不耐光的适当遮光或通过株型及叶皮挡光，如辣椒。

3. 水分管理和中耕培土 浅根系弱根系的蔬菜，坐果前适当控水和中耕培土，促进根系发达，坐果期在温度满足的情况下小水勤浇。深根性蔬菜，催果水前中耕培土，促进根系发生。在茄子的水分管理上，由于其叶面积大，水分蒸发较多，一般要保持80%的土壤相对湿度。当土壤中水分不足时，植株生长缓慢，并引起落花，使果实的果皮粗糙，品质变劣。尤其在结果盛期，需水分最多，应保证供给。具体浇水办法是：定植时浇足"压根水"。缓苗走根时需保持土壤湿润。到第一朵花开放时要严格控制浇水。而在果实开始发育，露出萼片，俗称"瞪眼"时，要及时浇一次"稳果水"，以保证幼果生长；在果实生长最快时，是需水最多的时期，应重浇一次"壮果水"，以促进果实迅速膨大；至采收前 2～3d，还要轻浇一次"冲皮水"，促使果实在充分长大的同时，保证果皮鲜嫩，具有光泽。以后在每层果实发育的始期、中期及采收前几天，都按此要求及时浇水，以保证果实生长发育的连续性，但每次的浇水量必须根据当时的植株长势及天气状况灵活掌握。总的来说，浇水量随着植株的生长发育进程而逐渐增加；而每一层果实发育的前、中、后期，又必须掌握少、多、少的浇水原则。浇水可采取沟灌，但前期只能灌畦高的 1/2；中期可灌畦高的 2/3；后期可近畦面，不可漫灌。为了配合水分和养分管理，并准确掌握灌水标准，每层果的第一次浇水最好与追肥结合进行。

4. 施肥　　浅根系弱根系的蔬菜，产量高，如黄瓜和辣椒，从定植到采收结束，共需要追肥浇水 5～10 次，要掌握少量多次，稀人粪尿要勤浇轻浇。一般在黄瓜定植缓苗开始进行第一次追肥，以缓效有机肥为主，开沟条施或环施，每亩施用 100～200kg。以后的追肥应以速效性肥料为主，化肥和人粪尿交替施用。进入盛瓜期，要增加追肥次数，缩短间隔时间，追肥应该在晴天进行。在雨季土壤养分容易流失情况下，穴施化肥后覆土的方法，比追施人粪尿效果好，每亩施用硫酸铵 15～20kg。同时叶面喷施 0.2%～0.3%的磷酸二氢钾或 0.2% 的尿素水溶液，也可喷丰收一号或其他微肥，防止根系早衰，提高果实品质。

茄子在结果盛期，应每隔 10d 左右追肥一次，每次每亩施专用复合肥 10～15kg 或稀薄粪肥 1000～1500kg。由于茄子的根系入土较深，因此追肥方法宜采取深施，能提高肥料利用率。在选择粪肥时，因茄子的发育对牛粪尿颇有偏爱，故在其生长过程中常追牛粪尿，不仅能促其旺盛生长，还具有抵抗病虫害的作用。每次追肥的时期应抢在前批果已经采收、下批果正在迅速膨大的时候，抓住这个追肥临界期，能显著提高施肥效果。此外，因茄子叶片大，必要时可进行叶面追肥；尤其在地膜覆盖的情况下，更应重视叶面追肥，追肥种类可选用磷酸二氢钾和尿素的混合液，前者浓度为 0.2%、后者浓度为0.1%，能起到保苗壮果的双重作用；也可用 20%～30% 牛尿喷施，增产效果显著。植株的营养状况可以根据花的形态来判断，花的雌蕊比雄蕊长时表示营养正常；雌蕊变短而形成短柱头时则表明营养状况不良。严重的短柱头花，即使喷洒 2,4-D 也不能正常坐果。因此，遇此情况应及时追肥补充养分。

5. 植株调整　　包括摘心、整枝、打叉、打老叶和病叶、花果管理，以及吊蔓、缠蔓、绑蔓、压蔓。

6. 病虫害管理　　及时调查，及时防治。对蚜虫、蛀果夜蛾、病毒病、根腐病、疫病等，要以防为主。

7. 花果管理　　包括疏花疏果和防止落花落果。是否疏花疏果根据品种的花朵数和有无畸形果而定。茄子在生育过程中，有不同程度的落花落果现象。究其原因：除高低温（38℃以上高温或 15℃以下低温）影响外，还可能与光照弱、土壤干燥、营养不良及花器构造上的缺陷有关。为了防止茄子落花，应根据其发生的原因，有针对性地加强田间管理，改善植株的营养状况。此外，使用生长调节剂也能有效地防止因温度引起的落花。目前，常用的生长调节剂有 2,4-D 和 PCPA（番茄灵）两种药剂。由于茄子植株的生长比番茄强健，不易受药害，处理浓度可以适当加大。处理方法主要有以下两种：一是花器处理，处理适宜时期是花蕾肥大、下垂，花瓣尖刚显示紫色到开花的第二天之间。花器处理的浓度：2,4-D 为 30μL/L；PCPA 为 25～40μL/L。二是全面处理，即在植株生育旺盛，第 4～5 个花开后用喷雾器对开花集中的部位进行全面喷雾。其浓度较花器处理低，一般 2,4-D 为 10～20μL/L；PCPA 为 15～25μL/L。采用全面处理时，为不致发生生育障碍，应注意以下几点：①严格掌握浓度和喷雾量；②避开高温时喷药；③不要在植株生长势弱时全面喷雾；④不要在土壤干燥时处理；⑤喷药时不要喷向树冠上部，尤其应注意不要向主枝顶端喷药，应从下部朝着上方喷药；⑥掌握喷药间隔期，第二次在第一次喷药后 3～4d 进行，以后的间隔时间以 7～10d 为标准；⑦药液浓度应随植株发育进程而适当降低，但应增加药液喷雾量。

【任务实施】

工作任务单

任务	黄瓜定植		学时		
姓名：					组
班级：					
工作任务描述： 以校内实训基地、设施蔬菜生产地区为例，详细调查当季黄瓜的施肥情况、苗的质量，实践黄瓜定植，掌握黄瓜定植技术步骤，掌握黄瓜设施栽培中茬口与定植的对应关系。					
学时安排	资讯学时	计划学时	决策学时	实施学时	检查学时	评价学时

提供资料： 1. 校内实训基地、设施蔬菜生产基地的调研。 2. 各类设施蔬菜栽培的 PPT、影像资料。 3. 校园网精品课程资源库、校内电子图书馆。
具体任务内容： 1. 根据工作任务提供学习资料，参与基地调研，获得相关知识。 2. 学会黄瓜定植方法、定植步骤。 3. 对实训基地温室黄瓜进行定植。 4. 查阅电子资料，了解当地露地、温室黄瓜定植时期。 5. 通过对比实训基地实际生产定植的黄瓜，提供合理可行的实训基地黄瓜定植方案。 6. 列出当季消费的主要黄瓜的茬口。 7. 各组选派代表陈述调研报告，由小组互评、教师点评。 8. 教师进行归纳分析，引导学生，培养学生对专业的热情。 9. 安排学生自主学习，修订调研报告，巩固学习成果。
对学生要求： 1. 能独立自主地学习相关知识，收集资料、整理资料，形成个人观点，在个人观点的基础上，综合形成小组观点。 2. 对调查工作认真负责，具备科学严谨的态度和敬业精神。 3. 具备网络工具的使用能力和语言文字表达能力，积极参与小组讨论。 4. 具备较强的人际交往能力和团队合作能力。 5. 具有一定的计划和决策能力。 6. 提交个人和小组文字材料或 PPT。

任务资讯单

任务	黄瓜定植	学时	
姓名：			组
班级：			

资讯方式：学生分组进行蔬菜生产基地调研，小组统一查询资料。

资讯问题：
1. 温室早春黄瓜定植技术。
2. 温室秋季黄瓜定植技术。
3. 温室早春黄瓜和秋季黄瓜定植密度。
4. 温室早春黄瓜和秋季黄瓜定植深度。
5. 黄瓜定植前工作。
6. 黄瓜定植后管理。

资讯引导：教材、杂志、电子图书馆、蔬菜生产类的其他书籍。

任务计划单、任务实施作业单见附录。

【任务考核】

任务考核标准

任务	黄瓜定植	学时	
姓名：			组
班级：			

序号	考核内容	考核标准	参考分值
1	任务认知程度	根据任务准确获取学习资料，有学习记录	5
2	情感态度	学习精力集中，学习方法多样，积极主动，全部出勤	5
3	团队协作	听从指挥，服从安排，积极与小组成员合作，共同完成工作任务	10
4	调研报告制订	有工作计划，计划内容完整，时间安排合理，工作步骤正确	10
5	工作记录	工作检查记录单完成及时，客观公正，记录完整，结果分析正确	10
6	定植前工作	炼苗、囤苗、施肥	10
7	定植后管理	温度、湿度、光照	10
8	消费领域	能够说出当地主要消费的黄瓜品质、品种类型、市场价格	10
9	生产领域	能够说出当地主要生产的黄瓜定植技术步骤	10
10	综合运用	能够根据不同设施条件和气候条件标准，熟练地将蔬菜进行合理定植	10
11	工作体会	工作总结体会深刻，结果正确，上交及时	10
合计			100

教学反馈表

任务		黄瓜定植		学时	
姓名:					组
班级:					
序号	调查内容		是	否	陈述理由
1	是否掌握黄瓜定植密度?				
2	是否掌握黄瓜定植深度?				
3	是否掌握黄瓜定植方法和技术?				
4	是否掌握黄瓜定植前和定植后管理?				
收获、感悟及体会:					
请写出你对教学改进的建议及意见:					

任务评价单、任务检查记录单见附录。

【任务注意事项】

露地蔬菜早春茬定植时,需要提前炼苗,即通过放风降低温度,通过控水降低湿度,通过增加光照提高秧苗的抗性和适应性,以便促进地下根系的生长发育,提高秧苗质量。定植后迅速缓苗。温室蔬菜早春茬定植时,定植前要做好覆盖棚膜、温室土壤与棚室的消毒、施底肥、浇底水及开沟起垄等工作。定植时注意以下事项,才能保证植株定植后缓苗快,生长健壮。

1)定植时注意一周天气变化。定植后不能有大的降温。

2)定植时要求温室内 10cm 地温稳定在 13℃以上。

3)定植要选晴天上午进行,如遇特殊天气,暂不能定植,要适当降低苗床温度,防止幼苗老化,待天好转后定植。

4)定植时采用坐水定植,定植时穴内要浇足水,每穴 1kg 左右,水温最好控制在22℃左右。

5)定植时要对植株和定植穴进行消毒。植株消毒方法为按比例将杀菌剂、杀虫剂配好放入盆内,把穴盘按入水中 5s 后捞出,定植穴消毒方法为结合浇水,按比例兑入杀菌剂、杀虫剂。

6)合理的定植密度。

7)定植后要密闭棚室待缓苗后才可开通风口。如果温度高于 35℃,可放小风。

【任务总结及思考】

1. 黄瓜定植步骤及注意事项有哪些?

2. 黄瓜定植为什么必须带土坨,且尽量注意不弄散土坨?

3. 定植前和定植后的管理包括哪些？

4. 不同的季节，定植方法一样吗？

5. 定植密度怎么确定？

6. 定植苗龄怎么确定？

【兴趣链接】

　　某记者在下乡时，发现部分秋延迟蔬菜定植后迟迟不发棵，让菜农大伤脑筋。那么，是什么原因导致这些蔬菜定植后迟迟不发棵呢？经调查，当前造成蔬菜不发棵的因素主要有以下几点。

　　1. 土壤黏重　　土壤黏重，鸡粪、稻壳粪等有机肥施用不足，蔬菜根际环境差是造成蔬菜定植后迟迟不发棵的重要原因之一。因为这种土壤团粒结构差、透气性不良，不利于蔬菜根系的生长发育。蔬菜定植后往往生长缓慢、长势不佳，后期产量也不高。因此，对于土壤黏重的情况，最好在蔬菜定植前改良土壤。而对于定植后的蔬菜，可通过以下措施来改善根际环境：一是合理浇水，切忌不要浇大水，以免土壤积水造成沤根；二是勤划锄，蔬菜每次浇水后，都要及时划锄，以提高土壤的透气性，促进根系的生长发育；三是冲施鸡粪等有机肥，蔬菜定植后，可多冲施一些鸡粪、稻壳粪等有机肥，以增加土壤中有机质的含量，改善土壤的团粒结构；四是冲施生物菌剂或生物菌肥，施用生物菌剂或生物菌肥对改良土壤的结构、促进蔬菜根系的生长发育效果显著。一般每亩每次可冲施30～40kg。

　　2. 定植过深　　定植过深也是秋延迟蔬菜定植后不发棵的一个重要原因。一般情况下，蔬菜定植不应过深。如果定植过深，透气性较差，不利于根系的生长。因此，对于定植过深的蔬菜，应勤划锄，以增加土壤的透气性。起垄定植的蔬菜，定植过深时，应降低垄的高度。

　　3. 水大沤根　　不少菜农认为只要不是在深冬季节，浇水量大点小点并无大碍，其实不然，在任何时候浇水量过大都会造成蔬菜根际氧气供应不足，严重时会沤根。蔬菜一旦沤根，生长势就会衰弱，在很长时间内不发棵。因此，秋延迟蔬菜定植后一定要注意合理浇水，切忌一次性浇水量过大，以免造成根系受伤。对于出现沤根的蔬菜，可用甲壳素2000倍液灌根。

　　4. 肥多烧苗　　许多菜农希望通过多施肥多出产量，结果往往适得其反。因此，蔬菜定植后在冲肥时，一定要注意用肥量不要太大，一般复合肥每亩每次冲施量不宜超过25kg，对于用肥过量造成的烧苗，可用爱多收6000倍液叶面喷洒，效果较好。

项目六 蔬菜田间管理

【知识目标】

1. 掌握各类蔬菜土、肥、水管理要点。
2. 了解田间环境与蔬菜生长的关系。
3. 掌握蔬菜植株调整的方法。
4. 了解蔬菜田间管理期间的化学调控要点。

【能力目标】

能够熟练地运用整地、做畦、定植、土壤管理、施肥和灌溉等技术对各类蔬菜进行田间管理操作。

【内容图解】

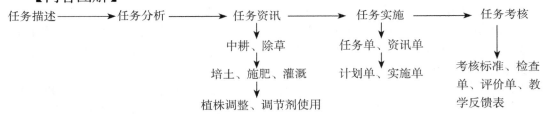

【任务描述】

以某种蔬菜为材料，在设施或露地条件下完成蔬菜田间管理的各项工作。

【任务资讯】

一、中耕

中耕是蔬菜生长期间于雨后或灌溉后在株、行间进行的土壤耕作，有时结合除草同时进行。一般在表土已干时通过破碎其板结层增加土壤透气性，以促进根系的呼吸和土壤中养分的分解。同时，在冬季和春季进行中耕可有效地提高土层温度，促进作物根系发育；切断毛细管作用，减少土壤水分蒸发，使根系所处的土壤环境更适合于作物的生长要求。中耕深度可根据蔬菜根系分布特点和再生能力决定，如番茄等作物，根系再生能力强，切断老根后容易发生新根，可增加根系的吸收面积，因此可深中耕；而对于葱蒜类蔬菜等根系再生能力弱的种类来说，只能进行浅中耕。由于行距的不同，中耕深度也有差异，株行距小的作物可适当浅些。中耕的深度一般在4～8cm。中耕次数依据具体情况而定，一般多在未封垄前进行。

二、除草

一般情况下，田间杂草的生长速度远远超过蔬菜作物，而且生命力极强，如不及时除掉，杂草就会大量滋生，不但会夺去作物生长所需的水分、养分和光照，而且很多杂草又是病原微生物潜伏的场所和传播媒介。除草方式主要有：①人工除草。有时结合中耕进行，方法是用小锄头在松土的同时将杂草铲出，比较费工，效率低，但除草质量好，目前仍有应用。②机械除草。效率高，但容易伤害植株，而且除草不彻底，需要用人工除草作为辅助措施。③化学除草。化学除草是利用化学除草剂的生态选择性、生理选择性和生物化学选择性进行除草。一般是在出苗前和苗期应用，以杀死杂草幼苗或幼芽，而不影响蔬菜作物正常生育。用化学药剂除草，不仅可以减少繁重的体力劳动，还可以不误农时。为此，必须了解各种杂草的生物学与生态学特性，掌握它们的发生规律和生长发育特点，以便达到理想的效果。目前菜田化学除草多采用土壤处理法，较少用茎叶处理法。

土壤处理方法包括喷雾、喷洒、泼浇（随水法）、毒土法等。根据作物杂草生长情况、药剂性质和施药设备条件来确定适宜的施药方法，以达到安全、有效的目的。

（1）喷雾法　　是目前应用广泛、防效较好的一种方法。先将称量过的药品加入少量水调匀，然后加水至所需要的量配成药液。一般情况下每公顷用1500kg左右水。将配好的药液装入喷雾器内喷雾，做土壤处理或茎叶处理。此法用水量少、施药效率高、防效好，尤其是雨后或灌溉后土壤潮湿的情况下，效果更好。

（2）喷洒法　　即用喷壶喷洒药液，配药方法同上，只是将每公顷的喷药用水量增加至7500～15 000kg，优点是喷洒药液均匀，药剂处理层厚，防效好、安全。在土壤干旱的条件下，若用此法效果尤为显著。但与喷雾法相比费人工、用水量较大。

（3）泼浇法　　配药方法同上，每公顷施药用水30 000～37 500kg。可以和浇水、施肥结合进行施药，能省掉单独施药的人工。此法适于在干旱条件下使用，但要泼浇均匀，如泼得不均匀，对杂草的防效就差，同时由于药剂局部集中在垄沟，随水流入畦内，可避免药液直接沾染于作物叶片上，从而减轻或避免药害。缺点是施药不易掌握均匀，在沙性强的土壤条件下，应用水溶性大的除草剂时应当注意防止药害的产生。

（4）毒土法　　将药剂与一定量的过筛细潮土（一般含水量60%）混合配成毒土，撒施到土壤表面。每公顷用750kg细潮土与药剂均匀混合，地膜覆盖使药剂被土壤充分吸收，然后均匀扩散于土壤表层，这样形成的均匀药剂处理层，有利于药剂挥发，否则药效就会降低。

（5）茎叶处理　　即将药剂直接喷施于杂草茎叶上，通过茎叶吸收作用而达到杀草的目的。处理时间可选择在作物播前或播后，出苗前或出苗后。须选用选择性强的除草剂，在杂草对药剂敏感的时期，以及作物对药剂抵抗力强的时期进行处理。茎叶处理一般采用喷雾法。

为达到安全和有效的目的，除严格掌握施药时期和采用安全的施药方法外，还必须确定适宜的施药量。除草剂的施药量因种类不同而有很大的差异。而同一除草剂（如除草醚）在不同地区（如南方和北方），在同一地区不同季节（如春季和夏季），在不同土壤条件下（如黏土和沙土），对不同的杂草（如单子叶杂草和双子叶杂草）、不同作物或同一作物的不同生育时期，其施药量均不相同。甚至同一除草剂其不同的剂型（25%除草醚可湿性粉剂和50%除草醚乳粉），或同一除草剂因产地不同或生产时间不同，其药效也有明显差别。这是由于不同的剂型、不同的产地的工艺流程不同对药效均有影响。因此，确定适宜的施药量，必须根据当地的具体条件而定。

三、培土

培土是在植株生长期间将行间土壤分次培于植株根部的耕作方法，一般结合中耕除草进行。北方地区的趟地就是培土的方式之一，南方地区培土作业可加深畦沟，利于排水。培土对不同种类蔬菜的作用不同。大葱、芹菜、韭菜、石刁柏等进行培土后可使产品器官软化，增进产品品质；马铃薯、芋头、生姜等地下根及茎类蔬菜，培土可促进产品器官形成与膨大；培土可以防止植株倒伏，具有一定的防寒、防热作用；有利于加深土壤耕层，增加空气流通，减少病虫害的发生；爬蔓瓜类作物的压蔓也与培土类似，可以防止植株徒长，诱导产生不定根，起到了增加水分和养分吸收的作用。

四、施肥

（一）施肥的方式选择

1. 基肥（底肥） 基肥是蔬菜播种或定植前结合整地施入的肥料。其特点是施用量大、肥效长，不但能为整个生育时期提供养分，还能为蔬菜创造良好土壤条件。基肥一般以有机肥为主，根据需要配合一定量的化肥，化肥应迟效肥与速效肥兼用。基肥的施用方法主要有以下几种。

（1）撒施 将肥料均匀地铺撒在田面，结合整地翻入土中，并使肥料与土壤充分混匀。

（2）沟施 栽培畦（垄）下开沟，将肥料均匀撒入沟内，施肥集中，有利于提高肥效。

（3）穴施 先按株行距开好定植穴，在穴内施入适量的肥料，既节约肥料又能提高肥效。

采用后两种方法时，应在肥料上覆一层土，防止种子或幼苗根系与肥料直接接触而烧种或烧根。

2. 追肥 追肥是在蔬菜生长期间施用的肥料。追肥以速效性化肥和充分腐熟的有机肥为主，施用量可根据基肥的多少、蔬菜种类和生长发育时期来确定。追肥的方法主要有以下几种。

（1）地下埋施 在蔬菜行间或株间开沟或开穴，将肥料施入后覆土并灌水。

（2）地面撒施 将肥料均匀撒于蔬菜行间并进行灌水。

（3）随水冲施 将肥料先溶解于水中，结合灌水施入蔬菜根际。

3. 叶面喷肥 将配制好的肥料溶液直接喷洒在蔬菜茎叶上的一种施肥方法。此法可以迅速提供蔬菜所需养分，避免土壤对养分的固定，提高肥料利用率和施用效果。用于叶面喷肥的肥料主要有磷酸二氢钾、复合肥及可溶性微肥，施用浓度因肥料种类而异，浓度过高易造成叶面伤害。

（二）施肥注意事项

1. 不同蔬菜种类与施肥 不同蔬菜种类对养分吸收利用能力有差异。例如，白菜、菠菜等叶菜类蔬菜喜氮肥，但在施用氮肥的同时，还需增施磷、钾肥；瓜类、茄果类和豆类等果菜类蔬菜，一般幼苗需氮较多，进入生殖生长期后，需磷量剧增，因此要增施磷肥，控制氮肥的用量；萝卜、胡萝卜等根菜类蔬菜，其生长前期主要供应氮肥，到肉质根生长期则要多施钾肥，适当控制氮肥用量，以便形成肥大的肉质直根。

2. 不同生育时期与施肥　　蔬菜各生育期对土壤营养条件的要求不同。幼苗期根系尚不发达，吸收养分数量不太多，但要求很高，应适当施一些速效肥；在营养生长期和结果期，植株需要吸收大量的养分，因此必须供给充足肥料。

3. 不同栽培条件与施肥　　沙质土壤保肥性差，故施肥应少量多次；高温多雨季节，植株营养生长迅速，对养分的需求量大，但应控制氮肥的施用量，以免造成营养生长过盛，导致生殖生长延迟；在高寒地区，应增施磷、钾肥，提高植株的抗寒性。

4. 肥料种类与施肥　　化肥种类繁多，性质各异，施用方法也不尽相同。铵态氮肥易溶于水，作物能直接吸收利用，肥效快，但其性质不稳定，遇碱遇热易分解挥发出氨气，因而施用时应深施并立即覆土。尿素施入土壤后经微生物转化才能被吸收，所以尿素作追肥要提前施用，采取条施、穴施、沟施，避免撒施。弱酸性磷肥宜施于酸性土壤，在石灰性土壤上施用效果差。硫酸钾、氯化钾、氯化铵、硫酸铵等化学中性、生理酸性肥料，最适合在中性或石灰性土壤上施用。

五、灌溉

（一）灌溉的主要方式选择

1. 明水灌溉　　包括沟灌、畦灌和漫灌等几种形式，适用于水源充足、土地平整的地块。明水灌溉投资小、易实施，适用于露地大面积蔬菜生产，但费工费水，土壤易板结。故灌水后要及时中耕松土。

2. 暗水灌溉

（1）渗灌　　利用地下渗水管道系统，将水引入田间，借土壤毛细管作用自下而上湿润土壤。

（2）膜下暗灌　　在地膜下开沟或铺设滴灌管进行灌溉。省水省力，使土壤蒸发量降至最低，低温期可减少地温的下降，适用于设施蔬菜栽培。

3. 微灌

（1）滴灌　　即通过输水管道和滴灌管上的滴孔（滴头），使灌溉水缓缓滴到蔬菜根际。这种方法不破坏土壤结构，同时能将化肥溶于水中一同滴入，省工省水，能适应复杂地形，尤适用于干旱缺水地区。

（2）喷灌　　采用低压管道将水流雾化喷洒到蔬菜或土壤表面。喷灌雾点小，均匀，土表不易板结，高温期间有降温、增湿的作用，适用于育苗或叶菜类生产。但喷灌易使植株产生微伤口，加之高温高湿，易导致真菌病害的发生。

（二）灌溉注意事项

1. 根据气候变化灌水　　低温期尽量不浇水、少浇水，可通过勤中耕来保持土壤水分。必须浇水时，要在冷尾暖头的晴天进行，最好在午前浇完。高温期间可通过增加浇水次数，加大浇水量的方法来满足蔬菜对水分的需求，并降低地温。高温期浇水最好选择在早晨或傍晚。

2. 根据土壤情况灌水　　土壤墒情是决定灌水的主要因素，缺水时应及时灌水。对于保水能力差的沙壤土，应多浇水，勤中耕；对于保水能力强的黏壤土，灌水量及灌水次数要少；盐碱地上可明水大灌，防止返盐；低洼地上，则应小水勤浇，防止积水。

3. 根据蔬菜的种类、生育时期和生长状况灌水

（1）根据蔬菜种类进行灌水　　对白菜、黄瓜等根系浅而叶面积大的种类，要经常灌水；对番茄、茄子、豆类等根系深且叶面积大的种类，应保持畦面"见干见湿"；对速生性叶菜类应保持畦面湿润。

（2）根据不同生育期进行灌水　　种子发芽期需水多，播种要灌足播种水；根系生长为主时，要求土壤湿度适宜，水分不能过多，以中耕保墒为主，一般少灌或不灌；地上部功能叶及食用器官旺盛生长时需大量灌水。始花期，既怕水分过多，又怕过于干旱，所以多采取先灌水后中耕；食用器官接近成熟时一般不灌水，以免延迟成熟或裂球裂果。

（3）根据植株长势进行灌水　　根据叶片的外形变化和色泽深浅、茎节长短、蜡粉厚薄等，确定是否要灌水。例如，露地黄瓜，如果早晨叶片下垂，中午叶萎蔫严重，傍晚不易恢复；甘蓝和洋葱出现叶色灰蓝、表面蜡粉增多、叶片脆硬等状态，说明缺水，要及时灌水。

六、植株调整

植株调整是通过整枝、打杈、摘心、支架、绑蔓、疏花、疏果等措施，人为地调整植株的生长和发育，使营养生长与生殖生长、地上部和地下部生长达到动态平衡，植株达到最佳的生长发育状态，促进其产品器官的形成和发展。同时，还可以改变田间蔬菜群体结构的生态环境，使之通风透光，降低田间湿度，以减少病虫害和草害的发生。

（一）茎蔓调整

1. 支架和绑蔓　对黄瓜、番茄、菜豆等不能直立生长的蔬菜用竹竿或木棍支架进行栽培，可增加栽植密度，充分利用空间和土壤。常见架形有人字架、四脚架、篱架、直排架和棚架。人字架较牢固，承受重量较大，适用于番茄、黄瓜等果实重量较大的蔬菜；四脚架适用于单干整枝的番茄、黄瓜、菜豆、豇豆等蔬菜，但植株上部拥挤，影响通风透光；篱架上下交叉呈篱笆状，支架较费工，适用于分枝性较强的菜豆、豇豆、黄瓜等；直排架适用于设施果菜类蔬菜，上部开展，通风透光好，但支架较费工；棚架适用于生长期长、枝叶繁茂的苦瓜、丝瓜、佛手瓜等蔬菜。

对于攀缘性较差的黄瓜、番茄等蔬菜，利用麻绳、稻草、塑料绳等材料将其茎蔓固定在架竿上称为绑蔓。生产中多采用"8"字形绑缚，可防止茎蔓与架竿发生摩擦。绑蔓时松紧要适度，既要防止茎蔓在架上随风摆动，又不能使茎蔓受伤或出现缢痕。

2. 压蔓　　压蔓是将南瓜、西瓜等爬地生长蔬菜的部分茎节部位压入土中。在压蔓部位可以产生不定根，有增加吸收面积和防风作用。同时，可使植株在田间排列整齐，茎叶均匀分布，能更多接受光能，促进果实发育，提高产量和品质，且便于管理。

3. 吊蔓、缠蔓和落蔓　　设施内为减少架竿遮阴，多采用吊蔓栽培，即将尼龙绳一端固定在种植行上方的棚架或铁丝上，另一端用小竹棍固定植株根部，随着植株的生长，随时将茎蔓缠绕在尼龙绳上，使其保持直立生长。对于黄瓜、番茄、菜豆等无限生长型蔬菜，茎蔓长度可达 3m 以上，为保证茎蔓有充分的空间生长和便于管理，可根据果实采收情况随时将茎蔓下落，盘绕于畦面上，使植株生长点始终保持适当的高度。

（二）整枝

对于茎蔓生长繁茂的果菜类蔬菜，为控制其营养生长，通过一定的措施人为地创造一定的株型，以促进果实发育的方法称为整枝。整枝的具体措施包括打杈、摘心等。

除掉侧枝或腋芽称为打杈，是在植株具有足够的功能叶时，为减少养分消耗，清除多余分枝的措施。

除掉顶端生长点为摘心，又称"打顶"或"闷尖"。对于甜瓜、瓠瓜等以侧蔓结实为主的果菜类蔬菜，应在主蔓长出不久即进行摘心，促使其早分枝，早开花结实；在另一种情况下，则是为了控制营养生长，定向促进生殖生长。例如，早熟番茄一般在第三穗果坐住后，即进行摘心，抑制不必要的营养生长，使养分集中用于果实发育和成熟。

通过打杈、摘心等整枝方法，调整植株外部形态，使株型变得紧凑或者繁茂，矮化或者高化，使功能叶片合理分布，提高光合效率，可有效地调节作物体内营养物质的分配，调整营养生长与生殖生长的合理配比，促进营养物质积累，提高产量。

（三）摘叶、束叶

不同叶龄叶片的光合生产率是不同的。低龄的初生叶片，需借助植株其他部分提供营养物质进行生长；壮龄叶则能进行旺盛的光合作用，大量制造并积累营养物质；生长在植株下部各层的老龄叶，其光合作用微弱，所制造的同化物质量少于其本身呼吸消耗量。因此，在生长期间摘除病叶、老叶、黄叶，有利于植株下部通风透光，减轻病害的发生和蔓延，减少养分消耗，促进植株良好发育。

束叶是对大白菜、花椰菜等蔬菜叶（花）球的一项管理措施。一般在大白菜生长后期，将其外叶束起，促使包心紧实、叶球软化，并能保护心叶免遭冻害，同时能达到增加光照、提高地温、促进根系吸收水肥的作用。在花椰菜的花球成熟之前，将部分叶片捆起来或折弯一部分叶片盖在花球上，使花球洁白柔嫩，品质提高。但束叶不能过早进行，否则会影响光合作用。

（四）花果管理

不同蔬菜种类的特性不同、栽培目的不同，因此对花器及果实的调整也不同。对于以营养器官为产品的蔬菜，应及早除去花器，以减少养分消耗，促进产品器官形成，如马铃薯、大蒜等；以较大型果实为产品的蔬菜，选留少数优质幼果，除去其余花果，靠集中营养、提高单果质量、改善品质来增加效益，如西瓜、冬瓜、番茄等，要注意选留最佳结果部位和发育良好的幼果；对于设施栽培中易落花落果的蔬菜，如番茄、菜豆等，宜采取保花保果的措施，以提高坐果率。

七、化学控制技术应用

蔬菜化学控制技术就是通过使用天然的或人工合成的植物生长调节剂（plant growth regulator）来调节植物的生长发育。目前，植物生长调节剂在蔬菜生产上应用相当普遍。

对于提高蔬菜的光合作用，改变光合产物的分配方向、增产增收、提高品质、提高贮藏性等具有重要作用。但蔬菜化学控制只起调节作用，还必须配合各项田间管理措施。才能获得更好的效果。生长调节剂在蔬菜生产上的应用主要有以下几个方面。

1. 促进枝条或腋芽的扦插生根　蔬菜采用扦插繁殖，可以增加繁殖系数，提高自交不亲和系或雄性不育系的繁殖率，并能保持品种纯度。应用吲哚乙酸（IAA）、吲哚丁酸（IBA）、吲哚丙酸（IPA）、萘乙酸（NAA）等均能促进插枝的生根，提高成活率。例如，用1000～2000mg/L的萘乙酸或吲哚丁酸促进白菜和甘蓝的扦插生根；黄瓜及瓠瓜一般用2000mg/L的萘乙酸或吲哚丁酸处理侧蔓茎段，可有效地促进植株发根成活；番茄侧枝用50mg/L的萘乙酸或100mg/L的吲哚乙酸浸湿插枝基部，对促进生根都有很好的效果。

2. 调控休眠与萌发

（1）打破休眠促进萌发　种子收获后往往由于胚发育不全，胚在生理上不成熟，种子透性不好及有萌发抑制物质如脱落酸（ABA）的存在等，因此需要经过一段时间的休眠后才能萌发。用生长调节剂可以打破休眠促进萌发。例如，马铃薯夏季收获后要经过一段时间的休眠才能萌发，推迟了马铃薯二季作的栽培时期且出芽不整齐，大大影响了秋薯的产量，用0.5～1mg/L的赤霉素处理切块；用赤霉素处理莴苣种子可以提高其发芽率；乙烯利（20～200mg/L）浸种马铃薯，可使芽数增多，并延缓退化。乙烯利也可促进生姜萌芽和分株。

（2）抑制发芽延长休眠　利用生长调节剂可以有效地抑制蔬菜贮存器官如块茎、鳞茎等贮藏期间的发芽。例如，用萘乙酸甲酯（MENA）抑制马铃薯在贮藏期间的发芽；用吲哚丁酸、2,4-D的甲酯处理马铃薯块茎也有效果。甜菜、胡萝卜、芜菁等肉质根也可用类似的方法处理以抑制发芽。

3. 控制生长和器官的发育

（1）促进生长，增加产量　赤霉素对绿叶菜促进生长增加产量的作用是明显的。芹菜、菠菜、茼蒿、苋菜、莴苣等在采收前10～20d全株喷洒20～25mg/L的赤霉素1～3次，芹菜、菠菜可以增加植株高度、叶面积和分株数，茼蒿、苋菜可增加植株高度和分株数，从而较对照增产10%～30%。

（2）抑制徒长，培育壮苗　无限生长类型的果菜类在肥水多的条件下容易徒长，应用矮壮素250～500mg/L进行土壤浇灌，每株用量100～200mL，处理后6d茎的生长减缓，叶片浓绿，植株变矮，这样的减缓作用可持续20～30d，此后可恢复正常生长。在菜豆盛花期和结实期喷洒比久（B-9）可以增加豆荚品质，减少纤维含量。马铃薯在块茎形成时用B-9（3000mg/L）作叶面喷洒，能抑制地上部分生长，使大部分花蕾和花脱落，但产量可比对照增产37%，其中中小型薯块的比例增加。多效唑（PP333）在马铃薯现蕾期以50～100mg/L的浓度叶面喷洒，可控制茎叶徒长，促进块茎增大，提高产量达25%以上。此外，整形素、乙烯利也有抑制生长、降低株高的作用，但使用不当会减产。

（3）控制抽薹开花　在蔬菜生产上，在产品器官如叶球、肉质根和鳞茎等形成之前，要抑制抽薹开花，以提高产量和增进品质。然而作为采种栽培时，又要促进抽薹开花，以提高种子的产量和质量。使用不同的植物生长调节剂，如用 50～500mg/L 的赤霉素喷洒植株或浸其生长点，在不经过低温春化的条件下，可促进胡萝卜、白菜、甘蓝、叶用芥菜、芹菜等的抽薹开花；用 500mg/L 的赤霉素每隔 1～2d 滴一次花椰菜的花球，同样促进花梗生长和开花；用 100mg/L 的赤霉素（GA_3）喷洒植株，可以促进甜菜、菠菜和莴苣在短日照期开花并采种。用 100mg/L 的邻氯苯氧乙酸（CIPP）喷洒植株，能显著地抑制芹菜的抽薹开花；甘蓝长有四五片真叶时，用 250mg/L 的 CIPP 喷洒，可抑制先期抽薹；在莴苣开始伸长时，用 6000mg/L 的 B-9 喷洒植株两三次，每隔 3～5d 一次，可明显地抑制先期抽薹，增加茎的粗度，提高商品质量。

（4）促进果实发育和成熟　　用植物生长调节剂可促使瓜类蔬菜形成无子果实。有些激素还可以调节果实的发育。例如，用 1% 的 NAA 加 1% 的 IAA 羊毛脂涂西瓜雌花，可获得无子西瓜，并促进果实的膨大生长；用乙烯利可促进番茄果实的成熟；用乙烯利 200～500mg/L 处理西瓜或 500～1000mg/L 在甜瓜收获前 5～7d 进行处理可达到催熟作用。

（5）刺激鳞茎、块茎的产生和发育　　在洋葱鳞茎开始膨大时，用乙烯利（500～1000mg/L）处理，可使鳞茎生长加速，促进成熟，但鳞茎有些变小；在马铃薯栽培过密、土壤过于肥沃或者施肥过多，茎叶生长过于旺盛而出现徒长现象时，就会影响块茎形成与膨大。用 1～10mg/L 的整形素，在生长后期喷洒马铃薯植株，能控制地上部的生长，增加马铃薯块茎的产量；马铃薯现蕾期和初花期，用 1000～4000mg/L 的整形素分次处理马铃薯茎叶，可抑制茎叶生长，使同化物更多地向块茎分配，引起落花落蕾，增加块茎数目，从而增加块茎产量。

4. 防止器官脱落　　蔬菜作物的许多器官，如花、叶、果实、种子等在生长过程中往往会出现脱落现象，这是植株对环境条件的一种适应。例如，干旱、营养不足、机械损伤、病虫危害、过湿、温度过高或过低以及乙烯气体存在条件下，植株会发生器官脱落以减少其蒸腾，使植株的营养物质对剩余的器官有一个较为充足的供应。应用防落素、萘乙酸及赤霉素等防止茄果类、瓜类及豆类的落花落果，效果显著，同时对防止落叶也有效果。

5. 控制瓜类的性别分化　　激素和生长调节剂可以控制一些蔬菜的性型分化，如赤霉素可以促进瓜类的雄花分化，这对于保持雌性系十分重要；乙烯利可以促进某些瓜类，如黄瓜、西葫芦和南瓜的雌花分化。

6. 提高植株的抗逆性　　利用一些生长抑制剂类物质，如矮壮素（CCC）、青鲜素（MH）、B-9、PP333 等可通过抑制生长，刺激体内 ABA 含量的提高，增强植株体内营养物质的积累，从而提高蔬菜作物的抗逆性。但使用不当常常会出现副作用。

7. 蔬菜保鲜　　蔬菜产品采收后，仍然在进行必要的呼吸和水分散失，而且这些过程受温度、光照和气体影响较大。化学调节主要是通过防止产品叶绿素分解、抑制呼吸作用，减少核酸和蛋白质降解，从而达到防止蔬菜组织的衰老变色和腐烂变质，延长蔬菜保鲜时期的目的。例如，甘蓝收获后，立即用 30mg/L 的 6-苄基腺嘌呤（6-BA）喷洒或浸蘸叶球，可有效地延长其贮藏期；用 10～100mg/L 的 B-9 或 CCC 在莴笋采收当天喷洒处理，可在 8～22℃ 条件下延长其贮藏期；用 5～10mg/L 的 6-BA 处理莴苣、菠菜、萝卜、胡萝卜等，均能保持这些蔬菜采收时的新鲜状态，提高商品价值。

【任务实施】

工作任务单

任务	蔬菜田间管理	学时	
姓名：			组
班级：			

工作任务描述：
以校内实训基地、实验室为场地，每班分为3～5组，每组选择一种蔬菜作物，进行田间管理技术操作。通过实际操作，了解蔬菜中耕、除草、培土、施肥、灌溉和植株调整等内容；针对不同蔬菜作物掌握管理方法，确定适宜的施肥、灌溉和植株调整的方式；具备大多数常见蔬菜的田间管理能力，同时对管理过程中常见问题具有分析与解决能力。

学时安排	资讯学时	计划学时	决策学时	实施学时	检查学时	评价学时

提供资料：
1. 校内实训基地、实验室。
2. 各类蔬菜田间管理所需的工具及材料；相关知识的书籍、PPT、影像资料。
3. 网络精品课程资源、校内电子图书馆等。

具体任务内容：
以组为单位进行相应蔬菜的中耕、除草、培土、施肥和灌溉管理。各组选派代表陈述调研报告，由小组互评、教师点评。教师进行归纳分析，引导学生，培养学生对专业的热情。安排学生自主学习，修订播种总结报告，巩固学习成果。

对学生要求：
1. 能独立自主地学习相关知识，收集资料、整理资料，形成个人观点，在个人观点的基础上，综合形成小组观点。
2. 对调查工作认真负责，具备科学严谨的态度和敬业精神。
3. 具备网络工具的使用能力和语言文字表达能力，积极参与小组讨论。
4. 具备较强的人际交往能力和团队合作能力。
5. 具有一定的计划和决策能力。
6. 提交个人和小组文字材料或PPT。

任务资讯单

任务	蔬菜田间管理	学时	
姓名：			组
班级：			

资讯方式： 学生分组进行蔬菜生产基地调研，小组统一查询资料。

资讯问题：
1. 我国蔬菜田间管理技术发展趋势。
2. 我国蔬菜播种、施肥和灌溉方式有哪些？
3. 蔬菜植株调整注意事项有哪些？

任务计划单、任务实施作业单见附录。

【任务考核】

任务考核标准

任务	蔬菜田间管理		学时	
姓名：				组
班级：				

序号	考核内容	考核标准	参考分值
1	任务认知程度	根据任务准确获取学习资料，有学习记录	5
2	情感态度	学习精力集中，学习方法多样，积极主动，全部出勤	5
3	团队协作	听从指挥，服从安排，积极与小组成员合作，共同完成工作任务	10
4	调研报告制订	有工作计划，计划内容完整，时间安排合理，工作步骤正确	10
5	工作记录	工作检查记录单完成及时，客观公正，记录完整，结果分析正确	10
6	施肥、灌溉技能	掌握蔬菜的施肥种类及灌溉方式	10
7	植株调整	掌握蔬菜的植株调整方式	10
8	消费领域	能够说出当地主要消费的植物生长调节剂类型	10
9	生产领域	能够说出当地主要使用的灌溉材料的种类	10
10	综合运用	能够根据不同蔬菜种类进行相应的田间管理	10
11	工作体会	工作总结体会深刻，结果正确，上交及时	10
合计			100

教学反馈表

任务	蔬菜田间管理		学时	
姓名：				组
班级：				

序号	调查内容	是	否	陈述理由
1	是否掌握施肥灌溉原理及技术？			
2	是否掌握植株调整的方法？			
3	是否掌握化学调控的方法？			
4	是否掌握不同蔬菜田间管理方法的差异？			

收获、感悟及体会：

请写出你对教学改进的建议及意见：

任务评价单、任务检查记录单见附录。

项目七 / 蔬菜采收、采后处理及贮藏

【知识目标】

1. 了解蔬菜采收、采后处理及贮藏包括的主要环节。
2. 理解蔬菜采收、采后处理及贮藏与蔬菜质量的关系。
3. 掌握蔬菜的采收、采后处理及贮藏的关键技术。

【能力目标】

能根据市场的需要及不同蔬菜自身的特点，选择合适的采收时期与采收方法，并在采收后进行相应的采后处理；选择适合的贮藏方式，进行科学的贮藏管理，保证蔬菜的质量；及时发现采收、采后处理及贮藏中的问题，并及时解决。

任务一 蔬菜采收

【知识目标】

1. 了解蔬菜采收质量的影响因素。
2. 掌握蔬菜采收标准的判断、采收的方法与时间。

【能力目标】

1. 能根据不同蔬菜的特点，确定采收的标准。
2. 能根据不同蔬菜的特点，选择适合的采收方法与采收时间，并能保证采收的质量。

【内容图解】

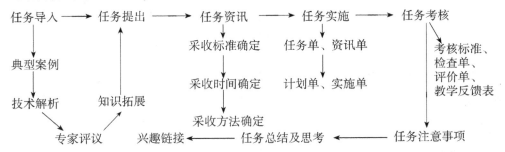

【任务导入】

一、典型案例

在内蒙古包头市某地，菜农种植了大面积的奶白菜，田间表现生长整齐一致，主要性状与品种介绍一致，最初开始采收上市时，质量没有任何问题，但是由于种植面积过

大，导致奶白菜出现滞销现象，大量奶白菜继续生长在田间，开始出现大面积的开花现象，由此很多菜农认为是购买的种子出现了问题。

二、技术解析

每一种蔬菜都有适合的采收标准与采收时间，采收过早，达不到商品标准，且产量较低，采收过晚，生长期过长，导致蔬菜的食用品质变差，甚至没有商品性。所以蔬菜必须掌握严格的采收时期。不同的蔬菜采收标准不一样，在实际采收过程中，要根据不同蔬菜的特点，确定采收标准、采收时间与方法。

三、专家评议

种植面积过大，奶白菜滞销，容易使奶白菜错过最佳采收期，造成生长期过长，如果再加上播种后和植株生长期间春季气温低，气温剧烈变化，形成种子春化或绿体春化，从而出现抽薹现象。因此，奶白菜出现抽薹现象不是种子质量问题。

四、知识拓展

蔬菜采收是指蔬菜的食用器官生长发育到有商品价值时进行收获，是蔬菜栽培过程中的最后环节。采收要符合产品加工要求。

1）采收必须避开高温时期，应尽量在早晚进行；避免雨淋，避免人为、机械或其他伤害。采收时下刀要准、稳。

2）原料从采摘到送至加工车间的时间不宜过长，根据季节温度的不同，特规定如下：① 6 月中旬至 9 月上旬（温度在 25～35℃），原料从采摘到送至工厂的时间不超过 4h。② 9 月中旬至 11 月上旬（温度在 10～22℃），时间不超过 6h。

3）运输工具必须清洁、卫生、无异味、无虫害活动痕迹。

4）不得接触和靠近潮湿、有腐蚀性或易于发潮的货物，不得与有毒的化学药品一起存放。

5）装筐摆放时采用球对球、茎对茎交错摆放的方法（可较好防止相互摩擦造成的机械损伤），装筐容量不得超过筐边高度。装好后覆盖叶片并尽快运回冷库进行保鲜。

【任务提出】

结合生产实践，小组完成一种或几种蔬菜的采收，在学习蔬菜采后生理的基础上，根据不同任务设计蔬菜采收的方案，同时做好记录和总结。

【任务资讯】

1. 采收标准确定　常用的采收判断指标有以下几种。

（1）色泽　即以产品器官的颜色变化和光泽度作为主要采收标准。例如，番茄一般在果实开始转红时采收，甜椒一般在果皮转浓绿而有光泽时采收，豌豆在荚果从暗绿变为亮绿色时采收等。但供较长时期贮运的番茄则以果脐泛白的转色期为采收适期；供罐藏制酱或干制辣椒以果实充分红熟为采收适期。

（2）坚实度　坚实度可以是某些蔬菜生育良好、充分成熟或尚未过熟变软，因而能耐运输贮藏的标志，如甘蓝的叶球、花椰菜的花球，以及供贮运的南瓜、番茄等都应在达到一定硬度时采收。但某些蔬菜的产品器官趋于坚硬，则表示其食用品质下降，如绿叶蔬菜和作为蔬菜用的豌豆、菜豆、豆薯、甜玉米等一般应在幼嫩时采收。

（3）大小　　即以产品器官的高度（如芹菜）、直径（如萝卜）等作为适于采收的主要指标。

（4）生长状态　　如洋葱以假茎部变软开始倒伏、鳞茎外皮干燥；芋头以须根枯萎；莴苣以生长点不超过叶丛；不结球白菜以薹高不超过莲座叶的先端等为采收适期。

除感官鉴别外，还可根据器官内部的物质组成、能量（如呼吸强度）及组织（如硬度、透性、离层）的变化等制订各种蔬菜供不同用途时的采收标准（表7-1）。

表 7-1　常见蔬菜推荐采收时间表

蔬菜名称	推荐采收时间
芦笋	栽种三年后方可采收。等笋芽长到15～25cm 高，趁笋芽还没有绽放时割下
各种菜豆豆荚	在豆荚已完全长大，但里面的豆粒嫩小时采收
青花菜	趁深绿色的花蕾没有发散之前采收
花椰菜	在花椰菜没有发散和变色之前采收
卷心菜	在菜心变得结实，但还没有裂开之前采收
大白菜	菜心变得结实时，就可以采收了
胡萝卜、萝卜	要在根完全长大之前采收
黄瓜	趁瓜呈深绿色的时候采收，不要等到颜色变浅
南瓜	等瓜皮坚硬，指甲不易掐破时采收
茄子	当茄子皮上出现一层紫色光泽时即可采收
洋葱	叶子全部枯倒、萎缩至根部后，方能采收
青椒、辣椒	在青椒变得硬挺之后，但还没有完全长大时采收。红辣椒要等果实完全变红之后采收
番茄	待整粒果实均匀变红后采收，但要赶在果实变软之前
菠菜、生菜等绿叶菜	要趁嫩采收，长到中等大小时采收最好

2. 采收时间确定　　多次采收的蔬菜，如茄果类、瓜类的第一果（或第一穗果）宜适当早采，常在幼果尚未达到采收标准时就提前采收。到结果盛期每隔1～2d 就采收一次。

用种子直播的薤菜第1、2次采摘时，茎基部可留2～3节，以促进萌发较多的嫩枝；第3、4次采摘时，适当重采，仅留1～2节，可避免发枝过多，致生长纤弱、缓慢、影响产量和品质。多年生的韭菜，为维持高产和使地下根茎贮藏有足够的营养物质，防止早衰，应控制收割次数；且不能割得过低，以免损伤叶鞘的分生组织和幼芽，影响下一刀的产量和长势。

一般以在晴天清早气温和菜温较低时采收为宜。供冬季贮藏用的芹菜、菠菜等耐寒蔬菜，在不受冻的前提下适当延迟收获，可避免贮藏时脱水和发热、变黄腐烂。薯芋类蔬菜成熟过程中糖分转化为淀粉，适当延迟采收有利于提高贮性；反之，有的蔬菜如番茄，成熟过程中糖分增加，淀粉减少，则以适当早采的贮性较好。某些蔬菜采收前用生长调节剂处理，可在采后延迟其成熟，利于贮藏。

在气温较低的清晨或上午采收，有利于保持产品的鲜度。

3. 采收方法确定

（1）人工采收　　用手摘、采、拔，用采果剪刈，用刀割、切，用锹、锄挖等方法都是人工采收。地下根茎类大多用锹、锄或机械挖刨。采收时应避免机械损伤；采收后摊晾使表面水分蒸发和伤口愈合。洋葱、大蒜可连根拔起，在田间暴晒，使外皮干燥。多数叶菜类、果瓜类、豆类蔬菜则用刀割、手摘或用机械采收。

（2）机械采收　　只适用于那些在成熟时形成离层的种类，因此机械采收多用于加工用产品的采收。鲜销的园艺产品，目前仍采用人工采收，或者是人工采收结合机械辅助采收，以提高采收效率。

【任务实施】

工作任务单

任务		蔬菜采收		学时		
姓名：						组
班级：						

工作任务描述：
以校内实训基地和校外企业的蔬菜为例，掌握蔬菜的采收方法；以某一种蔬菜为例，掌握蔬菜的采收标准、采收时间与采收方法。

学时安排	资讯学时	计划学时	决策学时	实施学时	检查学时	评价学时

提供资料：
1. 园艺作物实训室、校内或校外实习基地。
2. 校园网精品课程资源库、校内电子图书馆。
3. 蔬菜采收及采后处理类教材、相关书籍和杂志。

具体任务内容：
1. 根据工作任务提供学习资料，获得相关知识。
1）根据当地气候条件、设施条件、消费习惯、生产茬次等选择适合的采收时间。
2）制订蔬菜采收标准及采收规范。
3）掌握蔬菜的采收标准。
4）掌握蔬菜的采收时间。
5）掌握蔬菜的采收方法。
2. 按照蔬菜采收方案组织采收。
3. 各组选派代表陈述采收技术方案，由小组互评、教师点评。
4. 教师进行归纳分析，引导学生，培养学生对专业的热情。
5. 安排学生自主学习，修订采收安排计划，巩固学习成果。

对学生要求：
1. 能独立自主地学习相关知识，收集资料、整理资料，形成个人观点，在个人观点的基础上，综合形成小组观点。
2. 对采收相关工作认真负责，具备科学严谨的态度和敬业精神。
3. 具备网络工具的使用能力和语言文字表达能力，积极参与小组讨论。
4. 具备较强的人际交往能力和团队合作能力。
5. 具有一定的计划和决策能力。
6. 提交个人和小组文字材料或PPT。

任务资讯单

任务	蔬菜采收	学时	
姓名：			组
班级：			
资讯方式：学生分组进行蔬菜生产基地调研，小组统一查询资料。			
资讯问题： 1．蔬菜采收方案制订应考虑哪些主要因素？ 2．在蔬菜采收时，采收标准如何确定？ 3．采收时间如何来确定？ 4．各种采收方法的优缺点有哪些？ 5．采收过程中出现的问题原因分析和预防措施。			
资讯引导：教材、杂志、电子图书馆、蔬菜贮运相关的其他书籍。			

任务计划单、任务实施作业单见附录。

【任务考核】

任务考核标准

任务	蔬菜采收技术	学时	
姓名：			组
班级：			

序号	考核内容	考核标准	参考分值
1	任务认知程度	根据任务准确获取学习资料，有学习记录	5
2	情感态度	学习精力集中，学习方法多样，积极主动，全部出勤	5
3	团队协作	听从指挥，服从安排，积极与小组成员合作，共同完成工作任务	5
4	工作计划制订	有工作计划，计划内容完整，时间安排合理，工作步骤正确	5
5	工作记录	工作检查记录单完成及时，客观公正，记录完整，结果分析正确	10
6	蔬菜采收的主要内容	准确说出全部内容，并能够简单阐述	10
7	采收标准的确定	准确确定采收的标准	10
8	采收时间的选择	正确确定采收的时间	10
9	采收方法	正确选择采收的方法	10
10	采收质量	蔬菜采收的质量高	10
11	任务训练单	对老师布置的训练单，能及时上交，正确率在90%以上	5
12	问题思考	开动脑筋，积极思考，提出问题，并对工作任务完成过程中的问题进行分析和解决	5
13	设备、用具的使用	正确使用操作规范	5
14	工作体会	工作总结体会深刻，结果正确，上交及时	5
合计			100

教学反馈表

任务	蔬菜采收技术		学时		
姓名:					组
班级:					
序号	调查内容	是	否	陈述理由	
1	采收方案制订是否合理?				
2	是否掌握不同蔬菜的采收标准?				
3	是否掌握蔬菜的采收时间及要求?				
4	是否了解蔬菜的采收方法?				
5	是否知道蔬菜采收包括哪些环节?				
收获、感悟及体会:					
请写出你对教学改进的建议及意见:					

任务评价单、任务检查记录单见附录。

【任务注意事项】

1. 尽量避免机械损伤 伤口是病原微生物入侵之门，是导致蔬菜腐烂最主要的原因。自然环境中存在许多致病微生物，绝大多数是通过伤口侵入蔬菜体内的。即使有些蔬菜轻微的伤口能自然愈合，但会在不同程度上引起蔬菜呼吸强度提高而加速其衰老进程，另外伤痕和斑疤也影响蔬菜的商品价值。

2. 选择适宜采收的天气 阴雨天气、露水未干或浓雾时采收，因蔬菜表皮细胞膨压大，容易造成机械损伤。加上表面潮湿，便于微生物侵染。高温天气的中午和午后采收，果蔬体温高，其呼吸、蒸腾旺盛，容易萎蔫，衰老加快，而且田间热不易散发，易引起腐烂变质，对贮藏、运输不利。因此，果蔬应在晴天上午露水已干时采收。

【任务总结及思考】

1. 蔬菜采收时，采收标准如何确定?
2. 采收时间如何确定?
3. 各种采收方法的优缺点有哪些?
4. 有哪些因素影响蔬菜的采收质量?

【兴趣链接】

有机蔬菜采收要求

1. 人员要求

1）种植户应保持个人卫生，确保安全生产。

2）种植户应定期接受培训。

2. 设备和容器

1）采收工具应保持完好、清洁、使用正常。

2）工具使用时，对蔬菜产品不应有不必要的机械损伤，不应造成污染。

3）直接接触蔬菜产品的设备和容器的表面材质应无毒无害。

4）容器应具有一定的强度。

5）容器在使用过后，应及时进行清洗，晾干后备用，确保不影响下次使用。

3. 操作

1）采收所使用的刀具等必须每次使用后及时清洗，保持清洁锋利，减少采收过程中的不必要机械损伤。

2）采用不锈钢刀具等易清洗的工具，减少非人为因素污染，以得到高品质有机蔬菜产品。

3）采用周转麻袋装运、储存原料蔬菜，减少人为损坏，最大限度地保持有机蔬菜的外观品质，有助于减少污染，提高效率。

4）搬运容器时，要轻搬轻放，避免锐器损伤容器。

5）尽量在采收时进行分级采收，或者在商品包装前进行筛选分级，减少不必要的机械损伤。

6）如果有容易影响其他蔬菜保鲜的产品存在，应进行单独存放，不得混用同一间库房。

任务二 采后处理

【知识目标】

1. 了解蔬菜采后处理包括的内容与主要环节。

2. 掌握蔬菜的采后处理技术要点。

【能力目标】

熟悉蔬菜采后处理的各个环节，能根据蔬菜的特点选择适合的采后处理措施，能够解决采后处理中出现的问题。

【知识拓展】

蔬菜常用保鲜剂按其作用和使用方法可分为如下 8 类。

（1）乙烯脱除剂　能抑制呼吸作用，防止后熟老化，包括物理吸附剂、氧化分解剂、触媒型脱除剂。

（2）防腐保鲜剂　是利用化学或天然抗菌剂防止霉菌和其他污染菌滋生繁殖，具防病、防腐、保鲜作用。

（3）涂被保鲜剂　能抑制呼吸作用，减少水分散发，防止微生物入侵，包括蜡膜涂被剂、虫胶涂被剂、油质膜涂被剂、其他涂被剂。

（4）气体发生剂　可催熟、着色、脱涩、防腐，包括二氧化硫发生剂、卤族气体发生剂、乙烯发生剂、乙醇蒸气发生剂。

（5）气体调节剂　　能产生气调效果，包括二氧化碳发生剂、脱氧剂、二氧化碳脱除剂。

（6）生理活性调节剂　　能调节果蔬的生理活性，包括抑芽丹、苄基腺嘌呤、2,4-D。

（7）湿度调节剂　　可调节湿度，包括蒸汽抑制剂、脱水剂。

（8）其他类保鲜剂　　天然维生素 E、乳链球菌素。

【任务提出】

结合实践，小组完成一种或几种蔬菜的采后处理，在学习蔬菜采后生理的基础上，根据不同任务设计蔬菜采后处理的方案，同时做好记录和总结。

【任务资讯】

（一）整理与洗涤

结球白菜、甘蓝、莴苣、花椰菜、青花菜等要除掉过多的外叶并适当留有少许保持叶；萝卜、胡萝卜、芜菁、甘蓝要修掉顶叶和根毛；芹菜要去根，有些还要去叶；马铃薯、山药、莲藕还要除去附着在产品器官上的污垢，然后清洗。蔬菜采后的各项处理作业中，清洗是最先采用机械设备的，随着蔬菜下级市场特别是加工小包装和方便型即食小包装的出现，已相继推出具有清理、洗涤、去皮、切断、包装等多功能的复合型清洗整理设备。

（二）预冷

预冷的方法主要有以下几种。

（1）自然冷却法　　自然冷却法就是将产品放在阴凉通风的地方使其自然冷却。例如，我国北方许多地区用地沟、窑洞、棚窖和通风库贮藏产品，采收后在阴凉处放置一夜，利用夜间低温，使之自然冷却，翌日气温升高前贮藏。

（2）冰触法　　冰触法是利用碎冰放在包装容器的里面或外面，冷却可和运输同时进行，冷却时还能保证蔬菜的含水量和有较多的氧气。莴苣以冰触法预冷时，冰铺在蔬菜上面称为顶触预冷。一个包装箱装 25kg 的冰，适合于花椰菜、甜玉米、芹菜、胡萝卜等蔬菜的预冷。

（3）水冷法　　以冷水（通常为冰水）流过蔬菜使之直接冷却的方法称为水冷法，有防止萎蔫的效果，有时加入消毒剂（50～100mg/L 的次氯酸）杀菌。甜玉米、芹菜等可利用水冷法预冷。

（4）真空预冷法　　真空预冷法是利用水在减压下的快速蒸发以吸收蔬菜组织中的热量并使产品迅速降温的方法。当气压降到常压的 1/2 时，水在 0℃ 下即可沸腾。此法适用于表面积与体积比相当大的蔬菜，如莴苣、菠菜等叶菜。真空预冷过程中每降温 6℃，蔬菜表面则需进行喷水以防止蔬菜失水造成的品质降低。

（5）冷库预冷法　　冷库预冷是新鲜蔬菜直接放入贮藏冷库的预冷方法，此法不需特殊设备，易于进行，但此法冷却速度慢，26℃ 下采收的蔬菜产品在 4℃ 的冷库中至少要经过 4～5d 才能降至库温，26～27℃ 下采收的花椰菜和青花菜在 1～2℃ 的冷库中 1d 后才降到 15℃，2d 后降到 9℃，3d 后才降到 4～6℃。

（6）强制通风预冷法　　强制通风预冷法或称差压预冷法，是用风机强制循环冷风在包装箱两侧产生压力差，冷风通过窗口的气眼或堆码间，以迅速带走蔬菜中的热量的方法。强大流动气体易使蔬菜失水，必要时要加湿或喷雾，所以不适用于叶菜类。茄果类、豆类多用此法。

（三）保鲜处理

（1）表面涂剂　　有些果菜如番茄、黄瓜、甜椒采收后为了减少水分损失，防止皱缩和凋萎，可在果实表面涂一层蜡质或其他被膜，这种处理方法称表面涂膜。常见的如打蜡。打蜡的蔬菜还可增加光感，改善果实的色泽，提高感官品质。实践证明打蜡果实可减少 50% 的水分损失。

涂膜处理方法可分为三种：①浸涂法，将涂膜剂配成适当浓度的溶液，将果实浸入溶液中，一定时间后，取出晾干即成。②刷涂法，用细软毛刷或柔软的泡沫塑料蘸上涂膜溶液，然后将果实在刷子之间辗转擦刷，使产品涂上一层薄的涂料膜。③喷涂法，产品由洗果机内送出干燥后，喷上一层均匀而极薄的涂料。

（2）辐射处理　　用 γ 射线和 β 射线照射新鲜蔬菜，可延长其贮藏寿命。经 γ 射线照射后，可以抑制新鲜蔬菜如块茎、鳞茎的发芽，抑制蘑菇破膜、开伞，调节果实的成熟度，还可对蔬菜表面进行杀菌、杀虫、杀卵。

（3）化学制剂处理　　为了降低产品的损耗，改善产品外观，可用化学制剂进行处理。在清洗蔬菜的水中加入低浓度的漂白粉，可以减少许多蔬菜病害蔓延。例如，加入 10～200mg/L 的次氯酸钙处理胡萝卜、萝卜、番茄、甜椒等；马铃薯、黄瓜、蒜薹等用仲丁胺（60mg/kg）熏蒸 12h 可减少腐烂；番茄采用赤霉素处理可以推迟成熟，延长贮藏时间；青鲜素可以防止洋葱、萝卜、胡萝卜、马铃薯发芽；B-9 可以抑制蘑菇采后的褐变。苄基腺嘌呤曾被用于保持蔬菜的绿色和鲜活状态，一般浓度为 5～10mg/L，主要用在莴苣、芥菜、芹菜、芦笋、甘蓝上。用溴化钾烷熏蒸蔬菜用于防治害虫，番茄、黄秋葵在常压下熏蒸，大蒜在真空下进行。黄瓜、菜豆、南瓜等用二溴乙烷进行熏蒸处理。

（四）分级

蔬菜通常根据坚实度、清洁度、大小、重量、颜色、形状、鲜嫩度及病虫感染和机械损伤等分级，一般分为三个等级，即特级、一级和二级：①特级品质最好，具有本品种的典型形状和色泽，不存在影响组织和风味的内部缺点，大小一致，产品在包装内排列整齐，在数量或重量上允许有 5% 的误差。②一级产品与特级产品有同样的品质，允许在色泽、形状上稍有缺点，外表稍有瑕疵，但不影响外观和品质，产品不需要整齐地排列在包装箱内，可允许 10% 的误差。③二级产品可以呈现某些内部和外部缺陷，价格低廉，采后适于就地销售或短距离运输。

（1）按重量和大小分级　　由于蔬菜产品器官在不同种类、品种、变种之内存在着相当大的差别，因此按照大小分级的依据标准就不尽相同，可以依据整个产品或产品的某个部位的直径、重量、体积、长度、相对密度进行。一旦选择了一个特定的参数作为制订大小分级的依据，那么其他有关参数就在一定范围内被固定下来了。按重量分级的有莴苣、甘蓝；按最大直径或重量分级的有胡萝卜；按最大横截面面积和长度分级的有黑婆罗门参和辣椒。

（2）按表皮颜色分级　　表皮颜色分选机，根据被检产品表皮的颜色与其内在质量（含糖量、含酸量、维生素等）的相关性，采用特定颜色进行分级，这类蔬菜有番茄、花椰菜、马铃薯、莴苣、豆类、芦笋、大蒜等。

（3）按质量分级　　欧洲经济委员会介绍的质量等级有：特级、一级、二级，这些等级全部或部分地用来表示每种产品的质量等级。

分级有人工操作和机械操作两种方式。

（五）包装

1. 包装容器和包装材料

（1）外包装　　适用于蔬菜的外包装种类很多，常用的有竹箩、瓦楞纸箱、泡沫箱、塑料箱、钙塑箱和网袋等。例如，甘蓝、白菜用竹箩；四季豆、菜心用泡沫箱；莲藕、荸荠用钙塑箱等。

（2）内包装　　相对于外包装而言，与蔬菜直接接触的包装称为内包装，内包装主要有塑料薄膜袋、泡沫塑料网袋等。例如，蒜薹用塑料薄膜袋，马铃薯、花椰菜用泡沫塑料网袋等。

2. 包装方法　　包装方法一般有定位包装、散装和捆扎后包装。不论采用哪种包装方法，都要求蔬菜在包装容器内有一定的排列形式，既可防止它们在容器内滚动和相互碰撞，避免流通过程中造成机械损伤，又能使产品通风换气，并充分利用容器的空间。不同蔬菜对机械损伤的敏感程度不一样，在选择包装材料和包装方法上也有区别。

（六）晾晒

采收下来的蔬菜经初选及药剂处理后，置于阴凉或太阳下，在干燥、通风良好的地方进行短期放置，使其外层组织失掉部分水分，以增进产品贮藏性的处理称为晾晒。晾晒对提高大白菜、葱蒜等蔬菜的贮藏和运输效果非常重要。

大白菜是我国北方冬春两季的主要蔬菜，含水量很高，如果收获后直接贮藏，贮藏过程中呼吸强度高，脱帮、腐烂严重，损失很大。大白菜收获后进行适当晾晒，失重5%～10%，即外叶垂而不折时再贮藏，可减少机械损伤和腐烂，提高贮藏效果，延长贮藏时间。但是，如果大白菜晾晒过度，不但失重增加，促进水解反应的发生，而且会刺激乙烯的产生，促使叶柄基部形成离层，导致严重脱帮，降低耐贮性。

洋葱、大蒜采收后在夏季的太阳下晾晒几天，会加快外部鳞片干燥使之成为膜质保护层，对抑制产品组织内外气体交换、抑制呼吸、减少失水、加速休眠都有积极的作用，有利于贮藏。此外，将马铃薯、甘薯、生姜等进行适当晾晒，对贮藏也有好处。

（七）愈伤处理

蔬菜在采收时，一般都会造成机械损伤，伤口的存在为微生物的入侵打开了大门，对于块根类、块茎类、球茎类蔬菜来说，采收时机械损伤是不可避免的，采后可通过愈伤处理，尽快让伤口愈合，形成新的保护层，从而减少病原菌侵染导致的采后腐烂。

愈伤处理要求在一定的温度、湿度和通气条件下进行。在适宜的温度下，伤口愈合速度快，愈合面平整；低温会延长愈合时间，但温度过高会使伤口失水加快，影响伤口愈合效果。

愈伤主要有田间愈伤、通风棚愈伤、加热愈伤、应急愈伤4种方式，应根据实际情况选择适宜的愈伤方式。

薯类和其他热带球茎类及块茎类产品可以在室外进行田间愈伤。在田间铺上稻草或秸秆，然后堆码产品，最后在产品上覆盖帆布或草垫。因为愈伤需要较高的温度，在产品上加覆盖物可以保持呼吸热和较高的相对湿度，这种方式只能在采收期间天气状况良好的条件下进行，需要4d进行愈伤。洋葱、大蒜可以在田间进行愈伤，当采收期处在干燥季节时，产品可以堆成长条形或装入网袋中，先在田间晾晒5d，以后每天检查一次，直到表皮干燥，该过程需要 10d 左右。

【任务实施】

工作任务单

任务	蔬菜采后处理技术	学时	
姓名：			组
班级：			

工作任务描述：
以校内实训基地或校外企业的蔬菜为例，掌握蔬菜的采后处理技术；以某一种蔬菜为例，掌握蔬菜的整理、洗涤、预冷、分级、包装等方法。

学时安排	资讯学时	计划学时	决策学时	实施学时	检查学时	评价学时

提供资料：
1. 园艺作物实训室、校内、校外实习基地。
2. 各类蔬菜采后处理的 PPT、视频、影像资料。
3. 校园网精品课程资源库、校内电子图书馆。
4. 蔬菜采收及采后处理类教材、相关书籍。

具体任务内容：
1. 根据工作任务提供学习资料、获得相关知识。
1）根据蔬菜的特点及采后用途等选择适合的采后处理环节。
2）制订蔬菜采后处理技术规程。
3）学会采后处理中常见问题处理。
2. 按照蔬菜采后处理方案组织采后处理。
3. 各组选派代表陈述采后处理技术方案，由小组互评、教师点评。
4. 教师进行归纳分析，引导学生，培养学生对专业的热情。
5. 安排学生自主学习，修订采后处理安排计划，巩固学习成果。

对学生要求：
1. 能独立自主地学习相关知识，收集资料、整理资料，形成个人观点，在个人观点的基础上，综合形成小组观点。
2. 对采后处理工作认真负责，具备科学严谨的态度和敬业精神。
3. 具备网络工具的使用能力和语言文字表达能力，积极参与小组讨论。
4. 具备较强的人际交往能力和团队合作能力。
5. 具有一定的计划和决策能力。
6. 提交个人和小组文字材料或 PPT。
7. 学习制作本项目教案，并准备规定时间的课程讲解。

任务资讯单

任务	蔬菜采后处理技术	学时	
姓名：			组
班级：			

资讯方式：学生分组进行蔬菜生产基地调研，小组统一查询资料。

资讯问题：
1. 蔬菜采后处理方案制订应考虑哪些主要因素？
2. 蔬菜在采后主要进行哪些采后处理？
3. 如何对蔬菜进行分级？
4. 蔬菜主要的包装材料有哪些，包装方法有哪些？
5. 蔬菜的采后预冷方法有哪些？
6. 采后处理过程中出现的问题原因分析和预防措施。

资讯引导：教材、杂志、电子图书馆、蔬菜贮运相关的其他书籍。

任务计划单、任务实施作业单见附录。

【任务考核】

任务考核标准

任务	蔬菜采后处理技术		学时	
姓名：				组
班级：				
序号	考核内容	考核标准		参考分值
1	任务认知程度	根据任务准确获取学习资料，有学习记录		5
2	情感态度	学习精力集中，学习方法多样，积极主动，全部出勤		5
3	团队协作	听从指挥，服从安排，积极与小组成员合作，共同完成工作任务		5
4	工作计划制订	有工作计划，计划内容完整，时间安排合理，工作步骤正确		5
5	工作记录	工作检查记录单完成及时，客观公正，记录完整，结果分析正确		10
6	蔬菜采后处理的主要内容	准确说出全部内容，并能够简单阐述		10
7	分级标准的确定	准确确定分级的标准		10
8	包装	正确地进行包装		10
9	预冷方法	正确选择预冷的方法		10
10	采后处理质量	蔬菜采后处理的质量高		10
11	任务训练单	对老师布置的训练单，能及时上交，正确率在90%以上		5
12	问题思考	开动脑筋，积极思考，提出问题，并对工作任务完成过程中的问题进行分析和解决		5
13	设备、用具的使用	正确使用操作规范		5
14	工作体会	工作总结体会深刻，结果正确，上交及时		5
合计				100

教学反馈表

任务	蔬菜采后处理技术		学时		
姓名：					组
班级：					
序号	调查内容	是	否	陈述理由	
1	采后处理方案制订是否合理？				
2	是否掌握不同蔬菜的采后处理的环节？				
3	是否掌握蔬菜的采后分级与包装的方法及要求？				
4	是否了解蔬菜的预冷方法？				
5	是否了解蔬菜如何进行涂膜及化学处理？				

收获、感悟及体会：

请写出你对教学改进的建议及意见：

任务评价单、任务检查记录单见附录。

【任务注意事项】

1. 在蔬菜整理与洗涤时尽量避免对蔬菜产生机械操作。
2. 根据不同蔬菜的特点选择适合的预冷方法。
3. 分级与包装时尽量在冷凉条件下完成。
4. 保鲜处理时选用保鲜剂尽量选用环保的材料。

【任务总结及思考】

1. 蔬菜采后预冷的主要方法有哪些？
2. 蔬菜分级的标准有哪些？分级的方法有哪些？
3. 蔬菜的常用包装材料有哪些？包装的方法有哪些？
4. 大白菜、大蒜为什么采后要进行晾晒？

【兴趣链接】

鲜切菜又称最少加工蔬菜、半加工蔬菜、轻度加工蔬菜等，它是指以新鲜蔬菜为原料，经分级、清洗、整修、去皮、切分、保鲜、包装等一系列处理后，再经过低温运输进入冷柜销售的即食或即用蔬菜制品。

1. 工艺流程　原材料→适时采收→分级、修整→清洗、切分→预清洗→防腐处理→护色→清水漂洗→沥干→包装→贮藏

2. 工艺要点

（1）原料的选择　果蔬原料是保证鲜切蔬菜质量的基础。蔬菜原料一般选择新鲜、饱满、成熟度适中、无异味、无病虫害的个体。

（2）适时采收　用于鲜切蔬菜的原料一般采用手工采收，采收后需立即加工。如采收后不能及时加工的蔬菜，一般需在低温条件下冷藏备用。

（3）分级、修整　按大小或成熟度分级，分级的同时剔除不符合要求的原料。用于生产鲜切蔬菜的原料经挑选后需要进行适当的整修，如去皮、去根、去核、除去不能食用部分等。

（4）清洗、切分　清洗可洗去泥沙、昆虫、残留农药等。

鲜切蔬菜的体积大小对鲜切蔬菜的品质会有影响。切割程度越大，引起的伤呼吸越严重；切割的体积越小，切分面积就越大，表面水分蒸腾越快，切分面流出的酚类物质容易被氧化，发生褐变，影响了外观品质，也不利于产品的保存。

切分的大小对鲜切果蔬的品质也有影响，切分越小，切口面积越大，越不利保存。

（5）护色和漂洗　一般在去皮或切分后还要进行洗涤，清洗用水须符合饮用水标准并且最好低于5℃。

（6）沥干　漂洗后必须严格干燥，避免蔬菜腐败，至少采用沥水法去除蔬菜表面的水分，也可用干棉布或吹风排除产品表面的水分。

（7）包装　鲜切蔬菜的包装有多种，常见的方式有自发调节气体包装（MAP）、减压包装（MVP）、活性包装（AP）、涂膜包装等。

（8）贮藏　　最佳的贮藏温度就是稍高于蔬菜材料冰点的温度。另外，贮藏时注意不要低于蔬菜的冷害温度，以免出现冷害症状，造成鲜切蔬菜品质下降。

任务三　蔬菜贮藏

【知识目标】

1. 了解蔬菜贮藏的主要方式。
2. 掌握蔬菜的贮藏技术及贮藏管理技术要点。

【能力目标】

熟悉蔬菜的贮藏方法，能根据不同蔬菜的特点选择合适的贮藏方法，并进行贮藏管理；能发现蔬菜贮藏中的问题并解决问题。

【知识拓展】

减压贮藏又称低压贮藏，是指在密闭的条件下将贮藏环境中的常压降至低压，造成一定的真空状态，使果蔬产品在低压下贮藏保鲜的一种贮藏方法。

1. 减压贮藏原理　　减压贮藏环境中的氧气浓度很低，而随着产品自身的不断呼吸，环境中的二氧化碳浓度会逐渐提高，从而取得与气调贮藏相近的气体组成。更重要的是，减压贮藏能促使果蔬组织内部的气体成分如乙烯、乙醛、乙醇及各种芳香物质向外扩散，从而延缓蔬菜产品的成熟与衰老。

2. 减压贮藏的设备　　主要包括减压室（减压罐）、加湿器、气流计和真空泵。小规模的减压贮藏室可采用钢制的贮藏罐，贮藏量大的贮藏室则必须用钢筋混凝土浇筑才行。加湿器主要是使通过减压室的空气加湿，使贮藏中维持较高的相对湿度，以防止蔬菜产品失水萎蔫。

3. 减压贮藏方法

（1）定期抽气式　　将贮藏容器抽气，待达到要求的真空度后就停止抽气，然后则采取维持低压的措施。这种方式可以促进蔬菜产品组织内的乙烯等气体向外扩散，但不能使容器内的这些气体不断向外排出。

（2）连续抽气式　　在贮藏室的一端用抽气泵连续不断地抽气排空，另一端则不断地输入新鲜空气。采用这种方式进行减压处理，可以使蔬菜产品始终处于低压低温、新鲜湿润的气流中。

4. 减压贮藏的管理　　在减压条件下，蔬菜组织极易散失水分而萎蔫，高湿度又加重微生物的危害，而且贮藏的蔬菜产品刚从减压室中取出来的时候风味不好。因此减压贮藏管理不仅需要经常保持高的相对湿度（95%以上），还要配合应用消毒防腐剂，并且减压贮藏后取出的蔬菜产品要放置一段时间，部分恢复原有风味和香气后，才能上市出售。

【任务提出】

结合生产实践，小组完成一种或几种蔬菜的贮藏，在学习蔬菜采后生理的基础上，根据不同任务设计贮藏方案，同时做好生产记录和生产总结。

【任务资讯】

（一）简易贮藏

1. 堆藏、沟藏

（1）堆藏　　堆藏是将蔬菜按一定形式堆积起来，然后根据气候变化情况，表面用土壤、席子、秸秆等覆盖，维持适宜的温度和湿度，保持产品的水分，防止产品受热、受冻和风吹、雨淋的贮藏方式。按照地点不同堆藏又可分为室外堆藏、室内堆藏和地下室堆藏。北方常用此方法贮藏大白菜、甘蓝、洋葱等。

（2）沟藏　　沟藏也称为埋藏，是将蔬菜按一定层次埋放在土壤、细沙等埋藏物中，以达到贮藏保鲜目的的贮藏方式。沟藏一般是应用时临时建造，贮藏结束后填平，不影响土地种植或其他用途，且主要以土为原料，用于覆盖或遮挡阳光。沟藏在北方冬季普遍用于根菜类蔬菜的贮藏。

2. 窖藏

（1）棚窖　　棚窖也称地窖，是一种临时性或半永久性贮藏设施。在北方常用于贮藏大白菜。根据入土深浅可分为半地下式和地下式两种。在温暖或地下水位较低的地方，多采用半地下式，即一部分窖身在地下，另一部分在地面上筑土墙，再加棚顶。在比较寒冷的地区多采用地下式，即窖身全部在地下（一般入土深 2.5～3m），仅窖口露出地面。地下式的保温效果比较好，可避免冻害。

地下式窖内的温湿度可通过通风换气调节，因此建窖时需设天窗；而半地下式棚窖窖墙的基部及两端窖墙的上部也可开设天窗，起辅助通风的作用。

（2）井窖　　在地下水位低、土质黏重坚实的地方，可修建井窖。井窖一次建成后，可连续多年使用。

井窖又可分为室内窖和室外窖。室内窖在蔬菜贮藏初期窖温较高，贮藏产品比室外窖腐烂严重。不过在开春后，窖内温度上升比室外窖慢，因此贮藏期较长。室外窖正好相反，贮藏前期窖内温度比较低，冬季腐烂比较轻，但在开春后，窖内温度上升快，从而使腐烂加重，致使蔬菜不能长久贮藏。

窖藏有一套管理技术措施，可分为如下三个阶段。

降温阶段：蔬菜入窖前，首先应对窖体进行清洁消毒杀菌处理。入窖以后，夜间应经常打开窖口和通风孔，以尽量多导入外界冷空气，加速降低窖内及蔬菜温度。冷空气导入的快慢取决于窖内外温差、通气口的面积和窖的高度，如果在排气的地方安装排风扇，则会加强降温效果。在白天，由于外界温度高于窖内温度，因此要及时关闭窖口和通风孔，以防止外界热空气进入。

蓄冷阶段：冬季在保证贮藏蔬菜不受冻害的情况下，应尽量充分利用外界低温，使冷空气积蓄在窖体内。蓄冷量越大，则窖体保持低温的时间越长，越能延长蔬菜的贮藏期。因此，冬季应经常揭开窖盖和通气孔以达到积蓄冷量的目的。另外，还要定时清除腐烂蔬菜。

保温阶段：春季来临后，窖外温度逐步回升。为了保持窖内低温环境，此时应严格管理窖盖和通气口，尽量缩短开窖盖和人员入窖时间。

3. 其他简易贮藏

（1）冻藏　　简易冻藏是指利用自然低温条件，使耐低温的蔬菜在冻结状态下贮藏的一种方式。冻藏主要适用于耐寒性较强的蔬菜，如菠菜、芫荽、芹菜等绿叶菜。

用于冻藏的蔬菜最好在晴天气温接近0℃左右收获，然后放入背阴处的浅沟内（约20cm）覆盖一层薄土。随气温下降，蔬菜自然缓慢冻结，在整个贮藏期保持冻结状态，无需特殊管理。出售前取出，放在0℃下缓慢解冻，仍可恢复新鲜品质。

（2）假植贮藏　　假植贮藏是一种抑制生长的贮藏方法，是把带根收获的蔬菜密集假植在沟或窖内，使它们处在极微弱的生长状态，但仍保持正常的新陈代谢过程。这一方法主要用于芹菜、莴苣等蔬菜的贮藏保鲜。

（二）通风库贮藏

通风库贮藏是利用通风库保存蔬菜的贮藏方式。通风库是具有良好隔热性能的永久性建筑，设置有灵活的通风系统。它以通风换气的方式，引入外界的冷空气，排出库内的热空气，维持库内比较稳定、适宜的贮藏温度。

通风库管理工作的重点是创造库内适宜的贮藏温度和湿度条件。

（1）通风库的清洁与消毒　　通风库在产品入库之前和结束之后，都要进行清洁消毒处理，以减少微生物引起的病害。消毒方法可采用硫黄熏蒸法。即关闭库门和通风系统，以约$10g/m^3$的硫黄用量，点燃熏蒸14～28h后，再密闭24～48h，然后打开库门和通风系统以彻底排除二氧化硫。其原理是二氧化硫溶于水生成亚硫酸，对微生物有强烈的破坏作用。此外，还可以用1%的甲醛溶液、4%的漂白粉澄清液或含有效氯0.1%的次氯酸钠溶液喷洒库内的用具、架子等设备及墙壁，密闭24～48h即可。

（2）通风库温度管理　　蔬菜入库初期，由于田间热及呼吸释放的热量，库内温度较高，因此蔬菜入库后的主要管理工作是控制通风设备的开启，最大限度地导入外界冷空气，排出库内热空气，以迅速降低库温。在贮藏中期，外界气温和库温逐渐降到较低水平，此时应注意减少通风量和通风时间，以维持库内稳定的贮藏温度和相对湿度。在酷寒地区，此时应注意防止冷害。到贮藏后期，外界温度逐步回升，此时通风不宜过多，尽量延缓库温上升。

（3）通风库湿度管理　　若库内的相对湿度过低，蔬菜就会因水分蒸发而萎蔫。因此经常保持库内高的相对湿度是通风库管理中一项重要的措施。常用的比较简单的方法为就地在库内地面泼水，或先在地面铺上细沙再泼水，或将水洒在墙壁上。总之，对大多数蔬菜而言，要求库内相对湿度保持在85%～95%。其中，加湿是必要的管理措施。不过对相对湿度要求不高的洋葱、大蒜等蔬菜不需要专门的加湿措施。

通风库贮藏除必须进行以上管理外，还要采取合理的品质检查措施。在贮藏初期，由于贮藏温度较高，贮藏蔬菜腐烂较多，因此应经常检查腐烂情况，及时清除腐烂物。在贮藏中期，库温已保持在较低水平，腐烂现象发生相对较少，此时应相应减少检查腐烂的次数，避免影响库温和相对湿度的稳定。在贮藏后期，由于库温逐步回升，腐烂也将加重，因此应加强对蔬菜腐烂和品质变化情况的检查，以便及时确定贮藏期限（表7-2）。

表7-2　蔬菜最适贮藏条件

品种		最适条件		可贮藏时间	冻结温度/℃	含水率/%
		温度/℃	相对湿度/%			
番茄	绿熟	12.8～21.1	85～90	1～3周	−0.6	93.0
	完熟	7.2～10.0	85～90	4～7d	−0.5	94.1
黄瓜		12.0～13.0	90～95	10～14d	−0.5	96.1
茄子		7.2～10.0	90	1周	0.8	92.7

续表

品种		最适条件		可贮藏时间	冻结温度 /℃	含水率 /%
		温度 /℃	相对湿度 /%			
青椒		9.0～12.0	90～95	2～3 周	−0.7	92.4
秋葵		7.2～10.0	90～95	7～10d	−1.8	89.8
青豌豆		0	90～95	1～3 周	−0.6	74.3
扁豆		4.4～7.2	90～95	7～10d	−0.7	88.9
甜玉米		0	90～95	4～8d	−0.6	73.9
花椰菜		0	90～95	2～4 周	−0.8	91.7
花茎甘蓝		0	90～95	10～14d	−0.6	89.9
落葵		0	90～95	3～5 周	−0.8	84.9
白菜		0	90～95	1～2 个月	−4.5	95.0
甘蓝	春天收	0	90～95	3～6 周	−0.9	92.4
	秋天收	0	90～95	3～4 个月	−0.9	92.4
莴笋		0	95	2～3 周	−0.2	94.8
菠菜		0	90～95	10～14d	−0.3	92.7
芹菜		0	90～95	2～3 个月	−0.5	93.7
龙须菜		0～2.0	95	2～3 周	−0.6	93.0
荷兰芹		0	90～95	1～2 个月	−1.1	85.1
洋葱		0	65～70	1～8 个月	−0.8	87.5
大蒜		0	60～70	6～7 个月	−0.8	61.3
胡萝卜		0	90～95	4～5 个月	−1.4	88.2
生姜		12.8	65	6 个月	−1.2	87.0
南瓜		10.0～12.8	70～75	2～3 个月	−0.8	90.5
马铃薯	秋天收	3.3～4.4	90	5～8 个月	−0.6	77.8
	春天收	10.0	90	2～3 个月	−0.6	81.2
蘑菇		0	90	3～4d	−0.9	91.1

（三）机械冷藏

机械冷藏是在具有良好隔热保温性能的库房中，通过人工机械制冷的方式，使库内温度、湿度控制在人工设定的范围内，以实现蔬菜长期有效贮藏的贮藏方式。冷库管理包括以下几个环节。

（1）温度　大多数新鲜蔬菜在入库初期降温速度越快越好，入库蔬菜温度与库温的差别越小，越有利于快速将贮藏产品冷却到最适贮藏温度。要做到降温快、温差小，就要从采摘时间、运输及散热预冷等方面采取措施。

在安装冷冻机时，一方面应配置适宜制冷量的压缩机，另一方面可通过增加冷库单位容积的蒸发面积，以有效降低蔬菜温度与库温的差值，并显著提高蒸发器的制冷效率，加速降温。在贮藏过程中温度的波动应尽可能小，最好控制在 ±0.5℃以内，尤其是相对湿度较高时更应注意减小波动幅度。此外库房所有部位的温度要均匀一致，这对于长期贮藏的新鲜蔬菜来说尤为重要。

经冷藏的蔬菜产品在出库时，最好预先进行适当的升温处理，再送往批发或零售点。升温的速度不宜太快，维持气温比产品温度高 3～4℃即可，直至产品温度比正常气温低

4～5℃即可。

产品每天的入库量对库温有很大影响，通常设计每天的入库量占库容量的20%，超过这个限量，就会明显影响降温速度。入库时最好把每天送进来的蔬菜尽可能分散堆放，以便迅速降温。当贮藏蔬菜降到某一要求低温时，再将产品堆垛到要求高度。

在库内另外安装鼓风机械或采用鼓风冷却系统，可加强库内空气的流通，利于入贮蔬菜的降温。

包装在各种容器中的贮藏蔬菜，堆积密度过大时，会严重阻碍其降温速度，堆垛中心的蔬菜因较长时间处于较高温，会缩短贮藏寿命。因此，蔬菜堆垛时需留出一定的通风间隙，以利散热。

（2）相对湿度　　对于绝大多数蔬菜来说，相对湿度应控制在80%～90%，并要求相对湿度保持稳定。蒸发器结霜是造成库房湿度降低的主要原因。当湿度低时，需对库房增湿，可进行地面洒水、空气喷雾等。对蔬菜进行包装，创造高湿的小环境，如用塑料薄膜袋套袋或以塑料薄膜袋作为内衬等是常用手段。当相对湿度过高时，可用生石灰、草木灰等吸潮，也可以通过加强通风换气达到降低湿度的目的。

（3）通风换气　　冷藏库必须要适度通风换气，以保持库内温度均匀分布及降低库内积累的二氧化碳和乙烯等气体浓度。对于新陈代谢旺盛的蔬菜，通风换气的次数应多一些，蔬菜贮藏初期，可适当缩短通风间隔的时间，如10～15d换气一次，当温度稳定后，通风换气可一月一次。通风换气时间的选择是在外界温度和库温一致时进行的。雨天或雾天外界湿度过大时不宜通风。

（4）库房及用具的清洁卫生和防虫防鼠　　库房在使用前需进行消毒处理，常用的方法有硫黄熏蒸、甲醛熏蒸、过氧乙酸熏蒸，过氧乙酸、漂白粉、高锰酸钾溶液喷洒等。

（5）产品入库及堆放　　新鲜蔬菜入库贮藏时，如已经预冷则可一次性入库贮藏；若未经预冷处理则应分次、分批进行。在第一次入库前应对库房预冷并保持适宜贮藏温度，以利于蔬菜入库后蔬菜温度迅速降低。入库量第一次不宜超过该库总量的1/5，以后每次以1/10～1/8为宜，以免引起库温的剧烈波动和影响降温速度。

库内蔬菜堆放的总要求是三离一隙。三离指的是离墙、离地面、离天花板。离墙指蔬菜堆垛距离墙20～30cm；离地指蔬菜不能直接堆放在地面上，要用垫板架空，以使空气能在垛下形成循环，利于蔬菜各部位散热，保持库房各部位温度均匀一致；离天花板指应控制堆的高度不要离天花板太近，一般要求蔬菜离天花板0.5～0.8m，或者低于冷风管送风口30～40cm。一隙指垛与垛之间及垛内要留有一定的空隙。

（6）贮藏蔬菜的检查　　新鲜蔬菜在贮藏过程中要进行贮藏条件的检查和控制，并根据实际需要记录和调整等。另外，还要对贮藏的蔬菜进行定期检查，发现问题及时采取适宜的解决措施。对于不耐贮的蔬菜每间隔3～5d检查一次，耐贮的15d检查一次或更长时间检查一次。

（四）气调贮藏

气调贮藏指在冷藏的基础上，把蔬菜放在特殊的密封库内，通过改变环境中的气体组分来延缓衰老，减少损失。

1. 机械气调贮藏（气调库）　　气调库在使用管理方面主要可分为三个阶段：①入库准备阶段，此时要求全面检查库的气密性，以及制冷和调气系统。库内气温下降不能太快,以防瞬间造成较大负压,造成库体损坏,破坏气密性。在入库前对库体内进行全面消毒处理。②蔬菜入库准备,蔬菜入库前,要对其进行剔选、分级与包装。包装时由于库内湿度较大,最好用硬的塑料周转箱或木箱包装,纸箱则易吸湿变软。有时还需要对蔬菜进行预冷处理。③监控阶段,在入库后几周内,随时注意库内的温度与湿度、氧气与二氧化碳含量的变化,保持这些指标在规定范围内。同时注意防冷害、二氧化碳中毒、缺氧与霉变等,定期对贮藏蔬菜的品质变化情况进行抽查。另外在产品出库前,应先向库内输入新鲜空气,库内恢复正常条件后方可入库取货。

2. 自发气调贮藏——塑料薄膜包装或封闭贮藏 塑料薄膜包装或封闭贮藏是利用薄膜对水蒸气和气体的不通透性,包装密封蔬菜,可以改变环境中的气体成分,控制水分过分蒸发散失,达到抑制呼吸、延缓衰老、延长贮藏期目的的贮藏方式。

(1)大帐法 大帐法也称垛封法,是将蔬菜堆垛的周围用薄膜封闭进行贮藏的方法。具体做法是:一般先在贮藏室地上垫上衬底薄膜,其上放上枕木,然后将蔬菜用容器包装后堆垛,容器之间酌留通气孔隙。码好的垛则用塑料薄膜帐罩住,帐子和垫底薄膜的四边互相重叠卷起并埋入垛四周土中,或用土、砖等压紧。在生产中还常常配合充氮降氧,或充二氧化碳抽氧等实用技术,以使帐内加快形成适宜的气体组合。无论在冷库还是常温贮藏场所,大帐法帐内常会有水珠凝结,解决措施是将蔬菜预冷,帐内产品之间留有适度通风空隙,并保持帐内温度恒定。另外,由于密封薄膜透气性不是很好,贮藏时间过长时则有可能造成帐内氧气浓度过低或二氧化碳浓度过高而影响贮藏效果。解决的办法则通常是在帐内底部撒上熟石灰或木炭以吸收过多的二氧化碳,或采用通风换气的办法来调节帐内气体组成。

(2)袋封法 袋封法是将蔬菜装在塑料薄膜袋内,扎紧袋口或热合密封的一种简易气调贮藏方法,在蔬菜贮藏上应用较为普遍。袋的规格、容量不一,大的一袋有20~30kg,小的一袋一般小于10kg。

(3)硅橡胶窗气调贮藏 硅橡胶窗气调贮藏是将蔬菜贮藏在镶有硅橡胶窗的聚乙烯薄膜袋内,利用硅橡胶膜特有的透气性能自动调节气体成分的一种简易气调贮藏方法。利用硅橡胶窗特有的透气性能,使密封袋(帐)中过量的二氧化碳通过硅窗透出去,蔬菜呼吸过程中所需的氧气可从硅窗中缓慢透入,这样就可保持适宜的氧气和氮气浓度,创造有利的贮藏条件。

【任务实施】

工作任务单

任务	蔬菜贮藏技术		学时		
姓名:					组
班级:					
工作任务描述: 以校内实训基地和校外企业的蔬菜为例,掌握蔬菜的贮藏技术;以某一种蔬菜为例,掌握蔬菜的贮藏方式及贮藏管理。					
学时安排	资讯学时	计划学时	决策学时	实施学时	检查学时	评价学时
提供资料: 1. 园艺作物实训室、校内或校外实习基地。 2. 各类蔬菜贮藏的 PPT、视频、影像资料。 3. 校园网精品课程资源库、校内电子图书馆。 4. 蔬菜贮运类教材、相关书籍。						

续表

具体任务内容：
1. 根据工作任务提供学习资料、获得相关知识。
1）根据当地气候条件、贮藏设施条件、消费习惯、生产茬次等选择适合的贮藏方式与场所。
2）制订蔬菜贮藏技术规程。
3）学会蔬菜贮藏中常见问题的处理。
2. 按照蔬菜贮藏方案，组织进行蔬菜贮藏。
3. 各组选派代表陈述蔬菜贮藏方案，由小组互评、教师点评。
4. 教师进行归纳分析，引导学生，培养学生对专业的热情。
5. 安排学生自主学习，修订采收安排计划，巩固学习成果。

对学生要求：
1. 能独立自主地学习相关知识，收集资料、整理资料，形成个人观点，在个人观点的基础上，综合形成小组观点。
2. 对蔬菜贮藏工作认真负责，具备科学严谨的态度和敬业精神。
3. 具备网络工具的使用能力和语言文字表达能力，积极参与小组讨论。
4. 具备较强的人际交往能力和团队合作能力。
5. 具有一定的计划和决策能力。
6. 提交个人和小组文字材料或 PPT。
7. 学习制作本项目教案，并准备规定时间的课程讲解。

任务资讯单

任务	蔬菜贮藏技术	学时	
姓名：			组
班级：			

资讯方式：学生分组进行市场调查，小组统一查询资料。

资讯问题：
1. 蔬菜贮藏方案制定应考虑哪些主要因素？
2. 蔬菜的主要贮藏方式有哪些，各有什么特点？
3. 简易贮藏方式如何贮藏蔬菜？
4. 蔬菜机械冷藏如何进行管理？
5. 蔬菜的自发性气调贮藏有哪些方式？如何进行贮藏管理？
6. 贮藏过程中出现的问题原因分析和预防措施。

资讯引导：教材、杂志、电子图书馆、蔬菜贮运类的其他书籍。

任务计划单、任务实施作业单见附录。

【任务考核】

任务考核标准

任务	蔬菜贮藏技术	学时	
姓名：			组
班级：			

序号	考核内容	考核标准	参考分值
1	任务认知程度	根据任务准确获取学习资料，有学习记录	5
2	情感态度	学习精力集中，学习方法多样，积极主动，全部出勤	5
3	团队协作	听从指挥，服从安排，积极与小组成员合作，共同完成工作任务	5

续表

4	工作计划制订	有工作计划，计划内容完整，时间安排合理，工作步骤正确	5
5	工作记录	工作检查记录单完成及时，客观公正，记录完整，结果分析正确	10
6	蔬菜贮藏的主要方式	准确说出全部内容，并能够简单阐述	10
7	简易贮藏	能根据蔬菜特点准确选择简易贮藏方式	10
8	机械冷藏	正确地进行机械冷藏管理	10
9	气调贮藏	正确选择气调类型并进行管理	10
10	贮藏质量	蔬菜贮藏的质量高	10
11	任务训练单	对老师布置的训练单，能及时上交，正确率在90%以上	5
12	问题思考	开动脑筋，积极思考，提出问题，并对工作任务完成过程中的问题进行分析和解决	5
13	设备、用具的使用	正确使用操作规范	5
14	工作体会	工作总结体会深刻，结果正确，上交及时	5
合计			100

任务教学反馈表

任务		蔬菜贮藏技术	学时		
姓名：					组
班级：					
序号		调查内容	是	否	陈述理由
1		蔬菜贮藏方案制订是否合理？			
2		是否掌握不同蔬菜的贮藏方式？			
3		是否掌握蔬菜的机械冷藏管理？			
4		是否掌握蔬菜自发性气调贮藏的管理？			
5		是否掌握蔬菜简易贮藏技术？			
收获、感悟及体会：					
请写出你对教学改进的建议及意见：					

任务评价单、任务检查记录单见附录。

【任务注意事项】

1. 低温伤害　　蔬菜贮藏过程中出现最普遍的非侵染性生理病害是冷害，也就是低温伤害。起源于亚热带的不少蔬菜如黄瓜、番茄、青椒、菜豆等对低温敏感。所以，在贮藏时，首先应该想到这种产品的适宜贮藏温度是多少，冷害发生的临界温度通常是多少，不可以把原产于亚热带的蔬菜用北方蔬菜的贮藏温度来贮藏。

预防低温伤害的方法就是：在采用低温贮藏前，了解蔬菜的适宜贮藏温度、冷害发生临界温度等基本信息。

2. 防止结露 蔬菜的包装物或果蔬表面的凝水，就像人出的汗似的，它的学名为结露。采用薄膜密闭包装贮藏蔬菜时，由于预冷不充分、库温波动较大、蔬菜水分含量高等，常出现薄膜内侧结露。这是由于当气体温度在露点以下时，过多的水汽从空气中析出而在物体冷热界面上凝结成水。蔬菜包装内温度与贮藏环境温度差值越大时，结露现象就越严重。一般情况下，蔬菜贮藏初期，产品温度高，蒸发量大，库温的变幅也大，最容易出现结露。结露对蔬菜贮藏极为不利，附着在蔬菜表面的水珠有利于微生物孢子的萌发和侵入，导致蔬菜迅速腐烂。

预防结露的主要途径有：充分预冷，尽量使产品温度和贮藏温度接近后再码垛或封闭袋口；减小库温的波动；果蔬散堆贮藏时，货堆不能太高，堆内应留有空隙或设置通风孔；另外采用果蔬贮藏专用透湿膜，或者是建设冰温库。

【任务总结及思考】

1. 蔬菜简易的贮藏方式有哪些？
2. 通风库如何进行贮藏管理？
3. 机械冷藏库如何进行贮藏管理？
4. 气调贮藏如何进行管理？

瓜类蔬菜栽培

【知识目标】

1. 掌握设施和露地瓜类蔬菜生产的基本知识要点。
2. 掌握设施和露地瓜类蔬菜生长发育过程中的基本管理要点。

【能力目标】

能够根据瓜类蔬菜生产的基本要求进行设施和露地生产，在生产过程中能够按照要求对瓜类蔬菜生长发育的育苗、苗期、花果期进行合理的水肥、土壤、栽培等方面管理，促进和调控瓜类蔬菜的生长发育，最终生产出优质绿色的瓜类产品。

【瓜类蔬菜共同特点及栽培流程图】

瓜类蔬菜均为葫芦科一年生或多年生的草本植物，主要包括甜瓜属的黄瓜、甜瓜，南瓜属的中国南瓜、印度南瓜、西葫芦，西瓜属的西瓜，冬瓜属的冬瓜、节瓜，葫芦属的瓠瓜，丝瓜属的普通丝瓜、有棱丝瓜，苦瓜属的苦瓜，佛手瓜属的佛手瓜及栝楼属的蛇瓜等。其中西瓜和甜瓜食用成熟果实，冬瓜和南瓜的嫩果和成熟果实均可食用，其他

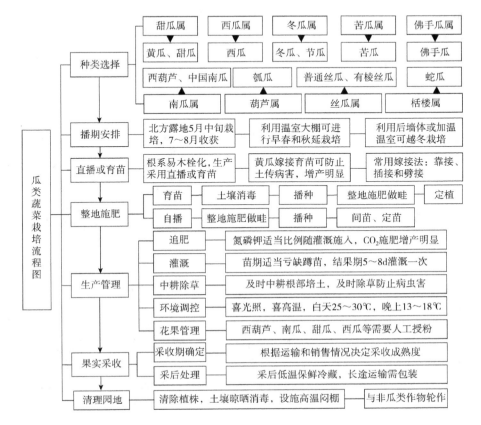

瓜类蔬菜主要食用嫩果。瓜类蔬菜多含有大量水分、蛋白质、碳水化合物及各种维生素和矿质元素，营养丰富。露地结合设施栽培，可周年供应，经济效益显著。

瓜类蔬菜的共同特点为：①根系易木栓化，受伤后再生能力弱，需直播或护根育苗。②多数瓜类蔬菜茎蔓生，需支架栽培或爬地栽培。③多数种类为雌雄同株异花，花的性型具有可塑性，低温短日照可促进雌花的分化和形成。④瓜类蔬菜均为虫媒花，易自然杂交，采种时应设法隔离。⑤整个生长周期要求较高的温度和较大的昼夜温差，喜日照时数多和较强的光照度。⑥瓜类蔬菜主要以果实为产品，生产施肥上必须配施适量的磷、钾肥。⑦瓜类蔬菜具有共同的病虫害，栽培上需与非瓜类作物实行 3 年以上的轮作。

任务一 黄瓜栽培

【知识目标】

1．掌握设施和露地黄瓜生产的基本知识要点。
2．掌握设施和露地黄瓜生长发育过程中的基本管理要点。

【能力目标】

能够根据黄瓜生产的基本要求进行设施和露地生产，在生产过程中能够按照要求对黄瓜生长发育的育苗、苗期、花果期进行合理的水肥、土壤、栽培等方面管理，促进和调控黄瓜生长发育，最终生产出优质绿色的黄瓜产品。

【内容图解】

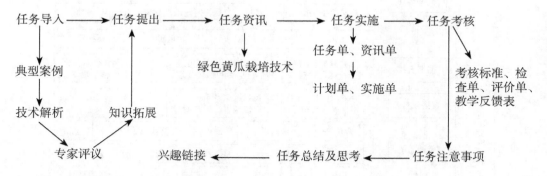

【任务导入】

一、典型案例

内蒙古的王永刚被人称为"黄瓜大王"。村民唐登云想靠王永刚的路子挣点儿钱，在王永刚家前院花一万块钱包了一个棚。两家买回同样的苗，同时栽进温室，王永刚还经常对他进行技术指导。年底一算账，王永刚挣了 15 万，唐登云却赔了。王永刚早上 6 点钟就进棚，每天在棚里待十二三小时。唐登云待上一会儿就闷得不行，干脆雇了工人。王永刚舍得投入，棚里施了二十几车羊粪，唐登云却觉得这后生有点夸张。王永刚种黄瓜行距 1.3m，一棚比别人家多种十来行，唐登云不想冒这个险，他按照约定俗成的 1.4m种。王永刚敢在棚里温度最低的 11 月栽苗，唐登云不敢，结果王永刚的黄瓜在春节前后行情最好的时候上市，比别人多卖两万块……"黄瓜大王"是这样炼成的，唐登云赔得不冤。

二、技术解析

黄瓜在我国北方不但露地广泛种植，而且是保护地主栽蔬菜品种。黄瓜可四季栽培，周年供应市场，获得高产高效益。各地由于季节和气候的差异，茬口不尽相同。保护地和露地生产茬口相配合可实现黄瓜的周年生产和周年供应。但不论是露地生产还是各种保护地设施生产，生产者均需要合理安排。

三、专家评议

1）要考虑获取较高的经济效益。尽量把盛瓜期安排在春节、国庆节、劳动节等节日期间，争取提早上市。

2）要把盛瓜期安排在最适宜的季节，以取得高产高效益，减少管理难度和生产损失。

3）要提高设施的利用率。日光温室等设施投资很高，可适当安排间套作种植，解决保护地设施存在的"夏闲"和"冬闲"问题。

4）要注意各类蔬菜的轮作倒茬，以减轻病虫积累和土壤次生盐渍化。

四、知识拓展

黄瓜学名 *Cucumis sativus* Linn，英文名 cucumber，为葫芦科黄瓜属植物，也称胡瓜、青瓜。果实颜色呈油绿或翠绿，表面有柔软的小刺。中国各地普遍栽培，现广泛种植于温带和热带地区。黄瓜喜温暖，不耐寒冷，为主要的温室产品之一。黄瓜是西汉时期张骞出使西域带回中原的，故称为胡瓜。

1. 生物学特征　　黄瓜为一年生蔓生或攀缘草本；茎、枝伸长，有棱沟，被白色的糙硬毛。卷须细，不分歧，具白色柔毛。叶柄稍粗糙，有糙硬毛，叶片宽卵状心形，膜质，长、宽均 7～20cm，两面甚粗糙，被糙硬毛，3～5 个角或浅裂，裂片三角形，有齿，有时边缘有缘毛，先端急尖或渐尖，基部弯缺半圆形，宽 2～3cm，深 2～2.5cm，有时基部向后靠合。雌雄同株。雄花常数朵在叶腋簇生；花梗纤细，长 0.5～1.5cm，被微柔毛；花萼筒狭钟状或近圆筒状，长 8～10mm，密被白色的长柔毛，花萼裂片钻形，开展，与花萼筒近等长；花冠黄白色，长约 2cm，花冠裂片长圆状披针形，急尖；雄蕊 3，花丝近无，花药长 3～4mm，药隔伸出，长约 1mm。雌花单生或稀簇生；花梗粗壮，被柔毛，长 1～2cm；子房纺锤形，粗糙，有小刺状突起。果实长圆形或圆柱形，长 10～30cm，熟时黄绿色，表面粗糙，有具刺尖的瘤状突起，极稀近于平滑。种子小，狭卵形，白色，无边缘，两端近急尖，长 5～10mm。花果期夏季。

2. 对生长环境的要求

（1）温度　　黄瓜喜温暖，不耐寒冷。生育适温为 10～32℃。一般白天 25～32℃，夜间 15～18℃生长最好；最适宜地温为 20～25℃，最低为 15℃左右。最适宜的昼夜温差为 10～15℃。黄瓜高温 35℃光合作用不良，45℃出现高温障碍，低温 -2～0℃冻死，如果低温炼苗可承受3℃的低温。

（2）光照　　华南型品种对短日照较为敏感，而华北型品种对日照的长短要求不严格，已成为日照中性植物，其光饱和点为5.5万lx，光补偿点为1500lx，多数品种在8～11h的短日照条件下，生长良好。

（3）水分　　黄瓜产量高，需水量大。适宜土壤湿度为60%～90%，幼苗期水分不宜过多（土壤湿度60%～70%），结果期必须供给充足的水分（土壤湿度80%～90%）。黄瓜适宜的空气相对湿度为60%～90%，空气相对湿度过大很容易发病，造成减产。

（4）土壤　　黄瓜喜湿而不耐涝、喜肥而不耐肥，宜选择富含有机质的肥沃土壤。一般喜欢pH 5.5～7.2的土壤，但以pH 6.5为最好。

【任务提出】

结合当地生产实践，准确制订黄瓜栽培计划，同时按计划组织生产。

【任务资讯】

绿色黄瓜栽培技术

（一）适用范围

按照绿色食品标准对黄瓜生产技术作了规定。本规定适用于华北地区具备良好生态环境、具有较高生产管理水平、适于种黄瓜的地区。

（二）立地条件选择

大气、水质、土壤条件均符合绿色食品优良生态环境标准。

（三）茬口安排及品种选择

（1）茬口安排　　黄瓜属于喜温且耐弱光蔬菜，从温度要求看，其生育期必然表现出一定的季节性，北方地区春、夏、秋均可露地栽培，若配合保护地栽培，如春秋大棚栽培，冬季日光温室生产，基本可达周年供应的目的。

（2）品种选择　　随着育种事业的发展，黄瓜的类型与品种越来越丰富。目前常见的品种，有长春密刺、山东密刺、津研1～7号黄瓜等。近年来，杂交黄瓜大量涌现，如津杂2～4号、津春2～4号、秋棚1～2号等。各地均培育出一批优良品种和杂种一代。值得指出的是，随着新品种和杂种一代的出现，种子使用范围更加专一，如津春2号主要用于塑料大棚生产，津春3号主要用于温室生产，津春4号主要用于露地生产。

（四）育苗

1. 床土消毒　　用40%甲醛溶液于播种前3周施于苗床土中，用量为40mL/m²，兑水量视土壤墒情而定，然后用塑料薄膜覆盖5d，除去覆盖后2周，待药充分挥发后方可播种。

2. 床土配制　　首先将消毒床土和充分腐熟有机肥过筛，按猪粪、鸡粪、田园土比例为1:1:2掺匀后铺在苗床内，耙平备用。为保护根系，也可采用直径10cm、高度10cm、底部有小孔的营养钵育苗，在营养钵内放入7cm的高营养土，排放在苗床内备用。

3. 种子选择　　根据种植季节和种植方式，选择籽粒饱满、纯度好、发芽率高、发芽势强的种子。

4. 浸种催芽　　将黄瓜种子浸入清水中4h，稍凉后放入40%甲醛100倍溶液中浸

30min，取出后用清水洗干净催芽。用55～60℃温水浸种，将种子先用一份凉水浸泡，然后再倒入两份开水，之后不停地搅拌，待水温降至30℃停止，再浸泡4h。浸种后将种子搓洗干净，捞出并淋去水分用干净湿布包好，在28～30℃条件下催芽，经20～24h出芽。

5. 播种

（1）苗床育苗　播种宜选择晴天中午进行，播前苗床内要充分浇水，水渗入土6～10cm，按10cm见方点播，播后及时在种子上盖1.0～1.5cm厚的过筛细土，全播完后再撒一层0.5cm左右的细土。

（2）营养钵育苗　将种子播于营养钵内，每钵一粒，上覆1cm厚细潮土。冷凉季节，为了保温保湿，加速出苗，可在苗床上加扣小拱棚。

（五）苗期管理

（1）温度管理　发芽初期要求温度较高，苗出齐后应适当降温，苗床上的小拱棚逐渐拉大缝隙，直至拆除。随着气温提高，温室、小洞子等育苗设施覆盖的薄膜和薄席，也要逐渐加大缝隙，以锻炼幼苗的适应性。

（2）水分管理　苗期不旱不浇，如旱可在晴天中午用喷壶点水，严禁浇大水，浇后注意放风排湿。

（3）光照调节　通过揭苫和盖苫调节光照时间，每天光照时间最好能达到8h以上。

（4）养分调节　苗期一般不追肥，生长后期可用0.2%磷酸二氢钾溶液进行叶面喷施，促进苗壮生长。

（5）嫁接育苗　温室、大棚多年种植黄瓜，应采用靠接、顶插接育苗，可防止枯萎病发生并增强根系抗低温能力，以黑子南瓜做砧木，采用靠接法，黄瓜先播种5～6d，顶插接黄瓜晚播1～2d。嫁接时间选择在南瓜第一片真叶初展（播种10d左右）黄瓜第一片叶展开（播种15d左右）时开始嫁接，挖出南瓜和黄瓜幼苗，去掉南瓜生长点和真叶，用刀片在南瓜生长点下0.5～1cm处向下斜切一刀，角度35°～40°，深为茎粗的2/5，在黄瓜生长点下1～1.2cm处向上斜切一刀，角度30°，深为茎粗的3/5，然后接合，使黄瓜叶压在南瓜叶上面，互为十字形，用塑料夹固定，7～10d接口愈合后，断掉黄瓜根。把嫁接苗移栽到直径8～10cm的营养钵内，两棵苗茎根分开，南瓜根在中央，黄瓜根在一边，摆到小床内，扣小拱棚遮阴，小拱棚内相对湿度为100%，白天25℃，夜间18～20℃，播后3d逐渐撤去遮阴物，7d后实行全天见光。通过以上措施，即可育出株高10～13cm，茎粗为0.6～0.7cm，3～4叶一心，苗龄30～40d的健壮幼苗。

（六）定植

定植前清除上茬残留物，深翻晒土，晾晒一周。每亩施腐熟有机肥（猪、鸡粪）2500～5000kg，磷酸二铵40kg，磷酸钾20kg，充分掺匀。不同季节，不同栽培方式，采用不同畦形，露地多平畦，畦宽80～100cm栽两行。保护地多高畦或瓦垄畦，畦宽120～150cm、高15cm，栽两行。日光温室，需做南北瓦垄畦，畦下挖深60cm、宽90cm的沟，沟内放入稻草、麦秆、马粪等，30cm厚，踏实后加入粪稀浇足水，上覆30cm厚的土，这些酿热物可提高地温3～4℃。必要时畦面再覆地膜。定植前要严格控制苗床幼苗病虫害，必要时可喷撒百菌清、甲霜灵锰锌、绿灵-苦参素杀虫剂等低毒、低残留农药预防，同时，适当浇水并切坨、起苗、囤苗等。适宜密度是高产重要因素之一，露地每亩可栽3500～4000株，温室、大棚每亩3000～3200株。黄瓜属浅根性植物，不宜深栽，定植时土坨应与畦面取平或稍露出，俗话说"黄瓜露坨，茄子没脖"。

（七）田间管理

（1）采收前管理　　露地黄瓜定植后及时浇定植水，4～5d 后再浇缓苗水，然后中耕蹲苗。温室、大棚黄瓜由于气温较低，水分不易蒸发，定植后浇水量要轻，待土壤稍干后即中耕，以提高土壤疏松度，增加地温，促进发根缓苗。黄瓜采收前，视土壤状况可以不浇或浇小水。温室、大棚气温白天 22～25℃，夜间 13～15℃，定植后 10～15d，株高 22cm 左右，开始插架或吊绳、绑蔓、打杈。

（2）开始采收至盛瓜期管理　　黄瓜采收后，管理上主要是促进结瓜，露地黄瓜要增加浇水量和浇水次数，结合浇水追施化肥。温室、大棚白天气温 25～30℃，夜间 15～18℃，浇水应选择晴天上午，浇小水或滴灌，浇水后注意放风排湿，每 10d 左右一水，随水追施硫铵（15kg/ 亩）或尿素（10kg/ 亩），并可增施二氧化碳气体肥料，使棚或温室浓度达 800～1000μL/L，可增产 20%～40%。

（3）后期管理　　此期产量占总产 30%～50%，主要促回头瓜，适当增加浇水次数，追施化肥，结合叶面追肥，打掉病老叶。

（八）病虫害防治

1. 病害　　病害主要有霜霉病、白粉病、枯萎病、炭疽病、疫病、细菌性角斑病。

（1）黄瓜霜霉病防治　　选用抗病品种津研 2、4 号，津杂 4 号，津春 2 号等；通风，控温，防止叶面结露水；药剂防治：移苗定植前喷药预防，可用 75% 百菌清 500～800 倍液，定植后发病初期立即连续（每 7～10d）喷洒 75% 百菌清 500～800 倍液或 5% 百菌清粉尘 1kg/ 亩，或用 45% 百菌清烟雾剂，每亩 200～250g（有效成分 90.0～112.5g），25% 多菌灵可湿性粉剂 500～1000 倍液，64% 恶霜灵（杀毒矾）可湿性粉剂 400～500 倍液，25% 甲霜灵可湿性粉剂 500～700 倍液；70% 代森锰锌可湿性粉剂 400～500 倍液防治。注意：每种农药只能使用一次，交替轮换使用。

（2）黄瓜白粉病防治　　选用抗病品种津研 2、4 号；温室或大棚应加强通风，降低温湿度；喷洒 15% 粉锈宁可湿性粉剂 1000 倍液，或农抗 120 200 倍液。

（3）黄瓜炭疽病防治　　选用无病果实留种；温水浸种，种子在 55℃温水中浸 20min 后，催芽播种；重病地块实行三年以上轮作；喷洒 75% 百菌清可湿性粉剂 400～700 倍液。

（4）黄瓜枯萎病防治　　深翻；采用抗病品种，也可与南瓜嫁接；生长前期要控制浇水，实行小水轻浇，夏季不在中午浇水，肥料必须腐熟；甲醛 150 倍液浸种 1.5h，或 50% 多菌灵可湿性粉剂 500 倍液浸种 1h；农抗 120 100～150 倍液灌根；50% 多菌灵 500 倍液灌根。

（5）黄瓜角斑病防治　　选用抗病品种津研 2、6 号等；非瓜类蔬菜实行两年以上轮作；避雨栽培，田间湿度低可减轻发病；在定植前或发病初期用农用链霉素或新植霉素 3000～6000 倍液防治。

（6）黄瓜疫病防治　　发病中心病株要及时拔除深埋，病穴用生石灰灭菌；用 75% 百菌清 500～700 倍液，或硫酸铜∶石灰水∶水为 1∶1∶（240～300）的波尔多液连续喷药防治。

2. 虫害　　虫害主要有蚜虫、红蜘蛛、茶黄螨和温室白粉虱。

蚜虫防治：移苗前喷药，可选用绿灵 0.3% 苦参素植物杀虫剂 1000 倍液预防，蚜虫发生初期用 500 倍液连续（隔 5～7d）喷药两次可控制其为害，并可兼治红蜘蛛和茶黄螨。

（九）采收、包装、储运

（1）采收　　生长期施过化学农药的黄瓜，采摘前 1～2d 必须进行农药残留生物检测，及时采摘，分级包装上市。

（2）包装、储运　　产品的等级质量、检验方法与规则、包装与标志、运输与贮存等严格按照绿色食品黄瓜的标准执行。

【任务实施】

工作任务单

任务	黄瓜生产技术	学时	
姓名：			组
班级：			

工作任务描述：
以校内实训基地或校外企业的绿色黄瓜生产为例，掌握黄瓜生产过程中的品种选择、茬口安排、整地做畦、播种育苗、中耕除草、合理肥水管理、病虫害防治、适时采收等技能，具备播种、间苗、蹲苗等管理能力，掌握瓜类蔬菜生产中常见问题的分析与解决能力。

学时安排	资讯学时	计划学时	决策学时	实施学时	检查学时	评价学时

提供资料：
1．园艺作物实训室、校内、校外实习基地。
2．黄瓜生产的 PPT、视频、影像资料。
3．校园网精品课程资源库、校内电子图书馆。
4．瓜类蔬菜生产类教材、相关书籍。

具体任务内容：
1．根据工作任务提供学习资料、获得相关知识。
1）学会黄瓜成本核算及效益分析。
2）根据当地气候条件、设施条件、消费习惯、生产茬次等选择优良品种。
3）制订绿色黄瓜生产的技术规程。
4）掌握黄瓜生产的嫁接育苗技术。
5）掌握黄瓜生产的定植技术。
6）掌握黄瓜丰产的水肥管理技术。
7）掌握黄瓜生产过程中主要病虫害的识别与防治。
2．建立绿色黄瓜高效生产技术规程。
3．各组选派代表陈述黄瓜生产技术方案，由小组互评、教师点评。
4．教师进行归纳分析，引导学生，培养学生对专业的热情。
5．安排学生自主学习，修订生产计划，巩固学习成果。

对学生要求：
1．能独立自主地学习相关知识，收集资料、整理资料，形成个人观点，在个人观点的基础上，综合形成小组观点。
2．对调查工作认真负责，具备科学严谨的态度和敬业精神。
3．具备网络工具的使用能力和语言文字表达能力，积极参与小组讨论。
4．具备较强的人际交往能力和团队合作能力。
5．具有一定的计划和决策能力。
6．提交个人和小组文字材料或 PPT。

任务资讯单

任务	黄瓜生产技术	学时	
姓名：			组
班级：			

资讯方式：学生分组市场调查，小组统一查询资料。

资讯问题：
1. 在具体地区早春栽培和秋延栽培，黄瓜的适宜播期和适宜品种分别有哪些？
2. 黄瓜嫁接育苗的靠接、插接和劈接技术要点。
3. 黄瓜如何加强肥水管理获得高产？
4. 设施黄瓜生产过程中需要注意哪些方面？
5. 黄瓜生产过程中的主要病害症状及防治办法。

资讯引导：教材、杂志、电子图书馆、蔬菜生产类的其他书籍。

任务计划单、任务实施作业单见附录。

【任务考核】

任务考核标准

任务	黄瓜生产技术	学时	
姓名：			组
班级：			

序号	考核内容	考核标准	参考分值
1	任务认知程度	根据任务准确获取学习资料，有学习记录	5
2	情感态度	学习精力集中，学习方法多样，积极主动，全部出勤	5
3	团队协作	听从指挥，服从安排，积极与小组成员合作，共同完成工作任务	5
4	工作计划制订	有工作计划，计划内容完整，时间安排合理，工作步骤正确	5
5	工作记录	工作检查记录单完成及时，客观公正，记录完整，结果分析正确	10
6	黄瓜生产的主要内容	准确说出全部内容，并能够简单阐述	10
7	基肥的使用	基肥种类与蔬菜种植搭配合理	5
8	土壤耕作机械基本操作	正确使用相关使用说明资料进行操作	10
9	土壤消毒药品使用	正确制订消毒方法、药品使用浓度，严格注意事项	10
10	起垄的方法和步骤	高标准地完成起垄工作	10
11	数码拍照	备耕完成后的整体效果图	10
12	任务训练单	对老师布置的训练单，能及时上交，正确率在90%以上	5
13	问题思考	开动脑筋，积极思考，提出问题，并对工作任务完成过程中的问题进行分析和解决	5
14	工作体会	工作总结体会深刻，结果正确，上交及时	5
合计			100

教学反馈表

任务		黄瓜生产技术	学时		
姓名：					组
班级：					
序号	调查内容		是	否	陈述理由
1	生产技术方案制订是否合理？				
2	是否会选择适宜品种？				
3	是否会安排直播和育苗的播期？				
4	是否会计算用种量？				
5	如果直播，是否掌握施肥量？				
6	是否掌握蹲苗开始与结束的时间？				
7	是否掌握主要病害的防治办法？				
收获、感悟及体会：					
请写出你对教学改进的建议及意见：					

任务评价单、任务检查记录单见附录。

【任务注意事项】

1. 黄瓜嫁接的优点　　黄瓜嫁接技术是黄瓜生产克服连作障碍、提高植株抗逆性、防治枯萎病和疫病、获得高产的一项主要技术措施。嫁接后的黄瓜抗逆性增强，具有耐低温、耐高温、耐涝、耐旱等特点。嫁接苗根系发达，生长势强，侧枝发育正常，结瓜稳定，并能连茬，在黄瓜大田生产上使用嫁接技术可以达到增产、防病、提高黄瓜自身的抗逆性等目的。

2. 黄瓜嫁接砧木的选择　　黄瓜嫁接常用的砧木是云南黑子南瓜和白子南瓜。黑子南瓜在低温条件下亲和力较高，多应用于早春嫁接；白子南瓜在高温条件下亲和力较高，多应用于夏秋黄瓜的嫁接。

3. 黄瓜嫁接接穗和砧木浸种、催芽

（1）接穗　　将消毒处理后的黄瓜种子放进55℃的水中浸种，并不断搅拌至水温降到25℃，用手搓掉种子表面的黏液，再换上25℃的温水浸种6～8h后放在25～30℃条件下催芽。待芽长0.3cm时即可播种。

（2）砧木　　方法与接穗相同，但浸种水温可提高到70～80℃，黑子南瓜种子发芽要求较高的温度，通常将种子浸泡8～12h，然后放在30～33℃的条件下催芽。24h即可发芽，36h出齐，当芽长0.5～1cm时即可播种。

4. 播种和嫁接的时间　　黄瓜嫁接有靠接、插接等方法。嫁接方法不同，要求的适宜苗龄也不同。要依据所采用的嫁接方法来确定黄瓜和南瓜的播种时间。黄瓜出苗后生长速度慢，黑子南瓜苗生长速度快，要使两种苗在同一时间达到适宜嫁接，就要合理错开播种期。

5. 嫁接方法

（1）插接法　　用刀片或竹签刃去掉生长点及两腋芽，然后用竹签在苗茎的顶面紧贴一子叶基部的内侧，与茎成 30°～45° 角的方向，向另一片子叶的下方斜插，插入深度为 5mm 左右，以竹签将穿破砧木表皮而又未破为宜，暂不拔出竹签。

将黄瓜苗从子叶下 1cm 处切约 30° 角斜面（子叶着生一侧），第一刀稍平而不截断，翻过苗茎，再从背面斜削一刀，切口长 0.5～0.7mm，将接穗削成楔形。随即拔出砧木上的竹签，把接穗插入南瓜斜插接孔中。使砧木与接穗两切口吻合，黄瓜子叶与南瓜子叶呈十字形，用嫁接夹夹上或用塑料带缠好。

用刀片或竹签刃去掉砧木的生长点及两腋芽，在生长点中心处用略比黄瓜茎粗一点的竹签垂直插入 0.5cm 左右，暂不拔出。在黄瓜苗生长点下 1～1.5cm 处切 30° 角切断，呈 0.4～0.5cm 长的椭圆形切面，拔出砧木上的竹签，插入南瓜茎插接孔中，砧木与接穗子叶方向呈十字形。喷雾净水后，置于保湿小拱棚内。接后 3d 内保持 95% 的湿度，白天温度 25～28℃，夜间 18～20℃。4d 后小通风，8d 后可揭膜炼苗。25d 左右进入三叶一心期可定植。

（2）靠接法

1）砧木：用刀片或竹签刃去掉生长点及两腋芽。在离子叶节 0.5～1cm 处的胚轴上，使刀片与茎成 30°～40° 角向下切削至茎的 1/2，最多不超过 2/3，切口长 0.5～0.7cm。切口深度要严格把握，切口太深易折断，太浅会降低成活率。

2）接穗：在子叶下节下 1～2cm 处，自下而上呈 30° 角向上切削至茎的 1/2 深，切口长 0.6～0.8cm（不切断苗且要带根），切口长与砧木切口长短相等（不超过 1cm）。

砧木和接穗处理完后，一手拿砧木，一手拿接穗，将接穗舌形楔插入砧木的切口里，然后用嫁接夹夹住接口处或用塑料条带缠好，并用土埋好接穗的根，20d 左右切断接穗基部。

（3）劈接

1）砧木：用乙醇浸过的锋利刀片将黑子南瓜的生长顶点切掉，去掉腋芽，再留下顶点以下部分，使其呈平台状。然后自上而下轻轻切开长约 1cm 的刀口，使切口与子叶水平线呈 45° 角。

2）接穗：选择生长健壮无病害的黄瓜，切掉根部，以约 30° 角双面斜削成约 0.8cm 长楔状。

用左手食指和拇指轻捏砧木子叶节部位，右手食指和拇指轻拿处理好的接穗插入切口内，使砧木和接穗的楔状组织紧密接合，子叶呈平行方向，立即用嫁接夹固定，并置入事先准备好的小拱棚内。

6. 嫁接后期的管理

（1）保湿　　保湿是嫁接成败的关键措施，嫁接苗移栽到营养钵后，要立即喷水。用塑料小拱棚保湿，使棚内湿度达到饱和，3～4d 后可适度通风降湿。初始通风量要小，以后逐渐加大，9～10d 后进行大通风。

（2）控温　　小拱棚内温度应保持在 25～30℃，不超过 30℃，夜间 18～20℃，不低于 15℃。嫁接后 3～4d 开始通风，棚内白天温度 25～30℃，夜温 15～20℃。定植前 7d，可降温至 15～20℃。

（3）遮阴　　嫁接后 3d 内，中午温度过高光照过强时，必须用遮阳网或草帘遮阴降温，防止接穗失水而萎蔫。早晚可去掉遮阴物，使嫁接苗见光。嫁接第 4 天起可早晚各见光 1h 左右，一般 7d 后就可全见光了。

（4）去腋芽　　嫁接时，砧木生长点和腋芽没彻底去干净时，会萌出新芽，在苗床开始通风后，要及时去掉。

（5）断根　　靠接法嫁接的黄瓜苗，在嫁接后 10～12d，用刀片将黄瓜幼苗茎在接合处的下方切断，并拔出根茎。

【任务总结及思考】

1. 不同地区，黄瓜的适宜育苗期有哪些？
2. 黄瓜直播和育苗移栽各有何利弊？
3. 黄瓜常用嫁接技术方法有哪些？
4. 简述绿色黄瓜生产技术要点。

【兴趣链接】

1. 黄瓜的保健功效

1）抗衰老：黄瓜中含有丰富的维生素 E，可起到延年益寿、抗衰老的作用；黄瓜中的黄瓜酶，有很强的生物活性，能有效地促进机体的新陈代谢。用黄瓜捣汁涂擦皮肤，有润肤、舒展皱纹功效。

2）防酒精中毒：黄瓜中所含的丙氨酸、精氨酸和谷胺酰胺对肝病患者，特别是对酒精性肝硬化患者有一定辅助治疗作用，可防治酒精中毒。

3）降血糖：黄瓜中所含的葡萄糖苷、果糖等不参与通常的糖代谢，故糖尿病患者以黄瓜代淀粉类食物充饥，血糖非但不会升高，还会降低。

4）减肥强体：黄瓜中所含的丙醇二酸，可抑制糖类物质转变为脂肪。此外，黄瓜中的纤维素对促进人体肠道内腐败物质的排除和降低胆固醇有一定作用，能强身健体。

5）健脑安神：黄瓜含有维生素 B_1，对改善大脑和神经系统功能有利，能安神定志，辅助治疗失眠症。

2. 黄瓜的健康吃法　　黄瓜清脆爽口，是不少人开胃的首选。但是，绝大部分人都是以生食为主，蘸黄豆酱、拌沙拉。但是，也有人指出，黄瓜加热后食用更有利于健康。

黄瓜含有丰富的营养，包括维生素 C、胡萝卜素和钾，还含有能够抑制癌细胞繁殖的成分。因此，从营养学的角度，是十分适合大家长期食用的蔬菜之一。

但黄瓜属凉性食物，成分中 96% 是水分，能祛除体内余热，具有祛热解毒的作用。传统中医认为，凉性食品不利于血液的流通，会阻碍新陈代谢，从而引发各种疾病。因此，即使是在炎热的夏季，也有专家建议大家把黄瓜加热后食用，不仅能保留其消肿功效，还能改变其凉性性质，避免给大家的身体带来不利健康的影响。

　　熟吃黄瓜最好的方法是直接将黄瓜煮食，虽然在口味上略逊于炒制的，但营养价值可以得到很好的保留，而且能缓解夏季浮肿现象。吃煮黄瓜最合适的时间是在晚饭前，一定要注意，要在吃其他饭菜前食用。因为煮黄瓜具有很强的排毒作用，如果最先进入体内，就能把后来吸收的食物脂肪、盐分等一同排出体外。坚持这种方法，还能起到降体重的作用。此外，用黄瓜煮汤也是不错的选择。黄瓜推荐菜式：凉拌黄瓜、紫菜黄瓜汤、山楂汁拌黄瓜、黄瓜炒鸡蛋。

任务二　南瓜栽培

【知识目标】

1. 掌握设施和露地南瓜生产的基本知识要点。
2. 掌握设施和露地南瓜生长发育过程中的基本管理要点。

【能力目标】

　　能够根据南瓜生产的基本要求进行设施和露地生产，在生产过程中能够按照要求对南瓜生长发育的育苗、苗期、花果期进行合理的水肥、土壤、栽培等方面管理，促进和调控南瓜生长发育，最终生产出优质绿色的南瓜产品。

【知识拓展】

一、南瓜生产概述

　　南瓜学名 *Cucurbita moschata*（Duch. ex Lam.）Duch. ex Poiret，为葫芦科南瓜属一年生蔓生草本植物。原产墨西哥到中美洲一带，世界各地普遍栽培。明代传入我国，现南北各地广泛种植。

二、生物学特性

　　一年生蔓生草本；茎常节部生根，伸长达 2～5m，密被白色短刚毛。叶柄粗壮，长8～19cm，被短刚毛；叶片宽卵形或卵圆形，质稍柔软，有5角或5浅裂，稀钝，长12～25cm，宽20～30cm，侧裂片较小，中间裂片较大，三角形，上面密被黄白色刚毛和绒毛，常有白斑，叶脉隆起，各裂片之中脉常延伸至顶端，成一小尖头，背面色较淡，毛更明显，边缘有小而密的细齿，顶端稍钝。卷须稍粗壮，与叶柄一样被短刚毛和绒毛，3～5歧。

　　南瓜雌雄同株。雄花单生；花萼筒钟形，长5～6mm，裂片条形，长1～1.5cm，被柔毛，上部扩大成叶状；花冠黄色，钟状，长8cm，径6cm，5中裂，裂片边缘反卷，具皱褶，先端急尖；雄蕊3，花丝腺体状，长5～8mm，花药靠合，长15mm，药室折曲。雌花单生；子房1室，花柱短，柱头3，膨大，顶端2裂。果梗粗壮，有棱和槽，长5～7cm，瓜蒂扩大成喇叭状；南瓜形状多样，因品种而异，外面常有数条纵沟或无。种子多数，长卵形或长圆形，灰白色，边缘薄，长 10～15mm，宽 7～10mm。

三、地理分布和生长习性

曾有学者认为南瓜起源于亚洲南部，主要分布在中国、印度及日本等地，欧美甚少，故有"中国南瓜"之名。后来根据考古资料及品种资源的分布，确认南瓜起源于中南美洲。南瓜在中美洲有很长的栽培历史，现在世界各地都有栽培，亚洲栽培面积最多，其次为欧洲和南美洲。中国普遍栽培。

南瓜性喜阴凉湿润气候，栽培极易，种在院边墙头、地边埂塄，均可生长良好。

【任务提出】

结合当地生产实践，各组制订不同的南瓜生产方案，同时做好生产记录和总结。

【任务资讯】

绿色南瓜栽培技术

1. 适用范围和产地环境条件　　产地环境条件应符合《绿色食品 产地环境质量》（NY/T 391—2013）规定的要求。南瓜对土壤要求不严格，贫瘠的土地也能栽培，但以土层深厚、富含有机质、保水保肥能力强的地块产量高。

生产记录应准确、及时、清晰、完整；应记录生产单位、生产地点、种植面积、品种、采用标准、有机肥使用量、化肥使用量、病虫草害发生及防治情况、收获日期等。

2. 栽培方式　　北方地区设施栽培一般 3 月上旬至 4 月上旬播种育苗，适期定植，6 月下旬至 7 月上旬采收。露地直播栽培 5 月上中旬播种，7～9 月采收。

3. 品种选择　　选择优质、高产、抗病、味香、商品形状好、耐贮运的早熟南瓜品种。种子质量符合《瓜菜作物种子》（GB 16715.5—2010）规定的要求。

4. 保护地栽培　　早春提早栽培一般在日光温室、塑料大棚、苗床等提早保温育苗。用种量每亩育苗移栽用种量 200g 左右。

（1）营养土配制　　营养土配比为草炭（或马粪）：腐熟鸡粪：田土比例为 4：3：3，每立方米营养土中加入 400～600g 磷酸氢二铵和 800～1000g 硫酸钾。配制好混匀待用。肥料的使用应符合《肥料合理使用准则》（NY/T 496—2010）的要求。

（2）浸种催芽　　种子催芽用 100℃热水烫种 5s，立即兑凉水降温至 30℃搅拌 0.5h，然后用清水浸种 8～12h，其间用 30℃温水淘洗种子 2～3 次，除去种子表面的黏液。种子捞出后晾 2h，待种子表面干爽后催芽。催芽时温度保持 28～30℃，36h 后，待芽长 0.2～0.5cm 时，种子胚根显露，俗称露白，即可播种。

（3）播种　　将配置好的营养土装入育苗钵，营养面积为 6cm×6cm，浇足底水，为了抑制土传性病害发生，快速均匀喷洒一遍 50% 多菌灵 500 倍水溶液，水渗后播种，将已发芽的种子平播于土上或芽尖朝下每个育苗杯中播 1 粒种子。播后覆土 2～3cm。撒施一层草木灰，草木灰具有防寒、杀菌消毒、抑制病虫害发生的作用。

（4）苗期管理　　出苗前温度保持在 25～30℃，待 80% 出苗后，白天温度控制在 20～25℃，夜间保持在 15℃左右；苗齐后，白天温度保持 20℃，夜间不低于 12℃。

定植前 5d 进行低温炼苗，主要采取适当控制水分、加大通风量的方法，白天温度控制在 20～25℃。苗期保持土壤湿润，有利于雌花形成。一般在播种前浇足底水，其他时间根据情况，如出现叶片萎蔫酌情浇水。炼苗期间不浇水。在入秋前要深翻整地，使土中的病菌、害虫翻到地表，经阳光烤晒起到杀死病菌的作用。春季平整土地，增施有机肥。肥料的用量依据土壤肥力和目标产量确定，一般每亩需优质腐熟的农家肥 4000kg，配合施入 30kg 磷酸氢二铵，施肥方法采用开沟深施，避免污染环境，1/3 深施、2/3 撒施。将肥料与田土充分混合后起垄。上覆地膜，有条件的可铺设滴灌带，通过膜下灌水和滴灌系统降低空气湿度。当 10cm 土温稳定在 12℃以上时即可定植。

（5）田间管理　南瓜保护地栽培都是早熟品种，采用单蔓整枝，人工辅助授粉。

生长前期管理：此期以做好防寒保温工作为主，缓苗期白天保持温度在 28～30℃，夜间不低于 18℃。定植后 1 周浇缓苗水并随水施一次肥，每亩施尿素 5kg 左右。从定植到南瓜坐住，采取不旱不浇水的原则，在南瓜坐住后结合松土每亩追腐熟有机肥 500kg，然后开始灌水促秧、促果。浇水后及时绑蔓，侧枝要及时摘除。

5. 南瓜露地直播栽培

（1）播种　5 月上旬播种，刨坑干粒直播，播深 3cm 左右，行株距 140cm×50cm。每穴 2 粒，播后镇压，防止透风保湿，有利于种子发芽和种皮脱落。每亩用种量 250g 左右。南瓜对土壤要求不严格，但以通透性强的壤土为好。底肥以有机肥为主，不要施氮肥，防止秧子长势过旺推迟坐瓜时间。

（2）中耕除草　出苗后到封垄前，结合间苗除草，抓紧进行中耕，一般中耕 2～3 次，在 2～3 片叶时定苗，每穴选留 1 株，注意培土。

（3）肥水管理　南瓜定植后，如果墒情好，一般不浇水。靠自然降水。春季干旱，抓紧铲趟，提高地温，促进根系发育，提高抗旱能力，以利壮秧。南瓜生育期间原则上不追肥，如基肥不足，茎蔓生长势弱，可进行追肥，也可根外追肥。

（4）整枝与压蔓　整枝有两种方法。主蔓式：主蔓任其生长，其余侧枝全部除去，不必摘心。第一果摘去，以免影响植株生长，每株留 2～3 个瓜。多蔓式：一般中晚熟品种采用此法。当主蔓长出 5～7 片叶时摘心，而后发生的侧蔓留 2～3 条，待整株坐住 2～3 果后，侧蔓留 2 叶摘心。压蔓，主要是为了提高植株对养分的吸收。

（5）植株调整　南瓜分枝力强，尤其是氮肥较充足的地块。如任其生长，枝叶过分繁茂出现旺长易推迟结瓜。调整的目的是使蔓叶在田间有一个合理的分布，让叶片之间减少遮挡，功能叶都能充分见光，达到结果与长叶平衡的目的。

（6）垫草　瓜下垫草防止果实腐烂。

（7）授粉　若是在设施中栽培南瓜或露地栽培南瓜（花期遇雨天），为提高南瓜坐瓜率和产量，可以进行人工授粉或放蜂辅助授粉。授粉要在早晨 9 点以前完成。

6. 病虫害防治　坚持"预防为主，综合防治"的植保方针，优先采用农业措施、物理措施和生物防治措施，科学合理地利用化学防治技术。严格按照《绿色食品 农药使用准则》（NY/T 393—2013）执行。

南瓜的病害，主要是白粉病和病毒病。

（1）农业防治　选用抗病品种；培育适龄壮苗；通过放风、增强覆盖、辅助加温等措施，控制各生育期温湿度，避免低温和高温伤害；增施充分腐熟的有机肥，减少化肥用量；及时清洁田园，降低病虫基数；及时摘除病叶、病株，集中销毁。

（2）物理防治　　日光温室及大棚内通风口处增设 40 目的防虫网防止害虫进入；设置（悬挂）黄板，诱杀白粉虱、蚜虫、美洲斑潜蝇等，每亩设 30～40 块。发病初期，用 27% 高脂膜乳剂喷雾防治。

（3）生物防治　　发病初期，用农抗 120 或武夷菌素水剂防治白粉病。可用 0.6% 苦参碱水剂 2000 倍液喷雾防治蚜虫。

（4）化学药剂防治　　注意各种药剂交替使用，每种药剂在生长期内只允许使用一次。严格控制各种农药安全间隔期。收获前 7d 严禁使用化学杀虫剂，产品应经农药残留检测合格。白粉病，喷施粉锈宁乳油 2000 倍液，或喷退菌特 1500 倍液。病毒病防治，在发病初期喷施植病灵、病毒 A 等。蚜虫是病毒病传播的媒介，可用 50% 抗蚜威 1500 倍液或 1.8% 阿维菌素等兑水喷雾防治。

7. 采收　　贮藏或远销的南瓜应取老熟果。采收标准为果皮坚硬、显现出固有的色泽，果面布有蜡粉。采收时要保留 2～3cm 长果柄。

8. 包装、贮藏及运输

（1）包装　　采用整洁、无毒、无害、无污染、无异味的包装容器，单收单放，包装外标明标识、品名、产地、生产者、规格、毛重、净重、采收日期等。

（2）贮藏　　贮藏时要求环境相对湿度为 70%～75%，适宜的贮藏温度为 8～10℃。农户可以选择在湿度较低的空房子或窖内进行贮藏，其方法有以下几种：堆藏、架藏、通风库贮藏。

预冷遮光贮藏于 3～4℃，相对湿度 90%～95%，贮藏库保证气流流通、温度均匀，不得与有毒有害物质混放。

（3）运输　　进行预冷，运输过程中应通风散热，注意防冻、防雨淋、防晒。

【任务总结及思考】

1. 如何进行南瓜绿色栽培？
2. 南瓜绿色栽培中的注意事项有哪些？

任务三　西葫芦栽培

【知识目标】

1. 掌握设施和露地西葫芦生产的基本知识要点。
2. 掌握设施和露地西葫芦生长发育过程中的基本管理要点。

【能力目标】

能够根据西葫芦生产的基本要求进行设施和露地生产，在生产过程中能够按照要求对西葫芦生长发育的育苗、苗期、花果期进行合理的水肥、土壤、栽培等方面管理，促进和调控西葫芦生长发育，最终生产出优质绿色的西葫芦产品。

【知识拓展】

一、西葫芦生产概述

西葫芦，别名占瓜、茄瓜、熊（雄）瓜、白瓜、窝瓜、小瓜、番瓜、角瓜、荀瓜等。西葫芦为一年生蔓生草本，有矮生、半蔓生、蔓生三大品系。多数品种主蔓优势明显，侧蔓少而弱。茎粗壮，圆柱状，具白色的短刚毛。茎有棱沟，有短刚毛和半透明的糙毛。

二、生物学特性

西葫芦叶柄粗壮，被短刚毛，长6～9cm。叶片质硬，挺立，三角形或卵状三角形，先端锐尖，边缘有不规则的锐齿，基部心形，弯缺半圆形，深0.5～1cm，宽3～4cm，上面深绿色，下面颜色较浅，叶脉在背面稍凸起，两面均有糙毛。卷须稍粗壮，具柔毛，分多歧。化雌雄同株。雄花单生；花梗粗壮，有棱角，长3～6cm，被黄褐色短刚毛；花萼筒有明显5角，花萼裂片线状披针形；花冠黄色，常向基部渐狭呈钟状，长5cm，径3cm，分裂至近中部，裂片直立或稍扩展，顶端锐尖；雄蕊3，花丝长15mm，花药靠合，长10mm。

三、生长特性

西葫芦生长期最适宜温度为20～25℃，15℃以下生长缓慢，8℃以下停止生长。30℃以上生长缓慢并极易发生疾病。种子发芽适宜温度为25～30℃，13℃可以发芽，但很缓慢；30～35℃发芽最快，但易引起徒长。开花结果期需要较高温度，一般保持22～25℃最佳。早熟品种耐低温能力更强。根系生长的最低温度为6℃，根毛发生的最低温度为12℃。夜温8～10℃时受精果实可正常发育。

光照强度要求适中，较能耐弱光，但光照不足时易引起徒长。光周期方面属短日照植物，长日照条件上有利于茎叶生长，短日照条件下结瓜期较早。西葫芦喜湿润，不耐干旱，特别是在结瓜期土壤应保持湿润，才能获得高产。高温干旱条件下易发生病毒病；但高温高湿也易造成白粉病。西葫芦对土壤要求不严格，沙土、壤土、黏土均可栽培，土层深厚的壤土易获高产。

【任务提出】

根据所学的西葫芦生物子特性及生长特性，制订适宜的生产计划，同时做好记录。

【任务资讯】

绿色西葫芦栽培技术

1. 产地环境 应远离污染源，选择前茬未种过瓜类、有机质丰富、土壤疏松、排水条件较好的壤土地块，环境质量符合《绿色食品 产地环境技术条件》（NY/T 391—2000）。

2. 育苗

（1）品种选择 要选择抗病、高产、抗逆性强、商品性好、早熟、耐低温、耐弱光，适合市场需求的品种。

（2）种子处理　先用 10% 的盐水浸泡种子，除去浮在水面上不饱满的种子，此后用清水反复搓洗，除去表面的黏液，以利发芽整齐一致。晾后用湿纱布包好，置于 28～30℃ 下催芽，经 1～2d 后即可出芽。

（3）苗床准备　先取肥沃园土 6 份，然后掺入优质有机肥 4 份，再按每立方米床土加 3kg 磷酸二铵，充分混均匀后，将营养土装入营养钵，排在苗床上。

（4）播种　越冬茬西葫芦播种期为 9 月底或 10 月上旬。每亩用种 300g 左右，播后覆盖营养土 2cm，再覆上地膜，搭上拱棚升温。

（5）苗床管理　出苗前，保持白天气温 28～30℃，夜间 18～20℃。经 3～5d 出苗后，须立即去掉地膜降温，保持白天气温 20～25℃，夜间 10～15℃，出苗前一般不浇水。栽苗前 1 周，须降温炼苗，以提高其抗性。

3. 定植

（1）整地施肥　先将棚室内前茬作物的根、茎、叶全部清除干净，提前 1～2 个月翻地晒垡，杀死土壤中的病菌。每亩施入腐熟有机肥 6000kg、磷酸二铵 80～100kg、硫酸钾 50kg，翻入土中混匀，按行距 60cm 宽起垄。

（2）定植时间及方法　一般于 11 月上旬秧苗三叶一心或四叶一心时定植。在畦内按株距 50cm 刨好穴，将苗放入穴内，然后浇水封埯，覆上地膜，在苗伸展的地膜处，剪个 10cm 十字形小口将苗放出。每亩栽 2200 株左右。

4. 田间管理

（1）温湿度管理　棚室西葫芦要求夜间叶面不结露，可减轻多种病害的发生。上午日出后使棚室内温度控制在 25～30℃，最高不超过 33℃，相对湿度在 75% 左右；下午使棚温降至 20～25℃，相对湿度在 70% 左右；傍晚闭棚，夜间至清晨最低温度可降至 11～12℃。如气温达 13℃ 以上可整夜通风，以降低棚内湿度。2 月下旬以后，西葫芦处于采瓜中后期，随温度的升高和光照的增强，应注意做好通风降温工作，灵活掌握通风口的大小和通风时间的长短。进入 4 月中旬以后，要利用天窗、后窗进行大通风，使棚温不高于 30℃。

（2）水肥管理　植株开花结果前，应少浇水或不浇水，以利坐果。待"根瓜"坐住果后，再开始浇水，但应减少浇水次数。浇时选晴天上午进行膜下浇水，并随水每亩冲施尿素 10kg。进入盛果期后平均每半月浇水一次，追肥一次，每次每亩追施腐熟有机肥 500kg。全年随水冲肥 4～6 次，最后一次施肥时间要距采收期不少于 30d。

（3）植株调整　西葫芦以主蔓结瓜为主，一般在长出 7～8 片叶时吊蔓。管理中应尽早抹杈，降低养分消耗。后期应保留 1～2 个侧蔓，待侧蔓开花结果后，再及时剪去主蔓，以增加通风透光，有利于多坐瓜。

（4）保花保果　一般采用人工授粉，即在花朵开放的当天上午 8～10 时，摘下雄花，去掉花瓣，将花粉轻轻抹在雌花柱头上，一般一朵雄花抹 2～3 朵雌花，可显著提高坐果率。

（5）延长结果期　植株未开花前，应适当缩短日照时间，每天见光保持在 6～8h 即可，以利于雌花的分化和及早形成，并能保证产量和质量。开始结果后，加大肥水管理，既能早结瓜，又能防早衰，还可延长结瓜期。

（6）病虫害防治

1）主要病害有白粉病、灰霉病等；虫害主要有蚜虫、白粉虱、螨类、美洲斑潜蝇等。

2）防治原则："以防为主，综合防治"，优先采用农业防治、物理防治、生物防治，配合科学合理地化学防治，达到安全、优质西葫芦生产的目的。

3）农业防治：清理田园，及时去除棚室内残枝败叶，带出棚外烧毁或深埋，注意铲除周围田边杂草，以减少病菌和害虫的侵染源；采用高畦栽培并覆盖地膜，冬季采用微滴灌或膜下暗灌技术，棚膜采用消雾型无滴膜，加强棚室内温湿度调控，适时通风，适当控制浇水。浇水后要及时排湿，以控制病害发生；及时吊蔓，发现病叶、病瓜和老黄叶应及时摘除，携出棚外深埋。

4）生物、物理防治：可释放丽蚜小蜂控制白粉虱；覆盖银灰色地膜驱避蚜虫；设置黄板诱杀蚜虫、白粉虱、美洲斑潜蝇：用100cm×20cm的黄板，在株行间每亩悬挂30～40块，一般7～10d重涂一次机油。

5）化学防治：白粉病、灰霉病，每亩用45%特克多悬浮剂150g，兑水稀释后喷雾；蚜虫、白粉虱，每亩用25%吡虫啉可湿性粉剂15g，兑水稀释后喷雾；螨类、美洲斑潜蝇，每亩用10%氯氰菊酯乳油20mL，兑水稀释后喷雾。

5. 采收贮存　采收所用工具要保持清洁、卫生、无污染，要及时采收，确保产品品质。贮存时应按品种、规格分别贮存。库内堆码应保证气流均匀流通。贮存西葫芦的温度应保持在8～10℃，空气相对湿度保持在85%～90%。

任务四　西　瓜　栽　培

【知识目标】

1. 掌握设施和露地西瓜生产的基本知识要点。
2. 掌握设施和露地西葫芦生长发育过程中的基本管理要点。

【能力目标】

能够根据西瓜生产的基本要求进行设施和露地生产，在生产过程中能够按照要求对西瓜生长发育的育苗、苗期、花果期进行合理的水肥、土壤、栽培等方面管理，促进和调控西瓜生长发育，最终生产出优质绿色的西瓜产品。

【知识拓展】

一、西瓜生产概述

西瓜学名 *Citrullus lanatus*，英文名 watermelon，西瓜堪称"瓜中之王"，原产于非洲。唐代引入新疆，五代时期引入中原。属葫芦科，有多个种子。西瓜是一种双子叶开花植物，植株形状像藤蔓，叶子呈羽毛状。它所结出的果实是瓠果，为葫芦科瓜类所特有的一种肉质果，是由3个心皮具有侧膜胎座的下位子房发育而成的假果。西瓜主要的食用部分为发达的胎座。果实外皮光滑，呈绿色或黄色，果瓤多汁为红色或黄色，罕见白瓤。

二、西瓜生物学特性

西瓜的茎、枝粗壮，具明显的棱沟，被长而密的白色或淡黄褐色长柔毛，卷须较粗壮，具短柔毛，2 歧，叶柄粗，长 3～12cm，粗 0.2～0.4cm，具不明显的沟纹，密被柔毛。叶片纸质，轮廓三角状卵形，带白绿色，长 8～20cm，宽 5～15cm，两面具短硬毛，脉上和背面较多，3 深裂，中裂片较长，倒卵形、长圆状披针形或披针形，顶端急尖或渐尖，裂片羽状或二重羽状浅裂或深裂，边缘波状或有疏齿，末次裂片通常有少数浅锯齿，先端钝圆，叶片基部心形，有时形成半圆形的弯缺，弯缺宽 1～2cm，深 0.5～0.8cm。西瓜雌雄同株。雌、雄花均单生于叶腋。

三、西瓜生长环境

西瓜喜温暖、干燥的气候，不耐寒，生长发育的最适温度为 24～30℃，根系生长发育的最适温度为 30～32℃，根毛发生的最低温度为 14℃。西瓜在生长发育过程中需要较大的昼夜温差，较大的昼夜温差能培育高品质西瓜。西瓜耐旱、不耐湿，阴雨天多时，湿度过大，易感病，产量低，品质差。西瓜喜光照，在日照充足的条件下，产量高，品质好。西瓜生育期长，产量高，因此需要大量养分。每生产 100kg 西瓜约需吸收氮 0.19kg、磷 0.092kg、钾 0.136kg，但不同生育期对养分的吸收量有明显的差异，在发芽期占 0.01%，幼苗期占 0.54%，抽蔓期占 14.6%，结果期是西瓜吸收养分最旺盛的时期，占总养分量的 84.8%，因此，西瓜随着植株的生长，需肥量逐渐增加，到果实旺盛生长时，达到最大值。西瓜适应性强，以土质疏松、土层深厚、排水良好的沙质土最佳，喜弱酸性（pH5～7）。

【任务提出】

依据西瓜生物学特性及对环境的要求，制订西瓜适宜的栽培技术方案，并做好生产记录。

【任务资讯】

绿色西瓜栽培技术

1. 产地要求 绿色食品生产基地应选择在无污染和生态条件良好的地区。基地选点应远离工矿区和公路铁路干线，避开工业和城市污染源的影响。

2. 茬口安排及品种选择

1）茬口安排。温室早春栽培。栽培方式为日光温室；播种期为 1 月上中旬；定植期为 2 月中下旬；收获期为 4 月下旬至 6 月中旬；育苗场所为温室育苗。

2）品种选择。选择优质、高产、抗病一代杂种，如红玉、玉玲珑、超级京欣。

3. 西瓜日光温室栽培

（1）直播或育苗 工厂育苗移栽。

1）育苗场所：温室育苗。

2）种子处理：选种根据种子特性按其大小、色泽、形状、饱满度等进行挑选，剔除畸形、破碎，以及色泽、形状等不符本品种特性的种子。浸种：可采用常温浸种、温汤浸种等方式。常温浸种即用一般常温水（12～25℃）浸泡种子 12～24h 每隔 4～5h 搅动、搓洗一次。温汤浸种即用 55~60℃温水（两开兑一凉）浸种，边浸泡边搅拌持续 7~8min，使水温自然降至 30℃左右再浸种 12h，中间换水并搓洗，将种子上附着的黏液洗净。

3）苗床准备：营养土方育苗将腐熟牛粪、猪粪、园田土按 2:1:7 混合过筛后，加水调和填入事先备好的育苗畦内，厚度 10cm，抹平稍干后，划成 10cm 见方的土块，用小棒在每个土块中央戳一个 2~3cm 深的播种穴或移苗穴即成育苗营养土方。

4）播种：播种前容器内先浇灌底水以保证营养土内有足够的水分，水渗后将发芽的种子播于容器中，播后覆盖 1.5cm 厚洁净过筛的潮润细土。而营养土方已经调湿可将发芽的种子直接播其穴内，一穴只播一粒，播后立即盖上 1.5cm 厚洁净过筛的潮润细苗土。床上覆盖薄膜，四周用泥土压紧封严。

5）播后管理：温度管理从播种到子叶出土床温要保持在 28~30℃，播后 4~5d 大部分种子顶土时揭膜放风。当 70%~80% 种子破土出苗时将床温降至 18~20℃，白天气温控制在 20~23℃，夜间 15℃左右以抑制幼苗徒长。当第一片真叶展开幼苗胚轴已健壮，白天再把温度提到 25~27℃，夜间 18~20℃。定植前 10d 要降温炼苗，白天床温降至 18~22℃，夜间 12~15℃。

6）水分管理：苗期严格控制浇水，幼苗顶土后撒一层 0.2cm 细潮土助种皮脱落弥缝保墒。若后期床土较干可洒水之后再撒一层细潮土保持床土水分降低空气湿度。

7）光照管理：西瓜是典型的喜光作物，光照不足易徒长感病。为了增加光照一要保持薄膜清洁；二要早拉草苫使瓜苗多见光；三要注意通风排湿，防止膜内结露影响光照，最好采用无滴膜育苗。容器育苗可通过移动位置改善受光条件。

（2）定植前准备　　定植地块选择肥沃灌溉方便沙质壤土最为理想，土壤 pH6~7。肥料的选择和使用应符合《绿色食品 肥料使用准则》（NY/T 394—2013）的要求。早春及时趁墒耙地，如土壤墒情不足，应先灌水造墒再耙。耙后按行距在瓜路上（定植垄）开沟施足基肥，即每隔 1.4~1.5m 单垄栽培或 2.8~3.0m 双垄栽培开挖一条宽 50~60cm、深 30~40cm 的施肥沟，每亩施腐熟有机肥 5000kg 作基肥与沟内土壤混匀。在施肥沟上作宽 50~60cm、高 10~15cm 的定植垄。

（3）定植

1）定植密度：西瓜定植密度应根据品种和地力情况来决定。早中熟品种地力较差地块密度应大些。中晚熟品种地力较强地块密度应小些。地力一般地块早中熟品种每亩定植 2200 株、中晚熟品种定植 1800 株。

2）定植方式：双垄栽培在定植垄两侧各定植一行西瓜苗行距 1.4m，早中熟品种株距 42cm，中晚熟品种株距 70~80cm。

3）定植方法：定植前按定植行距开沟，沟内浇水，当水尚未渗入土壤时，将西瓜苗坨按规定株距摆放沟内，然后向沟内填土将栽培垄复原。

4）覆盖或扣小棚：随定植随盖地膜，覆膜后对准瓜苗开十字形小口，将瓜苗茎叶轻轻引至膜外，然后将地膜铺平使其紧贴垄面四周，放苗口用细土封严。

（4）田间管理

1）肥水管理：直播西瓜除播种时浇足水外发芽期不再浇水，幼苗出土后要加强中耕从出土到抽蔓应中耕 3~4 次。育苗移栽的西瓜除定植时浇水外也不再浇水，勤中耕以防地温下降。追肥可在苗两侧穴施或南侧沟施，每亩施激抗菌膨果旺复合微生物菌剂

（50kg/ 亩）。待果实直径达 2～3cm 时即进入生长盛期开始浇大水，结合浇水再追施激抗菌膨果旺复合微生物菌剂（50kg/ 亩），在果实直径达 8cm 后土壤宜保持见干见湿，果实成熟前 5～8d 停水，以促进糖分积累增加甜度。

2）整枝：开始留单枝，4 叶时留健壮侧枝一个，4 叶时吊蔓，定植后一个月授粉，植株长到 12 个叶片时坐瓜。

3）吊蔓：4 叶时吊蔓。

4）留瓜：每株留 1～2 个瓜，第 3 个瓜视长势情况而定。

5）授粉：为保证坐果，上午 6～8 点雌花盛开时应进行人工授粉，将雄花花粉抹在雌花的柱头上。

4. 病虫害防治

（1）病害　　西瓜病害主要有苗期猝倒，病苗期立枯病、枯萎病。西瓜苗期立枯病防治：①利用无病土壤育苗；②加强通风管理降温排湿；③可用 50% 多菌灵可湿性粉剂处理土壤，土壤喷施（80g/ 亩）。西瓜枯萎病防治：①与非瓜类、茄果类作物实行 5 年以上轮作；②用 80% 烯酰吗啉水分散粒剂（20g/ 亩）进行喷施；③利用白子南瓜或瓠瓜等葫芦科作物作砧木用靠接或插接法培养西瓜嫁接苗；④发现病株及时拔除，收获后及时彻底清除病残株；⑤发病初期用 70% 甲基硫菌灵可湿性粉剂（80g/ 亩）进行叶面喷施。

（2）虫害　　西瓜虫害主要有红蜘蛛。红蜘蛛防治：①及时清除残株枯叶深埋或销毁；②用黄板诱杀有翅蚜；③喷洒 10% 吡虫啉可湿性粉剂（10g/ 亩）进行叶面喷施。

5. 采收、包装、贮运

产品质量标准按《绿色食品 瓜类蔬菜》（NY/T 747—2012）的规定执行。待西瓜果实达到生物学成熟时采收。生长期施过化学合成农药的西瓜采收前 1～2d 必须进行农药残留生物检测，合格后及时采收、分级、包装上市。包装符合《绿色食品 包装通用准则》（NY/T 658—2015）的要求；贮运符合《绿色食品 贮藏运输准则》（NY/T 1056—2006）的要求。

【任务总结及思考】

1. 如何进行西瓜的绿色栽培？
2. 西瓜绿色栽培中注意事项有哪些？

任务五　苦 瓜 栽 培

【知识目标】

1. 掌握设施和露地苦瓜生产的基本知识要点。
2. 掌握设施和露地苦瓜生长发育过程中的基本管理要点。

【能力目标】

能够根据苦瓜生产的基本要求进行设施和露地生产，在生产过程中能够按照要求对苦瓜生长发育的育苗、苗期、花果期进行合理的水肥、土壤、栽培等方面管理，促进和调控苦瓜生长发育，最终生产出优质绿色的苦瓜产品。

【知识拓展】

一、苦瓜生产概述

苦瓜学名 *Momordica charantia* L.，为葫芦科苦瓜属植物，广泛栽培于世界热带到温带地区。中国南北均普遍栽培。

二、生物学特性

苦瓜为一年生攀缘状柔弱草本，多分枝；茎、枝被柔毛。卷须纤细，长达20cm，具微柔毛，不分歧。叶柄细，初时被白色柔毛，后变近无毛，长4～6cm；叶片轮廓卵状肾形或近圆形，膜质，长、宽均为4～12cm，上面绿色，背面淡绿色，脉上密被明显的微柔毛，其余毛较稀疏，5～7深裂，裂片卵状长圆形，边缘具粗齿或有不规则小裂片，先端多半钝圆形稀急尖，基部弯缺半圆形，叶脉掌状。雌雄同株。雄花单生叶腋，花梗纤细，被微柔毛；苞片绿色，肾形或圆形，全缘，稍有缘毛；花萼裂片卵状披针形，被白色柔毛。雌花单生，花梗被微柔毛，长10～12cm，基部常具1苞片；子房纺锤形，密生瘤状突起，柱头3，膨大，2裂。果实纺锤形或圆柱形，多瘤皱，长10～20cm，花、果期5～10月。

三、生长环境要求

苦瓜属于短日照作物，喜光不耐荫。春播苦瓜，常遇到低温阴雨，光照不足，使幼苗徒长，叶色发黄，茎蔓细弱，开花结果期需要较强的光照，充足的光照有利于光合作用，多积累有机养分，提高坐果率，增加产量，提高品质。苦瓜喜湿而怕雨涝，在生长期间要求有70%～80%的空气相对湿度和土壤相对湿度。如遇较长时间的阴雨连绵天气，或暴雨成灾排水不良时，植株生长不良，极易发生沤根死苗和感病烂瓜。苦瓜对土壤的要求不太严格，适应性较广，南北各地均可栽培。一般以在肥沃疏松、保土保肥力强的土壤上生长良好，产量高。苦瓜对肥料要求较高，如果有机肥充足，植株生长粗壮，茎叶繁茂，开花结果多，品质好。特别是生长后期，若肥水不足，则植株衰弱，叶色黄绿，花果少，果实细小，苦味增浓，品质下降。因此及时追肥，特别在结果盛期要求有充足的氮磷肥。

【任务提出】

结合当地生产实践，制订适合苦瓜本地生产的计划方案，并按计划组织生产，做好记录。

【任务资讯】

绿色苦瓜栽培技术

1. 栽培茬次　露地栽培苦瓜一般在2月上中旬播种育苗，4月中下旬定植。日光温室保护地栽培在9月上旬播种，10月上旬至11月中旬定植。

2. 品种选择　选择抗病、抗逆性强、耐低温弱光、优质、高产、商品性好、适合市场需求的品种。

3. 育苗

（1）种子处理　将精选种子在55℃的温水中浸种20～30min，不断搅拌，待水温降至 30℃时停止搅拌，浸泡 10～12h，再用清水洗去黏液，沥水后用湿布包裹，置于 28～32℃条件下催芽。60%～70% 种子出芽时即可播种。

（2）营养土或基质准备　育苗床土为 50% 田园土和 50% 腐熟农家肥（体积比）每立方米床土再加尿素 50g、磷酸二铵 25g，均匀过筛后，平铺在苗床上，厚度 8～10cm。

（3）播种　播种前将苗床浇透水，将经过催芽的种子按 8～10cm 见方的密度，均匀撒于苗床内，覆 2～2.5cm 的过筛细土。

（4）苗床管理　播种后苗床适宜温度为白天 30～35℃，夜间 20～25℃，3～5d 可出苗。出苗后白天温度控制在 20～25℃，夜间 15～20℃。

（5）壮苗标准　子叶完好，茎粗壮，叶色浓绿，根系发达，无病虫害，无机械损伤。4～5 片真叶，株高 10～12cm，根系发达，苗龄 35～40d。

（6）整地施肥　日光温室栽培定植前 10～15d，每亩施用腐熟的农家肥 7～8m³，氮磷钾三元复合肥（15∶15∶15）40～50kg，按 80～100cm 行距起垄。

（7）定植　选择晴天上午定植，先在垄上开沟，顺沟浇透水，趁水未渗下按 35～45cm 的株距放苗，水渗下后封沟。露地采用平畦栽培，畦宽 130～150cm，每畦 2 行，株距 50cm，栽植方法同日光温室。定植 4～5d 后，视土壤墒情和天气情况浇缓苗水。

4. 田间管理

（1）温湿度管理　日光温室越冬茬苦瓜栽培定植后白天温度保持在 25～30℃，缓苗后适当降低 2～3℃，在进入结瓜期，室温须按变温管理。深冬季节（既 12 月下旬至翌年 2 月中旬）室内气温达到 30℃以上时可放风。深冬季节外界温度低，可在晴天揭苦后或中午前后短时放风，以散湿、换气。进入 2 月下旬后，气温回升，苦瓜进入结瓜盛期，白天保持温度 28～30℃，夜间 13～18℃，温度过高时及时放风。当夜间室外温度达到 15℃以上时，不再盖草苦，可昼夜放风。

（2）肥水管理　露地栽培浇水结合追肥，中耕除草。旱季一般 5～10d 浇水 1 次，雨季不浇水，并要注意排水防涝。日光温室越冬茬栽培水分管理以控为主，如苦瓜植株表现缺水现象，可在膜下浇小水，下午提前盖苦，次日及以后几天加强放风。定植至坐瓜前，可用磷酸二氢钾加尿素液叶面追肥一次。进入结瓜盛期后，苦瓜需肥水量增加，根据生长势，应结合浇水每 15～20d 冲施一次化肥，每次每亩施硫酸钾型氮磷钾三元复合肥（15∶15∶15）15～20kg。结瓜后期可叶面喷施磷酸二氢钾溶液，以防植株早衰。

（3）植株调整　苦瓜蔓长 30～60cm 时要搭架，架式可根据栽培所采用的品种、植株生长强弱以及分枝情况来定。苦瓜蔓长、生长旺盛、分枝力强的品种以搭棚架为好，生长势弱、蔓较短的早熟类型品种以搭人字架或篱笆架为好。在苦瓜蔓上架之前，要注意随时摘除侧蔓，将蔓引到架上，且及时绑扎。苦瓜以主蔓结瓜为主，保护地栽培要及时摘除侧蔓，露地栽培视栽培密度大小整枝，及时摘除病叶、老叶。

5. 病虫害防治

（1）防治原则　坚持"预防为主，综合防治"的植保方针，优先使用农业、物理和生物防治措施。

（2）病虫害种类　主要病虫害有猝倒病、炭疽病、灰霉病、病毒病、白粉病、白粉虱、蚜虫、美洲斑潜蝇等。

（3）农业防治　针对当地主要病虫发生和连作情况，选用有针对性的高抗多抗品种。培育适龄壮苗，提高抗逆性。通过放风、增强覆盖、辅助加温等措施，控制各生育期温湿度，避免生理性病害发生。增施充分腐熟的有机肥，减少化肥用量；清洁田园（棚室），降低病虫基数；及时摘除病叶、病果，集中销毁。

（4）物理防治　　增设防虫网，以防虫网为宜，棚内悬挂黄色粘虫板诱杀白粉虱、蚜虫、美洲斑潜蝇等害虫，每亩用30～40块。

（5）生物防治　　可用70%吡虫啉一袋加水15kg水喷雾用来防治蚜虫。

（6）化学防治　　农药使用原则：每种药剂在生长期只允许使用一次，严格控制各种农药安全间隔期。猝倒病、立枯病，在苗期发病初期，用72.2%进口普力克灌根；灰霉病可用50%进口速克灵加水60kg进行喷雾；病毒病可用20%病毒A三袋加上病毒黑杀手一袋和细胞分裂一袋混合喷雾，3～5d一次，连喷三次；白粉病用45%百菌清烟剂熏烟，翌日用进口杜邦福星一小袋加水15kg进行喷雾；白粉虱用15%异丙威烟剂熏烟，翌日用噻虫嗪分散颗粒剂20g加水15kg进行喷雾；美洲斑潜蝇用15%异丙威烟剂熏烟，翌日用20%进口杀灭菊酯进行喷雾。

6. 采收　　果实达商品成熟时，在严格按照农药安全间隔期限前提下，及时采收。

【任务总结及思考】

1. 苦瓜病虫害防治有哪些？
2. 苦瓜栽培中的注意事项有哪些？

项目九　茄果类蔬菜栽培

【知识目标】

1. 掌握设施和露地茄果蔬菜生产的基本知识要点。
2. 掌握设施和露地茄果类蔬菜生长发育过程中的基本管理要点。

【能力目标】

能够根据茄果类蔬菜生产的基本要求进行设施和露地生产，在生产过程中能够按照要求对瓜类蔬菜生长发育的育苗、苗期、花果期进行合理的水肥、土壤、栽培等方面管理，促进和调控茄果类蔬菜的生长发育，最终生产出优质绿色的茄果类产品。

【茄果类蔬菜共同特点及栽培流程图】

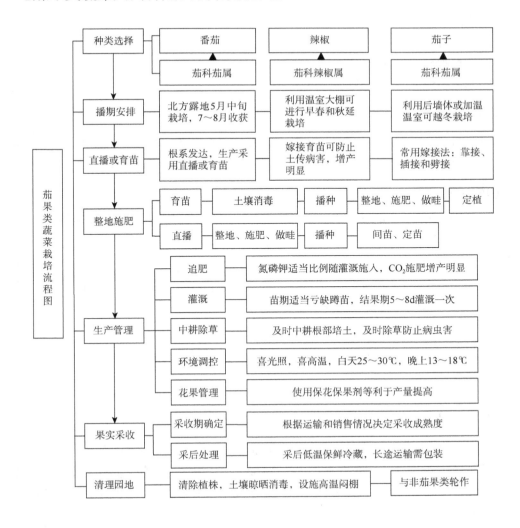

　　茄果类蔬菜是指茄科以浆果作为食用部分的蔬菜作物，包括番茄、茄子和辣椒等。茄果类是我国蔬菜生产中最重要的果菜类之一，其果实营养丰富，适于加工，具有较高的食用价值。加之适应性较强，全国各地普遍栽培，具有较高的经济价值。因此，茄果类蔬菜在农业生产和人民生活中占有重要地位。

　　茄果类蔬菜的共同特点为：①茄果类蔬菜的分枝性相似，均为主茎生长到一定程度，顶芽分化为花芽，同时从花芽邻近的一个或数个副生长点抽生出侧枝代替主茎生长；②连续分化花芽及发生侧枝，营养生长和生殖生长同时进行，所以栽培上应采取措施调节营养生长和生殖生长的平衡；③茄果类蔬菜从营养生长向生殖生长转化的过程中，对日照不敏感，只要营养充足，就可正常生长发育；④对生长环境的要求相似，均需要温暖的环境和充足的光照，耐旱不耐湿，空气湿度大易落花落果；⑤有共同的病虫害，应与非茄科作物实行 3 年以上轮作。

任务一　番　茄　栽　培

【知识目标】

1. 掌握番茄品种差异。
2. 掌握番茄常用栽培技术。
3. 掌握番茄生产过程中的注意事项。

【能力目标】

　　能根据市场需要选择番茄品种，培育壮苗，选择种植方式，适时定植；能根据番茄长势，适时进行田间管理；会采用适当方法适时采收，并能进行采后处理。

【内容图解】

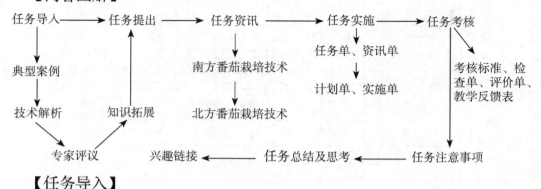

【任务导入】

一、典型案例

　　辽宁省海城市望台镇道沿村有耕地 578hm²，人口 3677 人，2003 年该村日光温室番茄实现了规模化生产，全村种植面积达 253.3hm²，仅此一项年创产值 9500 万元，人均增收 2700 元，温室番茄生产成为全村的支柱产业，产品南销上海，北销俄罗斯。该村的种植大户邵启平，利用 1000m² 日光温室，每年生产两茬番茄，头茬为秋冬茬，6 月中旬育苗，7 月上旬定植，12 月中下旬采收结束。第二年为早春茬，1 月定植，采收期延长至 6 月末，实现了番茄的周年生产。管理上采用选用优良品种、重施底肥、大垄稀植、合理追肥、精细整枝、激素保花等技术措施，创造了总产量 16 500kg（折每亩产量 13 000kg）、总产值 4.8 万元（折每亩产值 3.2 万元）的可观经济效益。

二、技术解析

1. 选用优良品种　道台村选用的品种为以色列海泽拉公司的大红果番茄品种 FA-189。该品种为无限生长型，早熟抗病，第 1 花序着生于第 9 叶左右，花序间隔节位 3～4 叶。夏播至始收 130d 左右，冬季低温情况下果实转色快。田间表现较抗黄萎病、枯萎病、烟草花叶病毒。果实扁圆形，平均单果重 160g 左右；成熟果实呈红色，着色均匀，果实亮度好，硬度高，耐贮运；果实萼片大，可溶性固形物含量较高，商品性好。植物生长势强，连续结果性佳，丰产性好，亩产量可达 12 000kg 以上。

2. 播种时期　8 月下旬播种育苗，10 月上中旬定植，12 月中旬至翌年 5 月采收上市。

3. 育苗　可采用穴盘无土育苗（前期）或营养钵育苗。适宜的日历苗龄一般为 45～50d，苗高约 20cm，6～7 片真叶，茎粗 0.4cm 以上，叶片肥厚，心叶绿色，已现花蕾。苗期注意防蚜虫与防徒长。

4. 定植

（1）施足基肥　每亩基施腐熟有机肥 5000～7000kg，或烘干鸡粪 1500～2000kg，并基施尿素 35kg、硫酸钾 20～25kg、磷酸二铵 20kg、过磷酸钙 50kg；或者基施氮磷钾三元素复合肥 50kg、尿素 10kg、普钙 100kg。定植前将有机肥料和化学肥料均匀撒在地面，然后深翻 25～35cm，耙平后起垄，准备定植。

（2）做畦、地膜覆盖、定植　做畦通常有多种模式。

模式一是垄宽 60cm、垄高 20cm，大行距为 90cm，小行距为 50cm，在垄上整成中间为 10cm 深的倒三角灌沟用于浇水，每垄栽 2 行苗，株距 40cm，每亩定植 2200 株。在栽植过程中，先浇透定植穴，然后定植、覆土、覆地膜，在覆膜时逢秧苗处剪一十字口，将苗引出膜外。灌水时实行膜下暗灌水，降低棚内湿度。也可采取膜下软管滴灌技术。

模式二是一般按窄行 50cm、宽行 80cm 划线，做成南北向宽窄行小高垄，垄面宽 40cm、高 15～20cm。宽垄垄沟宽 40cm，用于行走操作，窄垄垄沟宽 15cm，用于浇水。株距 40～45cm，每亩栽苗 2200～2500 株。采用小水稳苗法定植，还苗后培土时将垄沟整平，垄帮整齐，用幅宽 120～130cm 的地膜把窄行相邻的两个小高垄覆盖在一起，在垄间每隔 1m 插一道弓形竹片，将地膜撑起，并形成一个弧面，以便膜下暗灌水。覆地膜时，按照番茄苗位置，用刀片划开地膜，放出秧苗，把膜落地埋好，地膜的两边也用土埋好。

模式三是垄宽 70cm、沟宽 50cm、垄高 20cm，每垄定植两行，株距 45～50cm，每亩栽培 2000～2300 株。定植后铺滴管，最后用 1.4m 宽的地膜连垄带沟盖严，用刀片划膜放苗。

5. 定植后的管理

（1）吊蔓、整枝、落蔓

1）吊蔓：当株高达 15cm 时，用尼龙绳吊蔓，并随着植株的生长，应及时吊蔓。

2）整枝打杈：整枝是樱桃番茄栽培中的一个必要措施。范淑英等（2003）研究了不同整枝方式对樱桃番茄果实时空分布与品质的影响，结果表明，无论整枝与否还是整枝方式的不同，樱桃番茄都横向集中分布在主蔓附近，纵向集中分布在中部；整枝与不整枝，在产量和品质方面差异显著，以单干整枝早期产量较高，品质较好，而双干整枝较高产稳产。

整枝方式应视品种生长类型、栽培密度、栽培季节等而定。无限生长类型或密度大的多采用单干整枝，不以早熟为目的，也可双干整枝；有限生长类型或栽培密度小的多采用双干整枝。春季栽培一般要采用单杆整枝法，以促进其提早成熟，而秋、冬季栽培的要采用改良单杆或双杆整枝，可充分利用空间，增加单株坐果数，以提高产量。

日光温室越冬一大茬樱桃番茄多采用单干式整枝，只留一个生长点，第 1 侧枝 15～20cm 时打杈，以后其余侧枝 4～5cm 长时去掉，以刺激下部根系发生。当植株长到 10～12 个花序时，可在其上方留 2 片叶摘心。

3）落蔓：当第 1、2 穗果实采收后株高达 1.5m 以上时，摘除第 2 穗果以下的所有叶片，开始落蔓。落蔓宜在下午进行，落蔓时要松开吊绳，将茎蔓盘绕在基部。若茎蔓过粗，可顺畦向前弯曲摆放，进行落蔓整枝，或相邻植株交叉换位后再吊好蔓，动作要轻、缓，防折断茎蔓。落蔓后的株高以 1.5～1.8m 为宜，掌握南低北高的原则，勿让果实或叶片着地；要及时清除落蔓上的新枝，对落蔓上的叶柄、果枝也应清除干净，不留残枝。下落的茎蔓最好应吊悬或撑空在地面以上，以免茎秆染病。

4）连续摘心法：连续摘心法是当主茎长出两穗花时，在上面留两片叶摘心，作为第一结果枝，把紧靠第一花穗下的侧枝保留，放开生长，待又长出两穗花时，上面再留两片叶打顶作为第二结果枝，再从第二结果枝第一花穗下长出的侧枝留作第三结果枝，留两穗花再摘心，依次类推（根据土壤肥力及植株长势确定操作次数）。这样可以提增加叶片数，降低株高，有利于肥水供应，成熟期较早，产量较高。一大茬栽培的樱桃番茄整个生育期可摘心换头 6～7 次，每株保留 6～7 个结果枝，留 12～14 穗果。在日光温室樱桃番茄周年一大茬栽培中，采用单干连续摘心整枝法，能使植株一直保持旺盛长势，连续结果，产量高。连续摘心法适合中长季节栽培，保留 6～20 穗果。

一大茬栽培的樱桃番茄生育期长，第一果枝的果实采收完后，当第二果枝的第一穗果迅速膨大、第二穗果坐住时进行第一次落蔓。之后，每一个结果枝采收完后都要落蔓一次。整个生育期落蔓 5～6 次。

（2）保花保果、疏花疏果与留果　　目前生产上常用 10～15mg/L 的 2,4-D 蘸花或 25～45mg/L 防落素（番茄灵）液喷花。也可于每天上午 9～10 时用机动喷雾器吹动植株进行人工授粉；还可以用小木棍轻轻敲打近花炳基部，持续振动 3～5s，或者用手指轻弹开花果穗，促使花粉扩散，达到授粉目的。

为保证果实大小均匀，一般第 1、2 穗花留 10～15 个果，以后每穗花可留 25～30 个果。对樱桃番茄进行疏花处理，提高了单株平均果数和单果平均重，有利于其产量的增加，同时还有利于提高果实成熟速度（薛寒青等，2001）。

（3）结果期管理

1）温度管理：定植后 3d 内，温室覆盖草苫，一般不通风，争取多蓄热，提高地温，地温一般控制在 17～18℃。7d 后灌缓苗水，白天气温控制在 22～25℃，夜间气温不低于 12℃，并注意通风换气排湿。进入 11 月以后，及时关闭风口，要注意保温，保持白天

26~27℃，夜间 14~10℃。进入结果期以后，白天 20~25℃，前半夜 15~13℃，后半夜 10~8℃，地温 18~20℃，一般以不低于 15℃为宜。在 12 月下旬到翌年 2 月初，温度可适当提高以便多贮存热量，防止夜晚温度过低而影响植株生长。室温不可长时间低于 5℃，否则，植株停止生长。2 月中旬以后，气温逐渐回升，要注意通风，严防高温引起植株衰老和病毒病。

2）光照管理：棚内光照强度一般要保持在 3 万 lx 以上。采取定期打扫薄膜上的灰尘、张挂反光幕及在保证温度的要求下尽量延长光照时间等措施改善光照条件。

3）湿度管理：空气相对湿度控制在 50%~65% 为宜。栽培前期因温度较高，需注意放风排湿来降低空气湿度。栽培中期因室外气温过低，应通过减少灌水，进行膜下暗灌或滴灌来控制灌水量以降低空气湿度；尽量避免浇明水，灌水后要及时通风。喷药后及时放风排湿，喷药时间以晴天上午为宜，阴雨天气防治病害时要用烟雾剂和粉尘剂，不用水剂喷洒以防湿度过大。

4）水肥管理：定植时浇透底水，5~7d 后浇一次缓苗水。从浇缓苗水到第一穗果坐稳前，一般不轻易浇水、追肥，以免发生疯秧徒长。若地皮发干，植株显示旱象时可采用膜下暗灌方式，少量浇水。待第一穗果坐稳后结束蹲苗，及时浇水、追肥。以后根据湿度情况（一般要求土壤湿度在 70%~80%），在晴天中午前浇水。在冬季 12 月到翌年 2 月均应采取膜下浇小水的方式，每 15~20d 浇一次水，避免空气湿度过高发生病害。在 3 月后，可 7~10d 浇一次水。在番茄进入盛果期以后，需要充足的水肥，一般 4~6d 浇一次水。隔 1~2 次水要追一次肥，施肥量一般为每亩施 15~20kg 三元素复合肥、10kg 尿素。生长中后期植株开始衰老，每隔 5~7d 叶面喷施 0.3% 磷酸二氢钾和 0.3% 尿素混合液，以保证后期产量。

6. 病虫害防治 日光温室樱桃番茄的病害主要有早疫病、晚疫病、青枯病、脐腐病、灰霉病、病毒病、煤污病等，主要虫害有蚜虫、白粉虱、美洲斑潜蝇、红蜘蛛、斜纹夜蛾及棉铃虫等，防治方法同普通大番茄。

樱桃番茄产区经过多年的连续种植，青枯病发病率呈逐年上升趋势，严重影响樱桃番茄的产量、质量和经济效益。张朝坤等（2008）以樱桃番茄为接穗，以农优野茄和砧木 1 号为砧木，对樱桃番茄进行嫁接栽培，结果表明嫁接苗对青枯病的抗性显著提高，产量提高 44.9%~56.3%，果实维生素 C 含量提高 13.1%~18.3%。

7. 采收 樱桃番茄可根据需要随时采摘不同熟期的果实。采收标准依用途而别，贮藏和远距离运输可于绿熟期采收，此时果实坚硬、耐压、耐贮。短途运输供应市场的可在转色期和半熟期采收。作为鲜食可在成熟期或完熟期采收，更能体现品种固有的风味和品质。但黄色果一般皮薄、含糖量低，宜在八成熟时采收，风味更佳，过熟时采收会出现裂果，从而影响果实的商品性。

越冬茬始收期在 12 月下旬或翌年 1 月初，根据植株长势不同，采收期可达 3~5 个月。若每穗坐果 15~30 个，亩产量可达 10 000~15 000kg。

三、专家评议

辽宁省海城市望台镇是东北地区著名的蔬菜之乡，该地区有着悠久的设施蔬菜栽培历史，农民有丰富的蔬菜种植经验。望台镇道沿村的温室番茄生产之所以获得了巨大的成功，除了利益于海城得天独厚的大环境外，还在于该地的农民思想先进，不为传统观念所束缚，乐于引进新品种、新技术。以色列大红果番茄品种的引进，一改当地日光温室种植粉果番茄的历史，针对该品种的特征特性，采用重施底肥、大垄稀植、高节位打顶等相应的技术措施，实现了温室番茄生产的又一次技术创新。同时，大规模生产、大批量采收，也是该村生产的番茄能够远销国内外的主要原因之一。

四、知识拓展

（一）番茄生产概述

番茄，别名西红柿、洋柿子，为茄科番茄属一年生草本植物，原产于美洲西部的秘鲁和厄瓜多尔的热带高原地区，17~18 世纪传入我国。番茄果实柔软多汁，酸甜可口，并且还有丰富的维生素 C 和矿质元素，可生食也可熟食，受到全世界消费者的喜爱。

（二）生物学特性

1. 形态特征

（1）根　　根系发达，主根入土达 1.5m，分布半径 1.0~1.3m，主要根群分布在 30cm 土层中。根系的生长特点是边生长边分枝。栽培中采用育苗移栽，伤主根，促进侧根发育，侧根、须根多，苗壮；地上部茎叶生长旺盛，根系分枝能力强，因此，过度整枝或摘心会影响根群的发育。

（2）茎　　茎多为半直立，需搭架栽培。腋芽萌发能力极强，可发生多级侧枝，为减少养分消耗和便于通风透光，应及时整枝打杈，形成一定的株型。茎节上易发生不定根，可通过培土、深栽，促使其发不定根，增大吸收面积，还可利用这一特性进行扦插繁殖。

（3）叶　　单叶互生，羽状深裂，每叶有小裂片 5~9 对，叶片和茎上有绒毛及分泌腺，分泌出特殊气味，故虫害较少。

（4）花　　完全花，花冠黄色。小花着生于花梗上形成花序。普通番茄为聚伞花序，小型番茄为总状花序。普通番茄每个花序有小花 4~10 朵，小型番茄每个花序则着生小花数十朵。小花的花柄和花梗连接处有离层，条件不适合时易落花。

（5）果实　　多汁浆果，果形有圆形、扁圆形、卵圆形、梨形、长圆形等，颜色有粉红、红、橙黄、黄色。大型果实 5~7 个心室，小型果实 2~3 个心室。

（6）种子　　种子比果实成熟早，授粉后 35d 具发芽力，50~60d 完熟。种子扁平、肾形、银灰色、表面具绒毛。千粒重 3.0~3.3g，发芽年限 3~4 年。种子在果实内不发芽是因为果实内有抑制萌发物质。

2. 生长发育周期

（1）发芽期　　从种子萌动到第一片真叶显露为发芽期，适宜条件下需 7~9d。番茄种子小，营养物质少，发芽后很快被利用，所以幼苗出土后需保证营养供应。

（2）幼苗期　　从第一片真叶显露至第一花序现蕾。此期又可细分两个阶段：从第一片真叶出现至幼苗具 2~3 片真叶为营养生长阶段，需 25~30d。此期间根系生长快，形成大量侧根。此后进入花芽分化阶段，此时营养生长和生殖生长同时进行。番茄花芽分化的特点是早而快，并具有连续性。每 2~3d 分化一个花朵，每 10d 左右分化一个花序，第一花序分化未结束时即开始分化第二花序，第一花序现大蕾时，第三花序已分化完毕。花芽分化的早晚、质量和数量与环境条件有关，日温 20~25℃，夜温 15~17℃条件下，花芽分化节位低，小花多，质量好。

（3）开花着果期 第一花序现蕾至坐果。这是番茄从以营养生长为主过渡到生殖生长与营养生长并进的时期。该时期正处于大苗定植后的初期阶段，直接关系到早期产量的形成。开花前后对环境条件反应比较敏感，温度低于15℃或高于35℃都不利于花器官的正常发育，易导致落花落果或出现畸形果。

（4）结果期 第一花序坐果到生产结束。无限生长型的番茄只要环境条件适宜，结果期可无限延长。该阶段的特点是秧果同步生长，营养生长和生殖生长的矛盾始终存在，既要防止营养生长过剩造成疯秧，又要防止生殖生长过旺而坠秧，主要任务是调节秧果关系。单个果实的发育过程可分为如下三个时期。

1）坐果期：开花至花后4～5d。子房受精后，果实膨大很慢，生长调节剂处理可缩短这一时期，直接进入膨大期。

2）果实膨大期：花后4～5d至30d，果实迅速膨大。

3）定个及转色期：花后30d至果实成熟。果实膨大速度减慢，花后40～50d，果实开始着色，以后果实几乎不再膨大，主要进行果实内部物质的转化。

3. 对环境条件的要求

（1）温度 番茄是喜温蔬菜，生长发育适宜温度20～25℃。温度低于15℃，植株生长缓慢，不易形成花芽，开花或授粉受精不良，甚至落花。温度低于10℃，植株生长不良，长时间低于5℃引起低温危害，−2～−1℃受冻。番茄生长的温度高限为33℃，温度达35℃生理失调，叶片停止生长，花器发育受阻。番茄的不同生育时期对温度的要求不同，发芽适温为28～30℃；幼苗期适宜温度为日温20～25℃，夜温15～17℃；开花着果期适宜温度为日温20～30℃，夜温15～20℃；结果期适宜温度为日温25～28℃，夜温16～20℃。适宜地温20～22℃。

（2）光照 喜充足阳光，光饱和点70klx，温室栽培应保证30klx以上的光照强度，才能维持其正常的生长发育。光照不足常引起落花。强光一般不会造成危害，如果伴随高温干旱，则会引起卷叶、坐果率低或果面灼伤。

（3）水分 属半耐旱作物，适宜土壤湿度为田间最大持水量的60%～80%。在较低空气湿度（相对湿度45%～50%）下生长良好。空气湿度过高，不仅阻碍正常授粉，还易引发病害。

（4）土壤营养 番茄对土壤条件要求不严，但在土层深厚、排水良好、富含有机质的土壤上种植易获高产。适合微酸性至中性土壤。番茄结果期长，产量高，必须有足够的养分供应。生育前期需要较多的氮、适量的磷和少量的钾，后期需增施磷、钾肥，提高植株抗性，尤其是钾肥能改善果实品质。此外，番茄对钙的吸收较多，生长期间缺钙易引发果实生理障害。

（三）栽培季节和茬次安排

番茄栽培分为露地栽培和设施栽培。在露地栽培中，除育苗期外，整个生长期必须安排在无霜期内，根据其生长时期，又可分为露地春番茄和露地秋番茄。春番茄需在设施内育苗，晚霜后定植于露地；秋番茄一般在夏季育苗，为减轻病毒病的发生，苗期需遮阴避雨；南方部分地区利用高山、海滨等特殊的地形、地貌进行番茄的越夏栽培；北方无霜期较短的地区，夏季温度较低，多为一年一茬。我国主要城市的露地番茄栽培季节见表9-1。

表 9-1 我国主要城市露地番茄栽培季节

城市	栽培季节	播种期（月/旬）	定植期（月/旬）	收获期（月/旬）	备注
北京	春番茄	2/上～2/中	4/下	6/下～7/下	设施育苗
	秋番茄	6/中～7/上	7/下	9/上～10/上	遮阴育苗
济南	春番茄	1/下	4/中	6/上～7/上	设施育苗
	秋番茄	6/上	7/中	8/中～9/中	遮阴育苗
西安	春番茄	1/上	4/上～4/中	6/中～6/下	设施育苗
	秋番茄	7/下	8/下	10/上～11/上	延后覆盖
郑州	春番茄	12/下至翌年1/下	4/上	5/下～6/下	设施育苗
	秋番茄	7/中	8/上～8/中	10/中～10/下	延后覆盖
太原	春番茄	2/上～3/上	4/下～5/上	6/下～7/下	早熟栽培
	秋番茄	6/中	7/下～8/上	7/上～9/中	大架栽培
				9/上～9/下	
沈阳	春番茄	2/下～3/上	5/中	6/下～7/下	设施育苗
	秋番茄	6/上	7/中	9/上～9/中	
长春	春番茄	3/中	5/下	7/上～7/下	早熟栽培
		3/中	5/下	7/上～9/中	大架栽培
哈尔滨	春番茄	3/中	5/下	7/上～9/上	大架栽培
上海	春番茄	12/上、中	3/下～4/上	5/下～7/下	设施育苗
	秋番茄	7/中、下	8/中、下	11上、中	
武汉	春番茄	12/下至翌年1/上	4/上	6/上～7/下	设施育苗
	夏番茄	3/上～5/上	4/中～6/中	6～10	半高山露地栽培
	秋番茄	7/上、中		10/下～11/下	遮阴育苗
南京	春番茄	1/下	3/下	5/下～7/中	设施育苗
	秋番茄	7/中	8/上、中	10/下～11/下	遮阴育苗
重庆	春番茄	11/下～12/上	2/中～3/下	4/下～7	设施育苗
	秋番茄	6～7	7	9/上～11/上	遮阴育苗
广州	春番茄	12至翌年1	2	3～5	遮阴育苗
	秋番茄	2～3	3～4	5～6	

　　设施番茄栽培类型较多，各种类型的栽培季节和所利用的设施，因不同地区的气候条件和栽培习惯而异。南方多采用塑料大棚和小拱棚进行春早熟栽培，北方则多利用塑料大棚、日光温室进行提前、延后和越冬栽培。北方地区设施番茄栽培茬次见表9-2。

表 9-2 北方地区设施番茄栽培茬次

茬次	播种期（月/旬）	定植期（月/旬）	采收期（月/旬）	备注
日光温室秋冬茬	7/下～8/中	9/中	11/上至翌年1	
日光温室冬春茬	9/上～10/上	11/上～12上	1/上～6	
日光温室早春茬	12/上	2/上～3/上	4/中～7/上	
塑料大棚春早熟	12/中至翌年1/上	3/上～4/上	5/中～7/下	早春温室育苗
塑料大棚秋延后	6/上～7/中	7/上～8/上	9～11	
小拱棚春早熟	1/上～2/上	3/下～4/下	5/中～8	早春温室育苗

注：栽培季节的确定以北纬32°～43°地区为依据

【任务提出】

结合生产实践,小组完成一个番茄生产项目,在学习番茄生物学特性和生产技术的基础上,根据不同任务设计番茄生产方案,同时做好生产记录和生产总结。

【任务资讯】

一、我国南方番茄栽培常用技术

1. 品种选择 选择耐热、抗病、耐贮运、果实大小中等的优质品种,目前较适于南方地区栽培的越夏品种主要有荷兰百利、格雷、奥利 10 号、丽沙、红太子、168 等。

2. 播期安排 播期安排在 4 月中旬至 5 月中旬。果实在 7 月中旬上市,补充蔬菜市场"夏秋淡"。

3. 嫁接 主要以砧木 1 号、砧木 2 号为嫁接砧木,采用营养杯育苗,砧木与本苗错播,接穗苗比砧木晚播 5~7d,为了节约成本,利用本苗侧枝作接穗则本苗先播,两叶后播砧木,本苗三叶左右打顶促发侧枝增加接穗,侧枝一叶一心至两叶时便可截穗嫁接。

嫁接在晴天进行,一般采用劈接法,操作及管理按茄果类嫁接技术规程进行,嫁接成活后应尽早移栽,以促使植株伤口愈合,定植深度以不没过嫁接口为限。定植时用 1g 农用链霉素兑水 15kg 作定根水,防治青枯病、溃疡病等。

4. 高畦种植,地膜覆盖 整地后 1.5m 开厢,畦宽 0.9~1.0m,起高畦,四周开排水沟。开厢方向与当地夏季风向一致,利于雨季通风,减少田间湿度。从畦中间开沟下基肥后将畦面覆盖地膜(畦沟不覆地膜),利于雨季降低土地湿度,高温季节减少地面蒸发。定植时采用双行种植,株距 45~50cm,行距 60~70cm,植 3 万株 /hm^2 左右。

5. 合理调整植株,防止徒长和早衰 及时搭架整枝,在高温高湿来临前调整营养生长,主要采用摘叶、去芽、控肥等技术,定干后对多余的侧芽长至 3~5cm 时及时抹掉,对基部的老残病叶及时清除,保证通风透光使植株均衡生长。第一花序开花时适当控制水肥,特别要控制好氮肥施用,注意补施磷肥,调整营养生长和生殖生长平衡,防止植株早衰。越夏番茄很易出现落花落果现象,栽培中应采取疏花疏果和用番茄灵处理花穗。即第一穗果每穗坐果 2~3 个,其他果穗留 4~6 个果,或用 25mg/kg 的番茄灵喷花。当果实转色时采收,避免营养过分流失而早衰。

6. 科学施肥管理,提高肥料利用率 根据我地山区多属偏酸性红壤区的情况,整地时施石灰(1500kg/hm^2)中和酸性,按番茄的生长规律和土地肥力状况平衡施肥,施肥以基肥为主,追肥重点放在坐果期。基肥以沤熟的农家肥(用栏粪 22.5~30.0t/hm^2+磷肥 225~300kg/hm^2+麸肥 750~1500kg/ hm^2 沤熟)+复合肥 375~750kg/hm^2,农家肥于覆膜前在畦中间开沟施放,复合肥于定植时穴施。追肥在果实膨大期补施,第一穗果膨大期追施尿素 75kg/ hm^2+硫酸钾复合肥 150~300kg/ hm^2,并加施磷肥 225~300kg/hm^2 以防早衰。第二穗果膨大期、第三穗果坐果期及以后每穗果采收后施尿素 150kg/ hm^2+硫酸钾 225~300kg/hm^2,以淋施为主,施肥过程中尽量减少植伤。

7. 无公害病虫害防治 番茄越夏栽培正值高温多雨季节,病虫害发生严重,主要发生的病虫害为青枯病、疫病、溃疡病、叶斑病、棉铃虫、蚜虫等,主要采用综合防治,以防为主。

（1）农业防治　严格实行轮作制度，与非茄科作物轮作 3 年以上，选用抗性强的品种，通过嫁接等生产技术，减轻病虫害发生。应用深沟高畦、覆盖地膜、精准施肥和科学整枝抹芽等栽培技术，改善植株生长小气候，提高植株抗病力。

（2）物理防治　用频振式杀虫灯、挂黄板等物理方法诱杀棉铃虫、蚜虫等。杀虫灯每 3hm² 左右安装 1 盏，主要诱杀棉铃虫、斜纹夜蛾等；黄板（25cm×40cm）悬挂 450～600 块 /hm²，主要捕杀蚜虫等。

（3）生物防治　定植时用 1g 农用链霉素兑水 15kg 淋根，发病初期用 72% 农用链霉素 3000 倍液灌根以防治青枯病、溃疡病。用 Bt 粉剂 2.25kg/hm² 兑水 1125kg 或阿维菌素 2000 倍液喷雾防治棉铃虫幼虫。

（4）药物防治　利用高效低毒低残药物防治病虫害。溃疡病用 1∶1∶200 的波尔多液防治，疫病用 75% 百菌清可湿性粉剂 600 倍液喷雾防治，叶斑病用 70% 甲基托布津可湿性粉剂 500 倍液防治。

二、我国北方番茄栽培常用技术

（一）番茄日光温室秋延后生产技术

1. 品种选择　温室秋延后栽培条件恰恰与春番茄相反，对品种选择比较严格，因为它的育苗期正值高温、多雨、昼夜温差小的三伏天，所以应特别注意选择生长势旺盛的、抗病性强（尤其是抗病毒病）、耐热、产量高、品质优、果皮厚、单果大、不易裂果、耐贮藏的无限生长型中晚熟品种，如双抗 2 号、辽粉杂 3 号、沈粉 1 号、沈粉 3 号、毛粉 802、L-402、西农 72-4、鲁番茄 2 号、特洛皮克、中蔬 4 号、佳粉 1 号、佳粉 16、苏杭 5 号、浙杂 7 号、浙杂 804、浙杂 805、合作 903、合作 906、宝大 903、西粉 903、21 世界宝粉金棚一号、粉皇后等，

2. 栽培季节　一般是在 6 月上旬至 7 月上旬播种育苗，7 月下旬至 8 月上旬定植，9 月下旬开始采收，10 月下旬拉秧。

3. 适期播种、培育壮苗　首先应晒种，然后用 55℃的温水浸种 10～15min，或用 1% 的高锰酸钾溶液浸种 15min，也可用 10% 磷酸三钠溶液浸种 20min。浸种后，用清水将种子洗净，换上清水再浸种 3h，即可播种。播种床最好选用近两年内未种过茄果类蔬菜的地块为好，否则应做好土壤消毒工作。可将土壤进行翻耕，并喷撒绿亨一号、地菌灵等土壤消毒剂进行土壤消毒。或利用太阳能进行高温消毒，效果更好，可以有效地杀灭地下虫卵、病菌及杂草种子。具体方法为：每年 7 月上旬梅雨天结束后，将田块进行耕翻、施肥并浸水，保持土壤水分在 60%～70%，再铺盖地膜，要注意整个棚内土面覆盖严实，并密闭大棚（注意棚膜不能有破损），经 15～20d 闭棚增温后即可达到土壤消毒的效果。利用太阳能进行高温消毒，15cm 深的土层地温最高可达 70℃，增温效果显著。

育苗期正值高温多雨、昼夜温差小的季节，幼苗容易衰弱多病，易徒长，且容易感染病毒病，所以要严格掌握其合适的播种期。播期过早，苗期温度高，管理不及时，易造成病毒病的发生；但若播期过迟，结果期向后推迟，后期气温下降，生长积温不够，果实难以成熟而且易受冻害。

番茄壮苗的标准：苗高 20～25cm，茎粗 0.5cm 以上，具有 8～9 片真叶，带大花蕾，

叶肥大色浓绿，侧根多而白，苗龄 50～60d。

番茄秋季育苗最好在大棚内进行。苗床选择地势高燥、不易积水、避风向阳、前作为豆类或水稻田，忌用老苗床和种过茄果类、瓜类作物的田块，以减少病源。

做成高畦或架床，为防止地老虎危害幼苗，结合施有机肥用"辛硫磷"和肥料与土壤掺和均匀。同时育苗床应覆盖大棚顶膜，可以防暴雨冲刷，最好再覆盖防虫网，减少蚜虫危害，防止病毒病的发生。设置遮雨荫棚，棚顶部覆盖旧薄膜或遮阳网，中午高温时超过 30℃，盖上草帘，形成花荫，四周通风，减弱光照强度，防雨降温。

在大棚育苗的可穴播，每穴播 10 粒左右的种子，均匀撒播，间苗 1～2 次，这样可减少感染病毒病，从 3 片真叶展开时每 7d 喷一次 1000mg/kg 的矮壮素防止徒长，一般喷 2～3 次即可。

为培育壮苗也可以用营养钵直播育苗。播种后在床面上加盖一层薄稻草，再搭盖遮阳网等进行遮阳与保湿，这样有利于出苗。出苗后，及时揭除覆盖物，并结合防治蚜虫、美洲斑潜蝇，每 10d 左右喷一次病毒 K 或克毒宝等防病毒病的药剂。为防幼苗徒长，在第一真叶展开后，用 15% 多效唑 20mg/L 均匀喷施幼苗，隔 10d 用同样浓度再处理一次。出苗后一周左右即两叶一心时，及时分苗，可用直径 8～10cm 的营养钵进行分苗，营养土要疏松肥沃，每立方米土用五代合剂（五氯硝基苯与代森锰锌）100g 消毒。注意应保持苗床土壤的湿润，促进根系的生长，培育壮苗。苗龄 30d 左右，苗叶 7～8 片时带土定植。

播种后温度管理：发芽期白天 25～28℃，夜间 18～20℃，出苗后要降温 3～5℃。后期温度升高要适当遮阴，育苗后期气温较高，要适当控水防止徒长。幼苗 3 叶期至开花前，可喷洒矮壮素 1000～1500mg（兑水 1kg），每 7d 一次，连喷 2～3 次。可使植株矮壮、坐果好。

4. 定植　定植前做到早翻耕、早施肥、早搭棚，并开好外围沟。整地前先清除田间残株，深翻土壤。畦宽 112m（连沟），畦面平整无大土块。为了尽量降低前期地温，底肥最好不用秸秆肥、牲畜肥等发热强的有机肥料。应采用经充分腐熟的家杂肥或化肥作底肥。一般每亩施猪杂粪 2000kg、磷肥 50～100kg、复合肥 50kg、尿素 10～15kg、菜籽饼 100kg。做高 18cm、宽 60cm 的垄，并覆盖地膜。同时最好盖上遮阳网或旧膜作顶膜，既可防止雨水冲刷，也可防烈日暴晒，还可降低棚内温度，有利于定植后的番茄及早活棵，苗壮生长。

在幼苗 7～8 片真叶，第一穗花蕾明显时于阴天或晴天下午太阳不紧时进行定植，定植时采取三角形定植法，垄距 120cm，每垄栽两行，株距 25～30cm，大行距 55～60cm，小行距 40～50cm，每亩保苗 4200 株，刨穴带土砣定植，覆土至土砣面即可，浇足定植水，并铺好地膜。

番茄定植正值夏季高温期，要做好遮阴和畦面灌水，降低地温，以利于根系生长，减少病毒病发生。定植后如遇晴天强光照射时，应加盖遮阳网遮阴缓苗，活棵后及时揭除遮阳网，浇 1～2 次稀粪水，促进发棵。缓苗后及时中耕松土。

5. 田间管理

（1）温湿度管理　定植后昼夜大放风，雨天停止放顶风，防止雨水淋入棚内，随着气温下降逐渐缩小放风量，减少放风时间，气温下降到 15℃ 时放下围裙，停止放风。

棚温白天控制在 25～28℃，夜间控制在 15～17℃。气温再下降应密闭不放风，但白天气温高时仍需放风，为防止突然降温而遭受的低温冷害，遇到寒潮时可在棚四周围上草苫保温。

（2）肥水管理　　水分管理是秋番茄的关键措施。在炎热夏季，为降低土温，防止毒素病，应经常灌溉。但是水分过多，尤其是土壤积水，很易引起植株徒长、沤根、落花，因此，必须选择排水良好的壤土或沙壤土，行高畦栽培。除施基肥外，在果实肥大生长期应追肥 2～3 次。

定植水浇足，缓苗后多次中耕保墒，蹲苗促进根系发育，第一花序开花时灌一次水。第一穗果核桃大时追肥灌水，每亩施二铵 25kg，后期随灌水追 800～1000kg 稀粪，一般 15d 左右灌一次水，灌水后放风排湿。灌水时间具体以墒情而定。并要注意浇水后及时中耕松土，散湿保墒。

（3）留果及植株调整　　夏秋番茄定植后 20d 左右，在第 9～10 节位上第一穗花序开花。据观察，虽在遮阴降温的情况下，但终因温度高而使第一花序发育不良，畸形花及不完全花（如仅花萼发育的空壳花）占 60%～70%，虽经处理能部分坐果，但整齐度及商品性差，而第二穗花序发育基本正常。在留果时将第一花序摘除，留第二穗果，每株只留 3～4 穗果，每穗留 4～5 个果，在果穗上留 2～3 叶摘心。为提高坐果率，可用 10mg/L 的 2,4-D 蘸花。在开花前搭架绑蔓，采用单干整枝，及早去除侧枝。开花期仍需要用生长素蘸花或喷花。

（4）光照管理　　进入结果后期，光照逐渐减弱，光照时间变短。因此在不影响保温的前提下，应尽量延长光照时间，增加光照强度。具体采取的措施有适当早揭草帘晚盖草帘、清扫棚膜上面尘土、采用合理的整枝与搭架技术等，如有条件可张挂反光幕。

（5）防止落花落果　　结果后期采用生长素处理花可防治落花落果。常用的生长素有 2,4-D（浓度为 10～20mg/kg）、番茄灵（浓度为 25～50mg/kg）等。

6. 病虫害防治　　秋冬季番茄的主要病害为病毒病、叶霉病、灰霉病、早疫病、青枯病等。主要虫害为蚜虫、美洲斑潜蝇和棉铃虫等。病虫害应"以防为主，进行综合防治"，立足于治小、治早。对于病毒病应以治蚜虫为主，首先应选用抗病品种，加强田间杂草的清除；其次要进行种子消毒、苗床消毒，大棚内土壤消毒等或将定植水清水改为药水；再次要严格控制棚内湿度；最后是抓好药剂防治：可用病毒 K、植病灵等药剂进行防治，每隔 10d 防治一次。加强田间水肥管理，增强植株的抗性也十分重要。叶霉病的防治可用叶霉一号、叶霉净等药剂喷防。灰霉病可用灰尽、灰霉速克等进行防治。同时应注意降低大棚内的湿度，也有利于对叶霉病、灰霉病等病害的防治。早疫病用 64% 杀毒矾 400～500 倍液或 70% 代森锰锌 500 倍液防治。番茄青枯病青枯病一旦发现病株立即拔除烧毁，并用石灰粉消毒，可用农用链霉素 100～200 倍液防治或在发病初期用 50% 敌枯双 500～1000 倍液灌根。

用吡虫啉、乐果 1000～2000 倍液、杀灭菊酯 2000 倍液或 2.5% 溴氰菊酯 2000 倍液等防治蚜虫；美洲斑潜蝇可用斑潜净、金吉尔等药剂进行防治。此外还可用采用黄板诱蚜、诱蝇技术，效果也不错。黄板可选用长 50cm、宽 20cm 的塑料板或复合板，正反两面均匀涂上黄色油漆，再涂上一层机油即可。一个大棚（200～267m²）需悬挂黄板 5～6 片，悬挂高度与番茄株高相一致。一段时期后，清除一次黄板上的蚜蝇即可。

7. 防冻 后期注意早霜的危害，应提前搭好支架，准备好农膜，在有霜出现时及时盖膜。

8. 采收与催熟 番茄果实在白天25℃，夜间15℃时，生长盛期增重10g左右。如不外销，一般到成熟期采收。如外销，绿熟期就可采收。夏秋番茄按上述管理11月下旬即可采收，东北地区一直可延续到12月末至翌年1月中旬，华北地区可延续到2月中旬。在霜冻前必须将果实全部采收，对未成熟果实可采收进屋用沙贮存，将红熟果选出陆续上市，延长供应季节。

在拉秧之前，一般不进行催熟，尽量延迟上市时间。拉秧后，可将处于绿熟期的果实全部催熟上市。秋番茄可以用乙烯利催红，红熟后及时采收，如需延迟供应，可以采用倒株贮存的方法：即去除番茄的支架，摘除所有的叶片，将植株放倒于地面，用竹竿架空，再覆盖小拱棚保温，同时注意降低棚内湿度。通过这样贮存，番茄可以延长供应到翌年2月，而且倒株贮存的番茄表皮光滑、无皱缩，弥补了过去采摘后贮存而带来果实失水严重、果面皱缩、病斑多、色质不好、商品性差的缺陷，从而延长了秋冬番茄的采供期，丰富了市场的供应，提高了农户的经济收入。

（二）番茄日光温室长季节生产技术

1. 播前准备

1）种子处理与催芽：将选好的种子用纱布包好浸在50%温水中，不断搅拌到30℃时停止，浸泡4～6h，捞出后进行消毒。用10%磷酸三钠浸20min，或者用0.1%高锰酸钾溶液浸20min捞出用清水冲净，掺上相当于种子2～3倍的细沙，装在瓦盆里，盖上湿毛巾，保持25～30℃的温度，进行催芽，一般经过2～3d，50%以上种子发芽即可播种。

2）播种前准备：①播种床。在温室中部做成架床或电热温床。架床需制作50cm×70cm×10cm的播种木盘。无论架床或电热温床，需要铺10cm厚的营养土。②营养土配制。用无病虫、无污染的熟土或没有种过茄科作物的肥沃园田土，细炉渣与有机肥各1/3混合过筛即可。也可用育苗素和园田土配制（即1m³土加4kg育苗素）。

2. 播种 10月下旬至11月上旬播种。每亩用种40g左右。播种前浇透水，等水渗后将催芽种子连同细沙均匀撒在床面上，然后覆盖1cm厚的营养土。为防止番茄发生猝倒病，播种覆土后用50%多菌灵或50%托布津每平方米8～10g拌上营养土再撒一层，厚度不超过0.5cm。

播种后管理：①温度。出苗前白天控制在25～28℃，夜间12～18℃，齐苗后，白天降到15～17℃，夜间10～12℃，出苗至2片真叶期要防止徒长，及时通风，白天气温22℃时开始通风，室内温度保持25～28℃，夜间12～15℃。②湿度。齐苗前棚内空气相对湿度70%～85%，齐苗后为50%～60%，如苗缺水时，在晴天上午喷水补充水分。

3. 分苗

1）分苗：一般在播种后20～25d，幼苗2～3片真叶，花芽分化前进行。取单株栽入营养钵内，用细土盖平。

2）分苗后的管理：①温度管理。分苗完成后扣小拱棚保温保湿，气温白天25～28℃，夜间保持15～18℃，地温15～22℃；3～5d缓苗后，气温白天18～22℃，夜间13～15℃，地温14～18℃；定植前5～7d，气温白天15～17℃，夜间10～12℃，地温8～15℃。②增加光照。在苗床北侧张挂反光幕，可提高光照强度，促进光合作用。

3）壮苗指标：株高 20～25cm，茎粗 0.6～0.8cm，叶片 7～9 个，叶色浓绿，叶片肥厚，节间短，见花蕾，苗龄 70d 左右。

4. 定植

1）整地施基肥：定植前清除前作秸秆，消毒闷棚一昼夜。每亩施入优质有机肥 6000kg 以上，磷酸二铵 30kg，硫酸钾 25kg，深翻 40cm，再刨一遍使土肥掺匀，打碎土块耙平，做成高畦，开定植沟。

2）定植方法、密度：定植株距和株数根据整枝方法决定，常规整枝法（即三穗果单杆整枝法），小行距 50cm，大行距 60cm，株距 28～30cm，每亩 3500～4000 株；连续摘心整枝法，小行距 90cm，大行距 1.1m，株距 30～33cm，每亩保苗 1800～2000 株。按行距开沟，把幼苗按株距摆入沟中，少量埋土稳住苗坨，随后顺沟浇定植水，水渗后覆土封垄，2～3d 后细致松土培垄，用小木板把垄台垄帮刮光，在小行间和两垄上盖一幅地膜。50cm 小行距的用 80cm 幅宽的地膜，90cm 小行距的用 1.3m 幅宽的地膜。

3）肥水管理：浇足定植水，通常在第一穗果核桃大以前不浇水，在沟中松土提温保墒。当第一穗果坐住并开始膨大时追肥浇水，这时要注意水温（晒水浇地），水温和棚温尽量一致。避免因灌水而降低地温，影响番茄正常生长。盛果期 7～10d 浇一次，10～15d 施一次肥，每次施肥量控制在尿素每亩 5～20kg，硫酸钾 10～15kg。

4）追施二氧化碳气肥：适宜番茄生长的二氧化碳浓度为 0.1%～0.12%。二氧化碳的施肥原则是："两头少、中间多"，晴天多施、阴雨天不施。具体做法：定植后施一次，每 2m^2 放一粒（每粒 10g），深埋 3cm，生产中期每 1m^2 放一粒，后期每 2m^2 放一粒。

5. 定植后的管理

1）温度管理：定植后尽量提高温度，以利缓苗，不超过 30℃不需要放风，缓苗后白天 20～25℃，夜间 15℃左右，揭苫前 10℃左右，以利花芽分化和发育。进入结果期后，白天 20～25℃，前半夜保持 7～10℃，地温 18～20℃，最低 13℃以上。

2）光照调整：日光温室冬春茬栽培定植后正处在光照弱的季节，一直到 3 月。提高光照强度的有效途径：一是温室覆盖的薄膜要选择优质透光率高的聚氯乙烯无滴膜，每天揭开草苫后，用拖布擦净膜上的灰尘；二是在脊柱部位或者后墙处张挂反光幕。

3）整枝方法：采用单杆整枝按常规进行。连续摘心整枝法：当主干第二花序开花后留 2 片叶摘心，留下紧靠第一花序下面的一个侧枝，其余侧枝全部摘除，第一侧枝第二花序开花后用同样的方法摘心，留下一侧枝，如此摘心 5 次，共留 5 个结果枝，可结 10 个穗果。每次摘心后要进行扭枝，以后随着果实膨大、重量增加，结果枝逐渐下垂。通过换头和扭枝，人为地降低植株高度，有利于养分的运输，但扭枝后植株开张度大，需减小栽培密度，靠单株果穗多、果实大提高产量。

4）植株调整：番茄植株达到一定高度后就不能直立生长，需依靠支架生长，除用竹竿插架多次绑蔓外，还可用尼龙绳吊蔓，减少遮光。

5）防止落花落果：当果穗中有 2～3 朵小花开放时，在上午 9～10 时，用 2.5% 水溶性防落素 25～50μL/L（低温时用 40～50μL/L，高温时用 25～30μL/L），或者番茄丰产剂 2 号 50～70 倍液喷布花序的背面，也可用 10～20μL/L 的 2,4-D 涂抹花朵离层部位。

6. 病虫害防治 ①早疫病和晚疫病：发现中心病株及时摘除病叶、病果，并用 75%

百菌清可湿性粉剂 600 倍液或 25% 甲霜灵可湿性粉剂 600 倍液、64% 杀毒矾可湿性粉剂 400～500 倍液或 70% 代森锰锌 500 倍液喷雾防治。②灰霉病：用 50% 速克灵可湿性粉剂 1000 倍液、50% 扑海因可湿性粉剂 1000 倍液喷雾，还可结合用 20% 的百菌清烟剂 200g/ 亩、10% 速克灵烟剂 200g/ 亩熏棚。③病毒病：种子用磷酸三钠消毒。在植株发病初期喷病毒 A 500 倍液、植病灵 500 倍液，及时防治蚜虫。④蚜虫：用 20% 速灭杀丁 3000 倍液、2.5% 溴氢菊酯乳油 3000 倍液与敌敌畏 800 倍液混合喷雾防治。⑤白粉虱：用 10% 扑虱灵乳油 1000 倍液、灭螨锰乳油 1000 倍液、2.5% 天王星乳油 3000 倍液喷雾，用黄板诱杀成虫。

【任务实施】

工作任务单

任务	番茄育苗技术		学时	
姓名：				组
班级：				

工作任务描述：
以校内实训基地和校外企业的番茄育苗为例，掌握番茄常规育苗及无土育苗方法；以番茄嫁接育苗为例，掌握番茄嫁接育苗技术；掌握番茄育苗方式、有容器育苗技术、地热线育苗技术、嫁接育苗技术、无土育苗技术、扦插育苗技术、工厂化育苗技术；具备育苗过程中育苗土配置、种子处理、播种、苗期管理、分苗、囤苗、炼苗等管理能力；掌握番茄育苗常见问题分析与解决能力。

学时安排	资讯学时	计划学时	决策学时	实施学时	检查学时	评价学时

提供资料：
1. 园艺作物实训室、校内、校外实习基地。
2. 各类番茄育苗的 PPT、视频、影像资料。
3. 校园网精品课程资源库、校内电子图书馆。
4. 番茄生产类教材、相关书籍。

具体任务内容：
1. 根据工作任务提供学习资料、获得相关知识。
1）学会番茄育苗成本核算及效益分析。
2）根据当地气候条件、设施条件、消费习惯、生产茬次等选择优良品种。
3）制订番茄育苗的技术规程。
4）掌握番茄种子处理与播种技术。
5）掌握嫁接育苗技术学会进行番茄育苗期的管理及常见问题处理。
6）掌握番茄苗期主要病虫害防治。
2. 按照番茄育苗技术方案组织生产。
3. 通过调查当地土壤条件气候条件能够进行番茄育苗成本核算及效益分析。
4. 各组选派代表陈述番茄育苗技术方案，由小组互评、教师点评。
5. 教师进行归纳分析，引导学生，培养学生对专业的热情。
6. 安排学生自主学习，修订番茄育苗安排计划，巩固学习成果。

对学生要求：
1. 能独立自主地学习相关知识，收集资料、整理资料，形成个人观点，在个人观点的基础上，综合形成小组观点。
2. 对调查工作认真负责，具备科学严谨的态度和敬业精神。
3. 具备网络工具的使用能力和语言文字表达能力，积极参与小组讨论。
4. 具备较强的人际交往能力和团队合作能力。
5. 具有一定的计划和决策能力。
6. 提交个人和小组文字材料或 PPT。

任务资讯单

任务	番茄育苗技术	学时	
姓名:			组
班级:			

资讯方式：学生分组进行市场调查，小组统一查询资料。

资讯问题：
1. 番茄育苗方案制订应考虑哪些主要因素？
2. 无土育苗中，常用的育苗基质种类有哪些？其理化性质如何？
3. 种子处理的方法有哪些？
4. 穴盘育苗环节有哪些？应注意什么？
5. 番茄育苗成本划分类型及核算，并进行生产效益分析。
6. 嫁接育苗中插接、靠接、劈接技术优缺点。
7. 怎样进行幼苗期管理？
8. 育苗过程中出现的问题原因分析和预防措施。

资讯引导：教材、杂志、电子图书馆、蔬菜生产类的其他书籍。

任务计划单、任务实施作业单见附录。

【任务考核】

任务考核标准

任务	番茄育苗技术	学时	
姓名:			组
班级:			

序号	考核内容	考核标准	参考分值
1	任务认知程度	根据任务准确获取学习资料，有学习记录	5
2	情感态度	学习精力集中，学习方法多样，积极主动，全部出勤	5
3	团队协作	听从指挥，服从安排，积极与小组成员合作，共同完成工作任务	5
4	工作计划制订	有工作计划，计划内容完整，时间安排合理，工作步骤正确	5
5	工作记录	工作检查记录单完成及时，客观公正，记录完整，结果分析正确	10
6	番茄育苗包括的主要内容	准确说出全部内容，并能够简单阐述	10
7	基肥的使用	基肥种类与蔬菜种植搭配合理	5
8	土壤耕作机械基本操作	正确使用相关使用说明进行操作	10
9	土壤消毒药品使用	正确制订消毒方法、药品使用浓度，严格注意事项	10
10	起垄的方法和步骤	高标准地完成起垄工作	10
11	数码拍照	备耕完成后的整体效果图	10
12	任务训练单	对老师布置的训练单，能及时上交，正确率在90%以上	5
13	问题思考	开动脑筋，积极思考，提出问题，并对工作任务完成过程中的问题进行分析和解决	5
14	工作体会	工作总结体会深刻，结果正确，上交及时	5
合计			100

教学反馈表

任务	番茄育苗技术		学时	
姓名：				组
班级：				
序号	调查内容	是	否	陈述理由
1	育苗方案制订是否合理？			
2	是否掌握种子处理方法？			
3	是否知道番茄的每亩播种量？			
4	是否清楚番茄育苗的步骤？			
5	是否掌握了番茄的苗期管理？			
6	是否掌握了番茄定植时期的确定？			
7	是否掌握了番茄苗期病害的防治？			
收获、感悟及体会：				
请写出你对教学改进的建议及意见：				

任务评价单、任务检查记录单见附录。

【任务注意事项】

番茄生理性障碍主要包括以下内容。

（1）脐腐病　　又称蒂腐果、顶腐果，俗称"黑膏药""烂脐"，在番茄上发生较普遍，病果失去商品价值，发病重时损失很大。通常在花后15d左右，果实核桃大小时发生，随着果实的膨大病情加重。发病初期，在果实脐部出现暗绿色、水浸状斑点，后病斑扩大，褐色，变硬凹陷。病部后期常因腐生菌着生而出现黑色霉状物或粉红色霉状物。幼果一旦发生脐腐病，往往会提前变红。番茄脐腐果发生的原因目前尚未明确，多数人认为是果实缺钙所致。为防止脐腐病的发生，可采用如下措施：土壤中施入消石灰或过磷酸钙作基肥；追肥时要避免一次性施用氮肥过多而影响钙的吸收；定植后勤中耕，促进根系对钙的吸收；及时疏花疏果，减轻果实间对钙的争夺；坐果后30d内，是果实吸收钙的关键时期，此期间要保证钙的供应，可叶面喷施1%的过磷酸钙或0.1%氯化钙，能有效减轻脐腐病的发生。

（2）筋腐病　　又称条腐果、带腐果，俗称"黑筋""乌心果"等。筋腐果明显有两种类型：一是褐变型筋腐果，在果实膨大期，果面上出现局部褐变，果面凸凹不平，果肉僵硬，甚至出现坏死斑块。切开果实，可看到果皮内维管束褐色条状坏死，不能食用。二是白变型筋腐果，在绿熟期至转色期发生，外观看果实着色不均，病部有蜡样光泽。切开果实，果肉呈"糠心"状，病果果肉硬化，品质差。番茄筋腐病病因至今尚有许多

· 130 · 蔬菜栽培

不明之处，但普遍认为，番茄植株体内碳水化合物不足和碳/氮比值下降，引起代谢失调，致使维管束木质化，是导致褐变型筋腐果的直接原因。而白变型筋腐果主要是由烟草花叶病毒（TMV）侵染所致。生产中可通过选用抗病品种，改善环境条件，提高管理水平，实行配方施肥等方法来防止筋腐病的发生。

（3）空洞果　典型的空洞果往往比正常果大而轻，从外表看带棱角，酷似"八角帽"。切开果实后，可以看到果肉与胎座之间缺少充足的胶状物和种子，而存在着明显的空腔。空洞果的形成是由于花期授粉受精不良或果实发育期养分不足造成的。生产中选择心室数多的品种，不易产生空洞果；同时生长期间加强肥水管理，使植株营养生长和生殖生长平衡发展，正确使用生长调节剂进行保花保果处理等措施均可防止空洞果的发生。

（4）裂果　番茄裂果使果实不耐贮运，开裂部位极易被病菌侵染，使果实失去商品价值。根据果实开裂部位和原因可分为放射状开裂、同心圆状开裂和条纹状开裂。裂果的主要原因是高温、强光、土壤干旱等使果实生长缓慢，如突然灌大水，果肉细胞还可以吸水膨大，而果皮细胞因老化已失去与果肉同步膨大的能力而开裂。为防止裂果的发生，除选择不易开裂的品种外，管理上应注意均匀供水，避免忽干忽湿，特别应防止久旱后过湿。植株调整时，把花序安排在架内侧，靠自身叶片遮光，避免阳光直射果面而造成果皮老化。

（5）畸形果　又称番茄变形果，尤以番茄设施栽培中发生较多。番茄畸形果多是由环境条件不适宜而致。扁圆果、椭圆果、偏心果、菊形果、双（多）心果产生的直接原因是在花芽分化及花芽发育时，肥水过于充足，超过了正常分化与发育所需的数量，致使番茄心室数量增多，而生长又不整齐，从而产生上述畸形果。使用生长调节剂蘸花时，浓度过高易形成尖顶果。为防止畸形果的发生，应加强育苗期的温光水肥管理，特别是在花芽分化期，尤其是第一花序分化期，即发芽后25～30d，2～3片真叶时，要防止温度过高或过低，开花结果期合理施肥，使花器得到正常生长发育所需营养物质，防止分化出多心皮及形成带状扁形花而发育成畸形果。另外，使用生长调节剂保花保果时，要严格掌握浓度和处理时期。

（6）日烧果　日烧果多在果实膨大期绿果的肩部向阳面出现，果实被灼部呈现大块褪绿变白的病斑，表面有光泽，似透明革质状，并出现凹陷。后病部稍变黄，表面有时出现皱纹，干缩变硬，果肉坏死，变成褐色块状。日烧的原因是果实受阳光直射部分果皮温度过高而灼伤。番茄定植过稀、整枝打杈过重、摘叶过多，是造成日烧果的重要原因。天气干旱、土壤缺水或雨后暴晴，都易加重日烧果。为防止日烧，番茄定植时需合理密植，适时适度地整枝、打杈，果实上方应留有叶片遮光，搭架时，尽量将果穗安排在番茄架的内侧，使果实不受阳光直射。

（7）生理性卷叶　主要表现为番茄小叶纵向向上卷曲，严重者整株所有叶片均卷成筒状。卷叶不仅影响蒸腾作用和气体交换，还严重影响着光合作用的正常进行。因此，轻度卷叶会使番茄果实变小，重度卷叶导致坐果率降低，果实畸形，产量锐减。番茄生理性卷叶是植株在干旱缺水条件下，为减少蒸腾面积而引发的一种生理性保护作用。另外，过度整枝也可引起下部叶片大量卷叶。为防止生理性卷叶的发生，生产中应均匀灌水，避免土壤过干过湿，设施栽培中要及时放风，避免温度过高。生理性缺水所致卷叶发生后，及时降温、灌水，短时间就会缓解。同时，注意适时、适度整枝打杈。

【任务总结及思考】

1. 番茄种类有哪些?
2. 番茄栽培茬次有哪些?

【兴趣链接】

1. 无人敢吃的番茄　　番茄是生产在南美洲的一种野生植物,原名"狼桃"或"狐狸的果实"。当地人传说这种果实有剧毒,因此尽管它成熟时鲜红娇艳,美丽诱人,但没有人敢吃上一口,只是把它作为一种观赏植物来种植。1554年,英国有名叫俄罗拉达利的公爵到南美洲旅游,发现了这种结着鲜艳果实的美丽植物,于是将之带回英国,作为爱情的礼物献给了情人伊丽莎白女王,种植在英王的御花园中。从此,番茄得到了一个好听的名字——"爱情苹果"。虽称"爱情苹果",但并没有人敢吃它,因为它与有毒植物颠茄和曼陀罗有很近的亲缘关系,茎叶又有一种臭味,人们常警告那些嘴馋者不可误食,所以有很长时间内无人敢问津。

2. 功效主治　　生津止渴,健胃消食,凉血平肝,清热解毒。主治热病津伤口渴、食欲缺乏、肝阳上亢、胃热口苦、烦热等病症。

3. 营养成分　　每100g含蛋白质0.6g,脂肪0.2g,碳水化合物3.3g,磷22mg,铁0.3mg,胡萝卜素0.25mg,硫胺素0.3mg,核黄素0.03mg,烟酸0.6mg,抗坏血酸11mg。此外,还含有维生素P、番茄红素、谷胱甘肽、苹果酸、柠檬酸等。

4. 食疗作用

(1) 促进消化　　番茄中的柠檬酸、苹果酸和糖类,有促进消化作用,番茄素对多种细菌有抑制作用,同时也具有帮助消化的功能。

(2) 保护皮肤弹性,促进骨骼发育　　番茄中含有胡萝卜素,可保护皮肤弹性,促进骨骼钙化,还可以防治小儿佝偻病、夜盲症和眼干燥症。

(3) 防治心血管疾病　　胆固醇产生的生物盐可与番茄纤维相联结,通过消化系统排出体外,并由于人体需要生物盐分解肠内脂肪,而人体需要用胆固醇补充生物盐,使血中胆固醇含量减少,起到防治动脉粥样硬化作用;番茄的维生素B还可保护血管,防治高血压。

(4) 抗癌,防衰老　　番茄内含有谷胱甘肽,这种物质在体内含量上升时,癌症发病率则明显下降。此外,这种物质可抑制酪氨酸酶的活性,使人沉着的色素减退消失,雀斑减少,起到美容作用。

(5) 抗疲劳,护肝　　番茄中所含的维生素B_1有利于大脑发育,缓解脑细胞疲劳;所含的氯化汞,对肝脏疾病有辅助治疗作用。

5. 保健食谱

(1) 牛奶番茄　　鲜牛奶200mL,番茄250g,鲜鸡蛋3枚。先将番茄洗净,切块待用;淀粉用鲜牛奶调成汁,鸡蛋煎成荷包蛋待用;鲜牛奶汁煮沸,加入番茄、荷包蛋煮片刻,然后加入精盐、白糖、花生油、胡椒粉调匀即成。此汤羹鲜美可口,营养丰富,具有健脾和胃、补中益气之功效,适于年老体弱、脾胃虚弱者食用。

(2) 番茄炒肉片　　精肉、番茄各200g,菜豆角50g,葱、姜、蒜各适量。先将猪肉切成薄片，番茄切成块状；菜豆角去筋，洗净，切成段状；炒锅放油50mL，上火烧至七成热，先下肉片、葱、姜、蒜煸炒，待肉片发白时，再下番茄、豆角、盐略炒。锅内加汤适量，稍闷煮片刻，起锅时再加味精少许，搅匀即可。此菜具有健胃消食、补中益气的功效，对于脾胃不和、食欲缺乏患者尤为适宜。

（3）糖拌番茄　　番茄4个，绵白糖100g。先将番茄洗净，用开水烫一下，去蒂和皮，一切两半，再切成月牙块，装入盘中，加糖，拌匀即成。此菜具有生津止渴、健胃平肝的功效，适用于发热、口干口渴、高血压等病症。

（4）番茄豆腐羹　　番茄、豆腐各200g，毛豆米50g，白糖少许。将豆腐切片，入沸水稍焯，沥水待用；番茄洗净，沸水烫后去皮，剁成茸，下油锅煸炒，加精盐、白糖、味精，炒几下待用；毛豆米洗净；油锅下清汤、毛豆米、精盐、白糖、味精、胡椒粉、豆腐，烧沸入味。用湿淀粉勾芡，下番茄酱汁，推匀，出锅即成。此羹具有健补脾胃、益气和中、生津止渴之功效，适用于脾胃虚寒、饮食不佳、消化不良、脘腹胀满等病症。常人食之，强壮身体，防病抗病。

任务二　茄子栽培

【知识目标】

1．掌握茄子品种差异。
2．掌握茄子常用栽培技术。
3．掌握茄子生产过程中的注意事项。

【能力目标】

能根据市场需要选择茄子品种，培育壮苗，选择种植方式，适时定植；能根据茄子长势，适时进行田间管理；会采用适当方法适时采收，并能进行采后处理。

【知识拓展】

茄子，别名落苏，茄科茄属一年生草本植物。原产于印度，3～4世纪传入我国，在我国已有1000多年的栽培历史，通常认为我国是茄子的第二起源地。茄子适应性强，栽培容易，产量高，营养丰富，又适于加工，是我国人民喜食的蔬菜之一，在我国南北方普遍栽培，近年来设施茄子栽培面积逐渐扩大。

（一）品种类型

根据茄子果形、株型的不同，可把茄子的栽培种分三个变种。

1．圆茄　　植株高大，茎直立粗壮，叶片大而肥厚，生长旺盛，果实为球形、扁球形或椭球形，果色有紫黑色、紫红色、绿色、绿白色等。多为中晚熟品种，肉质较紧密，单果质量较大。圆茄属北方生态型，适应于气候温暖干燥、阳光充足的夏季大陆性气候。多作露地栽培品种，如北京六叶茄、北京七叶茄、天津大民茄、山东大红袍、河南安阳大圆茄、西安大圆茄、辽茄1号等。

2．长茄　　植株高度及长势中等，叶较小而狭长，分枝较多。果实细长棒状，有的品种可长达 30cm 以上。果皮较薄，肉质松软，种子较少。果实有紫色、青绿色、白色等。单株结果数多，单果质量小，以中早熟品种为多，是我国茄子的主要类型。长茄属南方生态型，喜温暖湿润多阴天的气候条件，比较适合于设施栽培。优良品种较多，如南京紫线茄、杭州红茄、鹰嘴长茄、徐州长茄、苏崎茄、吉林羊角茄、大连黑长茄、沈阳柳条青、北京线茄。

3. 矮茄　又称卵茄。植株低矮，茎叶细小，分枝多，长势中等或较弱。着果节位较低，多为早熟品种，产量低。此类茄子适应性较强，露地栽培和设施栽培均可。果皮较厚，种子较多，易老，品质较差。果实小，果形多呈卵球形或灯泡形，果色有紫色、白色和绿色，如北京灯泡茄、天津牛心茄、荷包茄、西安绿茄等。

（二）生物学特性

1. 形态特征

（1）根　茄子根系发达，主根入土可达 1.3～1.7m，横向伸长可达 1.0～1.3m，主要根群分布在 33cm 土层中；根系木质化较早，不定根发生能力较弱，与番茄比较，根系再生能力差，不宜多次移植；根系对氧要求严格，土壤板结影响根系发育，地面积水能使根系窒息，地上部叶片萎蔫枯死。

（2）茎　茎直立、粗壮、木质化，在热带是灌木状直立多年生草本植物。分枝习性为假二杈分枝，即主茎生长到一定节位后，顶芽变为花芽，花芽下的两个侧芽生成一对同样大小的分枝，为第一次分枝。分枝着生 2～3 片叶后，顶端又形成花芽和一对分枝，循环往复无限生长。早熟品种主茎长 5 片叶顶芽形成花芽，晚熟种 9 片叶形成花芽。茄子的分枝结果习性很有规律，分枝按 $N=2x$（N 为分枝数，x 为分枝级数）的理论数值不断向上生长。每一次分枝结一次果实，按果实出现的先后顺序，习惯上称之为门茄、对茄、四母斗、八面风、满天星，实际上，一般只有 1～3 次分枝比较规律。由于果实及种子的发育，特别是下层果实采收不及时，上层分枝的生长势减弱，分枝数减少。

（3）叶　单叶互生，叶椭圆形或长椭圆形。茄子叶片（包括子叶在内）形态的变化与品种的株型有关：株型紧凑，生长高大的一般叶片较狭；而生长稍矮，株型开张的叶片较宽。茎、叶颜色也与果色有关，紫茄品种的嫩枝及叶柄带紫色，白茄和青茄品种呈绿色。

（4）花　两性花，花瓣 5～6 片，基部合成筒状，白色或紫色。开花时，花药顶孔开裂散出花粉，花萼宿存，上具硬刺。根据花柱的长短，可分为长柱花、中柱花及短柱花。长柱花的花柱高出花药，花大色深，为健全花，能正常授粉，有结实能力。中柱花的柱头与花药平齐，能正常授粉结实，但授粉率低。短柱花的柱头低于花药，花小，花梗细，为不健全花，一般不能正常结实。茄子花一般单生，但也有 2～3 朵簇生的。簇生花通常只有基部一朵完全花坐果，其他花往往脱落，但也有同时着生几个果的品种。

茄子在长出 3～4 片叶时进行花芽分化，分苗时要避开此时期。茄子一般是自花授粉，晴天 7～10 时授粉，阴天下午授粉；茄子花寿命较长，花期可持续 3～4d，夜间也不闭花，从开花前 1d 到花后 3d 内都有受精能力，所以日光温室冬春茬茄子虽然有时温度很低，但仍能坐果。

（5）果实　果实为浆果，果皮、胎座的海绵组织为主要食用部分。果实形状、颜色因品种而异。圆茄品种果肉致密，细胞排列呈紧密结构，间隙小；长茄品种果肉细胞排列呈松散状态，质地细腻。

（6）种子　茄子种子发育较晚，一般在果实将近成熟时才迅速发育和成熟。种子为扁平肾形，黄色，新种子有光泽。千粒重 4～5g，种子寿命 4～5 年，使用年限 2～3 年。

2. 生长发育周期

（1）发芽期　从种子萌动至第一片真叶出现为止，需 15～20d，播种后注意提高地温。

（2）幼苗期　从第一片真叶出现至门茄现蕾，需 50～70d。幼苗于 3～4 片真叶时开始花芽分化，花芽分化之前，幼苗以营养生长为主，生长量很小；从花芽分化开始转入生殖生长和营养生长同时进行，这一阶段幼苗生长量大。分苗应在花芽分化前进行，以扩大营养面积，保证幼苗迅速生长和花器官的正常分化。

（3）开花着果期　从门茄现蕾至门茄"瞪眼"，需 10～15d。茄子果实基部近萼片处生长较快，此处的果实表面开始因萼片遮光不见光照呈白色，等长出萼片外见光2～3d 后着色。其白色部分越宽，表示果实生长越快，这一部分称"茄眼睛"。在开始出现白色部分时即为瞪眼开始，当白色部分很少时，表明果实已达到商品成熟期了。开花着果期为营养生长为主向生殖生长为主的过渡期，此期适当控制水分，可促进果实发育。

（4）结果期　从门茄"瞪眼"到拉秧为结果期。门茄"瞪眼"以后，茎叶和果实同时生长，光合产物主要向果实输送，茎叶得到的同化物很少。这时要注意加强肥水管理，促进茎叶生长和果实膨大；对茄与四母斗结果期，植株处于旺盛生长期，对产量影响很大，尤其是设施栽培，这一时期是产量和产值的主要形成期；八面风结果期，果数多，但较小，产量开始下降。每层果实发育过程中都要经历现蕾、露瓣、开花、瞪眼、果实商品成熟到生理成熟几个阶段。

3. 对环境的要求

（1）温度　茄子原产于热带，喜较高温度，是果菜类中特别耐高温的一类蔬菜。生长发育适温为 22～30℃。温度低于 20℃，植株生长缓慢，果实发育受阻；15℃以下引起落花落果；10℃以下停止生长。种子萌发的适宜温度为 25～30℃，根系生长的最适温度为 28℃。花芽分化适宜温度为日温 20～25℃，夜温 15～20℃。在一定温度范围内，温度稍低，花芽分化稍有迟延，但长柱花多；反之，高温下花芽分化提前，但中柱花和短柱花比例增加，尤其在高夜温下（高于 20℃）影响更为显著，落花增加。

（2）光照　茄子对光照条件要求较高，光饱和点为 40klx，补偿点为 2klx。光照弱或光照时数短，光合作用能力降低，植株长势弱，花的质量降低（短柱花增多），果实着色不良，故日光温室栽培茄子要合理稀植，及时整枝，以充分利用光能。

（3）水分　茄子根系发达，较耐旱，但因枝叶繁茂，开花结果多，故需水量大，适宜土壤湿度为田间最大持水量的 70%～80%，适宜空气相对湿度为 70%～80%，空气湿度过高易引发病害。茄子对水分的要求，不同生育阶段有差异。门茄坐住以前需水量较小，盛果期需水量大，采收后期需水少。日光温室茄子栽培，温度与水分往往发生矛盾：为保持地温，不能大量灌水，但水分还要满足植株生长发育需求。水分不足，植株易老化，短柱花增多，果肉坚实，果面粗糙。茄子根系不耐涝，土壤过湿，易沤根。

（4）土壤营养　茄子对土壤适应性较广，各种土壤都能栽培，适宜土壤 pH 为 6.8～7.3。但以在疏松肥沃、保水保肥力强的壤土上生长最好。茄子生长量大，产量高，需肥量大，尤以氮肥最多，其次是钾肥和磷肥。整个生长期施肥原则是前期施氮肥和磷肥，后期施氮肥和钾肥，氮肥不足，会造成花发育不良，短柱花增多，影响产量。一般每生产 1000kg 茄子，需吸收氮 3.0～4.0kg、磷 0.7～1.0kg、钾 4.0～6.6kg。

（三）栽培季节和茬次安排

茄子的生长期和结果期长，全年露地栽培的茬次少，北方地区多为一年一茬，早春利用设施育苗，终霜后定植，早霜来临时拉秧。长江流域茄子多在清明后定植，夏秋季节采收，由于茄子耐热性较强，夏季供应时间较长，成为许多地方填补夏秋淡季的重要蔬菜。华南无霜区，一年四季均可露地栽培。云贵高原由于低纬度、高海拔的地形特点，无炎热夏季，适合茄子栽培季节长，许多地方可以越冬栽培。

近年来，北方地区设施茄子栽培发展很快，在一些地区已形成了规模化的温室、大棚茄子生产，取得了较高的经济效益。具体茬次安排可参照番茄。

【任务提出】

结合生产实践，以小组的形式完成一个茄子栽培的项目，在学习茄子生物学特性和生产技术的基础上，设计并实施日光温室冬春茬茄子生产方案，同时做好生产记录和生产总结。

【任务资讯】

一、日光温室冬春茬栽培技术

1. 品种选择　品种选择一方面要考虑温室冬春季生产应选择耐低温、耐弱光，抗病性强的品种，另一方面要了解销往地区的消费习惯。目前主要以长茄和卵茄为主，如西安绿茄、苏崎茄、鹰嘴茄、鲁茄1号、辽茄3号、辽茄4号等。

2. 嫁接育苗　茄子易受黄萎病、青枯病、立枯病、根结线虫病等土传病害的危害，不能重茬，需5～6年轮作。采用嫁接育苗，不但可以有效地防治黄萎病等土传病害，使连作成为现实，而且由于根系强大，吸收水肥能力强，植株生长旺盛，具有提高产量、品质，延长采收期的作用。

（1）砧木选择　目前生产中使用的砧木主要是从野生茄子中筛选出来的高抗或免疫品种，如托鲁巴姆、CRP、耐病FV、赤茄等，尤以托鲁巴姆应用最为广泛。

（2）播种　托鲁巴姆不易发芽，可用150～200mg/L的赤霉素溶液浸种48h，于日温35℃，夜温15℃的条件下，8～10d可发芽。播种时由于托鲁巴姆种子拱土能力差，覆盖2～3mm厚的药土即可，两叶一心时移入营养钵中。当砧木苗子叶展平，真叶显露时播接穗。茄子种子发芽较慢，可采用变温催芽的方法，即一天中25～30℃ 8h，10～20℃ 16h交替进行，使发芽整齐，5～6d即可出齐。茄子黄萎病在苗期就能侵入到植株体内，潜伏到门茄瞪眼期发病，播种接穗时必须进行土壤消毒，并用塑料薄膜将育苗营养土与下部土壤隔开，防止病菌侵入。

（3）嫁接　砧木具8～9叶，接穗具6～7叶，茎粗达0.5cm开始嫁接。生产中多采用劈接法，即用刀片在砧木 2 片真叶以上平切，去掉上部，然后在砧木茎中间垂直切入 1.0～1.2cm 深。而后迅速将接穗苗拔起，在接穗半木质化处（幼苗上 2cm 左右的变色带，即半木质化处），两侧以 30°向下斜切，形成长 1cm 的楔形，将削好的接穗插入切口中，用嫁接夹固定好。

（4）接后管理　　利用小拱棚保温保湿并遮光，3d 后逐渐见光。嫁接 10～12d 后愈合，伤口愈合后逐渐通风炼苗。茄苗现大蕾时定植。

3. 整地定植　　日光温室冬春茬茄子采收期长，需施入大量农家肥作底肥以保证高产，每亩可施入农家肥 15 000kg，精细整地，按大行距 60cm，小行距 50cm 起垄，定植时垄上开深沟，每沟撒磷酸二铵 100g、硫酸钾 100g，肥土混合均匀。按 30～40cm 株距摆苗，覆少量土，浇透水后合垄。栽时掌握好深度，以土坨上表面低于垄面 2cm 为宜。定植后覆地膜并引苗出膜外。

4. 定植后管理　　定植后正值外界严寒天气，管理上要以保温、增光为主，配合肥水管理、植株调整争取提早采收，增加前期产量。

（1）温光调节　　定植后密闭保温，促进缓苗。有条件的加盖小拱棚、二层幕，创造高温高湿条件。定植 1 周后，新叶开始生长，标志已缓苗。缓苗后白天超过 30℃放风，温度降到 25℃以下缩小风口，20℃时关闭风口。白天最低温度保持在 20℃以上，夜温最好能保持 15℃左右，凌晨不低于 10℃。寒流来时，室内要有辅助加温设备。开花结果期采用四段变温管理，即上午 25～28℃，下午 20～24℃，前半夜温度不低于 16℃，后半夜温度控制在 10～15℃。夜温过高，呼吸旺盛，碳水化合物消耗大，果实生长缓慢，甚至成为僵果，产量下降。

茄子喜光，定植时正是光照最弱的季节，应采取各种措施增光补光。例如，在温室后墙张挂反光幕，增加光照强度，提高地温和气温。张挂反光幕后，使温室后部温度升高，光照加强，靠近反光幕的秧苗易出现萎蔫现象，要及时补充水分。

（2）水肥管理　　定植水浇足后，一般在门茄坐果前可不浇水，门茄膨大后开始浇水，浇水应实行膜下暗灌，以降低空气湿度。浇水必须根据天气预报，保证浇水后保持 2d 以上晴天，并在上午 10 时前浇完。同时上午升温至 30℃时放风，降至 26℃后闷棚升温后再放风，通过升温尽可能地将水分蒸发成气体放出去。门茄膨大时开始追肥，每亩施三元复合肥 25kg，溶解后随水冲施。对茄采收后每亩再追施磷酸二铵 15kg、硫酸钾 10kg。整个生育期间可每周喷施一次磷酸二氢钾等叶面肥。冬春茬茄子生产中施用 CO_2 气肥，有明显的增产效果。

（3）植株调整　　冬春茬茄子生产的障碍是湿度大，地温低，植株高大，互相遮光。及时整枝不但可以降低湿度，提高地温，同时也是调整秧果关系的重要措施。定植初期，保证有 4 片功能叶。门茄开花后，花蕾下面留 1 片叶，再下面的叶片全部打掉；门茄采收后，在对茄下留 1 片叶，再打掉下边的叶片。以后根据植株的长势和郁闭程度，保证地面多少有些透亮。生长过程中随时去除砧木的萌蘖。日光温室冬春茬茄子多采用双干整枝，即在对茄"瞪眼"后，在着生果实的侧枝上，果上留 2 片叶摘心，放开未结果枝，反复处理四母斗、八面风的分枝，只留两个枝干生长，每株留 5～8 个果后在幼果上留 2 片叶摘心。生长后期，植株较高大，可利用尼龙绳吊秧，将枝条固定。

（4）保花保果　日光温室茄子冬春季生产，室内温度低，光照弱，果实不易坐住。提高坐果率的根本措施是加强管理，创造适宜植株生长的环境条件。此外，可采用生长调节剂处理，开花期选用 30～40mg/L 的番茄灵喷花或涂抹花萼和花瓣。生长调节剂处理后的花瓣不易脱落，对果实着色有影响，且容易从花瓣处感染灰霉病，应在果实膨大后摘除。

5. 采收　茄子达到商品成熟度的标准是"茄眼睛"（萼片下的一条浅色带）消失，说明果实生长减慢，可以采收。采收时要用剪刀剪下果实，防止撕裂枝条。日光温室冬春茬茄子上市期，有较长一段时间处在寒冷季节。为保持产品鲜嫩，最好每个茄子都用纸包起来，装在筐中或箱中，四周衬上薄膜，运输时用棉被保温。不要在中午气温高时采收，此时采的茄子含水量低，品质差。

二、茄子再生栽培技术要点

设施茄子进入高温季节，病虫危害严重，果实商品性差，产量下降。利用茄子的潜伏芽越夏，进行割茬再生栽培，供应秋冬市场。一次育苗，二茬生产，节省了育苗和嫁接所耗的大量人工和费用，通过加强管理，可有效地改善植株的生育状况和果实的商品性，获得较好的经济效益。

1. 剪枝再生　7月中下旬选择温室、大棚内未明显衰败的茄子植株，将茄子主干保留 10cm 左右，上部枝叶全部除去。嫁接的茄子可在接口上方 10cm 处剪除。

2. 涂药防病　剪除主干后，立即用 50% 多菌灵可湿性粉剂 100g、农用链霉素 100g、疫霜灵 100g，加 0.1% 高锰酸钾溶液调成糊状，涂抹于伤口处防止病菌侵入。同时，清理田园，喷药防病虫。

3. 重施肥水　剪枝后及时中耕松土，每亩施充分腐熟的农家肥 3000kg、尿素 20kg、过磷酸钙 30kg。在栽培行间挖沟深施，并经常浇水促使新叶萌发。

4. 田间管理　剪枝 10d 后即可发出新枝，每株留 1～2 枝，每枝留 1～2 果即可。新枝在 12～15cm 长时现花蕾，再过 15～20d 即可采收。

嫁接的茄子生长势更强，适当稀植后，可进行多年生栽培，即一年剪枝 2 次，连续栽培 2～3 年。

【任务总结及思考】

1. 茄子冬春茬如何栽培？
2. 结合当地气候特点，茄子的栽培茬次如何安排？

【兴趣链接】

茄子性凉，味甘；入胃、肠经；有清热凉血，消肿解毒功效。主治肠风下血、热毒疮痈、皮肤溃疡等病症。

（1）营养成分　每 100g 含有蛋白质 2.3g，脂肪 0.1g，碳水化合物 3.1g，钙 22mg，磷 31mg，铁 0.4mg，胡萝卜素 0.04mg，硫胺素 0.03mg，核黄素 0.04mg，烟酸 0.5mg，抗坏血酸 3mg。此外，茄子含有维生素 E，有防止出血和抗衰老功能，常吃茄子，可使血液中胆固醇水平不致增高，对延缓人体衰老具有积极的意义。

（2）注意事项　　茄子性凉，脾胃虚寒便溏者不宜多食。

（3）文献选录　　《日华子本草》："治温疾，传尸痨气。"《医林纂要》："宽中，散血，止渴。"

（4）文化欣赏　　宋朝郑清之烦人《咏茄》中记载："青紫皮肤类宰官，光圆头脑作僧看，如何缁俗偏同嗜，入口元来总一般"。

民间传说：《笑林广记》上记载了这样一则故事，一位菜馆先生，东家一日三餐供他下饭的都是咸菜，而东家园中许多长得又肥又嫩的茄子，却从来不给他吃一次，天长日久，咸菜委实吃腻了，忍无可忍，终于题诗示意，曰："东家茄子满园烂，不予先生供一餐。"不想从此以后，天天顿顿吃茄子，连咸菜的影子也不见了，这位先生到底吃怕了，却又有苦说不出，只好续诗告饶："不料一茄茄到底，葱茄容易退茄难。"可见茄子虽长得好看，味道却是一般，故在烹调茄子的过程中，十分讲究工艺。

任务三　辣椒栽培

【知识目标】

1. 掌握辣椒品种差异。
2. 掌握辣椒常用栽培技术。
3. 掌握辣椒生产过程中的注意事项。

【能力目标】

能根据市场需要选择辣椒品种，培育壮苗，选择种植方式，适时定植；能根据辣椒长势，适时进行田间管理；会采用适当方法适时采收，并能进行采后处理。

【知识拓展】

辣椒，茄科辣椒属植物，别名番椒、海椒、秦椒、辣茄。原产于南美洲的热带草原，明朝末年传入我国，至今已有300余年的栽培历史。辣椒在我国南北普遍栽培，南方以辣椒为主，北方以甜椒为主。辣椒果实中含有丰富的蛋白质、糖、有机酸、维生素及钙、磷、铁等矿物质，其中维生素C含量极高，胡萝卜素含量也较高，还含有辣椒素，能增进食欲、帮助消化。辣椒的嫩果和老果均可食用，且食法多样，除鲜食外，还可加工成干椒、辣酱、辣椒油和辣椒粉等产品。

（一）品种类型

辣椒的栽培种为一年生辣椒，根据果型大小又分为灯笼椒、长辣椒、簇生椒、圆锥椒和樱桃椒5个变种，其中灯笼椒、长辣椒和簇生椒栽培面积较大。

（1）灯笼椒　　植株粗壮高大，叶片肥厚，椭圆形或卵圆形，花大果大，果基部凹陷。果实呈扁圆形、圆形或圆筒形。色红或黄，味甜、稍辣或不辣。

（2）长辣椒　　植株矮小至高大，分枝性强，叶片较小或中等，果实多下垂，长角形，先端尖锐，常弯曲，辣味强。多为中早熟种，按果实的长度又可分为牛角椒、羊角椒或线辣椒三个品种群，其中线辣椒果实较长，辣味很强，可作干椒用。

（3）簇生椒　　植株低矮丛生，茎叶细小开张，果实簇生、向上生长。果色深红，果肉薄，辣味极强，多作干椒栽培。耐热，抗病毒能力强。

（二）生物学特性

1. 形态特征

（1）根　　辣椒根系分布较浅，初生根垂直向下伸长，经育苗移栽，主根被切断，发生较多侧根，主要根群分布在10～20cm土层中。辣椒的侧根着生在主根两侧，与子叶方向一致，排列整齐，俗称"两撇胡"。根系发育弱，再生能力差，根量少，茎基部不能发生不定根，栽培中最好护根育苗。根系对氧要求严格，不耐旱，又怕涝，喜疏松肥沃、透气性良好的土壤。

（2）茎　　辣椒茎直立生长，腋芽萌发力较弱，株冠较小，适于密植。主茎长到一定节数顶芽变成花芽，与顶芽相邻的2～3个侧芽萌发形成二杈或三杈分枝，分杈处都着生一朵花。主茎基部各节叶腋均可抽生侧枝，但开花结果较晚，应及时摘除，减少养分消耗。在夜温低、生育缓慢、幼苗营养状况良好时分化成三杈的居多，反之二杈较多。

辣椒的分枝结果习性很有规律，可分为无限分枝与有限分枝两种类型。无限分枝型植株高大，生长健壮，主茎长到7～15片叶时，顶端现蕾，开始分枝，果实着生在分杈处，每个侧枝上又形成花芽和杈状分枝，生长到上层后，由于果实生长发育的影响，分枝规律有所改变，或枝条强弱不等，绝大多数品种属此类型。有限分枝型植株矮小，主茎长到一定节位后，顶部发生花簇封顶，植株顶部结出多数果实。花簇下抽生分枝，分枝的叶腋处还可发生副侧枝，在侧枝和副侧枝的顶部仍然形成花簇封顶，但多不结果，以后植株不再分枝生长，各种簇生椒属有限型，多作观赏用。

（3）叶　　单叶互生，卵圆形或长卵圆形，全缘，叶端尖，叶片可以食用。

（4）花　　完全花，花较小，花冠白色。与茄子类似，营养不良时短柱花增多，落花率增高。辣椒的花芽分化在4叶期，因此，育苗时应在4叶期以前分苗。辣椒属常自交作物，天然杂交率在10%左右。

（5）果实　　浆果，汁液少，果皮与胎座组织分离，形成较大空腔。果形有灯笼形、方形、羊角形、牛角形、圆锥形等。成熟果实多为红色或黄色，少数为紫色、橙色或咖啡色。五色椒是由于一簇果实的成熟度不同而表现出绿、黄、红、紫等各种颜色。

（6）种子　　种子扁平肾形，表面稍皱，浅黄色，有辣味。千粒重5.0～6.0g。

2. 对环境条件的要求

（1）温度　　辣椒对温度要求苛刻，喜温不耐寒，又忌高温暴晒。发芽适温为25℃，高于35℃、低于15℃不易发芽。幼苗对温度要求严格，育苗期间必须满足适宜温度，以日温27～28℃，夜温18～20℃比较适合，对茎叶生长和花芽分化都有利。开花结果期适温为日温25～28℃，夜温15～20℃，温度低于10℃不能开花，已坐住的幼果也不易膨大，还容易出现畸形果。温度低于15℃受精不良，容易落花；温度高于35℃，花器官发育不全或柱头干枯不能受精而落花。温度过高还易诱发病毒病和果实日烧病。土壤温度过高，对根系发育不利。

（2）光照　　辣椒对光照要求不严格，光饱和点约为30klx，补偿点为1.5klx，与其他果菜类蔬菜相比，属耐弱光作物，超过光饱和点，反而会因加强光呼吸而消耗更多养分。所以北方炎夏季节栽培辣椒采取适当的遮光措施能收到较好效果。辣椒对光周期要求不严，光照时间长短对花芽分化和开花无显著影响，10～12h 短日照和适度的光强能促进花芽分化和发育。辣椒种子属嫌光性，自然光对发芽有一定的抑制作用，所以催芽宜在黑暗条件下进行。

（3）水分　辣椒既不耐旱也不耐涝，其单株需水量并不太多，但因根系不发达，必须经常供给水分，并保持土壤较好的通透性。在气温和地温适宜的条件下，辣椒花芽分化和坐果对土壤水分的要求，以土壤含水量相当于田间最大持水量的 55% 最好。干旱易诱发病毒病，淹水数小时，植株就会萎蔫死亡。对空气相对湿度的要求以 80% 为宜，过湿易引发病害；空气干燥，又严重降低坐果率。

（4）土壤营养　辣椒根系对氧要求严格，因此要求土质疏松、通透性好的土壤，切忌低洼地栽培。对土壤酸碱度要求不严，pH6.2～8.5 都能适应。辣椒需肥量大，不耐贫瘠，但耐肥力又较差，因此在温室栽培中，一次性施肥量不宜过多，否则易发生各种生理障碍。特别在施氮肥时要谨防氨气中毒而引起落叶。

（三）栽培季节与茬次安排

辣椒露地栽培多于冬春季在设施内育苗，终霜后定植。华南地区一般在 12 月至翌年 1 月育苗，2～3 月定植。长江中下游地区多于 11～12 月育苗，3～4 月定植。北方地区则于 2～4 月育苗，4～5 月定植。北方地区辣椒定植后很快进入高温季节，阳光直射地面，对辣椒生长发育极为不利，利用地膜、小拱棚等简易设施，提早定植，使植株在高温季节来临前封垄，是露地辣椒栽培获得高产的主要措施。近年来，长江中下游地区和北方地区利用塑料大棚、日光温室等保护地设施，可以周年生产和供应新鲜的辣椒产品。

【任务提出】

结合生产实践，以小组的形式完成一个辣椒栽培的项目，在学习辣椒生物学特性和生产技术的基础上，设计并实施塑料大棚全年一大茬辣椒生产方案，同时做好生产记录和生产总结。

【任务资讯】

一、塑料大棚全年一大茬栽培技术

辣椒塑料大棚栽培，可于冬季在日光温室中育苗，春季终霜前 1 个月定植，由于环境条件适宜，对辣椒的生长发育有利，经越夏一直采收到秋末冬初棚内出现霜冻为止，产品再经过一段时间的贮藏，供应期可大幅度延长。

1. 品种选择　辣椒对光照要求不严格，只要温度能满足要求，很多品种都可栽培，主要根据市场需要选择品种。大果型品种可选用辽椒 4 号、农乐、中椒 2 号、牟椒 1 号、海花 3 号、苏椒 5 号、甜杂 2 号、茄门等品种。尖椒品种可选择湘研 1 号、湘研 3 号、保加利亚尖椒、沈椒 3 号等。

2. 育苗　塑料大棚辣椒早春育苗，可在温室内温光条件较好的地段设置育苗温床，上设小拱棚，昼揭夜盖，以提高苗床温度。播种前先将种子用清水浸6～8h，再用1%的硫酸铜溶液浸5min，取出用清水冲洗干净，对防治炭疽病和疮痂病效果较好。种子置于25～30℃的黑暗条件下，4～5h翻动一次，3～5d即可出芽。每平方米苗床播种量20g左右。1～2片真叶时抓紧分苗，辣椒最好采取容器育苗。定植前10～15d开始加大通风，降温炼苗，日温15～20℃，夜温5～10℃。一般日历苗龄80～100d，门椒现大蕾时即可定植。

3. 整地定植　　定植前20～25d扣棚升温。土壤化透后每亩地撒施优质农家肥3000kg，深翻30cm，使粪土掺匀、耙平。按1.0m行距开施肥沟，每亩再沟施农家肥2000kg、三元复合肥25kg、过磷酸钙30kg。按大行距60cm，小行距40cm起垄，小行上扣地膜暖地。

当10cm土温稳定在12℃以上，气温稳定通过5℃以上时方可定植。如有多层覆盖条件，可提早10d左右定植。设施内栽培的辣椒，由于环境条件适宜，生长旺盛，植株较高大，宜采用单株定植。定植时在垄上按株距25cm开穴，逐穴浇定植水，水渗下后摆苗，每穴一株。深度以土坨表面与垄面相平为宜。摆苗时注意使子叶方向（即两排侧根方向）与垄向垂直，这样对根系发育有利。每亩栽苗5000株左右。

4. 定植后的管理

（1）温光调节　　定植后1周内不需通风，创造棚内高温、高湿的条件以促进缓苗。缓苗后日温保持在25～30℃，高于30℃时打开风口通风，低于25℃闭风。夜温18～20℃，最低不能低于15℃。春季注意天气预报，如寒流来临，应及时加盖二层幕、小拱棚或采取临时加温措施，防止低温冷害。以后随着外界气温的升高，应注意适当延长通风时间，加大通风量，把温度控制在适温范围内。当外界最低温度稳定在15℃以上时，可昼夜通风。进入7月以后，把四周棚膜全部揭开，保留棚顶薄膜，并在棚顶内部挂遮阳网或在棚膜上甩泥浆，起到遮阴、降温、防雨的作用。8月下旬以后，撤掉遮阳网，清洗棚膜，并随着外温的下降逐渐减少通风量。9月中旬以后，夜间注意保温，白天加强通风。早霜来临期要加强防寒保温，尽量使采收期向后延迟。

（2）水肥管理　　辣椒生育期长，产量高，必须保证充足的水分和养分供应。定植时由于地温偏低，只浇了少量定植水，缓苗后可浇1次缓苗水，这次水量可稍大些，以后一直到坐果前不需再浇水，进入蹲苗期。门椒采收后，应经常浇水保持土壤湿润。防止过度干旱后骤然浇水，否则易发生落花、落果和落叶，俗称"三落"。一般结果前期7d左右浇1次水，结果盛期4～5d浇1次水。浇水宜在晴天上午进行，最好采用滴灌或膜下暗灌，以防棚内湿度过高。辣椒喜肥又不耐肥，营养不足或营养过剩都易引起落花、落果，因此，追肥应以少量多次为原则。一般基肥比较充足的情况下，门椒坐果前可以满足需要，当门椒长到3cm长时，可结合浇水进行第1次追肥，每亩随水冲施尿素12.5kg、硫酸钾10kg。此后进入盛果期，根据植株长势和结果情况，可追施化肥或腐熟有机肥1～2次。

（3）植株调整　　塑料大棚辣椒栽培密度较大，前期生长量小，尚可适应，进入盛果期后，温光条件优越，肥水充足，枝叶繁茂，影响通风透光。基部侧枝尽早抹去，老、黄、病叶及时摘除，如密度过大，在对椒上发出的两杈中留一杈去一杈，进行双干整枝。如植株过于高大，后期需吊绳防倒伏。辣椒花朵小、花梗短，生长调节剂保花处理操作困难，因此，生产上很少应用。栽培过程中只要加强大棚内温度、光照和空气湿度的调控，可以有效地防止辣椒落花落果。

（4）剪枝再生　与茄子类似，辣椒也可以剪枝再生。进入 8 月以后，结果部位上升，生长处于缓慢状态，出现歇伏现象，可在四母斗结果部位下端缩剪侧枝，追肥浇水，促进新枝发生，形成第二个产量高峰。新形成的枝条结果率高，果实大，品质好，采收期延长。

5. 采收　门椒、对椒应适当早采以免坠秧影响植株生长。此后原则上是果实充分膨大，果肉变硬、果皮发亮后采收。可根据市场价格灵活掌握。

二、彩色甜椒栽培技术要点

彩色甜椒又称大椒，是甜椒的一种，与普通甜椒不同的是其果实个头大、果肉厚，单果质量 200～400g，最大可达 550g，果肉厚度达 5～7mm。果形方正，果皮光滑、色泽艳丽，有红色、黄色、橙色、紫色、浅紫色、乳白色、绿色、咖啡色等多种颜色。口感甜脆，营养价值高，适合生食。彩色甜椒植株长势强，较耐低温弱光，适合在设施内栽培。在各种农业观光园区的现代化温室中多作长季节栽培，利用日光温室进行秋冬茬、冬春茬栽培，于元旦、春节期作为高档礼品菜供应市场，经济效益较高。

1. 栽培品种　虽然甜椒有近 300 年的栽培历史，但彩色甜椒只在近几十年才开始发展，绝大部分品种均由欧美国家育成。目前国内栽培较优良的品种有先正达公司的新蒙德（红色）、方舟（红色）、黄欧宝（黄色）、橘西亚（橘黄色）、紫贵人（紫色）、白公主（蜡白色）、多米（翠绿色）等品种，以色列海泽拉公司的麦卡比（红色）、考曼奇（金黄色）等品种。

2. 育苗　彩色甜椒种子价格昂贵，育苗时一定要精细管理，保证壮苗率。具体技术措施可参照普通甜椒。如采用穴盘育小苗的日历苗龄为 40～50d，采用营养钵育大苗的日历苗龄为 60～70d。

3. 定植　由于彩色甜椒的生长期较长，产量高，因而要施足基肥，每亩分层施入腐熟的有机肥 5000kg、三元复合肥 25kg。彩色甜椒植株长势强，应适当稀植，日光温室内可按大行 70cm、小行 50cm 做小高畦，畦上开定植沟，沟内按株距 40cm 摆苗，每亩栽苗 2000～2300 株。

4. 定植后的管理　定植后的温光水肥管理可参照普通甜椒，但整枝方式与普通甜椒有许多不同之处。彩色甜椒整枝一般采用双干整枝或三干整枝，即保留二权分枝或在门椒下再留一条健壮侧枝作结果枝。门椒花蕾和基部叶片生出的侧芽应疏除，以主枝结椒为主，每株始终保持有 2～3 个枝条向上生长。彩色甜椒的果实均比较大，而且果实转色需要一定的时间，如果植株上留果过多，势必影响果实的大小，而且果实转色期延长，因此，可通过疏花疏果来控制单株同时结果不超过 6 个，以确保果大肉厚。在棚温低于 20℃和高于 30℃时要用生长调节剂处理保花保果。结果后期植株可高达 2m 以上，为防倒伏多采用塑料绳吊株来固定植株，每个主枝用 1 条塑料绳固定。整个生长期每株可结果 20 个左右。

5. 采收　彩色甜椒上市时对果实质量要求较为严格，最佳采摘时间是：黄、红、橙色的品种，在果实完全转色时采收；白色、紫色的品种在果实停止膨大，充分变厚时采收。采收时用剪刀或小刀从果柄与植株连接处剪切，不可用手扭断，以免损伤植株和感染病害。按大小分类包装出售，为防止彩色甜椒果实采后失水而出现果皮褶皱现象，应采取薄膜托盘密封包装，方可在低于室温条件下或超市冷柜中进行较长时间的保鲜。每个托盘可装 2～3 种颜色果实，便于食用时搭配。

三、干辣椒栽培技术要点

我国是世界上干辣椒的主要生产和出口国，干辣椒是我国出口创汇的主要蔬菜品种之一。在湖南、湖北、四川、贵州等均有专门生产干辣椒的基地。干辣椒以露地栽培为主，其栽培技术要点如下。

1. 品种选择 适合作干辣椒栽培的品种应具备以下特点：果实颜色鲜红、果形细长、加工晒干后不褪色；有较浓的辛辣味；果肉含水量小，干物质含量高。目前国际市场上较受欢迎的品种有益都红、日本三樱椒、日本天鹰椒、子弹头、南韩巨星、兖州红等。

2. 播种育苗 在无灌溉条件和劳动力缺乏的地区，干辣椒栽培多采用露地直播，可在当地终霜后播种，每亩用种量 250～500g。条播，一般掌握在 $1cm^2$ 有 1～2 粒种子的密度即可。但直播易造成幼苗生长不整齐或缺苗断垄，且直播生长期短，植株矮小，后期病毒病发生，减产严重。因此，有条件的最好进行育苗移栽。春季可利用阳畦或小拱棚等简易设施育苗，一般在当地终霜前 50d 播种，于 3 叶期分苗至营养钵中，苗龄60～70d。苗期管理同鲜食辣椒。

3. 定植和定植后的管理 宜选择麦茬地等多年未种过茄科作物的生茬地，定植前每亩施入优质农家肥 3000kg、磷酸二铵 20kg、草木灰 100kg。干辣椒品种一般株型紧凑，适于密植。干辣椒要增加产量，主要是增加单位面积株数及单株结果数，至于单果重差异不大，因此适当密植是增产的重要措施之一。采用大小行种植，大行距 60cm，小行距50cm，穴距 25cm，每穴栽 2～3 株，每亩可栽 1.0 万～1.5 万株。定植缓苗后浇一次缓苗水，然后精细中耕蹲苗。门椒坐住后开始追肥灌水，促进开花坐果和果实成熟。但后期不提倡施大量尿素，而应重视磷、钾肥的施用。果实开始红熟后，控肥控水。

4. 采收 为提高干辣椒的质量和产量，应红熟一批采收一批，晒干一批。绝不可过早，否则果实未充分红熟，晒干后易出现青壳或黄壳，影响干辣椒的商品性。因此，采收时必须从两面看果，确实充分红熟才能采摘。采收应在午后进行，采下的辣椒立即移至水泥晒场铺放干草帘上晾晒，日晒夜收，5～6d 即可晒干。然后根据收购标准整理、分级、出售。采收可持续 3 个多月，共可采收 8～10 次。

【任务总结及思考】

1. 辣椒各栽培时期如何划分？
2. 辣椒长季节栽培如何进行？
3. 如何进行干辣椒栽培？

【兴趣链接】

辣椒性温，味辛，有小毒；入脾、胃经。健脾胃，祛风湿。主治消化不良、寒性胃痛、风湿痛、腰肌痛等病症。

（1）营养成分　　每100g含水分85.5g，蛋白质1.9g，脂肪0.3g，碳水化合物11.6g，钙20mg，磷40mg，铁1.2mg，胡萝卜素1.43mg，维生素C 171mg。此外，还含有硫胺素、核黄素、烟酸、苹果酸、柠檬酸和辣椒红素等。

（2）食疗作用

1）解热，镇痛：辣椒辛温，能够通过发汗而降低体温，并缓解肌肉疼痛，因此具有较强的解热镇痛作用。

2）预防癌肿：辣椒的有效成分辣椒素是一种抗氧化物质，它可使体内DNA化学物质突变作用消失，阻止有关细胞的新陈代谢，从而终止细胞组织的癌变过程，降低癌症细胞的发生率。

3）增加食欲，帮助消化：辣椒强烈的香辣味能刺激唾液和胃液的分泌，增加食欲，促进肠道蠕动，帮助消化。

4）降脂减肥：辣椒所含的辣椒素，能够促进脂肪的新陈代谢，防止体内脂肪积存，有利于降脂减肥防病。

（3）注意事项　　辣椒具有很强的刺激性，少食有健脾之功，过量食用则刺激胃黏膜充血而有腹部不适之感；阴虚火旺咳嗽者慎食；目疾及痔疮便秘者忌食。

（4）文献选录

《食物本草》："消宿食，解结气，开胃口，辟邪恶，杀腥气诸毒。"

《百草镜》："熏壁虱，洗冻疮，浴冷疥，泻大肠经寒癖。"

《药检》："能祛风行血，散寒解郁，导滞，止僻泻，擦癣。"

《食物考》："温中散寒，除风发汗，冷僻能蠲，行痰去湿。"

《食疗宜忌》："温中下气，散寒除湿，开郁祛疾，消食，杀虫解毒。"

豆类蔬菜栽培

【知识目标】

1. 了解豆类蔬菜生物学特性和栽培季节。
2. 理解豆类蔬菜适期播种的重要性。
3. 掌握豆类蔬菜高产高效栽培技术。

【能力目标】

熟知常见豆类蔬菜的生长发育规律、环境条件和主栽品种特性，能够根据生产计划做好生产茬口的安排，制订栽培技术规程，及时发现和解决生产中存在的问题。

【豆类蔬菜共同特点及栽培流程图】

豆类蔬菜是指所有能产生豆荚的豆科植物，同时，也常用来称呼豆科的蝶形花亚科中的作为食用的豆类蔬菜作物。豆类蔬菜在我国栽培历史悠久，种类多，食用方法多样，用途广。经过长期的选择和培育，创造了丰富的栽培类型，在我国南北各地广泛栽培。主要包括菜豆、长豇豆、豌豆、刀豆等。豆类蔬菜有相同或相似的生物学特性，栽培技术基本相似，但各有特点。其相似性表现在以下几方面。

1）豆类蔬菜喜温暖或半耐寒的气候条件，最适宜的栽培季节是月均温15～30℃或10～20℃。蚕豆、豌豆具有很强的耐寒性，能耐一定低温和干燥及干旱，但怕热，要求长日照条件；菜豆、豇豆、刀豆喜欢温暖的气候，不耐霜冻低温，对日照要求不严格。

2）豆类蔬菜属一年生作物，根系深而发达，有的主根明显发达，有的侧根粗壮而发达，所以耐旱，但根系再生能力差，直播为主，必要时护根育苗。根系都有各自的根瘤菌，与植物细胞形成共生关系。

3）豆类蔬菜为草质茎，茎分蔓生、半蔓生、矮生三种，子叶富含营养，供种子发芽。第一对真叶是对生单叶，以后真叶为复叶。花是典型的蝶形花，自花或常异花授粉。

4）豆菜类蔬菜食用器官为果荚或种子，营养价值高。

5）豆类蔬菜有共同的病虫害，尤其是白粉病、锈病、病毒病、白粉虱、潜叶蝇、红蜘蛛等病虫害。

6）豆类蔬菜都以种子繁殖，种子大，在适宜条件下播种后5～7d即可完全出土。但注意播后不能浇水，防止沤根或烂种，影响出苗。

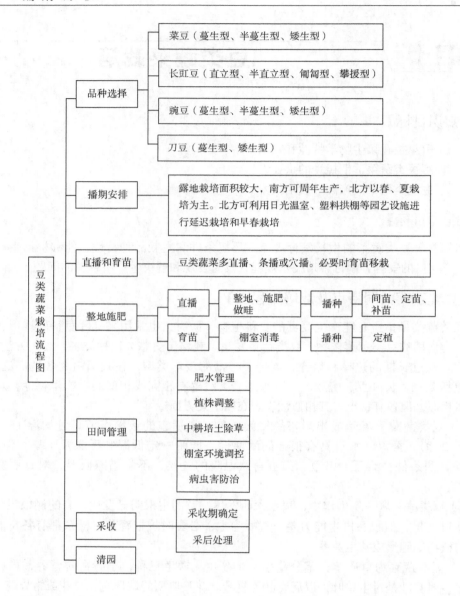

任务一 菜豆栽培

【知识目标】

1. 了解菜豆的植物学特性及其对环境条件的要求。
2. 掌握菜豆的直播技术和育苗技术。
3. 掌握菜豆露地栽培技术和设施栽培技术。

【能力目标】

熟知菜豆的生长发育规律，掌握生产过程的品种选择、茬口安排、整地做畦、播种育苗、田间管理、病虫害防治、适时采收等技能。

【内容图解】

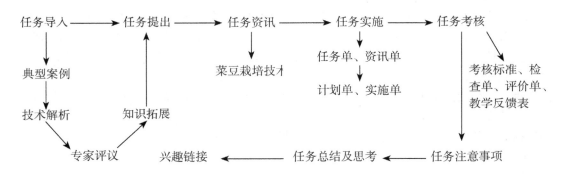

【任务导入】

一、典型案例

内蒙古呼和浩特某科技园区早春4月在日光温室进行菜豆营养钵育苗，苗期幼苗生长喜人，叶片鲜亮翠绿，温室里温暖适宜，隔两天给菜豆幼苗喷水，很快5月就赶着定植到露地了。定植后菜豆成活率30%，而且生长缓慢，严重影响了预计生产计划的执行效益。技术员非常着急上火。认为菜豆不应该提早育苗。

二、技术解析

菜豆能否育苗移栽？不是一个绝对的问题。关键在于了解它的生物学习性及栽培特点和生长所需的环境条件，就能正确安排育苗或不育苗了。

三、专家评议

菜豆根系的木栓化程度高，根的再生能力差，所以一般栽培菜豆都进行直播。但是进行菜豆的早熟栽培时，采取育苗的方法可以促进早熟。实践证明，进行菜豆育苗时保根措施配套，完全可以使移栽成活。菜豆育苗的方式主要有：阳畦营养钵育苗和阳畦切块育苗两种方法。如果利用阳畦营养钵育苗，可在育苗畦内挖出部分畦土，整平、踏实。将营养钵装好培养土，每钵内播4～5粒种子，覆土1～1.5cm，将营养钵在育苗畦内紧密排好，然后喷水，以营养土湿透为宜。喷水后，再均匀撒盖0.5～1.0cm细土，盖严薄膜。如果利用阳畦方块育苗，即在畦内铺垫10cm培养土，播前浇透底水，水渗后按10cm×10cm在畦面上切划方格，深10cm，每个方格中央播4～5粒种子，覆细土1.5～2.0cm，盖严地膜。苗床管理分为三个阶段：第一，播种至出苗，白天苗床温度25～30℃，夜间低于15℃为宜，苇毛苫等不透明覆盖物适当晚揭早盖。第二，幼苗出土后，白天温度可控制在20～25℃，夜间12～15℃，苇毛苫等应早揭晚盖，温度偏高可适当通风。第三，定植前数天，应进行低温锻炼，白天不低于15℃，夜间不低于10℃。

四、知识拓展

（一）菜豆生产概述

菜豆为菜豆属蝶形花科植物，是温带地区栽培最广的一种豆类作物。菜豆名出《本草纲目》，又名云扁豆、四季豆或玉豆，为一年生、缠绕、草质藤本。小叶 3 片，阔卵形至斜方状卵形；托叶基部着生。花白色，渐变草黄色或淡紫色，数朵组成腋生的总状花序。荚果线形，肉质，肿胀，稍弯曲；种子球形或矩圆形，白色、褐色或有花斑。嫩荚供蔬食，含蛋白质 6.2%，干种子含蛋白质 22.9%，为高营养食品。除鲜食外，还可制成罐头。菜豆有一变种名龙芽豆，植株较矮而直立，为夏初主要蔬菜之一。与菜豆同属的还有棉豆，又称金甲豆，荚果扁，矩圆形，成熟种子可食。

（二）品种类型

根据其茎的生长习性不同，可分为蔓生种、半蔓生种和矮生种（图 10-1）。蔓生种，其蔓较长，需要搭架栽培，为无限生长类型，能陆续开花结实，成熟期较迟，有较长的采收期，产量较高。主要品种有宁波白粒四季豆、宁波黑粒四季豆、杭州花白四季豆、绍兴白粒四季豆等。矮生种，植株矮生而直立，栽培时不需要搭架，为有限生长类型，开花较早，生育期较短，收获期集中，产量较低，较耐低温，适合于早熟保护地栽培。主要品种有优胜者、法国芸豆、绍兴矮蓬四季豆、象山泥鳅豆、黑球芸豆、江苏 81-6 等。半蔓生种是介于蔓生种和矮生种之间的中间类型。

图 10-1　菜豆品种类型示意图

（三）生物学特性

1. 形态特征　　一年生缠绕或近直立草本。茎被短柔毛或老时无毛。羽状复叶具 3 小叶；托叶披针形，长约 4mm，基着。小叶宽卵形或卵状菱形，侧生的偏斜，长 4～16cm，宽 2.5～11cm，先端长渐尖，有细尖，基部圆形或宽楔形，全缘，被短柔毛。总状花序比叶短，有数朵生于花序顶部的花；花梗长 5～8mm；小苞片卵形，有数条隆起的脉，约与花萼等长或稍较其为长，宿存；花萼杯状，长 3～4mm，上方的 2 枚裂片连合成一微凹的裂片；花冠白色、黄色、紫堇色或红色；旗瓣近方形，宽 9～12mm，翼瓣倒卵形，龙骨瓣长约 1cm，先端旋卷，子房被短柔毛，花柱压扁。荚果带形，稍弯曲，长 10～15cm，宽 1～1.5cm，略肿胀，通常无毛，顶有喙；种子 4～6，长椭圆形或肾形，长 0.9～2cm，宽 0.3～1.2cm，白色、褐色、紫色或有花斑，种脐通常白色。花期春夏。

2. 对环境条件的要求

（1）温度 菜豆性喜温暖，不耐霜冻。种子发芽适温为 20～25℃，8℃以下或 35℃以上发芽受阻。幼苗生长适温为 18～20℃，8℃时受冷害。生长适宜温度为 15～25℃，开花结荚适温为 20～25℃，高于 27℃或低于 15℃容易出现不完全花，而导致落花落荚。

（2）光照 菜豆属短日性蔬菜，但多数品种对日照长短要求不严格，四季都能栽培，故有"四季豆"之称。南北各地均可相互引种，栽培季节主要受温度的制约。

（3）土壤 菜豆对土质的要求不严格，但适宜生长在土层深厚、排水良好、有机质丰富的中性壤土中。菜豆对肥料的要求以磷、钾较多，氮也需要。在幼苗期和孕蕾期要有适量氮肥供应，才能保证丰产，菜豆对氮磷钾需要量为钾＞氮＞磷。增施钾肥有利于促进生长和提高产量，前期适施氮肥可促进根瘤固氮，提高固氮能力。矮生菜豆前期要施足氮肥，蔓生菜豆后期要注意增氮。忌连作，喜中性至微酸性土壤。

（4）水分 菜豆在整个生长期间要求湿润状态。由于根系发达，能耐一定程度的干旱，但开花结荚时对缺水或积水尤敏感，水分过多，会引起烂根。

【任务提出】

结合生产实践，小组完成菜豆生产项目或大白菜越夏生产项目，在学习菜豆生物学特性和生产技术的基础上，根据不同任务设计菜豆生产方案，同时做好生产记录和生产总结。

【任务资讯】

菜豆栽培技术

（1）播种 春季栽培多为育苗移栽，在大棚或小拱棚中播种，每亩用种量蔓生种为 2.5～3kg，矮生种为 4～5kg，于 3 月上中旬至 5 月上中旬播种育苗，3 月下旬至 5 月下旬定植，5 月上旬至 8 月上旬收获。秋季栽培多为直播栽培，用种量要适当增大，于 7 月底至 8 月初直播，9～10 月收获。把菜豆的开花期安排在日平均温度 18～25℃时段，有利于菜豆的高产和稳产。

（2）定植 菜豆的根再生能力弱，以子叶展开、真叶初现为移栽适期。畦面覆盖地膜，晴天定植，带土移栽，及时浇水，以利活棵。密度，蔓生种为 75cm×20cm 左右，矮生种为 40cm×30cm 左右，破膜穴栽，每穴 3 株。

（3）施肥 施足基肥，合理追肥。每亩施畜肥 1500～2000kg、草木灰 100kg、磷肥 20～30kg，施后精细整地，做成高畦。追肥掌握"花前少施，花后多施，结荚期重施"的原则。成活后亩施腐熟人粪尿 500～1000kg，开花后每亩施人粪尿 1000kg，结荚后每亩施人粪尿 1200kg。如用化肥，注意磷、钾肥配合施用，以用复合肥效果较好。

（4）浇水 开花结荚期控制浇水，坐荚后需要供应较多水分。

（5）搭架引蔓 蔓生种蔓生 30cm 左右时开始搭架，一般用 2.5～3m 长的竹竿搭人字架。此后引蔓 3 次左右，使茎蔓沿支架生长。

（6）采收 在豆荚由扁变圆，颜色由绿转淡，籽粒未鼓或稍有鼓起时采收，一般在花后 10～15d，矮生种播后 60～75d 开始采收。高产田块每亩产 1000kg 以上。

【任务实施】

工作任务单

任务	菜豆栽培技术	学时	
姓名：			组
班级：			

工作任务描述：

以校内实训基地和校外企业的菜豆生产为例，掌握菜豆生产过程中的品种选择、茬口安排、整地做畦、播种、间苗、中耕除草、合理肥水管理、病虫害防治、适时采收等技能，具备播种、间苗、蹲苗等管理能力，锻炼菜豆蔬菜生产中常见问题的分析与解决能力。

学时安排	资讯学时	计划学时	决策学时	实施学时	检查学时	评价学时

提供资料：

1. 园艺作物实训室、校内校外实习基地。
2. 菜豆生产的 PPT、视频、影像资料。
3. 校园网精品课程资源库、校内电子图书馆。
4. 豆类蔬菜生产类教材、相关书籍。

具体任务内容：

1. 根据工作任务提供学习资料，获得相关知识。
1）学会菜豆成本核算及效益分析。
2）根据当地气候条件、设施条件、消费习惯、生产茬次等选择优良品种。
3）制订菜豆生产的技术规程。
4）掌握菜豆生产的育苗技术。
5）掌握菜豆生产的直播、间苗、定苗技术。
6）掌握菜豆丰产的水肥管理技术。
7）掌握菜豆生产过程中主要病虫害的识别与防治。
2. 建立菜豆秋季高效丰产生产技术规程。
3. 各组选派代表陈述菜豆生产技术方案，由小组互评、教师点评。
4. 教师进行归纳分析，引导学生，培养学生对专业的热情。
5. 安排学生自主学习，修订生产计划，巩固学习成果。

对学生要求：

1. 能独立自主地学习相关知识，收集资料、整理资料，形成个人观点，在个人观点的基础上，综合形成小组观点。
2. 对查工作认真负责，具备科学严谨的态度和敬业精神。
3. 具备网络工具的使用能力和语言文字表达能力，积极参与小组讨论。
4. 具备较强的人际交往能力和团队合作能力。
5. 具有一定的计划和决策能力。
6. 提交个人和小组文字材料或 PPT。

任务资讯单

任务	菜豆栽培技术	学时	
姓名：			组
班级：			

资讯方式：学生分组进行市场调查，小组统一查询资料。

资讯问题：

1. 在具体地区，秋季栽培和早春栽培，菜豆的适宜播期和适宜品种分别有哪些？
2. 菜豆落花的原因及防治办法。
3. 菜豆育苗的关键技术。
4. 菜豆育苗蹲苗吗？
5. 菜豆如何加强肥水管理获得高产？
6. 菜豆进行垄作有哪些优越性？
7. 菜豆生产过程中的主要病害症状及防治办法。

资讯引导：教材、杂志、电子图书馆、蔬菜生产类的其他书籍。

任务计划单、任务实施作业单见附录。

【任务考核】

任务考核标准

任务	菜豆栽培技术		学时	
姓名：				组
班级：				

序号	考核内容	考核标准	参考分值
1	任务认知程度	根据任务准确获取学习资料，有学习记录	5
2	情感态度	学习精力集中，学习方法多样，积极主动，全部出勤	5
3	团队协作	听从指挥，服从安排，积极与小组成员合作，共同完成工作任务	5
4	工作计划制订	有工作计划，计划内容完整，时间安排合理，工作步骤正确	5
5	工作记录	工作检查记录单完成及时，客观公正，记录完整，结果分析正确	10
6	菜豆生产的主要内容	准确说出全部内容，并能够简单阐述	10
7	基肥的使用	基肥种类与蔬菜种植搭配合理	5
8	土壤耕作机械基本操作	正确使用相关使用说明资料进行操作	10
9	土壤消毒药品使用	正确制订消毒方法，药品浓度适宜，严格注意事项	10
10	做畦的方法和步骤	高标准地完成做畦工作	10
11	数码拍照	备耕完成后的整体效果图	10
12	任务训练单	对老师布置的训练单能及时上交，正确率在90%以上	5
13	问题思考	开动脑筋，积极思考，提出问题，并对工作任务完成过程中的问题进行分析和解决	5
14	工作体会	工作总结体会深刻，结果正确，上交及时	5
合计			100

教学反馈表

任务	菜豆栽培技术		学时	
姓名：				组
班级：				

序号	调查内容	是	否	陈述理由
1	生产技术方案制订是否合理？			
2	是否会选择适宜品种？			
3	是否会安排直播和育苗的播期？			
4	是否会计算用种量？			
5	如果直播，是否掌握施肥量？			
6	是否会判断蹲苗与否？			
7	是否掌握主要病害的防治办法？			

收获、感悟及体会：

请写出你对教学改进的建议及意见：

任务评价单、任务检查记录单见附录。

【任务注意事项】

1. 菜豆的主要病害

（1）细菌性疫病（叶烧病）　可为害多种豆类，主要为害叶片、茎蔓和豆荚。叶上有渍状斑点，病斑边缘有黄色晕圈，干燥时病部半透明，后穿孔，最后全叶干枯似火烧状。茎部病斑红褐色，长条形，稍凹陷，后干裂。豆荚病斑近圆形，稍凹陷，潮湿时病部可溢出黄色菌脓。高温多雨、缺肥、杂草多、虫害重的田发病严重。

防治方法：选用耐病品种。消毒种子。田间始发病时用抗菌剂 401 2000 倍液，1∶1∶200 波尔多液或 80% 代森锌可湿粉剂 800 倍液，7d 喷雾一次，53% 金雷多米尔水分散粒剂 600 倍液，或 72% 克露 800 倍液。连喷 2～3 次。

（2）炭疽病　主要发生在近地面的豆荚上，初由褐色小斑点扩大为近圆形斑，病斑中央凹陷，可穿过豆荚侵害种子，边缘同心轮纹。叶片病斑多叶背沿叶脉呈多形扩展，由红褐色变褐色，潮湿时病斑分泌红色黏稠物，茎部上病斑稍凹陷，褐色。

炭疽病是真菌性病害。温暖、高湿、多雨、多雾、多露的环境条件有利于发病。重茬、低洼、栽植过密、黏土地、管理粗放者，发病严重。

防治方法：实行轮作。种子消毒。增施磷、钾肥。发病初用 1∶1∶200 波尔多液，或 50% 多菌灵，或 80% 代森锌可温性粉剂 800 倍液，或炭枯宁 800 倍，或 25% 施保克 1000 倍液，每隔 5～7d 喷一次，连喷 2～3 次。

（3）锈病　主要为害叶片、茎和荚，以叶片受害最重，初期为黄白色小斑点，后渐成为黄褐色凸起的小疱，病斑表皮破裂，散出铁锈色粉末。后期产生较大的黑褐色凸斑，表皮破裂，会露出黑色粉粒。高温、高湿发病严重。露水多的天气蔓延迅速。

防治方法：轮作倒茬。发病后用 25% 粉锈宁 2000 倍液或 40% 敌唑酮 4000 倍液，或无锈园 1000 倍液，20d 喷一次，连喷 2～3 次。

2. 菜豆落花落果的预防

1）调节好棚内温度。白天 20～25℃，晚上不低于 15℃。

2）以充分发酵腐熟的有机肥和氮、磷、钾复合肥作基肥。结荚期适期施氮素化肥和叶面喷施钼、锰微肥，并及时浇水。

3）苗期和开花期适当控制浇水。

4）合理密植，及时搭架，增加透光。

5）适时采收，以减缓花与荚的营养竞争。开花期喷洒萘乙酸促进坐荚。

6）及时防治病虫害。

【任务总结及思考】

1. 不同地区，菜豆的适宜播期有哪些？

2. 菜豆露地直播和育苗移栽各有何利弊？

【兴趣链接】

1. 营养成分　菜豆营养丰富，据测定，每百克菜豆含蛋白质 23.1g、脂肪 1.3g、碳水化合物 56.9g、钙 76mg 及丰富的 B 族维生素，鲜豆还含丰富的维生素 C。

从所含营养成分看，蛋白质含量高于鸡肉，钙含量是鸡的7倍多，铁为4倍，B族维生素也高于鸡肉。

2. 食疗作用

（1）提高人体免疫力 芸豆含有皂苷、尿毒酶和多种球蛋白等独特成分，具有提高人体免疫力、增强抗病能力、激活淋巴细胞、促进脱氧核糖核酸的合成等功能。

（2）缓解慢性疾病 尿素酶对于肝昏迷患者有很好的效果。芸豆是一种难得的高钾、高镁、低钠食品，尤其适合心脏病、动脉硬化、高血脂、低血钾症和忌盐患者食用。

（3）护发 食用芸豆对皮肤、头发有好处，可以促进肌肤的新陈代谢，促使机体排毒。

（4）促进新城代谢 芸豆中的皂苷类物质能降低脂肪吸收功能，促进脂肪代谢，所含的膳食纤维还可缩短食物通过肠道的时间，使减肥者达到轻身的目的。

任务二 长豇豆栽培

【知识目标】

1. 了解长豇豆的生长发育特性。
2. 掌握长豇豆栽培技术要点。

【能力目标】

能根据市场需要选择长豇豆品种，培育壮苗，选择种植方式，适时直播或育苗定植；能根据植株长势，适时进行田间管理和病虫害防治。

【知识拓展】

一、长豇豆生产概述

一年生豇豆属蝶形花科攀缘植物。长豇豆营养丰富，蛋白质含量高，富含粗纤维、碳水化合物、维生素和铁、磷、钙等元素，且适应性强，栽培范围广，是我国夏秋季节主要蔬菜之一。我国是长豇豆次生起源中心，栽培历史悠久，品种资源丰富，拥有种质资源近千份，在育种方面也取得了很大进展。由于优良新品种的不断推广，以及育苗移栽、地膜覆盖、温室大棚等技术的广泛应用，长豇豆品质和产量有了较大提高。近年来，脱水、速冻、腌渍长豇豆等加工业的发展和出口有了长足发展，为适应国内外需要，我国长豇豆的生产规模有望持续增长。

二、品种类型

露地栽培品种的长豇豆品种较多，如之豇28/2、银湖8号、之豇106、扬豇40、早生王、春柳、早优5号、春宝、高产4号、夏宝2号、浙绿1号、浙绿2号、之豇矮蔓1

号、浙翠无架、美国无架。适应冬季设施栽培的极早熟品种或矮生型早熟品种，如之豇特早 30、之豇矮蔓 1 号、长豇 3 号等，出干率高、适宜脱水加工的品种有绿荚品种绿冠 1 号、浙翠 2 号、高产 2 号等，秋季专用品种如秋豇 512、紫秋豇 6 号等（图 10-2）。

图 10-2 长豇豆生产情境图

三、生物学特性

1. 形态特征　　一年生草本。茎直立、半直立、匍匐和蔓生缠绕。三出复叶互生，叶柄长，无毛，基部有一对长 1~1.8cm 的小托叶。叶片具略带菱形的小梗，全缘或有不明显的角，基部阔楔形或圆形，顶端渐尖锐。叶面光滑无毛，叶长 7~14cm，具卵状披针形的小托叶。总状花序腋生，白色或淡紫色，龙骨瓣弓形或弯曲，先端钝圆或具喙，但不具螺旋状卷曲，雌蕊花柱细长成线形，柱头倾斜其下方有绒毛，花梗基部有三枚苞叶，萼片上无毛，有皱纹，裂片小，呈尖锐三角形。荚果长圆筒形，梢弯曲，顶端厚而钝，直立向上或下垂。长 30cm 以下，成熟时为黄白、黄橙、浅红、褐色和紫色。种子肾形、椭圆形、圆柱形或球形。种子为白色、橙色、红色、紫色、黑色。百粒重 10~20g。细胞染色体 $2n=22$、24。

2. 对环境条件的要求　　长豇豆起源于温带、亚热带和热带地区，性喜温耐热，不耐低温与霜冻。种子发芽最适温度为 25~30℃，植株生长发育最适温度为 20~25℃，35℃也能生长，但在 10℃时生长受到抑制，5℃以下受害，0℃受冻死亡。对土壤要求不严格，红壤、黑黏壤、轻沙壤均能生长，而以 pH6.2~7 中性轻质壤土生长最好。耐湿性较强，能在降水量 420~4100mm 生长，但要排水良好，积水易造成烂根或落花、落荚，最适宜的土壤最大持水量为 50%~80%。豇豆属短日照植物。对光周期的反应因类型、品种而异。普通豇豆对光周期要求较严格，菜用长豇豆则对光周期反应不敏感。在全生育期中，要求日照充足，特别在开花结实阶段，光照不足，会导致落花落荚。

四、栽培季节和茬次安排

　　春季播种时间为 3~5 月。此时期气温已在 15~30℃，能满足长豇豆萌芽、幼苗生长对温度的需求。长豇豆发芽最适宜温度为 25~30℃，该温度区间内，发芽快，幼苗苗壮。因此，虽然长豇豆播种时间弹性较大，但长豇豆播种时间不要"无限"提前；早播者必须覆盖地膜增温保湿，有条件的可采用大棚加拱棚加地膜，则播期可提前 1~2 旬。长豇豆的落花落荚虽然没有毛豆严重，但要是花荚期遇到高温、低湿或较长时间的阴雨，同样会危及花器官发育而落花落荚，影响产量，故也不要过分推迟播种期。

【任务提出】

结合生产实践，小组完成长豇豆的生产项目，在学习长豇豆生物学特性和生产技术的基础上，根据不同任务设计长豇豆生产方案，同时做好生产记录和生产总结。

【任务资讯】

长豇豆栽培技术

长豇豆忌连作，连作会使土壤酸度增加，抑制根瘤菌的活动，造成空荚，因此，种过长豇豆的地块应隔 2～3 年后再种。一般以露地春栽为主，利用设施促早栽培面积有扩大趋势，夏秋季因病虫为害严重，播种面积较少。

1. 品种和播种日期安排　选择种性明确、适合本地栽培的品种，若不影响前后作生产，宜选择上述播种季节进行。

2. 土壤选择、整畦　长豇豆对土壤的适应性广，只要排水良好、pH 为 6～7 的疏松土壤均可栽种。但应回避豆类作物连作。最后选择土层深厚、肥沃的壤土，并进行深耕、施足基肥。也可与玉米、高粱间作。

3. 播种方法　长豇豆根系发达，株型大，但极易木质化，再生能力弱，应以直播为好，以免伤根。北方种植长豇豆多春播，如北京在 4 月下旬至 5 月中下旬，南方多夏播，在 6～7 月。台湾无霜冻，一般在 2～4 月播种。播种量每亩 2～3kg，若作饲料或绿肥用，应增加至 5kg。可条播，也可点播。促早栽培若采用育苗移栽的，必须用营养钵或至少用小方块带土移栽，且在第一对真叶展开前小苗定植。畦面要高燥，株行距 25cm×40cm 左右，视品种特性可适当做伸缩；直播每穴 3～4 粒种子，保证亩栽 6000 穴以上、2 万株左右。

4. 支架及植株调整　本地长豇豆支架大多习惯用小竹竿搭人字架，当苗高 25cm 左右时支架引蔓上架。之后要精心管理，适当选留侧蔓，摘除生长弱和第一花序迟开的侧蔓，有些品种当主蔓长至架顶时可以采用打顶以促进侧蔓发生发育，促使茎蔓均匀分布，提高光能利用率，增加产量。

5. 肥水管理和除草　基肥以有机肥为最好。翻耕前亩施腐熟厩肥 500～1000kg，或辅以少量磷、钾肥；苗期不必追肥水；抽蔓后期可视苗酌施每亩不超过 10kg 的复合肥；盛收后追施 15～50kg 复合肥促进生长，增加再结荚。花荚期土壤应保持湿润状态，以利结荚顺畅，提高产量、改善品质，同时注意及时防除杂草。

6. 采收　长豇豆开花至嫩荚采收一般在 10～15d。推迟采摘，单荚产量仍会增加，但作为嫩荚消费的商品性可能下降，要根据实际市场需求状况确定，追求种植效益的最大化。

【任务注意事项】

（一）长豇豆的主要病虫害

长豇豆一般在生长期会发生根腐病、锈病、叶霉病、炭疽病、病毒病、蚜虫，温暖多雨天气十分有利病虫的发生蔓延。

（二）病虫害防治措施

1. 加强栽培管理　注意田间清沟排水，及时清除病残体，注意田间通风透光，平衡施肥，防止植株早衰，增强植株抗逆能力。

2. 黄板诱杀 每亩投放 60 张黄板，高度 60～100cm，可诱杀潜叶蝇、蚜虫、蓟马等害虫。

3. 加强检查，及时喷药防治

（1）根腐病 可用 50% 多菌灵可湿粉剂 800 倍液，或 25% 使百克乳油 1500 倍液，或甲基托布津 800～1000 倍液于发病初期防治。

（2）叶霉病 发病初期开始喷药防治，每隔 5～7d 喷一次，连喷 2～3 次。可选用 50% 多菌灵可湿性粉剂 800 倍液，或 80% 代森锰锌（喷克、大生 M-45）可湿性粉剂 600 倍液，或 77% 氢氧化铜（可杀得）1000 倍液，或 50% 腐霉利可湿性粉剂 1000 倍液。

（3）锈病 发病初期用 25% 粉锈宁 2000 倍液，或 40% 敌唑酮 4000 倍液，或无锈园 1000 倍液，20d 喷一次，连喷 2～3 次。

（4）炭疽病 实行轮作。种子消毒。增施磷、钾肥。发病初用 1：1：200 波尔多液，或 50% 多菌灵，或 80% 代森锌可温性粉剂 800 倍液，或炭枯宁 800 倍，或 25% 施保克 1000 倍液，每隔 5～7d 喷一次，连喷 2～3 次。

【任务总结及思考】

1. 为什么长豇豆忌连作？
2. 长豇豆苗期如何管理？

【兴趣链接】

> 豇豆的营养价值有如下几方面。
>
> 1）豇豆提供了易于消化吸收的优质蛋白质、适量的碳水化合物及多种维生素、微量元素等，可补充机体的营养素。
>
> 2）豇豆所含维生素 B_1 能维持正常的消化腺分泌和胃肠道蠕动，抑制胆碱酯酶活性，可帮助消化，增进食欲。
>
> 3）豇豆中所含维生素 C 能促进抗体的合成，提高机体抗病毒的作用。
>
> 4）豇豆的磷脂有促进胰岛素分泌，参加糖代谢的作用，是糖尿病患者的理想食品。
>
> 5）中医认为豇豆有健脾补肾的功效，对尿频、遗精及一些妇科功能性疾病有辅助功效。

任务三 豌豆栽培

【知识目标】

1. 了解豌豆的生长发育特性及其对环境条件的要求。
2. 掌握豌豆的丰产栽培技术。

【能力目标】

熟知豌豆的生长发育规律，掌握生产过程的品种选择、茬口安排、整地做畦、播种育苗、田间管理、病虫害防治、适时采收等技能。

【知识拓展】

一、豌豆生产概述

豌豆南方又名荷兰豆，是春播一年生或秋播越年生豆科豌豆属攀缘性草本植物。以种子、嫩荚和嫩梢供食用或制罐，茎秆是很好的饲料和绿肥。以其荚果的性状又分为软荚和硬荚两类，前者主要以嫩荚其次以嫩梢作菜用，又称为食荚豌豆、软荚豌豆、甜豌豆、菜仁豆、荷兰豆。其豆荚营养丰富，口感清脆、清香诱人、食用方便卫生，销路极佳。硬荚豌豆以嫩籽或老熟种子作食用，其植株矮小，耐寒力强，生育期短，耐贮运，经济效益好。荷兰豆食用嫩梢者，又称为龙须菜或豆苗。广东和广西两地及内陆山区种植的反季节蔬菜中，豌豆的栽培面积较大，且成为出口的重要蔬菜品种。

二、类型与品种

1）豌豆种子的形状因品种不同而有所不同，大多为圆球形，还有椭圆、扁圆、凹圆、皱缩等形状。颜色有黄白、绿、红、玫瑰、褐、黑等颜色。

2）豌豆可按株型分为软荚、谷实、矮生豌豆3个变种，按豆荚壳内层革质膜的有无和厚薄也分为软荚和硬荚豌豆，也可按花色分为白色和紫（红）色豌豆。

3）豌豆依用途分为两大类：①粮用豌豆。花紫也有红或灰蓝色的，托叶、叶腋间、豆秆及叶柄上均带紫红色，种子暗灰色或有斑纹所以又称"麻豌豆"，作为粮食与制淀粉用，常作为大田作物栽培。②菜用豌豆。花常为白色，托叶、叶腋间无紫红色，种子为白色、黄色、绿色、粉红色或其他淡的颜色。果荚有软荚及硬荚两种，软荚种的果实幼嫩时可食用，硬荚种的果皮坚韧，以幼嫩种子供食用，而嫩荚不供食用。作为蔬菜用的品种有小青荚、上海白花豆等品种。

4）豌豆依据茎的特点分为直立、半蔓性、蔓性三种类型。

三、生物学特性

（1）形态特征　　豆科，一二年生植物。深根系，茎矮性或蔓性，矮性高仅30cm左右，蔓性种株高1～2m，茎圆而中空易折断。出苗时子叶不出土。羽状复叶，小叶4～6枚，先端有卷须，能攀缠它物。花单生或对生于腋处。色白（白花豌豆）或紫（紫花豌豆）自花授粉。粮用豌豆花有红、紫、蓝色。荚果扁而长，有硬荚和软荚之分。种子有圆粒（光滑）或皱粒两种粒型，颜色有黄、白、紫、黄绿、灰褐色等。千粒重150～800g。

（2）生长习性　　豌豆喜冷冻湿润气候，耐寒，不耐热，幼苗能耐5℃低温，生长期适温12～16℃，结荚期适温15～20℃，超过25℃受精率低、结荚少、产量低。

豌豆是长日照植物。多数品种的生育期在北方表现比南方短。南方品种北移提早开花结荚、这与北方春播缩短了在南方越冬的幼苗期，故在北方，豌豆的生育期，早熟种65～75d，中熟种75～100d，晚熟种100～185d。

豌豆对土壤要求虽不严，在排水良好的沙壤上或新垦地均可栽植，但以疏松含有机质较高的中性（pH 6.0～7.0）土壤为宜，有利出苗和根瘤菌的发育，土壤酸度低于

pH 5.5 时易发生病害和降低结荚率，应加施石灰改良。豌豆根系深，稍耐旱而不耐湿，播种或幼苗排水不良易烂根，花期干旱授精不良，容易形成空荚或秕荚。

四、栽培制度与栽培季节

（1）越冬栽培　　越冬栽培是长江中下游地区最主要的栽培形式，一般利用冬闲地，特别是利用棉花收获后的棉田，既可以棉花秆作天然支架，又可达到增收养地的目的。越冬栽培一般于 10 月下旬至 11 月中旬播种，露地越冬，翌年 4～5 月采收。播种过早，冬前生长过旺，冬季寒潮来临时容易冻死；播种过迟，在冬前植株根系没有足够的发育，次春抽蔓迟，产量低。

（2）春季栽培　　长江中下游地区在 2 月下旬至 3 月上旬播种，高温来临前收获；东北地区春播夏收，一般 4～5 月播种，根据需要，用小棚、地膜等覆盖也可早播。春季栽培生长期短，前期低温，后期高温，因此要选择生长期短的耐寒品种，如赤花绢荚、甜脆豌豆等，并尽量早播。

（3）秋季栽培　　秋季栽培宜选择早熟品种，于 9 月初播种，11 月下旬寒潮来临之前采收完毕。秋季栽培生长期也短，可以通过夏季提前在遮阴棚内育苗，冬季用塑料薄膜覆盖延长生长期。

【任务提出】

结合生产实践，小组完成一个豌豆项目，在学习豌豆生物学特性和生产技术的基础上，设计豌豆生产方案，同时做好生产记录和生产总结。

【任务资讯】

豌豆栽培技术

1. 品种选择　　菜用豌豆有粒用硬荚、软荚、荚用甜豌豆 3 类。适宜作菜用的硬荚种多为早熟、矮生品种，取食荚内豆粒，主要品种有中豌 4 号～8 号、新西兰三号、浙豌 1 号～4 号、杭州白花、成都冬豌豆、广东莲阳双花等。软荚种有广东大荚、福州软荚、台中 11 号、广州二花、改良奇珍 76 号、美国小白花等，豆荚和嫩梢兼用。食荚甜豌豆通称荷兰豆，主要品种有中山青、8011、甜豌 -14、甜 -16、甜 -25，为半耐寒性品种。中熟种有食荚内软 1 号、食荚大菜豌 1 号、大荚豌豆（蔓生），较耐寒、品质好，可作春秋播和越冬栽培。作龙须菜栽培的豌豆分枝多、蔓性或半蔓性，主要有上海龙须菜、上农无须豌豆苗、黑目、美国豆苗等品种。

2. 播种期　　湖南省郴州市可分春、秋两季栽培。又以秋豌豆栽培为主，播种期 8 月中下旬到 11 月上旬，10 月到翌年 4 月采收，选择中迟熟、耐寒性较强的品种，生长后期最好用小拱棚或大棚覆盖防寒，才能安全越冬延长到 3 月供应。春播栽培可以在 2 月中下旬至 3 月上旬播种，6 月上中旬收获豆荚，前一个多月防寒潮冻害，采用地膜加小拱棚覆盖；还可以在 10 月下旬至 11 月上旬播种，翌年 5 月收获寒冷季节覆膜保温，选择冬性强的品种。湖南省郴州市海拔 600m 以上的山区，可以在 3～4 月春播，5～7 月采收上市，采用早熟耐热的品种，并在栽培前期短时小拱棚覆盖，弥补"春淡"

蔬菜不足。若以采收嫩梢为目的，在8月中下旬播种，年内分次采收，或10月下旬至11月上旬播种，翌年春季分次采收。总之豌豆的播种期除了依栽培目的来定外，还要根据当地的气候条件灵活调整，并选择品种。过早播种前期气温高，茎叶生长过旺，冬季易受冻害；过迟播种，气温低，茎叶生长不良，且开花结荚不久，就遇到春季低温多雨不利天气，产量低。

3. 整地播种　豌豆忌连作，可在玉米、高粱地里套种或水旱轮作为好。播种前要深翻晒土，施农家有机肥1.5～2t，加过磷酸钙40kg、复合肥30kg左右，拌匀施于种植沟下作底肥，可使豆苗出土整齐、健壮、抗逆力强。播种前晒种1～2d，提高出苗和成苗率。每亩用种量8～10kg。采用深沟高畦栽培，同时开好排灌水沟，整地有采用1～1.1m（包沟）单行种植的，也有采用1.3～1.4m（包沟）双行种植的，条播行距30～50cm，3cm左右播1粒种子；穴播20～30cm见方，每穴播种子2～4粒。云南省禄丰县种植矮生早熟豌豆（收籽粒），采用2m开畦（包沟），每畦土种6行，条播，株距3.5cm，每亩种植5.5万～6万株。若为豆苗生产，则更应密植栽培。

也有劳力紧张或工价太高的地方，用水稻田种植豌豆，在水稻收获后，田地不犁耙做畦或用耕整机械稍加起垄做畦，即可直接播种。此法虽可节省许多劳力，但要选择能灌水的地方，雨水多的季节，也要注意开深沟排渍，否则不宜采用。另外，豌豆播种前要用根瘤菌拌种，使其增加根瘤，茎叶生长好，结荚多，产量高。每亩用根瘤菌10～17g，加少量水与种子拌匀后播种。豌豆一般催芽后直播；春播早熟栽培也可营养钵棚内育苗移栽。

4. 种子低温春化处理　播种前进行种子低温春化处理可以促进花芽分化，降低花序着生节位，提早开花和采收，增加产量。浸种至种皮发胀后取出，每隔2h用井水浇一次，约经20h，胚芽开始萌动并露出后，在0～5℃下低温处理10～20d，然后播种。

5. 水肥管理　豌豆苗期生长较慢，易发生草荒，要进行中耕除草。幼苗期根瘤尚未形成，生长初期要追施适量的氮肥，以促进分枝，增加花数，提高结荚率。尤其是采收嫩梢的（豆苗），更应增施氮肥，促进茎叶繁茂生长。可用1%尿素液浇施，每10d浇一次。开花结荚期是营养生长和生殖生长并进之时，也是食用器官形成的重要时期，要重施肥，每隔10～15d，用腐熟人粪尿或氮磷钾三元复合肥（12∶12∶18）加氯化钾追肥，结合培土。此外可用0.2%～0.4%磷酸二氢钾或0.2%绿旺钾或其他营养液肥，作叶面施肥2～3次。一般每采收2次，用3%磷酸二氢钾提取液加硼、锰、钼等微量元素肥料根外施肥（即叶片喷雾），可以使果荚油绿、肉质增厚，提高品质和产量。

豌豆喜欢湿润，怕干旱和积水，种植秋冬豌豆要注意灌水防旱，而春豌豆则要做好开沟排水工作。结荚期间缺水时，肥效降低、发育缓慢，降低产量及品质，但又不可过湿，以土壤湿润为度。

6. 蔓生甜豌豆需引蔓上架　可以通风透光减轻病虫为害。一般在苗高30cm，未开花之前就要插支架，架高为2m左右的人字架，人工辅助茎蔓爬升，使枝叶均匀分布于架上。盛花期再用草绳加固一次，防止倒伏。豌豆苗和矮生品种可以不搭架，半蔓生品种搭稀疏架，或利用前作物的秸秆攀缘。

7. 采收　豌豆荚在花谢后8～10d停止生长，采收标准为：幼荚充分长足，颜色微发白，种子尚未发育，此时荚果鲜甜脆嫩即可采收。进入采收期后2～3d采收一次，5月后应每天采收。嫩荚应及时上市以免老化变黄。若一时难以售完，应低温冷藏保鲜。

【任务注意事项】

豌豆病虫害防治

1）豌豆的主要病害是白粉病、褐斑病、黄顶病、根腐病、锈病、芽枯病（又名烂头病）、炭疽病。防治方法：①合理轮作，选用前作非豆料作物的田种植，最好是水旱轮作。②及时打扫清理田园、收集烧毁秸秆和残存根茎。③实行高畦深沟栽培，田间爽水通气。④不使用未腐熟的有机肥料。⑤黄顶病是一种病毒性或类菌质体性病害，是由蚜虫引发传播，所以应消灭蚜虫，控制传播途径。采用一遍净、辛硫磷或杀虫双等农药杀蚜虫，每10d喷一次，连喷2～3次。⑥芽枯病及时剪去发病嫩梢，喷苯菌灵、百菌清、扑海因等农药控制病害。⑦其他病害交替使用扑海因、三唑酮、多菌灵、粉锈清、进口甲基托布津、百菌清等药喷杀。根腐病用敌克松、国光根腐灵喷洒，重点喷洒于根茎基部。

2）豌豆的虫害主要有：豆秆蝇又名豆秆黑潜蝇，幼虫在叶片内柱食叶肉形成细小弯曲透明的隧道，然后通过叶柄钻蛀茎秆造成茎秆中空、植株运输水分、养料受阻而枯死，植株矮化并脱叶花荚脱落，7～10月危害最重。播种前用米乐尔撒于播种沟与土混匀，出苗后用乐果、阿维菌素、蛆蝇克、乙酰甲胺磷、辛硫磷或杀虫双或溴氰菊酯等药5～7d喷杀一次，交替使用，一般应在播种后40d内严格喷药，才能有效地防止该虫危害。其次有豆荚螟、烟青虫、蚜虫、蜗牛等虫危害，对前二者于开花期用杀虫王、速灭杀丁、兴棉宝等药连喷两次，蚜虫用吡虫灵、万灵等药；蜗牛可用蜗牛敌拌豆饼或玉米制成毒饵，傍晚撒在田间诱杀。以上药物使用方法及浓度按农药说明书用。

【任务总结及思考】

1. 简述豌豆的丰产栽培技术措施。
2. 在北方豌豆能夏季栽培吗?

【兴趣链接】

1. 食用制作指导

1）豌豆可作主食，豌豆磨成豌豆粉是制作糕点、豆馅、粉丝、凉粉、面条、风味小吃的原料，豌豆的嫩荚和嫩豆粒可菜用也可制作罐头。

2）豌豆粒多食会发生腹胀，故不宜长期大量食用。豌豆适合与富含氨基酸的食物一起烹调，可以明显提高豌豆的营养价值。

3）许多优质粉丝是用豌豆等豆类淀粉制成的，在加工时往往会加入明矾，经常大量食用会使体内的铝增加，影响健康。

4）炒熟的干豌豆尤其不易消化，过食可引起消化不良、腹胀等。

5）应用于消渴：豌豆适量，淡煮常吃。

6）注意：青豌豆宜不清洗直接放冰箱冷藏；如果是剥出来的豌豆适于冷冻，最好在一个月内食用完。慢性胰腺炎患者忌食。糖尿病患者慎食。

2. 营养成分　每100g豌豆含有能量105kJ（27kcal）、蛋白质7.4g、脂肪0.3g、碳水化合物21.2g、叶酸82.6μg、膳食纤维3g、维生素A 37μg、胡萝卜素220μg、硫胺素0.43mg、核黄素0.09mg、烟酸2.3mg、维生素C 14mg、维生素E 1.21mg、钙21mg、磷127mg、钾332mg、钠1.2mg、碘0.9μg、镁43mg、铁1.7mg、锌1.29mg、硒1.74μg、铜0.22mg、锰0.65mg。

3. 食疗作用　豌豆味甘、性平，归脾胃经，具有益中气、止泻痢、调营卫、利小便、消痈肿、解乳石毒之功效。对脚气、痈肿、乳汁不通、脾胃不适、呃逆呕吐、心腹胀痛、口渴泄痢等病症具有一定的食疗作用。

4. 民间用豌豆治病的验方

1）将豌豆煮熟，每次吃30g，一日两次，能辅助治疗糖尿病。

2）将豌豆苗，洗净捣烂，榨取汁液，每次饮50mL，一日两次，可辅助治疗高血压、冠心病。

3）将鲜豌豆200g煮烂，捣成泥，与炒熟的核桃仁200g，加水200mL，煮沸，每次吃50mL，温服，一日两次，能治小儿、老人便秘。豌豆荚和豆苗含有较为丰富的纤维素，有清肠作用，可以防治便秘。为防止叶酸缺乏，豌豆是孕妇不可忽视的食物。

任务四　刀豆栽培

【知识目标】

1. 了解刀豆的生长发育特性及其对环境条件的要求。
2. 掌握刀豆的丰产栽培技术。

【能力目标】

熟知刀豆的生长发育规律，掌握生产过程的品种选择、茬口安排、整地做畦、播种育苗、田间管理、病虫害防治、适时采收等技能。

【知识拓展】

一、刀豆生产概述

刀豆为豆科刀豆属的栽培亚种，一年生缠绕性草本植物。刀豆原产西印度、中美洲和加勒比海地区，在我国已有1500多年的栽培历史。其荚果富含蛋白质，并有活血、补肾、散瘀等疗效。嫩荚可作蔬菜、炒食、腌渍；干豆粒可煮食。秋冬季采收成熟荚果，晒干，剥取种子备用；或秋季采摘嫩荚果鲜用。刀豆的干燥成熟种子，别名刀豆子、大刀豆。

二、品种及类型

刀豆主要有两个栽培种：一是蔓生刀豆。生长势强，蔓粗壮，长2～4m，生长期长，晚熟。成熟荚果长约30cm、宽4～5cm，每荚重约150g。种子大，千粒重约1320g。目前栽培的多为蔓生刀豆。二是矮生刀豆。株高约 1m。叶、荚果，种子均较小，成熟荚果长 10～20cm。熟性较早，但产量较低，较少栽培。

三、生物学特性

1. 形态特征

（1）根　　刀豆根系较发达，主根长达 60～80cm，侧根分布直径 60～70cm，根上着生根瘤，根瘤中的根瘤菌具有固氮作用。

（2）茎　　蔓生或直立矮生，蔓生刀豆蔓长可达 2m 以上。

（3）叶、花、果、种子　　三出复叶，互生，叶柄长，小叶阔卵形。蝶形花，淡红或淡紫色，成总状花序，腋生。荚果窄长方形，长 10～35cm。种子肾形，红色或褐色。

2. 生物学特性　　刀豆喜温耐热，种子发芽适温 25～30℃，植株生长适温 20～25℃，开花结果适温 23～28℃。喜强光、光照不足影响开花结荚。对土壤适应性强，以土层深厚肥沃的沙壤土为宜。但青刀豆对氮和钾的吸收量较大，磷的吸收量相对少些。但在基肥中增施磷和钾可显著减少落花落果，提高产量和品质。

青刀豆落花落荚严重，只有约 30% 的花结荚。其原因是多方面的，营养供应不足，植株徒长，温度超过 28℃，低于 15℃，土壤水分过多或过少等，都会影响花的发育和授粉、受精，进而导致落花落荚。防止措施主要是把青刀豆的生育期安排在温度适宜的月份，避免高温或低温为害；加强肥水管理，注意氮、磷、钾合理搭配，提高植株的营养水平；合理密植，改善植株受光条件，提高光合效能。

【任务提出】

结合生产实践，小组完成一个刀豆栽培项目，在学习刀豆生物学特性和生产技术的基础上，设计刀豆生产方案，同时做好生产记录和生产总结。

【任务资讯】

刀豆生产技术

1. 整地做畦　　选择土壤深厚，排水、通气良好的田块，深耕冻垡，开春后耙地、做畦，畦宽 130～150cm。结合整地每亩施充分腐熟农家肥 2500kg 作基肥。

2. 播种育苗与定植　　终霜后即可播种。行穴距 80cm×50cm，每穴播种 2～3 粒，深度 5cm。播种后可覆盖地膜，提高地温，促进发芽。出苗时及时破膜，引出豆苗，堵好膜眼。一般播种后 15d 左右出苗。刀豆种子不易发芽，最好进行育苗移植。

3. 田间管理

（1）肥水管理　　出苗前保持土壤湿润，但水分不宜过多，以防烂种。开花前宜控制水分，不宜多浇。开花结荚后应增加灌溉量，特别是幼荚长达 3～4cm 时，需供水充足。出苗后分期追肥，植株 4 片真叶时追第一次肥，坐荚后结合浇水追第二次肥，结荚中后期再追肥 1～2 次。应施用氮、磷、钾完全肥料，适当增施氮肥。

（2）中耕培土　　开花前一般中耕 2～3 次，以提高地温和保墒。结合中耕除去田间杂草，并适当培土。

（3）植株调整　　主蔓50cm长时引蔓上架。开花结荚期适当摘除侧蔓或摘心，疏叶，有利于提高结荚率。

（4）采收与留种　　荚长10~20cm时为嫩荚采收适期，盛夏开始采收，直至初霜。一般每亩可采嫩荚500~750kg。应选择结荚早且具品种性状的植株为留种株，并选基部荚果为种果，成熟后摘荚干燥，剥取种子贮藏。

【任务注意事项】

刀豆的主要害虫为蚜虫和豆荚螟等，可采取黄板诱蚜、灯光诱蛾等物理方法加以控制，必要时用吡虫啉、抑太保等药剂防治；虫害还有斑蝥，咬食花果，可在早晨露水未干不能飞动时，戴手套捕捉，用开水烫死，晒干供药用。主要病害有锈病、白粉病等，通过轮作，合理密植等农业防治措施可得到有效控制，或喷施石硫合剂、三唑酮等药剂防治。

【任务总结及思考】

1. 刀豆的高效生产的关键措施有哪些？
2. 刀豆病虫害防治与豌豆相似吗？

【兴趣链接】

1. 功效主治

1）成熟的种子：具有温中、下气、止呃、补肾作用。用于虚寒呃逆、呕吐、肾虚、腰痛、胃痛。

2）果壳：通经活血、止泻。用于腰痛、久痢、闭经。

3）根：散瘀止痛。用于跌打损伤、腰痛。

2. 营养成分　　刀豆种子含蛋白质28.75%、淀粉37.2%、可溶性糖7.50%、类胡萝卜素1.36%、纤维6.10%及灰分1.90%，还含有刀豆氨酸、刀豆四氨、刀豆球蛋白A和凝集素等。

3. 营养发现　　刀豆含有尿毒酶、血细胞凝集素、刀豆氨酸等；近年来，又在嫩荚中发现刀豆赤霉Ⅰ和Ⅱ等，有治疗肝性昏迷和抗癌的作用。刀豆对人体镇静也有很好的作用，可以增强大脑皮质的抑制过程，使神志清晰、精力充沛。一般人群均可食用，尤适于肾虚腰痛、气滞呃逆、风温腰痛、小儿疝气等患者食用。

4. 制作指导

1）刀豆嫩荚食用，质地脆嫩，肉厚鲜美可口，清香淡雅，是菜中佳品，可单作鲜菜炒食，也可和猪肉、鸡肉煮食尤其美味；还可腌制酱菜或泡菜食之。

2）食用刀豆时，必须注意火候，如火候不够，吃了有豆腥味和生硬感，会引起食物中毒，故一定要炒熟煮透，但要保持碧绿，不能煮成黄色。

3）治颈部淋巴结核（鼠疮）初起：用鲜刀豆荚20g，鸡蛋1只，黄酒适量，加水煎服。

项目十一 白菜类蔬菜栽培

【知识目标】

1. 了解白菜类蔬菜生物学特性和栽培季节。
2. 理解白菜类蔬菜适期播种的重要性。
3. 掌握白菜类蔬菜高产高效栽培技术。

【能力目标】

熟知常见白菜类蔬菜的生长发育规律、环境条件和主栽品种特性，能够根据生产计划做好生产茬口的安排，制订栽培技术规程，及时发现和解决生产中存在的问题。

【白菜类蔬菜共同特点及栽培流程图】

白菜类蔬菜是指十字花科蔬菜中以叶球、花球、嫩茎和嫩叶为产品的一大类蔬菜，在我国栽培历史悠久，品种资源丰富，经过长期的选择和培育，创造了丰富的栽培类型，在我国南北各地广泛栽培。主要包括大白菜、结球甘蓝、花椰菜、乌塌菜、菜薹等。白菜类蔬菜有相同或相似的生物学特性，栽培技术基本相似，但各有特点。其相似性表现在以下几方面。

1）白菜类蔬菜喜温和的气候条件，最适宜的栽培季节是月均温 15～18℃。白菜类蔬菜对温度的适应性强，既具有很强的耐寒性，幼苗期甚至可耐短期−3℃的低温，又有较强的耐热性，有些耐热品种可以夏季栽培。

2）白菜类蔬菜属二年生作物，需要低温通过春化阶段，长日照通过光照才能完成整个生育周期，但对阶段发育所要求的条件也不甚严格，春播也能在当年开花结实。所以白菜类蔬菜春季栽培应避免通过阶段发育，防止发生未熟抽薹现象的发生，这是栽培成败的关键。

3）白菜类蔬菜叶面积大，蒸腾量大，但其植株根系较浅，利用土壤深层水分的能力较弱，所以在栽培时要求合理灌溉，保持较高的土壤湿度。精耕细作可以促进根系的发展，并加强吸收能力。

4）白菜类蔬菜生长量大，吸收矿质养分较多，要求土壤肥沃，并需施用较多的基肥和追肥。施肥时应以氮肥为主，氮、磷、钾三要素合理搭配使用对白菜的高产优质非常重要。

5）白菜类蔬菜有共同的病虫害，尤其是病毒病、霜霉病、软腐病三大病害。另外，一种生理性病害"干烧心"也日趋严重。虫害有菜蚜、菜螟等。

6）白菜类蔬菜都以种子繁殖，种子的发芽能力强，在适宜条件下播种后 3～4d 即可完全出土。一般以直播为主，也可育苗移栽。

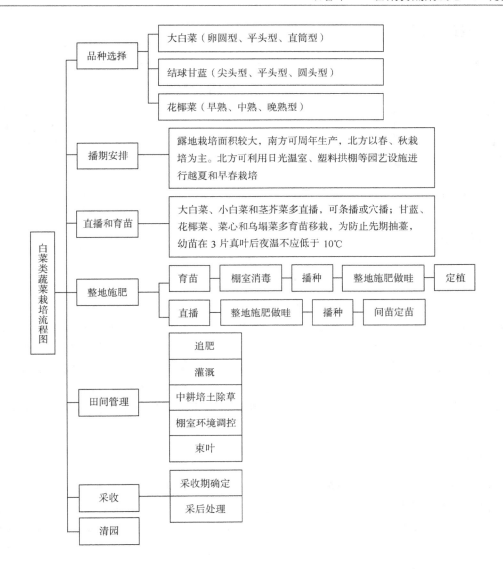

任务一　大白菜栽培

【知识目标】

1. 了解大白菜的生长发育特性及其对环境条件的要求。
2. 掌握大白菜的直播技术和间苗技术。
3. 掌握秋白菜栽培技术和大白菜越夏覆盖栽培技术。

【能力目标】

熟知大白菜的生长发育规律，掌握生产过程的品种选择、茬口安排、整地做畦、播种育苗、田间管理、病虫害防治、适时采收等技能。

【内容图解】

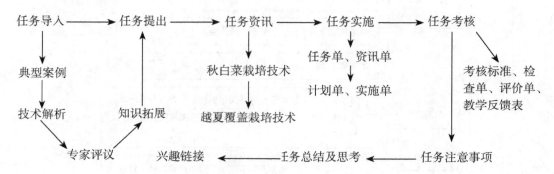

【任务导入】

一、典型案例

湖南某运销户长期从事蔬菜的长途贩运，从种子经销户处了解到有一种大白菜品种从9～10月播种，可以到1～4月采收上市，认为是个商机。于是购得该种子300包，分发给肖某等人种植，约定按当时的市场价包销。于是肖某承租4.7hm²地种植大白菜，从10月中旬采用营养块育苗，11月上旬移栽，露地种植，分别于翌年2月中下旬追施2批肥水。结果到1月底才开始结球，直到3月底，肖某到地里，发现所种植的大白菜基本不结球或结球不紧实，且全部出现抽薹，部分已有开花的现象，认为是种子质量问题。

二、技术解析

就一个地区而言，大白菜的播种期要求较严格。播种过早，高温、强光，病害严重，包心困难；播种过迟，生长时间不够，不能结球，产量和品质下降。对于晚熟品种，长江中下游地区以处暑前后为宜；华南大部分地区由于秋季高温期长，冬季不寒冷或寒冷期短，其播种期一般可安排在9～12月进行；四川的丘陵地区适宜的播种期为8月下旬，山区寒冷较早可适当提早，盆地适当延迟。在实际生产中，为满足市场需求，可根据品种特性，适当提早或延后播种。尤其是耐高温的早熟品种，可以提早供应。

白菜类蔬菜属二年生作物，需要低温通过春化阶段，长日照通过光照才能完成整个生育周期，但对阶段发育所要求的条件也不甚严格，也能在当年开花结实，所以白菜类蔬菜在栽培中应避免通过阶段发育。该种植是先年播种期太迟，加上规模种植田间管理粗放，前期叶片长势差，导致未及时结球，而经过翌年1～2月长时间的严寒天气停止生长，通过春化后，遇到开春后的适宜温度条件而抽薹开花。

三、专家评议

1. 播种太迟难结球　大白菜在南方主要是秋季栽培，以8月下旬至12月上旬为最适宜的生长季节。就一个地区而言，大白菜的播种期是要求比较严格的，播种早了，管理困难，病虫危害严重，常常造成严重减产；播种迟了，晚熟品种生长时间不够，不能形成紧实的叶球，不但延迟收获，还会降低产量和品质。

2. 管理粗放影响结球　年前未结球或结球不紧实，翌年春抽薹影响产量。按照大白菜的生长规律，幼苗期、莲座期应分别追肥 1 次，提苗促长，促进叶片生长，及时发棵，达到结球所需的叶片数，并在结球期追施重肥。合理浇水，保持土壤见干见湿，避免结球不良。而该种植户在幼苗期和莲座期内未采取任何管理措施，存在管理粗放等问题，致大白菜营养生长不良，年前未适时达到结球条件，未结球或结球不紧实。年后二三月随着气温升高、雨水充足和长日照条件，自然抽薹开花。

3. 日照长，易抽薹　白菜在气温高、长日照、雨水充足的条件下，抽薹速度快是自然现象。

四、知识拓展

（一）大白菜生产概述

大白菜学名 *Brassica campestris* L. ssp. *pekinensis*（Lour）Olsson.，别名结球白菜、黄芽菜，为十字花科芸薹属芸薹种中能形成叶球的亚种，属二年生草本植物，原产于我国。大白菜营养丰富，叶球品质柔嫩，易栽培，产量高，耐贮运，符合我国消费习惯，各地普遍栽培。

（二）品种类型

根据大白菜进化过程，可分为散叶变种、半结球变种、花心变种和结球变种 4 个变种，其中结球变种是大白菜进化的高级类型，其球叶抱合形成坚实的叶球，球顶尖或钝圆，闭合或近于闭合。结球变种产量高，品质好，耐贮藏，栽培普遍，主要包括三个基本生态型（图 11-1）。

（1）卵圆型　叶球卵圆形，球顶尖或钝圆，近于闭合，球形指数（叶球高度 / 直径）约 1.5。球叶倒卵圆形，褶抱。该类型属海洋性气候生态型，喜温暖湿润的气候条件。代表品种有山东福山包头、胶县白菜、辽宁旅大小根等。

（2）平头型　叶球上大下小，呈倒圆锥形，球顶平，完全闭合，球

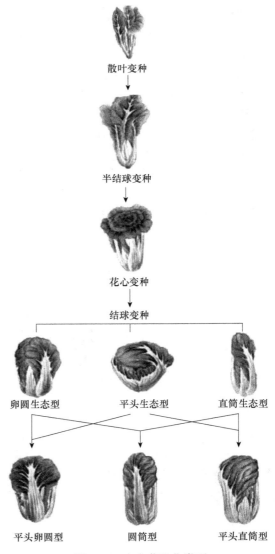

散叶变种

↓

半结球变种

↓

花心变种

↓

结球变种

卵圆生态型　　平头生态型　　直筒生态型

平头卵圆型　　圆筒型　　平头直筒型

图 11-1　大白菜进化类型

形指数近于 1。球叶横倒卵圆形，叠抱。该类型属大陆性气候生态型，喜气候温和、昼夜温差较大、阳光充足的环境。代表品种有河南洛阳包头、山东冠县包头、山西太原包头等。

（3）直筒型　　叶球细长圆筒形，球顶尖，近于闭合，球形指数在 3 以上，球叶倒披针形。对气候适应性强，在海洋性及大陆性气候区均能生长良好，因而又称"交叉性气候生态型"。代表品种有天津青麻叶、河北玉田包尖、辽宁河头白菜等。

大白菜变种与其他变种或生态型间相互杂交，产生了一些中间过渡类型，如平头直筒型、平头卵圆型、圆筒型、直筒花心型、花心卵圆型等。

（三）生物学特性

1. 形态特征

（1）根　　浅根性，直根系。主根上着生两列侧根，主要根群分布在 25cm 土层内，侧根数量多。根系横向扩展的直径约 60cm。

（2）茎　　不同的发育时期形态各不相同。在营养生长时期的茎称为营养茎或短缩茎。进入生殖生长期抽生花茎，高度 60~100cm。可分枝 2~4 次，表面有蜡粉。

（3）叶　　大白菜的叶具有明显的器官异态现象（图 11-2）。子叶为肾形，无锯齿，有明显的叶柄。继子叶出土后，出现的第一对叶片称为基生叶，长椭圆形，叶缘有锯齿，叶表面有毛，有明显的叶柄，无托叶。基生叶之后着生中生叶，第一个叶环叶片较小，构成幼苗叶，第二、三个叶环叶片较大，构成莲座叶。莲座叶为板状叶柄，有明显的叶翼，边缘波状，是主要的同化器官。早熟种为 2/5 叶序（5 叶绕茎 2 周成一个叶环），中晚熟种为 3/8（8 叶绕茎 3 周成一个叶环）叶序。莲座叶之后发生的叶片，向心抱合形成叶球，称为球叶，叶片硕大柔嫩，是大白菜的营养贮藏器官和主要产品器官。外层球叶呈绿色，内层球叶呈白色或淡黄色。生殖生长阶段，花茎上着生的叶片称为茎生叶，叶片较小，呈三角形，抱茎而生，表面光滑、平展，叶缘锯齿少。

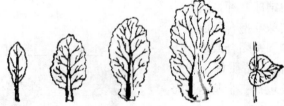

1. 基生叶　2. 幼苗叶　3. 莲座叶　4. 球叶　5. 花茎叶

图 11-2　大白菜的叶片结构

（4）花　　复总状花序，完全花。花冠 4 枚，黄色，呈十字形排列。雄蕊 6 枚，4 强 2 弱，雌蕊 1 枚，子房上位。异花授粉，虫媒花。单株花数 1000~2000 朵。

（5）果实　　长角果，细长筒形，长 3~6cm，每个角果着生种子 20 粒左右，授粉后 30d 左右种子成熟。成熟后果皮纵裂，种子易脱落。

（6）种子　　种子球形稍扁，有纵凹纹，红褐或褐色，少数黄色。无胚乳，千粒重 2~4g，使用年限 1~2 年。

2. 生长发育周期　　大白菜从播种到种子成熟，整个生育周期因播种期不同而异

（图 11-3）。秋播大白菜为典型二年生植物，生长发育过程分营养生长和生殖生长两个阶段。春播大白菜当年也可开花结籽，表现为一年生植物。

（1）营养生长阶段   此阶段从播种到形成叶球，需要 50～110d，因品种的熟性不同而异，早熟品种多在 65d 以下，有的甚至只需 45～50d；中熟品种 70～85d。这一时期以营养生长为主，但北方秋播大白菜在莲座末期至结球初期已进行花芽分化，孕育生殖器官的雏体，只因当时光照时间不断缩短，温度逐渐降低而不能抽薹开花。

图 11-3 大白菜的生育周期
1. 发芽期；2. 幼苗期；3. 莲座期；
4. 结球期；5. 休眠期；6. 返青抽薹期；
7. 结荚期；8. 种子萌动期

1）发芽期：从播种到出苗后第一片真叶显露为止，需 4～6d，依温度、水分条件而定。此期根系逐渐发育，发芽期结束时，主根已达 11～15cm，并有一、二级侧根出现。

2）幼苗期：从第一片真叶出现到团棵为止，早熟品种需 14～16d，晚熟品种需 18～22d。播种后 7～8d，基生叶生长到与子叶大小相同时，和子叶互相垂直排列成十字形，这一现象称为"拉十字"。接着第一个叶环的叶片按一定的开展角规则地排列成圆盘状，俗称"团棵"或"开小盘"。幼苗期根系发展很快，团棵时主根入土深度达 60cm。

3）莲座期：从团棵到第三个叶环的叶子（早熟品种 15～18 片，晚熟品种 23～26 片）完全长成，植株心叶开始出现包心现象时为止，需 20～25d。在莲座后期所有的外叶全部展开，全株光合面积接近最大，形成了一个旺盛、发达的莲座叶丛，为叶球的形成准备充足的同化器官。在莲座叶全部长大时，植株中心幼小的球叶按褶抱、叠抱或拧抱的方式抱合而出现包心现象，这是莲座期结束的临界特征。莲座叶发达与否是能否形成硕大叶球的关键。

4）结球期：从莲座期结束至叶球充分膨大，直至收获为止，早熟品种需 25～30d，晚熟品种需 40～60d。该期还可分为结球前期、中期和后期。结球前期是指叶球外层的叶子先迅速生长并向内弯曲，构成叶球的轮廓，叶球的外貌已经形成，俗称"抽筒"或"长框"；中期叶球内叶迅速生长，称"灌心"；后期体积不再增大，内叶缓慢生长充实，外叶养分向内叶运转，外叶衰老、变黄。整个结球期是大白菜养分累积时期，也是产量形成的关键时期。

5）休眠期：大白菜结球后期遇到低温时，生长发育过程受到抑制，由生长状态被迫进入休眠状态。如条件适宜也可不经过休眠，直接进入生殖生长阶段。在休眠期大白菜生理活动很弱，不进行光合作用，只有微弱的呼吸作用，外叶的部分养分仍继续向球叶运输，并依靠叶球贮存的养分和水继续形成花芽和幼小花蕾，为转入生殖生长做准备。

（2）生殖生长阶段

1）返青抽薹期：从返青至抽薹开花，需 20～25d。经过休眠的种株翌年春开始返青，花薹缓慢伸长并变为绿色，随着温度不断升高，花薹迅速伸长，主花薹上陆续发生茎生叶，茎生叶叶腋间一级侧枝也陆续出现，花茎和花枝顶端的花蕾同时长大。

2）开花期：从始花到基本谢花，需 15～30d。此期侧枝和花蕾迅速生长，并不断抽生花薹，逐步形成一、二和三次分枝，大量开花。

3）结荚期：谢花后，果荚生长迅速，种子不断发育、充实，最后达到成熟，需25～30d。这一时期果实和种子旺盛生长，种子成熟后果荚枯黄。

3. 对环境条件的要求

（1）温度　　喜冷凉气候条件，生长适宜温度 12～22℃，一般高于 25℃或低于 10℃均生长不良。发芽期适宜温度为 20～25℃，幼苗期适宜温度为 22～25℃，莲座期适宜温度为 17～22℃，结球期适宜温度为 12～22℃，昼夜温差以 8～12℃为宜，休眠期以0～2℃为最适。大白菜属于种子春化型蔬菜，一般萌动的种子在 2～5℃条件下，15～20d可以通过春化。

（2）光照　　大白菜需要中等强度的光照，光饱和点为 40klx，光补偿点为1.5～2.0klx。属于长日照植物，低温通过春化后，需要在长日照条件下通过光照阶段进行生殖生长。

（3）水分　　喜湿，适宜的土壤湿度为田间最大持水量的 80%～90%，适宜空气相对湿度为 65%～80%。

（4）土壤营养　　大白菜以土层深厚、疏松肥沃、富含有机质的壤土和轻黏壤土为宜，适于中性偏酸的土壤。每生产 1000kg 鲜菜约吸收氮 1.86kg、磷 0.36kg、钾 2.83kg、钙 1.61kg、镁 0.21kg。缺钙易造成球叶枯黄的"干烧心"现象。

【任务提出】

结合生产实践，小组完成秋白菜生产项目或大白菜越夏生产项目，在学习大白菜生物学特性和生产技术的基础上，根据不同任务设计大白菜生产方案，同时做好生产记录和生产总结。

【任务资讯】

一、秋白菜栽培技术

1. 品种选择　　选择适宜的品种是大白菜获得高产稳产的关键，要根据产、供、销等具体情况而定。从栽培方面来说，一要因地制宜，选择适宜当地气候条件和栽培季节的品种；二要选择品质好、产量高、抗逆性强的品种；三要选择净菜率高的品种。从消费方面来说，选择的品种要符合当地的消费习惯，如叶球的形状、色泽、风味等，如河南、山东等省喜欢叶数型的大包头类型，而天津一带喜欢直筒型的青麻叶等。总之，大白菜品种很多，各地可因地、因时选择符合当地生产和消费的品种。

2. 播期安排　　根据大白菜在营养生长期内要求的温度是由高向低转移的特点，即28℃逐渐降低到 10℃的范围为适宜。生长前期能适应较高的温度，生长后期要求比较低的温度，因此秋季栽培是全国各地大白菜的主要栽培季节。我国各地大白菜秋季栽培的情况如表 11-1 所示。

表 11-1　主要地域大白菜秋季茬口安排

地域	播种期	收获期
华北地区	8 月上旬	11 月上旬
东北及内蒙古、新疆地区	7 月中下旬	10 月下旬
长江中下游地区	8 月下旬	12 月至翌年 3 月
华南地区	9～11 月	分批收获

大白菜不宜连作，也不宜与其他十字花科蔬菜轮作，这是预防病虫发生的重要措施之一，可以与粮食及其他经济作物轮作。大面积生产最好在粮区安排季节性菜田。大白菜的莲座叶很发达，一般不与其他作物间作或套作，但有些地区采取合理的间套作也取得了较好的效果。如在以冬小麦为大白菜的后茬作物时，在大白菜生长后期进行套种，仍可获得一定的产量。

3. 整地施肥　前茬作物收获后，每亩施腐熟的有机肥 5000kg、过磷酸钙 50kg、硫酸钾 20kg，深翻地后耙平，做畦或垄。在干旱地区宜用平畦，畦宽 1.2～1.5m；在多雨、地下水位较高、病害严重区宜用高垄或高畦栽培，垄高 20cm，垄距 50～60cm，每垄栽 1 行。高畦高为 20cm，畦宽 1.2～1.8m，每畦种 2～4 行。

4. 播种育苗　秋茬大白菜多采用露地直播，可条播或穴播，每亩用种量 150～200g。在前作未能及时腾地时，则采用育苗方式，育苗床做成平畦，每平方米床面撒播种子 2～3g，覆细土 1cm。每亩用种量 100～125g。播种后可覆盖银灰色地膜防雨防蚜，勤浇小水保持土壤湿润。幼苗团棵前分苗宜在晴天下午或阴天进行。

5. 田间管理

（1）幼苗期　及时浇水，保持地面湿润。雨后及时排涝，中耕松土。至 2～3 片真叶时，对田间生长偏弱的小苗施偏心肥 1～2 次。苗出齐后，可于子叶期和 3～4 片真叶期进行间苗。团棵时定苗，株距依品种而定：大型品种 50～53cm，小型品种 46～50cm。田间缺苗时，及早挪用大苗进行补苗。育苗移栽的，可在幼苗团棵时定植。

（2）莲座期　管理定苗后追施 1 次"发棵肥"，每亩施粪肥 1000～1500kg，或硫酸铵 10～15kg，草木灰 100kg，随即浇水。以后保持土壤见干见湿。莲座后期应适度控水"蹲苗"。

（3）结球期　管理"蹲苗"结束后开始浇水，水量不宜过大，以后要保持土面湿润，在收获前 5～8d 停止浇水，提高耐贮性，防止裂球。包心前 5～6d 追"结球肥"，每亩施用优质农家肥 1000～1500kg，草木灰 100kg。包心后 15～20d 追"灌心肥"，随水冲施腐熟的豆饼水 2～3 次，也可追施复合肥 15kg 或硫酸钾 10kg。贮藏用的大白菜在收获前 7～10d 将莲座叶扶起，用草绳将叶束住，以保护叶球免受冻害，也可减少收获时叶片的损伤。

6. 收获　用于冬贮的晚熟品种，应在低于 -2℃ 的寒流侵袭之前数天收获。收获时，连根拔出，堆放在田间，球顶朝外，根向里，以防冻害。晾晒数天，待天气转冷再入窖贮藏。

二、大白菜越夏覆盖栽培技术

利用温室、大棚的夏伏休闲期生产大白菜,不仅缓解了大白菜的伏缺,实现了周年供应上市,而且生长速度快,周期短。但栽培时期正处于高温、干旱、雨涝、病虫害严重的季节,昼夜温差小,最低气温接近或超过大白菜结球期的温度上限,不利于生长发育。栽培时应掌握以下几个要点。

1. 品种选择 选择生长迅速、耐热耐涝、抗病性强的早熟品种。优良品种有北京小杂 56、春夏王、强势、七星、优选早熟 5 号、夏阳、夏丰等。

2. 棚室覆盖 越夏大白菜必须在覆盖条件下栽培,才能取得成功。因此,大棚温室的春茬作物收获后,应撤掉棚膜,全棚覆盖防虫网。同时,在棚内设置银灰色或绿色遮阳网,能显著降低棚内温度。最好将旧棚膜卷起后固定在棚顶,雨季来临后可随时放下防雨。

3. 整地施肥 前茬结束后及时消除残株、杂草,全面喷药杀虫灭菌。播种前如遇干旱,可提前 3~4d 灌透水后,结合耕地,每亩施腐熟有机肥 3000kg,三元复合肥 15kg 或过磷酸钙 25kg,尿素、硫酸钾各 5kg,深翻细耙。夏季高温多雨,为利于排水和增加田间通风透光,须采用高垄稀植,垄距 60~70cm,垄高 20cm 左右,垄顶和沟底都要整平。

4. 播种育苗 播种期宜选择在 5 月中下旬至 7 月中下旬收获,经济效益较高。直播以穴播为好,按株距 45~50cm 开穴,每穴播种 3~5 粒,上盖 0.5cm 厚细土,每亩用种量 100g 左右。播种后及时浇灌垄沟,湿透垄背,使种子处于足墒湿土中,以利出苗迅速整齐。如不能及时倒茬,也可育苗移栽。

5. 田间管理

(1)间苗定苗 幼苗 3~4 片叶时进行第一次间苗,5~6 片叶时定苗。间苗、定苗时不要伤根,以防软腐病发生,每亩留苗 3000 株。

(2)水肥管理 夏季温度高、土壤水分蒸发快,注意做到勤浇水、轻浇水,使地面保持湿润状态。遇降雨后应及时排水,以防田间积水造成烂根。定苗后和莲座期结合浇水各追施一次速效肥。第一次每亩追施三元复合肥 10~15kg,第二次追施尿素和硫酸钾各 8~10kg。叶球生长旺盛期,如肥水不足,每亩可再追腐熟的豆饼水 20kg。在收获前 2~3d 浇足收获水,能显著增加大白菜的产量和鲜嫩程度。

(3)病虫害防治 大白菜越夏生产的难点在于生育前期的菜青虫和小菜蛾危害以及生育后期软腐病。因此,前期发现虫害后及时用药防治,出入时一定要关严门,防止害虫迁入。每次下雨前及时放膜遮雨,管理过程中注意减少叶片的损伤,可有效防治软腐病的发生和蔓延。

6. 收获 根据市场需求,不必等到叶球充分长成后才采收,一般五六成心时即可收获上市,若不急于腾茬,可间拔收菜,以提高产量。

【任务实施】

工作任务单

任务	秋白菜生产技术	学时	
姓名:			组
班级:			

工作任务描述:

以校内实训基地和校外企业的秋白菜生产为例,掌握秋白菜生产过程中的品种选择、茬口安排、整地做畦、播种、间苗、中耕除草、合理肥水管理、病虫害防治、适时采收等技能,具备播种、间苗、蹲苗等管理能力,掌握白菜类蔬菜生产中常见问题的分析与解决能力。

学时安排	资讯学时	计划学时	决策学时	实施学时	检查学时	评价学时

提供资料:

1. 园艺作物实训室、校内和校外实习基地。
2. 大白菜生产的 PPT、视频、影像资料。
3. 校园网精品课程资源库、校内电子图书馆。
4. 白菜类蔬菜生产类教材、相关书籍。

具体任务内容:

1. 根据工作任务提供学习资料,获得相关知识。
1)学会大白菜成本核算及效益分析。
2)根据当地气候条件、设施条件、消费习惯、生产茬次等选择优良品种。
3)制订秋白菜生产的技术规程。
4)掌握大白菜生产的育苗技术。
5)掌握大白菜生产的直播、间苗、定苗技术。
6)掌握大白菜丰产的水肥管理技术。
7)掌握大白菜生产过程中主要病虫害的识别与防治。
2. 建立大白菜秋季高效丰产生产技术规程。
3. 各组选派代表陈述大白菜秋季生产技术方案,由小组互评、教师点评。
4. 教师进行归纳分析,引导学生,培养学生对专业的热情。
5. 安排学生自主学习,修订生产计划,巩固学习成果。

对学生要求:

1. 能独立自主地学习相关知识,收集资料、整理资料,形成个人观点,在个人观点的基础上,综合形成小组观点。
2. 对调查工作认真负责,具备科学严谨的态度和敬业精神。
3. 具备网络工具的使用能力和语言文字表达能力,积极参与小组讨论。
4. 具备较强的人际交往能力和团队合作能力。
5. 具有一定的计划和决策能力。
6. 提交个人和小组文字材料或 PPT。
7. 学习制作本项目教案,并准备规定时间的课程讲解。

任务资讯单

任务	秋白菜生产技术	学时	
姓名:			组
班级:			

资讯方式:学生分组进行市场调查,小组统一查询资料。

资讯问题:

1. 在具体地区,秋季栽培和越夏栽培,大白菜的适宜播期和适宜品种分别有哪些?
2. 大白菜栽培中不结球或抽薹的原因及防治办法。
3. 大白菜育苗的关键技术。
4. 大白菜如何蹲苗及蹲苗开始与结束的时间?
5. 大白菜如何加强肥水管理获得高产?
6. 大白菜进行垄作有哪些优越性?需要注意哪些方面?
7. 大白菜生产过程中的主要病害症状及防治办法。

资讯引导:教材、杂志、电子图书馆、蔬菜生产类的其他书籍。

任务计划单、任务实施作业单见附录。

【任务考核】

任务考核标准

	任务	秋白菜生产技术	学时	
姓名：				组
班级：				

序号	考核内容	考核标准	参考分值
1	任务认知程度	根据任务准确获取学习资料，有学习记录	5
2	情感态度	学习精力集中，学习方法多样，积极主动，全部出勤	5
3	团队协作	听从指挥，服从安排，积极与小组成员合作，共同完成工作任务	5
4	工作计划制订	有工作计划，计划内容完整，时间安排合理，工作步骤正确	5
5	工作记录	工作检查记录单完成及时，客观公正，记录完整，结果分析正确	10
6	秋白菜生产的主要内容	准确说出全部内容，并能够简单阐述	10
7	基肥的使用	基肥种类与蔬菜种植搭配合理	5
8	土壤耕作机械基本操作	正确使用相关使用说明资料进行操作	10
9	土壤消毒药品使用	正确制订消毒方法，药品使用浓度，严格注意事项	10
10	起垄的方法和步骤	高标准地完成起垄工作	10
11	数码拍照	备耕完成后的整体效果图	10
12	任务训练单	对老师布置的训练单能及时上交，正确率在90%以上	5
13	问题思考	开动脑筋，积极思考，提出问题，并对工作任务完成过程中的问题进行分析和解决	5
14	工作体会	工作总结体会深刻，结果正确，上交及时	5
合计			100

教学反馈表

	任务	秋白菜生产技术	学时	
姓名：				组
班级：				

序号	调查内容	是	否	陈述理由
1	生产技术方案制订是否合理？			
2	是否会选择适宜品种？			
3	是否会安排直播和育苗的播期？			
4	是否会计算用种量？			
5	如果直播，是否知道施肥量？			
6	是否知道蹲苗开始与结束的时间？			
7	是否知道主要病害的防治办法？			

收获、感悟及体会：

请写出你对教学改进的建议及意见：

任务评价单、任务检查记录单见附录。

【任务注意事项】

1. 大白菜病毒病　　大白菜病毒病又称孤丁博、抽疯等，是大白菜的一大病害，也是十字花科蔬菜的重要病害。白菜6叶期以前最易感染，苗期染病，心叶出现明脉，并沿叶脉褪绿，出现花叶，叶片皱缩不平。有的叶脉有褪色斑或条斑。成株期染病，叶主脉扭曲，叶片皱缩不平，黄绿相间，植株明显矮化，叶脉上也有坏死斑，根系不发达，剖切病根呈黄褐色，严重时不能结球。病原主要有芜菁花叶病毒、黄瓜花叶病毒和烟草花叶病毒，在窖白菜、甘蓝、萝卜、菠菜上越冬，春季由蚜虫或接触传播到蔬菜上，再传到夏季十字花科蔬菜及秋大白菜上。防治方法：选用抗（耐）病品种、隔蚜育苗、冷纱覆盖育苗、适时晚播和化学药剂防治。

2. 大白菜霜霉病　　大白菜霜霉病主要危害叶片、茎部、花梗。叶片染病，初生边缘不甚明晰的水渍状褪绿斑，后病斑扩大，因受叶脉限制而呈多角形黄褐色病斑，叶背面则生白色稀疏霉层，湿度大时霉层更为明显，即为本病病征（病菌孢囊梗和孢子囊）。病情进一步发展时，多角形斑常连合成大斑块，终致叶片变褐干枯。留种株茎部、花梗和种荚染病，因受病菌的刺激而表现出生长过旺病状，患部呈肥肿弯曲畸形。如并发白锈病，则茎部和花梗肥肿弯曲畸形更为明显，菜农俗称之为"龙头拐"。病菌一般以卵孢子（有性孢子）和菌丝体随病残体遗落在土中越冬，也可在采种母株根部或窖藏大白菜上越冬，少数还可黏附在种皮上越冬，并随种子调运而远距离传播。防治方法：因地制宜选用抗病品种、种子消毒、及时清洁田园、避免连作、实行高窄畦深沟栽培、及时喷药控病。

3. 大白菜软腐病　　柔嫩多汁的组织发病呈浸润半透明状，后变褐色，渐变为黏滑软腐状。少汁组织发病后先呈水渍状，逐渐腐烂，最后患部水分蒸发，组织干缩。多从包心期开始。起初植株外围叶片在烈日下表现萎垂，但早晚仍能恢复，随着病情的发展不再恢复，露出叶球。发病严重的叶柄基部和根茎处心隋组织完全腐烂，充满黄色黏稠物，产生臭气，并引起全株腐烂。该病为真菌性病害，病原菌主要在田间病株、窖藏种土中未腐烂的病残体及害虫体内越冬，通过雨水、灌溉水、带菌肥料、昆虫等传播，从伤口侵入。防治办法：在生产上避免在低洼、黏重的地块上种植；避免与茄科、瓜类及十字花科蔬菜连作；采取高畦栽培；严防大水漫灌；及时喷洒药剂防治。

【任务总结及思考】

1. 不同地区，大白菜的适宜播期有哪些？
2. 大白菜露地直播和育苗移栽各有何利弊？
3. 结球白菜包括哪几种类型？各有何特点？
4. 大白菜营养生长阶段可分为哪几个时期？
5. 简述露地大白菜秋季栽培技术要点。
6. 简述大白菜越夏覆盖栽培技术要点。

【兴趣链接】

1. 功效主治　　清热除烦，通利肠胃，消食养胃。主治肺热、咳嗽、咽干、口渴、头痛、大便干结、丹毒、痔疮出血等病症。

2. 营养成分　　每100g含水分95.5g，蛋白质1.1g，脂肪0.2g，碳水化合物2.1g，粗纤维0.4g，灰分0.6g，胡萝卜素0.01mg，维生素B_1 20mg，维生素B_2 0.04mg，烟酸0.3mg，维生素C 20mg，钙61mg，磷37mg，铁0.5mg，钾199mg，钠70mg，镁8mg，氯60mg。并含有硅、锰、锌、铝、硼、铜、镍、钴、硒等多种微量元素。

3. 食疗作用

（1）利肠通便，帮助消化　　大白菜中含有大量的粗纤维，可促进肠壁蠕动，帮助消化，防止大便干燥，促进排便，稀释肠道毒素，既能治疗便秘，又有助于营养吸收。

（2）消食健胃，补充营养　　大白菜味美清爽，开胃健脾，含有蛋白质、脂肪、多种维生素及钙、磷、铁等矿物质，常食有助于增强机体免疫功能，对减肥健美也具有意义。人们发现1杯熟的大白菜几乎能提供与1杯牛奶同样多的钙，可保证人体必需的营养成分。

（3）防癌抗癌　　白菜含有活性成分吲哚-3-甲醇，实验证明，这种物质能帮助体内分解与乳腺癌发生相关的雌激素，如果妇女每天吃500g左右的白菜，可使乳腺癌发生率减少。此外，其所含微量元素钼可抑制体内对亚硝酸胺的吸收、合成和积累，故有一定抗癌作用。

（4）预防心血管疾病　　白菜中的有效成分能降低人体胆固醇水平，增加血管弹性，常食可预防动脉粥样硬化和某些心血管疾病。

4. 大白菜的保健食谱

（1）白菜墩　　大白菜心1棵（约500g），腊肉片20g，葱段、姜片各适量。将白菜心洗净、沥水、改切成2段，放入搪瓷盆内，加入葱段、姜片、腊肉片、料酒、肉汤，上笼蒸约1h，待白菜酥烂时，放入盐、味精、白胡椒粉、鸡油即可。本菜具有养胃通络、滑窍利水的功效。适用于小便不利、胃纳不佳、大便干结等病症。

（2）开水白菜　　白菜心500g。将白菜心洗净，放入沸水中焯至断生，立即捞入凉开水中漂凉，再捞出顺放在菜墩上，用刀修整齐，放在汤碗内，加佐料，上笼用旺火蒸2min取出，滗去汤；用沸清汤250mL过一次，沥水，炒锅置旺火，放入高汤，再加入少许胡椒粉，烧沸后，撇去浮沫，倒入盛有菜心的汤碗内，上笼蒸熟即成。本菜汤清如水，菜绿味鲜，具有益胃通便、增强食欲的功效。适用于热病愈后体虚、消化力弱、大便不畅等病症。

（3）金边白菜　　大白菜500g，干红辣椒丝7.5g，湿淀粉适量。大白菜洗净，切成3cm长、1.5cm宽的长条；辣椒切开、去子切成3cm长的段；菜油烧至七成热，将辣椒炸焦，放入姜末、白菜，旺火急速煸炒，加醋、酱油、精盐、白糖，煸至刀茬处出现金黄色，用湿淀粉勾芡，浇上麻油，翻炒后即可装盆。此菜具有养胃助食的功效，适用于脾胃虚弱、食欲缺乏等病症。

任务二　结球甘蓝栽培

【知识目标】

1. 了解结球甘蓝的生长发育特性。
2. 掌握结球甘蓝日光温室早春茬栽培技术要点。

【能力目标】

能根据市场需要选择结球甘蓝品种，培育壮苗，选择种植方式，适时定植；能根据植株长势，适时进行田间管理和病虫害防治。

【知识拓展】

一、结球甘蓝生产概述

结球甘蓝学名 *Brassica oleracea* L. var. *capitata* L.，简称甘蓝，别名包菜、洋白菜、卷心菜、圆白菜等。以叶球供食，可炒食、煮食、凉拌、腌渍或制干菜，是甘蓝类中栽培面积最大的蔬菜。起源于地中海沿岸地区，由不结球的野生甘蓝进化而来。由于结球甘蓝的适应性较强，基本上可以四季生产，周年供应。

二、品种类型

按照叶球形状不同可分为尖头型、圆头型和平头型（图11-4）。

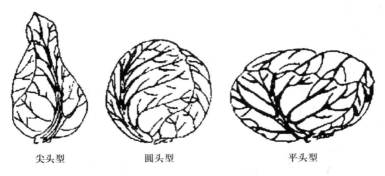

尖头型　　　　　　圆头型　　　　　　平头型

图 11-4　结球甘蓝的叶球类型

（1）尖头型　　叶球小，呈牛心形。叶片长卵形，中肋粗，内茎长，适于春季栽培，一般不易发生先期抽薹，多为早熟小型品种，如大牛心、鸡心甘蓝等。

（2）圆头型　　叶球顶部圆形，整个叶球呈圆球形或高桩圆球形。外叶少而结球紧实，冬性弱，春季栽培易先期抽薹，多为早熟或中早熟品种，如中甘11号、金早生等。

（3）平头型　　叶球顶部扁平，整个叶球呈扁球形。抗病性较强，适应性广，耐贮运，为中晚熟或晚熟品种，如黑叶小平头、京丰1号等。

三、生物学特性

（一）形态特征

1. 根　　结球甘蓝为圆锥根系，主根基部肥大，能生出许多侧根，在主、侧根上易发生不定根，形成密集的吸收根群，其主要根群分布在 60cm 土层内，以 30cm 耕层中最多，根群横向伸展半径约 80cm。根系吸收能力强，有一定的耐旱和耐涝能力。断根后再生能力强，适宜育苗移栽。

2. 茎　　有营养生长时期的短缩茎和生殖生长时期的花茎。短缩茎着生球叶和莲座叶，短缩茎的大小、长短是判断单株产量和品种冬性强弱的主要依据之一。一般短缩茎越短，叶球抱合越紧密，冬性也较强。种株抽薹后逐渐抽生花茎，花茎高大，可生分枝，主侧枝上形成花序。

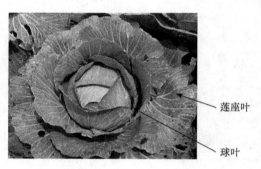

莲座叶

球叶

图 11-5　结球甘蓝形态特征

3. 叶　　与结球白菜叶片相似，不同时期甘蓝叶片的形态不同。基生叶和幼苗叶有明显的叶柄，莲座叶开始，叶柄逐渐变短，直至无叶柄，开始结球（图 11-5）。据此，可判断品种特征和生长进程。叶色由黄绿、深绿至蓝绿。叶面光滑，肉厚，有灰白色蜡粉，可减少水分蒸腾，增强抗旱和耐热能力。早熟品种外叶一般 14～16 片，晚熟品种 24 片左右。

4. 花　　花色淡黄，复总状花序，异花授粉。不同的变种和品种之间极易相互杂交，采种时应注意隔离，空间隔离要在 2000m 以上。

5. 果实和种子　　果为长角果，圆柱形，表面光滑，成熟时细胞膜增厚而硬化。种子着生在膜上，成熟的种子为红褐色或黑褐色，千粒重 3.3～4.5g。在自然条件下，北方干燥地区的种子使用年限为 2～3 年。

（二）生长发育周期

结球甘蓝为二年生蔬菜，在正常情况下，第一年形成叶球，完成营养生长，形成硕大的叶球。经过低温春化后，第二年春、夏季开花结实，完成世代交替。

1. 营养生长期

（1）发芽期　　从播种到第 1 对基生叶展开，与子叶相互垂直形成十字形为发芽期，发芽期的长短因季节而异，一般情况下 8～10d。种子饱满、精细播种是保证苗齐苗全的关键。

（2）幼苗期　　从基生叶展开到第 1 叶环形成（团棵），早熟品种有 5 片叶左右，中、晚熟品种有 8 片叶左右。温度适宜时需 25～30d，早春需 40～60d，冬季需 80d 左右。

（3）莲座期　　从团棵到第 3 叶环叶充分展开，早熟品种 15 片叶左右，晚熟品种 24 片叶左右。该期结束时中心叶片开始向内抱合，即开始结球。早熟品种需 20～25d，中、晚熟品种需 30～40d。

（4）结球期　　从开始包心到叶球形成为结球期。早熟品种需 20～25d，中、晚熟品种需 30～40d。此期的肥水管理是获得高产优质的关键。

2. **生殖生长期**　正常条件下，叶球经过冬贮休眠，翌年春进入生殖生长时期。依次经历抽薹期、开花期和结荚期。其中抽薹期需25～35d，开花期需30～40d，结荚期需30～40d。

（三）对环境条件的要求

结球甘蓝对环境条件的适应性较大白菜更广、抗性也更强一些。

1. **温度**　结球甘蓝为半耐寒性蔬菜，喜温和冷凉的气候，对寒冷和高温均有一定的抗性。种子在2～3℃即开始发芽，以18～20℃发芽最快，需2～3d。幼苗的耐寒力随苗龄的增加而提高，刚出土的幼苗耐寒力较弱，具有6～8片叶时的健壮幼苗能耐较长时间的-2～-1℃及短期忍受-5～-3℃的低温，同时幼苗还能忍耐35℃的高温。莲座叶可在7～25℃下生长，温度超过25℃莲座叶易徒长而推迟结球。结球期适宜温度为15～20℃，昼夜温差大，有利于积累养分，促进结球紧实。

结球甘蓝属于绿体春化型，幼苗必须达到一定大小后才能接受低温通过春化。一般早熟品种具有3叶，茎粗0.6cm以上；中、晚熟品种具有6叶，茎粗0.8cm以上方可感受低温春化。结球甘蓝通过春化的适宜温度为10℃以下，在2～5℃完成春化更快。不同品种对春化温度的要求有差别，早熟品种需要的温度高些，温度范围也宽些，中晚熟品种则相反。通过春化所需的低温时间因品种和温度而异，一般早熟品种所需的时间较短，为30～40d，中熟品种需40～60d，晚熟品种需60～90d。在适宜的春化温度范围内，温度越低，通过春化的时间越短。据此，生产上应避免过早通过春化，发生未熟抽薹现象。

2. **水分**　结球甘蓝根系分布较浅，且叶片大，蒸腾量较大，要求比较湿润的栽培环境。一般适宜80%～90%的空气相对湿度和70%～80%的土壤相对含水量。空气干燥、土壤缺水时或忽干忽湿，容易导致基部叶片脱落，叶球小而松散，严重时甚至不能结球或叶球开裂，降低产量和品质。

3. **光照**　结球甘蓝属喜光性蔬菜，对光强适应性较广，光饱和点为1441μmol/（m²·s），光补偿点为47μmol/（m²·s）。光照不足时产量下降，但对弱光也有较强的适应能力，因此在阴雨天较多，光照较弱的南方和光照充足的北方都能生长良好。在高温季节，与玉米等高秆作物间作适当遮阴降温，可使夏季甘蓝生长良好，比单作产量提高20%～30%。

4. **土壤与营养**　结球甘蓝对土壤的适应性较强，但获得高产仍以富含有机质，疏松肥沃的中性到弱酸性壤土栽培最好。结球甘蓝喜肥、耐肥，生长期间需大量的肥料，其中以氮肥最多，磷、钾肥次之。苗期和莲座期需要较多的氮，中后期尤其是结球期需要较多的磷、钾供应。全生长期吸收氮、磷、钾的比例约为3:1:4，每生产1000kg叶球，吸收氮4.1～4.8kg、磷0.12～0.13kg、钾4.9～5.4kg。在施足氮肥的基础上，配合施用磷、钾肥，有明显的增产效果。

四、栽培季节和茬次安排

结球甘蓝适应性强，在北方除严冬季节进行设施栽培外都可进行露地栽培，华南除炎夏外的季节均可进行露地栽培，而在长江流域一年四季均可栽培。近年来，日光温室春甘蓝因其品质鲜嫩，在露地春甘蓝上市前深受广大消费者的欢迎，栽培经济效益较高。

【任务提出】

结合生产实践，小组完成结球甘蓝的生产项目，在学习结球甘蓝生物学特性和生产技术的基础上，根据不同任务设计结球甘蓝生产方案，同时做好生产记录和生产总结。

【任务资讯】

一、结球甘蓝日光温室早春茬栽培技术

1. 品种选择　　选用抗寒性和冬性均较强的早熟品种，如金早生、中甘 11 号、中甘 12、中甘 15 号、京甘 1 号、8398、迎春、报春、鲁甘蓝 2 号等。

2. 培育壮苗　　日光温室早春茬甘蓝多在 11 月上中旬播种，为节省土地和方便管理，需育苗移栽。播种前苗床浇底水，水量要小，湿透 10cm 营养土层即可，浇水后畦面撒一层细干土，然后均匀撒播干种子。每平方米用种量 3～4g。播种后覆土 0.5～1.0cm，上覆地膜保湿。

3. 苗期管理　　播种后日温保持 20～25℃，夜温 15℃左右。幼苗 60%～70% 出土时，日温降至 18～20℃，夜温 10～12℃，一般不需要浇水。播种后 30d 左右，幼苗两叶一心时即可分苗，分苗密度 10cm 见方。分苗后应适当提高温度、湿度促进缓苗。缓苗后日温控制在 18～20℃，夜间 10～12℃，尤其在幼苗 3 片真叶以后，夜温不应低于 10℃。水分管理上不旱不浇水，如需浇水应选择晴天进行，浇水后加强放风。定植前 7～10d，适当进行低温炼苗。

4. 整地定植　　1 月中旬在温室内定植。定植前每亩撒施优质圈肥 5000kg、过磷酸钙 50kg，深耕耙平，再按定植行距沟施速效化肥，每亩施入复合肥 25kg，在施肥沟上做成高 15cm 的垄或小高畦，垄距为 40cm，畦宽 80～100cm，覆盖地膜。10cm 地温稳定在 6℃以上时开穴定植，穴内浇水，水量不宜过大。垄上栽一行，畦上栽两行，株距 25～30cm，每亩 5000～6000 株。

5. 定植后管理

（1）温度管理　　缓苗期白天保持 20～22℃，夜间 12～15℃，可通过加盖草苫或内设小拱棚等措施保温。缓苗后日温降至 15～20℃，夜温 10～12℃。莲座期后期至结球期，日温 15～20℃，夜温 8～10℃。

（2）水肥管理　　缓苗后如缺水可浇一次缓苗水，水量不宜过大。外叶开始生长进入莲座期时结合浇水每亩追施尿素 10kg。然后通过控制浇水而蹲苗，叶片开始抱合时结束蹲苗。进入结球期，5～7d 浇一次水，到收获前共浇水 5～6 次，追肥 2～3 次。第一次追肥在包心前，第 2 次和第 3 次在叶球生长期，每次追硫酸铵 10kg、硫酸钾 10kg，同时用 0.2% 的磷酸二氢钾溶液叶面喷施 1～2 次。结球后期控制浇水次数和水量。生育前期采用膜下暗灌，化肥溶化后随水流入沟中，后期放风量大，可明暗沟交替进行。收获前 30d 停止追施速效氮肥。

6. 适时采收　　结球甘蓝采收期不很严格，为争取早上市，在叶球八成紧时即可陆

续上市供应。采收太早，叶球不充实，产量低。采收偏晚，裂球较多。

二、抱子甘蓝栽培技术

抱子甘蓝，又名芽甘蓝，是甘蓝的一个变种，以腋芽形成小叶球为食用部分。小叶球可炒食、煮汤、作色拉配菜，或用沸水焯后裹面油炸，柔嫩可口，别有风味。近年来各大宾馆、饭店需求量较大，种植经济效益较高。其生物学特性与结球甘蓝较为相似，栽培技术要点如下。

1. 育苗　　目前抱子甘蓝的种子多为进口种，价格昂贵，生产中多采用育苗移栽。苗龄35～40d，幼苗具6～7片叶时即可定植。夏季育苗需加盖遮阳网防雨防晒。

2. 定植及田间管理　　按40cm×60cm株行距定植。定植后15～20d追1次发棵肥，每亩施尿素10kg，硫酸钾5kg。植株基部腋芽开始形成小叶球时再追1次肥。植株进入采收期，每采收2～3次追1次肥，每次施入复合肥5kg。生长期间保持土壤湿润。结合追肥，进行中耕、培土，以防植株倒伏。叶球膨大期需将着生芽球的叶片，从叶柄基部剪除，随着叶球自下而上的形成，剪叶工作亦随之陆续向上进行，最后叶腋有芽球的长柄叶可全部剪除，仅剩植株顶部的盘状叶丛（图11-6）。

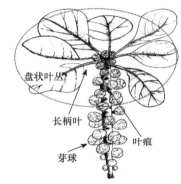

图 11-6　抱子甘蓝地上结构

3. 采收　　抱子甘蓝叶腋的芽球自下而上形成，采收要分次分批进行。采收时，采收刀应从芽球基部切下。

【任务注意事项】

结球甘蓝的病害主要有霜霉病、黑腐病、软腐病；虫害主要有菜青虫、小菜蛾、地老虎、斜纹夜蛾和蚜虫。

病害防治：选用抗病品种；发病严重的地块，与非十字花科蔬菜轮作；避免过旱过涝，及时防治地下害虫；发病初期及时拔除病株；霜霉病发病初期选用75%百菌清可湿性粉剂500倍液或64%杀毒矾500倍液等喷雾；黑腐病发病初期选用72%农用硫酸链霉素可湿性粉剂3000倍液喷洒；软腐病发病初期喷洒72%农用硫酸链霉素可湿性粉剂3000倍液，47%加瑞农可湿性粉剂700～750倍液；菜青虫用50%辛硫磷乳油1000倍液；小菜蛾用5%锐劲特悬浮剂500～1000倍液防治；地老虎用2.5%溴氰菊酯3000倍液或50%辛硫磷800倍液防治；蚜虫用1.8%的阿维菌素3000～4000倍液防治。

【任务总结及思考】

1. 为什么春甘蓝幼苗3片真叶后夜温不能过低？
2. 结球甘蓝苗期如何管理？
3. 结球甘蓝有哪几种类型？各有何特点？
4. 简述结球甘蓝的春化特性。

5. 如何防止春甘蓝未熟抽薹?

6. 简述日光温室早春茬甘蓝栽培技术要点。

7. 简述抱子甘蓝栽培技术要点。

【兴趣链接】

1. 功效主治　　止痛生肌,宽肠通便,益气补虚。主治胃及十二指肠溃疡病的早期疼痛、习惯性便秘、维生素缺乏导致的口腔溃疡等病症。

2. 营养成分　　每 100g 含水分 93.7g,蛋白质 1.6g,碳水化合物 2.7g,粗纤维 1.1g,钙 32mg,磷 33mg,铁 0.3mg,硫胺素 0.05mg,核黄素 0.02mg,烟酸 0.4mg,抗坏血酸 76mg。

3. 食疗作用

(1)止痛生肌　　结球甘蓝维生素含量十分丰富,尤其是服用其鲜品绞汁,对胃病有治疗作用。其所含的抗坏血酸等营养成分,有止痛生肌的功效,能促进胃与十二指肠溃疡的愈合。

(2)宽肠通便　　结球甘蓝含有大量水分和植物纤维,有宽肠通便作用,可增加胃肠消化功能,促进肠蠕动,从而导致大便排出。

(3)提高免疫力,防癌抗癌　　结球甘蓝所含抗坏血酸,每 100g 高达 76mg,还含有丰富的维生素 E,二者都有增强人体免疫功能的作用。结球甘蓝中的吲哚,可在消化道中诱导出某种代谢酶,从而使致癌原灭活,结球甘蓝中含有微量元素钼,能抑制亚硝酸胺的合成,因而具有一定的防癌抗癌作用。

4. 保健食谱

(1)醋甘蓝　　甘蓝球 300g。将甘蓝球洗净去皮,切片;锅置旺火上,将油倒锅中,至七成热时,倾入甘蓝片煸炒,加醋、酱油,勾芡后起锅装盘。此菜酸脆爽口,具有解肌止痛,祛瘀生新之功,可用于治疗胃及十二指肠溃疡而疼痛者。

(2)醋淬甘蓝　　结球甘蓝 300g。将结球甘蓝洗净,切片或切丝,装碗中,以烧滚酱油、醋淬之,盖上碗盖,等候片刻,将酱油、醋倒出,再淬 2~3 次即可。此菜肴用于维生素缺乏导致的口腔溃疡及胃、十二指肠球部溃疡等病症。

(3)奶汁甘蓝　　甘蓝球 500g,牛奶 150mL。将甘蓝球洗净切成薄片,再加 1000mL 清水烧开,将甘蓝片烫至变色发软时,捞出沥水。锅洗净后加入沸牛奶、精盐、味精,用湿淀粉勾芡后,倾入甘蓝片,搅拌几下,即可装盘。此菜营养丰富,具有益气健脾、补虚强体、宽肠通便之功效,能提高机体免疫能力,年老体弱及便秘者宜食。

任务三　花椰菜栽培

【知识目标】

1. 了解花椰菜的生长发育特性及其对环境条件的要求。

2. 掌握花椰菜的丰产栽培技术。

【能力目标】

熟知花椰菜的生长发育规律，掌握生产过程的品种选择、茬口安排、整地做畦、播种育苗、田间管理、病虫害防治、适时采收等技能。

【知识拓展】

一、花椰菜生产概述

花椰菜学名 *Brassica oleracea* L. var. *botrytis* L.，也称花菜、菜花，起源于欧洲地中海沿岸，由甘蓝演化而来，19世纪中叶引入中国南部，现在全国各地均有栽培。

花椰菜以花球为产品器官，以其独特的风味，丰富的营养和保健作用，产品又适合短期贮藏保鲜，深受广大消费者的喜爱。

二、类型与品种

按生育期的长短可将花椰菜分为早熟品种、中熟品种和晚熟品种。

（1）早熟品种 从播种到初收为80～90d。植株较矮小，叶细而狭长，叶色较浅，蜡粉较多，花球重0.3～1.0kg，植株较耐热，但冬性弱。主要品种有福州60日、白峰、瑞士雪球、澄海菜花、荷兰春早花椰菜等。

（2）中熟品种 从播种到花球采收需100～120d。植株较早熟品种高大，叶簇开张或半开张，叶色深浅不一，大部分幼苗胚轴紫色，花球一般较大，单球重1kg左右，冬性较强。主要品种有龙峰特大80天、荷兰雪球、福建80天、福农10号、珍珠80天、洪都15、日本雪山等。

（3）晚熟品种 从播种到收获需120d以上。植株高大，生长势强，叶片宽大，叶柄阔有叶翼，叶色较浓，花球致密，成熟较晚，花球重1.5kg左右，耐寒性和冬性都比较强。主要品种有福建120天、兰州大雪球、龙峰特大120天、杭州120天等。

三、生物学特性

（一）形态特征

（1）根 根系发达，再生能力强，适于育苗移栽，主要根群密集于30cm的土层内。

（2）茎 茎粗而长，营养生长时期茎短缩，顶端优势强，腋芽不萌发，在阶段发育完成后，心叶向内卷曲或扭转，抽生花球。

（3）叶 叶片蓝绿色或浅灰绿色，叶片较狭长，披针形或长卵形，营养生长期具有叶柄，并有裂叶，叶面无毛，表面有蜡粉（图11-7）。显球时，心叶向中心自然卷曲或扭转，可保护花球免受阳光照射变色或受霜冻。

（4）花 花球由花轴、花枝、花蕾短缩聚合而成，半圆形，质地致密，是养分贮藏器官，一个成熟的花球一般有0.5～2kg，总状花序、黄色花冠、异花传粉。花球为营养贮藏器官，当温度等条件适宜时，花器进一步发育，花球逐渐松散，花薹、花枝迅速伸长，花蕾膨大，继而开花结实。花为复总状花序，异花授粉。

（5）果实和种子 果实长圆筒形，角果，内有种子10粒左右，种子近圆形，褐

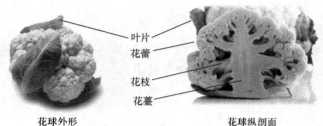

叶片
花蕾
花枝
花薹

花球外形　　　　　　　　　　　花球纵剖面

图 11-7　花椰菜的叶和花球

色，千粒重 2.5～4g，发芽年限 3 年。

（二）生长发育周期

花椰菜的生长发育周期基本上与结球甘蓝相同，分为营养生长和生殖生长两个阶段。

1．营养生长阶段

（1）发芽期　　从种子萌动至子叶展开、真叶显露为发芽期，温度适宜时需 5～7d。

（2）幼苗期　　从真叶显露至第 1 叶序，即 5～8 叶展开，形成团棵为幼苗期，夏秋季约需 30d，冬季约需 60d。

（3）莲座期　　从第 2 叶序开始到莲座叶全部展开、形成强大的莲座叶为莲座期，所需天数因季节而异，需 20～60d。

2．生殖生长阶段

（1）花球形成期　　从花球开始花芽分化至花球生长充实，适宜商品采收时为花球形成期，此期的长短依品种和栽培季节而异，需 20～50d。

形成强大的莲座叶是花球形成的基础，在没有出现花球之前，莲座叶制造的养分一部分暂贮存到茎中，当植株心叶开始扭曲（花球开始发育），茎中贮藏的和莲座叶中制造的养分很快向花球运输，使其在较短的时间内能形成一个硕大的花球。生产上在遇到低温等不适宜的栽培环境时，常利用这一特性进行"假植"，以获得一定的产量。

（2）抽薹期　　从花球边缘开始松散、花茎伸长至初花为抽薹期，需 8～10d。

（3）开花期　　自初花至整株谢花为开花期，需 25～30d。

（4）结荚期　　从花谢到角果成熟为结荚期，需 20～40d。

（三）对环境条件的要求

1．温度　　花椰菜属于半耐寒性蔬菜，喜冷凉气候，耐寒和耐热能力均比结球甘蓝差。种子发芽最适宜温度为 25℃ 左右，播种后 2～3d 便可出土。幼苗生长适温 20～25℃，其耐寒和抗热能力较强，可耐 0℃ 的低温和 35℃ 的高温。营养生长期适温为 8～24℃。花球的发育适温为 15～18℃，8℃ 以下则生长缓慢，遇 0℃ 以下低温，极易遭受冻害，24℃ 以上高温下，花球形成受阻，且花球松散，品质和产量下降，因此，栽培上一定要把花球形成期安排在适温季节。开花结荚期的适宜温度与花球形成期相同，温度超过 25℃ 或遭遇低温花粉丧失生活力，不能正常受精结实，常形成空荚。

2．光照　　花椰菜要求中等强度光照，但也能耐稍阴的环境。在花球形成过程中若遇过强的光照，易使洁白的花球变黄，降低产品的品质。所以在花球形成过程中常进行束叶或适当遮阴以保护花球。

3. **水分**　　花椰菜喜湿润的土壤环境。在叶丛和花球形成期均需要充足的水分供给，若土壤干旱则植株矮小，易形成小花球。但水分过多时，土壤通透性不良，影响根系生长，严重时可导致植株萎蔫，或引起花球松散，花枝霉烂。

4. **土壤与营养**　　花椰菜对土壤的要求比结球甘蓝严格，最好是在有机质含量高、疏松肥沃、土层深厚、保肥、保水力强的壤土或沙壤土上栽培。适宜土壤酸碱度为pH 6～6.7。

花椰菜属喜肥耐肥作物，生长前期叶丛形成需要氮肥较多，但花球形成期需要较多的磷、钾肥及硼、钼等元素。吸收氮、磷、钾的适宜比例是3.28：1：2.8。缺硼常引起生长点受害萎缩，叶缘卷曲，叶柄产生小裂纹，花茎中空或开裂，花球锈褐色，味苦。

四、栽培制度与栽培季节

花椰菜不同品种花球发育适宜温度不同，栽培上首先要了解品种特性，掌握播种适期，将花球形成期安排在最适宜的生长季节，以达到优质高产。忌与十字花科作物连作，以减少病虫害的发生。北方冬季较寒冷，夏季炎热，由于花球在高温条件下品质降低，花椰菜的栽培季节主要是春、秋两季或设施栽培。春茬在2～3月播种，6～7月收获；秋茬6月中旬至7月上中旬播种，9～10月采收。

【任务提出】

结合生产实践，小组完成一个花椰菜育苗项目，在学习花椰菜生物学特性和生产技术的基础上，设计其大棚春花椰菜生产方案，同时做好生产记录和生产总结。

【任务资讯】

一、大棚春花椰菜栽培技术

1. **品种选择**　　花椰菜不同的栽培季节对品种的要求严格，春节栽培必须选用春季品种，即生长期较长和冬性较强的中晚熟品种。如选用冬性弱的早熟品种，春季育苗时容易在幼苗尚未分化出足够的叶数和形成强大的同化器官之前，就形成很小的花球，严重影响产量和品质。适合花椰菜大棚栽培的主要品种有荷兰雪球、福建80天、日本雪山、法国菜花、雪峰菜花等。

2. **适期播种，培育壮苗**　　春保护地栽培育苗一般在11月初至12月上中旬采用阳畦育苗，还可在阳畦内结合电热温床育苗效果更好。壮苗的标准：具有6～8片叶，茎粗壮，节间短，叶片浓绿、肥厚、根系发达、完整，幼苗整齐一致，无病虫危害。播种量一般4～7g/m²，采用撒播法，播种后白天温度控制在20～25℃，夜间温度控制在14～15℃。出苗后白天温度控制在20℃，夜间温度控制在10℃。幼苗长到3～4片真叶时，选晴天进行分苗，分苗的株行距为10cm×10cm。分苗后要及时盖好薄膜，夜间盖好覆盖物，保温促进缓苗。有条件的可采取直径为10cm的营养钵分苗，有利于根系的保护，移栽后缓苗快。在定植前1周左右，进行幼苗锻炼，以适应定植后的大棚环境。

3. **扣棚整地**　　在定植前1个月左右扣棚烤地，提高地温。在秋冬晒垡、冻融的基础上，每亩施优质农家肥5000～6000kg、过磷酸钙40～50kg，为减少土壤对磷的固定，可与有机肥堆积发酵后施入。施肥后深耕细耙,做长 8～10m、宽 1.0～1.5m 的畦,准备定植。

4. 定植　　一般行距 50～60cm、株距 50cm,每亩栽植 2000～2500 株。

5. 田间管理

（1）温度管理　　定植后要尽可能少通风,保持 7～10d,以保证温度,促进缓苗。在幼苗开始生长时,逐渐通风换气,以降低空气湿度。棚内温度白天控制在 15～20℃,最高不超过 25℃,夜间 5～10℃。随着春天温度的回升,逐渐加大放风量,直至气温稳定时,选用无风晴天撤去棚膜。

（2）肥水管理　　缓苗后,可根据幼苗生长状况、土壤湿度及天气状况,浇 1 次缓苗水并勤中耕,以利于早春提高地温,促进发根。莲座期结合浇水,每亩追施磷酸二铵 15～20kg,防止因缺肥而使营养生长不良。若生长过旺,应及时控水蹲苗,使花椰菜营养生长健壮,为花球发育奠定基础。当部分植株显蕾时再追肥 1 次,花球膨大中后期可用 0.2%～0.5% 的硼砂叶面追肥,3～5d 一次,连喷 3 次。营养不足时可喷施 0.5% 尿素及 0.5% 磷酸二氢钾的混合液,连喷 2～3 次。花球出现后,每隔一周浇水一次,保持土壤湿润,收获前 5～7d 停止浇水。

在花球形成后期,受阳光直射后以使花球颜色变黄,质地变粗,品质下降。应在花球直径达 8～10cm 时,将花球的 2～3 片外叶束住,以防日晒,但千万不能折断叶片遮光,以免影响产量。

6. 采收　　当花球充分长大,表面致密且圆整紧实,洁白鲜嫩,边缘花枝未展开时为采收适期。采收时,花球外面留 5～6 片小叶保护花球免受损伤和污染。

二、露地春花椰菜栽培技术

近年来,在黄淮及以南地区,露地春花椰菜栽培的面积逐年扩大,一般在 12 月至翌年 1 月阳畦播种,3 月下旬至 4 月初露地定植,5～6 月上市,价格较高,经济效益可观。

品种选择,播种育苗同大棚春花椰菜栽培技术。只是在苗期管理的后期要加大通风,进行低温锻炼,定植前 3～5d 完全撤去薄膜或覆盖物,使苗床温度接近外界气温,以使幼苗较快适应定植后的露地环境。

春天露地栽培,适时定植很关键。定植过早,易造成先期显球,影响产量;定植过晚,成熟期推迟,花球形成期正值高温,花球松散。一般在日平均温度稳定在 6℃ 以上即可定植。

施足底肥是丰产的关键,定植前每亩施优质腐熟农家肥 5000～6000kg、磷酸二铵 10～15kg、尿素 20kg、硫酸钾 15～20kg。施肥后按垄高 15cm,行距 40～50cm（单行定植）,或宽行 60cm,窄行 35cm 做垄（双行定植）。定植株距 50cm,定植时,大小苗分栽,剔除病、弱、杂苗,定植后浇足扎根水。也可采用地膜覆盖栽培,作垄后立即覆地膜,保墒增温。

缓苗后,根据土壤、天气及幼苗生长情况浇一次缓苗水,缓苗后及时中耕,以提高地温,促进根系发育。进入莲座期后控水控肥、中耕培土、进行蹲苗,蹲苗期一般 8～12d。蹲苗结束浇一次透水,随水每亩追施尿素 10～15kg,并及时中耕。结球之前中耕 2～3 次。当植株心叶开始旋扭时，结合浇水，每亩施尿素 15～25kg 钾肥或草木灰适量，促进花球形成。此后注意保持土壤湿度，以满足花椰菜正常生长发育的需要，直至收获。

为保护花球避免阳光直射可在花球 10cm 大时，束叶遮阴，保证花球洁白。但束叶不可过早以免影响光合作用，使花球膨大缓慢。洁白的花球充分长大还未松散时，应及时采收。收获时留 5～6 片内叶包被花球以免在贮运中损伤。

三、露地秋花椰菜栽培技术要点

露地秋花椰菜栽培首先要选择耐热，抗病的品种，如荷兰雪球、日本雪山菜花、白峰菜花等。播种期一般为 6 月上中旬至 7 月上旬，采收期为 9 月中旬至 10 月上旬。由于幼苗期正处在高温多雨、病虫害多发季节，所以苗床应选择地势较高、便于排水的地块。播种时一定要浇足底水。播后注意用遮阳网覆盖遮阴，防治病虫害，特别是苗期猝倒病的防治。出苗后，除中午的高温强光及大雨外，一般不进行遮阴，以免形成高脚苗。

花椰菜忌连作，也不宜与同科蔬菜重茬。当前茬作物收获后，要及时灭茬，整地施肥。一般苗期 20～25d，幼苗有 4～5 片真叶时应及时进行移植。秋花椰菜多用早熟品种，密度应适当增加，一般株距 35～40cm，每亩栽植 2500～2800 株。其他管理同前。

北方地区秋季若结合保护地栽培，能延长供应期。当湿度不适合花椰菜正常生长而花球又未充分长成时，可通过"假植"栽培，利用植株叶片中的养分慢慢转移到花球，花球慢慢长大，既提高质量又达到贮藏增值的目的。主要技术是：将长有小花球（直径 8～10cm）的花椰菜植株连根带土铲起，摘去病叶、老叶，扶起绿叶包住花球，并捆好，防止以后花球受冻或棚膜水珠落到花球上引起花球腐烂，密植于阳畦内。盖好棚膜，前期的温度应稍高些，后期温度低时应盖草苫。等到花球长成后，收获上市。

【任务注意事项】

花椰菜主要生理性病害：在花球形成期，时有发生早花、毛花、紫花、散花球等现象，都是花椰菜种性不纯或栽培条件不当造成的生理性病害，严重影响花椰菜的产量和品质。

1. 早花　早花是过早形成小花球的现象，在春季和秋季栽培都可以发生。主要原因是品种选用不当，如秋季品种春播；提前通过春化；营养不足；秧苗徒长或小老苗；花球生长期土壤肥力不足等。

2. 散花球　成熟后不及时采收，遇到 25℃ 以上高温，使花球边缘散开，花球表面不平。另外异地品种引进栽培不当，花球枝梗伸长散开，失去商品价值。

3. 毛花　又称多叶和绒毛花球，花球表面出现毛状物的现象。原因主芽分化后出现高温天气，特别是持续高温，或高温后温度骤降，不适宜花球形成，植株又返回营养生长，花球的花枝顶端部位花器的花柱或花丝非顺序伸长形成，花球中间出现小叶，花球松散或花球表面长出绒毛。此外，也与温度的忽高忽低、肥水过多有关。

4. 紫花　一般多在花球接近成熟时突遇低温，花球组织内糖苷转化为以致花球表面出现不均衡的红色、紫色的现象。所以在花球生长期如遇到低温，可以盖球防冻，或对小花球植株进行假植，以避免紫花。

5. 污斑花球 在植株缺乏硼、钼等元素时，球内茎中空、变裂或变褐渣，花球表面呈水浸状；缺钾时产生黑心病。有时暴晒、病虫危害、贮存不当也会形成污斑花球。

【任务总结及思考】

1. 简述花椰菜的丰产栽培技术措施。
2. 花椰菜的主要生理性病害有哪些？原因是什么？
3. 花椰菜在栽培过程中容易出现哪些生长不良现象？怎样防止？
4. 试比较青花菜与花椰菜形态上和栽培上的异同。

【兴趣链接】

1. 功效主治 补肾填精，健脑壮骨，补脾和胃。主治久病体虚、肢体痿软、耳鸣健忘、脾胃虚弱及小儿发育迟缓等病症。

2. 营养成分 每100g含蛋白质2.4g，脂肪0.4g，碳水化合物3g，钙18mg，磷53mg，铁0.7mg，胡萝卜素0.08mg，维生素C 88mg，以及维生素A、维生素B、硒、芳香异硫氰酸。

3. 食疗作用

（1）防癌抗癌 花椰菜含维生素C较多，是大白菜的4倍、番茄的8倍、芹菜的15倍，尤其是在防治胃癌、乳腺癌方面效果尤佳。研究表明，患胃癌时，人体血清硒的水平明显下降，胃液中的维生素C的浓度也显著低于正常人，而花菜不但能给人补充一定量的硒和维生素C，同时也供给丰富的胡萝卜素，起到阻止癌前病变细胞形成的作用，抑制癌肿生长。

（2）增强机体免疫功能 花椰菜的维生素C含量极高，不但有利于人的生长发育，更重要的是能提高人体免疫功能，促进肝脏解毒，增强人的体质，增加抗病能力。

4. 保健食谱

（1）红烧花菜 花菜250g，胡萝卜、罐头蘑菇各50g，葱花、白糖各适量。将花菜洗净，用手掰成小块；胡萝卜洗净，去皮切块；油锅烧热，下葱花煸香，投入花菜、胡萝卜煸炒，加入蘑菇，烧至花菜入味，出锅即成。此菜肴具有健脾化滞，增加食欲的功效，适用于脾虚患者服食。

（2）美丽花菜 花菜200g，番茄100g，植物油10mL，葱、姜各适量。花菜洗净去根，切下小花，用开水焯一下，捞出控水备用；炒锅内放油，油热放葱末、姜末、番茄，炒出红色时，稍放一点鸡汤，加盐、白糖，汤沸后，放入花菜，炒几分钟加味精，淀粉挂芡即成。此肴具有益气生津、补肾健脑的功效，适用于年老体弱、小儿发育迟缓等病症。

（3）芙蓉花菜 花菜250g，鸡蛋2枚。将花菜洗净待用；鸡蛋取蛋清，加水、料酒、盐等拌匀，上笼蒸熟。锅内烧鲜汤，加料酒、盐等，放入掰成果子大小块的花菜，熟后加味精；将蒸熟的鸡蛋浇在掰成片状的菜花上即成。此肴味美色佳，具有补肾益精、防癌抗癌之功效，适用于癌症患者康复服食。

任务四　乌塌菜栽培

【知识目标】

1. 了解乌塌菜的生长发育特性及其对环境条件的要求。
2. 掌握乌塌菜的丰产栽培技术。

【能力目标】

熟知乌塌菜的生长发育规律，掌握生产过程的品种选择、茬口安排、整地做畦、播种育苗、田间管理、病虫害防治、适时采收等技能。

【知识拓展】

一、乌塌菜生产概述

乌塌菜学名 *Brassica chinensis* L. var. *rosularia* Tsen et Lee，别名塌菜、黑菜、塌棵菜、太古菜、塌地菘等，为十字花科芸薹属芸薹种白菜亚种的一个变种，以墨绿色叶为产品的二年生草本植物。乌塌菜由芸薹进化而来。原产我国，主要分布在我国长江流域。以经霜雪后味甜美而著称于我国江南地区。

二、品种及类型

按其株型分为塌地与半塌地型。塌地类型：代表品种有常州乌塌菜、上海小八叶、中八叶、大八叶、油塌菜等。半塌地类型代表品种有南京飘儿菜、黑心乌、成都乌脚白菜等。

三、生物学特性

（一）形态特征

（1）根　　根系发达，分布较浅，再生力强。

（2）茎　　茎丛生，上部有分枝。

（3）叶　　二年生或栽培成一年生草本，高 30～40cm，全株无毛。或基生叶下面偶有极疏生刺毛；基生叶莲座状、圆卵形或倒卵形，长 10～20cm，墨绿色，有光泽，不裂或基部有 1～2 对不显著裂片，显著皱缩，全缘或有疏生圆齿，中脉宽，有纵条纹，侧脉扇形；叶柄白色，宽 8～20mm，稍有边缘，有时具小裂片；上部叶近圆形或长圆状卵形，长 4～10cm，全缘，抱茎。

（4）花　　总状花序顶生；花淡黄色，直径 6～8mm；花梗长 1～1.5cm；萼片长圆形，长 3～4mm，顶端圆钝；花瓣倒卵形或近圆形，长 5～7mm，多脉纹，有短爪。

（5）果实与种子　　长角果长圆形，长 2～4cm，宽 4～5mm，扁平，果瓣具显明中脉及网状侧脉；喙宽且粗，长 4～8mm；果梗粗壮，长 1～1.5cm，伸展或上部弯曲。种子球形，直径约 1mm，深棕色，有细网状窠穴，种脐显著。花期 3～4 月，果期 5 月。

（二）生物学特性

种子在 15～30℃下经 1～3d 发芽，以 20～25℃为发芽适温，4～8℃为最低温，40℃为最高温。乌塌菜能耐−8～10℃低温、25℃以上的高温及干燥条件，生长衰弱易受病毒病危害，品质明显下降。

（三）对环境条件的要求

（1）温度　　乌塌菜性喜冷凉，不耐高温，种子发芽适温为 20～25℃，生长发育适温为 15～20℃，能耐零下 8～10℃的低温，在 25℃以上高温则生长衰弱易受病毒病危害，品质明显下降；乌塌菜在种子萌动及绿体植株阶段，均可接受低温感应而完成春化。

（2）光照　　乌塌菜对光照要求较强，阴雨弱光易引起徒长，茎节伸长，品质下降；长日照及较高的温度条件有利于抽薹开花。

（3）土壤养分　　乌塌菜对土壤的适应性较强，但以富含有机质、保水保肥力强的黏土或冲击土最为适宜，较耐酸性土壤。乌塌菜在生长盛期要求肥水充足，需氮肥较多，钾肥次之，磷最少。

四、栽培季节与茬次

乌塌菜在不同的季节选用适宜的品种可基本实现周年生产。冬春栽培可选用冬性强晚抽薹品种；春季可选用冬性弱的品种；高温多雨季节可选用多抗性、适应性广的品种；秋冬栽培可选用耐低温的塌地型品种栽培。乌塌菜生育期需要较强的光照和凉爽的气候。

在长江流域一般于 9 月播种育苗，10 月移栽，12 月至翌年 2 月可随时收获。利用塑料大、小棚等保护栽培时，可于 10 月初播种育苗，11 月定植，元旦至春节前后收获上市。华北地区秋季栽培于 8 月播种育苗，9 月移栽，11 月上市。在进行越冬栽培时，利用塑料大、中、小棚栽培，于 9 月播种育苗，10 月移栽，12 月收获上市；利用日光温室栽培时，10 月播种育苗，11 月定植，翌年 1 月收获上市。秋季露地栽培华北地区进行乌塌菜秋季露地栽培的季节与大白菜相似，其生长发育良好，产量高、品质好。越冬栽培技术华北地区乌塌菜越冬栽培时，因利用的设施不同而季节不同。由于上市期能从元旦前至春节前后，正值绿叶菜稀缺的淡季，因而经济效益很高。近年来面积逐渐发展扩大。

【任务提出】

结合生产实践，小组完成一个乌塌菜育苗项目，在学习乌塌菜生物学特性和生产技术的基础上，设计乌塌菜育苗生产方案，同时做好生产记录和生产总结。

【任务资讯】

乌塌菜栽培技术

1. 品种选择　　按照乌塌菜的株型分为塌地与半塌地型。塌地型的代表品种有常州乌塌菜、上海小八叶、中八叶、大八叶、油塌菜等。半塌地类型代表品种有南京飘儿菜、黑心乌、成都乌脚白菜等。另外，菊花心塌菜代表品种有合肥黄心乌。

2. 播种育苗　　乌塌菜一般都进行育苗移栽。苗床地宜选择未种过同科蔬菜、保水保肥力强、排水良好的壤土。苗床做成平畦或低畦，播种应掌握匀播与适当稀播，过密易引起徒长。播种前浇透水，然后撒播干籽或浸泡 1h 左右的湿籽，上覆一层 1cm 厚的细土，以保证水分的正常供给。适期播种 2～3d 即可出苗，出苗后要及时间苗，防止徒长，这是培育壮苗的关键。一般苗龄 25～30d 即可定植，定植前需浇透水，以利拔苗。

3. 整地、施基肥　乌塌菜在秋季露地栽培中，前茬一般是春茬的黄瓜、番茄、辣椒等蔬菜作物。选择土质疏松、夏季空闲的熟地。深耕 30cm，每亩施用 2000～2500kg 基肥。用氨水作基肥效果很好，不但促进生长，并有杀菌、减轻病虫害的作用，每亩用量约 50kg。

4. 定植　10 月下旬至 11 月下旬移栽，密度为 15～20cm 见方。定植深度因气候、土质而异，早秋宜浅栽，以防深栽烂心；寒露后，栽菜宜深些，可以防寒。

5. 田间管理　要注意定植质量，保证齐苗，如有缺苗要及时补苗。定植后及时浇水，促进缓苗。缓苗后酌情浇水并追施速效氮肥，是加强生长，保证丰产优质的主要环节。冬季生长缓慢，且地温较低，应减少浇水施肥，并可覆盖一些土杂肥、草木灰等，保苗越冬。早春返青后，再结合浇水追施粪水或尿素 2～3 次，即可拔起上市。

6. 采收　乌塌菜采收期依气候条件、品种特性和消费需要而定。一般定植后 30～40d 可陆续采收；充分长大需要 50～60d。亩产 1500～2000kg。

7. 病虫害及其防治　乌塌菜的病害主要有病毒病、软腐病、干烧心病等；虫害主要有菜蛾、蚜虫等。药剂防治可用 40% 乐果乳油 1000 倍液或 2.5% 溴氰菊酯每亩 10～15mL 或 50% 代森铵水剂 800～1000 倍液，或抑太保 2000 倍液等药剂进行防治。

【任务总结及思考】

1. 乌塌菜的高效生产措施有哪些？
2. 乌塌菜栽培茬次如何安排？

【兴趣链接】

1. 功效主治　有滑肠、疏肝、利五脏的功效。

2. 营养成分　每 100g 乌塌菜的可食部分含水分约 92g，蛋白质 1.56～3g，还原糖 0.80g，脂肪 0.4g，纤维素 2.63g，维生素 C 43～75mg，胡萝卜素 1.52～3.5mg，维生素 B_1 0.02mg，维生素 B_2 0.14mg，钾 382.6mg，钠 42.6mg，钙 154～241mg，磷 46.3mg，铜 0.111mg；锰 0.319mg；硒 2.39mg，铁 1.25～3.30mg，锌 0.306mg，锶 1.03mg。

3. 保健食谱　蒜蓉乌塌菜：把乌塌菜从根上掰下来，可以几片叶子连在一起，然后洗净沥去水分，再将大蒜切碎；锅烧热倒入油，将洗好的乌塌菜倒入锅中；翻炒片刻，炒至乌塌菜叶子有些发软；倒入蒜蓉，再翻炒几下使蒜出香味即可关火；调入少许盐炒匀即出锅。

任务五　菜心栽培

【知识目标】

1. 了解菜心的生长发育特性及其对环境条件的要求。

2．掌握菜心的丰产栽培技术。

【能力目标】

熟知菜心的生长发育规律，掌握生产过程的品种选择、茬口安排、整地做畦、播种育苗、田间管理、病虫害防治、适时采收等技能。

【知识拓展】

一、菜心生产概述

菜心又称菜薹，是十字花科芸薹属白菜亚种，是小白菜的一种变种。原产中国，起源于我国华南地区。主要分布在我国的广东、广西、海南、台湾、香港和澳门等地。为我国华南地区特产蔬菜之一。由于菜心生长周期短，能周年生产与供应，经济效益较高。近年来，在我国种植面积不断扩大。

二、类型和品种

按生长期长短和对栽培季节的适应性分为早熟、中熟和晚熟等类型。

（1）早熟类型　植株小，生长期短，抽薹早，菜薹细小，腋芽萌发力弱，以采收主薹为主，产量较低。较耐热，对低温敏感，温度稍低就容易提早抽薹。

（2）中熟类型　植株中等，生长期略长，生长较快，腋芽有一定萌发力，主薹、侧薹兼收，以主薹为主，质量较好。对温度适应性广，耐热性与早熟种相近，遇低温易抽薹。

（3）晚熟类型　植株较大，生长期较长，抽薹迟。腋芽萌发力强，主侧薹兼收，采收期较长，菜薹产量较高。不耐热。

三、生物学特性

1. 形态特征　菜心主根不发达，须根多，根群分布于表土 3～10cm，根再生能力强。植株直立或半直立、茎短缩、深绿色，花薹绿色。基叶开展或斜立。叶片较一般白菜叶细小，宽卵形或椭圆形，绿色或黄绿色，叶缘波状，基部有裂片或无或叶翼延伸；叶脉明显，具狭长叶柄；薹叶呈卵形以至披针形，短柄或无柄。植株抽薹后在顶端和叶腋间长出花枝，总状花序，黄花，为完全花，虫媒花，属异花授粉植物，果实为长角果，千粒重 1.3～1.7g，形态见图 11-8。

2. 生长发育周期　一般为 90～120d。菜心的生长发育过程包括发芽期、幼苗期、叶片生长期、菜薹形成期和开花结籽期 5 个时期，种子发芽至菜薹形成是菜心的商品栽培过程（表 11-2）。

图 11-8　菜心形态

表 11-2 菜心的生长发育周期 （单位：d）

发芽期	幼苗期	叶片生长期	菜薹形成期	开花结籽期
5～7	14～18	7～21	14～18	50～60

3. 对环境条件的要求

（1）温度　菜心喜温和气候，生长发育适宜 15～25℃，不同生长期对温度要求不同，种子发芽和幼苗生长适温 25～30℃；叶片生长期生长适温 20～25℃；菜薹形成适温 15～20℃。昼温 20℃，夜温 15℃时菜心发育良好，产量高、品质佳。高于 25℃，虽生长快，但质粗，味淡。开花结果期最适宜温度为 15～24℃。

（2）光照　菜心属长日照植物，但多数品种对光周期要求不严格。花芽分化和菜薹生长快慢主要受温度影响。

（3）水肥　菜心根系浅，对水分要求严格，水分不足，生长缓慢，菜薹组织硬化粗糙；水分过多，则根系窒息，严重的会因沤根而死。菜心对矿质营养的吸收量，氮、磷、钾三要素之比为 3.5：1：3.4。每生产 1000kg 菜薹，需氮 2.2～3.6kg、磷 0.6～1.0kg、钾 1.1～3.8kg。

（4）土壤　对土壤的适应性较强，较耐酸性，但以富含有机质、排灌方便的沙壤土或壤土最适。

四、栽培季节与茬次

北方地区春、夏、秋三季以露地栽培为主，冬春季则利用日光温室、塑料大棚与黄瓜、番茄等主栽蔬菜套种最好。露地春播选用中、晚熟品种，于 3～4 月阳畦播种育苗，苗期 20～30d，5～6 月采收。露地夏播选用早熟品种，6～7 月播种，苗期 18～25d，7～8 月采收。露地秋播选用中熟品种，8 月播种，苗期 20～25d，7～8 月采收。日光温室采用中、晚熟品种，于 10 月下旬至翌年 3 月播种，苗期 20～30d，12 月至翌年 4 月采收。南方地区，一年四季均可种植。

【任务提出】

结合生产实践，小组完成一个菜心育苗项目，在学习菜心生物学特性和生产技术的基础上，设计菜心栽培方案，同时做好生产记录和生产总结。

【任务资讯】

菜心生产技术

1. 品种选择　春作栽培选中熟抗病性强的品种，夏秋栽培选早熟耐高温抗病的品种，秋季栽培选中熟优质高产的品种，冬季栽培选晚熟耐低温优质品种。

2. 整地做畦　菜心对土壤适应性广，选择土质疏松、土层深厚、有机质含量丰富的壤土或沙壤土种植，选择前茬未种过十字花科蔬菜的土地为佳。对栽培地深耕晒垡，施足基肥，一般每亩施腐熟有机肥 1000～2000kg、复合肥 20kg。精细整地后做畦，畦宽 1.6～1.7m、畦高 20～30cm。

3. 播种育苗　菜心可直播或育苗移栽，早中熟菜心生长期短，一般以直播为主，迟熟菜心生长期长可实行育苗移栽。在冬春季播种时，应注意预防低温，特别是寒潮低温的时候，避免"冷芽"而提早发育，夏秋季播种则应避开台风、暴雨的日子，以防大雨冲刷。一般每亩播种量为0.5kg左右。播后喷少量水。高温季节播种后需用遮阳网或稻草覆盖隔热保湿；冬季低温季节播种后，白天用地膜覆盖保温保湿，夜间加遮阳网或稻草覆盖保温促出苗。

第一次间苗在1～2片真叶时，间除过密苗、弱苗、高脚苗等，第二次可在3～4叶期进行，并结合补苗，保持早熟品种8cm×10cm株行距，中熟品种12cm×15cm株行距，晚熟品种15cm×18cm株行距。育苗移栽的，定植时采用相同的株行距，定植后要逐株淋透水，定植后3～5d应施薄肥，促进生长。

4. 田间管理

（1）水分管理　菜心在整个生长期始终需要保持土壤湿润，特别在抽薹期植株更需要充足的水分供应。夏季晴天早晚淋水，雨天注意排水，以防畦面积水；越冬前，干旱时，灌水防冻，即灌即排。

（2）适时追肥　菜心在第一片真叶展开时进行第一次追肥，每亩施稀粪水500kg或尿素34kg；定植后4d左右发新根时，进行第二次追肥，一般每亩施用20%的腐熟人畜粪尿500～1000kg或尿素5～10kg；在大部分植株出现花蕾开始抽薹时进行第三次追肥，每亩施用30%～40%的腐熟人畜粪尿500～1000kg或尿素5～10kg促进菜薹迅速发育。如果采收主薹后，继续采收侧薹的，则应在大部分植株采收主薹时，每亩追施一次肥以促进侧薹发育，施肥量与第三次相当。

（3）中耕除草　结合第二次追肥，及时中耕除草，防止土壤板结，清除杂草防止同菜苗争夺养分，避免草荒发生。

5. 病虫害防治　菜心栽培生长的各个栽培季节当条件适宜时常见的病害有病毒病、霜霉病软腐病、黑斑病、黑腐病等；虫害有蚜虫、荣粉蝶、小菜蛾、菜螟、甘蓝夜蛾、黄条跳甲等。防治措施同大白菜。

6. 采收　菜心的产品包括主薹和侧薹，采收主薹或主侧薹兼采因品种、气候等条件而定。当主薹长到同最高叶片先端等高，花蕾初开，即俗名"齐口花"时，为适宜采收期。未及"齐口花"时采收则太嫩，产量低，超过"齐口花"采收虽然产量高，但品质差。采收期如果气温低，可延迟2～3d采收，如温度高要及时采收。兼收侧薹者，要在基部留2～3片叶割取主薹，留叶过多，侧薹多而纤细，只收获主薹者，采收节位可略低1～2节。

【任务总结及思考】

1. 菜心的高效生产措施有哪些？
2. 能识别菜心的主要病虫害，掌握其主要防治技能。

【兴趣链接】

1. 红菜薹的传说　关于红菜薹的传说很多，一种说法是：相传1700多年前，洪山脚下的小村子里，有个叫玉叶的姑娘，年方十八，相貌娟秀、心灵手巧。邻村有个叫田勇的小伙子，勤劳朴实、热心助人。两人相互倾慕，早已相爱。阳春三月，他们到风景秀丽的洪山游玩，被人称"恶太岁"的杨熊撞见。杨熊见玉叶十分漂亮，令兵勇将她抢走。田勇奋力拼打，将玉叶救出，拉着她就往山下跑，杨熊见漂亮姑娘得而复失，叫兵勇将两人乱箭射死。顿时，田勇和玉叶的鲜血染红了脚下的土地，杨熊见出了人命，策马逃跑，突然一阵雷电，将杨熊一伙全击死在山腰。事后，当地百姓将田勇和玉叶埋在死难的地方，后来坟堆周围长满了紫红色的小苗苗，乡亲们常给它们浇水施肥。到了秋天，当地遇上大虫灾，庄稼颗粒无收，乡亲们将坟堆周围的紫红色的薹秆采来食用，觉得甜脆清香，且越来越多，渡过了荒年。秋后，家家户户采集了菜籽，在自家菜园里种植，空时把菜薹挑到城里去卖，城里人吃到这种稀有的蔬菜赞不绝口，红菜薹的名声越来越大，种的人也就越来越多。

2. 功效主治　　菜心味甘、性辛、凉；有散血消肿之功效。

3. 营养成分　　菜心品质柔嫩，风味可口，营养丰富。每千克可食用部分含蛋白质13～16g、脂肪1～3g、碳水化合物22～42g，还含有钙410～1350mg、磷270mg、铁13mg、胡萝卜素1～13.6mg、核黄素0.3～1mg、烟酸3～8mg、维生素C790mg。

4. 保健食谱

（1）清炒红菜薹　　红菜薹400g、辣椒（红，尖）30g、盐5g、鸡精2g、白醋5g、香油10g、植物油20g、大葱5g、姜3g。将红菜薹洗净切段，红辣椒切丝，葱、姜切末；沙锅下植物油，放入姜末、葱末炒香；加入红菜薹段、盐翻炒，滴白醋、香油，放入鸡精翻炒均匀即可。

（2）腊肉炒菜薹　　红菜薹1000g，熟腊肉100g，芝麻油75g，精盐、姜末各少许。将红菜薹用手折断成4.5cm长的段，取其嫩的部分，用清水洗净沥干；腊肉切成3cm长、0.3cm厚的片；炒锅置旺火上，放入芝麻油烧热，下姜末稍煸后，放入腊肉煸炒1min，用漏勺捞出；将原炒锅连同余油置旺火上烧热，放入菜薹，加精盐煸炒2min，再加入腊肉合炒1min，用手勺推匀，将锅颠动几下，起服盛盘即成。

任务六　茎芥菜栽培

【知识目标】

1. 了解茎芥菜的生长发育特性及其对环境条件的要求。
2. 掌握茎芥菜的丰产栽培技术。

【能力目标】

熟知茎芥菜的生长发育规律，掌握生产过程的品种选择、茬口安排、整地做畦、播种育苗、田间管理、病虫害防治、适时采收等技能。

【知识拓展】

一、茎芥菜生产概述

茎芥菜学名 *Brassica juncea* var. *tsatsai* Mao，是十字花科芸薹属芥菜种中以肉质茎为产品的一个变种，一二年生草本植物。别名青菜头、菜头、包包菜、羊角菜等。产品主要供加工榨菜，也可鲜食。是我国的特产蔬菜。茎芥菜在秋冬季节栽培，春季收获，可以充分利用光温条件和冬闲的土地资源。

二、类型和品种

茎芥菜有 3 个变种，笋子芥、抱子芥和茎瘤芥（图 11-9）。

笋子芥 抱子芥 茎瘤芥

图 11-9 茎芥菜的 3 个变种

笋子芥又名笋菜、棒菜，是四川特产蔬菜之一，其特点是茎部膨大呈肥胖的棒状肉质，在我国西南地区及长江流域栽培较为普遍，但以四川盆地的肉质茎膨大最为充分，也是主要的食用器官；而在长江中下游地区则多为茎叶兼用，肉质茎皮较厚，含水量特高，质地柔嫩，主作鲜食，不宜加工，是冬末春初重要的蔬菜之一，种植的品种以农家品种为主，如竹壳子棒菜、白甲菜头、南充棒菜等。

抱子芥，俗称儿菜、芽芥菜，南方地区也叫娃娃菜。粗大的茎部上，环绕相抱着一个个翠绿的芽包，如同无数孩子把当娘的围在中间。一母多子，这也是它叫"儿菜"的来由。一般长 15～25cm，幼苗生长到一定阶段，从叶腋处长出的芽不断膨大，以至以膨大的芽块代替，每个芽块 35～50g，每株生有芽块菜 15～20 个，呈宝塔形，非常美观。

茎瘤芥，茎肥大并有瘤状突起，是做榨菜的主要原料，四川东部的土壤、气候条件最适宜瘤芥生长，所形成的瘤茎部分尤为肥嫩。目前，茎瘤芥主要分布在四川、浙江两省，湖北、江西、福建、江苏、安徽、河南等省也有栽培。种植品种有草腰子、蔺市草腰子、鹅公包等。

三、生物学特性

1. 植物学特征

（1）根　茎用芥菜根系不发达，耐旱能力较差，喜欢湿润，怕渍水。

（2）茎　茎短缩膨大，茎上叶柄基部有瘤状突起，一般 3 个，中间一个较大。膨大茎的形状有纺锤形、扁圆形、棍棒形等，皮色淡绿色。

（3）叶　叶形有椭圆、卵圆、披针形，叶色有绿色、黄绿色、暗紫红色等。叶面有的平滑，有的皱缩，叶背面有绒毛。茎膨大节位在 2 至 3 叶环。

（4）腋芽　膨大茎的叶腋间常发生腋芽，腋芽的萌发与品种特性有关，如三转子品种腋芽萌发数较少。儿菜的腋芽特别肥大供食。

（5）花和果实   花为总状花序，花小，黄色，异花授粉作物，易与其他芥菜发生天然杂交。

2. 环境条件的要求

（1）温度   茎用芥菜原产四川盆地东部，喜冷凉湿润，怕严寒酷暑。适宜的发芽温度为 20～25℃。幼苗生长的适温为 20～26℃；茎开始膨大温度在 16℃ 以下，最适膨大温度为 8～13℃。茎叶能耐轻霜，较长期的霜冻致减产或死亡。

（2）光照   茎用芥菜对日照要求不高，但光照时数对其生长发育有一定的影响。在温度低、日照少，特别是昼夜温差大的环境下，有利于形成肥大的肉质根。抽薹开花需要较长日照。

（3）水分   茎用芥菜对水分要求严格，怕涝，若水分过多，植株生长柔弱而徒长，易感病毒病。

（4）土壤营养   茎用芥菜生长期长，需肥多，宜选保水保肥力强、排水好的土壤。生长前期以氮为主，茎膨大期需增施磷、钾肥，有利茎膨大，减少茎的空心，增进品质。

【任务提出】

结合生产实践，小组完成一个茎用芥育苗项目，在学习茎用芥生物学特性和生产技术的基础上，设计茎用芥栽培方案，同时做好生产记录和生产总结。

【任务资讯】

茎芥菜生产技术

1. 地块选择   栽培茎芥菜土地的前作一般应是瓜类、豆类和茄果类作物，最好不要与十字花科作物或当年种过芥菜的土地连作。也可与粮地和水稻进行粮菜轮作。选择土层深厚、富含有机质的壤土或黏壤土种植茎芥菜，可获高产。在前作收获后，一般施入农家肥或堆肥 2.25 万～3 万 kg，同时加入过磷酸钙 300～375kg、硫酸钾 120～150kg或草木灰 750kg 作底肥。底肥每公顷施入量，应视其土壤的肥力情况可多可少。将底肥翻耕入土，与土壤充分拌匀。土壤翻耕深度要求达到 25～30cm，平整土地后作 1.2m 包沟的高畦，在山地和排水良好的土地可做低畦栽培。

2. 播种与育苗   茎芥菜可以育苗移栽，也可以直播。直播的茎芥菜畸形根很少，形状较整齐，产量也较高，加工品质好。为管理方便、充分利用土地，不少地方都采用育苗移栽种植根用芥菜。

（1）播种适期   茎芥菜播种期较为严格，过早播种易赞成未熟抽薹，过迟播种因前期营养生长不够，大大影响产量和品质，因此必须适时播种。但各地的播种期，应根据当地的气候情况而定，在南亚热带地区，多在 8 月下旬至 9 月下旬期间播种。山地及水源条件较差的地方，可适当早播，在灌溉方便和土壤湿度较高的田地，可适当迟播。

（2）播种方法   茎芥菜的直播，多采用开穴点播的方法进行，开穴深度一般为2～3cm，播后盖细土或加有草木灰的细渣肥。如播种时田地潮湿，不用灌溉；如土壤干燥，播后应浇透水后再覆盖。播种时，每穴播种 5～6 粒，播时种子要在穴内散开，不要播成一堆，每公顷播种量 1.5～1.8kg。

（3）播种密度　　茎芥菜的肉质根是加工腌酱菜的原料。如播种太密，肉质根个头偏小，不符合加工标准；如播种太稀，肉质根符合加工标准，但又达不到理想的产量。因此，要根据芥菜各个品种的株型大小和植株的开展度来确定它的播种密度。一般株型较小开展度不大的品种株行距40cm×50cm，每公顷植4.5万～5万株；株型高大开展度也大的品种株行距50cm×55cm，每公顷植3.75万株左右。同时还要根据各地的土壤肥力和光照情况适当稀植或密植。土壤肥力差而光照又少的地区宜稀植，土壤肥力好而光照又好的地区可适当密植。

3．育苗移栽　　茎芥菜在很多地区是用育苗移栽的方法栽培，也可以在直播田中间拔秧苗定植于其他田中，育苗方法与其他芥菜一样。但育苗的播种期要比直播的提前10d左右。西南及南亚热带地区育苗播种时间一般都在立秋后的8月下旬开始到9月中旬为止，苗期约40d。育苗时注意适当稀播和间苗，使每株幼苗间距在7cm左右，保持每株幼苗有一定的营养面积，才能培育成壮苗用于定植。定植期在9月下旬至10月中旬为宜。定植时按该品种的株行距开穴定植，每穴定植一株壮苗，要求直根垂直于穴的中央，填上细土，定植后一定要浇透定根水，到缓苗前如无透雨，浇水1～2次至全部成活。

4．田间管理

（1）间苗和补苗　　茎芥菜播种后一般3～5d后即可出苗整齐，出苗20d左右时，可见两叶一心，要进行间苗，直播的每穴留3株健壮秧苗并相互间保持一定距离，再长10～15d，就要进行定苗，每穴只留1株完好无损的健壮苗。定苗时要注意该品种的特征而去杂去劣假留真，并利用间拔出来的壮苗补植缺穴。补穴的秧苗，要带土补进，不能伤根，保证一次补苗成活。育苗定植的在苗床内出苗20d左右时要进行间苗1～2次，拔掉过密的地方的秧苗，保持苗床内的秧苗均匀健壮。定植时苗床内先要浇透水，再撬苗带土按一定的株行距定植于大田。

（2）追肥、灌水、中耕除草　　直播的当幼苗见两叶一心时，在间苗的同时中耕除草后要追施第一次肥料，这次追肥主要是提苗用，宜轻施，每公顷以农家清粪水1.5万kg兑施45～60kg尿素，并要兑进清水施入。定苗后要进行第二次中耕除草并进行第二次追肥，这次追肥是为了下一步肉质根的膨大打下营养基础，可以稍施浓一些，每公顷以农家粪水2.25万kg，兑施尿素60～25kg、硫酸钾75～90kg，一并施入，定苗后15d左右要进行第三次中耕除草，随后进行第三次追肥，每公顷以农家粪水22 500kg，兑施尿素75～90kg、硫酸钾90～120kg。这时雨季已经结束，应结合施肥进行灌溉。以后要根据苗情再追肥2～3次，特别是在肉质根膨大期要重施追肥。在整个生长期中的施肥原则是先轻后重，先淡后浓。灌水应实行小水勤灌，切忌大水漫灌，还必须根据天气和土壤的干旱情况灌溉。中耕除草一般进行3～4次，第一次进行浅中耕，第二次可进行深中耕10～15cm，第三次进行浅中耕，第四次要根据苗情轻度中耕，拔除杂草。

（3）摘心　　在种植用芥菜的主产区，从10月下旬至12月，常发现有未熟抽薹现象，原因现还没有完全弄清楚。如遇这种现象，可随时把薹摘掉。摘掉后茎芥菜肉质根仍然可以膨大，只是要摘得越早越好。因此，在10～12月要经常检查田间，发现一株摘掉一株，有利于茎芥菜肉质根的整齐膨大。

（4）病虫害防治　　茎芥菜的虫害主要是菜青虫、蚜虫，病害主要有病毒病。这些病虫害都是十字花科蔬菜一般的病虫害，参照十字花科的病虫害防治方法进行即可。

5. 采收　茎芥菜自播种到肉质根收获，依品种和各地气候情况而定，一般肉质根已充分膨大至花薹即将出现之前采收。成熟的标志为：基叶已枯黄，根头部由绿色转为黄色。采收时用锄将茎芥菜挖起，再用利刀削去茎叶的侧根，即可运往市场或加工厂出售。

【任务总结及思考】

1. 简述茎芥菜空心的原因及防治办法。
2. 能识别茎芥菜的主要病虫害，掌握其主要防治技能。

【兴趣链接】

1. 功效主治　化痰止咳，解毒，消食，通便，明目，消炎止痛，抗衰抗辐射。

2. 营养成分　每500g青菜头含有蛋白质20.5g、糖45g、钙1400mg、磷650mg、铁33.5mg。

3. 食疗作用

（1）提神醒脑　茎芥菜含维生素A、B族维生素、维生素D很丰富，还含有大量的抗坏血酸，抗坏血酸是活性很强的还原物质，参与机体重要的氧化还原过程，能增加大脑中氧含量，激发大脑对氧的利用，有提神醒脑、解除疲劳的作用。

（2）解毒消肿　抗感染和预防疾病，抑制细菌毒素的毒性，促进伤口愈合，可用来辅助治疗感染性疾病。

（3）开胃消食　茎芥菜腌制后有一种特殊鲜味和香味，能促进胃、肠消化功能，增进食欲，可用来开胃、帮助消化，还能明目利膈、宽肠通便。

项目十二 根菜类蔬菜栽培

【知识目标】

1. 了解根菜类蔬菜生物学特性和栽培季节。
2. 理解根菜类蔬菜适期播种的重要性。
3. 掌握根菜类蔬菜高产高效栽培技术。

【能力目标】

熟知常见根菜类蔬菜的生长发育规律、环境条件和主栽品种特性，能够根据生产计划做好生产茬口的安排，制订栽培技术规程，及时发现和解决生产中存在的问题。

【根菜类蔬菜共同特点及栽培流程图】

根菜类蔬菜是指以肥大的肉质直根为产品的一类蔬菜的总称，在我国栽培历史悠久，是主要蔬菜之一。我国目前栽培的根菜类蔬菜主要有：十字花科的萝卜、根用芥菜（大头菜）、芜菁、芜菁甘蓝、辣根；伞形科的胡萝卜、美洲防风、根芹菜；菊科的牛蒡；藜科的根甜菜。其中栽培最广的有：萝卜、胡萝卜、根用芥菜、牛蒡等，这类蔬菜多为温带原产的二年生植物，少数为一年及多年生植物。

根菜类的产品器官：肉质根由短缩茎、下胚轴和主根上部膨大形成的复合器官，分为根头、根颈和根部三部分。根头是短缩的茎，上面着生芽和叶片；根颈由下胚轴发育而成，为主要食用部分，表面没有叶痕和侧根；根部由胚根发育而成，上面着生侧根，十字花科，藜科的侧根皆为两列，而且子叶与侧根伸展方向一致，伞形科的侧根为四列。肉质根的形状、大小及三部分的组成比例，在种和品种间也不相同。

肉质根按解剖结构分三种类型：萝卜型，肉质根的次生木质部发达，为主要食用部分，导管呈放射状排列，其间是薄壁细胞组织，韧皮部占比例大，芜菁、芜菁甘蓝根芹菜等属此类型；胡萝卜型，肉质根的次生韧皮部发达，成为主要食用部分，木质部占比例较小，胡萝卜、根芹菜、美洲防风等属此类型；根甜菜型，肉质根内具多轮形成层，并形成维管束环，环与环之间充满薄壁细胞。

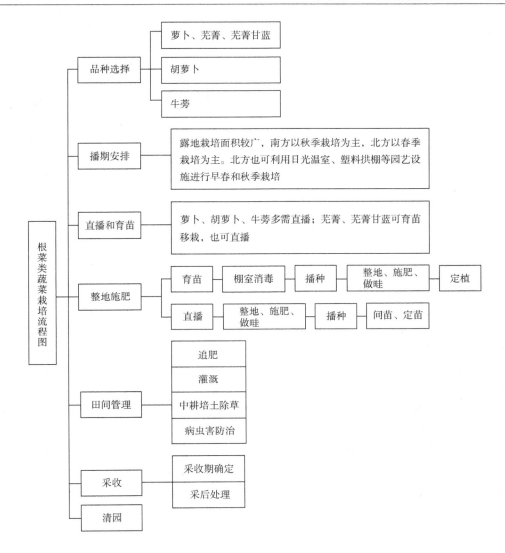

任务一　萝　卜　栽　培

【知识目标】

1. 掌握萝卜不同品种间的差异。
2. 掌握萝卜的栽培技术。
3. 掌握樱桃萝卜的栽培技术。

【能力目标】

能根据市场需要及当地自然环境条件选择合适的萝卜品种，培育壮苗，选择种植方式，适时定植；能根据萝卜长势及发生的问题，适时、合理地进行田间管理；会采用适当方法适时采收，并能恰当进行采后处理。

【内容图解】

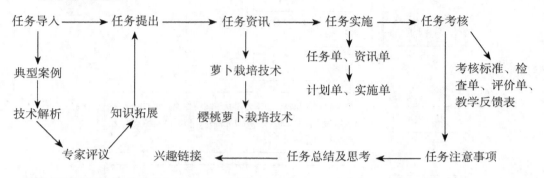

【任务导入】

一、典型案例

    济南市历城区临港街道办事处湛家村地处济南机场周边，2011年村民组成合作社流转了近500亩土地种植适合本地土质的优质水果萝卜。在区蔬菜局的推荐下，他们引进了心里美萝卜和天津沙窝萝卜。第一年合作社的社员们是敢想、敢干，近500亩萝卜从育种到种植也是顺风顺水。眼看着到了初冬，萝卜要上市了，经过多方联系，很多销售到了周边的企业，济南机场也采购了不少。事后一算账，第一年社员们基本上以0.6元每斤的价格把萝卜卖掉了，但是装箱、推销产生了大概10万元的费用。2012年合作社把萝卜品牌、商标都运作好了，湛青牌水果萝卜于初冬上市。很多第一年吃过合作社萝卜的老客户觉得这里的萝卜脆甜好吃，于是纷纷上门采购。山东维珍食品公司还订购了90t萝卜，很多蔬菜贩子也慕名来收购。2013年年初，维珍食品公司跟合作社签了960t萝卜的购销合同，合作社成了维珍食品的种植基地。合作社在保持原有萝卜种植面积的基础上，又在附近村子发展了200亩的萝卜种植面积。现在湛家村的萝卜500g售价8元，市场前景看好。

二、技术解析

    1. 整地、施基肥   种植萝卜的地须深耕，并要打碎耙细，才有利于肉质根的生长膨大。施肥总的要求是以基肥为主、追肥为辅。萝卜根系发达，需要施足基肥。农民有"追肥长叶，基肥长头"的谚语。一般基肥用量占总施肥量的70%。以种冬萝卜为例，每亩施腐熟厩肥2500～4000kg、过磷酸钙25～30kg、草木灰50kg，耕入土中，再施人畜粪尿2500～3000kg，干后耕入土中，耙平做畦。做畦的方式，根据品种、土质、地势和气候条件而定。大型萝卜根深叶大，要做高畦，南方多雨地区在雨水多的季节，无论大型或小型品种都要做成高畦。

    2. 播种

    （1）播种期   适宜的播种期，应按照市场的需要和各品种的生物学特性而定。例如，冬萝卜，要在秋季适时并适当提早播种，使幼苗能在20～25℃温度下生长，为以后肉质根肥大打下良好基础。南方栽培春萝卜，一般在10月下旬至11月中旬播种，收获期在翌年2～3月。冬萝卜一般在8月下旬至9月中旬播种，收获期在11～12月。

（2）播种量 播种量根据种子质量、土质、气候和播种方式而定。一般冬萝卜大型品种每亩播种 0.5～0.6kg；中型品种每亩播种 0.7～1kg；小型品种用撒播方式，每亩播种 1～1.5kg。

（3）播种密度 要根据当地生产条件和品种特性来决定合理的播种密度。一般大型品种行距 40～50cm，株距 35cm；中型品种行距 17～27cm，株距 17～20cm。

（4）播种技术 播种时要浇足底水，浇水方法有两种：一是先浇清水或粪水，再播种、盖土；二是先播种，后盖土浇清水或粪水。前一种方法底水足，土面松，出苗容易；后一种方法易使土壤板结，必须在出苗前再浇水，保持土壤湿润，幼苗才易出土。播种时种子要播得稀密适度，过密幼苗长不好，且匀苗多费工。穴播的每穴播种子 5～7 粒，并要分散开。播后覆土约 2cm 厚，不宜过厚。

3. 田间管理

（1）间苗 及时间苗（即匀苗），可避免幼苗拥挤、互相遮阴，光照不良。可掌握早间苗、晚定苗的原则。一般植株具 1～2 片叶时，进行第一次匀苗，每穴留 3 株；具 3～4 片叶时，进行第二次匀苗；具 5～6 片叶时定苗，每穴留 1 株。

（2）浇水 萝卜抗旱力弱，要适时适量供给水分，在炎热干燥环境下，肉质根生长不良，常导致萝卜瘦小、纤维多、质粗硬辣味浓、易空心。水分过多也不好，叶易徒长，肉质根生长量也会受影响，且易发病。因此，要注意合理浇水。一般幼苗期要少浇水，以促进根向深处生长；叶生长盛期需水较多，要适量灌溉，但也不能过多，以免引起徒长；肉质根迅速膨大期应充分而均匀地灌水，以促进肉质根充分成长，更加肥嫩；在采收前半个月停止灌水，以增进品质和耐贮性。气候炎热干燥的地区，在灌水中适当加一些人畜粪尿，有抗旱作用；多雨地区要注意排水。

（3）追肥 萝卜在生长前期，需氮肥较多，有利于促进营养生长；中后期应增施磷、钾肥，以促进肉质根的迅速膨大。据测定，每 5000kg 大型萝卜大约需氮 30kg、磷 15kg、钾 24kg，这些数据可作施肥量的参考。对施足基肥而生长期较短的品种，可少施追肥。一般中型萝卜追肥 3 次以上，主要在世界上旺盛生长前期施下，第一、二次追肥结合匀苗进行，"破肚"时施第三次追肥，同时每亩增施过磷酸钙、硫酸钾各 5kg。大型萝卜到"露肩"时，每亩再追施硫酸钾 10～20kg。若条件允许可在萝卜旺盛生长期再施一次钾肥。追肥时注意不要浇在叶子上，要施在根旁。

（4）中耕除草及培土 萝卜生长期间，酌情中耕松土几次，尤其在杂草易滋生的季节，更要中耕除草。一般中耕不宜深，只松表土即可，并多在封行前进行。高畦栽培的，要结合中耕，进行培土，把畦整理好。长形露身的萝卜品种，也要培土壅根，以免肉质根变形弯曲。植株生长过密的，在后期摘除枯黄老叶，以利通风。

4. 病虫害防治

（1）害虫防治

1）蚜虫：主要有萝卜蚜和桃蚜两种，除为害萝卜外还为害其他十字花科蔬菜。可用 40% 乐果乳油 0.5kg 加水 500～1000kg，或 50% 马拉硫磷乳油 0.5kg 加水 400～500kg，或 25% 亚胺硫磷乳油 0.5kg 加水 250～500kg，或 50% 抗蚜威可湿性粉剂 0.5kg 加水 1000～1500kg，或 2.5% 溴氰菊酯乳油 0.5kg 加水 3000～4000kg，或 20% 速灭菊酯乳油 0.5kg 加水 2000～2500kg，进行喷雾防治。

2）菜螟：又叫钻心虫，主要为害十字花科蔬菜，以萝卜、大根菜受害最重。可用下列药物喷雾防治：90% 晶体敌百虫 0.5kg 加水 500kg，或 25% 亚胺硫磷 0.5kg 加水 150～200kg，或 50% 马拉硫磷、拟除虫菊酯等杀虫剂（浓度参见蚜虫防治）。因菜螟幼虫有吐丝结网藏在菜心为害的特性，药剂不易和虫体接触，所以喷药要早，在幼虫尚未吐丝结网前，连续喷药 2～3 次。

3）小菜蛾：又叫吊丝虫，可用黑光灯诱杀幼虫。药剂防治的农药和浓度参见菜螟防治。

4）黄曲条跳甲：药剂防治的农药和浓度参见菜螟防治。喷药时，先从田边四周开始向内包围，防止跳甲向外逃跑。在幼虫发生严重、为害根部时，可用 90% 晶体敌百虫 0.5kg 加水 1000kg，进行灌窝。

（2）病害防治　萝卜主要病害有软腐病、白斑病、黑斑病、病毒病、霜霉病等。对病害要采取综合防治，以减少发病条件，杜绝病原，增强植株抗病能力。例如，选用健康不带病种子，进行种子消毒，实行轮作，深沟高畦，保持田园清洁，防治虫害等，必要时使用药剂防治。

三、专家评议

济南市历城区临港街道办事处湛家村地理位置不处于山东省的主要萝卜产区，因此萝卜上市之初一度受到冷遇。但是由于该村合作社选择了符合当地生产条件和土壤条件的品种进行生产，并有合作社牵头推行科学、标准的种植规范，因此种植的水果萝卜品质优良，很快就受到了市场的青睐。第二年该合作社注册了湛青牌商标，使得该村生产的水果萝卜经济附加值快速增加。

四、知识拓展

（一）萝卜生产概述

萝卜学名 *Raphanus sativus* L.，又称芦菔、莱菔，为十字花科萝卜属一二年生草本植物。我国是萝卜的起源中心之一，我国栽培的萝卜称中国萝卜。欧美栽培的小萝卜，称四季萝卜。萝卜在我国分布广、面积大、栽培历史悠久，南北方各地普遍栽培。据统计，北方地区萝卜栽培面积占秋菜面积的 20%～50%。萝卜除含有一般的营养成分外，还含有淀粉酶和芥子油，有帮助消化、增进食欲的功效。萝卜产量高、耐贮藏、管理简便省工、供应期长，是北方冬季、春季的主要蔬菜之一。

（1）秋冬萝卜　夏末秋初播种，秋末冬初收获，生长期 60～100d。秋冬萝卜多为大中型品种，产量高，品质好，耐贮藏，供应期长，是各类萝卜中栽培面积最大的一类。优良品种有浙大长、青圆脆、秦菜一号、心里美、大红袍、沈阳红丰 1 号、吉林通园红 2 号等。

（2）冬春萝卜　南方栽培较多，晚秋播种，露地越冬，翌年 2～3 月收获，耐寒性强，不易空心，抽薹迟，是解决当地春淡的主要品种。优良品种有武汉春不老、杭州迟花萝卜、昆明三月萝卜、南畔州春萝卜等。

（3）春夏萝卜　较耐寒，3～4 月播种，5～6 月收获，生育期 45～70d，产量低，供应期短，栽培不当易抽薹。优良品种有锥子把、克山红、旅大小五樱、春萝 1 号、白玉春等。

（4）夏秋萝卜　夏秋萝卜具有耐热、耐旱、抗病虫的特性。北方多夏季播种、秋季收获，于9月缺菜季节供应，生长期正值高温季节，必须加强管理。优良品种有象牙白、美浓早生、青岛刀把萝卜、泰安伏萝卜、杭州小钩白、南京中秋红萝卜等。

（5）四季萝卜　肉质根小，生长期短（30~40d），较耐寒，适应性强，抽薹迟，四季皆可种植。优良品种有小寒萝卜、烟台红丁、四缨萝卜、扬花萝卜等。

（二）生物学特性

1. 形态特征

（1）根　萝卜根系入土较深，是直根系深根性作物，其根系分为吸收根和肉质根（图12-1）。吸收根的入土深度可达60~150cm，主要根系分布在20~40cm土层中。肉质根的种类很多，形状有圆形、长圆筒形、长圆锥形、扁圆形等。肉质根的形态、大小、皮色、肉质均因品种而异。肉质根的外皮颜色有红、绿、紫、白等，肉色有白、紫红、青绿等。肉质根的质量一般为几百克，而大的可达几千克，小的十几克，甚至仅几克。

（2）茎　营养生长时期萝卜的茎为短缩茎，上生叶丛；生殖生长时期抽生花茎，花茎上可产生分枝，茎可达1.5m，侧枝发达。

（3）叶　萝卜具有两片肾形子叶，头两片真叶对生称为基生叶（图12-2）。以后的叶子称为莲座叶，丛生在短缩茎上，叶子的形状、大小、颜色及伸展方向等因品种而异，如板叶、花叶等。

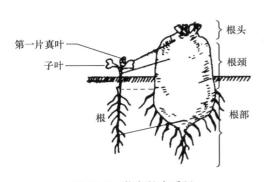

图12-1　萝卜的肉质根

图12-2　萝卜的叶

（4）花、果实和种子　花为总状花序，十字形花，异花授粉，虫媒花。花的颜色为白色、粉红色、淡紫色等。果实为长角果，每个果荚内有3~8粒种子，果荚成熟时不易开裂。种子为不规则球形，种皮浅黄色至暗褐色。种子千粒重为7~15g，发芽年限5年，生产上宜选用1~2年的种子。

2. 生长发育周期

（1）营养生长阶段

1）发芽期：从种子萌动到第一片真叶显露，需4~6d（该期也称露真期，见图12-3）。这一时期要防止高温干旱和暴雨死苗。

2）幼苗期：从真叶显露到初生皮层破裂，需15~20d，因此该期也称破肚期。此期叶片加速分化，叶面积不断扩大，共长有7~9片真叶。该期要求较高温度和较强的光照。此后肉质根的生长加快，应及时间苗、定苗、中耕、培土。

3）莲座期：从破土到露肩需 20～30d，此期肉质根与叶丛同时旺盛生长。子叶和2枚初生叶开始脱落衰亡，莲座叶的第一个叶环完全展开，并继续分化第二、三个叶环，叶面积迅速扩大。肉质根增长加快、迅速膨大、直根稳扎，地下部生长量明显开始大于地上部。这种现象称为"露肩"或"定橛"（图12-4），露肩标志着叶片生长盛期的结束。

图 12-3　萝卜发芽期

图 12-4　萝卜露肩

4）肉质根生长盛期：从露肩到收获，需 40～60d，为肉质根生长盛期。此期肉质根生长迅速，肉质根的生长量占总生长量的 80% 以上，地上部生长趋于缓慢，而同化产物大量贮藏于肉质根内。此期对水肥的要求也最多，如遇干旱易引起空心。

（2）生殖生长阶段　萝卜经冬贮后，第二年春季在长日照条件下抽薹、开花、结实。从现蕾到开花，历时 20～30d。开花到种子成熟还需 30d 左右。此期养分主要输送到生殖器官，供开花结实之用。

（三）对环境条件的要求

（1）温度　萝卜属半耐寒性蔬菜，喜冷凉。种子发芽起始温度为 2～3℃，适温为20～25℃；幼苗期可耐 25℃左右较高温度和短时间 -3～-2℃ 的低温。叶片生长的温度为5～25℃，适温为 15～20℃。肉质根生长的适温为 13～18℃。高于 25℃，植株长势弱，产品质量差。当温度低于 -1℃ 时，肉质根易遭冻害。萝卜是种子春化型植物，从种子萌动开始到幼苗生长、肉质根膨大及贮藏等时期，都能感受低温通过春化阶段。大多数品种在 2～4℃ 低温下春化期为 10～20d。

（2）光照　萝卜要求中等光强。光饱和点为 18～25klx，光补偿点为 0.6～0.8klx。光照与肉质根膨大速度、品质等关系密切。营养生长期间光照充足，肉质根膨大快、产量高、品质优。萝卜为长日照植物，通过春化的植株，在 12～14h 的长日照及高温条件下，迅速抽生花薹。

（3）水分　萝卜喜湿怕涝又不耐干旱，保持适宜的土壤和空气湿度才能获得高产、优质的产品。一般土壤最大持水量 65%～80%，空气湿度 80%～90% 的水分条件较为适宜。栽培过程中应保持土壤湿度，防止土壤忽干忽湿造成肉质根开裂。

（4）土壤营养　萝卜生长对土壤要求较高，其在土层深厚、富含有机质、保水和排水良好的沙壤土上生长良好。萝卜吸肥力较强，施肥应以缓效性有机肥为主，并注意氮、磷、钾的配合，保持钾最多、氮次之、磷最少的施肥比例。特别在肉质根生长盛期，增施钾肥能显著提高品质。每生产 1000kg 产品需吸收氮 2.16kg、磷 0.26kg、钾 2.95kg、钙 2.5kg、镁 0.5kg。

（四）栽培季节与茬次安排

萝卜栽培的季节，因地区和所用类型品种不同，差别很大。在长江流域以南，几乎四季都可进行生产。在北方大部分地区可行春、夏、秋三季种植。一般以秋萝卜为主要茬次，栽培面积大，产品供应期长，其他季节生产主要用于调节市场供应。我国各部分地区萝卜的栽培季节见表 12-1。

表 12-1　我国主要地区萝卜的栽培季节和茬次安排

地区	萝卜类型	播种期（月/旬）	生长日数/d	收获期（月/旬）
南京	春夏萝卜	2/中～4/上	50～60	4/中～6/上
	夏秋萝卜	7/上～7/下	50～70	9/上～10/上
	秋冬萝卜	8/上～8/中	70～110	11/上～11/下
上海	春夏萝卜	2/中～3/下	50～60	4/上～6/上
	夏秋萝卜	7/上～8/上	50～70	8/下～10/中
	秋冬萝卜	8/中～9/中	70～100	10/下～11/下
广州	冬春萝卜	10～12	90～100	1～3
	夏秋萝卜	5～7	50～60	7～9
	秋冬萝卜	8～10	60～90	11～12
东北	秋冬萝卜	7/中下	90～100	10/中下
北京	春夏萝卜	3/中～3/下	50～60	5/中～5/下
	秋冬萝卜	7/下～8/上	90～100	10/中～10/下

【任务提出】

结合生产实践，小组完成一个萝卜生产项目，在学习萝卜生物学特性和生产技术的基础上，根据不同任务设计萝卜生产方案，同时做好生产记录和生产总结。

【任务资讯】

一、萝卜栽培常用技术

（一）春萝卜栽培技术

1. 品种选择　在大面积推广春萝卜以前需严格播期试验和品种试验，选耐寒性强、不易抽薹、生育期短、生长快的品种，不可以单纯追求高效益而盲目提前播期，为了保证种植成功和延长供应期，可采用几种方法分 2～3 批播种。可供选择的品种有白玉春、长春及长春 2 号等品种。

2. 整地做畦　春萝卜是喜肥、需水、速生型蔬菜。应选择土层深厚，土质疏松、肥沃、排灌良好的中壤土质，耕地深 25～30cm。萝卜吸肥能力强，需要的营养元素以钾最多，氮次之，磷最少，因此播前要亩施腐熟基肥 5000kg、过磷酸钙 50kg、尿素 20kg、硫酸钾 25kg 或硫酸钾复合肥 50～75kg，一般基肥占总肥量的 70%、追肥占 30%。

萝卜做畦方式因品种、气候、土质等条件而异。起垄栽培可比平畦种植增产20%。在墒情良好，深耕细耙的土地上起垄，垄面单行、双行播种均可。大型品种多起垄栽培，垄高10~15cm（图12-5）；中小型品种多采用平畦栽培。播种量和播种方式也因品种而不同。种植密度，大型品种行距45~55cm，株距20~30cm；中型品种行距35~40cm，株距15~20cm；小型品种可保持8~10cm见方。

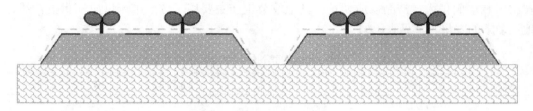

图12-5 萝卜栽培起垄方式

3. 播种 播期是决定栽培成败的关键，露地春播5cm处地温稳定在12℃以上（日平均温度不低于8℃为原则）即可播种。播种过早，植株易发生抽薹现象，播种过晚则导致糠心以致商品性降低。要根据当年气候情况，酌情定播期。

大型品种多采用穴播或条播，穴播每亩用种0.3~0.5kg，条播0.5~1kg；中型品种多采用条播方式，每亩用种0.75~1kg；小型品种可用条播或撒播方式，每亩用种1~1.5kg。地膜覆盖栽培，最好采用穴播法，播种前2~3d覆膜，待地温提高后按株距破膜播种，每穴1~2粒，亩用种9000粒左右，出苗后幼苗长出2~3片真叶时间苗，每穴留1株。

若采用小拱棚栽培，南北向起垄为好，根据拱棚宽度定棚内垄数，一般1m拱棚，棚内2垄；2m拱棚4垄；3m拱棚6~8垄，以此类推。播种后立即在垄上加扣拱棚，一般长度20m左右。大拱棚栽培也可先扣棚后播种。当棚内温度超过30℃时要及时放风，随气温升高要加大放风量，拱棚栽培的晚霜过后，要去掉棚膜，使其在露地正常生长。播种机见图12-6和图12-7。

图12-6 萝卜精播机

图12-7 萝卜播种机

4. 田间管理 春萝卜生长较快，生长盛期要及时追肥，播种后35d左右，大部分萝卜露肩。春萝卜的田间管理主要应注意以下几点。

（1）及时间苗、定苗 幼苗出土后生长迅速，要及时进行间苗，保证苗齐、苗壮。第一次间苗在子叶充分展开时进行，具有2~3片真叶时进行第二次间苗。在萝卜栽培过程中,当幼苗长至5～6片叶,萝卜的肉质根破肚时进行定苗。

（2）中耕、除草及培土　结合间苗进行中耕除草,中耕时要先浅后深,避免伤根。第一、二次间苗时浅耕,锄松表土即可;第三次间苗后,进行一次深耕,并把畦沟里的土壤培于畦面,以防止倒苗。中耕只松表土即可,并多在封行前进行。高畦栽培的,要结合中耕进行培土,把畦整理好。

（3）浇水　夏季气温高,土壤水分蒸发快,要根据土壤的湿度和萝卜的生育特点适时适量浇水。发芽期:按"三水齐苗"的原则进行浇水,即播后浇水一次,以利于种子的发芽;种芽拱土时浇一水,以利于出苗;齐苗后再浇一次水,以利于幼苗生长。幼苗期:幼苗期由于幼苗的根系较浅,需水量小,要按"少浇勤浇"的原则适当适量浇水。萝卜栽培时,叶生长盛期:此期萝卜上部植株的叶数不断增加,叶面积逐渐增大,肉质根也开始膨大,需水量迅速加大,要按"适量勤浇"的原则进行浇水。萝卜栽培时,肉质根膨大盛期:此期需水量最大,要勤浇水,保持土壤湿润状态,以免缺水造成肉质根裂根。

（4）施肥　萝卜幼苗定苗后每亩随水冲施尿素8～15kg,以促进叶的生长;当肉质根露肩时,随水冲施尿素5～10kg、硫酸钾10kg、过磷酸钙3～5kg,以促进肉质根膨大。在萝卜肉质根开始膨大和膨大盛期可叶面喷施0.3%硼砂,0.4%氯化钙与0.3%硼砂混合液,或0.2%磷酸二氢钾与0.3%硼砂混合液多次,促进萝卜肉质根的膨大。收获前半月喷施防薹增粗剂,防止抽薹和空心（图12-8）。

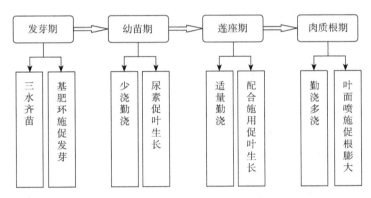

图12-8　春萝卜水肥管理要点

5. 虫害综合防治　夏季气温高,虫害较多,萝卜栽培时主要有菜青虫、蚜虫、小菜蛾、黄条跳甲等。防治时除在田间设置黑光灯、黄板诱杀外,在发生初期,对黄条跳甲可用BT乳油800～1000倍液或80%敌百虫可湿性粉剂1000倍液喷雾防治;对蚜虫、菜青虫、小菜蛾可用48%乐斯本乳剂1000倍液、10%吡虫啉可湿性粉剂2500倍液、5%抑太保乳油1000倍液喷雾防治,每5～7d交替喷洒1次,连喷2～3次即可。

6. 收获　春播要适时收获,提高商品性,一般是按标准分期收获,每次收获后,分级带叶捆把上市。延迟收获易产生糠心现象,失去食用价值,降低经济效益。

（二）秋萝卜栽培技术

1. 品种选择　根据当地食用习惯、产品的用途、当地的气候条件选用秋冬萝卜品种,还要兼顾其丰产性、抗病性和耐贮性。早秋萝卜多选用生长期短、上市早的圆萝卜,如宁波圆白、昆山圆白等。晚秋萝卜的品种有夏美浓4号、天春大根、胶州青萝卜等。露地越冬宜选用肉质根全埋或微露土面的品种，如太湖晚长白、杭州迟花萝卜、上海筒子萝卜等。北方一季栽培则宜选用潍县萝卜、翘头青、露八分、大青皮、大红袍、灯笼红、王兆红等。

2. 整地做畦 选用前茬非十字花科作物且土层深厚、排水良好的沙壤土，翻耕前每亩施用腐熟有机肥5000kg，并加入过磷酸钙25kg、草木灰50kg。撒施肥料后深翻、打碎耙平土壤。整地因品种而异，栽培小型萝卜品种宜采用低畦，栽培中小型品种做成平畦，栽培大型品种做成高垄。要求土壤疏松、畦面平整、土粒细碎均匀。

3. 播种 萝卜播种采用直播法。选用纯度高、粒大饱满、商品价值高的新种子，播前应做好种子质量检验。每亩用种量如下，大型品种穴播需0.3～0.5kg，每穴点播6～7粒，中型品种条播的需0.6～1.2kg，小型品种撒播的需用1.8～2.0kg。种植密度为大型品种行距50～60cm，株距25～40cm；中型品种行距40～50cm，株距15～25cm；小型品种株距10～15cm。播种深度1.5～2.0cm。播种当天浇一次透水，以利幼苗出土。

4. 田间管理

（1）幼苗期的管理 幼苗期以幼苗叶生长为主。于第一真叶时进行第一次间苗，防止拥挤致幼苗细弱徒长。2～3片真叶时进行第二次间苗，每穴可留苗2～3株。5～6片叶时，可根据品种特性按一定的株距定苗。此外，如气温高而土壤干旱，应用小水勤浇并配合中耕松土，促进根系生长。定苗后，每亩可追施硫酸铵10～15kg，追肥后浇水，并要及时防治菜螟和蚜虫。东北地区萝卜蝇在秋季为害严重，可于成虫期喷2次敌百虫800～1000倍液，以消灭萝卜蝇成虫。

（2）莲座期的管理 此期的管理目标是：一方面促进叶片的旺盛生长，形成强大的莲座叶丛，保持强大的同化能力；另一方面还要防止叶片徒长，以免影响肉质根的膨大。第一次追肥后，可浇水一次，当第五叶环多数叶展出时，应适当控制浇水，促进植株转入以肉质根旺盛生长为主的时期。还要及时喷药防治蚜虫和霜霉病。露肩后，可进行第二次追肥，每亩追施复合肥25～30kg。

（3）肉质根生长盛期的管理 此期是萝卜产品器官形成的主要时期，需肥水较多，第二次追肥后需及时浇水，以后每3～5d浇水1次，经常保持土壤湿润。若土壤缺水，肉质根生长受阻，皮粗糙，辣味重，降低产量和品质。一般于收获前5～7d停止浇水（表12-2）。

表12-2 秋萝卜栽培期管理要点

时期	管理目标	水分管理	肥料管理	备注
幼苗期	保证幼苗叶片生长	结合定苗、间苗工作进行中耕松土，小水勤浇	定苗后追施硫酸铵	按期完成间苗、定苗工作
莲座期	促进叶片旺盛生长	结合追肥增加浇水次数	露肩后追施复合肥	避免徒长影响肉质根膨大
肉质根生长盛期	促进产品器官形成	勤浇、多浇，保证产品器官品质	多种肥料配合施用，保证产品品质	收获前5～7d停止浇水

5. 采收与贮藏 当田间萝卜肉质根充分膨大，叶色转淡渐变黄绿时，为收获适期。秋播的多为中、晚熟品种，需要贮藏或延期供应，可稍迟收获，但需防糠心，防受

冻，一定要在霜冻前收完。初霜前收获，收后去缨子，削掉根头，堆放田间，上面覆盖 3cm 厚的细潮土防寒保湿，进行预贮，上冻前及时入窖。

二、樱桃萝卜设施栽培技术

樱桃萝卜设施栽培，从 10 月上中旬至翌年 3 月中旬，可在塑料大棚、改良阳畦内陆续播种，分期采收。春秋季栽培可于 3 月中旬至 5 月上旬，8 月上旬至 10 月下旬陆续播种，分期采收。冬季栽培当温度低于 15℃时可用塑料薄膜覆盖促进其生长。除高温多雨的夏季不适栽培外，其他季节均可栽培。

1. 品种选择　目前生产中常用品种有日本的二十日大根、四十日大根和红丁萝卜以及德国的早红等。

2. 整地施肥　整地要求深耕、平整、细致。施肥要均匀，以保证肉质根形状端正，外表光洁，色泽美观，并有利于根吸收养分和水。施肥以基肥为主，每亩施腐熟有机肥 2000kg、草木灰 50kg，施用饼肥效果更佳。

3. 播种　一般采用平畦条播，畦宽 1.2m。播种前造足底墒。按行距 10cm 开播种沟，沟深 1.5cm，每亩用种量 1.0~1.5kg，种子播好后用细土覆盖并镇压。

4. 田间管理　樱桃萝卜生长的适宜温度为 6~20℃，6℃以下生长缓慢，并易通过春化阶段而造成未熟抽薹，因此，设施栽培要保证最低温度不低于 6℃。播种后当气温达到 20~25℃时，2~3d 即可出苗。定苗前间苗 2 次，可将病弱或过密幼苗除去。当幼苗具有 3~4 片真叶时进行定苗，株距 4cm 左右。生长过程中要求保持土壤湿润，由于其生长期较短，生长期间基本上无需再追肥。

5. 适时采收　樱桃萝卜一般生长 25~35d 后即可采收，少数需 40d 左右（图 12-9）。

图 12-9　樱桃萝卜生育期图示
A. 点播播种；B. 幼苗出苗；C. 幼苗期间苗；D. 莲座叶生长；E. 开始露肩；F. 收获

【任务实施】

工作任务单

任务	樱桃萝卜种植技术		学时		
姓名：					组
班级：					

工作任务描述：
掌握樱桃萝卜的育苗方式，并对育苗过程中育苗土配制、种子处理、播种、苗期管理、间苗、定苗、炼苗等技术环节加以熟悉；掌握樱桃萝卜生产管理中不同发育时期的管理要点，以及水分、肥料、病虫害防治等措施的配合使用。掌握萝卜育苗常见问题的分析与解决能力。

学时安排	资讯学时	计划学时	决策学时	实施学时	检查学时	评价学时

提供资料：
1. 园艺作物实训室、校内和校外实习基地。
2. 各类樱桃萝卜种植的 PPT、视频、影像资料。
3. 校园网精品课程资源库、校内电子图书馆。
4. 萝卜生产类教材、相关书籍。

具体任务内容：
1. 根据工作任务提供学习资料，获得相关知识。
1）学会樱桃萝卜育苗成本核算及效益分析。
2）根据当地气候条件、设施条件、消费习惯、生产茬次等选择优良品种。
3）制订樱桃萝卜育苗的技术规程。
4）制订樱桃萝卜苗期管理的技术规程。
5）学会进行萝卜生育期的管理及常见问题处理。
6）掌握萝卜苗期主要病虫害防治。
2. 按照樱桃萝卜种植技术方案组织生产。
3. 通过调查当地土壤条件气候条件能够进行萝卜育苗成本核算及效益分析。
4. 各组选派代表陈述樱桃萝卜种植技术方案，由小组互评、教师点评。
5. 教师进行归纳分析，引导学生，培养学生对专业的热情。
6. 安排学生自主学习，修订萝卜育苗安排计划，巩固学习成果。

对学生要求：
1. 能独立自主地学习相关知识，收集资料、整理资料，形成个人观点，在个人观点的基础上，综合形成小组观点。
2. 对调查工作认真负责，具备科学严谨的态度和敬业精神。
3. 具备网络工具的使用能力和语言文字表达能力，积极参与小组讨论。
4. 具备较强的人际交往能力和团队合作能力。
5. 具有一定的计划和决策能力。
6. 提交个人和小组文字材料或 PPT。
7. 学习制作本项目教案并准备规定时间的课程讲解。

任务资讯单

任务	樱桃萝卜种植技术		学时		
姓名：					组
班级：					

资讯方式：学生分组进行市场调查，小组统一查询资料。

资讯问题：
1. 樱桃萝卜种植方案制订应考虑哪些主要因素？
2. 樱桃萝卜育苗期的关键技术环节有哪些？
3. 樱桃萝卜种子处理的方法有哪些？
4. 樱桃萝卜的育苗方法有哪些？如何对这些方法的优点与缺点进行分析？
5. 如何进行樱桃萝卜种植成本核算，并进行生产效益分析？
6. 樱桃萝卜幼苗期的肥水管理要点是什么？
7. 樱桃萝卜的肉质根旺盛生长期如何进行肥水管理，才能保证产品器官的品质和风味？

资讯引导：教材、杂志、电子图书馆、蔬菜生产类的其他书籍。

任务计划单、任务实施作业单见附录。

【任务考核】

任务考核标准

任务		樱桃萝卜种植技术	学时	
姓名:				组
班级:				
序号	考核内容	考核标准		参考分值
1	任务认知程度	根据任务准确获取学习资料，有学习记录		5
2	情感态度	学习精力集中，学习方法多样，积极主动，全部出勤		5
3	团队协作	听从指挥，服从安排，积极与小组成员合作，共同完成工作任务		5
4	工作计划制订	有工作计划，计划内容完整，时间安排合理，工作步骤正确		5
5	工作记录	工作检查记录单完成及时，客观公正，记录完整，结果分析正确		10
6	萝卜幼苗期的管理要点	准确说出全部内容，并能够简单阐述		10
7	萝卜肉质根膨大期的管理要点	基肥种类与蔬菜种植搭配合理		5
8	土壤耕作机械基本操作	正确使用相关使用说明资料进行操作		10
9	土壤消毒药品使用	正确制订消毒方法，药品使用浓度，严格注意事项		10
10	起垄的方法和步骤	高标准地完成起垄工作		10
11	数码拍照	备耕完成后的整体效果图		10
12	任务训练单	对老师布置的训练单能及时上交，正确率在90%以上		5
13	问题思考	开动脑筋，积极思考，提出问题，并对工作任务完成过程中的问题进行分析和解决		5
14	工作体会	工作总结体会深刻，结果正确，上交及时		5
合计				100

教学反馈表

任务		樱桃萝卜种植技术	学时		
姓名:					组
班级:					
序号	调查内容		是	否	陈述理由
1	育苗方案制订是否合理？				
2	是否掌握种子处理方法？				
3	是否知道萝卜每亩的播种量？				
4	是否清楚樱桃萝卜育苗的步骤？				
5	是否掌握樱桃萝卜幼苗期的管理要点？				
6	是否掌握樱桃萝卜肉质根膨大期的管理有点？				
7	是否掌握樱桃萝卜病害防治？				
收获、感悟及体会:					
请写出你对教学改进的建议及意见:					

任务评价单、任务检查记录单见附录。

【任务注意事项】

萝卜生理性障害主要包括以下内容。

裂根指肉质根开裂，是因前期缺水或过分蹲苗而后期水分过多造成的。针对裂根需要在栽培过程中均匀浇水、适当蹲苗。

歧根是指主根受损或生长受阻而侧根膨大、肉质根分叉，造成歧根的原因是多方面的：①种子存放时间过长，胚根不能正常发育；②育苗移栽的植株；③使用了未充分腐熟的肥料或施肥不均匀；④土壤耕层太浅，坚硬或多砖石，瓦砾，阻碍主根的生长；⑤被地下害虫咬断主根。常见的预防措施包括：改善土壤条件，用充分腐熟的有机肥料并与土壤充分混匀，选用土层深厚的沙壤土；将新种子采用高垄直播方式，并及时防治地下害虫。

糠心是生产中常见的影响萝卜品质的问题，造成糠心的原因如下：①品种自身原因；②播种期过早；③水肥管理中偏施氮肥，浇水过多，地上部分生长过旺；④生长期间遇高温干旱。常见的解决方法包括：①品种选择，肉质紧密的品种；② 适期蹲苗，防止地上部分生长过旺；③肉质根膨大期避免土壤过干、过湿；④肉质根膨大停止后及时采收。

萝卜的风味直接决定了它的商品价值，尤其是商品器官中的辣味与苦味对其影响较大。栽培过程中如气候干旱炎热、肥水不足，或受病虫危害而使肉质根不能充分膨大，肉质根中芥辣油含量高产生辣味。而如果栽培种单纯用氮肥或偏用氮肥而磷、钾肥不足，肉质根中苦瓜素含量增加使萝卜产生苦味。只有采取科学合理的水肥管理措施，才能有效降低萝卜中的辣味和苦味。

【任务总结及思考】

1. 生产中广泛应用的萝卜品种有哪些？
2. 萝卜在本地区的茬次安排如何？

【兴趣链接】

1. 种植历史　　相传在唐太和年间（公元 827～836 年）如皋定慧寺僧侣早有种植，将萝卜作为供品，并馈赠施主，时称菜菔，其种子叫菜菔子，供药用。后逐渐流传民间，广为种植。清乾隆庚午年（公元 1750 年）编修的《如皋县志》载："萝卜，一名菜菔，有红白二种，四时皆可栽，唯末伏初为善，破甲即可供食，生沙壤者甘而脆，生瘠土者坚而辣。"如今红萝卜种植已很少，只在端午节前后有少量上市，都以萝卜为主。

2. 营养成分　　萝卜是一种常见的蔬菜，生食熟食均可，其味略带辛辣味。现代研究认为，萝卜含芥子油、淀粉酶和粗纤维，具有促进消化、增强食欲、加快胃肠蠕动和止咳化痰的作用。中医理论也认为该品味辛甘，性凉，入肺胃经，为食疗佳品，可以治疗或辅助治疗多种疾病，本草纲目称之为"蔬中最有利者"。所以，萝卜在临床实践中有一定的药用价值。

一、消化方面：食积腹胀，消化不良，胃纳欠佳，可以生捣汁饮用；恶心呕吐，泛吐酸水，慢性痢疾，均可切碎蜜煎细细嚼咽；便秘，可以煮食；口腔溃疡，可以捣汁漱口。二、呼吸方面：咳嗽咳痰，最好切碎蜜煎细细嚼咽；咽喉炎、扁桃体炎、声音嘶哑、失音，可以捣汁与姜汁同服；鼻出血，可以生捣汁和酒少许热服，也可以捣汁滴鼻；咯血，与羊肉、鲫鱼同煮熟食；预防感冒，可煮食。三、泌尿系统方面：各种泌尿系结石，排尿不畅，可用之切片蜜炙口服；各种浮肿，可用萝卜与浮小麦煎汤服用。四、其他方面：美容，可煮食；脚气病，煎汤外洗；解毒，解酒或煤气中毒，可用之，或叶煎汤饮汁；通利关节，可煮用。五、萝卜生吃可促进消化，除了助消化外，还有很强的消炎作用，而其辛辣的成分可促胃液分泌，调整胃肠机能。另外，萝卜汁还有止咳作用。在玻璃瓶中倒入半杯糖水，再将切丝的萝卜满满地置于瓶中，放一个晚上就可以有萝卜汁（表12-3）。

表12-3　萝卜营养元素一览表　　　　　　（单位：100g/g）

蛋白质	脂肪	碳水化合物	膳食纤维	维生素A	胡萝卜素	维生素C	维生素E
0.90	0.10	5.00	1.00	0.003	0.02	0.021	0.092

钠	磷	烟酸	钾	镁	锌	钙	铁
0.061	0.026	0.03	0.173	0.016	0.03	0.036	0.05

3. 保健食谱

（1）萝卜茶　　取白萝卜100g、茶叶5g，少量食盐。先将白萝卜洗净切片煮烂，略加食盐调味（勿放味精），再将茶叶用水冲泡5min后，倒入萝卜汁内服用，每天2次，不拘时限。有清热化痰、理气开胃之功，适用于咳嗽痰多、纳食不香等。

（2）萝卜羊肉汤　　取青萝卜1000g，羊肉250g，芫荽50g。将羊肉去筋膜洗净，切成小方块，将萝卜去皮切成小块。将羊肉块放入开水锅中，用微火煮30min后放入萝卜块，加精盐、味精、料酒少许，煮5min后，撒上芫荽末即成。此汤具有解热祛痰的食疗功效。

任务二　胡萝卜栽培

【知识目标】

1. 掌握胡萝卜不同品种间的差异。
2. 掌握胡萝卜的栽培技术。

【能力目标】

能根据市场需要及当地自然环境条件选择合适的胡萝卜品种，培育壮苗，选择种植方式，适时定植；能根据胡萝卜长势及生产中发生的问题，适时、合理进行田间管理；会采用适当方法适时采收并能进行采后处理。

【知识拓展】

（一）胡萝卜生产概述

胡萝卜又称红萝卜，属伞形科胡萝卜属二年生草本植物。原产于中亚细亚一带，早在元朝就传入我国。由于它适应性强，生长健壮，病虫害少，管理省工，耐贮运，分布遍及全国各地，尤以北方栽培更为普遍，为冬春主要蔬菜之一。

胡萝卜的品种类型依肉质根形状，可分为以下4种类型。

1）长圆柱形：肉质根长20～40cm，肩部柱状，尾部钝圆，晚熟。代表品种有沙苑红萝卜、常州胡萝卜、南京长红胡萝卜等。

2）短圆柱形：肉质根长度在19cm以下，短柱状，熟期为中、早熟。代表品种有西安红胡萝卜、新透心红、小顶黄胡萝卜和华北、东北的三寸胡萝卜等。

3）长圆锥形：肉质根细长，一般长20～40cm，先端渐尖，熟期多为中、晚熟。代表品种有小顶金红胡萝卜、汕头红胡萝卜、四川小缨胡萝卜、山西等地的蜡烛台等。

4）短圆锥形：根长在19cm以下，圆锥形，如烟台五寸、夏播鲜红五寸、新黑田五寸胡萝卜等。

（二）生物学特性

1. 形态特征

（1）根　　胡萝卜肉质根也分为根头、根颈和真根三部分，其中真根占肉质根的绝大部分。肉质根的颜色多为橘红、橘黄（含大量胡萝卜素所致），少量为浅紫、红褐、黄或白色。胡萝卜的吸收根有四列，纵向对称排列。胡萝卜为深根性蔬菜，主根较深，成株深者可达1.8m以上，横向扩展为0.6m左右，较耐旱。

（2）茎　　胡萝卜的茎营养生长时期为短缩茎，生殖生长时期抽出花茎。

（3）叶　　胡萝卜的叶为根出叶，叶柄长、叶浓绿色，为三回羽状复叶、全裂，全株15～22片，叶面密生绒毛，具有耐旱特性。

（4）花　　胡萝卜的花是复伞形花序，虫媒花。

（5）果实　　胡萝卜的果实为双悬果，成熟时分裂为2个独立的半果实，即为生产上的种子。种子扁椭圆形，黄褐色，皮革质，含有挥发油，不易吸水，有特殊香气。种子小，出土能力差，胚常发育不正常，发芽率低，一般为70%左右。千粒重1.1～1.5g。

2. 生长发育周期

胡萝卜生长期主要分为发芽期、幼苗期、叶片生长盛期和肉质根生长盛期4个时期，历时90～110d。

（1）发芽期　　由播种到真叶（一对尖叶）露出，需要7～10d，胡萝卜种子发芽慢，发芽率低而且发芽不整齐。因此胡萝卜发芽过程一般对条件要求较为严格，保持土壤细碎、疏松、透气，创造良好的温、湿条件是保证苗齐、苗全的必要条件。在良好的条件下胡萝卜发芽率为70%，条件差时发芽率仅为20%左右。

（2）幼苗期　　由真叶露心到5～6叶，需20d左右，这个时期的光合作用和根系吸收能力不强，地上生长较缓慢，确是地下生长放线的关键时期，此时期的放线长度决定胡萝卜最终长度，适宜生长温度为23～25℃，胡萝卜对于生活条件反应比较敏感，应随时保证足够的营养面积和肥沃、湿润的土壤条件，不宜浇水过勤，视土壤见干见湿，确保土壤湿度适宜（土壤过湿，土壤中空气少，温度自然降低，萝卜易长成短尖小柱状），此期是间苗、除苗关键期，要准确掌握时机，不要错过（图 12-10）。

（3）叶生长盛期 从 5～6 片真叶到莲座期，叶面积不断扩大，肉质根开始缓慢生长，约需 25d。此期，以地上部分长叶为主，肥水供应不宜过大，对地上部分叶子管理要保持"促而不过旺"，注意增施叶面肥改善营养状况，防止叶片过早枯黄，同时还要防止水肥过盛，造成叶片徒长。

（4）肉质根生长盛期 从莲座期到收获（收根）需 50～60d，占整个生长期的 2/5 左右时间，叶片继续生长，下部老叶不断死亡，光合产物向地下肉质根运输贮藏，此时期要加强水肥管理，增施钾肥，创造良好的温、湿条件，促进地下根部的发育和肥大（图 12-11）。

 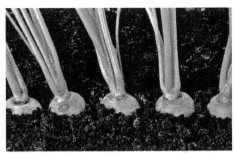

图 12-10 胡萝卜幼苗期　　　　图 12-11 胡萝卜肉质根生长盛期

3. 对环境条件的要求

（1）温度条件 胡萝卜为半耐寒性蔬菜，其耐寒性和耐热性都比萝卜稍强。生产上较秋冬萝卜播种早而收获迟。种子发芽起始温度为 4～5℃，最适温为 20～25℃。幼苗能耐短期 -5～-3℃ 低温和较长时间的 27℃ 以上高温。叶生长适温为 23～25℃，肉质根肥大期适温是 13～20℃，低于 3℃ 停止生长。开花结实的适温为 25℃ 左右。胡萝卜为绿体春化型植物，幼苗需达到一定大小时（一般在 10 片叶以后），在 1～6℃ 低温条件下，经 60～100d 才能通过春化。胡萝卜需要较大的温差和充足全面的养分，有利于肉质根的建设形式，同时保证较高的胡萝卜素的含量。

（2）水分条件 当土壤含水量在 20% 以上的时候，胡萝卜就能凭借强大的吸收能力进行吸水膨胀，为发芽做准备，在实际播种保证土壤含水量在 60%～70% 是比较合适的。播种后补水要注意水量大小，建议保证 10cm 土层含水量即可，太多水量将降低土壤温度，隔绝土壤空气，反而影响出苗。

（3）土壤条件 胡萝卜要求土壤具有一定形态质地和养分含量。胡萝卜根系发达，能利用土壤深层水分，叶片抗旱，属于耐旱性较强的蔬菜。胡萝卜在土层深厚、富含腐殖质、排水良好的沙壤土中生长最好。适宜 pH 为 5～8。土层薄、结构紧实、缺少有机质、易积水受涝的地块，常导致肉质根分杈、开裂，降低品质，不宜选用。对三要素的吸收量，钾最多，氮次之，磷最少。胡萝卜要求土壤疏松、通透、干湿交替，水分充沛。

（4）光照条件 胡萝卜要求中等光照强度。属长日照植物，在长日照下通过光照阶段。

4. 栽培季节和茬次安排　　胡萝卜可春秋两季栽培，以秋季栽培为主。也有少量夏季栽培和春季地膜覆盖或塑料棚栽培。春季栽培多于3~4月播种，6~7月收获，利用地膜和小拱棚覆盖，播种期还可适当提前；秋季栽培，北方多于6~7月播种，10月中下旬至11月上旬收获，长江流域可于7月下旬至8月中下旬播种，11月下旬至12月上旬收获，华南地区则于8~10月播种，露地越冬后，翌年2~3月收获。

【任务提出】

　　结合生产实践，小组完成一个胡萝卜生产项目，在学习胡萝卜生物学特性和生产技术的基础上，根据不同任务要求设计胡萝卜生产方案，同时做好生产记录和生产总结。

【任务资讯】

一、春播胡萝卜栽培技术

1. 品种选择　　春播胡萝卜对品种的选择十分严格，宜选用抽薹晚、耐热性强、生长期短的小型品种。目前生产中常用的品种主要有两大类：一是国外引进的新黑田五寸、花知旭光和春时金五寸等；二是国内品种，如三寸胡萝卜、北京黄胡萝卜、烟台三寸、竹察等。

2. 整地做畦

（1）选地　　该茬胡萝卜生长期短，对土壤和肥力要求高。应选择背风向阳、地势高燥、土层深厚、肥沃、疏松、富含有机质、排水良好、土壤孔隙度高的沙壤土或壤土。

（2）整地与施肥　　选定地块后，清理田间杂草秸秆，深翻土壤25cm左右，进行晾晒。对土地深耕细耙，清除砖石杂物。南方地区多用高畦（图12-12），北方地区多用平畦（图12-13），畦宽1.5~2.0m，畦长7~8m。播种前，每公顷施优质腐熟圈肥60 000~75 000kg、磷酸二铵150kg~225kg、草木灰1500~2250kg或硫酸钾150kg~225kg。施肥后使土和肥料混合均匀，再耙细整平畦面。

图 12-12　胡萝卜高畦种植　　　　　图 12-13　胡萝卜平畦种植

3. 播种

（1）播前种子处理　　春季气温低，种子发芽慢。为加快出苗速度，播前最好进行种子处理提高出苗率，可搓去刺毛，也可催芽后播种。

（2）播种方法　　在播种期不宜过早或过晚，可在日平均温度10℃与夜平均温度7℃时播种。过早易出现未熟抽薹现象，过晚生长后期温度过高影响肉质根产量和品质。可采用撒播或条播，但以条播为佳，因为春季地温低，如果采用撒播，播种时需大水漫灌，造成地温降低幅度大，因此春季栽培胡萝卜最好采用条播方式。播种时按15~20cm行距开深、宽均为2cm的沟，将种子拌湿沙均匀地撒在沟内，每亩用种量为1.5kg左右。播后覆土1~1.5cm，然后镇压、浇水。

（3）播种后加覆盖物　　春季风大、气温低，为了保温保湿，加快出苗速度，在播种后，可立即加覆盖物。覆盖方法有4种。

1）播种覆土后，在畦面上盖一层4cm厚的麦秸，待大部分种子拱土后去掉麦秸。

2）播种覆土后，在畦面上盖一层地膜，待大部分种子出土后揭掉地膜。

3）在畦面每隔50cm放1根玉米秆支撑，在玉米秆上覆盖地膜，出苗后逐渐炼苗，5~7d后去掉地膜。

4）采用麦秸、地膜双重覆盖。先盖麦秸，待种子拱土后将麦秸去掉，然后放玉米秸盖地膜，出苗炼苗后再去掉地膜。

4. 田间管理

（1）间苗、定苗　　胡萝卜播种后10d左右可出苗，当幼苗长出1~2片真叶时，选择晴朗无风天的中午进行第一次间苗。第一次间苗在2~3片真叶时进行，留苗株距3cm；第二次间苗在3~4片真叶时进行，留苗株距6cm。每次间苗时都要结合中耕松土。在4~5片真叶时定苗，小型品种株距12cm，每亩保苗4万株左右；大型品种株距15~18cm，每亩保苗3万株左右。间苗、定苗的同时结合除草，条播的还需进行中耕松土。定苗后开始浅中耕一次，结合中耕，进行松土、除草、培土。中耕时需注意培土，防止肉质根膨大露出地面形成青肩胡萝卜。

（2）水肥管理　　播种至齐苗期间需保持土壤湿润，一般应连续浇水2~3次。幼苗期应尽量控制浇水，保持土壤见干见湿，防止叶片徒长。幼苗具有7~8片真叶，肉质根开始膨大时，结束蹲苗。肉质根膨大期间应保持地面湿润，防止忽干忽湿，避免出现裂根等肉质根质量问题。此期浇水不足，则肉质根瘦小而粗糙。供水不匀易引起肉质根开裂。

整个生长期追肥2~3次。第1次在定苗后施用，以后每隔20d左右追施1次。由于胡萝卜对土壤溶液浓度很敏感，追肥量宜小，并结合浇水进行。通常每次每亩追施优质有机肥150kg左右或复合肥25kg。如发现地上部生长过旺，就用15%多效唑可湿性粉剂1500倍液喷施，以促进肉质根膨大。春种胡萝卜病虫害较少，但在生长后期易遭受蚜虫为害，可用40%氧化乐果1000~1500倍液或2.5%溴氰菊酯乳油2500倍液喷雾防治。

5. 采收　　胡萝卜播种至采收的天数依品种而定，早熟种80~90d，中晚熟种100~120d。春播胡萝卜在6月中旬至7月上旬期间，肉质根已充分膨大时，根据需要分批分期采收。收获前几天要灌一次水，待土壤不黏时，即可收获。气温上升到30℃，不仅抑制肉质根的膨大，还会影响胡萝卜的品质，所以应及时全部采收。收获后，有条件的贮存在0~3℃的冷库内，可在整个夏季随时供应上市。

二、夏秋胡萝卜高产栽培技术

1. 品种选择 夏季播种胡萝卜，气候条件较为炎热，宜选择耐热耐旱、柱形，品质好，抗病性强，产量高的品种，在此基础上优先考虑外观好、风味佳的品种。常见的夏播品种有京红五寸、夏优五寸、改良夏时五寸等。

2. 整地打垄 前作收获后及时深翻土地，深度以23～30cm为宜。结合整地每亩施入腐熟有机肥3000～5000kg、磷酸二铵30kg、硫酸钾15kg。有机肥与土壤颗粒一定要碎。剔除杂物，耙平地面按50cm放线打垄，垄宽27cm、高10～15cm，垄顶呈钝圆形。如采用畦栽培，可做成宽60～80cm、高10～15cm的高畦，畦间垄沟宽20cm，即高畦深沟栽培。我们主张采用垄栽，本节栽培技术是以秋季垄栽为例讲述的。

3. 播种 播种时在垄顶按10cm行距双行开沟，沟深1cm左右，先浇水，然后撒种，覆土，可用麦秸、干草等覆盖。待芽苗露白时揭去覆盖物（最好在傍晚进行），然后用喷雾器喷湿畦面，每日喷一次，连喷3～4d。

4. 田间管理

（1）喷施除草剂 在播后苗前喷施33%施田补乳油100～150mL/亩，加水40～50kg均匀喷洒地表，除草效果可达90%以上，大大节省劳力，降低管理难度。也可以地播后苗前喷施除草通乳油100mL兑水50kg。

（2）合理浇水 播种后要连浇2～3次齐苗水，要经常保持垄面湿润，防止忽干忽湿，以保证出苗整齐，一般播后5～7d即可出苗。幼苗期只要不旱，尽量少浇水，促使肉质根向下生长。肉质根膨大期，需水量最大，所以一定要保证足水足肥。在胡萝卜整个生育期，浇水一定要适度，不能大水漫灌，严格控制田间积水，大雨后要及时排水，否则易导致肉质根分叉、侧根发达、皮目或凸或凹，甚至有根瘤突起，严重影响肉质根的商品性状。

（3）间苗、定苗 齐苗后要及时间苗。幼苗2片真叶时进行第一次间苗，株距3cm左右，幼苗4片真叶进行第二次间苗，6片真叶时定苗，株距10cm左右，亩留苗2.6万～3.0万株。间苗时应拔除弱小苗，叶数过多、叶片过厚而短的苗，以及叶色特深、叶片叶柄密生粗硬绒毛的苗子，因为这几种苗易形成歧根、粗芯（木质部发达）或肉质根细小。

（4）追肥 从定苗到收获共追肥2～3次。若基肥不足，可在定苗后随即进行一次追肥，每亩顺水冲施尿素15kg。肉质根开始膨大时，追施复合肥30kg/亩。肉质根膨大盛期，每亩追施复合肥30kg。

（5）中耕培土 在每次浇水后及时中耕，保持土壤疏松、透气、保墒，以利幼苗生长，肉质根膨大。在肉质根膨大期，应适当培土，可防止胡萝卜青肩发生，提高外观品质。

5. 病害综合防治 胡萝卜主要病害包括白粉病、黑斑病、花叶病毒病等，其病状、发病规律及防治方法如下。

（1）白粉病 病状为发病初期在叶面上长出白色粉状物，叶缘萎缩，叶片会逐渐干枯（图12-14）。主要为害叶片、叶柄。一般多先由下部叶片发病，逐渐向上部叶片发展。发病初时，在叶背或叶柄上产生白色至灰白色粉状斑点，发展后叶表面和叶柄覆满白色粉霉层，后期形成许多黑色小粒点。发病重时，由下部叶片向上部叶片逐次变黄枯萎。

发病规律是病菌以菌丝体在多年生寄主活体上存活越冬，也可以闭囊壳在土表病残体上越冬（在温室蔬菜上或土壤中越冬）。翌年条件适宜，产生子囊孢子引起初侵染，发病后病部产生分生孢子，借气流、雨水传播，多次重复再侵染，扩大为害。病菌对环境条件要求不严格，温暖、潮湿条件易于感染，但在干旱、少雨情况下，由于植物生长不良抵抗力下降导致发病更重。

图 12-14　胡萝卜白粉病为害状

防治措施：①选用抗病品种，如金港五寸、三红胡萝卜等。②农业措施：合理密植，施足粪肥，但注意切勿偏施、过施氮肥，增施磷、钾肥，防止徒长。注意通风透光，降低空气湿度，适当灌水，雨后及时排水。③及早间苗、定苗，及时铲除田间杂草。④发现初始病叶及时摘除，可减少田间菌源，抑制病情发展。收获后彻底清除田间病残体，集中烧毁或深埋，减少来年初侵菌源。⑤种子消毒：用50℃温水浸种15min，或用15%粉锈宁可湿性粉剂拌种后再播种。⑥药剂防治：发病初期可用15%粉锈宁可湿性粉剂1500～2000倍液，或20%粉锈宁乳油2500倍液，或50%多菌灵可湿性粉剂500倍液，或70%甲基托布津可湿性粉剂800倍液，或40%多硫悬浮剂500倍液，或50%硫黄悬浮剂300倍液，或2%武夷霉素水剂200倍液，或农抗120水剂200倍液，或30%特富灵可湿性粉剂2000倍液，或12%绿乳铜乳油600倍液，或30%特富灵可湿性粉剂2000倍液，或10%世高可湿性粉剂3000倍液，或40%杜邦福星乳油8000～10 000倍液，或25%施保克乳油2000倍液，或50%施保功可湿性粉剂2000倍液，或47%加瑞农可湿性粉剂600倍液，或60%防霉宝水溶性粉剂1000倍液等，每7～10d喷药1次，连喷2～3次。

（2）黑斑病　　病状为胡萝卜染病后，根冠先变黑，后稍凹陷软化，严重时心叶消失成空洞（图12-15）。叶、花梗、花器染病初生赤褐色无光泽不规则形条斑，后渐凋萎，花梗多弯曲，后期生出黑色霉层，外观似绒毛状，即病菌分生孢子梗和分生孢子。

发病规律是病菌以菌丝体或分生孢子在留种母株、种子表面、病残体上或留在土壤中越冬或越夏，成为翌年初侵染源，分生孢子借气流传播蔓延，形成再侵染，使该病周而复始传播蔓延开来。该菌在10～35℃条件下均能生长发育，但它常喜欢较低的温度。适温为17℃，最适酸碱度为pH6.6。病菌在水中存活1个月，在土中可存活3个月，在土表存活1年。

图 12-15　胡萝卜黑斑病为害状

防治措施：①大面积轮作，收获后及时翻晒土地清洁田园，减少田间菌源。②施用日本酵素菌沤制的堆肥或采用猪粪堆肥，培养拮抗菌，加强田间管理，提高胡萝卜抗病力和耐病性。③种子消毒，可用种子重量 0.4% 的 50% 扑海因可湿性粉剂，或 75% 百菌清可湿性粉剂拌种。④发病前开始喷洒 64% 杀毒矾可湿性粉剂 500 倍液，或 75% 百菌清可湿性粉剂 500～600 倍液、70% 代森锰锌可湿粉 500 倍液、58% 甲霜灵锰锌可湿性粉剂 500 倍液、40% 灭菌丹可湿性粉剂 400 倍液、50% 扑海因可湿性粉剂或其复配剂 1000 倍液。在黑斑病与霜霉病混发时，可选用 70% 乙膦、锰锌可湿性粉剂 500 倍液，或 60% 琥·乙膦铝（DTM）可湿性粉剂 500 倍液、72% 霜脲锰锌（克抗灵）可湿性粉剂 800 倍液，或 69% 安克锰锌可湿性粉剂 1000 倍液，每亩兑药液 60～70L，隔 7～10d 喷一次，连续防治 3～4 次。采收前 7d 停止用药。

图 12-16　胡萝卜花叶病毒病为害状

（3）胡萝卜花叶病毒病　为害病状是胡萝卜苗期或生长中期发生，植株生长旺盛叶片受侵，轻者形成明显斑驳花叶，或产生大小为 1～2mm 的红斑，心叶一般不显症，重者呈严重皱缩花叶。有的叶片扭曲畸变，植株多表现为斑驳或矮化（图 12-16）。

发病规律是病毒可随肉质根在窖内或野生胡萝卜上越冬，通过汁液摩擦和蚜虫传毒，发病适温 20～25℃，蚜虫数量多发病重。

防治措施：①加强田间管理，及时防蚜，生长期间满足供给肥水，促进植株生长，增强抗病力。②把肉质根置于 36℃ 条件下处理 39d，可使病毒钝化。③发病初期开始喷洒抗毒丰（0.5% 菇类蛋白多糖水剂）250～300 倍液或 20% 病毒A可湿性粉剂 500 倍液、1.5% 植病灵Ⅱ号乳剂 1000 倍液。

6. 虫害综合防治　虫害有蚜虫和根结线虫。蚜虫可用抗蚜威、氧化乐果防治。防治根结线虫难度较大，要运用综合防治技术：轮作，与禾本科作物、葱韭类作物轮作，可使病情明显减轻；深耕，利用线虫好气性、活动性不强的特点，深翻土壤 25cm 以上，深翻后大量虫卵从表层翻到下层，可以消灭部分越冬虫源，土层越深，透气性能越差，越不利于线虫生活；收获后彻底清除残株，集中烧毁；土壤消毒，利用夏季气温高，太阳猛烈，在畦面每亩撒施 100kg 石灰，翻地，浇一次透水，覆盖薄膜，利用膜下高温，可有效杀死线虫；药剂防治，3% 米乐尔颗粒剂 3kg/ 亩，混细土 50kg；80% 敌敌畏乳油 1000 倍液灌根。

7. 采收　中原地区一般 11 月上中旬开始收获。此时叶片生长停止，新叶不发，外叶变黄萎蔫。但是，胡萝卜采收没有严格收获期，只要市场价格好，也可以在 10 月中下旬采收上市。

【任务注意事项】

胡萝卜生理障害包括以下内容。

1. 胡萝卜病毒病　胡萝卜病毒病是一种系统病害，有逐年扩大趋势，称为植物艾滋病，目前有黄化病毒、厥叶病毒、红化病毒、僵化病毒，病毒病随着重茬年份增加而上升。典型现象是花叶、白化、萝卜老化、皱纹、短尖。

防治方法：①购买正规厂家脱毒品种，即在大田制种地块采种时已做杀毒处理，并在种子灌装前辅助种子干热杀毒措施彻底阻断种子毒源。②喷施硫酸锌＋硼＋威胜D1抵抗病毒侵染。③用威胜D1防治。

2. 胡萝卜重茬水烂病　①重茬地区发生水烂主要是营养环境恶化，不能形成健康的机体，微量元素枯竭，得不到补充，营养失衡造成。②自毒物质的积累，破坏了胡萝卜生存环境。出于生物进化的本能，胡萝卜生长过程中释放用于毒害本物种的自毒物质，为胡萝卜生存制造天然障碍。③病原菌的增加，连年的重茬之后，土壤中病残体数量剧增，创造了病苗发病机会。④不科学的栽培方式，如覆膜萝卜，高温、高湿、起膜不及时造成水烂，高温浇水感病至水烂。⑤化学肥料增加、除草剂、生物激素、环境污染等原因也能造成水烂。

3. 胡萝卜根短、分叉、开裂

（1）胡萝卜根短　常发生在早春茬和泥泞黏重的土壤上，个别生茬地块也发生。原因一是温度低，在胡萝卜下扎时期，土壤温度低于15℃，下扎动力减弱造成根短。二是水分原因，胡萝卜下扎时土壤过于干旱没有充足的供应形式下扎无力根型下扎不了而变短；水分过大如果达到70%以上，土壤温度降低，影响下扎长度。三是土壤质地，黏重土质或生茬地土壤由于结构过于紧密，根系下行阻力大，是造成根短的另一个原因。

（2）胡萝卜分叉　没有哪个育种部门能培育出专门分叉的胡萝卜品种，分叉现象的形成全部是由下扎过程的意外条件所致，大致分以下4种：①胚根发育不良，由于母体种子发育或营养不良，胚根瘦弱或天生畸形，这样的根在萌发下扎中容易过早的分叉和夭折。②物理伤害，胚根下扎过程中的地下害虫，土壤硬物只要伤到根尖生长点细胞就会因为分生组织的补充和紊乱发育形成叉根，这个分叉点一般在胡萝卜下部。③化学伤害，化肥或没有腐熟的有机肥遇到下行的根尖时，将因为大的渗透压破坏根尖细胞形成分叉，此外除草剂残留、化肥残留污染都具备造成分叉的隐患。④短硼症，硼元素主要负责根尖细胞分化稳定程度，如果因为土壤中硼元素缺乏，容易造成根在高位发生分化混合形成分叉。

（3）胡萝卜开裂　大致有两个原因：①硼和钙元素的缺乏，两个元素一旦缺乏，细胞组织松散，排列无序，形成开裂。②不恰当的水分和温度条件，尤其是胡萝卜生长到中后期肉质根快速膨大时，形成层在不断地分化出新细胞并推挤向外，此时温度越高膨大速度越快，如果遇到了土壤的降温或冷水浇灌，萝卜表面首先遇到冷收缩，停止或放慢生长，而内部生长还在进行，这样就形成了由内向外的纵向开裂。频繁的水分变化和温度变化最易发生开裂。

【任务总结及思考】

1. 适合春季栽培的胡萝卜品种有哪些？
2. 胡萝卜的病虫害防治要点有哪些？

【兴趣链接】

1. 胡萝卜的吃法 胡萝卜虽是蔬菜，但所含的类胡萝卜素为脂溶性的，与脂类结合才可以酶解，烹调中类胡萝卜素比较稳定，基础营养学表明，我国的炒菜方法可保存76%～94%。因此生吃胡萝卜，类胡萝卜素因没有脂肪而很难吸收，从而造成浪费。

2. 营养成分 营养素含量（每100g）：热量37.00kcal、碳水化合物8.80g、脂肪0.20g、蛋白质1.00g、纤维素1.10g。胡萝卜所含的营养素很全面。据测定，每百克含碳水化合物7.6g，蛋白质0.6g，脂肪0.3g，钙30mg，铁0.6mg，以及维生素B_1、维生素B_2、维生素C等，特别是胡萝卜素的含量在蔬菜中名列前茅，每百克中约含胡萝卜素3.62mg，而且于高温下也保持不变，并易于被人体吸收。胡萝卜素有维护上皮细胞的正常功能、防治呼吸道感染、促进人体生长发育及参与视紫红质合成等重要功效。

3. 食疗作用

（1）益肝明目　胡萝卜含有大量胡萝卜素，这种胡萝卜素的分子结构相当于2个分子的维生素A，进入机体后，在肝脏及小肠黏膜内经过酶的作用，其中50%变成维生素A，有补肝明目的作用，可治疗夜盲症。

（2）利膈宽肠　胡萝卜含有植物纤维，吸水性强，在肠道中体积容易膨胀，是肠道中的"充盈物质"，可加强肠道的蠕动，从而利膈宽肠、通便防癌。

（3）促生长发育　维生素A是骨骼正常生长发育的必需物质，有助于细胞增殖与生长，是机体生长的要素，对促进婴幼儿的生长发育具有重要意义。

（4）增强免疫功能　胡萝卜素转变成维生素A，有助于增强机体的免疫功能，在预防上皮细胞癌变的过程中具有重要作用。胡萝卜中的木质素也能提高机体免疫机制，间接消灭癌细胞。

（5）降糖降脂　胡萝卜还含有降糖物质，是糖尿病患者的良好食品，其所含的某些成分，如槲皮素、山柰酚能增加冠状动脉血流量，降低血脂，促进肾上腺素的合成，还有降压、强心作用，是高血压、冠心病患者的食疗佳品。

任务三　芜菁甘蓝栽培

【知识目标】

1．了解芜菁甘蓝的生长发育特性及其对环境条件的要求。

2．掌握芜菁甘蓝的直播技术。

3．掌握芜菁甘蓝栽培技术。

【能力目标】

熟知芜菁甘蓝的生长发育规律，掌握生产过程的品种选择、茬口安排、整地做畦、播种育苗、田间管理、病虫害防治、适时采收等技能。

【知识拓展】

（一）芜菁甘蓝生产概述

芜菁甘蓝学名 *Brassica napobrassica*，又名土苤蓝、洋蔓菁、羊蔓菁、洋疙瘩、洋大头菜、卜留克。为十字花科芸薹属二年生草本，高 50～100cm。芜菁甘蓝于东北、江苏等地栽培。块根作蔬菜食用，可盐腌或酱渍供食用，又可炒食或煮食，也可生食，茎叶可以做饲料。

（二）品种类型

芜菁甘蓝依肉质根的皮色不同，可分为白皮、淡黄皮、紫红皮等品种类型。肉质根的形状有圆形、扁圆形、圆锥形、圆柱形等。多数圆形的品种生长期短、肉质根短小，圆柱形和圆锥形的肉质根较大、晚熟、生长期较长。

目前栽培较多的优良品种有：①猪尾巴芜菁甘蓝，板叶，叶片如匙状，肉质根长圆锥形，形状如猪尾巴，长 17cm、横径 6～7cm、皮肉均为白色、味甜面、品质好，适于蒸煮熟食。②菜籽芜菁甘蓝，肉质根长圆锥形、皮肉为白色，蒸煮后味甜面，可以代粮，其籽可以榨油，适于与棉间作。另外，在云南、河南、河北、福建、西藏等省（自治区）也有很多优良品种，可粮菜兼用，以熟食为主。

（三）生物学特性

1. 形态特征

（1）根　　块根卵球形或纺锤形，肥厚，无辣味，一半在地上为青紫色，有 1 紫色长根颈，上有叶或叶痕，一半在地下，两侧各有 1 条纵沟，从此生出多数侧根。

（2）茎　　茎直立，有分枝，无毛。基生叶倒卵形，长 11～15cm，大头羽裂，顶裂片长达 25cm，顶端急尖，边缘有不整齐锯齿或波状浅裂，侧裂片 2～4 对，越向下越小。

（3）叶　　叶柄长 1.5～2.5cm；上部及顶部茎生叶长圆形至长圆披针形，长 1.5～4cm，宽 8～12mm，顶端急尖，抱茎，边缘有裂齿，两面无毛。

（4）花　　总状花序顶生或腋生，花后延长达 45cm；花直径 1.5～2cm；花梗长 5～10mm；萼片线形，长 4～5mm；花瓣浅黄色，倒卵形，长约 1cm，爪长 3～5mm。

（5）果实　　长角果线形，长 3～3.5cm，喙长 3～5mm；果梗较粗，开展，长 6～10mm。

（6）种子　　种子卵形，长约 1mm，黑棕色。花果期 5～6 月。

2. 对环境条件的要求

（1）温度　　芜菁甘蓝肉质根的生长喜凉爽的气候，有一定的抗寒性，幼苗可耐 2～3℃ 的低温，成长的植株可耐轻霜。肉质根膨大生长的适温为 15～18℃。如果温度过高，肉质根生长缓慢，养分积累少，糖分含量低，品质下降。

（2）光照　　芜菁甘蓝需要中等强度的光照，光饱和点为 35klx，光补偿点为 1.3～1.8klx。低温通过春化后，需要在短日照条件下通过光照阶段进行生殖生长。

（3）水分　　较耐旱，喜湿润，适宜的土壤湿度为田间最大持水量的 60%～80%，适宜空气相对湿度为 55%～70%。

（4）土壤营养　　芜菁甘蓝以土层深厚、疏松肥沃、富含有机质的壤土和沙壤土为宜，适于中性偏碱的土壤。

【任务提出】

结合生产实践，小组完成芜菁甘蓝生产项目，在学习芜菁甘蓝生物学特性和生产技术的基础上，根据不同任务设计芜菁甘蓝生产方案，同时做好生产记录和生产总结。

【任务资讯】

芜菁甘蓝栽培技术

1. 品种选择　选择适宜的品种是芜菁甘蓝获得高产稳产的关键，要根据产、供、销等具体情况而定。芜菁甘蓝于 20 世纪中叶由苏联引入我国，目前品种尚少。

2. 播期安排　我国芜菁甘蓝大都于秋季栽培。山东省多于立秋后播种，立冬前收获。华北北部在 5 月初播种，7 月中旬收获。江南可在处暑前播种，立冬到小雪收获。

3. 整地施肥　芜菁甘蓝喜湿润的沙地土或壤土地生长，且具有适应酸性土壤的能力，在整地施肥土壤 pH 达 5.5 时，仍能正常生长。它需要较多的磷、钾肥，土壤湿度不宜过高，秋季高温干旱环境易于病毒病的发生，为了减轻病害的发生，应实行 2～3 年轮作，也不应与其他十字花科蔬菜连作。

播种前应增施有机肥或缓控释肥、复合肥作基肥，一般亩施有机肥 3000～4000kg 或复合肥 50～80kg，然后耕翻土壤，耕细耙平后，作平畦或高垄。平畦一般宽 1.0～1.4m，垄高 15cm，垄宽 50～55cm。

4. 育苗移栽　芜菁甘蓝一般为直播，直播者大都是条播，也有的进行育苗移栽。大型品种行距 33～40cm，株距 20～25cm。小型品种行距 25cm、株距 12～20cm。土壤干旱时播后要及时浇水，出苗后间苗 1～2 次，5～6 叶时定苗。育苗移栽的，播种浇水后，或畦面覆盖碎草保墒，促进出苗，出齐苗后间苗 1～2 次，苗距 2～3cm。如肥力不足，也可结合浇水进行追肥，当苗生长出 5～6 片真叶时，进行定植。定植时要选苗，选叶色嫩绿、生长健壮、无病虫和伤害的幼苗栽植。淘汰病虫弱苗。栽植不宜过深，以不埋住根茎为宜；栽深的话会影响肉质根生长。栽苗后要及时浇水，使幼苗的根能密切与土壤结合，以利根的发育。

5. 田间管理　芜菁甘蓝对土壤肥料的反应敏感，基肥施入不足，会严重影响肉质根的生长，所以在播种和栽植前施肥不足时，应在芜菁甘蓝整个生长期进行分次追肥。追肥应以氮、磷、钾、钙等肥料为主。氮肥应在间苗后到定苗栽植前施入；钾肥应在肉质根生长前期施入；磷肥最好作基肥，整地时与有机肥一起施入。根据芜菁甘蓝的需肥特点，在施用有机肥作基肥的情况下，一般在生长期应追肥 2～3 次，可分别在幼苗期、定苗后或植苗成活后结合浇水，进行第一次追肥，可追肥人粪尿、复合肥等。在肉质根生长旺盛前期进行第二次追肥，可追肥草木灰、人粪尿等。

芜菁甘蓝在幼苗期需水不多，应注意中期除草，防止草荒。适时浇水，保持土壤湿润，降低地温，也能减轻病毒病的发生。在肉质根膨大期，应结合追肥增加浇水次数，供给充足的水分。

芜菁甘蓝的主要病害是病毒病。虫害主要有蚜虫、菜螟、黄条、跳甲、白粉虱等。尤其蚜虫，是传播病毒的主要害虫。因此要及时消灭蚜虫，控制危害。防治蚜虫的药剂很多，如敌百虫、辟蚜雾、3% 天达啶虫脒及天达高效氯氟氰菊酯等。连续喷洒，才会消灭害虫，防止为害。

对病毒病发生较重的地区，也可采取适当晚播，并及时防治害虫，减少传播。田间发现病株后要及早拔除，减轻蔓延。

6. 收获 收获时，连根拔出，堆放在田间，晾晒数天，待天气转冷再入窖贮藏。

【任务注意事项】

栽培管理过程中，创造芜菁甘蓝适宜水分条件的措施如下。

（1）改良土壤 深耕与增施基肥，对于改良土壤结构、提高土壤保水保肥能力起着重要作用。

（2）深沟高畦种植 芜菁甘蓝不耐渍，南方地区栽培芜菁甘蓝多实行深沟高畦种植，可在春夏多雨季节，排除明水，也可避免土壤暗渍，而引起伤根现象。

（3）地面覆盖栽培 地面覆盖既可在春夏多雨季节防止雨水冲洗畦面和土层过湿；又可在早秋干旱季节保持土壤墒情。

（4）看苗、看地、看天浇水 一般叶面下垂、萎蔫或叶色发暗、叶色灰蓝蜡粉较多、叶脆硬等，都是缺水表现，需立即灌水。反之叶色淡、不萎蔫，茎叶拔长，说明水分多，需排水晾晒。看地，就是根据土壤含水量浇水，含水量在50%～60%时应立即浇水。看天，就是根据天气变化情况进行灌溉。

【任务总结及思考】

1. 江苏、山东、内蒙古的芜菁甘蓝的适宜播期分别是什么时候？
2. 芜菁甘蓝能否进行育苗移栽？
3. 简述芜菁甘蓝的品种类型及各自特点。
4. 芜菁甘蓝营养生长阶段可分为哪几个时期？
5. 简述露地芜菁甘蓝秋季栽培技术要点。

【兴趣链接】

1. 功效主治 卜留克为俄罗斯语，为美味佳肴之意，又名芜菁甘蓝，属十字花科二年生草本植物。20世纪中叶由俄罗斯最先引入内蒙古地区。收获于初冬季节，是一种高寒根茎蔬菜。独特的自然生态环境造就芜菁甘蓝富含维生素C的天然本质。据国家农业部检测：每百克芜菁甘蓝含有25种对人体有益的微量元素，对人体生长发育特别是骨骼发育、维护体液的电解质和化学平衡及促进新陈代谢等具有保健、营养作用。其中含维生素C 54mg、钙63mg及其他人体所必需的微量元素，在蔬菜中有"维生素C之王"的美誉。芜菁甘蓝维生素C含量高，尤其具有防癌抗癌作用，因为芜菁甘蓝丰富的维生素C可以帮助基因正确复制。

2. 保健食谱

（1）肉炒芜菁甘蓝丝 将精肉切成丝细，与淀粉、料酒、葱、姜、酱油拌匀，腌制15min。红尖椒切成丝备用。锅内放油烧至五成热，加入肉丝煸炒至变色，加入葱丝、姜丝、花椒水，加入芜菁甘蓝丝、辣椒丝煸炒，最后加入蒜末，点少量的醋点即可。此菜开胃健脾，可以有效补充人体氨基酸和维生素C。

（2）凉拌芜菁甘蓝 芜菁甘蓝先去皮切薄片。片状芜菁甘蓝再切成细丝。切丝后的芜菁甘蓝过一下热盐水后，彻底淋干后撒上盐腌制 10min。小辣椒切丝待用。蒜瓣姜片压成蓉和辣椒面、白醋、砂糖、香油兑在一起拌匀。将腌好的芜菁甘蓝丝攥出水分后，和调料搅拌在一起，放入冰箱 30min 以上即可食用。

任务四　芜菁栽培

【知识目标】

1. 了解芜菁的生长发育特性及其对环境条件的要求。
2. 掌握芜菁的直播技术。
3. 掌握芜菁的栽培技术。

【能力目标】

熟知芜菁的生长发育规律，掌握生产过程的品种选择、茬口安排、整地做畦、播种育苗、田间管理、病虫害防治、适时采收等技能。

【知识拓展】

（一）芜菁生产概述

芜菁学名 *Brassica rapa*，别名蔓菁、诸葛菜、圆菜头、圆根、盘菜，为芸薹属芸薹种芜菁亚种，能形成肉质根的二年生草本植物，高达 90cm。肥大肉质根供食用，肉质根柔嫩、致密，欧洲、亚洲和美洲均有栽培。

（二）生物学特性

1. 形态特征

（1）根　　块根肉质呈白色或黄色，球形、扁圆形或有时长椭圆形，须根多生于块根下的直根上。

（2）茎　　茎直立，上部有分枝，基生叶绿色，羽状深裂，长而狭，长 30～50cm，其中 1/3 为柔弱的叶柄而具有少数的小裂片或无柄的小叶，顶端的裂片最大而钝，边缘波浪形或浅裂，其他的裂片越下越小，全叶如琴状，上面有少许散生的白色刺毛，下面较密。

（3）叶　　下部茎生叶像基生叶，基部抱茎或有叶柄；茎上部的叶通常矩圆形或披针形，不分裂，无柄，基部抱茎；侧面生长多个裂状叶片从上向下逐渐变小。

（4）花　　总状花序长，花小，鲜黄色，长约 7mm；萼片 4，2 列，展开；花瓣 4，十字形，具长爪；6 个雄蕊中 4 个强；雌蕊 1，子房上位，1 室，由 1 层膜质隔膜隔成假 2 室。花期春季。

（5）果实　　长角果圆柱形，长 3.5～6cm，喙细长。

2. 对环境条件的要求

（1）温度　　性喜冷凉，不耐暑热，生育适温 15～22℃。发芽期适宜温度为 13～185℃，幼苗期适宜温度为 15～25℃，昼夜温差以 8～12℃为宜，休眠期以 0～2℃为最适。

（2）光照　　芜菁需要中等强度的光照，光饱和点为 45klx，光补偿点为 1.8～2.3klx。属于短日照植物，低温通过春化后，需要在短日照条件下通过光照阶段进行生殖生长。

（3）水分　喜湿润环境，适宜的土壤湿度为田间最大持水量的 70%～90%，适宜空气相对湿度为 55%～75%。

（4）土壤营养　芜菁以土层深厚、疏松肥沃、富含有机质的壤土和轻黏壤土为宜，适于中性偏酸的土壤。每生产 1000kg 鲜菜约吸收氮 1.86kg、磷 0.36kg、钾 2.83kg、钙 1.61kg、镁 0.21kg。

【任务提出】

结合生产实践，小组完成芜菁生产项目，在学习芜菁生物学特性和生产技术的基础上，根据不同任务设计芜菁生产方案，同时做好生产记录和生产总结。

【任务资讯】

芜菁栽培技术

1. 品种选择　选择适宜的品种是芜菁获得高产稳产的关键，要根据产、供、销等具体情况而定。从栽培方面来说，一要因地制宜，选择适宜当地气候条件和栽培季节的品种；二要选择品质好、产量高、抗逆性强的品种；三要选择净菜率高的品种。从消费方面来说，选择的品种要符合当地的消费习惯。

2. 播期安排　根据芜菁在营养生长期内要求的温度为 10～15℃，生长前期能适应较高的温度，生长后期要求比较低的温度，因此秋季栽培是全国各地芜菁的主要栽培季节，播种期在 8 月下旬至 9 月中间。

3. 整地施肥　种植芜菁的田块要土层深厚、排灌方便、土壤肥沃，以沙壤土为好。前茬作物收获后中耕 30cm，亩施腐熟溉灌肥 3000kg、过磷酸钙 30kg、氯化钾 15kg 或三元复合肥 30kg 作基肥。畦宽 1.3～1.5m。秧龄 35d 左右，不宜过长。

4. 播种育苗　芜菁可直播也可育苗，一般以育苗为主。用种量直播每亩 150g，育苗 25～50g。

育苗时，先精细做好苗床，一亩苗床播种 250～400g，可供 10～15 亩大田种植。播后盖稻草或遮阳网，出苗后揭除。出苗后 10d 左右间苗一次，苗距 6～8cm，追施一次稀粪肥。为防秧苗蚜虫和病毒病，从苗期第一叶起，每隔 7～10d 喷洒一遍净 1500 倍液一次。育苗期间苗床土壤经常保持湿润，防止过干，以免影响根的生长。

5. 移栽　移栽时行株距为 35cm 见方开穴，亩栽 5000 株左右，栽植时注意使秧苗的直根直埋于穴中，先放入一些细泥，将苗稍向上提，使根伸直，以免影响根的伸长、肥大，然后稍压实，浇透水，如遇干旱，要每天浇水一次，经 5～6d 秧苗成活，恢复生长。

6. 田间管理　苗期易受跳岬危害，应及时在清晨撒草木灰 2～3 次，或喷撒适宜的胃毒杀虫剂 1～2 次进行防治。苗后除草一次，3～4 片真叶时间苗中耕，6～7 片叶时定苗并追施氮肥，块根膨胀期追施磷钾肥。栽植后 10～15d，追施腐熟稀人粪尿 750～1000kg，过 10d 后再追施一次。10 月下旬至 11 月上旬，芜菁肉质根进入旺盛生长期，要追一次重肥，每亩用腐熟人粪尿 1500kg 或尿素 15kg、三元复合肥 20kg，施肥前先中耕松土，把肥施在行间。种根栽培后要适时除草、灌溉、追肥。株高 1m 时应采取防倒状的措施。氮、磷、钾的施用比例为 1.5∶1∶2。

干旱天气施肥后每 2d 浇一次水，促进肥料溶解，供根系吸收。生长期间清沟培土 1～2 次，以免根部外露变绿，粗老，影响品质。防治如菜青虫、蚜虫、斜纹夜蛾等害虫。随时摘除黄叶，以利通风透光。

7. 收获　　收获与利用块根收贮可在当地气温出现零下 3～4℃时收获，过冷收获的块根不耐贮藏。采收标准以植株茎叶枯黄，根头部由绿转黄色，叶腋间发生小叶卷缩变黄。经霜后芜菁品质提高，但过迟采收，硬心大，肉质根纤维发达，加工品质下降。一般是选择晴天，挖出块根，削顶去叶；晾干外部水分，去掉附土，入窖贮藏。窖温以 0～1℃为宜。叶子编成辫子，挂起风干。整株干贮时，带叶挖出块根，晾干表皮水分，清除附土，切成四瓣，与叶一起扎成 2～3kg 的小捆，挂置木架风干。选留种根要求根体完整，无病虫害或创伤，表皮光洁，并具品种特征者都能入选。单独窖贮，经常检查，防冻伤，防霉烂，防过早发芽。

【任务注意事项】

芜菁病害防治采取以农艺措施为主，生物、物理防治技术为辅，所采取的农业防治措施如下。

（1）选用抗（耐）病虫的优良品种　　针对当地多发病害，因地制宜选择相应的芜菁抗病品种。

（2）苗床地的选择　　苗床地应选择地势高、排水通畅、土质疏松肥沃的无病地块或铁网高床。冬春季育苗苗床最好避风向阳，夏秋季育苗苗床最好选择易通风散热的地块。

（3）加强苗床管理　　冬春季使用营养钵和穴盘进行育苗，采取防冻保温措施，适时揭盖覆盖物，只要苗床温度许可，就应及时揭去覆盖物，增加光照，以提高幼苗抗病能力。夏秋季使用防虫网结合遮阳网进行避雨育苗，减少育苗过程中遭受不良天气的影响，实行科学管理。

严格控制好苗床水分。无论是冬春季还是夏秋季育苗，苗床土壤湿度和空气湿度是苗期病害发生轻重的关键因子，特别是冬春季育苗，苗床浇水的时间是晴天上午 10～12 点，浇水后中午应放风降湿。降低土壤湿度、提高土温可减轻芜菁幼苗沤根。加强苗床检查，发现病毒病、灰霉病、菌核病、立枯病零星病株应及时去除，达到控制苗期病害蔓延的效果。

（4）轮作　　土壤连作，一方面由于消耗地力，影响蔬菜的生长发育，降低本身的抗病能力。另一方面连续种植一种蔬菜，寄生生物逐年在土壤中大量繁殖和累积，形成病土。使病虫害周而复始地恶性循环地感染为害。蔬菜作物的种类很多，有根菜、叶菜、果菜等，合理地把它们组合种植，不仅可以利用土壤肥力，改良土壤，而且直接影响土壤中寄生生物的活动。

【任务总结及思考】

1. 不同地区，芜菁的适宜播期有哪些？
2. 芜菁露地直播和育苗移栽各有何利弊？
3. 简述芜菁栽培管理中的施肥时间和种类。
4. 简述芜菁栽培管理中的水分管理要点。

5. 简述露地芜菁秋季栽培的技术要点。

【兴趣链接】

1. 功效主治 开胃下气，利湿解毒。治食积不化、黄疸、消渴、热毒风肿、疔疮、乳痈。

2. 常见药方

1）鲜芜菁（或鲜菜茎叶）加少许食盐捣烂敷患处，治乳痈、疮肿及各种无名肿毒。

2）生芜菁籽研末，每次10g，用开水服，服后大便则泻下。治黄疸、腹胀、便秘、小便黄赤。

3）芜菁籽1kg，用烧酒浸一夜，然后取出隔水蒸20min，晒干研细末，炼蜜为丸如小豆大，每次5g，用米汤送服，一日两次，治虚劳、青盲眼障、肝虚目暗、风邪攻目、夜盲、疳眼。

4）咸芜菁（切细）与粳米各适量，同放锅内加适量水共煮粥，煮熟后加适量猪油（或花生油）调味食用。有下气宽中、开胃功效。适用于发热病后，胃口不开、不思饮食的服用。

3. 食疗作用 主治利五脏，耳聪明目、轻身，使人肌肤红润有光泽，精力充沛，抗衰老，益气。常食通中焦，使人健壮。消食，下气，治疗咳嗽，清热解渴，去胸腹冷痛，以及热毒风、乳房结块和因产后乳汁积累过多而致乳房胀硬掣痛。疗黄疸，利小便。加水煮汁服用，可以除腹内痞块积聚，服少许，可治霍乱导致的胸腹胀闷。研成末服用，主治视物模糊不清。榨成油调入石膏中，可以去脸上的黑斑和皱纹。籽和油敷，可治蜘蛛咬伤。服用其籽，使人健壮，特别适用妇女。

4. 保健食谱

（1）鲜虾煸芜菁 铁锅加热，放入少量料酒干烧至挥发干净，然后放入适量花生油。油稍微热后，先放入干花椒炸出香味，待花椒香味出来后，放入切好的干红辣椒爆香。注意火不要太大，否则易糊。倒入芜菁改大火迅速翻炒，叶子开始变绿就放入虾子，继续翻炒，放少许香油、盐、鸡精，即可出锅。

（2）芜菁汤 削去马铃薯和芜菁的皮，先切下1片薄芜菁保留一旁，其余全切成块。再将芜菁薄片切成细丝，剁碎叶片，先将这两样置于一旁。在汤锅中加水，混合即溶高汤粉，加入切块的马铃薯和芜菁，盖上锅盖后，以小火煮30min。将熟熏肉剁碎，放进不粘锅中炒，且不断翻搅，至其酥脆，开始哔剥喷溅为止，关火后仍设法保温。在芜菁汤中放入法式鲜乳酪，并用捣泥棒搅拌，偶尔加些清水。以柠檬汁、盐和胡椒加以调味，然后放芜菁丝和芜菁的碎叶，再加热一番。将汤盛入深盘中，并撒上熏肉，即可食用。

任务五 牛蒡栽培

【知识目标】

1. 掌握牛蒡蔬菜的种类。

2．掌握牛蒡蔬菜的栽培共性。

3．掌握牛蒡蔬菜生育时期及栽培技术。

【能力目标】

能根据市场需要选择牛蒡品种，培育壮苗，选择种植方式，适时定植；能根据牛蒡长势，适时进行田间管理；会采用适当方法适时采收，并能进行采后处理。

【知识扩展】

（一）牛蒡生产概述

牛蒡为菊科牛蒡属直根系草本植物，是一种以肥大肉质根为主要食用器官的蔬菜，叶柄和嫩叶也可食用。牛蒡是我国重要的出口创汇蔬菜之一。它原产于亚洲，在我国大部分地区均有野生牛蒡分布，20 世纪 80 年代末开始试种栽培，已作为根茎类蔬菜栽培。它既是一种营养价值较高的保健蔬菜，又是一种应用广泛的中药材。

（二）生物学特性

1．形态特征　　株高 1m 左右。肉质根圆柱形，长 60～130cm，直径 2～4cm，根皮粗糙，暗褐色，其内肉质鲜嫩（图 12-17）。

（1）根　　牛蒡为深根性作物，肉质根圆柱形，直径 3～4cm，四周有不均匀的毛细根，通常主根长 50～100cm，有的可达 130cm 以上；表皮呈黑褐色，肉质灰白色，每根牛蒡重 0.5kg 左右。

（2）茎　　茎直立，高达 2m，粗壮，基部直径达 2cm，通常带紫红或淡紫红色，有多数高起的条棱，分枝斜升，多数，全部茎枝被稀疏的乳突状短毛及长蛛丝毛并混杂以棕黄色的小腺点（图 12-18）。

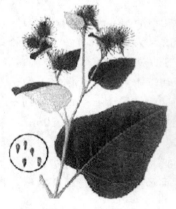

图 12-17　牛蒡

图 12-18　牛蒡茎秆

（3）叶　　基生叶宽卵形，长达 30cm，宽达 21cm，边缘稀疏的浅波状凹齿或齿尖，基部心形，有长达 32cm 的叶柄，两面异色，上面绿色，有稀疏的短糙毛及黄色小腺点，下面灰白色或淡绿色，被薄绒毛或绒毛稀疏，有黄色小腺点，叶柄灰白色，被稠密的蛛丝状绒毛及黄色小腺点，但中下部常脱毛。茎生叶与基生叶同形或近同形，具等样的及等量的毛被，接花序下部的叶小，基部平截或浅心形（图 12-19）。

（4）花　花茎分枝能力强，花枝顶端着生头状花序，直径约2cm，花冠筒状，淡紫色，7～8月陆续开花，开花后1个月种子成熟（图12-20）。

图12-19　牛蒡叶片　　　　　　　　　　图12-20　牛蒡花朵

（5）果实　头状花序多数或少数在茎枝顶端排成疏松的伞房花序或圆锥状伞房花序，花序梗粗壮。总苞卵形或卵球形，直径1.5～2cm。总苞片多层，多数，外层三角状或披针状钻形，宽约1mm，中内层披针状或线状钻形，宽1.5～3mm；全部苞近等长，长约1.5cm，顶端有软骨质钩刺。小花紫红色，花冠长1.4cm，细管部长8mm，檐部长6mm，外面无腺点，花冠裂片长约2mm。

（6）种子　瘦果倒长卵形或偏斜倒长卵形，长5～7mm、宽2～3mm，两侧压扁，浅褐色，有多数细脉纹，有深褐色的色斑或无色斑。冠毛多层，浅褐色；冠毛刚毛糙毛状，不等长，长达3.8mm，基部不连合成环，分散脱落。花果期6～9月。种子比果实成熟早，授粉后35d具发芽力，50～60d完熟。种子扁平，肾形，银灰色，表面具绒毛。千粒重3.0～3.3g，发芽年限3～4年。种子在果实内不发芽是因为果实内有抑制萌发物质。

2. 对环境条件的要求

（1）温度　牛蒡喜温暖湿润气候，耐寒、耐热能力较强，植株生长适宜温度为20～25℃，在40℃的高温下也能正常生长。气温2℃时地上部叶子枯死，但20cm以上主根，能在-15℃条件下安全越冬。当气温在5℃左右和长日照条件下，经58d左右即可完成春化阶段，其后才能抽薹开花结籽。花期6～7月，果期7～9月。

（2）光照　牛蒡喜阳光，生长期间要求较强光照条件。

（3）水分　牛蒡较耐干旱，不耐涝，2d以上的积水田块，肉质根就要坏烂。牛蒡虽忌连作，但多施腐熟有机肥，增施磷钾肥和微肥，连种2～3茬，产量不会明显下降。

（4）土壤营养　牛蒡宜在中性壤土中栽培，要求表土深厚，排水良好，地下水位低于1.5m以下，pH为6～7.5。

【任务提出】

结合生产实践，小组完成一个牛蒡生产项目，在学习牛蒡生物学特性和生产技术的基础上，根据不同任务设计牛蒡生产方案，同时做好生产记录和生产总结。

【任务资讯】

牛蒡栽培常用技术

1. 整地做畦　　行距 70～90cm，沟宽 25～30cm。挖沟之前，要先插木橛放线，量好尺寸。挖土回填时不要打破耕作层，结合填土，亩施腐熟有机肥 2～3m³、硫酸钾复合肥 40kg。药要与土壤充分拌匀，用爪钩搂平，轻踩镇压，直到把垄扶好，垄高 20～30cm。

若机械操作，可用开沟机将挖沟、填土、起垄等工序一次性完成。

2. 播期安排　　春夏播种时间从 2 月底至 6 月底。春播宜早，当最低气温 0℃以上，田土 5cm 处地温 5℃时，即可播种。

3. 播种　　早春播种，要根据气象预报，抢在冷尾暖头时播种，种子放在 50℃的温水中浸泡 6～8h，播种时，先放线开沟，沟深 3～5cm，如果墒情不好，可开沟浇水造墒。株距 8～10cm，播后覆土 1.5cm，轻轻拍实。然后用甲胺磷乳油掺麦麸撒于垄表，或用甲拌磷颗粒，以防蝼蛄和地老虎的危害。

4. 田间管理

（1）间苗定苗　　在子叶展开和 2 片真叶出现后进行间苗，除去劣苗。畸形苗和旺长苗，保留大小生长一致的幼苗。在幼苗 3～4 片叶时按照 10cm 的株距定苗，使亩植株数保持在 9000 株左右。需要说明的是，牛蒡的密度应根据土壤、气候等条件以及牛蒡的收获时间来灵活决定。太密，将影响牛蒡的长度和直径；太稀，将使产量受到影响。

（2）除草培根　　在牛蒡封行前杂草较多，应及时除去。要结合中耕，于封行前在牛蒡的根部培土，以避免根茎结合部裸露后出现裂纹、黑皮和虫蛀。

（3）浇水施肥　　牛蒡是需水较多的作物，从种子出芽到幼苗生长直至收获，都需要较多水分供给；但牛蒡又怕涝，如果积水超过 24h 就可能造成根部腐烂。牛蒡需肥量较大，且耐肥性强，要根据土壤的肥力状况，尽量满足其肉质根对肥料的需求。除施足基肥外，整个生育期还可追 3 次肥。第 1 次在植株长到 30～40cm 时，每亩追施尿素 10kg。第 2 次在封行培土前，结合浇水，每亩施尿素 10～15kg，施后及时培土护根。第 3 次在肉质根开始膨大时（约在播种后 2 个月），每亩再施氮磷钾三元复合肥 15～20kg，以促进牛蒡肉质根的迅速生长。

5. 病虫害综合防治

（1）黑斑病主要为害叶片和茎　　病斑多时汇合在一起导致叶片早枯，湿度大时，病斑锈褐色，病叶初生圆或不规则形，后病斑外缘呈轮纹状时，病斑上长出黑色霉层；茎斑初椭圆形，上下扩展，中间凹陷，变黑生霉及至整株倒伏。病叶自下而上发生，并向邻近植株蔓延。暖和潮湿或雾多露重有利发病，缺肥生长衰弱的植株老叶更易感病。该病一般 6 月开始发病，8～10 月高温连雨、湿度大，受害最重。

（2）角斑病主要为害叶片　　受害叶最初呈鲜绿色水渍状病斑，渐变淡褐色，呈多角形，以后干枯穿孔；茎上染病初期呈水渍状，后沿茎纵向扩展，严重时溃疡或裂口，变褐干枯。在温度 24～28℃，相对湿度 70% 以上时，对该病的发生极为有利，雨季该病最易发生，发病后遇天气干旱利于症状显现。昼夜温差大，结露重且持续时间长，发病重。

（3）白粉病主要为害叶片　受害叶片初生疏密不等的白色粉斑，后粉斑互相融合，叶片表面覆盖白粉，终至叶片枯黄。暖和多湿雾大露重天气发病重。土壤肥力不足或偏施氮肥易诱发此病。

（4）病虫防治　危害牛蒡的地下害虫主要有地老虎、根线虫、蛴螬等，防治方法除在播种时撒50%的锌硫磷颗粒剂外，还可用50%的锌硫磷乳油拌麦麸在傍晚放入垄沟内进行诱杀。牛蒡的地上害虫主要有大象鼻虫、蚜虫、菜青虫等，大象鼻虫可用敌百虫进行防治，蚜虫、菜青虫等可用吡虫啉、BT、莫比朗、金世纪等进行防治。

6. 采收　秋播牛蒡在生长5个月后即可采收，具体的采收时间应根据出口的规格和市场行情来决定。采收时先用镰刀割去叶片，留下10cm的叶柄，然后用锄头小心刨开牛蒡的泥土，再轻轻拔出。洗净后，根据肉质根的直径和长度进行分级。鲜牛蒡出口的质量标准是，肉质根直长、无虫蛀、无黑皮、无腐烂、无畸形、大头小尾、无刀伤、无空心、无泥沙杂质，并要求达到一定的长度和粗度。出口到日本的等级标准有7个级别，具体标准是：3L级要求根径3.6cm，长65～90cm；2L级要求根径3.0cm，长65～90cm；L级要求根径2.5cm，长65～90cm；M级要求根径2.2cm，长65～90cm；2M级要求根径1.8cm，长65～90cm；S级要求根径1.5cm，长65～90cm；2S级要求根径1.2cm，长65～90cm。

【任务注意事项】

1. 牛蒡虫害为害特点

1）金针虫幼虫在土中取食刚发芽的种子、幼根及茎的地下部分，使幼苗枯萎而死，造成缺苗断垄；秋季还蛀食块根，影响外观和品质。

2）蛴螬幼虫食害苗、根，成虫仅食害树叶及部分作物叶片，可使幼苗致死，造成缺苗断垄。肉质直根受害呈缺刻孔洞，严重影响食用价值。

3）蚜虫喜密集于嫩叶、嫩头上吸取汁液，使叶片卷缩发黄，生长不良。

2. 牛蒡害虫防治

（1）金针虫、蛴螬等地下害虫的防治　一是合理安排茬口。前茬为豆类、花生、甘薯和玉米地块往往蛴螬发生严重，应选择其他茬口地块种植。二是对前茬害虫发生较严重的地块深耕和初冬翻种，播前深耕细耕可消灭30%左右地下害虫，有助于减轻为害。三是避免施用未腐熟的厩肥。因未腐熟的厩肥对蛴螬、金针虫、种蝇等地下害虫有强烈的趋性，使成虫趋向产卵。合理施用化肥。对一些能散发出氨气的化肥（如碳铵、氨化过磷酸钙等）可适当选用，这些化肥对地下害虫有一定驱避作用。但要注重追肥时应稍远离根部，以防烧根。如果田间发现死苗时，立即在苗四周挖出幼虫，集中消灭。

也可以采用药剂防治，方法如下：①土壤处理结合播前整地，每亩用5%辛硫磷颗粒剂1.5～2.5kg，均匀撒布于田间，浅犁翻入土中或撒入播种沟内。②毒饵诱杀可用50%辛硫磷乳油或40%乐果乳油，或90%敌百虫30倍液拌麸，于傍晚时撒施地表垄沟进行毒杀。③药剂灌杀50%辛硫磷乳油1000倍液，或40%乐果乳油1000倍液，或80%敌百虫可溶性粉剂1000倍灌杀。

（2）蚜虫的防治　由于蚜虫繁殖速度快，蔓延迅速，必须及时防治，一般采用化学药剂防治。在用药上应考虑选择内吸性强的农药。例如，50%抗蚜威（辟蚜雾）可湿性粉剂2000～3000倍液或10%吡虫啉可湿性粉剂5000倍液，对蚜虫有特效，且对天敌等安全。其他可选用25%溴氰菊酯3000倍液、40%氰戊菊酯4000倍液、20%菊·马乳油2000倍液、25%乐·氰乳油1500倍液、40%乐果乳油1000～2000倍液、50%杀螟松乳油800～1000倍液等喷雾防治。注重上述菊酯类、有机磷类药剂应交替使用，以防产生抗药性。

【任务总结及思考】

1．牛蒡种类有哪些？
2．牛蒡栽培茬次有哪些？

【兴趣链接】

近年来，在国际蔬菜贸易市场上，牛蒡已成为一项很重要的出口创汇产品，备受消费者欢迎。下面向大家简单介绍几种牛蒡产品的加工方法。

1．鲜牛蒡加工

（1）原料选择　我们选择长度在70cm以上，直径为1.5～2.5cm，无分叉、无虫蛀、无病害、无失水、不带泥土的新鲜牛蒡，作为加工新鲜牛蒡的原料。

（2）清洗、分级　将选出来的新鲜牛蒡放入水泥池内，然后用清水反复进行冲洗，直到将表面泥土冲洗干净。下一步就是为牛蒡脱皮、去须根、除残茎。首先将牛蒡从水中捞出来，放在水泥池的墙上，用细钢丝球将牛蒡表面的须根、泥土尽可能擦净。然后再用清水进行清洗，经过清洗后再将牛蒡从池内捞出，摆放到桌子上，就可以对牛蒡进行筛选分级了。按照牛蒡的长度和品质的好坏，分成一级和二级后再进行包装。

（3）包装　鲜牛蒡的包装分为大包装和小包装两种形式。一般一级品质量较好，采用小包装。小包装是长度为100cm、宽度为8.5cm的硅胶保鲜塑料袋，这种袋子透明度高，保鲜程度好，包装后的牛蒡看起来美观、精致。一般每个袋子只装1根牛蒡。二级品质量较差，常采用大包装。一般是长度为80cm、宽度为25cm、高度为15cm的纸箱，里面衬有一个长117cm、宽44cm的塑料袋，装箱时，我们将牛蒡按顺序放入袋中，按每箱重10kg称重。最后再用塑料胶带将箱子封好就可以入库贮藏了。

（4）入库贮藏　应将包装后的鲜牛蒡及时运入冷库中进行恒温贮藏，注意摆放时动作要轻，以免将箱内的牛蒡弄断。贮藏适宜温度为-1～1℃，一般贮藏时间为5～6个月。

2．牛蒡茶加工

（1）脱皮、切片　加工牛蒡茶的第一道工序，就是将鲜牛蒡外皮脱掉。脱皮一般采专用刀具进行，将牛蒡表面的皮轻轻刮掉，注意脱皮的时候动作要轻，以免将牛蒡弄断，待完全脱皮后，就可以进行切片处理了。在切片机的出口处放一个塑料框，然后将脱过皮的牛蒡放入切片机里进行切片，牛蒡被切成片后直接落入塑料框内。

（2）清洗、晾晒　加工牛蒡茶的第二道工序是清洗和晾晒切好的牛蒡片。我们先用清水将牛蒡片清洗两次后，捞出来放入可漏水的塑料箱内，沥干水分后就可以进行晾晒了。晾晒牛蒡片时应选择向阳通风的地方。将清洗过的牛蒡片放在铁丝网上进行晾晒，经过6～8h后就能进行烘干、炒制了。

（3）烘干　　烘干是加工牛蒡茶的第三道工序。先将晾晒过的牛蒡片放入烘干机里，将烘干机温度设定在340℃左右，大约3h后，就可以进行炒制了。

（4）炒制　　炒制是加工牛蒡茶的第四道工序。将烘干后的牛蒡片放入炒茶机内，把温度设定在120～150℃，开机炒制20min左右，等到牛蒡片变成褐黄色时，就可以关掉电源，打开炒茶机取出牛蒡茶，就可以进行包装了。

（5）包装　　进行包装时，先将炒制好的牛蒡茶，装入准备好的玻璃瓶内，然后放在电子秤上进行称重，每瓶重量300g；称重后再将瓶盖盖好，为避免散失香气，再在瓶盖上加一层塑料盖，最后贴上商标即可上市出售了。暂不出售的牛蒡茶要选择干燥阴凉、通风好的地方进行贮藏。

随着我国人民生活水平的提高，消费观念也在转变，保健食品和绿色食品也越来越受欢迎，由于牛蒡病虫害较少，栽培过程中农药用量很小，是较为理想的绿色食品，深受人们的喜爱，具有较好的发展前景。

项目十三 薯芋类蔬菜栽培

【知识目标】

1. 了解薯芋类蔬菜生物学特性和栽培季节。
2. 掌握薯芋类蔬菜适期播种的重要性。
3. 掌握薯芋类类蔬菜高产高效栽培技术。

【能力目标】

熟知常见薯芋类蔬菜的生长发育规律、环境条件和主栽品种特性，能够根据生产计划做好生产茬口的安排，制定栽培技术规程，及时发现和解决生产中存在的问题。

【薯芋类蔬菜共同特点及栽培流程图】

薯芋类蔬菜包括马铃薯、山药、生姜、芋头等，它们在分类上分属于不同的植物科属，产品器官为块茎、块根、根茎或球茎，耐贮藏运输，可以周年均衡供应。

（1）薯芋类蔬菜均采用无性繁殖，用种量大，繁殖系数低。

（2）发根条件要求严格，需要时间也较长，根系先水平扩展，然后垂直下行。

（3）产品器官部分是变态茎，呼吸强，排挤土壤的力量弱，要求土壤富含有机质、疏松、透气，并要求培土造成黑暗条件。

（4）在产品器官形成盛期，要求强光和较大的昼夜温差。

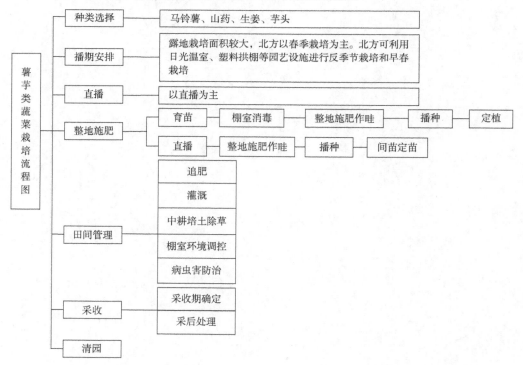

任务一　马铃薯栽培

【知识目标】

1. 了解马铃薯的生长发育特性及其对环境条件的要求。
2. 掌握马铃薯的种薯播种技术。

【能力目标】

熟知马铃薯的生长发育规律，掌握生产过程的品种选择、茬口安排、整地做畦、播种育苗、田间管理、病虫害防治、适时采收等技能。

【内容图解】

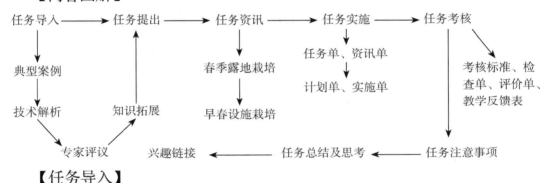

【任务导入】

一、典型案例

我国将启动马铃薯主粮化战略，推进将马铃薯加工成馒头、面条、米粉等主食，马铃薯将成为稻米、小麦、玉米外又一主粮。预计 2020 年 50% 以上的马铃薯将作为主粮消费。

二、技术解析

与小麦、玉米、水稻相比，马铃薯全粉贮藏时间更长，在常温下可贮存 15 年以上，一些国家把马铃薯全粉列为战略储备粮。许多专家认为，随着全球人口的快速增加，"在未来世界出现粮食危机时，只有马铃薯可以拯救人类"。

三、专家评议

马铃薯被称为"十全十美"的营养产品，富含膳食纤维，脂肪含量低，有利于控制体重增长、预防高血压、高胆固醇及糖尿病等。据了解，世界上有很多国家将马铃薯当作主粮，如欧洲国家人均年消费量稳定在 50～60kg，俄罗斯人均消费量达到 170 多千克。当前中国只有少数地区将马铃薯当主粮，更多的将马铃薯作为菜来食用。未来马铃薯将从副食消费向主食消费转变，"马铃薯主粮化实际上就是把马铃薯加工成适应中国人消费习惯的面包、馒头、面条等主食产品，由副食消费向主食消费转变。"

到 2020 年中国粮食需求增量将达到 500 亿 kg 以上，但受耕地资源的约束和种植效益的影响，小麦、水稻等主粮品种继续增产的空间变小、难度加大。而马铃薯耐寒、耐旱、耐瘠薄，适应性广，种植起来更为容易，属于"省水、省肥、省药、省劲儿"的"四省"作物。

目前中国马铃薯生产配套栽培技术日趋成熟，集成了以农机为载体的双垄、覆膜、滴灌、水肥一体化等关键技术，并成功开发了马铃薯全粉占比 35% 以上的馒头、面条、米粉等主食产品和面包等休闲食品。谈到马铃薯主粮化战略的目标，农业部副部长余欣荣表示，预计 2020 年 50% 以上的马铃薯将作为主粮消费，"我们要努力使马铃薯的种植面积、单产水平、总产量，以及主粮化产品在马铃薯总消费量中的比重，均争取要有显著进步，马铃薯的主粮化产品成为人民群众一日三餐的选择之一。"

四、知识拓展

马铃薯，又称土豆、地蛋、洋芋、山药蛋等，是茄科茄属中能形成地下块茎的一年生草本植物。以块茎供食，是重要的粮菜兼用作物，还可酿酒和制淀粉，用途广泛。马铃薯生长期短，能与玉米、棉花等作物间套作，被誉为不占地的庄稼。产品耐贮运，在蔬菜周年供应上有堵缺补淡的作用，世界各地普遍栽培。

（一）品种类型

在栽培上依块茎成熟期可分为早、中、晚三种类型。早熟品种从出苗到块茎成熟需 50～70d，中熟品种需 80～90d，晚熟品种需 100d 以上。早熟品种植株低矮，产量低，淀粉含量中等，不耐贮存，芽眼较浅。中晚熟品种植株高大，产量高，淀粉含量较高，耐贮存，芽眼较深。

（二）生物学特性

1. 形态特征

（1）根　　包括最初长出的初生根和匍匐根，初生根由芽基部萌发出来，开始在水平方向生长，一般长到 30cm 左右再逐渐向下垂直生长。匍匐根是在地下茎叶节处的匍匐茎周围发出的根，大多分布在土壤表层。

（2）茎　　马铃薯的茎包括地上茎、地下茎、匍匐茎和块茎。地上茎多直立，断面棱形。块茎发芽出苗后形成植株，埋在土壤内的茎为地下茎。地下茎的节间较短，在节的部位生出根和匍匐茎（枝）。匍匐茎实际是茎在土壤中的分枝，是茎的变态。块茎是由匍匐茎先端膨大而来的，它的作用在于贮存养分、繁殖后代，多为圆形或椭圆形。块茎上有芽眼，芽眼就是茎节，其排列顺序也与主茎上的叶序相同。一般每个芽眼有 3 个芽，中央为主芽，两侧为副芽。

（3）叶　　幼苗期基本上都是单叶，全缘，颜色较深。到后期均为奇数羽状复叶。叶柄基部着生托叶，形似镰刀。叶上有绒毛和腺毛。

（4）花　　花序为伞形花序或分枝聚伞形花序，着生在茎的顶端，早熟品种第 1 花序开放、中晚熟品种第 2 花序开放时地下块茎开始膨大。小花 5 瓣，两性花，自花授粉。

（5）果实与种子　　浆果，圆形，青绿色。种子多为扁平近圆形或卵圆形，浅褐色，千粒重 0.5～0.6g，有 5～6 个月的休眠期。果实生长与块茎争夺养分，对产量形成不利，摘除花蕾有利于增产。

2. 生长发育周期　马铃薯生产上多用块茎繁殖，称为无性繁殖。该过程可分为以下几个时期。

（1）发芽期　从萌芽到出苗，进行主茎的第 1 段生长，所有营养均来自种薯，春季需要 25～35d，秋季需要 10～20d。

（2）幼苗期　从出苗到团棵（6～8 片叶展平），进行主茎的第 2 段生长。此期根系继续扩展，匍匐茎先端开始膨大，块茎初具雏形。同时，第 3 段的茎叶逐渐分化完成。幼苗期只有 15～20d。

（3）发棵期　从团棵到开花（早熟品种第 1 花序开放；晚熟品种第 2 花序开放），完成主茎的第 3 段生长。此期主茎急剧增高，主茎叶已全部形成功能叶。同时，根系继续生长，块茎逐渐膨大至 2～3cm 大小，需 25～30d。

（4）结薯期　从开花到薯块收获。第 3 阶段生长结束，以块茎膨大增重为主，产量的 80% 左右是在此期形成的，需 30～50d。

（5）休眠期　从薯块收获到幼芽萌发，休眠期的长短因品种而异，一般为 1～3 个月。

3. 对环境条件的要求

（1）温度　马铃薯块茎生长发育的最适温度为 17～19℃，温度低于 2℃ 和高于 29℃ 时，块茎停止生长。块茎在 7～8℃ 时，幼芽即可生长，10～12℃ 时幼芽可茁壮成长并很快出土。植株生长最适温度为 21℃ 左右。

（2）光照　马铃薯是喜光作物，生长期间需充足光照。块茎的形成，需要较短的日照。

（3）水分　马铃薯生长过程中必须供给足够的水分才能获得高产。尤其开花前后，块茎增长量大，植株对水分需要量也大。土壤水分经常保持 60%～80% 比较合适。

（4）土壤营养　马铃薯对土壤的适应范围较广，但轻质壤土最适合马铃薯生长。喜酸性土壤，pH 在 4.8～7.0 生长正常。马铃薯是高产作物，需肥量较大。每生产 1000kg 新鲜的马铃薯产品，需吸收氮 5～6kg、磷 1～3kg、钾 12～13kg。生产中避免施用含氯离子的肥料。

（三）栽培季节和茬次安排

马铃薯栽培茬次安排的总原则是把结薯期放在温度最适宜的季节，即土温 17～19℃、白天气温 24～28℃ 和夜间气温 16～18℃ 的时期。在无霜期 100～130d 的一作区，可春播夏收或春播秋收；在无霜期 200d 以上的二作区，可分为春秋两茬栽培。春薯应以土温稳定在 5～7℃ 时为播种适期；秋薯播种期确定的原则是以初霜日为准，向前推 50～70d 为临界出苗期，再据出苗期按照种薯播种后出苗所需天数，确定播种期。近年来，北方地区利用地膜加小拱棚、塑料大棚、温室等设施进行马铃薯冬春栽培，产品于 3 月下旬至 5 月上中旬上市，可获得较高的经济效益。

【任务提出】

结合生产实践，以小组为单位，完成马铃薯生产项目，在学习马铃薯生物学特性和生产技术的基础上，设计并实施马铃薯生产方案，同时做好生产记录和生产总结。

【任务资讯】

一、春季露地栽培

1. 整地施肥 尽量选择地势平坦、土层肥厚、微酸性的壤土，不能与茄子、番茄等茄科作物连作。前茬作物收获后及时犁耕灭茬，翻土晒垡。马铃薯是高产喜肥作物，需施足基肥。结合翻地每亩施入腐熟农家肥 5000kg、过磷酸钙 25kg、硫酸钾 15kg。平整土地做畦或开沟。马铃薯的栽植方式有 3 种，即垄作、畦作和平作。垄作适用于生育期内雨量较多或是需要灌溉的地区，如东北、华北地区；畦作主要在华南和西南地区采用，且多是高畦；平作多在气温较高，但降雨少，干旱而又缺乏灌溉的地区采用，如内蒙古、甘肃等地。

2. 品种选择 北方一作区选用的马铃薯品种，应具备优良的经济性状和农艺性状，以及较强的抗逆性。用于鲜食应选中熟丰产良种，如克新系列、高原系列、东农 303 等。用于加工淀粉的，要选白皮白肉，淀粉含量高的中晚熟丰产品种。在中原二作区，需要选择对日照长短要求不严的早熟高产品种，而且要求块茎休眠期短或易于解除休眠，对病毒性退化和细菌性病害也要有较强的抗性，如东农 303、克新 4 号、鲁薯 1 号等。西南单双季混作区、海拔较低的二作区同中原二作区。利用秋薯留种，可选用休眠期短的早中熟品种，如丰收白、克新 4 号等。

3. 种薯处理 选择符合本品种特征，大小适中，薯皮光滑，颜色鲜正的薯块作种薯，每亩用种量 100～125kg。播种前 30～40d 开始暖种晒种，时间不宜过长，否则易造成芽衰老，引起植株早衰。此外，也可用赤霉素浸种打破休眠。为节省种薯可切块播种，切块要求呈立体三角形，多带薯肉，每块重 25g 左右，最少应有一个芽眼。由于切块播种容易染病和缺苗，有时采用整薯播种，整薯营养多，生活力旺盛，有利于机械化播种，保证全苗。

4. 播种 春播马铃薯应适时早播。一般来说，应当以当地终霜日期为界，并向前推 30～40d 为适宜播种期。播种时按 60～80cm 行距开沟，沟深 10cm，施拌有农药的种肥防地下害虫，然后按株距 15～25cm 播种薯于沟内，播后覆土。每亩栽植 5000 株左右。播前土壤墒情不足，应在播前造底墒，或于播种时浇水。

5. 田间管理 马铃薯播种后 25～30d 才出苗，播种后如发现墒情不足，可以补水，但要及时松土，还要进行中耕除草。出苗后结合浇水施提苗肥，每亩施尿素 15～20kg，浇水后及时中耕，中耕一般结合培土，可防止"露头青"，提高薯块质量。发棵期控制浇水，土壤不旱不浇，只进行中耕保墒，植株将封垄时进行大培土。培土时应注意不要埋没主茎的功能叶。若发棵期出现徒长现象，可用 1～6mg/L 的矮壮素进行叶面喷施。结薯期土壤应保持湿润，尤其是开花前后，防止土壤干旱。追肥要看苗进行，结薯前期每亩追施复合肥 15～20kg，同时辅以根外追肥。

6. 收获 适宜收获期是大部分茎叶由绿变黄的生理成熟期。收获时宜选择晴天，土壤适当干爽时进行，但要防止烈日暴晒。大面积收获应提前 1～2d 割去地上茎叶，然后用犁冲垄，将块茎翻出地面，人工捡拾；小面积可人工刨收。收获时避免薯块损伤，收获后忌雨淋和受冻。

二、马铃薯设施春早熟栽培技术

1. 品种选择 马铃薯早春设施栽培必须选用脱毒种薯。选择生长期短、株型直立紧凑、分枝少、结薯集中，块茎前期增重快、耐肥水、适宜密植、早熟、高产、抗病虫害的优良品种，如早大白、东农 303、克新 4 号、鲁引 1 号、超白等。

2. 育苗 利用温室或温床育苗，是保证齐苗、壮苗，争取高产的一项重要措施。日光温室或三膜覆盖（地膜、小拱棚、大棚）栽培宜在 1 月 20 日前播种，双膜覆盖的可在 2 月上旬播种。在温室内做宽 1.5m、深 10cm 的苗床，床底铺 5cm 厚的沙土，浇足底水后，将已催好芽的薯块均匀密布在床土上，每平方米大约 600 块，然后盖沙土，厚度 2cm，轻轻镇压一遍，喷水达到表面湿润即可，然后扣上小棚保温。也可利用育苗箱或营养钵育苗。前期苗床日温以 20～24℃ 为宜，前半夜 13～15℃，后半夜 8～10℃。水分管理见干见湿。待种薯出苗 2cm 后立即降温，撤除小拱棚，温度控制在 10～12℃，防止薯苗徒长。当幼苗具 2 片叶，苗高 5～6cm，苗龄 15～20d 时即可定植。

3. 整地定植 定植前精细整地，每亩施入优质农家肥 5000kg、过磷酸钙 25kg、复合微肥 5kg、三元复合肥 20kg、草木灰 100kg。采用大垄双行栽培，大行距 100cm，小行距 50cm。定植时垄上开沟，按株距 20cm 摆苗，浇透定植水，待水渗后合垄覆膜引苗。每亩栽苗 5000～6000 株。

4. 田间管理 定植后日温保持在 16～22℃，夜温 12℃ 左右。苗期一般不浇水，若土壤干旱，可选晴暖天气浇少量水。此期以提高地温，促进根系发育为主。当苗高 30cm 左右，根据植株长势，每亩可随水追施尿素 15kg，促进植株发棵。发棵到结薯的转折期（早熟品种第一花序开花时），如秧势过旺，可喷施 10mg/L 的多效唑溶液抑制茎叶生长。进入结薯期日温控制在 22～28℃，夜温 16～18℃。结薯前期保持土壤湿润，结薯后期，应减少浇水或停止浇水，更不能大水漫灌，以防块茎腐烂。开花后，可叶面喷施 0.2%～0.3% 的磷酸二氢钾和硼砂溶液。

5. 收获 设施马铃薯早熟栽培应综合结薯情况、市场价格和成熟度等因素，适期收获。

三、马铃薯种性退化与防止

马铃薯长期采用营养繁殖，病毒在种薯中逐渐积累，致使植株生长势衰退、株型变矮、叶面皱缩，叶片出现黄绿相间的嵌斑，甚至叶脉坏死，直到整个复叶脱落等，造成大幅度减产。解决马铃薯退化的主要对策是利用茎尖脱毒。茎尖脱毒是利用病毒在植物组织中分布不均匀性和病毒越靠近根茎顶端越少的原理，而切取很小的茎尖实现的。马铃薯茎尖脱毒切取的茎尖（生长点）长度一般为 0.2～0.3mm，只带 1～2 个叶原基，经过组织培养成苗后进行病毒检测，确实不带病毒才能繁殖茎尖苗，生产无毒种薯。未经过病毒检测的，不宜繁殖推广。

【任务实施】

工作任务单

任务	马铃薯生产技术	学时	
姓名：			组
班级：			

工作任务描述：

以校内实训基地和校外企业的秋白菜生产为例，掌握马铃薯生产过程中的品种选择、茬口安排、整地做畦、播种、间苗、中耕除草、合理肥水管理、病虫害防治、适时采收等技能，具备播种、间苗、蹲苗等管理能力，掌握薯类蔬菜生产中常见问题的分析与解决能力。

学时安排	资讯学时	计划学时	决策学时	实施学时	检查学时	评价学时

提供资料：

1. 园艺作物实训室、校内和校外实习基地。
2. 关于马铃薯生产的 PPT、视频、影像资料。
3. 校园网精品课程资源库、校内电子图书馆。
4. 薯类蔬菜生产类教材、相关书籍。

具体任务内容：

1. 根据工作任务提供学习资料、获得相关知识。
1）学会马铃薯成本核算及效益分析。
2）根据当地气候条件、设施条件、消费习惯、生产茬次等选择优良品种。
3）制订马铃薯生产的技术规程。
4）掌握马铃薯生产的育苗技术。
5）掌握马铃薯生产的直播、间苗、定苗技术。
6）掌握马铃薯丰产的水肥管理技术。
7）掌握马铃薯生产过程中主要病虫害的识别与防治。
2. 建立马铃薯高效丰产生产技术规程。
3. 各组选派代表陈述马铃薯生产技术方案，由小组互评、教师点评。
4. 教师进行归纳分析，引导学生，培养学生对专业的热情。
5. 安排学生自主学习，修订生产计划，巩固学习成果。

对学生要求：

1. 能独立自主地学习相关知识，收集资料、整理资料，形成个人观点，在个人观点的基础上，综合形成小组观点。
2. 对调查工作认真负责，具备科学严谨的态度和敬业精神。
3. 具备网络工具的使用能力和语言文字表达能力，积极参与小组讨论。
4. 具备较强的人际交往能力和团队合作能力。
5. 具有一定的计划和决策能力。
6. 提交个人和小组文字材料或 PPT。
7. 学习制作本项目教案并准备规定时间的课程讲解。

任务资讯单

任务	马铃薯生产技术	学时	
姓名：			组
班级：			

资讯方式：学生分组市场调查，小组统一查询资料。

资讯问题：

1. 马铃薯的适宜播期和适宜品种分别有哪些？
2. 马铃薯如何蹲苗及蹲苗开始与结束的时间？
3. 马铃薯如何加强肥水管理获得高产？
4. 马铃薯进行垄作有哪些优越性？需要注意哪些方面？
5. 马铃薯生产过程中的主要病害症状及防治办法。

资讯引导：教材、杂志、电子图书馆、蔬菜生产类的其他书籍。

任务计划单、任务实施作业单见附录。

【任务考核】

任务考核标准

任务	马铃薯生产技术			学时		
姓名：						组
班级：						

序号	考核内容	考核标准	参考分值
1	任务认知程度	根据任务准确获取学习资料，有学习记录	5
2	情感态度	学习精力集中，学习方法多样，积极主动，全部出勤	5
3	团队协作	听从指挥，服从安排，积极与小组成员合作，共同完成工作任务	5
4	工作计划制订	有工作计划，计划内容完整，时间安排合理，工作步骤正确	5
5	工作记录	工作检查记录单完成及时，客观公正，记录完整，结果分析正确	10
6	马铃薯生产的主要内容	准确说出全部内容，并能够简单阐述	10
7	基肥的使用	基肥种类与蔬菜种植搭配合理	5
8	土壤耕作机械基本操作	正确使用相关使用说明资料进行操作	10
9	土壤消毒药品使用	正确制订消毒方法，药品使用浓度，严格注意事项	10
10	起垄的方法和步骤	高标准地完成起垄工作	10
11	数码拍照	备耕完成后的整体效果图	10
12	任务训练单	对老师布置的训练单能及时上交，正确率在90%以上	5
13	问题思考	开动脑筋，积极思考，提出问题，并对工作任务完成过程中的问题进行分析和解决	5
14	工作体会	工作总结体会深刻，结果正确，上交及时	5
合计			100

教学反馈表

任务	马铃薯生产技术		学时		
姓名：					组
班级：					

序号	调查内容	是	否	陈述理由
1	生产技术方案制定是否合理？			
2	是否选择适宜品种？			
3	是否会安排直播？			
4	是否会计算用种量？			
5	如果直播，施肥量知道吗？			
6	主要病害的防治办法知道吗？			

收获、感悟及体会：

请写出你对教学改进的建议及意见：

任务评价单、任务检查记录单见附录。

【任务总结及思考】

1. 不同地区, 马铃薯的适宜播期有哪些?
2. 马铃薯主要病虫害有哪些? 如何防治?

【兴趣链接】

马铃薯性微寒, 味甘; 入胃、肠二经。和中养胃, 健脾利湿, 解毒消炎, 宽肠通便, 降糖降脂, 美容, 抗衰老。主治胃火牙痛、脾虚纳少、大便干结、高血压、高血脂等病症。

1. 营养成分 每100g含蛋白质2.3g, 脂肪0.1g, 碳水化合物16.6g, 钙11mg, 磷64mg, 铁1.2mg, 胡萝卜素0.01mg, 硫胺素0.1mg, 核黄素0.03mg, 烟酸0.4mg, 维生素C 16mg。此外还含有胶质、各种盐类及龙葵素。

2. 食疗作用

(1) 和中养胃, 健脾利湿 马铃薯含有大量淀粉以及蛋白质、维生素B、维生素C等, 能促进脾胃的运化功能。马铃薯所含少量龙葵素, 能减少胃液分泌, 缓解痉挛, 对胃痛有一定的治疗作用。

(2) 宽肠通便 马铃薯含有大量膳食纤维, 能宽肠通便, 帮助机体及时排泄代谢毒素, 防止便秘, 预防肠道疾病的发生。

(3) 降糖降脂, 美容养颜 马铃薯能供给人体大量有特殊保护作用的黏液蛋白。能保持消化道、呼吸道以及关节腔和浆膜腔的润滑, 预防心血管系统的脂肪沉积, 保持血管的弹性, 有利于预防动脉粥样硬化的发生。马铃薯同时又是一种碱性蔬菜, 有利于体内酸碱平衡, 中和体内代谢后产生的酸性物质, 从而有一定的美容养颜、抗衰老作用。

(4) 补充营养, 利水消肿 马铃薯含有丰富的维生素及钙、钾等微量元素, 且易于消化吸收, 营养丰富, 在欧美国家特别是北美, 马铃薯早就成为第二主食。

3. 保健食谱

(1) 土豆烧肉 马铃薯400g, 猪肉500g。将马铃薯洗净去皮切块, 肉切象眼块, 同入砂锅内小火炖, 至八成熟时, 放入葱、姜、精盐、桂皮等调味品, 至猪肉炖烂后起锅。此案具有和中健脾、养胃除湿的功效, 适用于胃寒喜暖、消化不良、腹部隐痛等病症。

(2) 煮地蛋 马铃薯500g。将马铃薯洗净去皮, 放入沸水中煮透, 熟后去汤, 将马铃薯摇动, 待热气散发, 撒一些盐装盘。此菜软糯耐饥, 营养丰富, 具有宽肠通便、健脾开胃、降糖降脂的功效, 适用于病后体虚者食之, 老年人亦可常食。

(3) 地蛋片 马铃薯500g, 奶油、面粉、胡椒各适量, 鸡蛋1枚。将马铃薯洗净, 去皮切片, 蔡盆(一种铁制的烙饼器具, 平面圆形)内加奶油, 待奶油煮滚时, 加1匙面粉, 1杯开水, 再下马铃薯片、胡椒盐, 烧片刻, 离火, 用1枚蛋黄、一大匙冷水, 打好, 倒入蔡盆内, 凋和拌匀即可装盘。此菜辛辣耐饥, 且有健脾开胃、利尿消肿的功效, 适用于脾胃呆滞、体虚浮肿诸病症。

4. 注意事项 马铃薯不宜长时间存放, 久存会产生大量的龙葵素, 可引起恶心、呕吐、头晕、腹泻等中毒现象，对人体有害，严重者可致死；龙葵素主要集中在外皮上，故发芽的马铃薯不能食。

5. 文献选录

《本草拾遗》："功能稀痘，小儿熟食，大解痘毒。"

《植物名实图考》："黔滇有之。绿茎青叶，叶大小，疏密，长圆形状不一，根多白须，下结圆实，压其茎则根实繁如番薯，茎长则柔弱如蔓，盖即黄独也。疗饥救荒，贫民之储，秋时根肥连缀，味似芋而甘，似薯而淡，羹膳煨灼，不宜之。叶味如豌豆苗，按酒依食，清滑隽永。开花紫筒解，间以青纹，中擎红的，绿蕊一缕，亦复楚楚。山西种为田，俗称山药蛋，茎尤硕大，花白色。"

《湖南药物志》："补气，健脾，消炎。"

《食物中药与便方》："和胃，调中，健脾，益气。"

6. 文化欣赏　　历史传说：公元1742年西班牙探险家来到秘鲁，曾目睹当地印第安人吃一种名为"巴巴"的水果。当时印第安人将马铃薯块茎冷冻去皮，反复晾晒，干后烤食。这种"巴巴"后来传到欧洲各国，成为救荒食品。1771～1775年欧洲大部分地区发生饥荒，幸亏马铃薯挽救了数千人的生命。美国南北战争时，马铃薯也曾作为饥饿人们的主食。因此，马铃薯的救荒作用被充分认识，逐渐成为世界上栽培面积最大的粮食作物之一。

任务二　生姜栽培

【知识目标】

1. 了解生姜的生长发育特性及其对环境条件的要求。
2. 掌握生姜的栽培技术。

【能力目标】

熟知生姜的生长发育规律，掌握生产过程的品种选择、茬口安排、整地做畦、播种育苗、田间管理、病虫害防治、适时采收等技能。

【知识拓展】

生姜又称姜、黄姜，为姜科姜属能形成地下肉质茎的栽培种，为多年生草本植物，原产于中国及东南亚热带地区，生产中多作一年生栽培。生姜中除含有碳水化合物、蛋白质外，还含有姜辣素，具有特殊香辣味，可做调料或加工成多种食品，能健胃、去寒、发汗。

（一）品种类型

根据植株形态和生长习性可分为两种类型。

（1）疏苗型　　植株高大，茎秆粗壮，分枝少，叶深绿色，根茎节少而疏，姜块肥大，多单层排列，如山东莱芜大姜、广东疏轮大肉姜等。

（2）密苗型　　长势中等，分枝多，叶色绿，根茎节多而密，姜球数多，双层或多层排列，如山东莱芜片姜、浙江红爪姜等。

（二）生物学特性

1. 形态特征

（1）根　　浅根系，不发达，可分为纤维根和肉质根两种。纤维根是在种姜播种后，从幼芽基部发生数条线状不定根，沿水平方向生长，也叫初生根。肉质根是植株从姜母和子姜上发生的不定根。

（2）叶　　叶披针形，平行脉，互生，有蜡质，在茎上排成两列。

（3）茎　　生姜的茎包括地下茎和地上茎两部分。地上茎直立生长，姜芽破土时茎端生长点由叶鞘包围，称为假茎；地下茎也叫根茎，由姜母及其两侧腋芽不断分枝形成的子姜、孙姜、曾孙姜等组成的，其上着生肉质根、纤维根、芽和地上茎。

（4）花　　生姜在我国南方能开花，在高于北纬25°时不能开花。穗状花序，橙黄色或紫红色。单个花下部有绿色苞片迭生，层层包被。苞片卵形，先端具硬尖。

2. 生长发育周期　　生姜为无性繁殖的蔬菜作物，其生长虽具阶段性，但划分并不严格，现多根据其生长形态及生长季节将其划分为以下几个时期。

（1）发芽期　　种姜通过休眠幼芽萌动，至第1片姜叶展开为发芽期，包括催芽和出苗的整个过程，需50d左右。这一时期主要靠种姜中贮藏的养分生长。

（2）幼苗期　　由展叶至具有两个较大的一级分枝，即"三股杈"时为幼苗期，需70d左右。这一时期地上茎长到3～4片叶，主茎基部膨大，形成姜母。

（3）旺盛生长期　　从"三股杈"直至收获，约80d。这一时期地上茎叶与地下根茎同时旺盛生长，是产品器官形成的主要阶段。此期大量发生分枝，姜球数量增多，根茎迅速膨大，生长量占总生长量的90%以上。

（4）根茎休眠期　　收获后入窖贮存，迫使根茎处于休眠状态的时期。

3. 对环境条件的要求

（1）温度　　生姜喜温而不耐寒。幼芽萌发的适宜温度为22～25℃，若超过28℃，发芽速度变快，但往往造成幼芽细弱。生姜茎叶生长时期以25～30℃为宜，温度过高过低均影响光合作用，减少养分制造量。在根茎旺盛生长期，要求有一定的昼夜温差，以日温25℃左右、夜温17～18℃为宜。

（2）光照　　生姜为耐荫作物，发芽时要求黑暗，幼苗期要求中强光，不耐强光，需要遮阴。旺盛生长期也不耐强光，但此时植株自身可互相遮阳，不需人为设置遮阴物。

（3）水分　　不耐干旱，要求土壤湿润，土壤相对湿度70%～80%有利于生长。土壤干旱，茎叶枯黄，根茎不能正常膨大；土壤过湿，茎叶徒长，根茎易腐烂。

（4）土壤营养　　适宜土层深厚，疏松透气，有机质丰富，排灌良好，pH为5～7的肥沃壤土。生姜为喜肥耐肥作物，据测定，每生产1000kg鲜姜约吸收氮6.34kg、磷0.57kg、钾9.27kg、钙1.30kg、镁1.36kg。

（三）栽培季节和茬次安排

生姜的适宜栽培季节要满足以下条件：5cm地温稳定在15℃以上，从出苗至采收，要保证适宜生长天数在140d以上，生长期间有效积温达到1200℃以上。生产中应尽量把根茎形成期安排在昼夜温差大，气候条件适宜的时段。现在采用设施栽培也可提早播种或延迟收获，但必须保证小环境的条件适于生姜生长。全年无霜、气候温暖的广东、广西、云南等地，不用任何覆盖措施，在 1～4 月都可以播种生姜；长江流域各省露地栽培生姜多于谷雨至立夏播种；华北一带多在立夏至小满播种，如果采用地膜覆盖播种，可提前 10d 左右；东北、西北高寒地区由于无霜期短，在自然条件下生姜生育时间短，积温不足，产量较低。因此，东北地区利用日光温室和塑料拱棚栽培生姜，均能获得高产。

【任务提出】

结合生产实践，以小组为单位，完成生姜壮芽培育，在学习生姜生物学特性和生产技术的基础上，设计并实施生姜生产方案，同时做好生产记录和生产总结。

【任务资讯】

1. 培育壮芽

（1）选种　应选择姜块肥大、丰满，皮色光亮，肉质新鲜，不干缩，不腐烂，未受冻，质地硬，无病虫害的健康姜块作种，严格淘汰瘦弱干瘪、肉质变褐及发软的种姜。

（2）晒姜与困姜　播种前 20～30d，从贮藏窖内取出姜种，用清水洗去根茎上的泥土，然后平排在背风向阳的平地上或草席上晾晒 1～2d，傍晚收进室内，以防夜间受冻。晒姜要注意适度，不可暴晒。种姜晾晒 1～2d 后，再将其置于室内堆放 2～3d，姜堆上覆盖草帘，促进养分分解，称作困姜。一般经 2～3 次晒姜和困姜，便可以开始催芽了。

（3）催芽　北方称催芽为"炕姜芽"，多在谷雨前后进行；南方叫"熏姜"或"催青"，多在清明前后进行。催芽可在室内或室外筑的催芽池内进行，各地催芽的方法均不相同，温度保持 22～25℃较为适宜，最高不要超过 28℃。温度过高注意通风降温，但最低不要低于 20℃。当芽长 0.5～2.0cm、粗 0.5～1.0cm 时即可播种。

2. 整地施肥　前茬作物收获以后便进行秋耕（北方）或冬耕（南方），于第二年春季土壤解冻后，再细耙 1～2 遍，并结合耙地每亩施入优质豆饼肥料 75～100kg 或硫酸铵 15kg、硫酸钾 10kg，然后将地面整平、整细。北方多采用沟种方式，沟距 50～55cm；南方采用高畦，畦宽 1.2～1.3m。

3. 播种

（1）掰姜种　将大块的种姜掰开，每块姜上只保留 1 个短壮芽，其余幼芽全部去除，剔除基部发黑或断面褐变的姜芽，一般掰开的姜块重量在 50～75g 为宜。

（2）浸种　播种前可用 1% 波尔多液或用草木灰浸出液浸种 20min，取出晾干备播，进行种姜消毒处理。用 250～500mol/L 乙烯利浸泡 15min，能促进生姜分枝，增加产量。

（3）播种　按 50cm 行距开沟，浇透底水，把种姜按一定株距排放沟中。不同条件下的播种密度不同，一般土壤肥力高、肥水条件好的地块，种姜块 60～75g，株距 18cm，每亩栽 6500～7000 株；土壤肥力及肥水条件中等的地块，种姜块 60～75g，株距 16～17cm，每亩栽 7800～8300 株；土壤肥力及肥水条件差的，种姜块小于 50g 时，株距 15cm，每亩栽 9000～9500 株。播种时注意使幼芽方向保持一致。若东西向沟，则幼芽一致向南，南北向沟则幼芽一致向西。放好后用手轻轻按入泥中使姜芽与土面相平即可。而后用细土盖住姜芽，种姜播好后覆 4～5cm 厚的土。

4. 田间管理

（1）遮阴　　北方采用插姜草措施，即用谷草插成稀疏的花篱，为姜苗遮阴。通常高度为 60cm，透光率 50% 左右。8 月上旬立秋之后，可拔除姜草；南方采用遮阳网搭姜棚，棚高 1.3～1.7m，三分阳七分阴，在处暑至白露拆除姜棚。

（2）合理浇水　　幼芽 70% 出土后浇第 1 次水，2～3d 接着浇第 2 次水，然后中耕松土，以后以浇小水为主，保持地面半干半湿至湿润。浇水后进行浅中耕，雨后及时排水。进入旺盛生长期，土壤始终保持湿润状态，每 4～5d 浇 1 次水。收获前 3～4d 浇最后 1 次水。

（3）追肥与培土　　在苗高 30cm 左右，发生 1～2 个分枝时追 1 次小肥，以氮素化肥为主，每亩施用硫酸铵或磷酸二铵 20kg。8 月上中旬结合拔除遮阴草，每亩施饼肥 75kg，或三元复合肥 15kg，或磷酸二铵 15kg、硫酸钾 5kg。追肥后进行第 1 次培土。9 月上中旬后，追部分速效化肥，尤其是土壤肥力低保水保肥力差的土壤，一般每亩施硫酸铵 15kg、硫酸钾 10kg。结合浇水施肥，视情况进行第 2 次、第 3 次培土，逐渐把垄面加厚加宽。

5. 收获

生姜的收获分收种姜、收嫩姜、收鲜姜三种。种姜一般应与鲜姜一并在生长结束时收获，也可以提前于幼苗后期收获，但应注意不能损伤幼苗。收嫩姜是在根茎旺盛生长期，趁姜块鲜嫩时提早收获，适于加工成多种食品。收鲜姜一般待初霜到来之前，在收获前 3～4d 浇 1 次水，收获时可将生姜整株拔出，抖落掉泥土，将地上茎保留 2cm 后用手折下或用刀削去，摘去根，趁湿入窖，无需晾晒。

【任务总结及思考】

1. 不同地区，生姜的适宜播期有哪些？
2. 生姜壮苗如何培育？

【兴趣链接】

生姜可发汗解表，温中止呕，温肺止咳，解毒。治外感风寒，胃寒呕吐，风寒咳嗽，腹痛腹泻，中鱼蟹毒病症。

1. 营养成分　　每 100g 含水分 87g，蛋白质 1.4g，脂肪 0.7g，碳水化合物 8.5g，钙 20mg，磷 45mg，膳食纤维 207mg，胡萝卜素 0.18mg，维生素 C 4mg，还含有姜酮、龙脑、硫胺素、核黄素、烟酸等。

2. 食疗作用

（1）解热镇痛　　生姜的提取物能刺激胃黏膜，引起血管运动中枢及交感神经的反射性兴奋，促进血液循环，振奋胃功能，达到健胃、止痛、发汗、解热的作用。

（2）助消化，止呕吐　　姜的挥发油能增强胃液的分泌和胃壁的蠕动，从而帮助消化；生姜中分离出来的姜烯、姜酮的混合物有明显的止呕吐作用。

（3）抑菌杀虫　　生姜提取液具有显著抑制皮肤真菌和杀灭阴道滴虫的功效，可治疗各种痈肿疮毒。

（4）抑制癌肿　　生姜有抑制癌细胞活性、降低癌的毒害作用。生姜水提取液对子宫颈癌细胞 JTC-26 有明显的抑制效果，抑制率高达 90% 以上。此外，对腹水癌小鼠细胞抑制率为 82.2%。

3. 保健食谱

（1）姜糖苏叶饮　　苏叶、生姜各 3g，红糖 15g。将生姜、苏叶洗净切成细丝，放入瓷杯内，再加红糖，以沸水冲泡，盖上盖后温浸 10min 即成。每日 2 次，趁热服食。此饮具有发汗解表、祛寒健胃的功效，适用于风寒感冒诸症，尤其对患有恶心、呕吐、胃痛、腹胀等症的胃肠型感冒更为适宜。

（2）鲜姜萝卜汁　　白萝卜 100g，生姜 50g。将以上二物分别洗净，切碎，以洁净纱布绞汁，混匀即成。不计用量，频频含服。此汁具有清热解毒、利尿消肿、化痰止咳的功效，可辅助治疗急性喉炎、失音、痈肿、中鱼蟹毒等病症。

（3）姜茶乌梅饮　　生姜 10g，乌梅肉 30g，绿茶 6g。将绿茶、生姜、乌梅肉切碎放入保温杯中，以沸水冲泡，盖严温浸半小时，再入少许红糖即可。此饮具有清热生津、止痢消食的功效，适用于细菌性痢疾、阿米巴痢疾、胃肠炎、大便不畅等病症。

（4）姜橘椒鱼羹　　生姜 30g，橘皮 10g，胡椒 3g，鲜鲫鱼 1 尾（250g）。将鲜鲫鱼去鳞、鳃，剖腹去内脏，洗净；生姜洗净切片，与橘皮、胡椒共装入纱布袋内，包扎后，填入鱼腹中，加水适量，用小火煨熟即成。食用时，除去鱼腹中的药袋，加食盐少许。此羹具有温胃散寒的功效，适用于胃寒疼痛、虚弱无力、食欲缺乏、消化不良、蛔虫性腹痛等病症。

（5）姜花猪脚汤　　生姜、马兰各 50g，石菖蒲 20g，公猪前脚 2 只。将生姜切成碎小块；猪脚煮至八成熟，再下生姜、马兰、石菖蒲等。此汤具有散寒滋胃的功效，可辅助治疗慢性胃炎，有益于机体的康复。

4. 注意事项　　本品辛温，阴虚内热及邪热亢盛者忌食。

5. 文献选录

《名医别录》："除风邪寒热，伤寒头痛鼻塞，咳逆上气，止呕吐，去痰下气。"

《本草纲目》："生用发热，熟用和中。"

《本草拾遗》："汁解毒药，……破血调中，去冷除痰，开胃。"

《医学启源》："温中去湿，制厚朴毒。"

《本草从新》："行阳分而祛寒发表，宣肺气而解郁调中，畅胃口而开痰下食。"

《本草拾遗》："汁解毒药，……破血调中，去冷除痰，开胃。"

6. 文化欣赏　　民间谚语："晚吃萝卜早吃姜，不需医生开药方。""朝含三片姜，赛过喝参汤。""冬有生姜，不怕风霜。"历史传说：《东坡杂说》叙钱塘净慈寺长老八旬余，"颜如渥丹，目光炯然"，问其养生之道，答曰："服生姜四十年，故不老也。"

民间传说：相传有一天，铁拐李来到浙江临平乡下，见到一老农手里摆着一只锅盖大的青鳖，乐呵呵地走着。铁拐李一见即知是毒鳖，忙上前拦住老农，说此鳖不能吃，毒蛇化鳖缩两脚，这鳖后面两只脚没伸出来，吃了会中毒的。老农笑笑不予理睬。晚上，铁拐李又上老农家，准备救治吃鳖中毒的人，谁知老农全家一点事都没有。铁拐李十分不解，向老农请教。这老农说：我知道这鳖有毒，可生姜能解百毒啊。我就是用生姜烧煮鳖的，鳖毒都被姜化解掉了，怎么会中毒呢？铁拐李听了，才知道"人间自有灵丹药，不劳神仙下凡来"。于是将背上药葫芦塞子拔出，把药倒开，自己化作一缕青烟，重返天界。铁拐李倒药之地，后来长出十八种良药，是为名闻全国的"临平仙药十八种"。

民间习俗：据《随息居饮食谱》载，初伏日，以生姜穿线，令女子贴身佩之，年久愈佳，治虚阳欲脱之证甚妙，名"女佩姜"。

任务三　芋头栽培

【知识目标】

1. 了解芋头的生长发育特性及其对环境条件的要求。
2. 掌握芋头种植的生产技术。

【能力目标】

熟知芋头的生长发育规律，掌握生产过程的品种选择、茬口安排、整地做畦、播种育苗、田间管理、病虫害防治、适时采收等技能。

【知识拓展】

芋头，别名芋、芋艿、毛芋等，原产于亚洲南部的热带沼泽地区，属天南星科芋属多年生单子叶草本湿生植物，在我国常作一年生栽培。以地下球茎为食用器官，富含碳水化合物，属菜粮兼用作物。产品较耐贮运，供应时间长，在解决蔬菜周年供应上有一定作用。

（一）品种类型

芋头以母芋、子芋的发达程度及子芋着生习性分为魁芋、多子芋和多头芋三种类型。

（1）魁芋类型　植株高大，母芋大，子芋小而少。以食用母芋为主，母芋质量达1.5～2kg，占球茎总质量的1/2以上，品质优于子芋。淀粉含量高，香味浓，肉质细软，品质好。

（2）多子芋类型　子芋大而多，无柄，易分离，产量和品质超过母芋，一般为黏质。母芋质量小于子芋总质量。

（3）多头芋类型　球茎丛生，母芋、子芋、孙芋无明显区别，相互密接重叠，质地介于粉质与黏质之间，一般为旱芋。

（二）生物学特性

1. 形态特征　根为白色肉质纤维根。初生根着生在种芋顶端，幼苗时根均着生在苗基部。而着生在新母芋上的根主要分布在下部。芋头根长1m以上，多分布在40cm耕作层内，根毛很少。茎短缩为地下球茎，有圆、椭圆、卵圆或圆筒形等。球茎节上均有腋芽，可能发育成新的球茎，有的品种也可以发育成匍匐茎，在其顶端膨大成球茎。叶互生。叶片宽阔，盾形、卵圆形，先端渐尖，略呈箭头形。叶表面有密集的乳突，保蓄空气，形成气垫，使水滴形成圆珠，不沾湿叶面。叶柄长40～180cm，直立或披展，下部膨大成鞘，抱茎，中部有槽。叶柄呈绿、红、紫或黑紫色，常作为品种命名依据。叶片和叶柄有明显的气腔相通，木质部不发达。叶柄长而中空，因此容易遭受风害而倒伏。芋头的花为佛焰花序，在温带很少开花。果实为浆果。

2. 生长发育周期

（1）发芽期 芋头以球茎作繁殖材料，称为种芋。从种芋播种到第 1 片叶露出地面 2cm 左右为发芽期，约需 30d。此期种芋可分化出 4～8 条根，4～5 片幼叶，属自养阶段。

（2）幼苗期 从出苗到第 5 片叶伸出，茎基部开始膨大，逐渐形成母芋，幼苗期结束时，母芋可达其最终质量的 1/3 左右，并分化出 4～6 个子芋。

（3）叶和球茎并长期 从第 5 片叶伸出到全部叶片伸出。植株共生长 7～8 片叶，母芋、子芋迅速膨大，孙芋、曾孙芋数量已定，需 40～50d。此期球茎分化、膨大与叶片生长同时进行，是一生中生长最旺盛的阶段。

（4）球茎生长盛期 叶片全部伸出到收获为止。母芋、子芋等球茎继续膨大，其含水量下降，叶片内的同化物向球茎转移加快，需 60d 左右。

（5）休眠期 收获贮藏后，球茎顶芽处于休眠状态。

3. 对环境条件的要求

（1）温度 球茎 10℃以上开始发芽，发芽适温 20℃。生长发育适温为 25～30℃，低于 20℃或高于 35℃对生长不利。球茎发育则以 27～30℃为宜，气温降至 10℃时基本停止生长。不同类型和不同品种对温度的要求和适应范围有所不同，多子芋能适应较低的温度，而魁芋要求较高的温度和较长的生长季节，球茎才能充分生长。冬季贮藏期间，多子芋只要窖温不低于 6℃，就不会出现冻害和冷害。

（2）水分 喜湿不耐旱，生长期不可缺水。除水芋栽于水田或低洼地外，旱芋也应选潮湿地栽培。干旱使其生长不良，叶片不能充分生长，严重减产。

（3）光照 芋头较耐荫，强烈的日照加以高温干旱常导致叶片枯焦。较短日照有利于球茎的形成，但有的种类对日照长短不敏感。

（4）土壤 土壤疏松透气性好，能促进根部发育和球茎的形成与膨大。当通气性不良时，因氧气不足而影响根部的正常呼吸。栽培上需要深耕深翻，搞好排涝，创造一个疏松通气的环境，为高产栽培打下良好的基础。需肥量较大，每形成 1000kg 产品需吸收氮 5～6kg、磷 4～4.2kg、钾 8～8.4kg。

（三）栽培方式和季节安排

芋头需高温，生长期长，故多为露地栽培。各地因纬度和海拔差别，栽培季节差别较大。播种期广西、广东在 2～3 月，四川、闽南在 3 月初，长江流域在 4 月初，山东沿海地区在 4 月上旬，华北在 4 月下旬。当 10cm 土温稳定在 8～10℃时播种，掌握在不受冻的情况下，适当早播，早发根，有利提高产量。

【任务提出】

结合生产实践，以小组为单位，完成芋头种芋生产项目，在学习芋头生物学特性和生产技术的基础上，设计并实施芋头生产方案，同时做好生产记录和生产总结。

【任务资讯】

1. 整地施肥 选择有机质丰富、土层深厚、保水保肥的壤土或黏土。水芋选水田或低洼地，旱芋选潮湿地。芋头忌连作，需实行 3 年以上轮作。种植地块应秋翻晒垡，结合整地重施基肥。旱芋一般每亩施腐熟有机肥 3000kg 和复合肥 25kg。水芋可用厩肥、河塘泥和绿肥。

2. 种芋的准备 从无病田块中健壮株上选母芋中部的子芋作种。种芋单个质量以 25～75g 为宜，要求顶芽充实，球茎粗壮饱满，形状整齐。白头、露青和长柄球茎组织不充实，不宜作种。多头芋可分切若干块作种。也可采用母芋作种，利用整个母芋或母芋切块（1/2 母芋），但需洗净、晾干，愈合后再种。魁芋繁殖系数低，部分子芋种用产量低，为了提高利用率，可将子芋假植 1 年培养成单个质量 150～200g 的小母芋作种芋。

3. 催芽育苗 芋生长期长，催芽育苗可以延长生长季节，提高产量。通常在早春提前 20～30d 在冷床育苗，床土 10～15cm，限制根系深入，便于移植成活。在苗床内密排种芋，覆土 10cm 左右，保持 20～25℃床温和适宜的湿度，当种芋芽长 4～5cm，露地无霜冻时即可栽植。

4. 定植 芋头较耐荫，应适当密植，但因品种和土壤肥力不同而异。一般魁芋类植株开展度大，生长期长，宜稀植，反之宜密植。多子芋行距 80cm，株距 20cm，每亩栽 4000～5000 株。为提高叶面积系数，新法采用大垄双行栽植，小行距 30cm，大行距 50cm，株距 30～35cm，每亩栽苗 4500～5000 株。

芋头宜深栽，便于球茎生长。可按行距开 12～14cm 的沟，将已发芽的种芋按株距摆于沟内，覆土盖种芋，以微露顶芽为准。栽后覆地膜增温保墒。水芋栽种前施肥、耙田、灌浅水 3～5cm，按一定株行距插入泥中即可。

5. 田间管理 出苗前后应多次中耕、除草、疏松土层，提高地温，促进生根、发苗，发现缺苗及时补苗。地膜覆盖栽培，当幼芽出土时及时破膜，防止高温灼伤，并覆土压实膜口。

芋头需肥量大，除基肥外，应采取分次追肥，促进植株生长和球茎发育。追肥的原则是苗期轻，发棵和结芋时重追肥。每亩施肥量，1 叶期施尿素 10kg，3～4 叶时施饼肥 50kg，加复合肥 25kg，株高 1m 封行前施复合肥 25kg，并加施钾肥，促进糖分积累提高产量和品质。生长前期气温不高，生长量小，土壤水分不宜过大，保证土壤见干见湿。中后期生长旺盛及球茎形成时（南方梅雨过后）须充足供水，保持土壤湿润。高温期忌中午灌水，立秋以后灌水开始减少，以土壤不干为度。

幼苗期结束时，中耕使栽培沟成为平地。一般 6 月在子芋和孙芋开始形成时培土，进行 2～3 次，厚达 20cm。培土的目的在于抑制子芋、孙芋顶芽的萌发和生长，减少养分消耗，促进球茎膨大和发生大量不定根，增加抗旱能力。同时，球茎会随着叶片的增加而逐渐向上生长，不进行培土就会露出地面，从而影响球茎的膨大。有的在大暑期间一次培土，效果也不错，省时省力，减少多次培土造成的伤根影响。地膜覆盖栽培的不必培土。

水芋移栽成活后，可先放水晒田，提高地温，促进生长。培土时放干，结束后保持 4～7cm 水深。7～8 月须降低地温，水深保持 13～17cm，并经常换水。处暑后放浅水，白露后放干以便采收。

6. 收获 叶片变黄衰败是球茎成熟的象征，此时收获，产品淀粉含量高，品质好，产量高。为调节供应也可提前或延后采收。采前 6～7d 在叶柄 6～10cm 处割去地上部，伤口愈合后在晴天挖掘，注意切勿造成机械损伤。收获后去掉败叶，不要摘下子芋，晾晒 1～2d，入窖贮藏。

【任务总结及思考】

1. 不同地区，芋头的适宜播期有哪些？
2. 芋头露地直播和育苗移栽各有何利弊？

【兴趣链接】

芋头性平滑，味辛；入脾、胃经。解毒消肿，益胃健脾，调补中气，止痛。主治肿块、痰核、瘰疬、便秘等病症。

1. 营养成分　每100g含水分76.7g，蛋白质2.2g，脂肪0.1g，糖类17.5g，钙19mg，磷51mg，还含有铁、维生素B_1、维生素B_2、黏液皂素等。

2. 食疗作用

（1）解毒消肿　芋头含有一种黏液蛋白，被人体吸收后能产生免疫球蛋白，或称抗体球蛋白，可提高机体的抵抗力。故中医认为芋头能解毒，对人体的"痈肿毒痛"包括癌毒有抑制消解作用，可用来防治肿瘤及淋巴结核等病症。

（2）调节酸碱平衡　芋头为碱性食品，能中和体内积存的酸性物质，调整人体的酸碱平衡，产生美容颜、乌头发的作用，还可用来防治胃酸过多症。

（3）调补中气　芋头含有丰富的黏液皂素，及多种微量元素，可帮助机体纠正微量元素缺乏导致的生理异常，同时能增进食欲，帮助消化。

3. 保健食谱

（1）芋苈丸　生芋头3000g，陈海蜇、荸荠各300g。将生芋头晒干研细，陈海蜇去盐，海蜇、荸荠洗净后加水煮烂，去渣，和入芋苈粉制成丸，如绿豆大，温水送服，每日2～3次，每次3～6g。具有化痰软坚，解毒消肿之功效，可用于治疗癌肿、淋巴结核等病症。

（2）土芝丹　鲜芋苈500g、酒300mL、糟300g。将芋苈分个用煮过的酒和糟抹涂其外表，湿纸包裹，糠皮火煨熟，候香气四溢时取出。该菜香甜糯软，易于消化，具有调补中气，健脾益胃的功效。适宜于纳谷不香，四肢无力，头昏体倦等病症。

（3）太极芋泥　芋头1000g，白糖250g，熟猪油150g，豆沙75g。将芋头去皮，洗净后切块，上笼蒸1h取出，用刀板压成泥，抹去粗筋，将芋泥装碗，加白糖、熟猪油、清水适量，搅拌均匀，抹平后上笼用旺火蒸1h取出。锅添熟猪油25g，置微火上，下白糖35g、豆沙75g、清水50mL搅匀，煮至豆沙成稀泥状起锅，用铁勺分别舀起芋泥和豆沙泥，在盘中构成太极图形，分别安上一个樱桃即成。此菜细腻软糯，香甜可口，具有促进食欲、美容乌发的功效。适宜于食欲不佳、年老体弱、须发早白诸病症。正常人食之可强身健体。

（4）炸芋苈　芋苈500g，杏仁200g，榧仁150g。先将芋苈去皮，洗净，煮熟后切片待用；杏仁、榧仁研末和面，加入甜酱拌匀，将熟芋片入油锅中炸，直至外表呈金黄色时起锅，沥油，拌入甜面酱，即可食用。此菜香气扑鼻，具有益胃补脾、调补中气、驱虫止痛的功效。尤宜于脾胃虚弱、腹有寄生虫的小儿食之。

（5）芋艿粥　芋艿250g，粳米300g，盐、味精适量。将芋艿洗净，去皮、切碎，粳米淘净后与芋艿一同放入锅内，倒入适量清水，置武火上煮，水沸后，改文火继续煮至米开花时，放入盐、味精调味，即可食用。此粥具有润肠通便，美容美发的作用，习惯性便秘者、须发早白者尤宜食之。

4. 注意事项　生芋有小毒，食时必须熟透；生芋汁易引起局部皮肤过敏，可用姜汁擦拭以解之。

5. 文献摘录

《说文》："芋，大叶实根骇人者，故谓之'芋'，齐人呼为'莒'。"

《食疗本草》："芋，主宽缓肠胃，去死肌，令脂肉悦泽。"

《本草纲目》："芋子，辛、平、滑、有小毒。宽肠胃，充肌肤，滑中。冷啖，疗烦热，止渴。令人肥白，开胃通肠闭；产妇食之，破宿血；饮汁止渴去死肌。和鱼煮食，甚下气，调中补虚。"

《随息居饮食谱》："芋，煮熟甘滑利胎，补虚涤垢，可荤可素，亦可充粮。消渴宜餐，胀满勿食。生嚼治绞肠痧，捣涂痈疡初起。丸服散瘰疬，并奏奇功。煮汁洗腻衣，色白如玉，捣叶罨毒箭，及蛇、虫伤。"

6. 文化欣赏　《列仙传》："酒客为梁丞，使民益种芋：'后三年当大饥'，卒如其言，梁民不死。""按：芋可救饥谨，度凶年。今中国多不以此为意，后生中至有耳目所不闻见者。及水、旱、风、虫、霜、雹之灾，便饿死满道，白骨致交横。知而不种，坐致混灭，悲夫！人君者，安可不督课之也哉？"

宋·苏轼《以山芋作玉糁羹》："香似龙涎仍酽白，味如牛乳更全清。莫将南海金齑脍，轻比东坡玉糁羹。"

《山家清供》："居山人诗云：深夜一炉火，浑家团围坐，煨得芋头熟，天子不如我。"

清·陈维崧《河传第一体煨芋》："黄茅新盖，土锉温磨，霜檐低矮。撩人几阵，芋香无赖，送来篱落外。凝脂沃雪融仙瀣，余甘在。塞上酥堪赛。黄粱未熟休待，饱迎朝旭晒。"

清·朱彝尊《台城路·芋》："瓜田几棱区分后，青青近依禾黍。趣织声边，牵牛花外，惯滴篱根清露。捎沟倚渚。伴锦里先生，小园秋暮。野色柴门，夕阳携客断畦语。圆荷满陂匀翠，晚来风叶响，一样疏雨。白踏泥中，紫收霜后，便好筵场圃。然糠煨处，听昵昵空村，夜阑儿女。深碗模糊，晓光闻栋釜。"

民间故事：唐高僧明瓒，号懒残，隐居衡山石窟中，德宗闻其名，召之。使者至其窟，宣言天子有诏，幸起谢恩。方拨牛粪煨芋食之，寒涕垂胸，不答，使者笑之，劝其拭涕。瓒曰："我岂有工夫为俗人拭泪耶？"竟不能致。德宗钦叹之，又李泌见之，粉馊芋峻之，曰："勿多言，领取十年宰相。"果如其言。

历史传说：1839年林则徐于广州禁烟时，各国领事在宴席上备了道冰淇淋，企图以此"冷遇"奚落清朝大臣。林则徐在回席时，就上一道以芋头为主要原料的蔬菜——太极芋泥，此菜看似冷盘，不见热气，但领事们舀了一勺往嘴里一送，烫得无法下咽，口腔起泡，把他们惊呆了。林则徐介绍说，这是中国福建的传统名菜"太极芋泥"。

任务四 山药栽培

【知识目标】

1. 了解山药的生长发育特性及其对环境条件的要求。
2. 掌握零余子繁殖技术。

【能力目标】

熟知山药的生长发育规律，掌握生产过程的品种选择、茬口安排、整地做畦、播种育苗、田间管理、病虫害防治、适时采收等技能。

【知识拓展】

山药，别名薯蓣、山薯、大薯等，原产于中国，为薯蓣科薯蓣属多年生藤本植物。以地下块茎为食，富含淀粉、蛋白质、碳水化合物及副肾皮素、皂苷、黏液质等营养成分，既是营养丰富的粮菜兼用作物，又是滋补功能较强的中药材。

（一）品种类型

我国栽培的山药有两个种，即田薯和普通山药。

（1）田薯 别名大薯、柱薯。茎多角形而具棱翼，叶柄短，块茎巨大。根据块茎形状可分为扁块种、圆筒种和长柱种。主要分布于台湾、广东、广西、福建、江西等地。

（2）普通山药 别名家山药，茎圆无棱翼。包括分布于江西、湖南、四川、贵州和浙江等省的扁块种，分布于浙江、台湾等省的圆筒种，分布于陕西、河南、山东和河北的长柱种。

（二）生物学特性

1. 形态特征 山药的根系有主根和须根之分，发芽后着生于茎基部的根为主根，水平分布，长可达 1m 左右，主要分布在 20～30cm 土层中，起吸收作用。块茎上的根为须根。茎蔓长达 3m 以上，以右旋方式生长，常带紫色。地下肥大的营养器官为块茎，有长圆柱形、纺锤形、掌状或团块状，薯表面为淡褐、深褐、紫红色，肉白色，也有淡紫色。单叶基部互生，至中部以上对生。叶三角状卵形至广卵形，基部戟状心形，先端突尖，叶柄长。叶腋间发生侧枝或形成气生块茎，称零余子（花籽山药不结零余子），可作繁殖材料。花单生，雌雄异花异株，总状花序穗状，腋生，有 2～4 对。花小，白色或黄色，花期 6～7 月。蒴果具 3 翅，扁卵圆形，栽培种极少结实。

2. 生长发育和块茎形成

（1）发芽期 从萌发到出苗为发芽期，约需 35d。如用块茎段为繁殖材料，此期则需 50d。在发芽过程中，顶芽向上抽生幼芽，芽基部则向下发育为块茎和形成吸收根。

（2）甩条发棵期 从出苗到现蕾，并开始发生气生块茎为止，需 60d。芽条生长迅速，10d 后达 1.0m 左右。吸收根向土层深处伸展，块茎周围不断发生侧根，而块茎生长极微。

（3）块茎膨大期　　从现蕾到块茎收获为止，需 60d。此期茎叶及块茎的生长最为旺盛，但生长中心是块茎。块茎干重的 85% 以上在此期形成。

（4）休眠期　　茎叶因霜冻而衰败，块茎进入休眠状态。

3. 对环境条件的要求　　茎叶喜温畏霜，生长最适温度 25～28℃，块茎膨大适温 20～24℃。块茎能耐 −15℃低温。土壤温度达 15℃时开始发芽，发芽的适宜温度为 25℃。山药耐荫，但茎叶生长和块茎膨大期仍需要较强的光照。山药耐旱不耐涝，应选择地势高燥，排水良好的土地栽培。发芽时土壤要有足够的底墒，保证出苗。块茎生长盛期不可缺水。对土壤适应性强，以沙壤土最好，块茎皮光形正。黏土栽培须根多，根痕大，易发生扁头、分杈。山药喜有机肥，但要避免块茎与肥料直接接触，否则影响块茎正常生长。生长前期宜供给速效氮肥，以利茎叶生长；生长中后期除适当供给氮肥以保持茎叶不衰外，还需增施磷、钾肥以利块茎膨大。每生产 1000kg 山药，需氮 4.32kg、磷 1.07kg、钾 5.38kg。

（三）栽培季节与茬次安排

山药以露地栽培为主。春种秋收，生长期长达 180d 以上。播种季节掌握在土温稳定在 10℃种植，终霜后出土，适当早栽有利于提早发育，增加产量。华南地区 3 月栽植，四川 3 月底 4 月初栽植，长江流域 4 月上中旬栽植，华北大部分地区 4 月中下旬栽植，辽南 5 月上旬栽植，霜降生长结束。山药前期生长缓慢，间套作应用普遍。

【任务提出】

结合生产实践，以小组为单位，完成零余子繁殖生产项目，在学习山药生物学特性和生产技术的基础上，设计并实施山药生产方案，同时做好生产记录和生产总结。

【任务资讯】

1. 繁殖方法

（1）零余子（山药豆）繁殖　　第一年秋，选大型零余子沙藏过冬，翌年春于晚霜前半月条播于露地，秋后挖取整个块茎（长 13～16cm，质量 200～250g），供来年作种。用零余子繁殖的种薯生活力较旺，可用来更换老山药栽子，3～4 年更新一次。

（2）山药栽子繁殖　　长柱种块茎顶端有一隐芽，可切下 20～30cm 长作繁殖材料，称"山药栽子"或"山药嘴子"。用山药栽子直播，可连续繁殖 3～4 年。长势衰退后用零余子更新。

（3）茎段繁殖　　山药块茎易生不定芽，可以切块繁殖。扁块种只在块茎顶端发芽，切块时要采取纵切法，切块重约 100g。长柱种块茎的任何部位都能发芽，可按 7～10cm 长切段。切后粘草木灰，并在阴凉处放置 2～3d 后于 25℃下催芽，经 15～20d 发芽后播种。尽量不用茎段繁殖，因易退化，产量低。

2. 整地施肥

山药特别是长柱种对土壤要求比较严格，实行 3 年轮作。土层深厚、疏松肥沃的沙壤土或沙质土，有利于块茎生长，块茎产量高，品质好。冬前深翻土地，按 1m 沟距，挖宽 25～30cm、深 0.8～1.2m 的深沟，进行冻土和晒土。翌年春解冻时，把翻出的土与充分腐熟的土杂肥掺匀，每亩用量 5000kg。再回填于沟内，每填土 30cm 左右时，踩压 1 次。要拾净所有瓦砾杂物。回填完毕，做成宽 50cm 的高畦。为减轻挖沟栽培的劳动强度，可采用打洞栽培技术。于秋末冬初施肥翻耙，冬季按行距 70cm 放线，沿线挖 5～8cm 深的浅沟，然后用 6～8cm 粗的钢筋棍在沟内按 25～30cm 株距打洞，深 150cm，洞口要求光滑结实。

3. 播种 种植前要在大田周围挖 1m 深、60～80cm 宽的围沟，并与外沟相通。田长超过 20m 的还要加开腰沟，以保证多雨季节迅速排水。

挖沟栽培的，于畦面开宽 10～15cm、深 30～40cm 的沟，每亩施磷酸二铵 5～7.5kg、尿素 2.5～5kg、过磷酸钙 5kg 作种肥，覆土 20～30cm，将山药栽子或山药段子按株距 15～20cm 顺垄向平放在沟中，覆土 8～10cm。零余子繁殖时按 1.0m 畦条播 2 行，行距 50cm，株距 8～10cm。打洞栽培的，先用宽 20cm 地膜覆在洞口（不必破膜，块茎可自动钻破），把山药栽子顺沟走向横放在洞口上方，将芽对准洞口，以引导新生的块茎垂直下伸，生长粗细均匀。排放好一沟后，随即覆土起垄，垄宽 40cm、高 20cm。

4. 田间管理

（1）植株调整 山药出苗后甩蔓，藤条细长脆嫩，应及时支架扶蔓，常采用人字架、三脚架或四脚架，架高以 2.0～2.5m 为宜。支架要插牢固，防止被大风吹倒。一般 1 个种茎出 1 个苗，如有数苗，应于苗高 7～8cm 时，选留 1 个健壮的蔓，其余的去除。多数不整枝，但除去基部 2～3 个侧枝，能集中养分，增加块茎产量。如不利用零余子，应尽早摘除，节约养分。利用零余子的，一般控制在每亩产 100～150kg。

（2）水肥管理 播前浇足底水，生育前期即使稍旱，一般也不浇水，以促使块茎向下生长。如果过于干旱，也只能浇 1 次小水。块茎迅速膨大期，保持湿润。山药怕涝，雨季及时排涝。山药施肥要掌握重施基肥，磷钾肥配合的原则。支架前可铺施粪肥，以陆续供应养分。发棵期追肥 1～2 次，保证发棵需要。显蕾时，茎叶和块茎开始进入旺盛生长，要重施氮、磷、钾完全的粪肥 1 次。

（3）中耕培土 生长前期应勤中耕除草，直到茎蔓已上半架为止，以后拔除杂草。要将架外的行间土壤挖起一部分填到架内行间，使架内形成高畦，架外行间形成深 20cm、宽 30cm 的畦沟，以便雨季排水。

5. 采收 秋季早霜后，茎叶发黄时便可采收。南方冬季土壤不冻结，可留在地里，随时采收供应。收获时，先清除支架和茎蔓，在山药沟的一侧挖深坑，用铲铲断侧根和贴地层的根系，把整个块茎取出。打洞栽培采收时用铁锹把培土的垄挖去，露出山药栽子，清除洞口上面的土，注意不要让土进洞内，用手轻轻把山药从洞内取出，然后把洞口封好，以备下年再用。挖掘时应保持块茎的完整性。收获零余子，需提前 1 个月。

【任务总结及思考】

1. 不同地区，山药的适宜播期有哪些？
2. 山药繁殖方式有哪些？

【兴趣链接】

山药性平、味甘。入肺、脾。肾经。健脾补肺，固肾益精，聪耳明目，助五脏，强筋骨，长志安神，延年益寿。主治脾胃虚弱、倦怠无力、食欲缺乏、久泄久痢、肺气虚燥、痰喘咳嗽、肾气亏耗、固摄无权、腰膝酸软、下肢痿弱、消渴尿频、遗精早泄、带下白浊、皮肤赤肿、肥胖等病症。

1. 营养成分　每100g含蛋白质1.5g，碳水化合物14.4g，钙14mg，磷42mg，铁0.3mg，胡萝卜素0.02mg，硫胺素0.08mg，核黄素0.02mg，烟酸0.3mg，抗坏血酸4mg。此外还含有皂苷、黏液蛋白、胆碱、精蛋白、氨基酸、多酚氧化酶等营养成分。

2. 食疗作用

（1）健脾益胃，助消化　山药含有淀粉酶、多酚氧化酶等物质，有利于脾胃消化吸收功能，是一味平补脾胃的药食两用之品。不论脾阳亏或胃阴虚，皆可食用。临床上常用治脾胃虚弱、食少体倦、泄泻等病症。

（2）滋肾益精　山药含有多种营养素，有强健机体、滋肾益精的作用。大凡肾亏遗精、妇女白带多、小便频数等症，皆可服之。

（3）益肺止咳　山药含有皂苷、黏液质，有润滑、滋润作用，故可益肺气，养肺阴，治疗肺虚痰嗽久咳之症。

（4）降低血糖　山药含有的黏液蛋白，有降低血糖的作用，可用于治疗糖尿病，是糖尿病患者的食疗佳品。

（5）延年益寿　山药含有大量的黏液蛋白、维生素及微量元素，能有效阻止血脂在血管壁的沉淀，预防心血管疾病，取得益志安神、延年益寿的功效。

（6）抗肝昏迷　近年研究发现山药具有镇静作用，可用来抗肝昏迷。

3. 保健食谱

（1）炸山药　山药500g（鲜品），豆腐皮3大张。将山药洗净，削去皮，切成1.5cm厚、3cm宽、3cm长的小块，用豆腐皮包裹，外浇以面糊，入温油锅炸至黄熟为度。此菜具有温胃健脾，消食和中的功效，为脾虚胃寒患者的食疗佳品，小儿消化不良者食之尤宜。

（2）一品山药　生山药500g，面粉150g，核桃仁、什锦果汁、蜂蜜、白糖、猪油、豆粉适量。将生山药洗净，去皮，蒸熟，放在盆内，加入面粉，揉成面团，置搪瓷盘中，按成圆饼状，上面摆核桃仁、什锦果汁，放入蒸锅内，用武火蒸20min。将蜂蜜、白糖、猪油、豆粉放入另一锅内，熬成糖汁，浇在圆饼上即成。此即为著名的"一品山药"，其口味甘甜滑口，具有补肾滋阴、强身健体的功效。适宜于肾虚体弱、消渴、遗精、白带等病症。

（3）山药羊肚汤　山药、羊肚各200g，生姜、葱、绍酒各适量。将山药洗净，切成厚、长各1cm的小块；羊肚洗净，切成3cm长、2cm宽的块；以上二物共放入铁锅内，加生姜、葱、食盐、绍酒和水适量，置武火烧沸，用文火炖熟羊肚至熟即成。食用时，加味精少许。此菜具有补脾胃、益肺肾的功效。适用于脾胃亏虚胃痛、消渴多尿等病症。

（4）山药粥　鲜山药300g、粳米500g。将鲜山药去皮洗净，切成小块，与粳米共煮粥，待粥熬成加盐和生姜调味。该粥具有补益脾胃的作用，适用于气血不足，脾胃虚弱引起的便溏、腹泻等病症。老年体弱者尤宜常食。

4. 注意事项 鲜品多用于虚劳咳嗽及消渴病，炒熟食用治脾胃、肾气亏虚；便秘腹胀者不宜食。

5. 文献选录

《神农本草经》："主伤中，补虚羸，除寒热邪气，补中益气力，长肌肉。久服耳目聪明，轻身不饥延年。"

《名医别录》："主头面游风，风头（一作'头风'），眼眩，下气，止腰痛，补虚劳羸瘦，充五脏，除烦热，强阴。"

《药性论》："补五劳七伤，去冷风，止腰疼，镇心神，安魂魄，开达心孔，多记事，补心气不足，患人体虚羸，加而用之。"

《本草再新》："健脾润肺，化痰止咳，开胃气，益肾水，治虚劳损伤，止吐血遗精。"

6. 文化欣赏 宋·陆游《菘芦服山药芋作羹》："老住湖边一把茅，时沽村酒具山药，年来传得甜羹法，误为吴醋作解嘲。山厨薪桂软炊粳，旋洗香蔬手自萦，从此八珍俱避舍，天苏防味属甜羹。"

明·刘崧《尝山药》："谁种山中玉，修圆故自匀。野人寻得惯，带雨剧来新。味益丹田暖，香凝石髓春。商芝亦何事，空负白头人。"

历史传说：山药之名曾历经沧桑，几经修改。它原名薯蓣，因唐代宗名李豫，为避讳改称薯药。至宋代因宋英宗名赵曙，为避讳又改名山药，以后一直沿用至今。

医事趣闻：宋代有礼部谢侍郎善于服食山药，养身健体。宋·庞元英《文昌杂录》卷一介绍了其收藏山药的方法：刮去皮，用厚纸包裹，挂于阴凉通风处，使之干燥。或放置焙笼中，下面铺茅草数寸厚，以微火慢慢烘干。又据《相中记》记载：在永和初年，有一采药农到衡山上采药。忽然迷路，所带干粮业已食尽，只好躺在一山崖下休息。忽见一老翁，鹤发童颜，飘然而至，在石壁上作书。采药人急忙上前求以食物，并请教出山之路。老翁给了他一些外形似芋，甘甜如薯的东西，即山药，并指点回家之路。6天之后，果然返回家中，腹中还不觉饥饿，才知山药功用之奇特。

民间谚语："五谷不收也无患，只要二亩山药蛋。"

葱蒜类蔬菜栽培

【知识目标】

1. 了解葱蒜类蔬菜生物学特性和栽培季节。
2. 掌握葱蒜类蔬菜适期播种的重要性。
3. 掌握葱蒜类蔬菜高产高效栽培技术。

【能力目标】

熟知常见葱蒜类蔬菜的生长发育规律、环境条件和主栽品种特性，能够根据生产计划做好生产茬口的安排，制定栽培技术规程，及时发现和解决生产中存在的问题。

【葱蒜类蔬菜共同特点及栽培流程图】

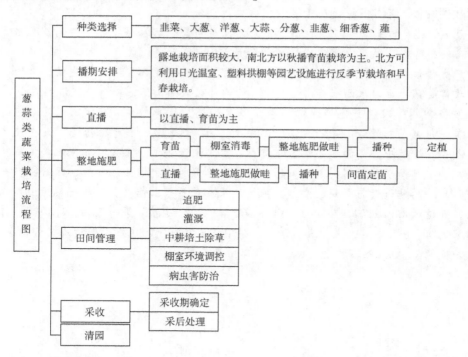

葱蒜类蔬菜包括韭菜、大葱、洋葱、大蒜、分葱、韭葱、细香葱、薤等，均属于百合科葱属的二年生或多年生草本植物。葱蒜类蔬菜营养价值高，风味鲜美，其茎叶中含有特殊香辛物质——硫化丙烯，有开胃消食之功效，也是解腥调味之佳品。我国医药上很早就利用葱韭蒜提取制剂，预防和治疗多种疾病。

（1）葱蒜类蔬菜在长期系统进化过程中形成了较为相似的生育特性，如形态上都具有短缩的盘状茎、喜湿的根系、耐旱的叶形和具有贮藏功能的鳞茎。

（2）营养生长期均喜凉爽的气温，中等强度的光照，疏松肥沃保水力强的土壤，较低的空气湿度，较高的土壤湿度，不耐高温、强光、干旱和瘠薄。

（3）均为绿体春化型植物，在低温下通过春化，在长日照和适温条件下抽薹开花；在栽培上具有以下共同特点：植株低矮，叶片直立，叶面积小，适于密植和间套作。

（4）繁殖方式有无性繁殖和种子繁殖两种，种子寿命短，生产中要使用当年的新种子。

（5）种子萌芽出土特殊，要求精细播种，幼苗出土前防止土壤板结。

（6）与杂草的竞争能力弱，注意除草；根系吸收能力差，种植密度大，必须加强肥水管理；有共同的病虫害，避免连作。

（7）根系可分泌植物杀菌素，杀灭土壤中一些病原菌，是其他作物的良好前茬和间套作作物。

任务一　韭菜栽培

【知识目标】

1. 了解韭菜的生长发育特性及其对环境条件的要求。
2. 掌握韭菜的反季节技术和软化栽培技术。

【能力目标】

熟知韭菜的生长发育规律，掌握反季节栽培和软化栽培技术中的品种选择、茬口安排、整地做畦、播种育苗、田间管理、病虫害防治、适时采收等技能。

【内容图解】

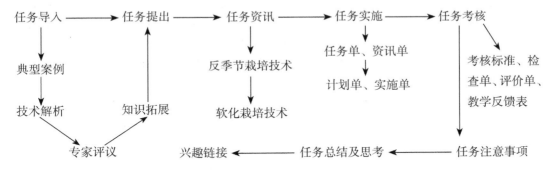

【任务导入】

一、典型案例

五色韭菜是一根韭菜上长有白、黄、红、紫、绿五种颜色。据秦皇岛市山海关区农业局技术人员介绍，五色韭菜对温度要求极严，只有在冬季天冷后才能栽培。山海关种植彩色韭菜源于清代中叶，已有约200年历史，当时菜农用沙子栽韭菜，上面盖三层苦子保温。沙子软化韭菜根，使根长得白嫩。叶子开始是绿色，上面变黄，再上面呈红，尖儿发紫，加上雪白的根，五色变化。

但由于栽培难度大、产量低，这种栽培技术逐渐失传。2005年，山海关区农业局蔬菜科经过与现有的几位技术传人进行技术创新，研究出了一套独特的冷凉处理栽培技术，开始在山海关区的五里台、揣家沟等村庄进行小面积试验，取得成功。在2006年春节，这种五色韭菜上市就卖到每千克40元。

二、技术解析

五色韭菜主要是通过采用培沙避光、温度变化等物理措施栽培而成。通过覆沙避光使韭菜地下的假茎呈白色，再往上的叶鞘部分呈黄色，叶子中上部在阳光下呈绿色。上部叶片因一定低温叶片中的叶绿素转成花青素，叶部呈红色。低温时间长的部分花青素较多，叶部呈紫色。地上的绿、红、紫3种颜色排序会随着管理过程中温度的变化而发生一定的变化。从播种到冬季扣棚前，五色韭菜生产与普通拱棚韭菜的管理没有区别，五色韭菜品种形成的关键是扣棚后的温度和光照调控，因此，扣棚后的温度和光照调控是五色韭菜技术创新的着眼点。

三、专家评议

山海关五色韭菜的栽培源于清代。相传，清乾隆皇帝微服私访到山海关，见到五种颜色的韭菜，甚感惊奇，吃了用其包的饺子后大为赞赏，即兴起名五色韭菜，并下旨将五色韭菜定为贡品每年进献。五色韭菜株高15cm，由上至下分为五种颜色，不仅香气浓郁且营养价值很高，是韭菜中的珍品。民国时期和解放初期，五色韭菜也只有在北京一些大的饭店才能吃到。后来，由于栽培难度大、产量低等多种原因，种植工艺逐渐失传。近年来，秦皇岛市山海关区农业局为"复活"五色韭菜，开始在石河镇五里台、青石沟上庄村进行试验栽培，终于研制出一套独特的冷凉处理配套栽培技术。"五色韭菜比一般韭菜要早上市两个多月，正好赶上新春佳节，所以特别受欢迎。"五色韭菜的"五色"并不是与生俱来的，而是利用一般韭菜在其生长过程中采用避光、温度变化等物理措施，人为制造出来的。他们探索出的这套独特的冷凉处理配套栽培技术，严格执行无公害标准化生产，获得我国农业部门的认可，并申报了河北省第四批非物质文化遗产，最终成功入选。

四、知识拓展

韭菜，别名草钟乳、起阳草，原产于中国，多年生宿根蔬菜，我国南北方各地普遍栽培。韭菜的食用部分主要是柔嫩多汁的叶片和叶鞘（假茎），韭薹、韭花、韭根经加工腌渍也可供食用，其营养丰富，气味芳香，深受人们喜爱。

（一）品种类型

我国韭菜的品种很多，根据食用器官不同可分为根韭、花韭、叶韭和叶花兼用韭4个类型。普遍栽培的为叶花兼用韭，按其叶片宽窄又可分为宽叶韭和窄叶韭。

1. 宽叶韭　　叶片宽厚，叶鞘粗壮，色泽较浅，品质柔嫩，生长旺盛，产量高，唯香味稍淡，易倒伏。主要优良品种有汉中冬韭、北京大白根、天津大黄苗、河南791、寿光独根红、嘉兴白根、犀浦韭菜等。

2. 窄叶韭　　叶片狭长，叶鞘较细，叶色深绿，纤维稍多。叶鞘细高，直立性强，不易倒伏，香味浓，品质优，产量较宽叶韭略低，耐寒性较强。主要优良品种有天津大青苗、保定红根韭、北京铁丝苗、太原黑韭、诸城大金钩等。

（二）生物学特性

1. 形态特征

（1）根　　弦线状须根，着生在茎盘的基部和周围。每株韭菜有根 10～20 条，较粗的须根中部可发生 3～5 条细弱的侧根，但无二级侧根，几乎无根毛，大部分根系分布在20～30cm 的土层中。根系除具有吸收功能外兼有贮藏功能。韭菜根系的寿命较短，只有1～2 年，随着植株新的分蘖不断形成而发生新根，老根随之干枯死亡，生长期间新老根系的更替现象，称为"换根"。由于吸收器官的不断更新，韭菜植株的寿命不断延长，一般韭菜播种和定植一次，能连续收割 4～6 年。

（2）茎　　韭菜的茎可分为营养茎和花茎。一二年生韭菜营养茎为短缩盘状茎，故称为"茎盘"。茎盘下部生根，上部由功能叶和叶鞘包裹着，呈半圆球形白色部分称"鳞茎"（韭葫芦），是韭菜贮藏养分的重要器官。随株龄的增加和逐年分蘖，新生成的营养茎不断上移，遗留在下面的茎盘和早期"鳞茎"形成杈状分枝的"根茎"，根茎的寿命为2～3 年。花茎也叫韭薹，当韭菜植株进入生殖生长阶段，由顶芽发育成花芽，抽生花薹，花薹高 30～40cm，鲜嫩时采收是高档的商品菜。

（3）叶　　韭菜叶由叶身和叶鞘两部分组成，单株 5～9 片叶簇生。叶身扁平、狭长、带状，表面被蜡粉，是主要的同化器官和产品器官。叶片基部呈筒状，称为叶鞘。多层叶鞘层层抱合成圆柱形，称为"假茎"。韭菜叶的分生带在叶鞘基部，收割后可继续生长。

（4）花、果实和种子　　韭花既是韭菜的繁殖器官，也是产品器官。伞形花序着生在花茎的顶端，未开放以前，由总苞包裹着，每一总苞有小花 20～50 朵。两性花，异花授粉。果实为蒴果，三心室，每室有种子两粒。成熟的种子为黑色，表皮布满细密皱纹，背面凸出，腹面凹陷，千粒重 4g 左右。韭菜种子寿命短，播种时要用上一年生产的新种子，两年以上的种子，发芽能力大幅度降低。

2. 生育特性

（1）分蘖　　分蘖是韭菜一个很重要的生育特性，也是韭菜更新复壮的主要方式。分蘖属于营养生长范畴。首先在靠近生长点上位叶腋处形成蘖芽，分蘖初期，蘖芽和原有植株被包在同一叶鞘中，后来由于分蘖的增粗，胀破叶鞘而发育成新的植株。春播一年生韭菜，植株长出 5～6 片叶时，便可发生分蘖，以后逐年进行。每年分蘖 1～3 次，以春秋两季为主。每次分蘖以 2 株最多，也有一次分 1 株或 3 株的，分蘖达一定密度，株数不再增加，甚至逐渐减少，因密度大，营养不良，逐年死掉。到一定株龄以后，植株的新生和死亡达到动态平衡。分蘖的多少与品种、株龄、植株的营养状况和管理水平有关。品种分蘖能力强，正处于播后 2～4 年的壮龄期，密度适宜，肥水供应充足，病虫危害少，收获次数适宜，则分蘖多。

（2）跳根　　因为分蘖是靠近生长点的上位叶腋发生的，所以新植株必然高于原有植株，当蘖芽发育成一个新的植株，便从地下长出新的须根，也高于原株老根，随着分蘖有层次地上移，生根的位置也不断上升。当年的新根到来年又成为老根，而下层老根年年衰老死亡，新生的根系逐年向上移动，逐渐接近地面，这种现象称"跳根"。每次跳根的高度与分蘖和收获次数有关，一般每年分蘖 2 次，收获 4～5 次，其跳根高度为1.5～2.0cm。由于跳根，根系逐渐外露，所以生产上应采取垄作，容易培土。如畦作，可采用多施农家肥或压土压沙等措施，以克服跳根而带来的生长势下降的问题。

（3）休眠　　韭菜在长江以南冬夏常青，在我国北方则冬季地上部干枯，地下部分在土壤的保护下以休眠的状态越冬。由于品种原产地不同，韭菜长期经历的气候条件使它们形成了不同的休眠方式。

1）深休眠韭菜。指韭菜经过长日照并感受到一定低温之后，地上部分的养分逐渐回流到根茎中贮藏起来而进入休眠。当气温降至 5～7℃时，植株开始进入休眠，茎叶生长停滞。当气温降至 -5℃以下时，茎叶呈干枯状态。此时休眠期基本度过，大约需要经历 20d 时间。以后再给予 1℃以上的温度就可打破休眠，恢复旺盛生长。如果不等其地上茎叶干枯就给予适宜温度强迫其继续生长，虽然也可以萌发，但长势很弱，甚至发生腐烂。属于这种休眠方式的品种有汉中冬韭、北京大弯红、寿光独根红、山西环韭等原产于北方的地方品种。

2）浅休眠韭菜。韭菜植株长到一定大小，同样在经历长日照并感受到一定低温之后，当气温降至 10℃左右，韭菜生长出现停滞，开始进入休眠。休眠后的植株有两种表现，一种是只有部分叶片的叶尖出现干枯，如杭州雪韭、河南 791 等；另一种是植株继续保持绿色，不出现干尖现象，如犀浦韭菜、嘉选 1 号等。这种休眠一般需 10d 左右的时间。浅休眠韭菜休眠之后，如果不能获得适宜的温度和水分条件，也不能恢复旺盛生长。如果气温降到 -5℃以下时，迫使地上部分全部干枯而呈现一种深休眠的状态。

（4）地上地下部养分运转关系　　韭菜地下的鳞茎、根茎和根系是养分重要的贮藏部位。地上部茎叶干枯或收割后，在其萌发的前 15d 里，叶片的生长主要靠地下贮藏的养分，所以鳞茎和根系明显地减重。此后叶片光合能力逐渐提高，制造的养分逐渐能满足自身生长的需要。所以在萌发后的第 15～20d，地上茎叶的生长基本不需要从地下部索取养分。萌发后第 25～30d，叶片光合作用加强，制造的养分除满足自身生长外，尚有一定数量转入地下部贮藏，补偿早期生长中消耗的养分，鳞茎和根系出现明显的增重趋势。萌发后 30d 左右，鳞茎和根系基本恢复到萌发前的水平。由此可见，韭菜地上部生长和地下部贮藏养分的关系是：消耗—平衡—积累，一般 1 个月完成一个周期。

3. 生长发育周期　　韭菜的生育周期可分为营养生长阶段和生殖生长阶段。当年播种的韭菜，一般只有营养生长阶段，而无生殖生长阶段。两年以上的韭菜，两个阶段交替进行。

（1）营养生长阶段

1）发芽期。从种子萌动至第一片真叶出现为发芽期，需 10～20d。幼苗"弓形出土"，即萌动初期，子叶首先伸长，迫使胚根和胚轴顶出种皮，胚根露出种皮后即向地下生长，此时子叶继续伸长，但子叶尖端仍留在种壳中吸收胚乳中的养分。因此，幼苗出土时上部倒折，先由折合处顶土成拱形（称"顶鼻"或"打弓"）出土，以后由于胚轴伸长，才将子叶尖端牵引出土，称"伸腰"或"直钩"。

2）幼苗期。从第一片真叶出现至幼苗具有 5 片叶，株高 18～20cm 为幼苗期，需 80～120d。

3）营养生长盛期。植株具有 5 片真叶至花芽分化为营养生长盛期。此期植株相继发生新根，叶片不断生长，叶片同化产物不断向根茎运输，植株旺盛生长。当植株长出 5～6 片叶时，开始发生分蘖，每年分蘖 2～3 次，植株通过分蘖，群体数量增多。

4）越冬休眠期。初冬季节，气温下降，韭菜出现生长停滞或茎叶枯萎现象而进入休眠，一般经过 10～20d，如遇适宜条件便可恢复旺盛生长。

（2）生殖生长阶段　　韭菜是绿体春化型作物，需要在有一定生长量的基础上，经低温和长日照后在夏季才能进行花芽分化。因此，北方地区4月播种的韭菜，当年很少抽薹开花，直到翌年5月分化花芽，7~8月抽薹开花，9月种子成熟。第二年之后，只要满足低温和长日照条件，每年均能抽薹开花。

4. 对环境条件的要求

（1）温度　　韭菜在冷凉气候条件下生长良好，对温度适应范围广，耐低温，不耐高温。叶片能忍受-5~-4℃的低温，在-7~-6℃时，叶片才枯萎。根茎含糖量高，生长点位于地面以下，加上受到土壤保护，而使其耐寒能力更强，耐寒品种当气温降至-40℃，根茎也能安全越冬。韭菜生长适温为13~20℃，露地条件下，气温超过25℃时，生长缓慢，尤其在高温、强光、干旱情况下，叶片纤维增多，品质降低；但在温室高湿、弱光和较大昼夜温差条件下，28~30℃的高温也不会影响其品质。韭菜在不同生育阶段对温度的要求不同，种子发芽最低温度为2~3℃，发芽适温为15~18℃。幼苗期生长温度要求在12℃以上。茎叶生长的适温为12~23℃，抽薹开花期对温度要求偏高，一般为20~26℃。

（2）光照　　韭菜的光饱和点为40klx，光补偿点为1220lx。韭菜在发棵养根和抽薹开花时需要有良好的光照条件，但在产品形成期则喜弱光。光照过强时，植株生长受抑制，叶肉组织粗硬，纤维素增多，品质变劣。花芽分化需要有长日照的诱导，否则不能抽薹。

（3）水分　　韭菜属于半喜湿蔬菜，叶部表现耐旱，根系表现喜湿。适宜的空气相对湿度为60%~70%，适宜的土壤湿度为田间最大持水量的80%~90%。如多雨季节排水不良，易发生涝害。韭菜以嫩叶为产品，水分是决定产量和品质的主要条件，所以韭菜进入生长盛期时不能缺水，否则品质差，产量低。

（4）土壤营养　　韭菜对土壤的适应性较强，无论沙土、壤土、黏土都可栽培，但以土层深厚、富含有机质、保水保肥能力强的肥沃壤土上栽培易获高产。韭菜的成株对盐碱有一定的忍受能力，可在中性土壤中播种育苗，而后再移栽到轻度盐碱地上。

韭菜耐肥力强，对肥料的要求以氮肥为主。每生产1000kg韭菜产品，吸收氮1.5~1.8kg、磷0.5~0.6kg、钾1.7~2.0kg。为获得优质高产，施肥应以有机肥为主。多年生韭菜田每年施用一次微量元素肥料可促进植株生长健壮，延长采收年限。

（三）栽培季节和茬次安排

我国栽培韭菜的历史悠久，人们在长期的生产实践中创造了多种多样的栽培方式，如露地栽培、风障栽培、阳畦栽培、塑料薄膜覆盖栽培、温室栽培、软化栽培等，加之南韭北种的品种搭配，基本实现了周年生产和周年供应（表14-1）。

表 14-1　韭菜周年生产茬次安排

生产方式		月份 1	2	3	4	5	6	7	8	9	10	11	12
露地	常规			…	…	…	~	~	~	~			
					×	×	×	×	×				
	秋延后			…	…	…	…	~	~	~	…		
中小棚	常规			…	…	…							
			( )	×	×	×							
	秋延后			…	…	…	~	~	~	~	(×)	×	

续表

生产方式	月份	1	2	3	4	5	6	7	8	9	10	11	12
温室	常规		…	…	…	~	~	~	~			( )	
		×	×	×									
	秋冬连续			…	…	…		~	~	~	(×)	×	
		×	×	×	×								

注：…播种期；~养根期；×收割期；( )扣棚

【任务提出】

结合生产实践，以小组为单位，完成韭菜反季节生产项目，在学习韭菜生物学特性和生产技术的基础上，设计并实施韭菜生产方案，同时做好生产记录和生产总结。

【任务资讯】

一、日光温室韭菜反季节栽培技术

1. 品种选择 利用起源于北方的深休眠品种，待其地上茎叶干枯后，清茬扣膜生产，收割 4～5 次后撤膜转入露地养根，为下年度生产打下基础。利用起源于长江以南的浅休眠韭菜品种，在当地严霜到来之前收割一刀，而后转入温室生产，一个月收一刀，连收 4～5 刀，可满足北方地区秋末初冬市场对鲜韭的需求。

2. 露地养根

（1）露地直播 韭菜春秋两季都可播种，当年扣膜生产的以春播为主，播期从土地化冻开始，一直可持续到 6 月。韭菜播前需施足基肥，通常每亩施入优质圈肥 7500～10 000kg、过磷酸钙 100kg、腐熟饼肥 100～200kg、硫酸铵 50kg，先撒施再翻地。沟播是防止韭菜跳根露出地面的有效措施，先按 35～40cm 行距开沟，沟深 15～20cm，顺沟浇一次透水。垄帮踩实拍平，最后把沟底用锄拉平推细即为播种的地方。韭菜播种多采用干籽直播，每亩用种量为 4～5kg。播种后出苗前保持土壤湿润。出苗前喷除草剂，每亩用 33% 除草通 100～150g，兑水 50kg，有效期 40～50d。韭菜出苗后要掌握先促后控的管理方法，开始 7～8d 浇一次水，保持土壤湿润，防止因干旱而"吊死苗"的现象。幼苗长至 15cm 以前要促根促叶，每亩可随水施入腐熟农家肥 500kg 或硫酸铵 15kg。此后要适当控水，防止幼苗徒长，夏季倒伏。幼苗出土后最易受杂草危害，因而需及时除草。

（2）越夏期管理 雨季要及时排除积水，如遇热闷雨后要及时用井水快浇一次，以降低地温，防止病害的发生。温室养根的韭菜在夏季易发生大面积倒伏。如倒伏夏初发生，可将上部叶片割掉 1/3～1/2，以减轻上部重量，增加株间光照，促使韭菜自然恢复直立性。如倒伏发生在秋初，可逐垄用手捋掉老化叶和一部分叶鞘，再用木棒将倒伏叶挑向一侧，晾晒一侧垄沟及韭菜根部，隔 5～6d 后再将韭菜翻挑向另一侧，如此交替进行。如有灰霉病或地下害虫发生，需及时用药防治。

（3）秋季管理 秋季温光条件适合韭菜生长，应适时浇水追肥，促进茎叶生长，使其制造充足的养分回流到地下部。深休眠韭菜 10 月以后停止施肥，适当控水，防止植株贪青而迟迟不休眠。对于浅休眠韭菜，秋季养根时，水分管理要酌情保证供应，从而保持韭菜茎叶鲜嫩。当年播种的韭菜到秋季也会有少量抽薹，为减少营养消耗，应在花薹刚刚抽出时就掐掉花蕾。

3. 扣膜前的准备　种植浅休眠韭菜进行秋冬连续生产时，扣膜前5～7d可以收割一刀。这类韭菜休眠时茎叶不干枯，一般在当地日平均温度在10℃左右时可扣膜。对于深休眠韭菜品种，在土壤封冻前15～20d浇一次冻水，浇水后注意划锄保墒，同时将地上部干枯的茎叶全部清除干净。然后用铁齿钩横着扒开土5～8cm，直至露出韭葫芦为止，晾晒7d左右，待鳞茎变成淡紫色。扒土晒根使休眠中的韭菜根暴露出来，经过夜冻昼晒的刺激，促使其打破休眠，为提早生长打下基础；同时暴露出根蛆的主要藏身部位，既可冻死一部分根蛆，又可把杀虫剂直接灌到根蛆寄生部位，提高触杀效果。灌药后即可填土将沟搂平。韭菜清茬后，普遍撒施一层充分腐熟的牛马粪、土杂肥，称为"蒙头肥"。既有利于提高地温，又可为下茬韭菜提供养分。对于深休眠韭菜品种，一定要等到地上部分干枯后才能扣膜生产。一般当地日均气温达到1℃时进行。

4. 扣膜后的管理

（1）温度管理　浅休眠韭菜扣膜初期，外界温度较高，应加强通风，夜间也不闭风。最好将温度控制在白天不高于20℃，夜间不高于10℃。深休眠韭菜扣膜较晚，扣膜初期，气温可尽量高些，以促地温，使韭菜迅速萌发。第一刀韭菜生长期间，日温宜掌握在17～23℃，尽量不超过24℃。在以后各刀的生长期间，控制的温度上限均可比上刀高出2～3℃，但也不能超过30℃。夜温不宜太低，昼夜温差控制在10～15℃，否则易造成叶面结露，诱发病害。

（2）多次培土　每刀韭菜长到10cm左右时，就要在行间取土培到韭菜根部，每次培土3～4cm，随着韭菜生长共培土2～3次，最后培成10cm的小高垄。培土不但可软化假茎，提高韭菜的品质，同时为顺沟浇水提供了方便。另外，对于一些叶片向外张的韭菜品种，可将叶丛紧紧拢到垄中央，有利于改善行间通风透光、提高地温、减少病害、便于收割。

（3）水肥管理　由于韭菜在扣膜前大都浇过冻水，扣膜后不需再浇水，只需在头刀韭菜收割前5～7d浇1次增产水。增产水不但可增加韭菜产量并使茎叶鲜嫩，同时为下刀韭菜生长造足底墒。韭菜叶片喜干燥，空气湿度不宜过大，应尽量使相对湿度低于80%。追肥在收割后4～5d为宜，要待收割的伤口愈合、新叶长出时施入。施肥以有机肥和复合肥为主，可随水施入或开沟施入。

5. 收获　深休眠韭菜，当年播种当年扣膜生产时，扣膜前不允许收割，二年生的韭根准备冬季生产时，也应严格控制收割次数，以便使其茎叶制造更多的养分贮藏在根部，供扣膜后生长需要。第一刀韭菜一般扣膜后40d左右收割，必须保证生长天数为30d，植株长够4～5片叶。两刀之间以15～30d为宜。收割高度应在鳞茎以上3～4cm处，如割口处呈现黄白色即为适宜深度。收割宜在上午进行，边割边捆把，每把重量在0.25～0.5kg。收割后的韭菜要避免阳光直射，尽快装箱，盖严，防止风吹失水萎蔫。

浅休眠韭菜温室秋冬连续生产在扣膜之前收割头一刀，这刀韭菜是在秋季生长的成株。第二刀、第三刀韭菜的生长期是在扣膜以后，处在温光条件对韭菜生长有利的季节，第四刀韭菜生长期处在光照弱、日照短、温度偏低的条件下，很大程度上靠鳞茎根茎积累的养分。因此，每次收割都应适当浅下刀，最好在鳞茎上5cm处下刀。最后一次，因割完就要刨根，可尽量深割。

二、韭菜软化栽培技术

韭菜叶片组织含有叶绿素和叶黄素，在光照充分的条件下，叶绿素可充分形成，叶片呈绿色；光照不足，形成叶黄素，叶片呈黄色，叶身中维管束的木质部不发达，细胞壁的木质化程度也较弱，叶肉组织中的纤维化程度大为减弱，使得叶片组织柔嫩，食用价值提高。韭菜在遮光条件下，依靠根茎中贮藏的养分生产出韭黄，通常将这种栽培方式称为软化栽培。软化栽培的方法很多，现简单加以介绍。

1. 囤韭 北方地区多采用此法。即上冻前将韭根掘起后挖坑贮藏。11月底在日光温室内囤栽，利用韭菜根茎内贮藏的营养物质，采用培土或遮光等方法生产韭黄。

2. 培土软化法 长江流域普遍采用的一种方法。即在秋冬季或春季每隔20d左右培1次土，共培3～4次。夏季温度高，培土后容易引起腐烂。

3. 瓦罐盖韭软化法 西北地区的韭黄生产方法。采用高35cm，罐口直径20cm，底径15cm的瓦罐，罩在宽行丛植的韭菜上，利用瓦罐遮光，上端有一瓦盖或小孔（孔上盖瓦片，这样既不见光又通风），夏季经过7～8d，秋季经10～15d收割一茬。

4. 草棚覆盖软化法 成都地区利用当地丰富的稻草资源和气候条件，进行韭黄生产。一般通过培土进行韭白（假茎）软化，获得韭白后割去青韭，然后搭40～50cm的人字架，上面覆盖草片。生产的最适宜时间是生长旺盛的春秋两季，夏季盖棚易造成温度高，湿度大，若通风不良，易发生烂叶。

【任务实施】

工作任务单

任务	韭菜栽培	学时	
姓名：			组
班级：			

工作任务描述：
以校内实习基地和校外企业的韭菜生产为例，掌握韭菜反季节生产过程中的品种选择、茬口安排、整地做畦、播种、间苗、中耕除草、合理肥水管理、病虫害防治、适时采收等技能，具备反季节和软化管理能力，掌握韭菜生产中常见问题的分析与解决能力。

学时安排	资讯学时	计划学时	决策学时	实施学时	检查学时	评价学时

提供资料：
1. 园艺作物实训室、校内和校外实习基地。
2. 韭菜生产的PPT、视频、影像资料。
3. 校内外网络精品课程资源库、校内电子图书馆。
4. 韭菜生产类教材、相关书籍。

具体任务内容：
1. 根据工作任务提供学习资料，获得相关知识。
1）学会韭菜成本核算及经济效益分析。
2）根据当地气候条件、设施条件、消费习惯、生产茬次等选择优良品种。
3）制订韭菜反季节生产的技术规程。
4）掌握韭菜软化栽培技术。
5）掌握韭菜丰产的水肥管理技术。
6）掌握韭菜生产过程中主要病虫害的识别与防治。
2. 建立韭菜高效丰产生产技术规程。
3. 各组选派代表陈述韭菜、反季节和软化生产技术方案，由小组互评、教师点评。
4. 教师进行归纳分析，引导学生，培养学生对专业的热情。
5. 安排学生自主学习，修订生产计划，巩固学习成果。

续表

对学生要求：
1. 能独立自主地学习相关知识，收集资料、整理资料，形成个人观点，在个人观点的基础上，综合形成小组观点。
2. 对调查工作认真负责，具备科学严谨的态度和敬业精神。
3. 具备网络工具的使用能力和语言文字表达能力，积极参与小组讨论。
4. 具备较强的人际交往能力和团队合作能力。
5. 具有一定的计划和决策能力。
6. 提交个人和小组文字材料或 PPT。
7. 学习制作本项目教案并准备规定时间的课程讲解。

任务资讯单

任务		韭菜栽培	学时	
姓名：				组
班级：				

资讯方式：学生分组市场调查，小组统一查询资料。

资讯问题：
1. 韭菜在反季节栽培软化栽培中的适宜播期和适宜品种分别有哪些？
2. 如何理解韭菜的分蘖、跳根和休眠的特性？
3. 韭菜的生育期如何划分？
4. 各地韭菜栽培茬次如何选择？
5. 韭菜栽培中如何加强肥水管理获得高产？
6. 韭菜生产过程中的主要病害症状及防治办法。
7. 全国韭菜生产现状、存在问题和发展趋势如何？

资讯引导：教材、杂志、电子图书馆、蔬菜生产类的其他书籍。

任务计划单、任务实施作业单见附录。

【任务考核】

任务考核标准

任务		韭菜栽培		学时	
姓名：					组
班级：					
序号	考核内容		考核标准		参考分值
1	任务认知程度		根据任务准确获取学习资料，有学习记录		5
2	情感态度		学习精力集中，学习方法多样，积极主动，全部出勤		5
3	团队协作		听从指挥，服从安排，积极与小组成员合作，共同完成工作任务		5
4	工作计划制订		有工作计划，计划内容完整，时间安排合理，工作步骤正确		5
5	工作记录		工作检查记录单完成及时，客观公正，记录完整，结果分析正确		5
6	韭菜生产的主要内容		准确说出全部内容，并能够简单阐述		20
7	基肥的使用		基肥种类与蔬菜种植搭配合理		5
8	土壤耕作机械基本操作		正确使用相关使用说明资料进行操作		10
9	土壤消毒药品使用		正确制订消毒方法，药品使用浓度，严格注意事项		10
10	起垄的方法和步骤		高标准地完成起垄工作		10
11	数码拍照		备耕完成后的整体效果图		5
12	任务训练单		对老师布置的训练单能及时上交，正确率在 90% 以上		5
13	问题思考		开动脑筋，积极思考，提出问题，并对工作任务完成过程中的问题进行分析和解决		5
14	工作体会		工作总结体会深刻，结果正确，上交及时		5
合计					100

教学反馈表

任务		韭菜栽培	学时		
姓名：					组
班级：					
序号	调查内容		是	否	陈述理由
1	生产技术方案制订是否合理？				
2	是否会选择适宜品种？				
3	是否会安排合适的播期？				
4	是否会计算用种量？				
5	如果直播，施肥量知道吗？				
6	反季节栽培技术和软化栽培技术知道吗？				
7	韭菜主要病虫害的防治办法知道吗？				
收获、感悟及体会：					
请写出你对教学改进的建议及意见：					

任务评价单、任务检查记录单见附录。

【任务注意事项】

1. 发芽不顺利，以致失败　　发芽的不顺利通常是对发芽温度的不了解所致，从种子萌发到第 1 片真叶长出，一般需历时 10～20d。发芽适温 15～18℃，最低温为 2～3℃，超过 20℃不发芽。幼芽出土为钩状弓形出土、全部出土后子叶伸直。因此，造成韭菜出土能力弱。注意韭菜种植中低温发芽特性。有些地区昼夜温差特别大，发芽时温度很关键，这也是发芽失败最常见的原因。

2. 出苗不顺利，以致失败　　出苗不顺利却是不够了解韭菜出土的特性所致。韭菜出土能力弱，注意覆土厚度。往往我们所用土壤过黏，或者盖土太厚也是发芽失败的常见原因之一。太阳过烈，土壤沙质，加上韭菜盖土需浅，土壤容易失去水分，同样是韭菜发芽失败的重要原因，所以播种后注意保持土壤水分也很重要。

3. 收割不适当，以致长不好　　收割不适当是因为不够了解韭菜营养转化规律。因此在韭菜种植的过程中需要了解韭菜的营养转换规律。

【任务总结及思考】

1. 不同地区，韭菜的适宜播期有哪些？
2. 举例说明韭菜不同休眠方式的区别。

3. 韭菜对环境条件有什么要求？

4. 露地养根的韭菜怎样防止倒伏？

5. 韭菜扣膜前为什么要进行扒土晒根？

6. 韭菜收割时应注意哪些问题？

【兴趣链接】

　　韭菜，性温，味辛微甘；入心、肝、胃经。补肾益胃，充肺气，散瘀行滞，安五脏，行气血，止汗固涩，平嗝逆。主治阳痿，早泄，遗精，多尿，腹中冷痛，胃中虚热，泄泻，白浊，经闭，白带，腰膝痛和产后出血等病症。

　　1. 营养成分　　每100g韭菜中，含有蛋白质2.1g，脂肪0.6g，碳水化合物3.2g，钙48mg，磷46mg，铁1.7mg，胡萝卜素3.21mg，硫胺素0.03mg，核黄素0.09mg，抗坏血酸39mg。还含有挥发性物质硫代丙烯，以及杀菌物质甲基蒜素类，其维生素及粗纤维含量也很高。

　　2. 食疗作用

　　（1）补肾温阳　　韭菜性温，味辛，具有补肾起阳作用，故可用于治疗阳痿、少精、早泄等病症。

　　（2）益肝健胃　　韭菜含有挥发性精油及硫化物等特殊成分，散发出一种独特的辛香气味，有助于疏调肝气，增进食欲，增强消化功能。

　　（3）行气理血　　韭菜的辛辣气味有散瘀活血，行气导滞作用，适用于跌打损伤、反胃、肠炎、吐血、胸痛等症。

　　（4）止汗固涩　　韭菜叶微酸，具有酸敛固涩作用，可用于治疗阳虚自汗、遗精等病症。

　　（5）润肠通便　　韭菜含有大量维生素和粗纤维，能增进胃肠蠕动，治疗便秘，预防肠癌。

　　3. 保健食谱

　　（1）韭菜炒蛋丝　　韭菜500g，鸡蛋4枚。将韭菜嫩芽拣净，洗后细切，开水水过；再将鸡蛋打入碗中，用筷子搅匀。锅置中火上，油热后下鸡蛋，摊一层薄薄蛋皮，取出细切，然后韭菜与鸡蛋丝拌匀，加盐、芥末、酱即可。此案具有滋阴润肠，益气通便的功效，老年体虚恶寒或肠燥便秘者可常食之。

　　（2）韭菜炒桃仁　　韭菜400g，核桃仁350g。将核桃仁除去杂质，放入芝麻油锅内炸黄；韭菜洗净，切成长3cm的段；将韭菜倒入核桃锅内翻炒，加食盐少许，煸炒至熟透即成。此案适宜于肾亏腰痛，肺虚久咳，动则气喘，习惯性便秘之人食用。

　　（3）韭菜炒虾仁　　韭菜400g，鲜虾仁200g。锅烧热，加入食油，烧至七成热时，下韭菜段及鲜虾仁煸炒片刻，加入适量白酒及食盐等调味品即可。此菜具有温阳固涩、强壮机体之功效。适用于腰膝无力、阳痿遗精、盗汗、遗尿等病症。

　　（4）奶汁韭菜　　韭菜600g，牛奶250mL。将韭菜叶洗净，切碎，绞汁，韭菜汁和牛奶搅匀后放火上煮沸，水煎内服，每日服2次。此汁具有降逆止呕、补中益气之功效，适应于噎膈、反胃、食道癌等病症。

（5）韭菜汁　韭菜根60g。将韭菜根洗净，用水煎服，对阳虚自汗者有辅助治疗作用。此汤去渣后加白糖服用，连服1周，可治疗血带。

4. 注意事项　食疗若用鲜韭汁，则因其辛辣刺激呛口，难以下咽，需用牛奶1杯冲入韭汁20～30mL，放白糖调味，始可咽下。胃热炽盛者不宜多食。

5. 文化欣赏

《名医别录》："韭叶味辛，微酸温无毒，归心，安五脏，除胃中热，病人可久食。"

《食疗本草》："韭，冷气人，可煮，长服之。热病后十日不可食热韭，食之即发困。又，胸痹，心中急痛如锥刺，不得俯仰，自汗出；或痛彻背上，不治或至死：可取生韭或根五斤，洗，捣汁灌少许，即吐胸中恶血。亦可作落，空心食之，甚验。此物炸熟，以盐，醋空气吃撲，可十顿以上。甚治胸隔咽气，利胸膈，甚验。"

《本草纲目》："韭菜生用辛而散血，熟则甘而补中。"

《神农本草经疏》："韭禀春初之气而生，兼得金水木之性，故其味辛，微酸，气温而无毒。生则辛而行血，熟则甘而补中，益肝，散滞，导瘀，是其性也。"

《随息居饮食谱》："韭，辛甘温。暖胃补肾，下气调营。主胸腹腰膝诸疼，治噎膈、经、产诸证，理打扑伤损，疗蛇狗虫伤。秋初韭花，亦堪供撰。韭以肥嫩为胜，春初早韭尤佳。多食昏神。目证、疟疾、疮家、痧痘后均忌。"

《尔雅》："种而久者，故称为韭；韭者，懒人菜。"

《广志》："弱韭长一尺，出蜀汉。"

《诗经》："四之日，献羔祭韭。"

宋·苏东坡诗云："渐觉东风料峭寒，青蒿黄韭试春盘。""夜雨剪春韭，新炊间黄粱。"

元·许有壬《韭花》："西风吹野韭，花发满沙陀。气校荤蔬媚，功于肉食多。浓香跨姜桂，余味及瓜茄。我欲收其实，归山种涧阿。"

清·叶申萝《贺圣朝·冬韭》："半畦冬韭黄芽嫩，向春盘初进。萍斋体更石家夸，恐令人齿冷。庚郎三九，食娃常品。仰清贫风韵。还欣冒雨客来时，把霜苗剪尽。"

历史传说：南齐时庚果之为尚书驾部郎，家清贫，食唯有韭菹、渝韭、生韭、杂菜。任坊戏之曰："谁谓庚郎贫？食鲑常有二十七种。"三九二十七，"三九"谐三韭音之谓也。

任务二　大 葱 栽 培

【知识目标】

1. 了解大葱的生长发育特性及其对环境条件的要求。
2. 掌握大葱的直播技术和间苗技术。

3．掌握秋播露地大葱栽培技术。

【能力目标】

熟知大葱的生长发育规律，掌握生产过程的品种选择、茬口安排、整地做畦、播种育苗、田间管理、病虫害防治、适时采收等技能。

【知识拓展】

大葱为百合科葱属二年生草本植物，原产于我国西部及中亚、西亚地区。大葱抗寒耐热，适应性强，栽培普遍，以肥大的假茎（葱白）和嫩叶为产品，营养丰富，具有辛辣芳香气味，生熟食均可，并具有杀菌和医疗价值。

一、品种类型

大葱主要包括普通大葱、分葱、胡葱和楼葱。在植物分类学中，分葱和楼葱是普通大葱的变种。栽培较多的是普通大葱，按其假茎高度可分为长葱白类型、短葱白类型和鸡腿型。

（1）长葱白类型　　植株高大，假茎较长，长与粗之比大于10，直立性强，质嫩味甜，生熟食均优，产量高。主要优良品种有山东省章丘的大梧桐（又叫梧桐葱）、气煞风等。

（2）短葱白类型　　植株稍矮，假茎粗短，长与粗之比小于10，较易栽培。主要优良品种有寿光八叶齐等。

（3）鸡腿型　　假茎短且基部膨大，叶略弯曲，叶尖较细，香气浓厚，辣味较强，较耐贮存，最适熟食或作调味品，对栽培技术要求不严格。优良品种有山东省章丘的鸡腿葱等。

二、生物学特性

（一）形态特征

（1）根　　白色弦线状须根，着生在短缩的茎盘上，无根毛，吸收水肥的能力较弱，但新根发生能力强，故较耐移植。根系分布在培土层（地上）和地下40cm的土层里，横展半径达20～30cm。

（2）茎　　营养生长期，大葱的茎为短缩茎，叶片呈同心环状，着生其上。

（3）叶　　叶由叶身和叶鞘组成。叶鞘圆管形，层层包围，环生在茎盘上，组成假茎，即葱白，是大葱贮藏营养的主要器官。每个新叶均在前片叶鞘内伸出，抱合伸长，幼叶刚伸出叶鞘时黄绿色，实心；成龄叶深绿色，管状，中空，表层披有白色蜡状物，具耐旱特征。

（4）花　　植株完成阶段发育后，茎盘的顶芽伸长成花薹。花薹圆柱形，中空，顶端着生伞状花序。花序幼时包裹于膜状总苞内，开花时总苞破裂，花序开放。每花序有小花400～500朵，小花为两性花，异花授粉。

（5）果实和种子　　大葱果实为蒴果，每果含种子6粒，成熟时种子易脱落。种子盾形，内侧有棱，种皮黑色、坚硬、不易透水，千粒重2.4～3.4g。种子寿命较短，在一般贮藏条件下仅 1～2 年。

（二）生育周期

大葱的整个生长期可分为营养生长和生殖生长两个阶段。

1. 营养生长阶段

（1）发芽期　　从播种到子叶出土直钩，适温下需 14d 左右。

（2）幼苗期　　从幼芽直钩到定植。秋播葱的幼苗期约 250d，需经过冬前苗期、越冬期、返青期，进入旺盛生长期。春播葱的幼苗期 80～90d，出土后很快进入旺盛生长期。

（3）假茎（葱白）形成期　　从定植到收获，根据其生产特点可分为 3 个时期。

1）缓苗越夏期：大葱定植后发生新根，恢复生长称缓苗，缓苗期约需 10d。进入炎夏高温季节后植株生长缓慢，叶片寿命较短。缓苗越夏期约需 60d。

2）假茎（葱白）形成盛期：越夏后气温降低，适合葱株生长，这时叶片寿命长，使假茎迅速伸长和加粗。

3）假茎（葱白）充实期：大葱遇霜冻后，旺盛生长终止，叶身和外层叶鞘的养分向内层叶鞘转移，充实假茎，使大葱的品质提高。

（4）贮藏越冬休眠期　　北方地区，大葱在低温下强迫休眠，并在此期间通过春化阶段。

2. 生殖生长阶段

（1）抽薹开花期　　由花薹抽出叶鞘到破苞开花。主要是进行花器官的发育。

（2）种子成熟期　　同一花序各花开放时间有先后，种子成熟时间也不一致，从开花到种子成熟需 20～30d。

（三）对环境条件的要求

（1）温度　　大葱耐寒力较强，耐热性较差。种子在 2～5℃ 条件下能发芽，在 7～20℃，随温度升高而种子萌芽出土所需的时间缩短，但温度超过 20℃ 时不萌发。在 13～25℃ 下叶片生长旺盛，10～20℃ 下葱白生长旺盛，温度超过 25℃，则生长迟缓。大葱为绿体春化型植物，3 叶以上的植株于 2～5℃ 下经 60～70d 可通过春化阶段。

（2）光照　　大葱为中光性植物，只要在低温下通过春化，不论在长日照或短日照下都能正常抽薹开花。大葱对光照强度要求不高，光饱和点为 25klx，光补偿点为 1200lx。

（3）水分　　根系耐旱不耐涝，叶片生长也要求较低的空气湿度。

（4）土壤营养　　大葱对土壤适应性广，土层深厚、排水良好、富含有机质的疏松壤土便于大葱培土、软化。大葱对土壤酸碱度要求以 pH 7.0～7.4 为好。每生产 1000kg 鲜葱需从土壤中吸收氮 2.7kg、磷 0.5kg、钾 3.3kg。

三、栽培季节和茬次安排

大葱对温度的适应性较广，可分期播种，周年供应。南方地区一般秋播，亦可春播，春播后当年冬季即可收获葱白，但产量较低。北方地区冬贮大葱多采用露地秋播育苗，翌年春季定植，秋末冬初收获葱白。为防止抽薹早春可在设施内育苗，进行生产。

【任务提出】

结合生产实践，以小组为单位，完成大葱反季节生产项目，在学习大葱生物学特性和生产技术的基础上，设计并实施大葱生产方案，同时做好生产记录和生产总结。

【任务资讯】

一、秋播大葱露地栽培技术

1. 播种育苗

（1）播种时间　各地播期虽有一定差异，但均以幼苗越冬前有40～50d的生长期，能长成2～3片真叶，株高10cm左右，茎粗0.4cm以下为宜。

（2）播种　每亩苗床均匀撒施腐熟农家肥5000kg、过磷酸钙25kg。做成1.0m宽、8～10m长的畦。播种时灌足底水，均匀撒种后，覆1cm厚的细土。每栽植1亩大葱用种量为3～4kg。

（3）幼苗期管理

1）冬前管理：一般冬前生长期间浇水1～2次即可，同时要中耕除草。冬前一般不追肥，但在土壤结冻前，应结合追稀粪，灌足冻水。越冬幼苗以长到两叶一心为宜。

2）春苗管理：翌年日平均气温达到13℃时浇返青水，返青水不宜浇得过早，以免降低地温。如遇干旱也可于晴天中午灌1次小水，灌水同时进行追肥，以促进幼苗生长。也可于畦内施腐熟农家肥提高地温，数日后再浇返青水，然后中耕、间苗、除草，间苗的株距2～3cm。苗高20cm时再间1次苗，株距6～7cm，再蹲苗10～15d。蹲苗后应顺水追肥，每亩每次施入硫酸铵10kg及粪稀等，以满足幼苗旺盛生长的需要。幼苗高50cm，已有8～9片叶时，应停止浇水，锻炼幼苗，准备移栽。

2. 整地施肥　大葱忌连作，前茬应为非葱蒜类作物。每亩普施腐熟农家肥5000～10 000kg，浅耕灭茬，使土肥混合，耙平后开沟栽植。栽植沟宜南北向，使受光均匀，并可减轻秋冬季节的北向强风造成的大葱倒伏。

3. 定植

（1）定植时间　大葱定植后应保证130d的生长期，一般在芒种（6月上旬）到小暑（7月上旬）期间定植。当植株长到30～40cm高、横径粗1.0～1.5cm时，正适于定植。

（2）起苗和选苗分级　起苗前1～2d苗床要浇1次水。起苗时抖净泥土，选苗分级，剔除病、弱、伤残苗和抽薹苗，将葱苗分为大、中、小三级，分别栽植。当天栽不完的，应放在阴凉处，根朝下放，以防葱苗发热、捂黄或腐烂。

（3）定植　大葱定植行距因品种、产品标准不同而异。短葱白的品种宜用窄行浅沟，行距50～55cm，沟深8～10cm，株距5～6cm，每亩栽苗2万～3万株；长葱白的品种对葱白质量要求高时宜采用宽行深沟，行距70～80cm，沟深40～50cm，株距6～7cm，每亩栽苗1.2万～1.5万株。大葱定植可采用排葱法，即在定植沟内，按株距摆苗，然后覆土、灌水。也可先顺沟灌水，水下渗后摆葱苗盖土。这种方法的优点是栽植快，用工少，但葱白易弯曲。栽植长葱白类型的大葱时多用插葱法，即用小木棍将葱苗垂直插入沟底松土内，先插葱后灌水称干插葱，先灌水后插葱称水插葱。

4. 田间管理

（1）浇水追肥　　定植后一般不浇水施肥，促进根系发育，还要注意雨后排涝；8月上中旬天气转凉，浇2～3次水，追1次攻叶肥，每亩施优质腐熟厩肥1000～1500kg、尿素15kg、过磷酸钙25kg于沟脊上，中耕混匀，锄于沟内，而后浇1次水。处暑以后直至霜降前，大葱进入生长盛期，这个时期需水量增加，每4～5d浇1次水，而且水量要大，应追2次攻棵肥。一次是在8月底，每亩施腐熟的农家肥5000kg，加硫酸钾15kg，可施于葱行两侧，中耕以后培土成垄，浇水。第二次于9月中旬，在行间撒施尿素15kg、硫酸钾25kg，浅中耕后浇水。霜降以后气温下降，大葱基本长成，进入假茎（葱白）充实期，植株生长缓慢，需水量减少，保持土壤湿润，使葱白鲜嫩肥实。收获前5～7d停水，便于收获贮运。

（2）培土　　大葱在加强肥水供应的同时进行培土，可以软化假茎，增加葱白长度，提高大葱的品质。当大葱进入旺盛生长期后，及时通过行间中耕，分次培土，使原来的垄台成垄沟，垄沟变垄台。将土培到叶鞘和叶身的分界处，勿埋叶身，以免引起叶片腐烂。从立秋（8月上旬）到收获，一般培土3～4次。

5. 收获贮藏　　大葱可以根据市场需要，随时收获上市，9～10月就可以鲜葱上市。但上市的大葱，不能久贮。一般越冬干贮大葱，要在晚霜以后收获。收获后要适当晾晒。贮存要掌握宁冷勿热的原则。在自然条件下，露天贮存最好在1～3℃条件下，可随时出售。

二、温室发芽葱囤栽技术要点

近年来，利用低效温室或高效温室内温光条件较差的低效区，于深冬季节囤栽秋季露地栽培中生长较差的大葱，以发芽的鲜葱供应春节市场，栽培简单，投资少，见效快，是一种很有发展前途的栽培模式。

囤栽前选择假茎短而细，商品价值较低的干葱，于春节前1个月左右，在温光条件较差的温室，或正在生产喜温类蔬菜的高效节能日光温室中的前底脚或山墙、后墙下面的低效区，做成1.5m宽的高埂低畦，整平畦面。将选好的干葱捆成小捆，一捆挨一捆栽入畦内，上面盖细沙，把缝隙填满，并喷少量水，使细沙下沉。几天后，基部发出新根，新叶开始生长时浇1次水。以后根据天气情况和植株长势决定浇水量和浇水次数。晴天，光照充足，温度较高时，浇水量可稍大；阴雪天，温度较低时，不宜浇水。发芽葱新叶的生长完全靠假茎中贮存的养分，因此囤栽过程中不需施肥，产量的提高，主要来自植株吸收的水分。虽然产量提高不是很多，但由于品质鲜嫩，填补春节期间市场上鲜葱供应的缺口，售价可大大提高，经济效益明显。

【兴趣链接】

　　大葱别名芤、鹿胎、菜伯、四季葱、和事草、葱白。性温，味辛平；入肺、胃二经。发汗解表、散寒通阳、解毒散凝。主治风寒感冒轻症、痈肿疮毒、痢疾脉微、寒凝腹痛、小便不利等病症。

1. 营养成分 每100g含水分90g，蛋白质2.5g，脂肪0.3g，碳水化合物5.4g，钙54mg，磷61mg，铁2.2mg，胡萝卜素0.46mg，维生素C 15mg。此外，还含有原果胶、水溶性果胶、硫胺素、核黄素、烟酸和大蒜素等多种成分。

2. 食疗作用

（1）解热，祛痰 葱的挥发油等有效成分，具有刺激身体汗腺，达到发汗散热之作用；葱油刺激上呼吸道，使黏痰易于咯出。

（2）促进消化吸收 葱还有刺激机体消化液分泌的作用，能够健脾开胃，增进食欲。

（3）抗菌，抗病毒 葱中所含大蒜素，具有明显的抵御细菌、病毒的作用，尤其对痢疾杆菌和皮肤真菌抑制作用更强。

（4）防癌抗癌 香葱所含果胶，可明显地减少结肠癌的发生，有抗癌作用，葱内的蒜辣素也可以抑制癌细胞的生长。

3. 保健食谱

（1）葱豉汤 葱30g，淡豆豉10g，生姜3片，黄酒30mL。将葱、淡豆豉、生姜并水500mL入煎，煎沸再入黄酒一、二沸即可。此汤具有发散风寒、理气和中的功效，适用于外感风寒、恶寒发热、头痛、鼻塞、咳嗽等病症。

（2）葱枣汤 大枣20枚，葱白7根。将红枣洗净，用水泡发，入锅内，加水适量，用文火烧沸，约20min后，再加入洗净的葱白，继续用文火煎10min即成。服用时吃枣喝汤，每日2次。此汤具有补益脾胃、散寒通阳的功效，可辅治心气虚弱、胸中烦闷、失眠多梦、健忘等病症。

（3）葱炖猪蹄 葱50g，猪蹄4只，食盐适量。将猪蹄拔毛洗净，用刀划口；葱切段，与猪蹄一同放入，加水适量，入食盐少许，先用武火烧沸，后用文火炖熬，直至熟烂即成。此肴具有补血消肿，通乳的功效。适用于血虚体弱、四肢疼痛、形体浮肿、疮痈肿痛、妇人产后乳少等病症。

（4）葱烧海参 葱120g，水发海参200g，清汤250mL，油菜心2棵，料酒、湿玉米粉各适量。先将海参洗净，用开水氽一下；用熟猪油把葱段炸黄，制成葱油；海参下锅，加入清汤和酱油、味精、食盐、料酒等调料，用湿玉米粉勾芡浇于海参、菜心上，淋上葱油即成。此菜具有滋肺补肾、益精壮阳的功效。适用于肺阳虚所致的干咳、咯血，肾阳虚的阳痿、遗精及再生障碍性贫血，糖尿病等病症。

（5）葱白粥 葱白10g，粳米50g，白糖适量。先煮粳米，待米熟时把切成段的葱白及白糖放入即成。此粥具有解表散寒、和胃补中的功效。适用于风寒感冒、头痛鼻塞、身热无汗、面目浮肿、消化不良、痈肿等病症。

（6）大葱红枣汤 葱白20根，大枣20枚。将葱白洗净切段，大枣洗净切半；二者共入水中煎煮，起锅前加白糖适量。此汤具有和胃安神的功效，可辅助治疗神经衰弱所致的失眠、体虚乏力、食欲缺乏、消化不良等病症。

4. 注意事项　不宜与蜂蜜共同内服；表虚多汗者忌食。

5. 文献选录

《神农本草经》："主伤寒寒热，出汗，中风，面目肿。"

《名医别录》："主伤寒头痛。"

《日华子本草》："治心腹痛。"

《本草纲目》："除风湿身痛麻痹，虫积心痛，止大人阳脱，阴毒腹痛，小儿盘肠内钓，妇人妊娠溺血，通乳汁，散乳痈，利耳鸣，涂制犬伤，制蚯蚓毒。"

《本草从新》："发汗解肌，通上下阳气，仲景白通汤、通脉四逆汤并加之以通脉回阳。若面赤格阳于上者，尤须用之。"

6. 文化欣赏　民间习俗：相传神农尝百草找出葱后，便作为日常膳食的调味品，各种菜肴必加香葱而调和，故葱又有"和事草"的雅号。

广西合浦等地流行岁时"食葱聪明"的饮食风俗，说的是每年农历六月十六日夜，家人入菜园取葱使小儿食，曰食后能"聪明"。

医药趣闻：古时有一员外患癃闭症，小便点滴不通，腹胀如鼓，十分难受。请医服药则呕，家人已准备后事。忽听拨浪鼓声，有一江湖郎中正巧途经此地，忙请入家中。郎中望、闻、问、切四诊之后，说拿葱来，将葱洗净，插入尿道，助患者小便排出。然后服药调理。员外大喜，赐重金谢之。

民间谚语："香葱蘸酱，越吃越壮。"

任务三　洋　葱　栽　培

【知识目标】

1. 了解洋葱的生长发育特性及其对环境条件的要求。

2. 掌握洋葱的栽培技术。

【能力目标】

熟知洋葱的生长发育规律，掌握生产过程的品种选择、茬口安排、整地做畦、播种育苗、田间管理、病虫害防治、适时采收等技能。

【知识拓展】

洋葱又称圆葱、葱头，属于百合科葱属中以肉质鳞片和鳞芽构成鳞茎的二年生草本植物。原产于地中海沿岸及中亚。以肥大的肉质鳞茎为产品，鳞茎中除含碳水化合物、蛋白质、维生素、矿质元素，还含有挥发性的硫化物，具有特殊的香味，可炒食、煮食或调味，小型品种可用于腌渍。洋葱耐贮藏运输，可在伏缺期间上市，能堵缺补淡，也可加工成脱水菜，远销国外。

一、品种类型

按洋葱鳞茎形成特性，可分为普通洋葱、分蘖洋葱和顶球洋葱三个类型。普通洋葱栽培广泛，按鳞茎皮色可分为红皮洋葱、黄皮洋葱和白皮洋葱。

（1）红皮洋葱　　鳞茎圆球形或扁圆形，外皮紫红至粉红，肉质微红。含水量稍高，辛辣味较强，丰产，耐贮性稍差，多为中、晚熟品种。优良品种有北京紫皮洋葱、西安红皮等。

（2）黄皮洋葱　　鳞茎扁圆、圆球或椭圆形，外皮铜黄或淡黄色，味甜而辛辣，品质佳，耐贮藏，产量稍低，多为中、晚熟品种。优良品种有天津莛荸扁、熊岳圆葱等。

（3）白皮洋葱　　鳞茎较小，多为扁圆形，外皮白绿至微绿，肉质柔嫩，品质佳，宜作脱水菜，产量低，抗病力弱，多为早熟品种。优良品种有哈密白皮等。

二、生物学特性

（一）形态特征

（1）根　　为弦线状须根，无根毛，吸收能力和耐旱力较弱，分布在20cm左右的表土层中。

（2）茎　　营养生长时期，茎短缩成扁圆锥形的茎盘。生殖生长时期，生长锥分化，抽出花薹。花薹呈筒状、中空、中部膨大，顶端形成花球。

（3）叶　　分叶身和叶鞘两部分。叶身暗绿色，筒状，中空，腹部凹陷，表面有蜡粉。叶鞘基部生长后期膨大，形成开放性肉质鳞片。鳞片中含有2～5个鳞芽，这些鳞芽分化成无叶身的幼叶，幼叶积累营养物质直接肥厚形成闭合性肉质鳞片；鳞茎成熟时，外层叶鞘基部干缩成膜质鳞片。

（4）花、果实、种子　　洋葱定植后当年形成商品鳞茎，翌年抽薹开花。每个花薹顶端有一伞形花序，内着生小花200～300朵。果实为2裂蒴果。种子呈盾形，断面三角形，外皮坚硬多皱纹，黑色，千粒重3～4g，使用年限1～2年。

（二）生育周期

洋葱为2～3年生蔬菜，生育周期长短因播种期不同而异，整个生长期分营养生长期、鳞茎休眠期和生殖生长期三个时期。

1. 营养生长期

（1）发芽期　　从种子萌动到第一片真叶出现为止，约需15d。

（2）幼苗期　　从第一片真叶出现到定植为止。秋播秋栽或春播春栽需40～60d；秋播春栽需180～230d。

（3）叶片生长期　　春栽的幼苗随着外界气温的上升，根先于地上部生长。以后叶片迅速生长，至长出功能叶片8～9片为止，需要40～60d；秋栽越冬的幼苗需120～150d。

（4）鳞茎膨大期　　鳞茎开始膨大到收获为止，需30～40d。随气温的升高，日照加长，地上部停止生长，鳞茎迅速膨大。鳞茎膨大末期，外叶枯萎，假茎松软倒伏。

2. 休眠期　　洋葱的自然休眠是对高温、长日照、干旱等不良条件的适应，这个时期即使给予良好的发芽条件，洋葱也不会萌发。休眠期长短随品种、休眠程度和外界条件而异，一般需60～90d。

3. 生殖生长期

（1）抽薹开花期　采种的母鳞茎在贮藏期间或定植后满足了对低温的要求，在田间又获得了适宜的长日照，就能形成花芽，抽薹开花。洋葱是多胚性植物，每个鳞茎可以长出 2～5 个花薹。洋葱花两性，异花授粉。

（2）种子形成期　从开花到种子成熟为止。

（三）对环境条件的要求

（1）温度　洋葱对温度的适应性强。种子和母鳞茎在 3～5℃下可缓慢发芽，12℃以上加速。生长适温幼苗期为 12～20℃，叶片生长期为 18～20℃，鳞茎膨大期为 20～26℃。温度过高，生长衰退，进入休眠。健壮的幼苗，可耐−7～−6℃的低温。洋葱是绿体春化型植物，当植株长到 3～4 片真叶，茎粗大于 0.5cm 以上，积累了一定的营养时，才能感受低温通过春化。多数品种需要的条件是在 2～5℃下 60～70d。

（2）光照　鳞茎形成需要长日照，延长日照长度可以加速鳞茎的形成和成熟。其中长日型品种需 13.5～15h，短日型品种需 11.5～13h。我国北方多长日型晚熟品种，南方多短日型早熟品种，故引种时应予以注意。

（3）水分　洋葱幼苗出土前后，需要保持土壤湿润，尤其是生长旺盛期和鳞茎膨大期，需要有充足的水分。

（4）土壤营养　洋葱要求土质肥沃、疏松、保水力强的壤土。洋葱能忍耐轻度盐碱，要求土壤 pH6.0～8.0，但幼苗期对盐碱反应比较敏感，容易黄叶死苗。洋葱为喜肥作物，每亩标准施肥量为氮 12.5～14.3kg、磷 10～11.3kg、钾 12.5～15kg。幼苗期以氮肥为主，鳞茎膨大期以钾肥为主，磷肥在苗期就应使用，以促进氮肥的吸收和提高产品品质。

三、栽培季节

洋葱的栽培季节，在黄河流域及其以南多秋播秋栽，翌年夏收。华北多秋播，幼苗冬前定植，露地越冬，夏收；或幼苗囤苗越冬，早春定植，夏收。东北多秋播，幼苗囤苗越冬，春栽夏收；或早春设施播种育苗，春栽夏秋收获。

【任务提出】

结合生产实践，以小组为单位，完成洋葱生产项目，在学习洋葱生物学特性和生产技术的基础上，设计并实施洋葱生产方案，同时做好生产记录和生产总结。

【任务资讯】

1. 播种育苗

（1）播期　秋播过早，幼苗生长期长，越冬时幼苗太大，易通过春化而先期抽薹，播种过晚，冬前幼苗过小，越冬期间易冻死苗。根据品种特性和气候特点，确定适宜的播期是防止洋葱先期抽薹的关键。一般越冬前幼苗高 18～24cm，假茎粗 0.6～0.7cm，具 3～4 片真叶，抽薹率可控制在 10% 以下，易获高产。

（2）播种　选择 2～3 年未种过葱蒜类蔬菜的地块。前茬收获后浅耕细耙，施足基肥，做成平畦。选用当年新种子，每亩苗床用种量4～5kg，苗床与生产田的比例为1：（8～10）。秋季育苗多采用干籽撒播，春播一般采用设施育苗，种子催芽后播种。播种后最好用芦苇或秫秸等搭成荫棚或盖地膜保墒以利幼苗出土。当幼苗拱土时便应分次撤去荫棚或地膜。

（3）幼苗期管理　　发芽期要保持土壤湿润。播种后2～3d补水1次，使种子顺利发芽出土。幼苗出土需10d左右。以后每隔10d左右浇1次水，整个育苗期浇水4次左右。苗期中耕拔草2～3次，当苗高10～15cm时，结合浇水追施氮素化肥和适量硫酸钾。春播育苗定植前控水锻炼。秋播育苗应在土壤封冻前浇好防冻水，以全部水渗入土中，地面无积水结冰为准，而后用稻草或地膜等覆盖地面。冬前定植的幼苗应在寒冬来临以前定植，让幼苗充分缓苗，根系恢复生长后进入越冬期，以防冻死幼苗。同时也应浇好防冻水。囤苗越冬温度以保持在-7～-1℃为宜。

2. 定植

（1）土地准备　　选择土壤肥沃、有机质丰富的沙壤土，忌连作。前茬收获后经施肥、冬耕、晒垡，或春施腐熟基肥5000kg、过磷酸钙50kg、复合肥25kg，适当深耕，使肥土掺匀，耙平做畦。北方可做成宽1.6～1.7m的平畦，南方做成高畦，以利排水。

（2）定植时期　　洋葱定植时期，随各地气候而异。华北平原以南大部分地区，冬前定植，缓苗后入冬；北方地区，则采用苗床覆盖或囤苗越冬，春季定植的方法。

（3）定植方法　　洋葱定植时先要选苗，剔去病、弱苗。对幼苗进行分级，按茎粗分0.5～0.8cm和0.8～1.0cm两级，分别定植。将茎粗0.4cm以下和茎粗1.0cm以上的苗子除去，确保整体发育整齐均匀。定植的密度以行距15～17cm，株距13～15cm，亩栽3万株左右为宜。大苗可以适当稀栽。采用地膜覆盖，对高产有利，可打孔栽植；秋育苗定植深度以能埋住小鳞茎即可，春育苗定植深度以浇水不倒秧为宜。

3. 田间管理　　冬前定植者，缓苗后应控水蹲苗，促根壮秧，防止徒长，利于越冬；早春返青后，及时浇返青水，施返青肥，促进植株生长。早春定植者，轻浇水、勤中耕促进缓苗，防止幼苗徒长，一般是定植时轻浇定植水，5～6d后浇1次缓苗水，并及时中耕除草，增温保墒。缓苗后，植株进入叶片旺盛生长期，要加大浇水量，并顺水追肥1～2次，以促进地上部旺盛生长。当小鳞茎长到3cm大小时，每亩顺水追施尿素15～20kg，或优质腐熟的有机肥1000kg，2～3d后灌1次清水。当葱头达4～5cm大小时，每亩再顺水冲施腐熟的饼肥50kg，或复合肥15～25kg，两次施肥间隔10～15d。以后每3～4d灌1次水，以保持土壤湿润。在葱头收获前5～7d停水，使洋葱组织充实，充分成熟，利于贮藏。

4. 收获　　当植株基部第1～2片叶枯黄，第3～4片叶尚带绿色，假茎失水松软，地上部倒伏，鳞茎停止膨大，外层鳞片呈革质时，是洋葱的收获适期。收获时将植株连根拔起，在田间晾晒3～4d。当叶片已经变软，将叶片编成辫子或扎成小捆，每辫25～30头。编辫或扎捆后使鳞茎朝下，叶朝上单独摆平继续晾晒。当辫子由绿变黄，鳞茎外皮已干后，即可贮藏。

【兴趣链接】

　　洋葱性温，味辛；入心、脾、胃经。发散风寒，温中通阳，消食化肉，提神健体，散瘀解毒。主治外感风寒无汗、鼻塞，食积纳呆，宿食不消，高血压，高血脂，腹泻痢疾等症。

1. 营养成分　　每100g含水分91.6g，蛋白质1.6g，纤维素0.5g，钙12mg，磷46mg，铁0.6mg，胡萝卜素1.2mg，烟酸0.5mg，碳水化合物6.3g。另外还含有葱蒜辣素、硫化丙烯等。

2. 食疗作用

（1）发散风寒　　洋葱鳞茎和叶子含有一种称为硫化丙烯的油脂性挥发物，具有辛香辣味，这种物质能抗寒，抵御流感病毒，有较强的杀菌作用。

（2）消食化肉　　洋葱营养丰富，且气味辛辣，能刺激胃、肠及消化腺分泌，增进食欲，促进消化，且洋葱不含脂肪，其精油中含有可降低胆固醇的含硫化合物的混合物，可用于治疗消化不良、食欲缺乏、食积内停等症。

（3）降压降脂　　洋葱是目前所知唯一含前列腺素的植物，能减少外周血管和心脏冠状动脉的阻力，对抗人体内儿茶酚胺等升压物质的作用，又能促进钠盐的排泄，从而使血压下降，是高血脂、高血压患者的佳蔬良药。

（4）提神健体　　洋葱有一定的提神作用，它能帮助细胞更好地利用葡萄糖，同时降低血糖，供给脑细胞热能，是糖尿病、神志萎顿患者的食疗佳蔬。

（5）解毒防癌　　洋葱中含有一种名为"栎皮黄素"的物质，这是目前所知最有效的天然抗癌物质之一，它能阻止体内的生物化学机制出现变异，控制癌细胞的生长。从而具有防癌抗癌作用。

3. 保健食谱

（1）醋浇洋葱片　　洋葱400g。将洋葱去老皮后洗净，切薄片，入沸水中略悼，捞起再用冷开水淋冷，滤干水装盘；用冷开水溶化精盐，浇在洋葱上，加麻油、醋调匀，即可食用。此菜脆嫩辛香，具有疏解肌表、醒脾悦胃的作用，适宜于外感风寒头痛、鼻塞、食欲缺乏等病症。

（2）肉丝炒洋葱　　洋葱300g，精肉200g。将洋葱、猪肉洗净切细丝，略加生粉拌入肉丝内；锅烧热，将油入锅，下肉丝爆炒断生后，盛盘中待用；洋葱入油锅中煸出香味后，下肉丝，翻炒片刻，酌加调味品，待洋葱九成熟时，即可起锅。此案具有温中健体，辛香开胃的功效。适用于胃阳不足、纳果食少、体虚易于外感等病症。

（3）炝洋葱　　洋葱500g，干辣椒数根，花椒适量。将洋葱去老皮，洗净后切片待用；干辣椒切1.8cm长的节；用碗将盐、白糖、醋、酱油、味精、水淀粉兑成味汁。炒锅置火上，放菜油烧至六成热时，下辣椒节和花椒炸呈棕色，即放入洋葱片炒1～2min，烹下味汁，汁收浓起锅即成。此菜脆嫩爽口，麻辣酸甜，具有发散风寒的作用，能够预防各种感冒。

（4）洋葱粥　　洋葱300g，粳米500g。将洋葱去老皮，洗净切碎，与粳米共入砂锅中煮粥。待粥熟时，酌加精盐等调味品即成。此粥具有降压降脂，止泻止痢作用，且能提高机体免疫能力，防癌抗癌，是心血管患者和胃肠炎、糖尿病、癌症患者的保健食品。

4. 注意事项　　洋葱辛温，热病患者慎食；洋葱所含香辣味对眼睛有刺激作用，患有眼疾时，不宜切洋葱。

5. 文献选录

《齐民要术》："葱有胡葱、木葱、山葱、紫葱。"

《食疗本草》："胡葱：（一）主消谷，能久食之，令人多忘。根：发痼疾。（二）又，食诸毒肉，吐血不止，病黄传者：取子一升洗，煮使破，取汁停冷。服半升，日一服夜一服，血定止。（三）又，患狐臭，匿齿人不可食，转极甚。（四）谨按：利五脏不足气，亦伤绝血脉气。多食损神，此是熏物耳。"

《本草纲目》："蒜葱，按孙真人食忌作胡葱，因其根似胡蒜故也。欲称蒜葱，正合此义。"

《岭南杂记》："洋葱，形似独颗蒜，而无肉，剥之如葱。澳门白鬼饷客，缕切如丝，玲琅满盘，味极甘辛。今携归二颗种之，发生如常葱，至冬而荬。"

6. 文化欣赏　　宋•朱惠《葱》："葱汤麦饭两相宜，葱补丹田麦缲饥。莫笑老夫滋味淡，前村还有未炊时！"

历史传说：美国南北战争期间，美国南方人民曾依赖洋葱度过战争造成的饥馑。据小说《斯佳丽》记载：淑媛斯佳丽就曾有种植和采购洋葱的经历。她亲自种植蔬菜，因没有经验，收成都不好。只有洋葱长势喜人，她一看葱顶变棕色，就全挖出来。靠洋葱作为主食。把洋葱拿来煮啊，炖啊，油焖啊，谁知却一点吃不出洋葱的辛辣味道。后来重新翻土准备种别的蔬菜，无意中挖到早先遗落在地里的洋葱，才发现那一颗倒是洋葱该长成的本来样子。斯佳丽得出的经验是，洋葱必须在地里多留些时间才有味儿。

任务四　大　蒜　栽　培

【知识目标】

1. 了解大蒜的生长发育特性及其对环境条件的要求。
2. 掌握大蒜的栽培技术。

【能力目标】

熟知大蒜的生长发育规律，掌握生产过程的品种选择、茬口安排、整地做畦、播种育苗、田间管理、病虫害防治、适时采收等技能。

【知识拓展】

大蒜又称蒜、胡蒜，为百合科葱属一二年生草本植物，原产于亚洲西部的高原地区，在我国已有 2000 多年的栽培历史，是重要的香辛类蔬菜，在我国南北方均普遍栽培。大蒜以蒜头、蒜薹和幼株供食用，产品器官中含有蒜素和大蒜辣素等物质，具有辛辣味，除鲜食外，还可腌制，加工成酱、汁、油、粉、饮料、脱水烘干等制品，蒜薹可冷藏。

一、品种类型

大蒜根据其鳞茎外皮的色泽，可分为紫皮蒜和白皮蒜。

（1）紫皮蒜　　外皮浅红或深紫色，蒜瓣少而大，辛辣味浓，蒜薹肥大，产量高，品质好，耐寒力较弱，多分布于东北、西北、华北等地，作春季播种。

（2）白皮蒜　　外皮白色，有大小瓣之分，其生长势强，耐寒性亦强，耐贮运，但抽薹力弱，蒜薹产量较低，多作秋季播种。

二、生物学特性

（一）形态特征

1. 根　　为弦线状须根系，着生于短缩茎基部，以蒜瓣背面基部为多，腹面根系较少。根群主要分布在 30cm 土层范围内。

2. 茎　　大蒜的茎退化为扁平的短缩茎，称为茎盘；节间极短，其上着生叶片，而由叶片叶鞘包被形成地上假茎。在生长后期，蒜瓣（鳞芽）长成后，由茎盘、叶鞘及蒜瓣（蒜皮）共同形成鳞茎（蒜头）。鳞芽实质上是短缩茎上的侧芽，蒜瓣本身是一个肥大的鳞芽，它的外面被 2~3 层鳞片覆盖，覆盖鳞片最初较厚，以后逐渐变薄，到收获时已经和最外面几层叶的叶鞘一起干缩成蒜皮。

3. 叶　　大蒜的叶由叶片、叶鞘组成。叶片扁平而狭长，带状，肉质，暗绿色，表面有少量蜡粉。互生，对称排列，其着生的方向恰与种蒜蒜瓣腹背面连线相垂直。叶鞘圆筒形，淡绿色至白色，着生于短缩茎上。

4. 花薹、花、气生鳞茎和种子　　生殖生长期，着生于茎盘上端中部的顶芽分化为花芽，以后抽生成花薹（蒜薹）。花薹顶端着生总苞，在总苞内有花和气生鳞茎。总苞内的花常因营养不足而多败育或退化，也就不能结种子。但部分植株能在总苞内形成气生鳞茎，重量超过 0.1g 的可留作种用，当年可形成较小的独头蒜，第二年播种独头蒜可形成正常分瓣的蒜头。

（二）生长发育周期

大蒜生育周期的长短，因播种期不同而有很大差异。春播大蒜的生育期短，只有90~100d，而秋播大蒜生育期长达 220~240d。生产上一般可将大蒜的生长过程划分为以下 6 个时期。

1. 萌芽期　　从大蒜解除休眠后播种至初生叶展开，为萌芽期，秋播大蒜需7~10d。春播蒜需 15~20d。此期根、叶的生长依靠种瓣供给营养，种瓣约 1/2 干物质用于生长。

2. 幼苗期　　由初生叶展开到生长点不再分化叶片为止。秋播大蒜需 5~6 个月，春播蒜仅为 25d 左右。此期大蒜种瓣内的营养逐渐消耗殆尽，蒜母开始干瘪成膜状物，称之为"退母"。此期出现短期的养分供需不平衡，较老叶片先端发生"黄尖"现象。

3. 花芽及鳞芽分化期　　由花芽和鳞芽分化开始到分化结束为止，一般需 10~15d。大蒜鳞芽的分化（分瓣）与花芽分化（抽薹）都需要一定时间的低温，并在较高温度（15~20℃）和较长日照（日照时数 13h 以上）条件下，进行分瓣和抽薹。但二者是两种不同性质的生理现象：抽薹属于生殖生长的范畴，植株必须经低温春化后，才能抽薹开花。而分瓣则属营养生长范畴，如植株经受低温不足，或营养体过小，仅顶芽分化为鳞芽，遇高温长日照则形成无薹独头蒜；如植株的营养条件不能满足花芽分化，而只能满足鳞芽分化的要求，则形成无薹多瓣蒜。

4. 蒜薹伸长期 指蒜薹开始伸长至采收的一段时间，约 30d。此期营养生长与生殖生长同时进行，同时鳞芽缓慢生长，是大蒜植株旺盛生长期，也是水肥供应的关键时期。

5. 鳞芽膨大期 从鳞芽分化结束至鳞茎（蒜头）收获为止，此期持续 50～60d，其中前 30d 与蒜薹伸长期相重叠。前期鳞芽膨大缓慢，蒜薹采收前 1 周，鳞芽膨大才开始加快。蒜薹采收后，鳞芽迅速膨大。此期应保持土壤湿润，尽量延长叶片寿命，促进养分向鳞芽转移贮藏。

6. 休眠期 蒜头收获后即进入生理休眠期。一般早熟品种的休眠期为 65～75d，而晚熟品种的休眠期仅 35～45d。

（三）对环境条件的要求

1. 温度 大蒜的生长适宜温度为 12～25℃，3～5℃即可发芽，但极为缓慢，20℃左右为最适温度。幼苗期的适宜温度为 14～20℃，0～3℃基本停止生长。大蒜幼苗越冬期间可顺利通过 -2～0℃的低温，可耐短期 -10℃的低温。贮藏的鳞茎或幼苗一般在 0～4℃低温下，30～40d 可通过春化。蒜薹伸长期地上部生长的适宜温度为 12～18℃。进入鳞芽膨大盛期，要求适温为 15～20℃，如气温达 26℃以上，鳞芽进入休眠状态。

2. 光照 大蒜为喜光性蔬菜。即使通过低温春化阶段后，还需 15～20℃的温度及 13h 以上的较长日照，才能使其通过光照阶段，抽薹开花，形成鳞茎。

3. 水分 对土壤水分要求较高，具有喜湿润、怕干旱的特性。

4. 土壤营养 大蒜对土壤质地要求不严格，以选择疏松透气、保水保肥、有机质丰富的肥沃壤土为好。适于微酸性土壤，适宜 pH 为 5.5～6.0。大蒜喜肥，每生产 1000kg 鲜蒜头，需吸收氮 14.8kg、磷 3.5kg、钾 13.4kg。

三、栽培季节和茬次安排

确定栽培季节要根据大蒜不同生育阶段对环境条件的要求及各地区的气候条件进行。一般在北纬 35°以南，冬季不太寒冷，幼苗可安全露地越冬，多以秋播为主；北纬 38°以北地区，冬季严寒，宜在早春播种；而在北纬 35°～38°的地区，春秋均可播种。

大蒜播种期受季节、主要是土壤封冻与解冻日期的严格制约。一般要求秋播的适宜日均温度为 20～22℃，土壤封冻前可长出 4～6 片叶；春播地区以土壤解冻后，日均温度达 3.0～6.2℃时即可播种。秋播大蒜的幼苗期长期处在低温条件下，不必顾虑春化条件，因而花芽、鳞芽可提早分化。而春播大蒜的幼苗期显著缩短，应尽量早播，以满足春化过程对低温的要求，促进花芽、鳞芽分化。

【任务提出】

结合生产实践，以小组为单位，完成大蒜反季节生产项目，在学习大蒜生物学特性和生产技术的基础上，设计并实施大蒜生产方案，同时做好生产记录和生产总结。

【任务资讯】

大蒜以露地栽培为主，生产蒜头、蒜薹和青蒜；也可在冬春低温季节进行设施栽培，生产青蒜和蒜黄，以鲜嫩产品调节淡季供应。

一、露地栽培

1. 品种选择　　大蒜新育成品种较少，目前生产中应多采用地方品种。较优良的品种有陕西蔡家坡紫皮蒜、山东苍山大蒜、河北永年大蒜、吉林白马牙蒜等。

2. 整地、施肥、做畦　　一般应选择 2～3 年内未种植葱蒜类蔬菜的壤土。春播大蒜一般要在前茬作物收获后于冬前进行深耕，耕前亦要施足有机肥，并翻入土中。至翌年春季土壤解冻后及时将地面整平耙细。秋播应在前茬作物收获后翻地施肥。栽培大蒜多采用畦作，可做成宽 1.3～1.5m 的平畦。

3. 选种与种瓣处理　　选择纯度高、蒜瓣肥大、色泽洁白、顶芽粗壮（春播）、基部根突起、无病斑、无损伤的蒜瓣。严格剔除发黄、发软、虫蛀、顶芽受伤及茎盘变黄、霉烂的蒜瓣。然后按大、中、小分级。选种时剥皮去踵（干缩茎盘），促进萌芽、发根。播种前将种瓣种在阳光下晒 2～3d，提高出苗率。

4. 播种

（1）播种密度与用种量　　根据各地种植经验，一般认为采用行距 18～20cm、株距 12～14cm，亩栽 2.5 万～3.5 万株较为适宜，每亩用种量 100～150kg。

（2）播种方法　　按行距开深 3cm 左右的浅沟，然后根据确立的株距在沟里按蒜瓣，按完后覆土 2.0～3.0cm，耙平镇压，再浇明水。也可采用湿播法，先在沟中浇水，然后播种、覆土。春播多用湿播法。种蒜时注意使蒜瓣的腹背连线与行向平行。

5. 田间管理

大蒜播种后保持土壤湿润，促进幼苗出土，一般 7～10d 可出土。幼苗出土时如因覆土太浅而发生跳瓣现象时，应及时上土。大蒜出土后，应采取中耕松土提温的方法，对畦面进行多次中耕。苗高 7cm 左右，两叶一心时进行第 1 次中耕，长至四叶一心时进行第 2 次中耕，此时已进入大蒜退母期，叶尖出现黄化现象，因而，应结合中耕前的浇水进行施肥，以防因营养不足而影响植株生长。

蒜薹伸长期继续进行大肥、大水管理，促秧催薹，5～6d 浇一次水，隔两水就要施一次肥，每次每亩施硫酸钾或复合肥 10～15kg，或腐熟的优质大粪干 1000kg。采薹前 3～4d 停止浇水，使植株稍现萎蔫，以免蒜薹脆嫩易断。

采薹后鳞茎迅速膨大，应追施促头肥。亩施腐熟的豆饼 50kg，或复合肥 15～20kg，并立即浇水，以延长叶片及根系寿命，并促进贮藏养分向鳞茎的转移，以后 4～5d 浇水一次，直至收获前一周停止供水，使蒜头组织老熟。

6. 收获

（1）蒜薹收获　　当蒜薹弯曲呈大秤钩形，总苞颜色变白，蒜薹近叶鞘上有 4～5cm 长变为淡黄色是采收适期。采薹宜在晴天的中午或下午，采用提薹法，一手抓住总苞，一手抓住薹上变黄处，双手均匀用力，猛力提出蒜薹。收获时注意保护蒜叶，防止植株损伤。

（2）蒜头收获　采薹后 20d 左右，大蒜的叶片变为灰绿色，底叶枯黄脱落，假茎松软，蒜瓣充分膨大后，就应及时收获。收获后运至晒场，成排放好，使后一排蒜叶搭至前排蒜头上，只晒蒜叶不晒蒜头。晾晒时要进行翻动，经 2～3d，进行编辫，继续晾晒，待外皮干燥时即可挂藏。

二、蒜苗栽培技术要点

蒜苗是以新鲜嫩绿的蒜叶和假茎为食用器官的蔬菜，除炎热夏季外，可随时播种，但以温室冬春季节栽培效益较好。

1. 品种及蒜头选择　元旦前生产蒜苗时，宜选用早熟品种，如山东苍山大蒜、河北永年大蒜、辽宁新民白皮蒜、陕西蔡家坡紫皮蒜等。春节后生产时，则宜选择中、晚熟品种，如吉林白马牙蒜等。生产用蒜头的直径应达到 4～5cm，蒜头的大小要均匀一致，蒜瓣洁白而坚实，蒜味浓，心芽粗壮，这样才能出苗整齐，产量高。

2. 蒜种的处理　栽蒜前先用冷水浸泡蒜头 12～24h，浸泡前先剥去部分外皮，露出蒜瓣，但勿使其散瓣。泡好蒜后，把蒜头从水中捞出来，放到帘子上控水。再用草苫子盖起来闷 8～10h，用扁平锥子或细竹扦去掉老根盘及老蒜薹梗。也可直接用干蒜头栽植，栽前将蒜头掰成两半，抽去蒜薹梗，掰去根盘，将两瓣再合二为一栽下去。

3. 整地作床　在温室生产蒜苗时，多把蒜头直接栽到地面上。栽前按每亩施入腐熟细碎的农家肥 1000kg，撒于地面翻地 20～25cm，使粪与土充分混匀，耧平耙细后按 1.0～1.2m 宽做畦。如地温低于 10℃，可铺电热线提高地温。

4. 栽蒜　将处理过的蒜头并排摆栽到畦上，蒜头之间的空隙再用散蒜瓣挤住，每平方米可栽 16～18kg 的干蒜头。栽完后还要用木板压平，使之生长点高低一致。压好后浇透水，上盖 4cm 厚的细河沙，既可防止出根的蒜头被顶起来的"跳瓣"现象，又方便收割。

5. 栽后管理

（1）温度管理　栽后出苗前温度宜高，日温 26～28℃，夜温 18～20℃。出苗后日温降至 20～25℃，夜温 14～18℃，地温保持 20℃左右。温度过高时生长的快，但植株细弱，易倒伏；温度过低生长缓慢。

（2）浇水追肥　蒜苗密度大，根系发达，苗高 4～5cm 时，正是需水量大时，浇一次透水。以后经常保持土壤湿润，收割前 3～5d 不浇水，以免引起腐烂。温室生产蒜苗一般不需要追肥。但若缺少氮肥而影响生长时，可用尿素溶于水中进行浇灌，每亩施入 15kg 即可，也可喷施丰产素、磷酸二氢钾等叶面肥。每次收割后都应结合浇水追一次肥。

6. 收割　生产蒜苗时，一般要割 2 刀。温度水分管理适当时，栽后 20d 左右即可收头刀。此时蒜苗株高 35～40cm，每平方米可收 15～20kg。收割时最好在早晨，割完后不要立即浇水，第 2 刀长出后，叶色由黄转绿时，再浇水追肥。

【兴趣链接】

大蒜性温，味辛平；入脾、胃、肺经。消肿，解毒，杀虫。主治痈疽肿毒、癣疮、痢疾、泄泻等病症。

1. 营养成分 每100g含水分69.8g，蛋白质4.4g，脂肪0.2g，碳水化合物23.6g，钙5mg，磷44mg，铁0.4mg，维生素C 3mg。此外，还含有硫胺素、核黄素、烟酸、蒜素、柠檬醛，以及硒和锗等微量元素。

2. 食疗作用

（1）消炎杀菌 大蒜挥发油所含大蒜辣素等具有明显的抗炎灭菌作用，尤其对上呼吸道和消化道感染、霉菌性角膜炎、隐孢子菌感染有显著的功效。

（2）降血脂，抗动脉硬化 大蒜有效成分能显著降低高脂血症家兔血脂，提示大蒜具有降血脂、抗动脉粥样硬化的作用。

（3）预防肿瘤，抗癌 大蒜素及其同系物能有效地抑制癌细胞活性，使之不能正常生长代谢，最终导致癌细胞死亡；大蒜液能阻断霉菌使致癌物质硝酸盐还原为亚硝酸盐而防治癌肿；大蒜中的锗和硒等元素有良好的抑制癌瘤或抗癌作用；大蒜素还能激活巨噬细胞的吞噬能力，增强人体免疫功能，预防癌症的发生。

3. 保健食谱

（1）大蒜粥 紫皮大蒜30g，粳米100g。大蒜去皮，放沸水中煮1min捞出，然后取粳米，放入煮蒜水中煮成稀粥，再将蒜放入（若结核患者食用，可另加白芨粉5g），同煮为粥。此粥具有下气健胃，解毒止痢的功效，适用于急性菌痢患者食之。

（2）大蒜浸液 大蒜10g，白糖适量。将大蒜去皮捣烂，加开水50mL，澄清加白糖适量即成。此浸液具有止咳解毒的功效，适用于百日咳痉咳期。

（3）黑豆大蒜煮红糖 黑豆100g，大蒜30g，红糖10g。将炒锅放旺火上，加水1000mL煮沸后，倒入黑豆（洗净）、大蒜（切片）、红糖，用文火烧至黑豆熟烂即成。此肴具有健脾益胃的功效，适用于肾虚型妊娠水肿者食之。

（4）蒜苗炒肉丝 青蒜苗、猪肉各250g。将猪肉洗净切片，用酱油、料酒、淀粉拌好；青蒜择洗干净，切成小段；锅烧热加入猪肉煸炒，加精盐、白糖和少量水煸炒至肉熟透，入青蒜继续煸炒到入味即成。此菜具有暖补脾胃、滋阴润燥的功效。适用于体虚乏力、食欲缺乏、大便干结、脘腹痞满等病症。

（5）蒜头煮苋菜 大蒜头2个，苋菜500g。将苋菜择洗干净，大蒜去皮切成薄片，锅中油烧热，放入蒜片煸香，投入苋菜煸炒，加入精盐炒至苋菜入味，再入味精拌匀，出锅装盘。此菜具有清热解毒、补血止血、暖脾胃、杀细菌的功效。适用于痢疾、腹泻、小便涩痛、尿道炎等病症。

4. 注意事项 大蒜性温，阴虚火旺及慢性胃炎溃疡病患者慎食。

5. 文献选录

《名医别录》："散痈肿䘌疮，除风邪，杀毒气。"

《新修本草》："下气，消谷，化肉。"

《本草拾遗》："初食不利目，多食却明。久食令人血清，使毛发白。"

《随息居饮食谱》："生者辛热，熟者甘温，除寒湿，辟阴邪，下气暖中，消谷化肉，破恶血，攻冷积。治暴泻腹痛，通关格便秘，辟秽解毒，消痈杀虫。外灸痈疽，行水止衄。"

6. 文化欣赏

1）历史传说：古代华佗见一人病噎，食不得下，令取饼店家榨大蒜二升饮之，立吐蛔若干，病人将蛔虫悬于车上，到华佗家，见壁上有蛔虫悬挂数十余条，乃知其奇。又据《南史·褚澄传》载，澄善医术，建元中，为吴郡太守。百姓李道念以公事到郡，澄见谓曰："汝有重疾。"答曰："旧有冷疾，至今五年，众医不差。"澄为诊脉，谓曰："汝病非冷非热，当是食白渝鸡子过多也。"令取蒜一升煮食之，始一服，乃吐得一物涎裹之，切开看是鸡雏，羽、翅、爪、距具备，能行走。可谓奇矣。

2）世界传闻：相传古埃及人在修金字塔的民工饮食中每天必加大蒜，用于增加力气，预防疾病。有段时间民工们因大蒜供应中断而罢工，直到法老用重金买回才复工。

3）名人评价：印度医学的创始人查拉克说："大蒜除了讨厌的气味之外，其实际价值比黄金还高。"俄罗斯医学家称大蒜是土里长出的盘尼西林（青霉素）。

项目十五 叶菜类蔬菜栽培

【知识目标】

1. 了解叶类蔬菜生物学特性和栽培季节。
2. 理解叶菜类蔬菜适期播种的重要性。
3. 掌握叶菜类蔬菜高产高效的栽培技术。

【能力目标】

熟知常见叶菜类蔬菜的生长发育规律、环境条件和主栽品种特性，能够根据生产计划做好生产茬口的安排，制订栽培技术规程，及时发现和解决生产中存在的问题。

【叶菜类蔬菜共同特点及栽培流程图】

叶类蔬菜以植物肥嫩的叶片和叶柄作为食用部位的蔬菜。主要包括菠菜、莴苣、芹菜、小白菜、小萝卜、蕹菜、苋菜、茼蒿、芫荽等，既可单作，也可间作套种。叶菜类蔬菜有相同或相似的生物学特性，栽培技术基本相似，但各有特点。其相似性表现在以下几方面。

1) 叶菜类蔬菜大多喜欢冷凉、温和湿润的气候条件，最适宜的生长温度是10～20℃。叶菜类蔬菜对温度的适应性强，既具有很强的耐寒性，幼苗期甚至可耐短期-8℃的低温，又有较强的耐热性，有些耐热品种可以夏季栽培。

2) 叶菜类蔬菜大多属二年生作物，需要低温通过春化阶段，长日照通过光照才能完成整个生育周期，但对阶段发育所要求的条件也不甚严格，春播也有的能在当年开花结实。所以叶菜类蔬菜春季栽培应避免通过阶段发育，防止发生未熟抽薹现象的发生，这是栽培成败的关键。

3) 叶菜类蔬菜叶面积大，蒸腾量大，但其植株根系较浅，利用土壤深层水分的能力较弱，所以在栽培时要求合理灌溉，保持较高的土壤湿度。精耕细作可以促进根系的发展，并加强吸收能力。

4) 叶菜类蔬菜生长速度快，生长期短。采收期灵活。产品器官采收没有统一标准，大小均可。

5) 叶菜类蔬菜喜氮肥。以营养体为产品器官，对水肥特别是氮肥需求较多。

6) 叶菜类蔬菜有共同的病虫害，病害有霜霉病、软腐病、病毒病、黑腐病、黑斑病、干烧心、斑枯病、炭疽病、灰霉病等；主要虫害有蚜虫、菜青虫、小菜蛾、潜叶蝇、甜菜夜蛾等。

7) 叶菜类蔬菜都以种子繁殖，种子的发芽能力强，在适宜条件下播种后3～4d即可完全出土。一般以直播为主，也可育苗移栽。

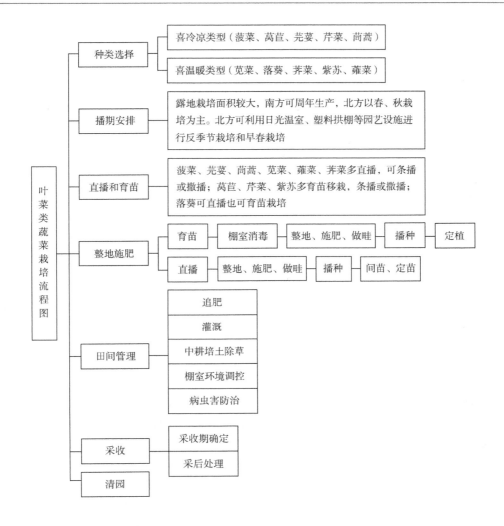

任务一　菠菜栽培

【知识目标】

1. 了解菠菜的生长发育特性及其对环境条件的要求。
2. 掌握菠菜的直播技术和间苗技术。
3. 掌握秋菠菜、越冬菠菜、春菠菜、夏菠菜的栽培技术。

【能力目标】

熟知菠菜的生长发育规律，掌握生产过程的品种选择、茬口安排、整地做畦、播种、田间管理、病虫害防治、适时采收等技能。

【内容图解】

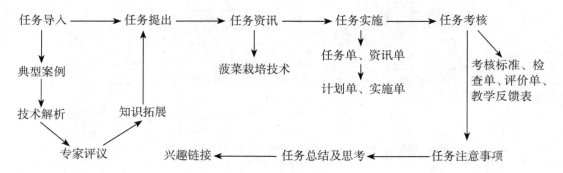

【任务导入】

一、典型案例

最近，河北固安县宫村镇一些菜农种植的菠菜发生抽薹开花现象，咨询这是怎么回事？

4 月 24 日播种，5 月下旬开始抽薹开花，严重影响商品销售。

二、技术解析

菠菜喜冷凉怕热，生长适宜温度在 20℃左右，耐低温能力强，能耐−7℃左右的低温，廊坊、保定菜农一般在霜降至立冬开始播种，翌年 3 月下旬至 4 月上旬开始采收。开春播种一般在 3 月上旬，此时地温已回升至 5℃以上，适宜菠菜播种。应选择耐抽薹的菠菜品种，如日本大叶菠菜、韩国早菠等品种，一般播后 30～50d 采收。现在市场上看到的菠菜是 4 月中旬以后种植的，此时由于气温高，光照时间长，极易造成菠菜抽薹、开花。根据菠菜的生长、生理特点，夏季是其开花的季节。因此，现在菠菜发生抽薹开花属正常生理现象。建议菜农朋友种植菠菜时要掌握它的生长习性，切勿随心所欲。

三、专家评议

菠菜属于典型的长日照作物，北方的 4 月以后到 6 月是长日照时间，因此促进菠菜的抽薹开花。案例中的问题是由于播种时期太迟。

四、知识拓展

（一）菠菜生产概述

菠菜学名 *Spinacia oleracea* L.，属藜科，为一二年生草本植物，原产于亚洲伊朗，至今有 2000 多年的栽培历史，是世界上最重要的绿叶蔬菜之一。菠菜耐寒性和适应性强，生产周期短，一年内可多茬栽培，是我国春、秋、冬三季的重要绿叶蔬菜。但是由于菠菜不耐高温，春、夏季遇长日照容易抽薹。

（二）菠菜栽培茬次

（1）秋菠菜 8～9月播种，播后30～40d可分批采收。品种宜选用较耐热、生长快的早熟品种，如犁头菠、华菠1号、广东圆叶、春秋大叶等。

（2）越冬菠菜 10中旬至11月上旬播种，春节前后分批采收，宜选用冬性强、抽薹迟、耐寒性强的中晚熟品种，如圆叶菠、迟圆叶菠、华菠1号、辽宁圆叶菠等。

（3）春菠菜 开春后气温回升到50℃以上时即可开始播种，3月为播种适期，播后30～50d采收，品种宜选择抽薹迟、叶片肥大的迟圆叶菠、春秋大叶、沈阳圆叶、辽宁圆叶等。

（4）夏菠菜 5～7月分期播种，6月下旬至9月中旬陆续采收，宜选用耐热性强，生长迅速，不易抽薹的华菠1号、春秋大叶、广东圆叶等（图15-1）。

图15-1 菠菜栽培情境图

（三）生物学特性

菠菜花为单性花，一般为雌雄异株，少数雌雄同株。生产时播种用的实际上是菠菜的果实，果实上有的有刺，有的无刺。

菠菜为耐寒力强的蔬菜种类，具有4～6片叶的植株宿根，可耐短期-40～-30℃的低温。在-10℃左右的地区，可以露地安全越冬。华北、东北、西北地区，用风障或地面覆盖栽培可安全越冬。

菠菜适应性广，生长适温为15～25℃，最适温度为15～20℃。菠菜种子在4℃时即可发芽，但35℃时发芽率下降。萌动的种子或幼苗在0～5℃条件下5～10d通过春化。

菠菜是典型的长日照作物，在12h以上的日照和高温条件下易抽薹，开花。在天气凉爽、日照短的条件下营养生长旺盛，产量高，抽薹开花晚。菠菜生长需要大量的水分，适宜的土壤湿度为70%～80%，空气相对湿度80%～90%。生育期缺水，则植株生长不良，品质变劣。

菠菜生长土壤要疏松肥沃，保肥力强的沙质壤土或黏质壤土。适宜pH为5.5～7.0。每生产1000kg菠菜需纯氮2.5kg、磷0.86kg、钾5.59kg。

【任务提出】

结合生产实践，小组完成秋菠菜生产项目或夏菠菜生产项目，在学习菠菜生物学特性和生产技术的基础上，根据不同任务设计菠菜生产方案，同时做好生产记录和生产总结。

【任务资讯】

菠菜栽培技术

1. 整地做畦 选择疏松肥沃、保水保肥、排灌条件良好、微酸性的壤土较好，pH 5.5～7。整地时亩施腐熟有机肥4000kg、过磷酸钙40kg，整平整细，冬、春宜做高畦，夏、秋做平畦，畦宽1.2～1.5m。

2. 播种育苗 一般采用撒播。夏、秋播种于播前1周将种子用水浸泡12h后，放在井中或在4℃左右冰箱或冷藏柜中处理24h，再在20～25℃的条件下催芽，经3～5d出芽后播种。冬、春可播干籽或湿籽。畦面浇足底水后播种，用齿耙轻耙表土，使种子播入土，畦面再盖一层草木灰。每亩播种3～3.5kg。

夏、秋播播后要用稻草覆盖或利用小拱棚覆盖遮阳网，防止高温和暴雨冲刷。经常保持土壤温润，6～7d可齐苗，冬播气温偏低，则在畦上覆盖塑膜或遮阳网保温促出苗，出苗后撤除。

3. 田间管理 夏菠菜出苗后仍要盖遮阳网，晴盖阴揭，迟盖早揭，以利降温保温。苗期浇水应是早晨或傍晚进行小水勤浇。2～3片真叶后，追施两次速效氮肥。每次施肥后要浇清水，以促生长。

秋菠菜出真叶后浇泼1次清粪水；2片真叶后，结合间苗，除草，追肥先淡后浓，前期多施腐熟粪肥；生长盛期追肥2～3次，每亩每次施尿素5～10kg。冬菠菜播后土壤保持湿润。3～4片真叶时，适当控水以利越冬。2～3片真叶时，苗距3～4cm。根据苗情和天气追施水肥，以腐熟人粪尿为主。霜冻和冰雪天气应覆盖塑膜和遮阳网保温，可小拱棚覆盖。开春后，选晴天追施腐熟淡粪水，防早抽薹。春菠菜前期要覆盖塑膜保温，可直接覆盖到畦面上，出苗后即撤除薄膜或改为小拱棚覆盖，小拱棚昼揭夜盖，晴揭雨盖，让幼苗多见光，多炼苗，并及时间苗。追施肥水，前期以腐熟人畜粪淡施、勤施，后期尤其是采收前15d要追施速效氮肥。

4. 病虫防治 蚜虫用40%乐果1000倍液，或50%抗蚜威2000～3000倍液喷雾；潜叶蝇用50%辛硫磷乳油1000倍液，或80%敌百虫粉剂1000倍液喷雾；霜霉病用58%雷多米尔500倍液，或75%百菌清600倍液喷雾；炭疽病用50%甲基托布津500倍液，或50%多菌灵700倍液喷雾防治。

5. 及时采收 一般苗高10cm以上即可分批采收。一次性采收前15d左右，可用15～20mg/L的九二〇喷洒叶面，并增施尿素或硫铵，可提早收获，增加产量。

6. 留种 留种用菠菜的播期可较越冬菠菜稍迟。条播，行距20～23cm。春季返青后，陆续拔除杂株及抽薹早的雄株，留部分营养雄株，使株距达20cm左右。抽薹期不宜多灌水，以免花薹细弱倒伏，降低种子产量。开花后追肥、灌水、叶面喷1%～2%过磷酸钙澄清液，使种子饱满。雄株结种子后拔除雄株，以利通风透光。茎、叶大部枯黄，种子成熟时收获，后熟数日脱粒。

【任务实施】

工作任务单

任务	秋菠菜栽培技术	学时	
姓名：			组
班级：			

工作任务描述：

以校内实训基地和校外企业的菠菜生产为例，掌握菠菜生产过程中的茬口安排、品种选择、整地做畦、播种间苗、育苗、中耕除草、合理肥水管理、病虫害防治、适时采收等技能，提高菠菜蔬菜生产中常见问题的分析与解决能力。

学时安排	资讯学时	计划学时	决策学时	实施学时	检查学时	评价学时

提供资料：

1. 园艺作物实训室、校内和校外实习基地。

2. 菠菜生产的PPT、视频、影像资料。

3. 校园网精品课程资源库、校内电子图书馆。

4. 绿叶类蔬菜生产类教材、相关书籍。

具体任务内容：

1. 根据工作任务提供学习资料，获得相关知识。

1）学会菠菜成本核算及效益分析。

2）根据当地气候条件、设施条件、消费习惯、生产茬次等选择优良品种。

3）制订秋菠菜生产的技术规程。

4）掌握秋菠菜生产的直播技术。

5）掌握秋菠菜生产的间苗、定苗技术。

6）掌握秋菠菜丰产的水肥管理技术。

7）掌握秋菠菜生产过程中主要病虫害的识别与防治。

2. 建立秋菠菜高效丰产生产技术规程。

3. 各选派代表陈述菠菜秋季生产技术方案，由小组互评、教师点评。

4. 教师进行归纳分析，引导学生，培养学生对专业的热情。

5. 安排学生自主学习，修订生产计划，巩固学习成果。

对学生要求：

1. 能独立自主的学习相关知识，收集资料、整理资料，形成个人观点，在个人观点的基础上，综合形成小组观点。

2. 对调查工作认真负责，具备科学严谨的态度和敬业精神。

3. 具备网络工具的使用能力和语言文字表达能力，积极参与小组讨论。

4. 具备较强的人际交往能力和团队合作能力。

5. 具有一定的计划和决策能力。

6. 提交个人和小组文字材料或PPT。

7. 学习制作本项目教案并准备规定时间的课程讲解。

任务资讯单

任务	秋菠菜栽培技术	学时	
姓名：			组
班级：			

资讯方式：学生分组进行市场调查，小组统一查询资料。

资讯问题：

1. 在具体地区，秋季栽培和夏季栽培，菠菜的适宜播期和适宜品种分别有哪些？

2. 菠菜栽培中抽薹的原因及防治办法。

3. 菠菜育苗的关键技术。

4. 菠菜如何加强肥水管理获得高产？

5. 菠菜生产过程中的主要病害症状及防治办法。

资讯引导：教材、杂志、电子图书馆、蔬菜生产类的其他书籍。

任务计划单、任务实施作业单见附录。

【任务考核】

任务考核标准

任务		秋菠菜栽培技术	学时	
姓名：				组
班级：				

序号	考核内容	考核标准	参考分值
1	任务认知程度	根据任务准确获取学习资料，有学习记录	5
2	情感态度	学习精力集中，学习方法多样，积极主动，全部出勤	5
3	团队协作	听从指挥，服从安排，积极与小组成员合作，共同完成工作任务	5
4	工作计划制订	有工作计划，计划内容完整，时间安排合理，工作步骤正确	5
5	工作记录	工作检查记录单完成及时，客观公正，记录完整，结果分析正确	10
6	秋菠菜生产的主要内容	准确说出全部内容，并能够简单阐述	10
7	基肥的使用	基肥种类与蔬菜种植搭配合理	5
8	土壤耕作机械基本操作	正确使用相关使用说明资料进行操作	10
9	土壤消毒药品使用	正确制订消毒方法，药品使用浓度，严格注意事项	10
10	做畦的方法和步骤	高标准地完成做畦工作	10
11	数码拍照	备耕完成后的整体效果图	10
12	任务训练单	对老师布置的训练单能及时上交，正确率在90%以上	5
13	问题思考	开动脑筋，积极思考，提出问题，并对工作任务完成过程中的问题进行分析和解决	5
14	工作体会	工作总结体会深刻，结果正确，上交及时	5
合计			100

教学反馈表

任务	秋菠菜栽培技术	学时	
姓名：			组
班级：			

序号	调查内容	是	否	陈述理由
1	生产季节是否合理？			
2	是否会选择适宜品种？			
3	是否会安排密度？			
4	是否会计算用种量？			
5	直播施肥量知道吗？			
6	主要病害的防治办法知道吗？			

收获、感悟及体会：

请写出你对教学改进的建议及意见：

任务评价单、任务检查记录单见附录。

【任务注意事项】

1. 菠菜白斑病　　菠菜白斑病的症状主要表现在叶片上。下部叶片先发病，病斑呈圆形至近圆形，病斑边缘明显，大小 0.5～3.5mm，病斑中间黄白色，外缘褐色至紫褐色，扩展后逐渐发展为白色斑。湿度大时，有些病斑上可见灰色毛状物，干湿变换激烈时，病斑中部易破裂。这种症状的出现是由甜菜尾孢侵染所引起的。这种真菌除可危害菠菜外，还危害甜菜等藜属植物，引起相似症状。菠菜白斑病菌以菌丝体随病残体在土壤中越冬，翌年春病菌借风、雨传播蔓延。生长势弱、温暖潮湿条件下易发病，地势低洼、窝风、管理不善发病重。防治方法：选择地势平坦、有机肥充足的通风地块栽植菠菜，适当浇水，精细管理，提高植株抗病力；收获后及时清除病残体，集中深埋或烧毁，以减少病源；在发病初期，喷洒 30% 绿得保悬浮剂 400～500 倍液，或 1∶0.5∶160 倍量式波尔多液、75% 百菌清可湿性粉剂 700 倍液。

2. 菠菜枯萎病　　菠菜枯萎病一般在成株期发生较为严重。表现为老叶变暗失去光泽，叶肉逐渐黄化，逐渐向上扩展，向下发展则根部变褐至死。发病早的植株明显矮化。天气干燥、气温高时，病株迅速萎黄。在潮湿低温条件下，病株可继续存活一段时间，有时可长出新的侧根，但一遇高温天气即迅速枯死。

菠菜枯萎病菌主要随植株病残体在土壤中或种子上度夏或越冬。种子可带菌，未腐熟的粪肥也可带菌。病菌可随雨水及灌溉水传播，从根部伤口或根尖直接侵入，侵入后可到达维管束。在维管束中，病菌产生有毒物质，堵塞导管，导致叶片萎黄枯死。高温多湿有利于发病；土温 30℃ 左右、土壤潮湿、肥料未充分腐熟、地下害虫多、线虫多易发病。防治方法：与葱蒜类、禾本科作物实行 3～5 年轮作，避免连作；施用日本酵素菌沤制的堆肥或充分腐熟的有机肥，并采用配方施肥技术，提高寄主抗病力；采用高畦或起垄栽培，雨后及时排水、严禁大水浸灌；发现中心病株及时拔除，病穴及四周淋 50% 苯菌灵可湿性粉剂 1500 倍液，40% 多硫悬浮剂 500 倍液，或 10% 治萎灵水剂 300～400 倍液，隔半个月喷一次，连续 2～3 次。

3. 菠菜霜霉病　　霜霉病是菠菜发生率最高的病害，该病是由一种叫做菠菜霜霉菌的真菌引起的。田间危害症状表现为：主要危害叶片正面，病斑淡黄色，不规则形，大小不一，直径 3～17mm，边缘不明显。病斑扩大后，互相连接成片，后期变褐枯死。叶片背面病斑上产生灰紫色霉层。病害从外叶逐渐向内叶发展，从植株下部向上扩展。干旱时病叶枯黄，湿度大时多腐烂，严重的整株叶片变黄枯死。菠菜霜霉病的防治技术如下：加强栽培管理。合理密植、科学灌水、降低田间湿度；选择抗病品种。可选用萨沃杂交种 612 号、巴恩蒂、鲍纳斯等名优品种，也可采用尖叶类型品种；在无病地或无病株上采种。如种子带菌，可在播种前用 50% 福美双可湿性粉剂拌种，用药量为种子重量的 0.4%；早春在菠菜田内发现病株，要及时拔除，带出田外烧毁；在发病初期，喷洒 40% 乙磷铝可湿性粉剂 200～250 倍液，58% 甲霜灵期，喷洒 40% 乙磷铝可湿性粉剂 200～250 倍液，58% 甲霜灵锰锌可湿性粉剂 500 倍液，64% 杀毒矾可湿性粉剂 500 倍液，或 72.2% 普力克水剂 800 倍液，隔 7～10d 喷一次，连续 2～3 次。

【任务总结及思考】

1. 不同地区，菠菜的适宜播期有哪些？

2. 秋菠菜露地直播和设施栽培各有何利弊?

【兴趣链接】

菠菜所含的营养不仅种类众多，且大部分营养的含量要比其他蔬菜多上好几倍，因而被称为营养的宝库。近期美国的《时代》杂志将菠菜列为现代人十大最健康食品的第二位。但在吃菠菜时，一定要小心菠菜可能对身体带来的损害。

从营养方面分析，菠菜含有胡萝卜素、叶酸、叶黄素、钙、铁、维生素 B_1、维生素 B_2、维生素 C 等营养成分，其中以胡萝卜素、叶酸、维生素 B_1、维生素 B_2、钙的含量较高。胡萝卜素经由人体摄取后，会在体内转变成维生素 A，而维生素 A 可以保护上皮组织和眼睛，长期缺乏时会造成皮肤角质化，或有干眼症、夜盲症的产生。叶酸对孕妇非常重要，能预防胎儿神经系统的缺陷。菠菜中维生素 B_1、维生素 B_2 的含量超过大部分的蔬菜，维生素 B_1 约为空心菜的 5 倍，维生素 B_2 则为 8 倍。

但菠菜含有大量的草酸，这是一种腐蚀性很强的物质，遇热时甚至能腐蚀金属，所以一定要防止菠菜中的草酸对身体健康造成损害。

菠菜里的草酸主要是以草酸钙和草酸钾的形式存在，草酸钙不溶于水和胃肠液，不会被吸收，对人体健康不会造成太大的影响。但草酸钾的水溶解度很高，1g 草酸钾能溶于 3mL 水，所以菠菜煮汤后，大量草酸钾即溶解到汤里。草酸钾进入体内后，遇钙形成不溶于水的草酸钙，在消化道里沉淀，妨碍人体对钙的吸收。将菠菜和高钙食物放在一起吃，高钙食物等于没吃。更为危险的是，草酸钾可以进入血液循环而到达身体的各部位，遇钙形成草酸钙沉淀，这种沉淀遍及全身。草酸钙在脑里沉淀则伤脑，在心脏沉淀则伤心，在肾脏沉淀则伤肾，在其他部位沉淀则损伤该部位组织，故造成的伤害是全身性的。

此外，草酸钾遇血钙形成草酸钙沉淀后，还可引起低血钙，进而导致一系列病症，轻者虚弱，重者痉挛、心脏停止跳动而死亡。不过，通常吃菠菜引起低血钙的机会不大，因为在血钙偏低时，骨钙会自动流出来补充血钙。但是骨钙流失会造成骨质疏松等病症。

由于草酸钾易溶于水，直接用水煮菠菜汤喝很危险。菠菜用油炒后，草酸钾少有机会溶解于菜汤里，大都随着菠菜吃进肚里，故常吃油炒菠菜的人，得草酸慢性中毒的机会较大。最安全又有营养的吃法是：将菠菜水煮后，把汤倒掉，再凉拌。吃菠菜后多喝些水，也可减少草酸钙沉淀的机会。

任务二　莴苣栽培

【知识目标】

1. 了解莴笋的生长发育特性。
2. 掌握莴笋栽培技术要点。

【能力目标】

能根据市场需要选择莴苣品种，培育壮苗，选择种植方式，适时定植；能根据植株长势，适时进行田间管理和病虫害防治。

【知识拓展】

一、莴苣生产概述

莴苣为菊科莴苣属一二年生草本植物。叶用莴苣又称生菜，茎用莴苣又称莴笋、香笋。莴笋的肉质嫩，茎可生食、凉拌、炒食、干制或腌渍。生菜主要食叶片或叶球，莴苣茎叶中含有莴苣素，味苦，高温干旱苦味浓，能增强胃液，刺激消化，增进食欲，并具有镇痛和催眠作用。

二、品种类型

莴苣可分为叶用和茎用两类。见图15-2。

叶用莴苣　　　　　　　　　　　　　茎用莴苣

图 15-2　莴苣类型

（一）叶用莴苣

叶用莴苣包括三个变种。

（1）长叶莴苣　　又称散叶莴苣，叶全线或锯齿状，外叶直立，一般不结球，也有长成松散的圆筒形或圆锥形叶球，以欧美栽培较多。

（2）皱叶莴苣　　叶片深裂，叶面皱缩，有松散叶球或不结球。

（3）结球莴苣　　叶全缘，有锯齿或深裂，叶面平滑或皱缩，外叶开展，心叶形成叶球。叶球有圆、扁圆或圆锥形等。

叶用莴苣根据结球的状况又可分为4个类型：①皱叶结球莴苣。叶大质脆，结球紧实，外叶绿色，球叶白色或浅黄色。生长期90d左右，适于露地栽培，如美国大湖等品种。②酪球莴苣。俗称奶油生菜，叶球小而松散，叶片宽阔，微皱缩，质地柔软，生长期短，适于保护地栽培，如美国大波斯顿品种。③直立结球莴苣。叶球圆锥形，外叶浓绿或淡绿，中肋粗大，球叶细长，淡绿色，表面粗糙。④拉丁莴苣。叶球松散，与酪球莴苣相似，叶片细长，与直立结球莴苣相似。

（二）茎用莴苣

叶片有倒披针形、长卵圆形、长椭圆形等。叶色淡绿、深绿或紫红。叶面平展或有皱褶，全线或有缺刻。茎肥大，茎的皮色有浅绿、绿或带紫红色的斑块。茎的肉色有浅绿、翠绿及黄绿色。

根据品种成熟的早晚可分两类。

（1）晚熟品种　　多数叶片呈披针形，先端尖，叶簇小，节间稀，叶面平滑或略有皱缩，色绿或紫。肉质茎棒状，下粗上细。苗期较耐热，可作秋季或越冬栽培。品种有北京紫叶高笋、陕西尖叶白笋、成都尖叶子、南京紫皮香、盘溪莴笋等。

（2）早熟品种　　多数叶片较长，呈倒卵形，顶部稍圆，叶面皱缩较多，叶簇大。节间密，茎粗大。成熟期早，耐寒性较强、不耐热，多作越冬栽培。品种有北京鲫瓜笋、陕西圆叶白笋、上海小圆叶、南京白皮香、湖南锣锤莴笋等。

三、生物学特性

1. 植物学习性　　莴苣根系浅而密，多分布在 20～30cm 土层内。苗期叶片互生于短缩茎上，叶用莴苣叶片数量多而大，以叶片或叶球供食，茎用莴苣随着植株旺盛生长，短缩茎逐渐伸长和膨大，花芽分化后，茎叶继续扩展，形成粗壮的肉质茎。莴苣头状花序，花黄色，每一花序有花 20 朵左右，自花授粉，有时也会发生异花授粉。瘦果，果褐色或银白色，附有冠毛。

2. 对环境的要求　　莴苣种子在 4℃ 时可以发芽，15～20℃ 只需 3～4d 就可发芽，30℃ 以上发芽受阻，高温期间播种需浸种和低温催芽。苗期最适温度为 12～20℃，短期可耐 -6～-5℃ 的低温，茎叶生长时以 11～18℃ 最为适宜。如果日平均温度达 24℃ 以上，夜温长期在 19℃ 以上，易引起未熟抽薹，笋茎细长，失去商品价值。如地表温度达 40℃ 时茎部会被灼伤而死苗。莴苣随着植株长大，其抗寒力逐渐减弱，抽薹后受冻，茎肉软绵、糠心，不堪食用。

【任务提出】

结合生产实践，小组完成结球莴苣的生产项目，在学习莴苣生物学特性和生产技术的基础上，根据不同任务设计莴苣生产方案，同时做好生产记录和生产总结。

【任务资讯】

莴苣栽培技术

1. 播种育苗　　茎用春莴苣在 9 月下旬至 10 月上旬播种，当时天已冷凉，土壤温度适宜，不需低温处理。一般 0.1 亩苗床用种子 50～100g，可定植 1 亩地；苗床与大田的比例是 1∶10。播种要均匀，播后轻按一次，用踏板镇压，浇盖子粪，出苗前保持床土湿润。播后 7～10d 出苗，经肥水管理一周后间苗（株距 2～3cm）。茎用秋莴苣在早秋播种，此时温度高栽培困难，应采用低温处理。将种子在冷水中浸 6～7h 后，放入家用冰箱的下层，保持 5～8℃，经 2～3d，有 60% 种子露白时即可播种。叶用莴苣的生长期比茎用莴苣短，除酷暑严寒栽培较困难外，其余时间均可栽培。

2. 定植　莴苣的苗龄30~50d，具有4~5叶真叶时定植。春季茎用莴苣一般在11月定植，12月至翌年1月因土温气温过低不宜定植。晚播的苗可在2月上旬定植。其行株距一般早熟品种是16~20cm见方，晚熟品种是26~33cm见方。

3. 田间管理　春莴苣生长期长，定植后气温低，幼苗生长缓慢，年前对水分、养分的吸收利用也少，一般在定植后浇一次水，成活后施一次肥，上冻前再施一次重肥防冻。年后应施追肥促进叶丛生长。当花茎开始膨大时供应充足的养分和水分，以利形成肥大的嫩茎。秋莴苣在高温干燥缺肥的情况下很易抽薹。因此，在管理上要勤水、勤肥，水肥均匀，促进嫩茎迅速粗壮肥大。

叶用莴苣生长期短，以食用莲座叶或叶球为主，为加快生菜的生长，也应勤水、勤肥，加速叶片的生长。

4. 采收留种　叶用莴苣在叶部充分长大或结球坚实时便可采收，一般每亩产500~750kg。茎用莴苣一般在茎部膨大、茎高30cm、茎顶端与最高叶片尖端相争时采收。早熟品种在4月中下旬可以采收，每亩可收900~1000kg。晚熟品种最迟可延至6月上旬收获，每亩可收1500~2000kg；加工用的晚熟品种可收2500~3000kg。秋高笋在10月上旬至11月下旬采收，一般每亩可收1000kg，高产的可达2000~2500kg。

留种的栽培技术基本上与春莴苣大田栽培技术相同。春季盛产期进行片选，除去不符合该品种的植株，并使行株距加大至33cm见方。间苗后要施肥，促使花茎生长分枝，5~6月酌量除去下部分枝，并设立支柱。花期可延续两个月以上，待大部分种子成熟时整株割下，暴晒数天后取下种子，经风选除去瘪子、冠毛及其他枝叶碎片后，贮藏备用。

【任务注意事项】

莴苣的主要病虫害，有霜霉病、菌核病、斑枯病及蚜虫等。霜霉病、斑枯病的防治方法是适当控制栽植密度，防止田间积水，采用和茄科或十字花科蔬菜轮作，摘除老叶、病叶，销毁或深埋。药物防治可喷洒1:1:（150~200）的波尔多液或65%代森锌1:500液，每隔10~14d喷一次，连续防治2~3次。菌核病的防治是在播种前用1:10的食盐水漂去混在种子中的菌核。在生长期中应拔除病株清除枯老叶片集中烧毁，避免菌核遗留在田中。

【任务总结及思考】

1. 为什么在莴苣4~5叶时定植？
2. 简述莴苣抽薹原因，如何栽培管理？

【兴趣链接】

（1）营养价值　极富营养，含有抗氧化物、维生素、膳食纤维及钙、磷、钾、钠、镁和少量铜、铁、锌。

（2）功效作用　具有利五脏、通经脉，清胃热、利尿的功效。可参与牙齿和骨骼的生长，改善消化系统及肝脏功能，抵御风湿性疾病和痛风。经常食用有助于消除紧张，帮助睡眠。

（3）相克相宜　　与蜂蜜同食易致腹泻，与石榴同吃会产生毒素。与牛肉合用调养气血。与蒜苗同食可防治高血压。

（4）适宜对象　　对高血压和心脏病患者极为有益。视力弱者不宜多食，有眼疾特别是夜盲症的人也应少食。

（5）食疗处方　　把莴笋带皮切片煮熟喝汤，睡前服用，具有助眠功效。

（6）推荐菜谱　　莴笋花菜汤。

原料：莴笋、花菜、鸡胸肉。

制法：①莴笋切片，叶子切成小段，花菜掰成小朵。②鸡胸肉切成小薄片，用湿淀粉、微量盐和味精抓匀。③锅内放水烧开，将姜末、肉片先放入开水锅中。④半分钟后放入莴笋和花菜，再煮3min，加入适量盐和鸡精即可。

功效：提高免疫力，可预防感冒等呼吸道疾病。

任务三　芹 菜 栽 培

【知识目标】

1. 了解芹菜的生长发育特性及其对环境条件的要求。
2. 掌握芹菜的丰产栽培技术。

【能力目标】

熟知芹菜的生长发育规律，掌握生产过程的品种选择、茬口安排、整地做畦、播种育苗、田间管理、病虫害防治、适时采收等技能。

【知识拓展】

一、芹菜生产概述

芹菜，别名芹、旱芹、香芹、蒲芹、药芹菜、野芫荽，为伞形科芹属一二年生草本植物。原产于地中海沿岸的沼泽地带，世界各国已普遍栽培。我国芹菜栽培始于汉代，至今已有2000多年的历史。起初仅作为观赏植物种植，后作食用，经过不断地驯化培育，形成了细长叶柄型芹菜栽培种，即本芹（中国芹菜）。本芹在我国各地广泛分布，而河北遵化、山东潍县和桓台、河南商丘、内蒙古集宁等地都是芹菜的著名产地。

古代希腊人和罗马人用于调味，古代中国亦用于医药。古代芹菜的形态与现今的野芹菜（smallage）相似。18世纪末期，芹菜经培育形成大而多汁的肉质直立叶柄。可食用部分为其叶柄。芹菜的特点是多筋，但已培育成一些少筋的变种，著名者如帕斯卡尔（Pascal）。在欧洲文艺复兴时期，芹菜通常作为蔬菜煮食或作为汤料及蔬菜炖肉等的佐料；在美国，生芹菜常用来做开胃菜或沙拉。

芹菜的果实（或称籽）细小，具有与植株相似的香味，可用作佐料；特别用于汤和腌菜。芹菜种子含2%~3%的精油，主要成分是柠檬烯（$C_{10}H_{16}$）和β-瑟林烯（$C_{15}H_{24}$）。块根芹具有可食用的粗根，可生食或烹调做菜。

二、类型与品种

芹菜是我国人民喜食的蔬菜品种，我国栽培的主要有"本芹"，即中国芹菜，叶柄较细长，有白芹、青芹，品种很多。近些年从国外引入，已广泛栽培并深受百姓喜爱的"西芹"，叶柄宽厚，单株叶片数多，重量大，可达 1kg 以上。

（一）中国芹菜（本芹）

（1）津南实芹 1 号　　由天津市津南区双港镇农科站选育。该品种生长势强，抽薹晚，分枝少。叶柄实心，品质好，抗病，适应性广。平均单株重 0.5kg，平均亩产 5000～10 000kg，适合全国各地春秋露地及保护设施栽培。

（2）津南冬芹　　为天津市宏程芹菜研究所 1995 年推出的芹菜新品种。该品种叶柄较粗，淡绿色，香味适口。株高 90cm，单株重 0.25kg，分枝极少，最适冬季保护地生产使用。

（3）铁杆芹菜　　植株高大，叶色深绿，有光泽，叶柄绿色，实心或半实心，单株重 0.25kg，亩产 5000kg 左右。

（二）西洋芹菜（西芹）

（1）加州王（文图拉）　　植株高大，生长旺盛，株高 80cm 以上。对枯萎病、缺硼症抗性较强。定植后 80d 可上市，单株重 1kg 以上，亩产达 7500kg 以上。

（2）高犹它 52-70R　　株型较高大，株高 70cm 以上。呈圆柱形，易软化。对芹菜病毒病和缺硼症抗性较强。定植后 90d 左右可上市，亩产可达 7000kg 以上，单株重一般为 1kg 以上。

（3）嫩脆　　株型高大，达 75cm 以上。植株紧凑，抗病性中等。定植后 90d 可上市，单株重 1kg 以上，亩产 7000kg 以上。

（4）佛罗里达 683　　株型高大，高 75cm 以上，生长势强，味甜。对缺硼症有抗性。定植后 90d 可上市，单株重 1kg 以上，亩产达 7000kg 以上。

（5）美国白芹　　植株较直立，株型较紧凑，株高 60cm 以上。单株重 0.8～1kg。保护地栽培时易自然形成软化栽培，收获时植株下部叶柄乳白色，亩产 5000～7000kg。

（6）意大利冬芹　　植株长势强，株高 85cm，叶柄粗大，实心，叶柄基部宽 1.2cm，厚 0.95cm，质地脆嫩，纤维少，药香味浓，单株平均重 250g 左右。可耐 −10℃ 短期低温和 35℃ 短期高温。为南北各地主栽西芹品种，特别适合北方地区中小拱棚、改良阳畦及日光温室冬、春及秋延后栽培。

（7）美芹　　美国引进西芹品种，株高 90cm 左右，开展度 42cm×34cm，叶柄绿色，长达 44cm，宽 2.38cm，厚 1.65cm，叶鞘基部宽 3.92cm，实心，质地嫩脆，纤维极少。平均单株重 1kg 左右。晚熟，生长期 100～120d，耐寒又耐热，且耐贮藏。轻微感染黑心病，不易抽薹。株行距略大于本芹，以 25cm×25cm 为宜，亩栽 8000～9000 株。

三、生物学特性

（一）植物学特征

（1）根　　芹菜由主根和侧根构成，主根可深入土中并贮藏养分而肥大，根系分布浅，主要在 10~20cm 土层，横向分布 30cm 左右。主根被切断后可发生侧根，可育苗移栽。

（2）茎　　营养生长期茎短缩，花芽分化后，茎端抽生花蔓后发生多数分枝，高 60~90cm。

（3）叶　　叶片着生于短缩茎基部，叶为二回羽状奇数复叶，叶柄发达是主要食用部分。叶柄由髓、厚壁组织、厚角组织等组成。

（4）花　　为复伞形花序，花小、白色，花冠 5 枚，离瓣。虫媒花，异花授粉（也能自花授粉结实）。

（5）双悬果　　圆球形，结种子一两粒，成熟时沿中缝开裂，果实内也含挥发油，种子褐色，椭圆形，千粒重 0.4g 左右。

（二）生长发育周期

1. 营养生长时期

（1）发芽期　　种子萌动到子叶展开，15~20℃下需 10~15d。

（2）幼苗期　　子叶展开至四五片真叶形成，20℃左右，需 45~60d。

（3）叶丛生长初期　　从四五片真叶到八九片真叶，株高 30~40cm，在适温（18~24℃）下，需 30~40d。

（4）叶丛生长盛期　　从八九叶到十一二叶，叶柄迅速肥大，生长量占植株总生长量的 70%~80%，在 12~22℃下，需 30~60d。

（5）休眠期　　采种株在低温下越冬（或冬藏），被迫休眠。

2. 生殖生长时期　　
秋播芹菜受低温影响，营养生长点在 2~5℃下，开始转化为生殖生长点。翌年春在长日照和 15~20℃下抽薹，开花结实。

（三）对环境条件的要求

芹菜对保护地的适应性，表现如下。

1. 温度　　芹菜属半耐寒性蔬菜，其营养生长适温为 15~20℃，高于 20℃生长不良，超过 25℃生理机能减退，品质变劣，容易徒长，所以芹菜很适于北方早春和晚秋的保护地栽培。而且，即使某一时期保护地内温度超过其生育适温，但由于冬春地温低，或室内湿度大，可减少高温影响而仍能正常生长。种子发芽最低温为 4℃，适宜发芽温度为 15~20℃，7~10d 出芽。

2. 光照　　芹菜喜中等光强，且耐弱光而不耐强光，生长期中要求 10~40klx 光照强度，强光下叶柄厚角组织发达，降低食用品质。保护地栽培季节，一般无强光和较湿润，产品不易纤维化，因而较露地栽培易获优质产品。

芹菜属于绿体春化型，一般芹菜幼苗在 2~5℃下，经过 10~20d 即可完成春化，并在翌年长日照下抽薹开花。因此，春播过早，易先期抽薹。

芹菜在低温条件下进行花芽分化，在高温长日照条件下抽薹，花芽分化越早，抽薹也越早，食用叶片数少，产量下降，产品质量越差。在保护地栽培中，管理不当，很容易产生上述情况，是一个值得注意的问题。我国各地，延后和越冬栽培，基本上长期处于低温、短日照条件，不利于花芽分化和抽薹，而有利其营养生长和提高产量及质量。而早春早熟栽培的芹菜，定植后在不加温条件下，极易遇 13℃以下低温，进入 2 月以后，日照加长，芹菜就会很快抽薹，因此应适当早播早收。

3. 土壤营养　　保护地设施由于密闭性高，保湿性强，施肥量大，正适合芹菜喜湿贪肥的生物学特性，同时，芹菜根部皮层组织中的输导组织发达，能从地上部供给根部氧气，这也是芹菜能适应保护地内高湿环境的生物学特性。

芹菜适宜富含有机质、保水保肥力强的壤土或黏壤土。据研究，芹菜生长发育须施用完全肥料，初期和后期缺氮、初期缺磷和后期缺钾对产量影响最大。缺氮不但使生育受阻，且叶柄易老化空心；缺磷抑制叶柄伸长；缺钾影响养分运输，使叶柄薄壁细胞

图 15-3　芹菜栽培情境图

中贮藏养分减少，抑制叶柄加粗生长。缺硼，叶柄发生"劈裂"，初期叶缘呈现褐色斑点，后叶柄维管束有褐色条纹而开裂。可施 7.5～11.25kg/ 亩硼砂防止（图 15-3）。

四、栽培季节与茬口安排

依据芹菜喜冷凉的特性，故露地以秋播为主，也可在春季栽培。设施与露地栽培相结合，可多茬栽培，基本实现周年供应。

1. 露地栽培主要茬次

（1）秋播　　可从 7 月上旬播种，8 月上中旬定植，收获期为 10 月下旬至 11 月上中旬。北方地区多在冬前收获，软化栽培者可延迟至 12 月；假植贮藏者可供应至翌年 1 月至 2 月上旬。

（2）越冬茬　　8 月上旬播种，10 月上旬定植，收获期翌年 4 月收获。

（3）春茬　　2 月播种，4 月定植，6 月收获。

2. 芹菜设施栽培　　设施栽培以春提前、秋延后为主，而且各地多以夏、秋在露地育苗，然后在设施内定植，从秋冬到翌年初夏分期收获。主要茬次为：①塑料大中棚秋延后栽培。7 月播种，9 月定植，11 月下旬至 12 月下旬收获。②塑料大棚春早熟栽培。定植期较露地提早 1 个月左右，华北地区 2 月上旬定植，4 月中旬至 5 月收获。③改良阳畦秋延后栽培。7 月中旬至 8 月上旬播种，9 月上旬至 10 月上旬定植，12 月下旬至 2 月下旬收获。④日光温室冬茬栽培。7 月底至 8 月底播种，9 月下旬至 10 月中旬定植，12 月上旬至 3 月上旬收获。

【任务提出】

结合生产实践，小组完成一个芹菜育苗项目，在学习芹菜生物学特性和生产技术的基础上，设计芹菜生产方案，同时做好生产记录和生产总结。

【任务资讯】

一、塑料拱棚秋延后栽培

芹菜塑料拱棚秋延后栽培前期露地育苗，中后期在棚内生长。温度下降时，可拉二层幕或加盖防寒设备，提高保温性能，促进芹菜快速生长。当棚内最低气温达 2～5℃时

应及时采收，以免产品受冻。栽培要点如下。

1. 播种育苗 北方地区均于6~7月播种。先整好苗床，播种前浇足底水播种量1.5kg/亩左右。育苗方法同秋芹菜。因西芹生育期长，应适当早播，且幼苗生长快，一般分苗需1~2次。第一次在播后25~30d，约在3叶期进行；第二次隔20~25d，五六叶时；再经25d左右即可定植。

2. 定植 芹菜定植有单株、双株和丛栽，定植方法与密度因品种、地力、栽培季节、肥水条件等不同。设施栽培芹菜多采用小沟单株条栽，株行距10cm×12cm，每亩保苗55 000株。西芹单株大，产量高，株行距30cm×60cm，每亩保苗3700株左右。

3. 田间管理 温度管理。秋延后栽培，温度由高向低变化，定植初期可按自然温度管理，中后期防寒保温尤为重要。当外界最低气温降至15℃以下时，需扣棚保温。初始大棚两侧薄膜不全放下，使芹菜对大棚环境有一逐步适应过程。当外界最低气温降至6~8℃时，放下底脚。此期仍应注意白天通风换气，防止棚内高温、高湿。棚温保持在白天20~22℃，夜间13~18℃，地温15~20℃。以后视情况，逐渐减少通风量，缩短通风时间。低温时期可在大棚四周围1m高草帘或每畦加扣小拱棚，夜间覆盖草苫保温。

肥水管理。大棚秋芹菜肥水管理应以促为主，促控结合。扣棚前浇1次透水，追施速效氮肥或粪稀，并增施磷、钾肥，以增强植株抗寒性。扣棚后到放下底脚前再追氮肥1次。浇水以畦面湿润为度，轻浇勤浇温水。中后期减少浇水，以免降低地温和增加棚内湿度。

4. 收获 由于塑料棚保温性较差，应注意棚温变化，适期收获。在白天棚温7~10℃，夜温2℃，地温12℃以下，即产生冷害。根据种植方式、市场需求等。分大株、中小株和掰收叶柄等收获方式。整株收获时，注意勿伤叶柄，择除黄叶，烂叶，整理成束或打捆上市。短期贮藏，一般带3~4cm短根收获，捆好，根朝下，于棚内假植贮藏，分期上市。掰收叶柄者不可过早、过晚，以免影响下茬或下部叶老化，影响心叶生长。通常外叶70cm时采收较宜，可掰两三次，分期供应。

二、温室延后栽培

温室延后栽培以华北、东北地区居多，而且以不加温的日光温室为主，供应期11~12月。少数加温温室采用分期劈叶收获，可供应元旦、春节直至翌年3月，然后进行育苗，故又称越冬栽培。秋季延后栽培特点是前期育苗处于高温多雨季节，定植缓苗后，气温逐渐下降，接近生育适温，生长加快，后期进入低温短日条件，需进行防寒保温或加温。此期栽培芹菜不易抽薹，而易获得丰产和优质产品。

温室延后栽培，多以露地育苗，温室定植为主，这样苗期利于精细管理，还能节省种子，还可延长温室前作生育期或进行定植前温室消毒，提高温室利用率。温室延后栽培主要技术应做好培育壮苗、合理定植、加强肥水管理和后期的防寒保温，解决好环境条件与芹菜生育之间的矛盾。

1. 育苗 温室延后栽培育苗，其播种时间，无论后期温室加温与否，均于6月中旬至7月上旬为宜。过早，苗期在高温多雨条件下易感病害；过晚，则高温抑制出苗，使出苗缓慢，出土后幼苗常表现徒长细弱、抗逆性差。定植时生理苗龄太小，根系弱，定植后缓苗慢。

芹菜温室延后育苗技术可参照露地秋芹菜栽培育苗。其中主要技术要点除种子处理外，还应注意如下环节。

（1）精细整地和播种　　育苗床的土质应选择富含有机质的沙质壤土，苗床地要深翻耙细，做成宽 1～1.2m、长 5～6m 的平畦，施入优质有机肥料 5000～6000kg/ 亩，并每亩加施无机肥料氮肥 20kg、磷肥 30kg、钾肥 20kg，然后细耙 1～2 遍，便土肥混合均匀，避免烧苗，整平后踩实一遍，再耙平。然后灌透水，水渗下后马上播种，每公顷用种量为 1～1.5kg，播种时种子要掺适量沙子，利于播种均匀，夏季高温期播种，播后要立刻覆细土 0.5cm，注意厚薄一致，以保证出苗整齐，如覆土过厚会影响氧气供给和消耗大量养分，使出土幼苗细弱，在烈日高温下极易失水枯死。

（2）加强出苗前后管理　　出苗前，为了保湿、降温和防雨，华北地区则设置荫棚遮阴防雨。其次是出苗前要经常保持土壤湿润，播后第二天即开始浇第一次水，以后视表土发干板结即应浇水，每次浇水需用喷壶，不能大水漫灌。此外，出苗前还应根据苗畦杂草情况喷施一次除草剂，每亩用除草醚 350～500g，加水喷雾。出苗后，芹菜根系弱不耐干旱，应注意保湿；雨季要及时排除畦面上积水，还要在热雨之后浇灌井水降低地温，防止热雨高温下沤根致死。另外要及时间苗 2～3 次，防止幼苗徒长，并注意防除病虫害。整个苗期 50～60d。中间可追施一次氮肥，每亩 20kg，随灌水施入。

2. 合理定植　　温室定植期为 8 月上旬至 8 月下旬，定植前要耕翻土地施足基肥，为了后期提高地温、改善土壤理化性质，每平方米施用有机肥 5～8kg、马粪 5kg，栽植密度有单、双株和簇栽。簇栽时，1m 宽畦栽 4～5 行，簇距 8～10cm。单株或双株定植时，行株距为 10cm×10cm。定植时要认真选苗，达到选优去劣。保证定植质量的技术要领是：①整地施肥时要保证畦面平整，避免灌水时淤土压苗；②土、粪混伴均匀，防止肥多烧根；③栽植深度以埋没根部为度，不能埋没心叶，影响缓苗；④定植后一定要浇透水，防止苗子吊干。

3. 定植后管理

（1）定植初期　　为降温保湿，应在温室玻璃面或塑料上适当遮阴，保证室内光照在 1500～3000lx 即可，白天保持 23～25℃室温，缓苗后，逐渐增加光照。

（2）肥水管理　　要根据芹菜生育进程和产量构成因素，合理追肥灌水。定植后缓苗期，以保持土壤湿润，防暑降温，促进发根和缓苗，东北地区 9 月以后，天气渐凉，要撤除遮阴物，暂时控制水分，促进发根，进行蹲苗，9 月中旬新叶已开始加快生长，可重施一次肥水。芹菜的产量构成是 6～8 片以后的叶片，构成商品产量的主要因素是叶柄的长度和叶片重量。氮、磷、钾三要素对叶片生长的影响，所以 9 月中旬温室扣膜前，每公顷施人粪尿 2000kg，另加速效氮肥 15～20kg、氯化钾 15kg，结合追肥灌一次大水。以后一般到收获前（12 月）可不追肥，或根据长势追施速效氮肥，每亩施硝酸铵 20kg。入冬以后，要适当少浇水，且要浇蓄存的水，"三九"天不能灌水。并注意防止芹菜倒伏。

（3）防寒保温与通风管理　　东北地区，一般塑料日光温室 9 月下旬至 10 月上旬扣上薄膜，原则是苗小早扣，苗大晚扣，扣膜过早，苗易徒长和感病，扣膜过晚，芹菜缓苗慢、新根少。初期不能一次盖严，随温度下降，由晚上小通风到白天通风，晚上盖严。薄膜温室也是如此。一般保持室温在 18～22℃，夜温 15℃，地温 18～20℃，初期每天 8～9 点就开始通风。晚上室内气温降到 7～8℃封闭地窗，10 月下旬盖严玻璃和薄膜，以后转入以保温为主，白天晴天在不影响室温条件下 11～13 点进行通风，通风方式有利用天窗和地窗通风，有用后墙窗通风，有用塑料筒式通风，目的是减少外界寒风直接影响幼苗，到"三九"天严寒季节，停止通风，加强保温，11月加盖草帘，室温低于5℃时即应加温（11月中下旬）。

4. 病虫害防治 日光温室栽培芹菜，后期因室内气温低、湿度大，极易发生斑枯病，为减轻危害，除加强通风外，要及时进行药剂防治和控制灌水量。蚜虫对芹菜整个生育期都能危害，可用氧化乐果和敌敌畏交替防治。

5. 收获 日光温室一般以株高作为收获标准，而且采用劈收形式，当株高达60cm以上，即可采收，第一次不要收得太狠，以免影响内叶生长，一般第一次收3片叶，元旦可收2~3叶，春节还可收2~3叶。一次收获时，可在温室内挖沟，进行短期贮藏，不加温温室终收时间为室内最低温度达2℃左右。温室栽培从播种到收获为140~150d。

【任务注意事项】

芹菜主要病虫害如下。

（1）有斑枯病 在发病初期可用75%百菌清600倍液或1:0.5:200倍波尔多液交替喷施，防治2~3次。

（2）软腐病 防治软腐病可用70%敌克松1000倍或77%可杀得800倍进行防治。

（3）蚜虫 在冷凉、高温条件下易发生斑枯病，蚜虫危害会使芹菜叶片皱缩、卷叶、生长不良，甚至失去商品价值，防治蚜虫可用10%吡虫啉可湿性粉剂10g兑水40kg喷雾。芹菜茎开裂是缺硼之故，在生长期可施适量硼肥防治。

（4）芹菜早疫病 芹菜早疫病又称斑点病，一般在冷湿的条件下发生较为严重，是影响芹菜优质高产的主要病害，防治措施：实行轮作，病地与其他蔬菜实行轮作2~3年，并适时对地面喷洒新高脂膜保墒防水分蒸发、防土层板结，隔离病源；选种耐病品种。播种时应采用无病种子，将种子用48℃清水浸种30min，移入冷水中冷却后捞出种子晾干播种。种前用新高脂膜拌种，隔离病毒感染，加强呼吸强度，提高种子发芽率；加强肥水管理。合理密植，科学用水，生长期防旱、防涝，浇水时应防止大水漫灌，要加强通风，降低湿度，并配合喷洒新高脂膜保墒防水分蒸发，在芹菜生长期适时喷洒蔬菜壮茎灵可使植物杆茎粗壮、叶片肥厚、叶色鲜嫩，同时可提高芹菜抗灾害能力；药剂防治。发病初期及时摘除病叶，并配合喷洒药剂加新高脂膜形成保护膜，增强药效，防治气传性病菌的侵入。

【任务总结及思考】

1. 简述芹菜的丰产栽培技术措施。
2. 本芹和西芹怎么区分？

【兴趣链接】

1. 功效主治 芹菜性凉，味甘辛，无毒；入肝、胆、心包经。主治清热除烦，平肝。主治高血压、头痛、头晕、暴热烦渴、黄疸、水肿、小便热涩不利、妇女月经不调、赤白带下、瘰疬、痄腮等病症。芹菜性凉质滑，故脾胃虚寒，肠滑不固者食之宜慎。它有大量的胶质性碳酸钙，易被人体吸收，可补充双腿所需钙质，还能预防下半身浮肿。

（1）芹菜镇静安神 从芹菜籽中分离出的一种碱性成分，对动物有镇静作用，对人体能起安定作用；芹菜苷或芹菜素口服能对抗可卡因引起的小鼠兴奋，有利于安定情绪，消除烦躁。

（2）芹菜利尿消肿 芹菜含有利尿有效成分，可消除体内水钠潴留，利尿消肿。临床上以芹菜煎水有效率达85.7%，可治疗乳糜尿。

（3）芹菜平肝降压 芹菜含酸性的降压成分，对兔、犬静脉注射有明显降压作用；血管灌流可使血管扩张；用主动脉弓灌流法，它能对抗烟碱、山梗茶碱引起的升压反应，并可引起降压。临床对于原发性、妊娠性及更年期高血压均有效。

（4）芹菜养血补虚 芹菜含铁量较高，能补充妇女经血的损失，食之能避免皮肤苍白、干燥、面色无华，而且可使目光有神、头发黑亮。

（5）芹菜清热解毒 春季气候干燥，人们往往感到口干舌燥气喘心烦，身体不适，常吃些芹菜有助于清热解毒，去病强身。肝火过旺，皮肤粗糙及经常失眠、头疼的人可适当多吃些。

（6）芹菜也是一种理想的绿色减肥食品 因为当你嘴巴里正在咀嚼芹菜的同时，你消耗的热能远大于芹菜给予你的能量。

（7）芹菜防癌抗癌 芹菜是高纤维食物，它经肠内消化作用产生一种木质素或肠内脂的物质，这类物质是一种抗氧化剂，高浓度时可抑制肠内细菌产生的致癌物质。它还可以加快粪便在肠内的运转时间；减少致癌物与结肠黏膜的接触达到预防结肠癌的目的。

（8）芹菜醒酒保胃 芹菜属于高纤维食物，可以加快胃部的消化和排除，然后通过芹菜的利尿功能，把胃部的酒精通过尿液排出体外，以此缓解胃部的压力，起到醒酒保胃的效果。

（9）安定情绪 芹菜苷或芹菜素口服能对抗可卡因引起的小鼠兴奋，有利于安定情绪、消除烦躁。妇女月经不调、崩中带下，或小便出血，可用鲜芹菜30g、茜草6g、六月雪12g，水煎服。芹菜所含芹菜素有降压作用，其作用主要是通过颈动脉体化学感受器的反射作用而引起。芹菜的生物碱提取物对动物有镇静作用。用于肝经有热，肝阳上亢，烦热不安，眩晕；热淋，尿浊，小便不利或尿血；月经先期；胃热呕逆，饮食减少。

（10）芹菜是牙齿的清扫机 芹菜中含有大量的粗纤维，国外科学研究发现，老人在咀嚼芹菜时，通过对牙面的机械性摩擦，擦去黏附在牙齿表面的细菌，从而减少牙菌斑形成。当大口嚼着芹菜时，它正帮你的牙齿进行一次大扫除，这些粗纤维的食物就像扫把，可以扫掉一部分牙齿上的食物残渣。

2. 营养成分 100g芹菜含水分94g，蛋白质2.2g，脂肪0.3g，碳水化合物1.9g，粗纤维0.6g，灰分1g，胡萝卜素0.11mg，维生素B_1 0.03mg，维生素B_2 0.04mg，烟酸0.3mg，维生素C 6mg，钙160mg，磷61mg，铁8.5mg，钾163mg，钠328mg，镁31.2mg，氯280mg。还含有挥发油、芹菜苷、佛手苷内酯、有机酸等物质。

3. 芹菜做法

（1）美白芹菜

材料：西芹（5根）、瘦肉（3两）、蒜头（3瓣）。

调料：油（2汤匙）、酱油（3汤匙）、醋（2汤匙）、味精（1/4汤匙）、盐（1/2汤匙）、白糖（1/2汤匙）、水（4汤匙）。

1）芹菜洗净去头去叶切成段；瘦肉切片后切成条状；蒜头去衣拍扁切成蒜蓉。

2）煮沸半锅水，将芹菜段倒入焯2min，捞起沥干水摊凉。

3）倒2汤匙油入锅烧热，倒入肉丝翻炒30s。

4）加4汤匙水、3汤匙酱油、2汤匙醋、1/4汤匙味精、1/2汤匙盐、1/2汤匙白糖进锅，炒均匀并煮沸。

5）将火熄灭，倒飞过水的芹菜和蒜蓉进锅，用铲子炒匀就可以起锅了。

（2）饺子　　把叶洗净剁碎，与肉馅按1:1的比例搅拌均匀，放入少许食盐、姜末、五香粉等调料，这样做成的饺子味道鲜香。

（3）炒蛋　　将芹菜叶洗净切碎，在碗中打入2～3个鸡蛋，加入切碎的芹菜叶拌一拌，然后倒入热油锅中翻炒，即成芹菜炒蛋。

（4）凉拌　　芹菜叶洗净焯水，捞出后轻轻挤干水分，用刀切碎。将豆腐干切成5～6mm的小丁，与芹菜叶一同放入盆内，放入适量的盐、酱油、香油、味精、白糖，拌匀即可。此菜色泽碧绿，清爽适口。

（5）烙饼　　芹菜叶洗净切末，用水焯一下。碗中打入2个鸡蛋，与芹菜末搅拌，再加适量面粉，调成糊状。在平底锅中倒少许油，煎熟即可。蛋饼有芹菜叶的清香，软嫩可口。

（6）做汤　　将芹菜叶洗净，锅中倒入清水，放入海米、精盐，烧沸。加芹菜叶，并用水淀粉勾芡，打蛋花，再点少许香油即可。

（7）鲜芹苹果汁　　鲜芹菜250g，苹果1～2个。将鲜芹菜放进沸水中烫2min，切碎与青苹果榨汁，每次1杯，每日2次。能降血压，平肝，镇静，解痉，和胃止吐，利尿。适用于眩晕头痛、颜面潮红、精神易兴奋的高血压患者。

（8）芹菜煲红枣　　芹菜200～400g，红枣50～100g，煲汤分次服用。除了可治疗高血压外，还可治疗急性黄疸型肝炎、膀胱炎等症。再给大家介绍一下，营养学家曾对芹菜的茎和叶进行过13项营养成分的测试，发现芹菜叶的营养成分中，有10项指标超过了茎：其中胡萝卜素含量是茎的88倍，维生素B_1含量是茎的17倍，维生素C含量是茎的13倍，钙含量是茎的2倍以上。

（9）芹菜叶鸡蛋饼

1）材料：鸡蛋、芹菜、面粉、白糖、盐。

2）做法：芹菜叶摘好洗净切碎，放入大碗中加入面粉，放入鸡蛋、白糖，调成糊状，平底锅烧热，放少许油，放入面糊，扒平煎至微黄，反面煎至微黄，放在砧板上切开装盘即可。

（10）青椒豆干芹菜　　这道菜具有很强的饱腹感，首先把芹菜洗净切段，然后放入沸水里焯2min，之后捞出沥干水分。准备好葱末，豆干切段，青椒洗净切块，锅内倒油，烧热之后把葱末放入炒香，接着放芹菜段继续翻炒，然后把豆干和青椒一起倒入锅中，继续翻炒一小会儿，最后撒上少许食盐和味精即可。

（11）田园三色芹菜　　田园蔬菜口味清新，制作方便。把黄豆洗净，提前在清水里泡一整晚，第二天再放入沸水里煮10min左右。芹菜和胡萝卜洗净，切成小丁。锅内倒油，烧热之后把芹菜、黄豆和胡萝卜依次放入，翻炒片刻之后加少许的食盐味精即可出锅。这款三色蔬菜的营养丰富热量又低，对减肥很有帮助。

4. 保健食谱

（1）治高血压、肝火头痛、头昏目赤　　粳米100g，煮粥，将熟时加入洗净切碎的芹菜150g同煮，食用时最好不加油盐，而用冰糖（或白糖）调味作晚餐食用。

（2）治产后腹痛　　干芹菜60g，水煎加红糖和米酒适量调匀，空腹徐徐饮服。

（3）治中风后遗症、血尿　　鲜芹菜洗净捣汁，每次5汤匙，每日3次，连服7d。

（4）治失眠　　芹菜茎90g、酸枣仁9g，水煎服，每日2次。

（5）治血丝虫病　　芹菜茎适量，水1碗煮沸，加适量白糖，每日早晚各服1次；或用芹菜茎同茶泡服，慢性患者可连服10～20d。

（6）治高血压、急性黄疸型肝炎、膀胱炎　　鲜芹菜300g，红枣60g，炖汤分次服用。

（7）治头痛　　芹菜茎适量洗净捣烂，炒鸡蛋食用，每日2次。

（8）治月经过多、功能性子宫出血　　鲜芹菜30g，鲜卷柏30g，鸡蛋2个。鸡蛋煮熟去壳置瓦锅，放入芹菜、卷柏，加清水浸没药渣，煮熟后去药渣吃蛋饮汤。每日1剂，连服2～3剂。

（9）治糖尿病　　鲜芹菜500g，洗净捣汁，每日3次分服，连服数日。

（10）芹菜治肺结核咳嗽　　芹菜茎30g，洗净切碎，蜜水炒食用，每日3次。

功能作用：芹菜性微寒，味甘苦，无毒，富含蛋白质、碳水化合物、胡萝卜素、B族维生素、钙、磷、铁等，叶茎中还含有药效成分的芹菜苷、佛手苷内酯和挥发油，具有降血压、降血脂、防治动脉粥样硬化的作用；对神经衰弱、月经失调、痛风、抗肌肉痉挛也有一定的辅助食疗作用；它还能促进胃液分泌，增加食欲。特别是老年人，由于身体活动量小、饮食量少、饮水量不足而易患大便干燥，经常吃点芹菜可刺激胃肠蠕动利于排便。

任务四　落葵栽培

【知识目标】

1. 了解落葵的生长发育特性及其对环境条件的要求。
2. 掌握落葵的丰产栽培技术。

【能力目标】

熟知落葵的生长发育规律，掌握生产过程的品种选择、茬口安排、整地做畦、播种育苗、田间管理、病虫害防治、适时采收等技能。

【知识拓展】

一、落葵概述

落葵为落葵科落葵属中以嫩茎叶供食用的一年生缠绕性草本植物。

落葵在中国分布很广，别名也多，如木耳菜、藤菜、软浆叶、胭脂菜、豆腐菜等，原产中国和印度，现在亚洲、非洲和美洲均有栽培。落葵以幼苗、嫩茎、嫩叶芽供食用，全株还可供药用，落葵营养丰富，据测定，每 100g 食用部分含蛋白质 1.7g、碳水化合物 3.1g、维生素 C 102mg（在绿叶菜中居榜首），并富含胡萝卜素、铁、磷、钙等。食用方法多样，可以炒食、涮火锅、凉拌、作汤等，有滑肠、利便、清热等功效，经常食用能降压益肝、清热凉血、防止便秘，是一种保健蔬菜。

二、品种及类型

落葵的种类很多，根据花的颜色，可分为红花落葵、白花落葵、黑花落葵。作为蔬菜用栽培的主要为前两种。

1. 红花落葵 茎淡紫色至粉红色或绿色，叶长与宽近乎相等，侧枝基部的几片叶较窄长，叶基部心脏形。常用的栽培品种有以下几种。

（1）赤色落葵 又叫红叶落葵、红梗落葵，简称红落葵。茎淡紫色至粉红色，叶片深绿色，叶脉附近为紫红色。叶片卵圆形至近圆形，顶端钝或微有凹缺。叶型较小，长宽均 6cm 左右。穗状花序，花梗长 3～4.5cm。原产于印度、缅甸及美洲等地，品种较多。

（2）青梗落葵 为赤色落葵的一个变种。除茎为绿色外，其他特征特性、经济性状与赤色落葵基本相同。

（3）广叶落葵 又叫大叶落葵。茎绿色，老茎局部或全部带粉红色至淡紫色。叶深绿色，顶端急尖，有较明显的凹缺。叶片心脏形，基部急凹入，下延至叶柄，叶柄有深而明显的凹槽。叶型较宽大，叶片平均长 10～15cm、宽 8～12cm。穗状花序，花梗长 8～14cm。原产于亚洲热带及中国海南、广东等地。品种较多，如贵阳大叶落葵、江口大叶落葵等。

2. 白花落葵 又叫白落葵、细叶落葵。茎淡绿色，叶绿色，叶片卵圆形至长卵圆披针形，基部圆或渐尖，顶端尖或微钝尖，边缘稍作波状。其叶最小，平均长 2.5～3cm、宽 1.5～2cm。穗状花序有较长的花梗，花疏生。原产于亚洲热带地区。

三、生物学特性

1. 植物学特性

（1）根 落葵根系发达，分布深而广，吸收力很强。茎在潮湿的地上易生不定根，可行扦插繁殖。

（2）茎 落葵分为青梗落葵和红梗落葵两种。皆为蔓生，茎光滑，肉质，无毛，分枝力强，长达数米。青梗落葵茎绿白色，红梗落葵茎紫红色。

（3）叶 叶为单叶互生，全缘，无托叶。红梗落葵，叶绿色或紫红色；青梗落葵叶绿色。叶心脏形或近圆形或卵圆披针形，顶端急钝尖，或渐尖。一般有侧脉4~5对，叶柄长1~3cm，少数可达3.5cm。

（4）花 落葵穗状花序腋生，长5~20cm。花无花瓣，萼片5枚，淡紫色至淡红色，下部白色，或全萼白色。雄蕊5枚，花柱3枚，基部合生。花期6~10个月。

（5）果实与种子 果实为浆果，卵圆形，直径5~10mm。果肉紫色多汁。种子球形，紫红色，直径4~6mm，千粒重25g左右。

2. 对环境的要求 落葵为高温短日照作物，喜温暖，不耐寒。生长发育适温为25~30℃。发芽出苗始温为15℃，在35℃以上的高温，只要不缺水，仍能正常生长发育。其耐热、耐湿性均较强，高温多雨季节仍生长良好。故在中国各地均可安全越夏。多数地区在高温多雨季节生长更旺盛，是江南7~9月雨季的重要淡季蔬菜。

四、栽培季节

落葵从播种至开始采收时间很短，加上耐热、耐湿，所以在长江流域和华北地区自4月晚霜过后至8月可陆续播种。华北地区以春播为主，一般在4月中下旬，晚霜已过，地温在15℃左右时即开始播种，进行露地栽培。如用风障阳畦育苗移栽栽培时，可在3月上中旬在阳畦、塑料大棚等设施中育苗，4月中下旬定植在露地。落葵的春早熟栽培一般在1~2月育苗，2~3月定植在日光温室或塑料大、中、小棚中。越冬栽培在10~12月播种，在日光温室中栽培（图15-4）。

图15-4 落葵栽培情境图

【任务提出】

结合生产实践，小组完成一个落葵栽培项目，在学习落葵生物学特性和生产技术的基础上，设计落葵生产方案，同时做好生产记录和生产总结。

【任务资讯】

一、落葵露地栽培技术

露地栽培是指生长发育期主要在露地条件下的栽培方式，是目前中国南方的主要栽培方式。根据育苗环境的不同，又分为3种：一是露地直播栽培；二是露地育苗，移栽栽培；三是保护地育苗，露地移栽栽培。

1. 整地施肥 播种前每公顷施腐熟的有机肥45 000~60 000kg、过磷酸钙750kg，深翻、耙平，春季做成平畦，夏季做成小高畦，防止雨涝。

2. 播种育苗 落葵种皮坚硬，发芽困难，播种前必须进行催芽处理。先用35℃的温水浸种1~2d，后捞出放在30℃的恒温箱中催芽。4d左右，种子即"露白"。夏秋播种，种子只需浸种，无需催芽。春季栽培希望早上市，或为了减少苗期管理用工时，可用育苗方式。育苗畦可设在风障阳畦中，也可在露地条件下。育苗畦应选高燥、排灌方便的向阳、背风地块。施腐熟的有机肥3万 kg/hm²，浅翻，做成平畦。播前灌水，水渗下后撒种，覆土1cm。如用风障阳畦育苗时，应扣严塑料薄膜，夜间加盖草苫。白天保持25～30℃，夜间15～20℃。温度高时，应通风降温。待定植前7～10d，逐渐撤除塑料薄膜进行大通风，最后转为露地栽培，以提高适应能力。苗龄30d，4～5叶时即定植。

露地栽培多采用直播方式。播种量因采收方式不同而异。以采收嫩梢或幼苗的不搭架栽培，用撒播或条播法。撒播每公顷用种量100～120kg；条播法每公顷用种量75～90kg。上述两法每公顷保苗45万～47万株。以采收嫩叶为主的架式栽培采用条播或穴播法，每公顷用种量75kg左右，株行距为（25～30）cm×（40～60）cm，每穴2株。不论用什么方式，播种前均应浇足水，播后覆土2～3cm。晚春或夏、秋季播种，外界气温高，蒸发量大，为保持适宜的湿度，播后即覆盖地膜或碎草，以保证出苗。出苗后立即撤除地膜或碎草。

3. 田间管理　利用育苗移栽栽培时，在露地晚霜过后定植于大田。定植密度为：以采食叶片进行搭架栽培时，株行距为（30～40）cm×（40～60）cm，每穴1～5株；以采食嫩梢进行不搭架栽培时，株行距为（15～20）cm×（30～40）cm，每穴1～3株。

直播时，1～2片真叶时间苗，4～5片真叶时定苗，株行距同上。

落葵生育期要求湿润的土壤环境。因此，从出苗后至拉秧，一直要经常浇水，保持土壤湿润。春季3～5d一水，夏、秋季2～3d一水。落葵怕积水烂根，大雨后应及时排水防涝。

在2～3片叶苗期追第一次肥，每公顷施尿素150kg，或随水冲施人粪尿7500kg。育苗者，定植缓苗后，于5～6叶期追第二次肥，施肥量同第一次。以后每10～15d追一次肥，或每采收一次追一次肥。每次每公顷尿素150～300kg，或人粪尿10 000～15 000kg。施肥的原则是前期少些，中期多些，后期重施，以促进发生新梢，叶片肥大。

在4～5片真叶时，或定植缓苗后，或上架时，或每次采收后都要及时中耕除草，并在植株基部培土。夏季炎热、多雨，杂草发生严重，应及时拔除。

以采食叶片为主的搭架栽培时，在植株高20～30cm时，应搭架引蔓上架。以此改善通风通光条件，使植株在空间得到均匀、合理地分布。搭架一般用长1.5～2m的竹竿，每穴一竿扎成人字架，或篱壁架。开始应引蔓上架，后植株自动攀缘上架。

生长期应进行整枝。以采收嫩梢为目的的栽培整枝方法是：苗高30～35cm时，留3～4叶收割头梢。后选留2个强壮的旺盛侧芽成梢，其余抹去。收割2道梢后，再留2～4个强壮侧芽成梢，其余抹去。在生长旺盛期可选留5～8个强壮侧芽成梢，中后期应随时抹去花蕾，到了收割末期，植株生长势减弱，可留1～2个强壮侧芽成梢。这样有利于叶片肥大、梢肥茎壮、品质提高，且能缩短收获期的间隔时间，提高产量。

以采收嫩叶为目的的整枝方法是：选留一条主蔓为骨干蔓，当骨干蔓长到架顶时摘心。再从骨干蔓基部选留强壮侧芽形成的侧蔓。原骨干蔓采收结束后要在紧贴新蔓处剪去。收获后期，可根据植株的生长势，减少骨干蔓数。同时要尽早抹去花茎幼蕾。这种管理方法植株单叶数少，但单叶重量大，叶片肥厚柔嫩，品质好，总产量高，商品价值高。

落葵整枝的关键是摘除花茎和过多的腋芽，防止生长中心的过快转移，减少过多的生长中心，保证稳产和高产。

4. 采收　采食嫩叶为目的时，前期每15～20d采收一次，生长中期10～15d采收一次，后期10～17d一次。主食嫩梢时，可用刀割或剪刀剪。梢长10～15cm时剪割，每7～10d一次。也可用前后期割嫩梢，中期采嫩叶的方法。一般每公顷产45 000～75 000kg。

二、春早熟栽培技术

落葵春早熟栽培是早春利用保护设施进行育苗、栽培的方法。该方式上市早，经济效益较高。

1. 栽培设施及时间　华北地区利用塑料大棚栽培时，一般于2月中下旬在温室或风障阳畦中育苗，3月中下旬定植，4月下旬至5月上旬即可开始采收。利用风障阳畦或日光温室栽培时，可于1月中下旬播种育苗，2月中下旬定植，3月中下旬即可开始采收。

2. 播种育苗　落葵为喜温蔬菜，春早熟栽培中育苗期在冬末春初寒冷季节。因此，育苗床一定要保证适宜的温度。一般用风障阳畦或日光温室，有条件时利用电热温床进行。

播种前应进行种子处理，播后立即覆盖塑料薄膜，夜间加盖草苫保温，促进出苗。

苗期应尽量提高苗床温度，保持白天30℃左右，夜间15～20℃。出苗后经常浇水，保持土壤湿润。苗龄30～35d，6～7片真叶时即可定植。

苗期其他管理同露地栽培育苗。

3. 定植　定植前每公顷施腐熟的有机肥75 000kg，深翻，做成平畦。定植前10～15d，塑料大棚或日光温室扣塑料薄膜、闭棚，尽量提高地温。

定植应选晴暖天气上午进行，以利缓苗。

定植株行距为20cm×30cm，定植后立即浇水，扣严塑料薄膜，提高棚温。

4. 田间管理　生长期间利用闭棚和通风降温来调节棚内白天温度为25～30℃，夜间15～20℃。白天超过33℃，即通风降温。当进入初夏，外界气温升高时，加大通风量，并撤除草苫等保温覆盖物。待外间夜温在15℃以上时，可撤除塑料薄膜，转入露地栽培。

保护设施内的追施、浇水、整枝等管理措施可参照露地栽培。

5. 采收　采收方法同露地栽培。

三、落葵秋延迟栽培技术

春播的落葵如果在秋季仍然生长良好，可进行秋延迟栽培，一直延迟采收到11月底至12月初。这种方式在初冬寒冷季节，缺少绿叶蔬菜时也可供应鲜嫩的落葵，经济效益、社会效益均高。

华北地区在10月中下旬，早霜来临前10～15d，把衰老的主蔓剪去，保留1～2条健旺的茎部发出的侧蔓。就地建塑料大棚或中、小棚，扣上塑料薄膜。白天保持棚内25～30℃，夜间不低于15℃。防止低温造成霜冻。进入11月中下旬可加盖草苫保温，只要棚内温度在5℃以上，尽量延迟采收期，以求最大的经济效益。

秋末冬初，棚内温度渐低，蒸发量小，可减少浇水次数。只要保持土壤湿润，就无需浇水。10月至11月初可追1～2次尿素，每次每公顷225～300kg。其他管理同露地栽培。当棚内最低气温不能保持在5℃以上时，应全部采收拉秧。

【任务注意事项】

落葵主要有褐斑病、灰霉病、苗腐病、落葵叶斑病。

防治方法是褐斑病适当密植，改善通风透光条件，避免浇水过多和施氮肥过多。发病初喷：75%百菌清可湿性粉剂600倍液；或40%万多福可湿性粉剂800倍液；或50%速克灵2000倍液，上述药之一，每7～10d一次，连续2～3次；灰霉病是加强肥水管理，注意排水防涝，增施磷、钾肥，提高抗病力。发病初可用：50%苯菌灵可湿性粉剂1500倍液；或50%农利灵可湿性粉剂1000倍液；或50%速可灵可湿性粉剂155倍液，每10d一次，连喷2次。苗腐病防治方法是及时拔除病株，清洁田园，减少田间病源；适当浇水，及时排除田间积水，降低田间湿度；发病初喷：70%乙磷锰锌可湿性粉剂500倍液；或58%甲霜灵锰锌可湿性粉剂500倍液；或杜邦克露800倍液，每7～10d一次，连续喷2～3次。叶斑病防治方法是采用高畦或高垄栽培；雨季及时排水，降低田间湿度；发病初喷：50%苯菌灵可湿性粉剂1500倍液；或50%腐霉灵可湿性粉剂1000倍液，每7～10d一次，连喷2～3次。虫害：常有蚜虫危害，用40%氧化乐果乳油2000倍液喷杀。

【任务总结及思考】

1. 落葵的高效生产措施有哪些？
2. 落葵栽培茬次如何安排？

【兴趣链接】

落葵科草质藤本植物落葵的叶或嫩茎叶，又称藤菜、藤葵、滑藤、西洋菜、胭脂菜、木耳菜、软浆叶。我国各地均有栽培。夏、秋季摘取叶片或采嫩茎叶，洗净用。

性能：味甘、酸，性寒。能润燥滑肠，清热凉血。

参考：含胡萝卜素、维生素B、维生素C，以及蛋白质、糖类、有机酸、色素等成分。

用途：用于胸膈烦热，大便秘结，血热鼻衄、便血，或发斑疹。

用法：煎汤，煮食。

注意：性质寒滑，脾胃虚弱的患者和孕妇不宜食。

任务五　苋菜栽培

【知识目标】

1. 了解苋菜的生长发育特性及其对环境条件的要求。
2. 掌握苋菜的丰产栽培技术。

【能力目标】

熟知苋菜的生长发育规律，掌握生产过程的品种选择、茬口安排、整地做畦、播种育苗、田间管理、病虫害防治、适时采收等技能。

【知识拓展】

一、苋菜概述

苋菜学名 *Amaranthus tricolor*，原名苋，别名雁来红、老少年、老来少、三色苋，为苋科苋属一年生草本，茎粗壮，绿色或红色，常分枝，幼时有毛或无毛。苋菜菜身软滑而菜味浓，入口甘香，有润肠胃清热功效。也称为凫葵、蟹菜、荇菜、苦菜。有些地方又名红蘑虎、云香菜、云天菜等。

二、类型和品种

我国南方苋菜品种很多，依照叶色的不同，分为绿苋、红苋、彩色苋 3 个类型（图 15-5）。

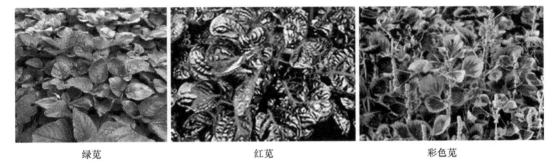

绿苋　　　　　　　　　　红苋　　　　　　　　　彩色苋

图 15-5　苋菜种类情境图

（1）绿苋　　叶和叶柄为绿色或黄绿色。耐热性较强，食用时口感较红苋为硬。其代表品种如上海市郊区的白米苋、广州市郊区的柳叶苋、南京市郊区的木耳苋。

（2）红苋　　叶片和叶柄紫红色。耐热性中等，食用时较绿苋为软糯。其代表品种如重庆市郊区的大红袍、广州市郊区的红苋、昆明市郊区的红苋菜等，其中重庆大红袍性特耐旱。

（3）彩色苋　　叶缘绿色，叶脉附近紫红色。早熟，耐寒性稍强，质地较绿苋为软糯。南方多于春季栽培。其代表品种有上海的尖叶红米苋和广州市的尖叶花红苋。

三、生物学特性

1. 形态特征

（1）根　　苋菜根较发达，分布深广。茎高 80～150cm，有分枝。叶互生，全缘，卵状椭圆形至披针形，平滑或皱缩，长 4～10cm，宽 2～7cm，有绿、黄绿、紫红或杂色。花单性或杂性，穗状花序。

（2）茎　　苋菜为一年生草本，高 80～150cm；茎粗壮，绿色或红色，常分枝，幼时有毛或无毛。

（3）叶　　苋菜叶片卵形、菱状卵形或披针形，长 4～10cm，宽 2～7cm，绿色或常成红色，紫色或黄色，或部分绿色夹杂其他颜色，顶端圆钝或尖凹，具凸尖，基部楔形，全缘或波状缘，无毛；叶柄长 2～6cm，绿色或红色。花簇腋生，直到下部叶，或同时具顶生花簇，成下垂的穗状花序。

（4）花及果实　　花簇球形，直径 5～15mm，雄花和雌花混生；苞片及小苞片卵状披针形，长 2.5～3mm，透明，顶端有一长芒尖，背面具一绿色或红色隆起中脉；苋菜花被片矩圆形，长 3～4mm，绿色或黄绿色，顶端有一长芒尖，背面具一绿色或紫色隆起中脉；雄蕊比花被片长或短。胞果卵状矩圆形，长 2～2.5mm，环状横裂，包裹在宿存花被片内。

（5）种子　　苋菜的种子近圆形或倒卵形，直径约 1mm，黑色或黑棕色，边缘钝。花期 5～8 月，果期 7～9 月。

2. 对环境条件的要求

（1）温度　　苋菜性喜温暖，耐热力较强，不耐寒冷。生长适温 23～27℃，20℃以下生长缓慢，10℃以下温度条件种子发芽困难。温度过高，茎部纤维化程度高。

（2）光照　　苋菜是一种高温短日照作物，在高温短日照条件下极易开花结籽。在气温适宜日照较长的春夏季栽培，抽薹迟，品质柔嫩，产量高。

（3）土壤、水分与养分　　苋菜对土壤适应性较强，以偏碱性土壤生长较好。苋菜具有较强的抗旱能力，但水分充足时，叶片柔嫩，品质好。苋菜不耐涝，要求土壤有排灌条件。另外土壤肥沃有利获得高产。

四、栽培季节与茬次

苋菜从春到秋无霜期内都可栽培。露地栽培可从 3 月下旬至 8 月上旬播种；而大棚和小拱棚覆盖栽培可提早播种 20～30d，即在 2 月下旬开始播种，并可提早上市 30d 左右。除早春栽培外，一般播后 35d 左右即可上市。

【任务提出】

结合生产实践，小组完成一个苋菜栽培项目，在学习菜心生物学特性和生产技术的基础上，设计苋菜栽培方案，同时做好生产记录和生产总结。

【任务资讯】

苋菜生产技术

1. 浸种催芽　　苋菜种子在凉水中浸种 24h，浸种过程中需搓洗几遍，以利吸水。在冬季、早春将浸泡过的种子捞出，用清水搓洗干净，捞出沥净水分，用透气性良好的纱布包好，再用湿毛巾覆盖，放在 15～20℃条件下催芽，当有 30%～50% 的种子露白时，即可播种。其他季节采用直接播种的方式栽培。

2. 整地播种

（1）整地　　宜选择杂草少的地块，苋菜对土壤要求不严格，但以土壤疏松、肥沃、保肥、保水为好，每亩施入腐熟有机肥 5000kg、25% 复合肥 5kg，精耕细作，做成畦宽

1～1.2m，沟宽 0.3m，沟深 0.15～0.2m 的高畦。

（2）播种　　苋菜的种子较小，播种时掺些细沙或细土可以使播种均匀。每亩用种量 0.25～0.5kg。可平畦撒播或条播，撒播的可用四齿耙浅耧或不耧（雨水多的潮湿季节），条播者春季可稍深、夏季宜浅，浅覆土，然后镇压，即可浇水，等待出苗。冬季、早春加盖薄层稻草保湿，再盖上一层地膜保温，大棚遮挡严实、升温。夏季加盖防晒网。

3. 田间管理

（1）温度管理　　冬季、早春出苗后揭开地膜和覆盖物，浇水后在大棚内再建小型拱棚，以利保温，在外界气温较低时，于傍晚在小棚上加盖一层草帘保温。夏季出苗后，及时加盖防晒网，采取早盖晚揭。

（2）肥水管理　　冬季、早春要经常保持土壤湿润，浇水要小水勤浇，尽量选择在晴天上午浇水，并在齐苗后浇施一次 0.2% 尿素水溶液，以后 7～10d 追施一次，促进生长。夏季适当加大浇水量，一般在早晨、傍晚浇水。除了施足基肥外，还要进行多次追肥，一般在幼苗有 2 片真叶时追第 1 次肥，过 10～12d 追第 2 次肥，以后每采收 1 次追肥 1 次。肥料种类以氮肥为主，每次每亩可施稀薄的人粪尿 1500～2000kg，加入尿素 5～10kg。

（3）除草　　及时进行人工除草。播后 7～10d 出苗，出苗前后应注意防治杂草，条播者可进行行间中耕除草。

【任务注意事项】

苋菜病虫害防治如下。

（1）农业防治　　选用耐热（寒）抗病优良品种，合理布局，一定时间内与其他作物或水稻轮作，清洁田园，降低病虫源数目，培育壮苗，提高抗逆性，增施有机肥，平衡施肥，少施化肥。恶劣天气喷施叶面肥（如高利达）。

（2）物理防治　　利用黄板诱杀蚜虫，黑光灯诱杀蛾类。

（3）生物防治　　利用天敌对付害虫，选择对天敌杀伤力低的农药，创造有利于天敌生存的环境。采用抗生素（农用链霉素等）防治病害（软腐病）。

【任务总结及思考】

1. 苋菜在什么条件下抽薹？当地应该避开什么时期播种？
2. 能识别苋菜的主要种类，并掌握其栽培技能。

【兴趣链接】

每 100g 苋菜可含水分 90.1g，蛋白质 1.8g，脂肪 0.3g，碳水化合物 5.4g，粗纤维 0.8g，灰分 1.6g，胡萝卜素 1.95mg，维生素 A 0.04mg，维生素 B 0.16mg，烟酸 1.1mg，维生素 C 28mg，钙 180mg，磷 46mg，铁 3.4mg，钾 577mg，钠 23mg，镁 87.7mg，氯 160mg。

苋菜叶富含易被人体吸收的钙质，对牙齿和骨骼的生长可起到促进作用，并能维持正常的心肌活动，防止肌肉痉挛。同时含有丰富的铁、钙和维生素 K，可以促进凝血。苋菜富含膳食纤维，常食可以减肥轻身、促进排毒、防止便秘。同时常吃苋菜可增强体质，有"长寿菜"之称。

苋菜能促进儿童生长发育，其铁、钙的含量高于菠菜，为鲜蔬菜中的佼佼者。亦适宜于贫血患者、妇女和老年人食用，有维持正常心肌活动，促进凝血、造血和血液携带氧气的功能。

任务六　茼蒿栽培

【知识目标】

1. 了解茼蒿的生长发育特性及其对环境条件的要求。
2. 掌握茼蒿的丰产栽培技术。

【能力目标】

熟知茼蒿的生长发育规律，掌握生产过程的品种选择、茬口安排、整地做畦、播种育苗、田间管理、病虫害防治、适时采收等技能。

【知识拓展】

一、茼蒿生产概述

茼蒿属菊科一二年生蔬菜，又称蓬蒿、蒿菜、春菊，作一年生栽培，以嫩茎叶供食。它属于半耐寒性蔬菜，喜欢冷凉湿润的气候，对光照要求不严格；茼蒿含有丰富的营养，具有和脾胃、利便、清血、养心、清痰润肺、减肥、降脂、降压、助消化、安眠等功效。茼蒿既可在春、秋两季露地栽培，又可在冬季大棚生产，每季可收获 3 茬，亩产 1500kg 左右。

二、类型和品种

茼蒿依其叶片大小、缺刻深浅不同，可分为大叶种和小叶种两大类型（图 15-6）。

大叶种

小叶种

图 15-6　茼蒿的两个种

1. 大叶种　又称板叶茼蒿或圆叶茼蒿。生长缓慢，生长期长，成熟期较晚。较耐热，耐寒力不强，适宜南方种植，以食叶为主。

2. 小叶种　又称细叶茼蒿或花叶茼蒿。香味浓，但质地较硬，品质不及大叶茼蒿，且产量较低。生长快，早熟，耐寒力强，适宜北方栽培。

主要优良品种如下。

（1）上海圆叶茼蒿　　上海地方品种，大叶品种，叶缘缺刻浅，以食叶为主，分枝性强，产量高，但耐寒性不如小叶品种。

（2）蒿子秆　　北京农家品种，为食用嫩茎叶的小叶品种。茎较细，主茎发达，直立。叶片狭小，倒卵圆形至长椭圆形，叶缘为羽状深裂，叶面有不明显的细绒毛。耐寒力较强，产量较高。

（3）花叶茼蒿　　陕西省地方品种，叶狭长，为羽状深裂，叶色淡绿，叶肉较薄，分枝较多，香味浓，品质佳。生长期短，耐寒力强，产量较高。适于日光温室和大棚种植。

（4）板叶茼蒿　　由台湾农友引进，半直立，分枝力中等，株高21cm，开展度28cm。茎短粗、节密，淡绿色。叶大而肥厚，稍皱缩，绿色，有蜡粉。喜冷凉，不耐高温，较耐旱、耐涝，病虫害少，适于日光温室和大棚种植。

（5）金赏御多福茼蒿　　由日本引进，为大叶茼蒿。根浅生，须根多。株高20～30cm。叶色浓绿，叶宽大而肥厚，呈板叶形，叶缘有浅缺刻。纤维少，香味浓，品质佳。生长速度快，抽薹晚，可周年栽培。

（6）香菊三号茼蒿　　由日本引进，中叶种。叶片略大，叶色浓绿有光泽，茎秆空心少，柔软。植株直立，节间短，分枝力强，产量高，耐霜霉病。

三、生物学特性

茼蒿属浅根性蔬菜，根系分布在土壤表层。茎圆形，绿色，有蒿味。叶长形，叶缘波状或深裂，叶肉厚。头状花序，花黄色，瘦果，褐色。栽培上所用的种子，在植物学上称瘦果，有棱角，平均千粒重1.85g。

茼蒿性喜冷冻，不耐高温，生长适温20℃左右，12℃以下生长缓慢，29℃以上生长不良。茼蒿对光照要求不严，一般以较弱光照为好。属长日照蔬菜，在长日照条件下，营养生长不能充分发展，很快进入生殖生长而开花结籽。因此，在栽培上宜安排在日照较短的春秋季节。肥水条件要求不严，但以不积水为佳。

【任务提出】

结合生产实践，小组完成一个茼蒿栽培项目，在学习茼蒿生物学特性和生产技术的基础上，设计茼蒿栽培方案，同时做好生产记录和生产总结。

【任务资讯】

一、秋茼蒿栽培技术

1. 茬口安排　　秋茼蒿栽培在8～9月分期播种，也可在10月上旬播种。一般以豆类为前作最为理想，早熟的茄果类次之；还可采用间套作方式栽培，如秋大棚黄瓜、茄果类蔬菜套种茼蒿；大白菜、茼蒿间套种等高效种植模式。

2. 品种选择　　秋茼蒿多选用上海圆叶茼蒿、蒿子秆、花叶茼蒿、板叶茼蒿等优良品种。

3. 整地施肥 茼蒿对土壤要求不太严格，但以保水保肥、排灌良好、土质疏松的壤土或沙质壤土为好。基肥一般每亩施腐熟农家肥 5000kg、二铵 50kg。施完后将地面耙平做畦，畦宽 1～1.5m。

4. 播种方法 茼蒿主要有条播和撒播两种方法。露地栽培两种方法均可，播前灌水造墒，水渗下去后均匀播种，播后覆土 1.5cm 左右。间套种和保护地栽培多采用条播，即开出深 1～1.5cm 的浅沟，行距 8～10cm，沟内撒入种子，覆土后浇水。

5. 田间管理 水分管理：播后要保持地面湿润，以利于出苗，苗高 3cm 时浇大水，全生育期浇 2～3 次水，并防止湿度过高。

追肥管理：旺盛生长期追肥以速效氮肥为主，结合浇水，亩施尿素 15kg。以后每采收一次要追肥一次，每次亩用尿素 10～20kg 或硫酸铵 15～20kg，以勤施薄肥为好。但下一次采收距上次施肥应该有 7～10d 以上的间隔期，以确保产品品质。

6. 采收 分一次性采收和分期采收两种，一次性采收是在播后 40～50d，苗高 20cm 左右，贴地面割收。分期采收有两种方法：一是疏间采收，二是保留 1～2 个侧枝割收，隔 20～30d 再割收一次，以延长供应期。

二、温室茼蒿栽培技术

1. 选择品种 温室栽培主要选用小叶品种。小叶品种较耐寒、香味浓、嫩枝细、生长快、成熟早，生长期 40～50d。

2. 整地施肥 亩用优质农家肥 2500～5000kg、过磷酸钙 50～100kg、碳酸氢铵 50kg，均匀地施于地面，然后深翻两遍，把肥料与土壤充分混匀，耧平后做畦，畦宽 1～1.5m，畦内再耧平并轻踩一遍，以防浇水后下陷。

3. 适期播种 北方地区在 10 月上旬至 11 月中旬均可播种，如果小雪前在温室内播种，可于春节期间收获。

播种量：为 1～2kg/亩。

种子处理：播前 3～5d 用 30℃温水浸泡 24h，淘洗，沥干后晾一下，装入清洁的容器中，放在 15～20℃条件下催芽。每天用温水淘洗一遍，3～5d 出芽。

播种：不论干籽播种还是催芽后播种，都可撒播和条播。条播时，在 1～1.5m 宽的畦内按 15～20cm 开沟，沟深 1cm，在沟内用壶浇水，水渗后在沟内撒籽，然后覆土。撒播时，先隔畦在畦面取土 0.5～1cm 厚，置于相邻畦内，把畦面耧平，浇透水，水渗后即可撒播种子；再用取出的土均匀覆盖，厚度为 1.5cm。

4. 温室管理

温度：播种后温度可稍高些，白天 20～25℃，夜间 15～20℃，4～5d（催芽）或 6～7d（干籽）出苗。出苗后棚内温度：白天控制在 15～20℃，夜间控制在 8～10℃。注意防止高温，温度超过 28℃要通风降温，超过 30℃对生长不利，光合作用降低或停止，生长受到影响，导致叶片瘦小、纤维增多、品质下降。最低温度要控制在 12℃以上，低于此温度要注意防寒，增加防寒设施，以免受冻害或冻死。

水肥：播种后要保持地面湿润，以利出苗。出苗后一般不浇水，促进根系下扎。湿度大、温度低易发生猝倒病。小苗长出 8～10 片叶时，选择晴暖天气浇水 1 次，结合浇水施肥 1 次，亩施硫酸铵 15～20kg。生长期浇水 2～3 次，注意每次都要选择晴天进行，水量不能过大，相对湿度控制在95%以下。湿度大时，要选晴天温度较高的中午通风排湿，防止病害的发生。

苗高3.5cm时，以株、行距各为3.5cm定苗。幼苗期要少浇水，生长中后期应保持土壤湿润。间苗、定苗和每次采收后，每亩追施尿素10～15kg。

出苗以后要适当控水，6～8片叶以后加强管理，温度控制在18～22℃，保持土壤湿润，促进生长。

化学除草：播种后、出芽前要及时除草，可亩用25%除草醚0.25～0.5kg兑水60kg，用喷雾器均匀喷施（施药时要经常搅动药液，以防止药物沉淀而影响效果），或者将所需药物与25kg细土（或细沙）拌匀后均匀撒于田间。需要注意的是，施药后2d不能浇水，7d内不能锄地。播种时应浇足底水，临近出苗时浇1次齐苗水，出苗后要及时中耕除草。

5. 采收　　分一次性采收和分期采收。一次性采收是在播种后40～50d、苗高20cm左右时贴地面割收。分期采收有两种方法：一是疏间采收，二是保留1～2个侧枝割收，每次采收后浇水追肥1次，以促进侧枝萌发生长。隔20～30d可再割收1次。两次采收产量为每亩1000～1500kg。

【任务注意事项】

茼蒿常见病虫害有叶枯病、霜霉病、褐斑病、潜叶蝇、白粉虱、蚜虫等。病虫害防治应以预防为主，化学防治为辅的综合防治措施。

首先要采用加强田间管理、搞好田园清洁，选用抗病品种等综合措施，然后是选用高效、低毒、低残留农药进行化学防治。叶枯病可用50%扑海因可湿性粉剂1500倍液，或50%多菌灵可湿性粉剂1500倍液喷雾，交替使用；霜霉病可用64%杀毒矾可湿性粉剂，或75%百菌清可湿性粉剂500倍液喷雾；褐斑病可用80%大生可湿性粉剂500倍液，或78%科博可湿性粉剂500倍液喷雾。一般7～10d喷一次，连喷2～3次；潜叶蝇可用2.5%辉丰菊酯，或4.5%高效氯氰菊酯2000倍液，或0.9%虫螨克1500～2000倍液，或1.8%虫螨克3000～4000倍液喷雾；蚜虫可用10%蚜虱净乳油1000～2000倍液，或4.5%高效氯氰菊酯1500倍液等喷雾，可兼治白粉虱。采收前15d停止用药。

【任务总结及思考】

1. 茼蒿的密度适宜有什么意义？
2. 茼蒿栽培技术的环境因素怎么调控？

【兴趣链接】

茼蒿是常见的绿色蔬菜，大部分人是很爱吃的，当然因为茼蒿有一种自己独特的味道，很多人也是吃不了的，那么茼蒿的食疗作用有哪些呢？今天我们就一起来看看吧。

由于茼蒿里含有多种氨基酸，因此茼蒿有润肺补肝、稳定情绪、防止记忆力减退等作用，而且茼蒿里还含有粗纤维有助于肠道蠕动，能促进排便，从而可以达到通便利肠的目的。茼蒿里含有丰富的维生素、胡萝卜素等，茼蒿气味芬芳，可以消痰止咳。茼蒿里含有蛋白质及较高量的钠、钾等矿物盐，能够调节体内的水液代谢，消除水肿，茼蒿还含有一种挥发性的精油，以及胆碱等物质，具有降血压、补脑的作用。

任务七　芫荽栽培

【知识目标】

1．了解芫荽的生长发育特性及其对环境条件的要求。
2．掌握芫荽的丰产栽培技术。

【能力目标】

熟知芫荽的生长发育规律，掌握生产过程的品种选择、茬口安排、整地做畦、播种育苗、田间管理、病虫害防治、适时采收等技能。

【知识拓展】

一、芫荽生产概述

芫荽又名香菜、盐荽、胡荽、香荽、延荽、漫天星等，伞形科芫荽属一年生草本植物。最初称为胡荽，英文名 Coriander，原产于中亚和南欧，或近东和地中海一带。在《齐民要术》中已有栽培技术和腌制方法的记载。它的嫩茎和鲜叶有种特殊的香味，常被用作菜肴的点缀、提味之品。

二、类型和品种

植株半直立，生长势强，株高 20～40cm。奇数羽状单裂片 4～6 对，椭圆形，叶缘齿状。品种分为小叶芫荽和大叶芫荽（图 15-7）。大叶芫荽味稍差，但生长快，产量高。小叶芫荽香味浓，但生长缓慢，产量低。冬季要选用适应性广、冬性强、抽薹迟、品质好的品种，如永伟油叶香菜王、艾伦、韩国大棵香菜等。夏秋季节选用耐热性好、抗病、抗逆性强的大叶芫荽品种。

大叶芫荽

小叶芫荽

图 15-7　芫荽的两个种

三、生物学特性

一年生或二年生草本，高30～100cm。全株无毛，有强烈香气。根香菜细长，有多数纤细的支根。茎直立，多分枝，有条纹。基生叶一至二回羽状全裂，叶柄长2～8cm；羽片广卵形或扇形半裂，长1～2cm，宽1～1.5cm，边缘有钝锯、芫荽花齿、缺刻或深裂；上部茎生叶三回至多回羽状分裂，末回裂片狭线形，长5～15mm，宽0.5～1.5mm，先端钝，全缘。伞形花序顶生或与叶对生，花序梗长2～8cm；无总苞；伞辐3～8；小总苞片2～5，线形，全缘；小伞形花序有花3～10，花白色或带淡紫色，萼齿通常大小不等，卵状三角形或长卵形；花瓣倒卵形，长1～1.2mm，宽约1mm，先端有内凹的小舌片；辐射瓣通常全缘，有3～5脉；药柱于果成熟时向外反曲。直径约1.5mm。背面主棱及相邻的次棱明显，胚乳腹面内凹，油管不明显，或有1个位于次棱下方。花果期4～11月。其品质以色泽青绿，香气浓郁，质地脆嫩，无黄叶、烂叶者为佳。

芫荽属耐寒性蔬菜，要求较冷凉湿润的环境条件，在高温干旱条件下生长不良，生长适温为12～26℃，耐热性较强。芫荽属于低温、长日照植物。在一般条件下幼苗在2～5℃低温下，经过10～20d，可完成春化。以后在长日照条件下，通过光周期而抽薹。芫荽为浅根系蔬菜，吸收能力弱，所以对土壤水分和养分要求均较严格，保水保肥力强，有机质丰富的土壤最适宜生长。对土壤酸碱度适应范围为pH6.0～7.6。

四、栽培季节

一年四季均可种植。春、夏、秋在露地栽培，冬季采用保护栽培。夏季栽培困难，要注意遮阴降温。以秋播的生长期长，产量高。温室可作为主栽蔬菜的前后茬。还可与其他蔬菜间混套种，插空栽培。

【任务提出】

结合生产实践，小组完成一个芫荽栽培项目，在学习芫荽生物学特性和生产技术的基础上，设计芫荽栽培方案，同时做好生产记录和生产总结。

【任务资讯】

芫荽栽培技术

1. 催芽　用1%高锰酸钾溶液浸种15min或用10%多菌灵可湿性粉剂液浸种30min，捞出洗净，取出后放在20～25℃温度条件下催芽。

2. 品种选择　芫荽有大叶品种和小叶品种。小叶品种产量虽不及大叶品种高，但香味浓，耐寒，适应性强，故一般栽培多选小叶品种。

3. 整地施肥　选择土壤疏松、富含有机质、排灌方便的地块，前茬作物收获后，及时翻土，深15～20cm，让其风化晒堡2周以上，然后每亩撒施腐熟的优质农家肥4000～5000kg、复合肥10～15kg作基肥，耕耙后做成畦面宽140～150cm、高20～25cm，长按地块长度而定，沟宽30～40cm，兼作人行道。畦面要求土壤细碎、疏松、平整。若采用条播还应在畦面按行距 8～10cm 开宽 4～5cm、深约 2cm 播种条沟，准备播种。

4. 播种方法　从 8 月下旬开始至翌年春季 4 月上旬都可以随时播种，播种前搓开种子，然后将种子放入 50～55℃ 热水中，搅拌烫种 20min，待水温降到 30℃ 左右时继续浸种，18～20h 后播种，或催芽后播种。一般每亩播干种子 2～3kg。

5. 田间管理　芫荽喜湿润，应经常浇水，保持畦上湿润。亦可在土壤稍干燥时及时灌溉沟灌，但在畦面土壤湿润后应及时排去田间沟内积水，以免影响植株生长。

芫荽能耐 -2～-1℃ 的低温，生长最适温度为 17～20℃，超过 20℃ 生长缓慢，30℃ 以上则停止生长。喜光，也耐阴。若秋季栽培时遮阴 50% 左右，并经常喷叶面水雾，冬季及早春栽培时进行横拱薄膜或大棚保温，可以提高产量和质量。

6. 采收　芫荽在播种后 6～9 周即可采收，采收时连根挖起，去除泥土和老黄叶片及其他杂质，洗净后捆把上市销售。一般每亩产量 1000～2500kg，高产可达 3000kg 以上。

【任务注意事项】

芫荽病虫防治包括以下内容。

1. 菌核病　芫荽菌核病的发生很普遍，尤其是在保护地中，发病率可达 50% 以上。原因是菌核在土壤中可长期存在，温室的周年生产，给病菌的繁殖提供了有利条件，所以菌核病在芫荽整个生长期均可发病，温室发病高峰在 12 月，大棚发病高峰期在 4 月。主要症状表现为：主要侵染茎基部或茎分杈处，病斑扩展环绕一圈后向上向下发展，潮湿时，病部表面长有白色菌丝，随后皮层腐烂，内有黑色菌核。防治方法如下：实行轮作或高温防治，病地施行与粮食作物进行 2～3 年的轮作。保护地病地可采取高温防治，方法是：在三夏高温期间，先清洁田园，清除残枝病叶、杂草，带出田外深埋或烧毁；每亩施石灰 50～100kg，加碎麦秸或麦芊子 500kg，均匀施在地表，马上翻入土中，起高垄 30cm 左右，垄沟里灌水，直至饱和，为了使垄沟里始终有水，要天天灌水；铺盖地膜，四周用土封严，密闭棚室 15～20d。此法不仅可杀死大部分菌核，而且还可杀死镰刀菌、根结线虫等病菌。无病土育苗应选大田土或草炭土进行育苗，并加强管理，培育出无病壮苗。有条件的，种植过蔬菜的苗床，可用地热线育苗，在播种前将苗床的温度调到 55～56℃，处理 2h，即可杀死苗床土壤中的菌核，然后降温，播种，正常育苗；选用无病种子从无病株上留种。对混有菌核的种子，可用 10% 盐水漂洗种子，淘除菌核，然后用清水反复冲洗种子，晾干后播种。也可以用 50℃ 温水浸种 10min（保持温度），可杀死混在种子中的菌核。保护地种植的要加强放风，降低湿度，创造一个不利于菌核病菌发生发展的环境条件。铺盖地膜：地膜可阻挡子囊盘出土，如果用紫外线阻断膜覆盖地面，效果更佳，因为此膜可抑制菌核萌发。清洁田园：田间发现病株，应及时拔除，可减少病菌在田间传播。无公害农药防治：保护地种植的，发病前用 3.3% 特克多烟剂，每亩每次 250g，分放 4～5 个点，傍晚进行，密闭烟熏，隔 7d 熏 1 次，连续熏 5～6 次。发病初期，也可喷 42% 特克多悬浮剂 1000 倍液，隔 7d 喷 1 次，连喷 3～4 次。

2. 叶枯和斑枯病　这两种病害一旦发病，病情即迅速蔓延，造成的危害比较严重。主要为害叶片，叶片感病后变黄褐色，温度高时则病部腐烂，严重的沿叶脉向下侵染嫩茎到心叶，造成严重减产，因此对这两种病害要特别加以防治。可以用 "克菌丹"

或"多菌灵"500倍液浸种10～15min，冲洗干净后播种。其次是加强管理，在扣棚初期湿度偏高时要注意放风排湿，发现病害要及时喷药防治，用多菌灵600～800倍液、代森锰锌600倍液、70%甲基托布津800～1000倍液、百菌清500倍液，两种以上混合使用效果更佳。

3. **根腐病**　多发于低洼、潮湿的地块，芫荽根系发病后，主根呈黄褐或棕褐色，软腐，没有或几乎没有须根，用手一拔植株根系就断，地上部表现植株矮小，叶片枯黄，失去其商品性。防治方法是尽量避免在低洼地上种植，湿度不能长期过大。药剂防治以土壤处理为主，可用多菌灵1kg拌土50kg，播前撒于播种沟内，在易发病地块可结合浇水灌入重茬剂300倍液。因根腐病一般都在10月前发病，所以应在扣棚前进行防治，主要用普力克500倍液或多菌灵600倍液灌根。

【任务总结及思考】

1. 芫荽的病虫害有哪些？
2. 芫荽栽培技术的环境因素怎么调控？

【兴趣链接】

芫荽辛、温，归肺、脾经；具有发汗透疹，消食下气，醒脾和中的功效。

1. 麻疹　芫荽连须3株，荸荠3个，紫草茸3g，加水大半碗，煎15min后滤汁，分2次服，隔4h服一次，在将要出疹时服，可防止并发症；或芫荽500g，水烧开后，将芫荽煮1～2沸即可，然后将水倒入盆中，先以热气薰，后用水洗手足，可治麻疹应出不出或疹出不透。

2. 胃寒痛　芫荽叶1000g，葡萄酒500mL，将芫荽浸入，3d后去叶饮酒，痛时服15mL。

3. 痔疮肿疼与脱肛　芫荽煮汤，用此汤熏洗患处。

4. 消化不良、食欲缺乏　芫荽子（果实）6g，陈皮、六曲各9g，生姜3片，水煎服。

5. 高血压　用鲜芫荽10g，加葛根10g水煎服，早晚各1次，每次服50mL，服10d为1个疗程，对治疗高血压有辅助疗效。

6. 呃忒　罗勒叶6g（鲜叶加倍），生姜3片，开水泡或煎一沸，趁热服。

7. 胸膈满闷　芫荽子研末，每次3g，开水吞服。

8. 呕吐反胃　鲜芫荽适量捣汁一匙，甘蔗汁两匙，加温服，一日2次。

9. 眼角膜生翳　芫荽子1～2粒，洗净，纳入眼眦内，闭目少顷。

10. 伤风感冒　芫荽30g，饴糖15g，加米汤半碗，糖蒸溶化后服。

11. 治大小肠出血　芫荽6g加紫苏10g、葱白10g，水煎加糖调味，可制成芫荽紫苏葱白汤，为辛温发散剂，可助麻疹透发；芫荽100g放在猪大肠内炖熟切片加佐料制成芫荽熘肥肠。

12. 健胃进食　芫荽可以加其他食物配伍以提高药效。例如，芫荽切段加入熟的油酱醋等凉拌，能健胃进食，适于胃气不和、呕吐少食或食欲缺乏的患者。

任务八 荠菜栽培

【知识目标】

1. 了解荠菜的生长发育特性及其对环境条件的要求。
2. 掌握荠菜的丰产栽培技术。

【能力目标】

熟知荠菜的生长发育规律，掌握生产过程的品种选择、茬口安排、整地做畦、播种育苗、田间管理、病虫害防治、适时采收等技能。

【知识拓展】

一、荠菜生产概述

荠菜学名 *Capsella bursa-pastoris*，又名护生草、地菜、地米菜、菱闸菜等，起源于欧洲。为十字花科荠菜属一二年生草本植物。生长于田野、路边及庭园。以嫩叶供食。其营养价值很高，食用方法多种多样，也具有很高的药用价值。荠菜分布于世界各地，中国自古就采集野生荠菜食用，早在公元前 300 年就有荠菜的记载。

目前在世界各地都很常见。其拉丁种名来自拉丁语，意思是"小盒子""牧人的钱包"，是形容它的蒴果形状像牧人的钱包。英语名称就是"牧人的钱包"。荠菜的种子、叶和根都可以食用。荠菜还可以入药，用于止血。不过怀有身孕或哺乳中的妇女忌食，有心肺疾病的患者在服用时亦应小心。

荠菜的营养价值很高。食用方法多种多样。具有很高的药用价值，具有和脾、利水、止血、明目的功效，常用于治疗产后出血、痢疾、水肿、肠炎、胃溃疡、感冒发热、目赤肿疼等症。人工栽培以板叶荠菜和散叶荠菜为主，冬末春初均可。传统习俗则是在特定的日子吃鲜美的荠菜煮的鸡蛋，味道鲜美，用来包饺子也是一个很好的选择。

二、类型和品种

依其叶片大小、缺刻深浅不同，可分为板叶荠菜和散叶荠菜两大类型（图 15-8）。

板叶荠菜

散叶荠菜

图 15-8 荠菜的两个种

1. 散叶荠菜　散叶荠菜又叫百脚荠菜、慢荠菜、花叶荠菜、小叶荠菜、碎叶荠菜、碎叶头等，属于农家作物蔬菜类，植株塌地生长，开展度 18cm；据考究是上海市特有品种的蔬菜。株高 5cm，茎矮缩，绿色，叶簇匍匐。叶绿色，羽状全裂，叶缘缺刻深，叶长 10cm，叶窄较短小而厚，有 20 片叶左右，叶宽 2cm，羽状全裂，叶面光滑，无绒毛。单株重 10～15g。香气浓，味鲜美，品质好。生长较慢，产量较低，但抽薹开花期较板叶荠菜迟半月左右，可延长供应时间。该品种抗寒力中等，遇低温后叶色转深，带紫色。耐热力强，冬性强，比板叶荠菜迟 10～15d。香气浓郁，味极鲜美，适于春季栽培。

2. 板叶荠菜　上海市地方品种。植株塌地生长，开展度 18cm。株高 4.5cm，茎矮缩，绿色。叶簇匍匐，叶片宽大而厚，外观好。浅绿色。叶片较宽阔，长 10cm，宽 2.5cm，羽状浅裂，近于全缘，叶面平滑，稍具绒毛，基部叶片一般全缘，有 18 片叶左右。单株重 16g。播种后 30～60d 陆续收获。耐热性强，生长速度快，产量较高，但抽薹开花期较早，供应上受到一定限制。亩产 2500kg。

遇低温后叶色转深。该品种抗寒和耐热力均较强，早熟，生长快，播后 40d 即可收获，产量较高，外观商品性好，风味鲜美。其缺点是香气不够浓郁，冬性弱，抽薹较早，不宜春播，一般用于秋季栽培。

三、生物学特性

荠菜基生叶丛生，塌地，叶羽状分裂，不整齐，顶片特大，叶片有毛，叶柄有翼。开花时茎高 20～50cm，总状花序顶生和腋生，花小，白色，两性，萼片 4。短角果，扁平，呈倒三角形，含多数种子，平均千粒重 0.1415g。

荠菜属耐寒性植物，喜冷凉的气候，在严冬能忍受短期零下 8℃的低温。种子发芽最适温度为 20～25℃，芽菜在 2～5℃时发芽要经 10～20d。在种子萌动或幼苗生长时通过春化阶段，高温长日照条件下通过光照阶段，才能开花结籽，营养生长要求在 12～20℃和较短的日照条件。若温度过高，光合作用减弱，异化作用增强，则植株营养不良，生长势衰弱造成叶小质差。因此荠菜在 7～8 月高温条件下生长势差，以 10～11 月的气候条件生长最适宜。

【任务提出】

结合生产实践，小组完成一个荠菜栽培项目，在学习荠菜生物学特性和生产技术的基础上，设计荠菜栽培方案，同时做好生产记录和生产总结。

【任务资讯】

荠菜栽培技术

1. 整地　荠菜种子细小，因此，要选择草少的地块，并要求整平、整细。整地时还要做到深沟高畦，以便排灌。畦宽一般 1.5m（连沟）左右，每两畦开一条深沟。

2. 播种

（1）播种期　春季栽培在 2 月下旬至 4 月下旬，夏季栽培在 7 月上旬至 8 月下旬，秋季栽培在 9 月上旬至 10 月上旬播种。

（2）播种量　每亩春播为 0.75～1kg，夏播为 2～2.5kg，秋播为 1～1.5kg。

（3）选地和整地　　荠菜的适应性很强，除了利用整地成片种植外，也可利用田埂、风障后闲畦和地头地边种植。如成片种植，秋播最好选用番茄、黄瓜为前茬的土地，春播以大蒜苗作前茬为宜，应避免连作。地块选好之后，深耕 15cm，施足基肥，整细耙平，做成宽约 2m 的高畦。

（4）播种方法　　荠菜都行撒播，力求均匀，播后用脚将畦面轻轻踩踏一遍，使种子与泥土紧密接触，以利于种子吸水，提早出苗。在夏、秋期间播种，可在整地前 1~2d，将土地浇湿（或灌湿）后再整地做畦。如夏、秋期间用当年采收的新种子播种，由于种子尚未脱离休眠期，因此，要放在 2~7℃低温（冰箱）中催芽后再播种。

3. 管理　　出苗后要加强肥水管理，春、夏播的生长期短，追肥一般 2 次；秋播的生长期长，追肥 4 次，每亩每次浇稀人畜粪尿 1500~2000kg。荠菜种植的密度大，需水也多，故要经常浇灌，以保持土壤湿润。夏、秋期间，在遇到雷阵雨后，如有泥浆溅在菜叶或菜心时，要于清晨或傍晚用喷壶将泥浆冲掉，否则影响生长。出苗后除草 1~2 次，小草用手拔，大草用刀挑。蚜虫是荠菜的主要害虫，应及时防治。

4. 采收　　春播和夏播的荠菜，从播种到采收，一般为 30~50d；采收 1~2 次。秋播的荠菜是一次播种，多次采收，为提高产量，延长供应期，采收时做到细收勤收，密处多收，稀处少收，使留下的荠菜平衡生长。

5. 留种　　栽培荠菜要建立留种田，切勿在大田中留种。留种田播种期一般为 10 月上旬，每亩播种量 1kg 左右。播种出苗后，间苗 3~4 次，挑去杂苗、弱苗。在抽薹前期最后选择一次，剔除早抽薹的小苗，均匀留下留种植株，以 12cm 见方定苗小留种田适当控制氮肥，增施磷、钾肥，并及时防治蚜虫。

适时采种是荠菜留种的关键技术，以种荚由青转黄、七八成熟为适度采种期。采种要选晴天上午 10 时左右，割下的种株就地摊晒，然后在田间铺上被单，搓出种子。种子扬净后，继续晒干 3d，但切忌暴晒。种子充分干燥后，放在十分干燥的容器内（最好是缸或瓦）贮藏，并在容器内放干燥剂。

【任务注意事项】

荠菜病虫害如下。

1. 霜霉病　　发病初期，病叶上产生黄绿色至黄色病斑，受叶脉限制形成多角形。潮湿时病斑背面产生白霉，严重时外叶大量枯死。植株发病，茎、花梗、花器、种荚上都长出白霉，畸形。在夏秋多雨季节易发生。防治方法：应合理轮作，适时播种，加强田间管理，做好开沟排水工作；播种前用占荠菜种子重量 0.3% 的 50% 福美双或 25% 甲霜灵或 75% 百菌清拌种，消灭荠菜种子表面病菌。初发病时，可用 75% 百菌清可湿性粉剂 600 倍液、72% 霜脲氰·锰锌可湿性粉剂 600~800 倍液、58% 甲霜灵·锰锌可湿性粉剂 500 倍液、65% 代森锰锌可湿性粉剂 500 倍液或 50% 福美双可湿性粉剂 500 倍液等喷雾防治，5~7d 一次，连喷 3~4 次。

2. 病毒病　　在高温干旱条件下易发生和蔓延。初期病株心叶出现叶脉色淡而呈半透明的明脉状，随即叶脉褪绿，成为花叶。后期叶片变硬而脆，渐变黄。严重时病株矮化，停止生长。种株发病，花梗畸形，花叶、种荚变小，结籽少。该病在早秋易发生。防治方法：合理轮作，清除田间杂草，及时消灭传播病毒病的蚜虫。用 20% 病毒宁水溶性粉剂 500 倍液、20% 病毒净 400～600 倍液或 0.5% 菇类蛋白多糖水剂 300～400 倍液等预防，在苗期每 7～10d 喷一次，连喷 3～4 次。发病初期可用 20% 盐酸吗啉胍·铜 500 倍液或 20% 病毒净 400～600 倍液等喷雾防治，每 7～10d 一次，连续 3～4 次。

3. 软腐病　　为细菌性病害，多在生长后期开始发病。发病初期，植株外叶萎蔫，早晚可恢复。严重时叶片萎蔫，不能恢复，外叶平贴地面，叶柄基部及根茎髓部完全腐烂，呈黄褐色黏稠物，有臭气。防治方法：发病初期，可选用 2% 嘧啶核苷类抗生素水剂 150 倍液、硫酸链霉素 100mg/kg 或 70% 敌磺钠 500～1000 倍液等喷雾或灌根防治，每株 250mL。

4. 荠菜黑斑病　　从外部叶片先发病，病斑圆形或近圆形，淡褐色或褐色，具同心轮纹，周围常用黄色晕圈，病斑上长有细微的黑色霉状物，病斑发展扩大，连成较大的枯死斑，全叶干枯。防治方法：可用 75% 百菌清或 70% 代森锰锌可湿性粉剂进行拌种，药量为荠菜种子重量的 0.4%。发病初期，可选用 75% 百菌清可湿性粉剂 600 倍液、50% 多菌灵可湿性粉剂 500 倍液，或 70% 代森锰锌可湿性粉剂 500 倍液，或 50% 硫菌灵可湿性粉剂 500 倍液等喷雾防治，5～7d 喷一次，连喷 3～4 次。

5. 荠菜白斑病　　主要为害叶面，叶面散生许多灰白色近圆形病斑，周缘有淡黄色晕圈，病斑最后呈白色，半透明，似火烤状，连成不规则大块枯死斑。潮湿时病斑背面产生灰白霉状物，发病适温 10～28℃，土壤瘠薄，窝风地发病重。防治方法：可选用 50% 多菌灵可湿性粉剂 500 倍液、70% 代森锰锌可湿性粉剂 500 倍液，或 70% 甲基硫菌灵可湿性粉剂 800 倍液等喷雾防治，5～7d 喷一次，连喷 2～3 次。

6. 蚜虫　　主要以成蚜虫和若蚜在叶背吸食植株汁液，蚜虫危害后，荠菜叶片发生皱缩，呈现绿黑色，大量分泌蜜露污染蔬菜，失去食用价值。防治方法：发现后，及时用 40% 乐果乳油 1500 倍液、20% 氰戊菊酯乳油 3000 倍液、50% 抗蚜威可湿性粉剂 1000 倍液或 10% 吡虫啉可湿性粉剂 2500 倍液等喷雾防治。

7. 小菜蛾　　以幼虫危害叶片，初孵幼虫半潜叶为害，以身体的前部伸在叶子的上下表皮之间钻食叶肉，残留下一层表皮。幼虫稍大后，将叶片咬成孔洞，严重时将叶吃成网状。幼虫有爱食心叶的习惯，常集中危害心叶，影响荠菜生长。防治方法：可选用 90% 敌百虫晶体 1000 倍液、2.5% 多杀霉素 2000～2500 倍液、1% 甲氨基阿维菌素苯甲酸盐乳油 4000～6000 倍液、5% 氟啶脲乳油 2500～3000 倍液、5% 氟虫脲乳油 2500～3000 倍液、50% 辛硫磷乳油 1000～1500 倍液喷雾防治。

【任务总结及思考】

1. 哪类荠菜的抽薹条件严格？
2. 荠菜的药用价值有哪些？

【兴趣链接】

荠菜的药理作用很多，表现在以下几方面。

1. 对子宫的作用　　荠菜有类似麦角的作用。其浸膏试用于动物离体子宫或肠管，均呈显著收缩。全草的醇提取物有催产素样的子宫收缩作用。全草的有效成分，能使小鼠、大鼠离体子宫收缩。对大鼠离体子宫（未孕）、兔在体子宫（已孕及未孕）、猫在体子宫（未孕）都能加强其收缩。用相当生药 0.08～0.8g/kg 静脉注射于子宫造瘘兔，可见子宫收缩加强，肌紧张度及频率略增；煎剂灌胃（相当生药 5.263g/kg）亦如此。兴奋子宫的有效成分，溶于水及含水醇，不溶或极难溶于纯醇、石油醚、无水乙醚或无水氯仿。荠菜提取物对未交配过的豚鼠子宫也有较强作用（鲜汁和干药差不多）。

2. 止血作用 荠菜中含荠菜酸（bursic acid）有止血作用。荠菜提取物（含草酸）静脉注射或肌内注射（每次 2～3mL，隔 2～4h 一次，每天最多用 15mL）于各种出血患者，有明显止血作用。对血友病患者，可增加血块抵抗力。用荠菜煎剂给小鼠灌胃，小量（相当生药 0.02g/10g 体重）能使半数以上小鼠出血时间缩短，较大量（相当生药 0.06g/10g 体重）使多数小鼠出血时间反而延长；用流浸膏挥发液给小鼠腹腔注射，均有缩短出血时间的作用（用量大较显著）。兔静脉注射流浸膏挥发液可缩短凝血时间。但也有相反的报道。生长在炎热气候及干燥土壤条件下的荠菜，制成 10% 浸液，大鼠皮下注射，使血凝时间显著延长，反而引起出血。10% 荠菜提取物 0.1mL，对兔的凝血无影响。

3. 对心、血管的作用 荠菜的醇提取物给犬、猫、兔、大鼠静脉注射，可产生一过性血压下降，此作用不被 80μg/kg 阿托品所拮抗。全草的有效成分也能使鼠、猫、兔、犬有一过性血压下降，亦不能被阿托品拮抗，但能被 Prone-thanol 所抑制；心电图无变化，对在位犬心及离休豚鼠心脏的冠状血管有扩张作用。它还能抑制由哇巴因引起的离体猫心的纤颤。兔静脉注射荠菜提取物可降压，但不能翻转肾上腺素的作用。荠菜煎剂或流浸膏挥发液，对麻醉犬有短暂降压作用，若先用阿托品可对抗血压的下降。静脉注射干燥荠菜浸液，可使犬血压迅速下降到原水平 40%～50%。也能使小鸡的血压下降。蛙下肢血管灌流荠菜醇提取物（20%，0.5mL）无作用；干燥荠菜浸剂，高浓度（10%）使血管收缩，低浓度（2% 以下）使血管扩张。醇提取物对犬的下肢血管为扩张作用。早先认为其降压作用与所含胆碱及乙酰胆碱有关，但在荠菜醇提取物中未见此二物，而发现一个不同于乙酰胆碱的季铵化合物。

4. 其他作用 有报道，干燥荠菜浸液却可使狗呼吸运动减至原水平 20%～50%，有时更甚。荠菜全草的有效成分能使气管与小肠平滑肌收缩。先用阿托品使豚鼠小肠发生轻度抑制，再用荠菜醇提取物可使肠管收缩，然后恢复原状。此外，荠菜醇提取物腹腔注射，能抑制大鼠下肢的右旋糖酐性、角义菜胶性浮肿及 5-羟色胺引起的毛细血管的通透性增加；对 Shay 溃疡有 90% 抑制率，并能加速应激性溃疡的愈合。对小鼠有利尿作用。对人工发烧的兔，荠菜略有退热作用。

任务九　紫苏栽培

【知识目标】

1. 了解紫苏的生长发育特性及其对环境条件的要求。
2. 掌握紫苏的丰产栽培技术。

【能力目标】

熟知紫苏的生长发育规律，掌握生产过程的品种选择、茬口安排、整地做畦、播种育苗、田间管理、病虫害防治、适时采收等技能。

【知识拓展】

一、紫苏生产概述

紫苏学名 *Perilla frutescens*（L.）Britt.，别名桂荏、白苏、赤苏等；为唇形科一年生草本植物。具有特异的芳香，叶片多皱缩卷曲，完整者展平后呈卵圆形，长 4～11cm，宽 2.5～9cm，先端长尖或急尖，基部圆形或宽楔形，边缘具圆锯齿，两面紫色或上面绿色，下表面有多数凹点状腺鳞，叶柄长 2～5cm，紫色或紫绿色，质脆。嫩枝紫绿色，断面中部有髓，气清香，味微辛。

紫苏叶能散表寒，发汗力较强，用于风寒表症，见恶寒、发热、无汗等症，常配生姜同用，如表症兼有气滞，有可与香附、陈皮等同用。行气宽中紫苏叶用于脾胃气滞、胸闷、呕恶。原产中国，主要分布于印度、缅甸、日本、朝鲜、韩国、印度尼西亚和俄罗斯等国家。中国华北、华中、华南、西南及台湾省均有野生种和栽培种。

二、类型和品种

紫苏按叶形状分为两个变种，即皱叶紫苏和尖叶紫苏（图 15-9）。

皱叶紫苏　　　　　　　　　　尖叶紫苏

图 15-9　紫苏的两个变种

1. 皱叶紫苏　又名回回苏、鸡冠紫苏、红紫苏。叶片大，卵圆形，多皱，紫色；叶柄紫色，茎秆外皮紫色。分枝较多。

2. 尖叶紫苏　又名野生紫苏、白紫苏。叶片长椭圆形，叶面平而多绒毛，绿色，叶柄茎秆绿色，分枝较少。

三、生物学特性

紫苏株高 60～180cm，有特异芳香。茎四棱形，紫色、绿紫色或绿色，有长柔毛，以茎节部较密。单叶对生；叶片宽卵形或圆卵形，长 7～21cm、宽 4.5～16cm，基部圆形或广楔形，先端渐尖或尾状尖，边缘具粗锯齿，两面紫色，或面青背紫，或两面绿色，上面被疏柔毛，下面脉上被贴生柔毛；叶柄长 2.5～12cm，密被长柔毛。轮伞花序 2 花，组成项生和腋生的假总状花序；每花有 1 苞片，苞片卵圆形，先端渐尖；花萼钟状，2 唇形，具 5 裂，下部被长柔毛，果时等膨大和加长，内面喉部具疏柔毛；花冠紫红色成粉红色至白色，2 唇形，上唇微凹，2 强；子房 4 裂，柱头 2 裂。小坚果近球形，棕褐色或灰白色。

　　紫苏对气候条件适应性较强，但在温暖湿润的环境下生长旺盛，产量较高。土壤以疏松、肥沃、排灌方便为好。在性黏或干燥、瘠薄的沙土上生长不良。前茬以小麦、蔬菜为好：紫苏需要充足的阳光，因此可在田边地角或垄埂上种植，以充分利用土地和光照。种子在地温 5℃ 以上时即可萌发，种子发芽的最适温度为 25℃ 左右，苗期可耐 1～2℃ 的低温。植株在较低的温度下生长缓慢。在湿度适宜的条件下，3～4d 可发芽。白苏种子发芽所需温度较低，15～18℃ 即可发芽。紫苏属短命种子，常温下贮藏 1～2 年后发芽率骤减，因此种子采收后宜在低温处存放。紫苏生长要求较高的温度，6 月以后气温高，光照强，旺盛生长适温为 26～28℃，开花适宜温度为 21.4～23.4℃，耐湿及耐涝性较强，不耐干旱，尤其是在产品器官形成期，如空气过于干燥，茎叶粗硬、纤维多、品质差。在较阴的地方也能生长，适宜的空气相对湿度为 75%～80%。当株高 15～20cm 时，基部第一对叶子的腋间萌发幼芽，开始了侧枝的生长。7 月底以后陆续开花。从开花到种子成熟约需一个月。花期 7～8 月，果期 8～9 月。

【任务提出】

　　结合生产实践，小组完成一个紫苏栽培项目，在学习紫苏生物学特性和生产技术的基础上，设计紫苏栽培方案，同时做好生产记录和生产总结。

【任务资讯】

紫苏栽培技术

　　1. 选地整地　　紫苏对气候、土壤适应性都很强，最好选择阳光充足，排水良好的疏松肥沃的沙质壤土、壤土，重黏土生长较差。整地把土壤耕翻 15cm 深，耙平。整细、做畦，畦和沟宽 200cm，沟深 15～20cm。

　　2. 繁殖方法　　紫苏用种子繁殖，分直播和育苗移栽。

　　（1）直播　　春播，南北方播种时间差一个月，南方 3 月，北方 4 月中下旬。直播在畦内进行条播，按行距 60cm 开沟深 2～3cm，把种子均匀撒入沟内，播后覆薄土。穴播：行距 45cm，株距 25～30cm 穴播，浅覆土。播后立刻浇水，保持湿润，播种量每公顷 15～18.75kg，直播省工、生长快、采收早、产量高。

　　（2）育苗移栽　　在种子不足，水利条件不好，干旱地区采用此法。苗床应选择光照充足暖和的地方，施农家肥料，加适量的过磷酸钙或者草木灰。4 月上旬畦内浇透水，待水渗下后播种，覆浅土 2～3cm，保持床面湿润，一周左右即出苗。苗齐后间过密的苗子，经常浇水除草，苗高 3～4cm，长出 4 对叶子时，麦收后选阴天或傍晚，栽在麦地里，栽植头一天，育苗地浇透水。做移栽时，根完全的易成活，随拔随栽。株距 30cm，开沟深 15cm，把苗排好，覆土，浇水或稀薄人畜粪尿，1～2d 后松土保墒。每公顷栽苗 15 万株左右，天气干旱时 2～3d 浇一次水，以后减少浇水，进行蹲苗，使根部生长。

3. 田间管理

（1）松土除苗　植株生长封垄前要勤除草，直播地区要注意间苗和除草，条播地苗高 15cm 时，按 30cm 定苗，多余的苗用来移栽。直播地的植株生长快，如果密度高，造成植株徒长，不分枝或分枝很少。虽然植株高度能达到，但植株下边的叶片较少，通光和空气不好都脱落了，影响叶子产量和紫苏油的产量。同时，茎多叶少，也影响全草的规格，故不早间苗。育苗田从定植至封垄，松土除草 2 次。

（2）追肥　紫苏生长时间比较短，定植后 2 个半月即可收获全草，又以全草入药，故以氮肥为主。在封垄前集中施肥。直播和育苗地，苗高 30cm 时追肥，在行间开沟每公顷施人粪尿 15 000～22 500kg 或硫酸铵 112.5kg、过磷酸钙 150kg，松土培土把肥料埋好。第二次在封垄前再施一次肥，方法同上。但此次施肥注意不要碰到叶子。

（3）灌溉排水　播种或移栽后，数天不下雨，要及时浇水。雨季注意排水，疏通作业道，防止积水乱根和脱叶。

4. 病虫害防治

（1）斑枯病　从 6 月到收获都有发生，危害叶子。发病初期在叶面出现大小不同、形状不一的褐色或黑褐色小斑点，往后发展成近圆形或多角形的大病斑，直径 0.2～2.5cm。病斑在紫色叶面上外观不明显，在绿色叶面上较鲜明。病斑干枯后常形成孔洞，严重时病斑汇合，叶片脱落。在高温高湿、阳光不足以及种植过密、通风透光差的条件下，比较容易发病。

防治方法：①从无病植株上采种。②注意田间排水，及时清理沟道。③避免种植过密。④药剂防治：在发病初期开始，用 80% 可湿性代森锌 800 倍液，或者 1∶1∶200 波尔多液喷雾。每隔 7d 一次，连喷 2～3 次。但是，在收获前半个月就应停止喷药，以保证药材不带农药。

（2）红蜘蛛　危害紫苏叶子。6～8 月天气干旱、高温低湿时发生最盛。红蜘蛛成虫细小，一般为橘红色，有时黄色。红蜘蛛聚集在叶背面刺吸汁液，被害处最初出现黄白色小斑，后来在叶面可见较大的黄褐色焦斑，扩展后，全叶黄化失绿，常见叶子脱落。

防治方法：①收获时收集田间落叶，集中烧掉；早春清除田埂、沟边和路旁杂草。②发生期及早用 40% 乐果乳剂 2000 倍液喷杀。但要求在收获前半个月停止喷药，以保证药材上不留残毒。

（3）银纹夜蛾　7～9 月幼虫危害紫苏，叶子被咬成孔洞或缺刻，老熟幼虫在植株上作薄丝茧化蛹。防治方法：用 90% 晶体敌百虫 1000 倍液喷雾。

5. 采收加工　采收紫苏要选择晴天收割，香气足，方便干燥，收紫苏叶用药应在 7 月下旬至 8 月上旬，紫苏未开花时进行。

苏子梗：9 月上旬开花前，花序刚长出时采收，用镰刀从根部割下，把植株倒挂在通风背阴的地方晾干，干后把叶子打下药用。

苏子：9 月下旬至 10 月中旬种子果实成熟时采收。割下果穗或全株，扎成小把，晒数天后，脱下种子晒干，每公顷产 1125～1500kg。

在采种的同时注意选留良种。选择生长健壮的、产量高的植株，等到种子充分成熟后再收割，晒干脱粒，作为种用。

紫苏的种植技术。紫苏别名赤苏、红苏、黑苏、红紫苏、皱紫苏等。

【任务注意事项】

紫苏斑枯病从6月到收获都有发生，危害叶子。发病初期在叶面出现大小不同、形状不一的褐色或黑褐色小斑点，往后发展成近圆形或多角形的大病斑，直径0.2～2.5cm。病斑在紫色叶面上外观不明显，在绿色叶面上较鲜明。病斑干枯后常形成孔洞，严重时病斑汇合，叶片脱落。在高温高湿、阳光不足以及种植过密、通风透光差的条件下，比较容易发病。防治方法：从无病植株上采种；注意田间排水，及时清理沟道；避免种植过密；在发病初期开始，用80%可湿性代森锌800倍液，或者1：1：200波尔多液喷雾。每隔7d一次，连喷2～3次。但是，在收获前半个月就应停止喷药，以保证药材不带农药。

紫苏折叠红蜘蛛危害紫苏叶子。6～8月天气干旱、高温低湿时发生最盛。红蜘蛛成虫细小，一般为橘红色，有时黄色。红蜘蛛聚集在叶背面刺吸汁液，被害处最初出现黄白色小斑，后来在叶面可见较大的黄褐色焦斑，扩展后，全叶黄化失绿，常见叶子脱落。防治方法：收获时收集田间落叶，集中烧掉；早春清除田埂、沟边和路旁杂草；发生期及早用40%乐果乳剂2000倍液喷杀。但要求在收获前半个月停止喷药，以保证药材上不留残毒。

折叠银纹夜蛾7～9月幼虫危害紫苏，叶子被咬成孔洞或缺刻，老熟幼虫在植株上作薄丝茧化蛹。防治方法：用90%晶体敌百虫1000倍液喷雾。

【任务总结及思考】

1. 紫苏对光照有什么要求？
2. 你知道紫苏在当地的适宜露地播种期和日光温室播期吗？

【兴趣链接】

紫苏叶的功效：味辛，性温，具有解表散寒、行气和胃的功效。本品辛香温散，入肺走表而发散风寒，又能走脾行血而宽中，对外感风寒，内兼湿滞之症尤为适宜。《随息居饮食谱》言其"下气，安胎，活血定痛，和中开胃，止嗽消痰，化食，散风寒"。《本草纲目》言其"解肌发表，散风寒，行气宽中，消痰利肺，和血温中止痛，定喘安胎"。《本草正义》言："紫苏，芳香气烈，外开皮毛，泄肺气而通腠理，上则通鼻塞，清头目，为风寒外感灵药；中则开膈胸，醒脾胃，宣化痰饮，解郁结而利气滞。"对于出现畏寒、鼻塞、咽中不适等风寒感冒症状比较轻的患者，单用紫苏叶煎水服用即有功效。由于紫苏叶发汗、解表、散寒的力度比较缓和，因此，感冒出现的恶寒、发热、无汗、头痛、鼻塞兼有咳嗽者，常与杏仁、前胡、桔梗等配伍，如杏苏散。一般轻浅的感冒，用紫苏10g，揉成粗末泡茶喝，效果也不错。脾胃气滞引起的腹胀、胸闷、恶心、呕吐，可用苏梗、荷叶梗各15g煎汤服用治疗。鱼鳖虾蟹等生猛海鲜，寒腻腥膻，多食损人肠胃，还易引起吐泻腹痛等中毒症状，用紫苏叶30g，生姜15g，厚朴、甘草各10g，煎汤服用可解因吃鱼蟹导致的食物中毒。日本人总是在吃生鱼片的时候，同时吃下一些新鲜紫苏的叶和嫩茎，这样不仅提味，还能解毒。在蒸煮螃蟹的时候，不妨放上一把紫苏叶，以解腥、祛寒。

任务十　蕹菜栽培

【知识目标】

1. 了解蕹菜的生长发育特性及其对环境条件的要求。
2. 掌握蕹菜的丰产栽培技术。

【能力目标】

熟知蕹菜的生长发育规律，掌握生产过程的品种选择、茬口安排、整地做畦、播种育苗、田间管理、病虫害防治、适时采收等技能。

【知识拓展】

一、蕹菜生产概述

蕹菜为旋花科（Convolvulaceae）番薯属一年生或多年生草本，又名空心菜，以绿叶和嫩茎供食用。原产中国热带地区，广泛分布于东南亚。华南、华中、华东和西南各地普遍栽培，是夏秋季的重要蔬菜（图15-10）。

图 15-10　蕹菜栽培情境图

二、类型和品种

蕹菜依其能否结籽分为两种类型。

1. 籽蕹　主要用种子繁殖，一般栽于旱地，也可水生；该类型生长势旺，茎蔓粗，叶片大，色浅绿，夏秋开花结籽，是北方主要栽培类型；广东大骨青，湖南、湖北的白花蕹菜和紫花蕹菜，四川旱蕹菜等品种属于籽蕹。

2. 藤蕹　为不结籽类型，扦插繁殖，旱生或水生，质地柔嫩，品质优于籽蕹，生长期长，产量较高，如广东细叶通菜、丝蕹，湖南藤蕹，四川大蕹菜等品种属于这种类型。

三、生物学特性

蕹菜须根系，根浅，主根上着生4排侧根，再生力强。旱生类型茎节短，茎扁圆或近圆，中空，浓绿至浅绿。水生类型节间长，节上易生不定根，适于扦插繁殖。子叶对生，马蹄形，真叶互生，长卵形，心脏形或披针形，全缘，叶面光滑，浓绿，具叶柄。聚伞花序，1至数花，花冠漏斗状，完全花，白或浅紫色。子房二室。蒴果，含2～4粒种子。种子近圆形，皮厚，黑褐色，较坚实。千粒重32～37g。

蕹菜性喜高温多湿环境。种子萌发需15℃以上；种藤腋芽萌发初期须保持在30℃以上，这样出芽才能迅速整齐；蔓叶生长适温为25～30℃，温度较高，蔓叶生长旺盛，采摘间隔时间越短。蕹菜能耐35～40℃高温；15℃以下蔓叶生长缓慢；10℃以下蔓叶生长停止，不耐霜冻，遇霜茎叶即枯死。种藤窖藏温度宜保持在10～15℃，并有较高的湿度，不然种藤易冻死或枯干。

蕹菜喜较高的空气湿度及湿润的土壤，环境过干，藤蔓纤维增多，粗老不堪食用，大大降低产量及品质。

蕹菜喜充足光照，但对密植的适应性也较强。蕹菜对土壤条件要求不严格，但因其喜肥喜水，仍以比较黏重、保水保肥力强的土壤为好。蕹菜的叶梢大量而迅速地生长，需肥量大，耐肥力强，对氮肥的需要量特大。

四、栽培季节及栽培方式

蕹菜露地栽培从春到夏都可进行，播种时间为：广州 12 月至翌年 2 月，长江中下游一带 4～10 月，北方地区 4～7 月，沈阳可于 4 月中旬播种。若根据市场需要在温室、大棚、小棚中栽培可实现周年生产，随时供应市场。

【任务提出】

结合生产实践，小组完成一个蕹菜栽培项目，在学习蕹菜生物学特性和生产技术的基础上，设计蕹菜栽培方案，同时做好生产记录和生产总结。

【任务资讯】

蕹菜栽培技术

蕹菜栽培方式分旱栽和水植两种，北方以旱栽为主，南方旱栽与水植并存，早熟栽培以旱栽为主，中、晚熟栽培多数采用水植。技术要点如下。

1. 整地播种 北方一般采取直播方式。播前深翻土壤，亩施腐熟有机肥 2500～3000kg 或人粪尿 1500～2000kg、草木灰 50～100kg，与土壤混匀后耙平整细。播种前首先对种子进行处理，即用 50～60℃温水浸泡 30min，然后用清水浸种 20～24h，捞起洗净后放在 25℃左右的环境下催芽，催芽期间要保持湿润，每天用清水冲洗种子 1 次，待种子破皮露白点后即可播种。亩用种量 6～10kg。播种一般采用条播密植，行距 33cm，播种后覆土。也可以采用撒播或穴播。

2. 田间管理 蕹菜对肥水需求量很大，除施足基肥外，还要追肥。当秧苗长到 5～7cm 时要浇水施肥，促进发苗，以后要经常浇水保持土壤湿润。每次采摘后都要追 1～2 次肥，追肥时应先淡后浓，以氮肥为主，如尿素等。生长期间要及时中耕除草，封垄后可不必除草中耕。

蕹菜管理的原则是：多施肥，勤采摘。蕹菜的病虫害主要有白锈病、菜青虫、斜纹夜蛾幼虫等。菜青虫、斜纹夜蛾幼虫可用 20% 速灭杀丁 8000 倍液防治；白锈病，可采用 1:1:200 波尔多液或 0.2 波美度石硫合剂，或 65% 代森锌 500 倍液防治，每隔 10d 喷 1 次，以控制病情不发展为宜。

3. 采收 蕹菜如果是一次性采收，可于株高 20～35cm 时一次性收获上市。如果是多次采收，可在株高 12～15cm 时间苗，间出的苗可上市；当株高 18～21cm 时，结合定苗间拔上市，留下的苗子可多次采收上市。当秧苗长到 33cm 高时，第 1 次采摘，第 1 次采摘茎部留 2 个茎节，第 2 次采摘将茎部留下的第 2 节采下，第 3 次采摘将茎基部留下的第 1 茎采下，以达到茎基部重新萌芽。这样，以后采摘的茎蔓可保持粗壮。采摘时，用手掐摘较合适，若用刀等铁器易出现刀口部锈死。一般一次性收获亩产可达 1500kg，多次收获的亩产可达 5000kg。

【任务注意事项】

蕹菜病虫防治：白锈病是蕹菜的常见病害，分布普遍，危害较重。危害叶片、叶柄和嫩茎，严重发生时显著降低产量和品质，甚至造成绝收。防治方法是重病田与其他蔬菜轮作 2～3 年或换种水稻 1～2 年。收获后及时清除田间病残体，清洁田园。种植抗病、轻病品种，据海南省报道，泰国种、细叶种和柳叶种较抗病。选用无病地生产的不带菌种子，必要时种子可用 72% 克露可湿性粉剂或安克·锰锌 69% 可湿性粉剂拌种，用药量为种子重量的 0.3%；低湿地区实行高垄、高畦栽培，合理密植。蕹菜对肥水需求量大，宜施足基肥。定植田每亩基施腐熟有机肥 3000kg、蔬菜专用肥 75kg 做基肥。追肥宜前轻后重，避免偏施氮肥，每次采收后施 1 次肥；遇到寒冷天气，在畦上搭塑料小拱棚保温。要合理灌溉，干旱时沟灌，及时通风降湿，外界气温升高到蕹菜生长的适宜温度后，逐渐撤除小拱棚和大棚膜。发病初期摘除病叶，携出田外销毁；发病初期开始喷药。可选用的常用药剂有 58% 甲霜灵·锰锌可湿性粉剂 500～700 倍液，或 64% 杀毒矾可湿性粉剂 500 倍液，或 25% 甲霜灵可湿性粉剂 800 倍液，或 72.2% 菌可净（霜霉威）水剂 800 倍液，或 69% 安克·锰锌可湿性粉剂 800 倍液，或 72% 克露可湿性粉剂 800 倍液等。通常每 7～10d 喷 1 次药，连喷 2～3 次。棚室内还可用 5% 百菌清粉尘剂或 5% 霜脲·锰锌粉尘剂喷粉。

【任务总结及思考】

1. 蕹菜开花结籽的条件是什么？
2. 蕹菜栽培的关键技术是什么？

【兴趣链接】

（1）防癌　蕹菜是碱性食物，并含有钾、氯等调节水液平衡的元素，食后可预防肠道内的菌群失调，对防癌有益。

（2）降脂减肥　所含的烟酸、维生素 C 等能降低胆固醇、甘油三酯，具有降脂减肥的功效。

（3）美容佳品　蕹菜中的叶绿素有"绿色精灵"之称，可洁齿防龋、除口臭，健美皮肤，堪称美容佳品。

（4）防暑解热　蕹菜的粗纤维素含量较丰富，这种食用纤维由纤维素、半纤维素、木质素、胶浆及果胶等组成，具有促进肠蠕动、通便解毒作用。因此，夏季如经常吃，可以防暑解热、凉血排毒、防治痢疾。

项目十六 水生类蔬菜栽培

【知识目标】

1. 了解水生类蔬菜生物学特性和栽培季节。
2. 理解水生类蔬菜适期播种的重要性。
3. 掌握水生类蔬菜高产高效的栽培技术。

【能力目标】

熟知常见水生类蔬菜的生长发育规律、环境条件和主栽品种特性，能够根据生产计划做好生产茬口的安排，制订栽培技术规程，及时发现和解决生产中存在的问题。

【水生类蔬菜共同特点及栽培流程图】

水生蔬菜是指在淡水中生长的，其产品可供作蔬菜食用的维管束植物。我国水生蔬菜包括莲藕、茭白、慈姑、水芹、菱角、荸荠、芡实、蒲菜、莼菜、豆瓣菜、水芋和水蕹菜，共计 12 种。在我国栽培历史悠久，品种资源丰富，经过长期的选择和培育，创造了丰富的栽培类型，主要产地在水、热、光等资源比较丰富的黄河以南地区，其品种资源之多，产品之丰富，都在世界上居于首位。水生类蔬菜有相同或相似的生物学特性，栽培技术基本相似，但各有特点。其相似性表现在以下方面。

1）除菱和芡实以种子供食用外，水生类蔬菜多数以变态茎或嫩茎叶为食用器官。对人体有滋养保健之功效。且有独特的口味和丰富的营养，含有 5%～25% 的淀粉、1%～5% 的蛋白质、多种维生素。

2）水生蔬菜都具有适应水生环境的形态结构和生理功能，形成了具有喜水喜湿、畏旱怕燥的特性。

3）水生类蔬菜一般适应于温暖、潮湿、阳光充足及土壤肥沃的环境条件，多数种类喜温暖畏霜冻，如莲藕、茭白、慈姑等，生长适宜温度为 25～30℃，只有水芹喜欢冷凉，不耐炎热，生长适宜温度 15～25℃，耐寒力较强。

4）水生类蔬菜生产上多以无性繁殖器官作为播种材料。

5）水生类蔬菜生育期长，一般为 150～200d。无霜期内生长。多为春种秋收。只有水芹耐寒，长江流域可作越冬栽培。

6）水生类蔬菜主要分布于我国南方北纬 20°～32°、东经 101°～123° 的广大区域内，包括淮河、长江、钱塘江、闽江、珠江和澜沧江等江河流域，其中在洞庭湖、鄱阳湖、太湖、巢湖、洪泽湖等大型湖泊周围尤为集中。而淮河流域以北，则仅在气候较为温暖、水源较为充足的局部地区，如陕西的关中地区、山东的黄河沿岸有少量种植。多利用低洼水田和浅水湖荡、河湾、池塘等淡水水面栽培。也可实施围田灌水栽培。

7）水生类蔬菜都属于凉性食品，莲子、芡实、慈姑含有较多具有药效的生物碱成分，经常食用有降火功效。

8）水生类蔬菜如莲藕、茭白、慈姑、荸荠、芡实、菱角等的加工产品都已经出口到国外市场。遍及日本、韩国、东南亚、大洋洲、北美及欧洲等国家和地区，深受广大消费者的喜爱。

9）水生蔬菜根据对水深的适应性，分为深水和浅水栽培，适应深水栽培的有莲藕、菱角，适应浅水栽培的有茭白、水芹、慈姑、荸荠、芡实。

10）水生类蔬菜都忌连作。连作会导致生长不良，病虫害严重，大量减产。

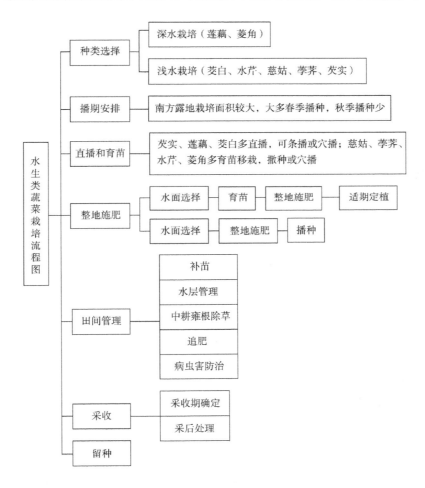

任务一 莲藕栽培

【知识目标】

1. 了解莲藕的生长发育特性及其对环境条件的要求。
2. 掌握莲藕的育苗技术。
3. 掌握莲藕的栽培技术。

【能力目标】

熟知莲藕的生长发育规律，掌握生产过程中的选择栽植藕的地块和品种、灌水和排水控制准备、地块整地施肥、种藕种植、栽植后管理等技能。

【内容图解】

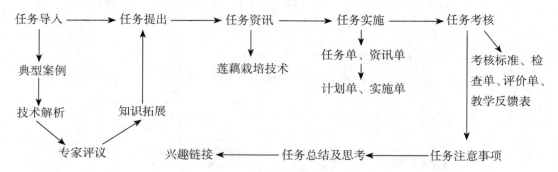

【任务导入】

一、典型案例

这是 2013 年重庆市永川区八角寺村的黎明，天刚刚亮，藕塘里的村民人头攒动。大家热火朝天。记者刚进水就出意外了，腿在藕塘里动不了了，陷在泥里，机智的村民拿来拖莲藕的工具，才安全脱离。于是记者很好奇这个工具。

这就是近两年村民们随着莲藕单价的上升、种植面积的扩大研发出来的拖藕工具水枪。现在村民收获莲藕不用把水塘的水都抽干，只需用水枪沿着莲藕生长的方向冲开泥巴，整个莲藕就轻松完整的收获起来。而不会把莲藕弄断影响品相，而且收获速度又快。如果像过去弄断藕，进灌了泥巴，洗不掉，严重影响出售。随着莲藕市场的大量需求，村民们都放弃打工，开始种植莲藕了。现在村民们在城里买了楼房，买了汽车，生活非常有生机。这是新世纪种植业的正能量的成功事例。

二、技术解析

莲藕属生态绿色食品。在重庆市永川区八角寺村的莲藕收获季里，可以看到许多穿着"连体裤"、高筒胶鞋的农民紧握高压水枪，对着淤泥猛冲，冲散莲藕周围的淤泥后，轻轻往上一提，雪白的莲藕就露出水面了。用高压水枪采挖出来的莲藕经过简单清洗后就可以上市销售了。高压清洗是世界公认最科学、经济、环保的清洁方式之一。

三、专家评议

这里是水产蔬菜，怎么让水产蔬菜的生产成本降低，而机械在水里的使用又受到限制，这还是新世纪农业发展中机械制造业的新课题。新时代农民由于抓住了国家经济发展的契机，善于开动脑筋，创造了新的辅助工具，提高了劳动生产率和商品质量，降低了收获成本，这真的使人感叹不已。

四、知识拓展

（一）莲藕生产概述

莲藕原产于印度，属睡莲科植物根茎，很早便传入我国，在南北朝时期，莲藕的种植就已相当普遍了。在我国的江苏、浙江、湖北、山东、河南、河北、广东等地均有种植。是常用蔬菜之一。在大多数人的印象中，莲藕都是长在池塘里的，满塘的荷花与荷叶，深深的水层，雪白的莲藕扎根在一两米深的泥土中。有的只是浅浅的水泥池子，池子中碧绿的荷叶，雪白的荷花，还有星星点点的小莲蓬（图16-1）。莲藕虽然生长在污泥中，一出污泥则洁白如玉。其肉质微甜脆嫩，营养丰富，可生食也可煮食，除了含有大量的碳水化合物外，蛋白质和各种维生素及矿物质的含量也很丰富，既可当水果，又可作佳肴。目前，城市里的需求量远远不够。

图 16-1　莲藕栽培情境图

莲藕也是药用价值相当高的植物，它的根、叶、花须、果实皆是宝，都可滋补入药。

（二）品种类型

莲藕的品种很多，按对水层深浅的适应性可分为浅水藕和深水藕。浅水藕适于5～50cm水层的浅塘或水田栽培，称为田藕。田藕大多为早熟品种，如苏州花藕、杭州白花藕、湖北六月报、安徽雪湖贡藕、娃娃藕等。深水藕适于50～100cm水深的池塘或湖荡栽培，称为塘藕。塘藕大多为中晚熟品种，如江苏美人红、小暗红、湖南泡子、广东丝苗等。此外，还有以采收莲子为主的品种，这些品种大多耐深水，成熟较晚，花多，结实多，莲子大，如湖南湘莲、江西鄱阳红花、江苏吴江的青莲子等。

（三）生物学特性

1. 形态特征　莲藕为睡莲科多年生宿根水生植物。种藕栽植后，顶芽和侧芽抽出细长如手指粗的鞭状根茎，称莲鞭。莲鞭上有节，莲藕种向下生须根，向上生叶，形成分枝，每个分枝上又能再生分枝，从种藕生出的第一片叶到最终叶片其大小形状均不同。

初生叶小，沉于水中称"钱叶"；后生叶较大，浮在水面称"浮叶"、伸出水面的称"立叶"。植株生长前期立叶从矮到高，生长后期从高到矮，可以从叶片来鉴别藕头生长的地方。结藕前的一片立叶最大，称"栋叶"，以此叶作为地下茎开始结藕的标志，最后一片叶为卷叶、色深、叶厚，叶柄刺少，有时不出土，称"终止叶"。

到夏秋之间，莲鞭先端数节开始肥大，称"母藕"或"正藕"，由3～6节组成，全长1～1.3m。母藕节上分生2～4个"子藕"，节数少。较大的子藕又可分生分枝称"孙藕"，藕小只有一节。母藕先端一节较短，称"藕头"，中间1～2节较长称"中截"，连接莲鞭的一节较长而细称"后巴"。

藕种为地下根茎的变形肥大部分，中间有7～9条纵直的孔道，同叶柄中的孔道相通，以变换空气。藕、莲鞭、叶柄或花梗，折断时有纤细均匀而富有弹性的藕丝，即谓"藕断丝连"。花红色、浅红色或白色，花瓣20片左右，果实称莲子，果皮内有紫红种皮，所有果实包埋在半球形的花托——莲蓬内。每个莲蓬均有莲子15～25个。

2. 生长习性　　莲是喜光喜温喜水性植物。避风向阳，阳光充足，不耐霜冻和干旱，莲的萌芽始温在15℃左右，生长适温23～30℃，要求土层深厚（30～50cm）、肥沃，上层为松软的淤泥层和保水力强的黏土中生长。适宜pH为6.5～7.5。霜降后，叶、花、藕鞭逐渐死亡，生产上多用种藕进行无性繁殖，如用莲子播种繁殖，生长缓慢，需2～3年才可收获。昼夜温差大，利于莲藕膨大形成。莲在整个生育期内不能离水，适宜水深在100cm以下。同一品种在浅水中种植时莲藕节间短，节数较多，而在深水中种植时节间伸长变粗，节数变少。

3. 生长发育时期　　按照莲藕的生长发育规律，一般分为幼苗期、成苗期、花果期、结藕期、休眠期等5个时期。

（1）幼苗期　　从种藕根茎萌动开始，到第一片立叶展出为止。在平均气温上升到15℃时，莲藕开始萌动，这一时期长出的叶片全部是浮叶。在长江中下游地区，一般4月上旬，莲开始萌动长出浮叶，5月中旬抽生立叶。在华南及西南的云南地区，3月上旬就开始萌动生长，而华北的河南、山东等地在4月下旬或5月上旬才开始萌动生长。东北地区要到6月上旬才开始萌动。莲的物候期还与品种有较大关系。一般情况下，莲的萌动期也就是莲藕定植的最佳时期。

（2）成苗期　　从出现第一片立叶开始到现蕾为止。长江中下游流域一般从5月中旬开始进入成苗期。这一时期的典型特征是植株生长速度加快，叶片数不断增加，总叶面积加大，自身光合作用的效率加强，营养物质的形成与积累也在加速，在短期内形成一个庞大的营养体系。

（3）花果期　　从植株现蕾到出现终止叶为止。莲藕的花是陆续开放的，花期一般延续2个月左右。开花的多少因品种而不同，子莲在长出3～4片立叶后，基本上是一叶一花。而藕莲的花较少甚至无花。长江中下游流域一般6月开始现蕾开花，7～8月为盛花期。

（4）结藕期　　从"后栋叶"出现到植株地上部分变黄枯萎为止。莲生长到一定时期，根状茎开始膨大形成藕，早熟品种一般在7月上旬，中晚熟品种在7月下旬或8月上旬进入这一时期。

（5）休眠期　　从植株地上部分变黄枯萎，新藕完全形成后，直到第二年春天叶芽、顶芽开始萌发为止。长江流域一般在10月下旬到第二年3月为藕的越冬休眠期。

（四）莲藕收获季节与茬口安排模式

莲藕是我国重要的水生蔬菜，发展莲藕种植不仅在农业增产增效方面发挥着重要作用，而且在改善和美化环境、湿地保护与利用等方面具有重要价值。以莲藕为中心，做好轮作配茬，对于充分提高土地利用率和单位面积经济效益、降低病虫危害、减少农药使用、改善土壤和提高地力等都有重要意义。

1. 藕田特点　　莲藕耐连作能力较强。在实际生产中，绝大多数藕田是实行多年连作的。通常情况下，在同一块田中，可以连续数年以莲藕为中心进行茬口配置。在长江流域地区露地栽培莲藕时，一般3月中下旬至4月上中旬定植，7～8月收青荷藕，9～10月开始收老熟藕；塑料大（中）棚覆盖早熟栽培时，则于3月中旬前后定植，6～7月收青荷藕，8～9月开始收老熟藕。

不论露地栽培，还是设施栽培，当以采收青荷藕为目的时，大多可在7月腾茬；若以采收老熟藕为目的，则从8月中下旬开始，可持续采收至翌年4月底。只要合理安排好莲藕采挖期，藕田茬口配置的空间是比较大的。

2. 藕田腾茬时间与茬口衔接模式

（1）7月腾茬的茬口安排模式　　藕—（伏缺菜、鲜食玉米、南瓜、西瓜）。

该模式中，莲藕采用早熟栽培技术，包括选用早熟品种（如鄂莲1号、新1号莲藕等）、加大用种量、增加密度、提早定植、采用设施以及及时采收上市等措施。一般7月上中旬青荷藕采收完毕，产量（每亩产量，下同）750kg。采收结束，立刻排水、翻田整地。

西瓜、南瓜6月15日提前采用营养钵育苗技术；伏缺菜、鲜食玉米或饲料玉米直播栽培。

（2）8月腾茬的茬口安排模式　　藕—（鲜食玉米、大白菜、平包菜、青花菜、萝卜、早熟南瓜）。

该模式中，莲藕采用中、早熟栽培技术，包括选用中、早熟品种（如鄂莲1号、新1号莲藕等）、加强管理、及时采收上市等措施。一般8月上中旬青荷藕采收完毕，产量（每亩产量，下同）1000kg。采收结束，立刻排水、翻田整地。

早熟南瓜采用育苗移栽；鲜食玉米、大白菜、萝卜直播栽培；平包菜、青花菜育苗移栽。

（3）9月腾茬的茬口安排模式　　藕—（春萝卜、蒜苗、晚熟花菜、菠菜、莴苣、早熟萝卜、青菜、芫荽、红菜薹）。

该模式中，莲藕采用中熟栽培技术，包括选用中熟品种（如鄂莲2号、3号、4号）、加强管理、及时采收上市等措施。一般9月上中旬青荷藕采收完毕，产量（每亩产量，下同）1500kg。采收结束，立刻排水、翻田整地。

适宜的旱生蔬菜种类如春萝卜、蒜苗、小白菜、红菜薹、春莴苣、芹菜、菠菜、雪里蕻等。春萝卜可在11月至翌年1月上旬播种，1～4月采收，产量2000kg；小白菜可于9月下旬至翌年1月直播或定植，10月下旬至翌年4月采收，产量1500kg；红菜薹10月下旬定植，翌年2月下旬开始采收，产量1200kg；花菜10月下旬至11月定植，3月下旬至4月上中旬采收，产量1500kg；春莴苣于11月定植，3月下旬至4月上中旬采收，产量2500kg；芹菜于10月下旬至11月上旬定植，4月上中旬前采收，产量2000kg；菠菜于10月下旬至翌年11月直播，12月至翌年3月采收，产量2000kg；雪里蕻于10月下旬至11月定植，翌年3月采收，产量2000kg。

【任务提出】

结合视频和生产实践，小组完成浅水藕生产项目，在学习莲藕生物学特性和生产技术的基础上，根据不同任务设计莲藕生产方案，同时做好生产记录和生产总结。

【任务资讯】

莲藕栽培技术

1. 地块选择　藕池可以选在村头荒地、荒宅、废旧坑塘、废弃地等地方。但必须在靠近水源、旱能灌、涝能排、通风透光、管理方便、地势稍高的地方建设。藕池以正方形或长方形为宜，面积不宜过大，每个藕池200～300m²即可。要求池底平坦，池壁和池底都做了防渗处理，不漏水。新建藕池如果是采用水泥构筑，应先灌水浸泡，待换水后再用。在使用之前，防渗工作是第一位的。如果防渗工作做不好，不仅浪费水电资源、肥料资源，还会增加人力成本。

2. 整地　新辟的藕田要先翻耕，并筑田埂，在种植前半月将大量基肥施下，及时耙平。栽藕前1～2d再耙1次，使田土成为泥泞状，土面平整，以免灌水后深浅不一。田埂要做得结实，以防漏水、漏肥。一般每亩施人畜粪尿1500～2500kg或绿肥5000kg左右。

种植浅水藕的土壤pH要控制在6～8，最佳pH为6.5～7，最好用河塘泥或稻田土，也可用蔬菜地的园土，但绝对不能用工业污染土。水泥池中土壤的厚度，一般为30～40cm。

3. 种藕种植　南方2～3月，北方3～4月，莲藕就能种植了。浅水藕种藕最好是具有4～6节以上藕身，子藕、孙藕齐全的全藕。且种藕粗壮、芽旺、无病虫害、无损伤。深水藕种藕最好是具有4～6节以上充分成熟的藕身，后把节较粗的整藕或较大的子藕，顶芽完整。密度是早熟品种株行距为70cm×200cm，晚熟品种100cm×200cm左右。

栽植方法是按照藕身大小用锄头挖一个长的栽植坑，栽植坑与池底有30°的倾斜角度。将种藕顶端向下顺势插，藕身与栽植坑平行，种藕插好后，用挖出来的土埋实，要求埋平后，藕梢和藕芽稍微漏出土面，而藕身全部埋入土中。藕定植于泥土的深度一般在5～10cm。栽藕之后，立即向水泥池内灌水，此时，为了提高地温，使种藕早萌芽，水位不宜太深，一般保持5cm。

4. 栽植后管理

（1）水层调控　浅水藕水层管理总的原则是：前浅、中深、后浅。在栽藕后到立叶出现时的萌芽生长期，应保持浅水，以提高土温，促进发芽。一般是以保持4～7cm深的水层为好，随着立叶的出现，莲藕茎叶生长逐渐转旺，水层要逐渐升高到12～15cm。当终止叶出现后，表明开始结藕，水层要逐渐降低到4～7cm，促进结藕。深水藕的水位不易调节，主要是防止汛期受涝及风害，特别是立叶淹没后，应在8h内紧急排水，使荷叶露出水面，以防淹死。从结藕期开始，水泥池子里不再加水，而任由其自然蒸发。深水藕选择浅湖、河湾等地，夏季汛期水位不超120cm，四周种植几行茭白防风害。

（2）中耕除草　　在莲藕生长过程中，尤其是浅水藕生长前期，水田内眼子草、牛毛毡、矮慈姑、三棱草、四叶萍等杂草较多，生长较快，影响莲藕生长，应及时除草。以前常采用人工中耕除草，工作量大，并且容易踩伤莲藕地下茎芽。如果采用化学除草，省工、省力，并且对莲藕无伤害。

近年来，通过试验摸索出了一些藕田化学除草安全有效的方法，正在生产中推广。如选用50%威罗生乳油，在莲藕立叶高出水面30cm时，取药100mL，先拌5kg尿素，再加5kg细土，充分拌匀后，于露水已干时撒入田中。施药时，藕田保持水深7～10cm，施药后保持水层一周以上，效果良好，药效期可达1个月以上；或选用12.5%盖草能或者35%精稳杀得40mL，加水40～50kg，充分拌匀后，当露水干时对杂草叶面喷洒，经过4d，对杀死3～4叶期禾本科杂草效果显著。

（3）科学追肥　　莲藕在生长发育过程中所需要的营养物质，一方面来自莲叶的光合作用；另一方面来自土壤，而土壤中原有的肥料有限，随着植株的生长发育会越来越少，尽管鱼的粪便和残饵可为藕提供一定量的养分，但与藕的生长需求相比是很少的，因此必须及时追肥。

莲藕生育期长，一般追肥2～3次。第一次在立叶开始出现时进行，中耕除草后，每亩施入人粪尿肥750～1000kg；第二次追肥在立叶已有5～6片时进行，每亩施入人粪尿肥1000kg左右。第三次追肥在终止叶出现时进行，这时结藕开始，称为追藕肥。每亩施人粪尿肥1500kg、饼肥30～50kg。施肥应选择晴朗无风天气，避免在炎热的中午进行。每次施肥前放掉田水，以便肥料吸入水中，然后再灌水至原来的深度。在深水藕田中，肥料易流失，不能直接施用液体肥料，应采取固施肥料方法，即重施厩肥，并埋入泥中。追肥用化肥时，首先将化肥与河泥充分混合，做成肥泥团，再施入藕田。

（4）勤转藕头　　转藕头又叫回藕、盘箭、转藕梢等，就是将藕鞭的顶端掉转方向。转藕头的目的是让池子边上的藕鞭能够继续生长，同时也是防止池子里的植株稀密不均。

在展叶初期每5～7d进行1次。当看到新抽生的卷叶在水泥池边仅1m左右出现时，表明藕头已逼近水泥池边，必须及时拨转藕头，使其转回田内。同时，如果发现田内植株疏密不均，也应当尽量将过密的藕头拨转到稀疏的地方，以使藕鞭分布均匀，提高产量。

转藕头应首先找到藕头。最嫩的叶子一般在藕鞭最前端一节上抽生，藕头的位置在这片叶子前方30～60cm处。可以伸手在藕鞭两侧掏泥挖沟，并尽量挖得长些，这样不易折断，然后将藕头连同藕鞭托起轻轻将藕头转回田内，并用泥埋好。转藕头应在晴天下午茎叶柔软时进行，以防因茎叶过于脆嫩而被折断。

随着温度的升高，池子里的浮萍和青苔慢慢生长起来，如果池子里有浮萍覆盖和青苔覆盖，会降低水温，影响藕鞭的发芽和正常生长。因此，每隔半个月左右，应当用捞网捕捞一次，将浮萍和青苔从池子中捞出。

有的时候，在池子里会出现一种特殊的青苔，叫水绵。它在水中如果蔓延开来，莲藕就会因为缺氧而死亡。池子中如果发现了水绵，切不可掉以轻心，必须用全池泼洒硫酸铜溶液的方法来防治。硫酸铜的用量根据水深而定，每亩田的用量，按照10cm水深

0.5kg 硫酸铜的用量来计算。

5. 采收和留种 莲藕在终止叶出现后，终止叶的叶背呈微红色，叶片卷而不开展，基部立叶边缘开始枯黄时，藕已充分成熟，即可挖藕上市。留种田应选择生长良好的黏土藕田，每亩留种田可供亩的用种量。由于种藕要在田间越冬，因此，留种田要保持一定的薄水，不能干燥，以免土壤受冻开裂，冻坏种藕，如不能经常维持浅水，宜用稻草覆盖防寒。翌年排藕前挖出种藕，随挖、随选、随种。

【任务实施】

工作任务单

任务	浅水藕栽培技术	学时	
姓名：			组
班级：			

工作任务描述：
以校内实训基地和校外企业的浅水藕生产为例，掌握浅水藕生产过程中的品种选择、茬口安排、整地、播种、水位调控、中耕除草、合理肥水管理、扭转藕头、病虫害防治、适时采收等技能，具备播种、水田管理等管理能力，提高连藕生产中常见问题的分析与解决能力。

学时安排	资讯学时	计划学时	决策学时	实施学时	检查学时	评价学时

提供资料：
1. 园艺作物实训室、校内和校外实习基地。
2. 莲藕生产的 PPT、视频、影像资料。
3. 校园网精品课程资源库、校内电子图书馆。
4. 白菜类蔬菜生产类教材、相关书籍。

具体任务内容：
1. 根据工作任务提供学习资料，获得相关知识。
1）学会连藕成本核算及效益分析。
2）根据当地气候条件、设施条件、消费习惯、生产茬次等选择优良品种。
3）制订连藕生产的技术规程。
4）掌握连藕生产的留种技术。
5）掌握连藕生产的种植技术。
6）掌握连藕丰产的水田管理技术。
7）掌握连藕生产过程中主要病虫害的识别与防治。
2. 建立连藕秋季高效丰产生产技术规程。
3. 各组选派代表陈述连藕秋季生产技术方案，由小组互评、教师点评。
4. 教师进行归纳分析，引导学生，培养学生对专业的热情。
5. 安排学生自主学习，修订生产计划，巩固学习成果。

对学生要求：
1. 能独立自主的学习相关知识，收集资料、整理资料，形成个人观点，在个人观点的基础上，综合形成小组观点。
2. 对调查工作认真负责，具备科学严谨的态度和敬业精神。
3. 具备网络工具的使用能力和语言文字表达能力，保证参与小组套路讨论。
4. 具备较强的人际交往能力和团队合作能力。
5. 具有一定的计划和决策能力。
6. 提交个人和小组文字材料或 PPT。
7. 学习制作本项目教案并准备规定时间的课程讲解。

任务资讯单

任务	浅水藕栽培技术	学时	
姓名：			组
班级：			

资讯方式：学生分组市场调查，小组统一查询资料。

资讯问题：
1. 在具体地区，北方莲藕栽培适宜播期为何时？
2. 莲藕浅水栽培注意事项有哪些？
3. 莲藕深水栽培注意事项有哪些？
4. 莲藕采收时寻找藕的依据？
5. 莲藕如何加强肥水管理获得高产？
6. 莲藕生产过程中的主要病害症状及防治办法。
7. 如何确定莲藕采收标准和时间？

资讯引导：教材、杂志、电子图书馆、蔬菜生产类的其他书籍。

任务计划单、任务实施作业单见附录。

【任务考核】

任务考核标准

任务	浅水藕栽培技术	学时	
姓名：			组
班级：			

序号	考核内容	考核标准	参考分值
1	任务认知程度	根据任务准确获取学习资料，有学习记录	5
2	情感态度	学习精力集中，学习方法多样，积极主动，全部出勤	5
3	团队协作	听从指挥，服从安排，积极与小组成员合作，共同完成工作任务	5
4	工作计划制订	有工作计划，计划内容完整，时间安排合理，工作步骤正确	5
5	工作记录	工作检查记录单完成及时，客观公正，记录完整，结果分析正确	10
6	浅水藕生产的主要内容	准确说出全部内容，并能够简单阐述	10
7	基肥的使用	基肥种类与蔬菜种植搭配合理	5
8	土壤耕作机械基本操作	正确使用相关使用说明资料进行操作	10
9	土壤消毒药品使用	正确制定消毒方法，药品使用浓度，严格注意事项	10
10	整地的方法和步骤	高标准地完成整地工作	10
11	数码拍照	备耕完成后的整体效果图	10
12	任务训练单	对老师布置的训练单能及时上交，正确率在90%以上	5
13	问题思考	开动脑筋，积极思考，提出问题，并对工作任务完成过程中的问题进行分析和解决	5
14	工作体会	工作总结体会深刻，结果正确，上交及时	5
合计			100

教学反馈表

任务	浅水藕栽培技术	学时	
姓名：			组
班级：			

序号	调查内容	是	否	陈述理由
1	生产技术方案制订是否合理？			
2	是否会选择适宜品种？			
3	是否会安排种植期？			
4	是否会进行施肥量结算？			
5	是否知道莲藕生长开始与结束的时间？			
6	是否知道主要病害的防治办法？			
收获、感悟及体会：				
请写出你对教学改进的建议及意见：				

任务评价单、任务检查记录单见附录。

【任务注意事项】

莲藕的主要病虫害：6月以后，是莲藕病害发生的季节，浅水藕种植经常发生的病害是腐败病。莲藕腐败病，又称枯萎病、腐烂病，是莲藕种植区发生最普遍、为害严重的病害之一，是由一种腐霉菌侵入所致。腐败病主要危害地下茎和根部，并造成地上部黄叶，重者枯萎，在23～30℃高温和连续阴雨的条件下发病重。莲藕感染腐败病后，抽生的叶片边缘干枯，然后向中间扩大，最后整个叶片卷曲焦枯。发病严重田块，全田一片枯黄，似火烧状。当莲藕出现少量的腐败病症状时，就要做好防治工作，用多菌灵600倍液或用甲基托布津700倍液喷雾，同时可用50%多菌灵加75%百菌清可湿性粉剂，按每亩500g拌细土30kg，堆焖3～4h后，田间保持浅水层施入。两种方法可同时进行，隔7d使用1次，防治2～3次。

【任务总结及思考】

1. 浅水藕和深水藕栽培的区别有哪些？
2. 如何判断结藕开始？
3. 如何判断莲藕茎叶开始旺盛生长？

【兴趣链接】

1. 营养价值

（1）清热凉血　　莲藕生用性寒，有清热凉血作用，可用来治疗热性病症；莲藕味甘多液，对热病口渴、衄血、咯血、下血者尤为有益。

（2）通便止泻、健脾开胃　　莲藕中含有黏液蛋白和膳食纤维，能与人体内胆酸盐、食物中的胆固醇及甘油三酯结合，使其从粪便中排出，从而减少脂类的吸收。莲藕散发出一种独特清香，还含有鞣质，有一定健脾止泻作用，能增进食欲，促进消化，开胃健中，有益于胃纳不佳、食欲缺乏者恢复健康。

（3）益血生肌　　藕的营养价值很高，富含铁、钙等微量元素，植物蛋白质、维生素以及淀粉含量也很丰富，有明显的补益气血、增强人体免疫力作用。故中医称其："主补中养神，益气力。"

（4）止血散瘀　　藕含有大量的单宁酸，有收缩血管作用，可用来止血。藕还能凉血，散血，中医认为其止血而不留瘀，是热病血症的食疗佳品。

（5）通便止血健脾开胃　　吃藕的时候就会闻到，藕中会散发出一种独特的清香，还含有鞣质，具有一定的健脾止泻的作用，吃藕还能增进人的食欲，促进消化，减少消化不良的情况，食欲缺乏的患者应该经常吃一些藕。藕中还含有黏液蛋白和膳食纤维，能与人体内胆酸盐、食物中的胆固醇结合使其从粪便中排出，减少脂类的吸收。

2. 营养成分　　藕含有多种营养及天冬碱、蛋白氨基酸、葫芦巴碱、干酪酸、蔗糖、葡萄糖等。鲜藕含有20%的糖类物质和丰富的钙、磷、铁及多种维生素。鲜藕既可单独做菜，也可做其他菜的配料，如藕肉丸子、藕香肠、虾茸藕饺、炸脆藕丝、油炸藕蟹、煨炖藕汤、鲜藕炖排骨、凉拌藕片等，都是佐酒下饭、脍炙人口的家常菜肴。

3. 食疗作用　　藕节被古代医学家视为止血药中之佼佼者。将鲜藕捣汁用开水冲服，能防治急性肠胃炎。若鼻出血，直接饮用鲜藕汁可止血。南朝梁人陶弘景《名医别录》："生藕性寒，能生津凉血；熟藕性温，能补脾益血。"

在根茎类食物中，莲藕含铁量较高，故对缺铁性贫血的患者颇为适宜。莲藕的含糖量不算很高，又含有大量的维生素C和膳食纤维，对于患有肝病、便秘、糖尿病等虚弱之症的人都十分有益。

莲藕中还含有丰富的单宁酸，具有收缩血管和止血的作用，对于淤血、吐血、衄血、尿血、便血的人，以及产妇、白血病患者极为适合。

莲藕还强以消暑清热，是夏季良好的祛暑食物。熟藕性味由凉变温，补心生血、健脾开胃、滋养强壮；煮汤饮能利小便、清热润肺，并且有"活血而不破血，止血而不滞血"的特点。

任务二　茭白栽培

【知识目标】

1. 了解茭白的生长发育特性。

2. 掌握茭白栽培技术要点。

【能力目标】

能根据市场需要选择适宜茭白品种，培育壮苗，选择种植方式，适时种植；能根据植株长势，适时进行田间管理和病虫害防治。

【知识拓展】

一、茭白生产概述

茭白，又名高瓜、菰笋、菰手、茭笋、高笋，是禾本科菰属多年生宿根草本植物。分为双季茭白和单季茭白（或分为一熟茭和两熟茭），双季茭白（两熟茭）产量较高，品质也好。古人称茭白为"菰"。在唐代以前，茭白被当作粮食作物栽培，它的种子叫菰米或雕胡，是"六谷"（稌、黍、稷、粱、麦、菰）之一。后来人们发现，有些菰因感染上黑粉菌而不抽穗，且植株毫无病象，茎部不断膨大，逐渐形成纺锤形的肉质茎，这就是现在食用的茭白。这样，人们就利用黑粉菌阻止茭白开花结果，繁殖这种有病在身的畸形植株作为蔬菜。可入药。世界上把茭白作为蔬菜栽培的，只有中国和越南。茭白在山东新泰白庄子被誉为三好之一（三好即茭白、香椿、野鸭蛋），自古流传至今。多生长于长江湖地一带，适合淡水里生长（图 16-2）。

图 16-2　茭白栽培情境图

二、品种类型

我国茭白品种较多，主要分为单季茭和双季茭两类。

三、生物学特性

（一）形态特征

1. 根　　根为须根，在分蘖节和匍匐茎的各节上环生，长 20～70cm，粗 2～3mm，主要分布在地下 30cm 土层中，根数多。

2. 茎　　茎有地上茎和地下茎之分，地上茎呈短缩状，部分埋入土里，有多节。节上发生多数分蘖，形成株丛。主茎和分蘖进入生殖生长后，短缩节拔节伸长，前端数节畸形膨大，形成肥嫩的肉质茎，长 25～35cm，横径 3～5cm，横断面椭圆或近圆形。地下茎为匍匐茎。具根状茎，地上茎可产生 23 次分蘖。形成蘖枝丛，秆直立，粗壮，基部有不定根，主茎和分蘖枝进入生殖生长后，基部如有茭白黑粉菌寄生，则不能正常生长，形成椭圆形或近圆形的肉质茎。

3. 叶　叶片扁平,长披针形,长 100～160cm,宽 3～4cm,先端芒状渐尖,基部微收或渐窄,一般上面和边缘粗糙,下面光滑,中脉在背面凸起。叶鞘长而肥厚,互相抱合形成"假茎"。

4. 花　聚伞花序腋生花序梗长 1.5～9cm,基部被柔毛,向上无毛,具 1～5 朵花;苞片小鳞片状,长 1.5～2mm;花梗长 1.5～5cm,无毛;萼片近于等长,卵形,长7～8mm,顶端钝,具小短尖头,外面无毛;花冠白色、淡红色或紫红色,漏斗状,长3.5～5cm;雄蕊不等长,花丝基部被毛;子房圆锥状,无毛。

5. 果实和种子　果为长角果,圆柱形,表面光滑,成熟时细胞膜增厚而硬化。种子着生在膜上,成熟的种子为红褐色或黑褐色,千粒重 3.3～4.5g。在自然条件下,北方干燥地区的种子使用年限为 2～3 年。

(二)生长发育周期

(1)萌芽期　入春后 3～4 月开始发芽,最低温度 5℃以上,以 10～20℃为宜。

(2)分蘖阶段　自 4 月下旬至 8 月底,每一株可分蘖 10～20 个以上,适温为 20～30℃。

(3)孕茭阶段　双季茭 6 月上旬至下旬孕茭一次,8 月下旬至 9 月下旬又孕茭一次。单季茭为 8 月下旬至 9 月上旬才孕茭,适温为 15～25℃,低于 10℃或高于 30℃,都不会孕茭。

(4)生长停滞和休眠阶段　孕茭后温度低于 15℃以下分蘖和地上都生长停止,5℃以下地上部枯死,地下都在土中越冬。

(三)对环境条件的要求

茭白喜温暖。以分蘖和分株进行无性繁殖,不耐寒冷和高温干旱,栽培地区的无霜期需在 150d 以上,遇霜后茭叶即枯死,休眠期能耐-10℃的低温。我国北方无霜期短,以栽植单季茭为主,单季茭适于春栽。南方无霜期长,单季茭和双季茭均适种植。越冬母株基部茎节和地下根状茎先端萌芽始温 5℃,适温 15～20℃。植株主茎(分蘖)生长适温 20～30℃;孕茭始温 15℃,适温 20～25℃,30℃以上难以孕茭。在海拔 450m 以上的中高山地带,夏季气候凉爽,十分适宜茭白的生长发育,为茭白优质创造了良好的生态环境,能促使茭白提前孕茭肉质膨大,比同纬度的平原茭白提早上市 20～30d。

四、栽培季节和茬次安排

单季茭和双季茭均用分株繁殖,长江流域单季茭在清明至谷雨分墩定植,夏秋双季茭可分春秋两季,春栽在谷雨前后,秋栽在立秋前后。

茭白是不耐连作的作物,轮作在茭白生产中具有非常重要的作用。茭白田的轮作包括同是水田的不同作物轮作和水旱轮作。水田轮作主要是茭白与水稻、席草、水藕、荸荠、慈姑等作物的轮作。茭白与水稻轮作,茭白采用双季茭品种,夏茭采收后即进行耕耙整地,施足基肥,栽插单季稻或连晚粳稻,两作生育期互补,均能获得高产。茭白与席草轮作,单季或双季茭白秋季采收后进行整地、施肥,栽种席草。茭白田的水旱轮作主要是与旱地瓜果蔬菜轮作,主要有:秋茭—夏茭—夏秋白菜—茄果类—越冬棚栽—秋茭;秋茭—夏茭—夏秋白菜或萝卜—秋冬菜—春茄果类—秋茭;秋茭—夏茭—秋茄果类—冬春菜—秋茭等。这些轮作方法都是一季秋茭，夏茭后改种旱地蔬菜。水旱轮作能有效地改善土壤的理化性状，是解决作物连作障碍因子的最佳办法。

茭白田的耕作除了轮作外，也可实施间套种。茭白田的间套作物主要有水稻、菱、藕、水蕹菜等水生作物，当然也可与小麦、油菜或旱地蔬菜进行间套种。间套种方法可采用间行或间多行种植，也可采用田块四周和中间位置间种。茭白田采用间套种，能有效提高土地的利用率，改善植株间的通风透光性；降低茭田水温，使秋茭提早结茭；减少茭田行间杂草；效益较好。

为进一步提高茭白田的利用率和产出率，近年多地还出现了茭白与田鱼、青虾、黄鳝、螃蟹、鸭子等共生共育的立体生态种养模式，都取得了较好的效益。

【任务提出】

结合生产实践，小组完成茭白的生产项目，在学习茭白生物学特性和生产技术的基础上，根据不同任务设计茭白生产方案，同时做好生产记录和生产总结。

【任务资讯】

茭白栽培技术

1. 品种选择　品种主要有一点红（杭州）、象牙茭（杭州）、美人茭（绍兴）、吴岭茭（缙云）等品种。京津地区选择一熟茭，产量稳定品质好，一般亩产量可达 1500kg 左右，茭白个大，一般 200g 左右，大的可达 400g 以上，茭肉细嫩、纤维少、甜脆，9 月上旬开始上市。销势和价格好。

2. 整地　选择浅水洼地或稻田栽植，水位不宜超过 25cm，最好为黏壤土。可放干水的地块，宜干耕晒垡，施人粪肥后灌水，浅水耕耙。不能放干水的低洼水田，可带水翻耕。茭白生长期长，植株茂密，需肥多。每生产 1000kg 茭白需氮 14.4kg、五氧化二磷 4.9kg、氧化钾 22.8kg。基肥以有机肥为主，配合氮磷钾化肥。

3. 定植　长江流域在清明至谷雨分墩定植，夏秋双季茭可分春秋两季，春栽在谷雨前后，秋栽在立秋前后。单季茭白一般春季栽培。定植气温以 15～20℃为宜，一般在 5 月上旬至 5 月底。一熟茭孕茭前要有 100～120d 生长期，定植后 20～30d 开始分蘖，当年能产生 10 个有效分蘖。栽植密度行距 60～100cm，株距 25～30cm，最好用宽窄行，两行一组。茭苗应随挖随栽，引种时，长途运输中要保持湿度，栽苗前割去叶尖。

4. 灌水　①茭白栽植后田间保持 2～4cm 浅水越冬，春季茭苗开始生长时，水位宜浅，保持在 2～3cm，以利地温升高，促进萌芽发棵，以后随着植株的生长，水位逐步加深。②种植 50d 前后，可视茭白分蘖情况进行一次烤田（烤田以见鸡脚裂为度）后灌 10～15cm 深水控制无效分蘖。③孕茭期可控制 20cm 的水位，但不能超过茭白眼，防止薹管拔高。3 月中旬后气温逐渐升高，茭田要勤换水，最好是活水灌溉，有利于春茭孕茭。④春茭采收后，水位降到 6cm 左右；秋茭收获后水位降到 3～4cm。休眠期保持 2～4cm 的浅水状态越冬。⑤每次施肥前先放浅田水，待施肥耘田和田水落干后再灌水。

5. 追肥和中耕　　南方地区双季茭白追肥宜早不宜迟,以促苗早发,早孕茭。结合水层管理,促进前期有效分蘖,控制后期无效分蘖,促进孕茭,提高产量和品质。茭白生长期长,植株高大,需肥量也大,除施足基肥外,必须适时追肥:①新栽植的茭田如栽植时未施基肥,应在 15d 内补施基肥。施肥后将行间泥土挖松,培于植株旁。②老茎萌芽时亩追碳铵 30kg 或尿素 10kg。③种植 30d 左右(分蘖初期)亩施 45% 复合肥 30~50kg。④孕茭前追施 15kg 尿素。⑤春茭采收过程中,可根据茭苗生长情况适量追肥。⑥春茭采收后可亩施 45% 复合肥 20~30kg,以利秋茭生长。

6. 割墩疏苗　　立秋后将植株基部的黄叶割除,以利于通风透光。翌年立春前后,用快刀齐泥割低茭墩,除去母茭上部较差的分蘖芽。也可用火烧,把地上部分老叶烧光,达到割墩灭病效果。4 月底至 5 月初,当分蘖高 30cm 左右时,每隔 10cm 留一苗,将多余的苗拔除。疏墩后 10~15d 向株丛上压一块泥,使分蘖向四周散开生长以改善通风透光条件。

7. 清除雄茭、灰茭　　雄茭和灰茭不能结茭,应随时加以去除。去除的空位,可用分蘖多的正常茭墩上的苗补上。

8. 剥枯叶、拉黄叶　　剥枯叶、拉黄叶清除枯老的叶片,改善植株间的通风透光条件。一般在春茭采收后期开始,根据植株生长情况,把枯老的叶片剥清拉光,要求是拉清不拉伤,把拉下的黄叶踩入田间作为肥料。

9. 疏苗补苗　　南方地区种植的双季茭白每墩茎蘖达 15 根以上时,应进行疏苗,拔除过密的小分蘖,每墩留有效分蘖 15~20 根,疏苗后茭墩中间压一块泥,使植株分布均匀,通风透光。

10. 采收及留种　　茭白成熟不整齐,每隔一天采收一次。成熟的标准是孕茭部显著膨大,叶鞘一侧裂开,微露茭肉;心叶相聚,两片叶向茎合拢。采收时在茭白下 10cm 左右处割下,从茭白眼处切去叶片,留 30cm 左右的叶梢,装入蒲包。带叶的茭白俗称水壳,较易保持洁白、糯嫩的品质,耐长途运输和贮藏。

由于茭白在生产中其种性会不断分离,一般都要选留母种。应选择生长整齐,植株较矮,分蘖密集丛生;叶片宽,先端不明显下垂,包茎叶宽、高度差异不大,最后一片心叶显著缩短,"茭白眼"集中且色白;茭肉肥嫩;薹管短,孕茭以下茎节无过分伸长现象;整个株丛中无灰茭和雄茭的植株作为母株,作出标志,翌年春抽生新苗时取其分蘖作种苗。目前茭白栽培多采用寄秧育苗,不但可促进茭白早熟,提高种苗纯度和质量,还便于茬口安排。寄秧育苗将秋季选出优良母株整丛挖起,先在茭白秧田中寄植一定时间,然后再分苗定植于大田。寄秧田要求土地平整,排灌方便,整地时每亩施入有机肥 1500kg。一般在 12 月中旬到翌年 1 月中旬进行,此时母株丛正处于休眠期,移栽时不易造成损伤。寄秧密度以株距 15cm,行距 50cm 为宜,栽植深度与田土表面持平。

【任务注意事项】

茭白的主要病虫害防治:茭白主要有锈病、白背稻虱、蚜虫,发生广、为害重、损失大。5 月后,这几种病虫害逐渐加重。锈病:发病初期,用 80% 代森锌可湿性粉剂 600~800 倍液,或 25% 敌力脱乳油 3000 倍液,或 50% 莠锈灵乳油 800 倍液及粉锈宁,

7～10d 防治一次，10d 左右连治 3 次，能有效地得到控制。白背稻虱、蚜虫是同时发生，发生初期，用乐果、朴灵，10d 左右连防治 3 次。

【任务总结及思考】

1. 茭白生产过程中水位如何管理？
2. 茭白生产过程中如何对茭白进行管理？

【兴趣链接】

1. 功效主治　解热毒，除烦渴，利二便。主烦热、消渴、二便不通、黄疸、痢疾、热淋、目赤、乳汁不下、疮痈。

2. 营养成分　茭白主要含蛋白质、脂肪、糖类、维生素 B_1、维生素 B_2、维生素 E、微量胡萝卜素和矿物质等。嫩茭白的有机氮素以氨基酸状态存在，并能提供硫元素，味道鲜美，营养价值较高，容易为人体所吸收。但由于茭白含有较多的草酸，其钙质不容易被人体所吸收。

3. 饮食禁忌　①一般人群均可食用。②更适宜高血压患者、黄疸肝炎患者、产后乳汁缺少的妇女及饮酒过量、酒精中毒的患者。③由于茭白含有较多的难溶性草酸钙，其钙质不容易被人体所吸收，不适宜阳痿、遗精者、脾虚胃寒、肾脏疾病、尿路结石或尿中草酸盐类结晶较多者、腹泻者。④茭白性寒能发旧病，凡肠胃虚寒及疮痈化脓者勿食。⑤茭白为酸性食物，服用磺胺药时禁食茭白。⑥茭白里含有很多草酸，豆腐里含有较多氯化镁、硫酸钙，两者若同时进入人体，会生成不溶性的草酸钙，不但会造成钙质流失，还可能沉积成结石。

任务三　慈姑栽培

【知识目标】

1. 了解慈姑的生长发育特性及其对环境条件的要求。
2. 掌握慈姑的丰产栽培技术。

【能力目标】

熟知慈姑的生长发育规律，掌握生产过程的品种选择、茬口安排、整地、种植、田间管理、病虫害防治、适时采收等技能。

【知识拓展】

一、慈姑生产概述

慈姑为泽泻科慈姑属宿根性水生草本。单子叶植物，无胚乳。以球茎作蔬菜食用。别名慈菇、燕尾草、白地栗、燕尾草、芽菇等。生在水田里，叶子像箭头，开白花（图16-3）。地下有球茎，黄白色或青白色，可以吃。中医认为慈姑性味甘平，生津润肺，补中益气，对劳伤、咳喘等病有独特疗效。慈姑每年处暑开始种植，元旦春节期间收获上市，为冬春补缺蔬菜种类之一，其营养价值较高，主要成分为淀粉、蛋白质和多种维生素，富含铁、钙、锌、磷、硼等多种活性物所需的微量元素，对人体机能有调节促进作用，具有较好的药用价值。

图 16-3　慈姑栽培情境图

二、类型与品种

按栽培季节分为早水慈姑和晚水慈姑类型，按地下球茎颜色分为黄白皮、青紫皮类型。主要品种：①侉老乌，球茎圆形，皮色青带紫，品质粗，成熟较早；②沙姑，球茎卵圆，皮色黄白，品质优，早熟；③白慈姑，球茎扁圆，皮白色，品质优，抗逆性强，中晚熟；④沈荡慈姑，球茎扁圆，皮色淡黄，品质一般，中晚熟；⑤苏州黄，球茎卵圆，皮黄色，品质优，晚熟。

三、生物学特性

（一）形态特征

植物学性状：植株直立，高 50～100cm。须根系，肉质，具细小分枝，无根毛，须根长 30～40cm。茎分为短缩茎、匍匐茎和球茎 3 种。短缩茎腋芽萌动生长，穿过叶柄基部，向土中伸长，为匍匐茎，长 40～60cm，每株有 10 余条匍匐茎。匍匐茎入土约 25cm，入土深浅受气候影响。气温较高，匍匐茎顶端窜出泥面，发叶生根成为分株；气温下降，匍匐茎向深处生长，末端积累养分形成球茎。一般球茎高 3～5cm，横节面直径 3～4cm，由 2～3 节组成，卵形或近球形，肉白色或淡蓝色，顶端具有顶芽。叶箭形，长 25～40cm，宽 10～20cm，叶柄长，组织疏松，着生在短缩茎上。短缩茎每长一节，抽生一叶，开花植株从叶腋间抽出花梗 1～2 枝，总状花序，雌雄异花。花白色，花萼、花瓣各 3 枚。雄花雄蕊多数；雌花心皮多数，集成球形。结实后形成多数密集瘦果，扁平，斜倒卵形，有翼。种子位于中部，具繁殖力，用种子繁殖当年只结细小球茎，生产上都用球茎行无性繁殖。

（二）生长发育周期

生长发育和球茎形成：慈姑的生育期一般分为发芽期、植株生长期及球茎形成期。

1. 发芽期　萌芽始温 14℃，球茎顶芽鳞片张开，抽生 1～2 片叶，此期利用球茎贮存养分维持生长，需保持 3cm 左右的浅水层，以提高土温，促使植株生叶、发根。

2. 植株生长期　植株抽生正常的箭形叶至球茎开始膨大，初时每隔 7～10d 抽生一片新叶，平均气温 25~28℃时，5d 左右长出一片新叶。植株具 7 片大叶时，地下短缩茎发生匍匐茎。每长一片叶，发生一条匍匐茎。此期内植株生长迅速，要使肥水供应充足，宜适当加深水层（10~15cm），避免植株生长过旺，延迟球茎形成。

3．球茎形成期 球茎开始膨大至采收，约需 30d。此期气温下降，光合产物向匍匐茎末端转运、积累，形成球茎。此期内气候冷凉，日照较短，阳光充足，水层较浅，叶片不早衰，可促球茎形成。

（三）对环境条件的要求

1．温度 慈姑球茎顶芽在 15℃以上才能萌发，25℃萌发较快；叶片生长以 25~30℃为最适；抽生匍匐茎和球茎膨大以 20~25℃为最适；球茎休眠过冬，以保持 7~12℃为宜，过高、过低都不利于贮藏。

2．光照 慈姑喜光，不耐遮阴，特别是结球期要求光照充足。

3．水分 慈姑为浅水生植物。萌芽期水位以 3~5cm 为宜，旺盛生长期水位加深至 15~20cm，最深不宜超过 30cm，结球期回落到 10~15cm 为宜，进入休眠越冬期保持田间薄层浅水或湿润即可。

4．土壤与营养 营养要求土壤软烂、肥沃，以有机质含量达 1.5%以上的壤土或黏壤土为好。对肥料要求氮、钾并重，磷肥适量配合，以保植株健壮生长和结球良好。

四、栽培制度与栽培季节

慈姑大田栽植时间大都在 6~8 月，然而各地根据前茬作物不同栽植期略有不同，大致可分为早水（茈）慈姑和晚水（茈）慈姑。近年来由于晚水慈姑前茬可接早稻、早藕，可充分利用土地，经济效益高，因此晚水慈姑栽植面积相对较早水慈姑有不断扩大的趋势。

1．早水慈姑 一般于春季 3~4 月育苗，6~7 月栽植者称早水慈姑。长江流域于 3 月中下旬备秧田，4 月上旬取留种顶芽或球茎在温室或大棚催芽，4 月下旬至 5 月上旬秧田育秧，于 6 月中旬至 7 月上旬起秧定植，秋季开始采收。

2．晚水慈姑 一般于 7 月下旬至 8 月上旬定植者称晚水慈姑。江浙地区栽培晚水慈姑面积甚大，多以早稻为前茬，于 6 月下旬至 7 月下旬取贮藏的种用球茎播种育苗，苗龄约 30d，7 月下旬至 8 月上旬定植，12 月以后采收。华南、长江中下游流域多于春季育苗，通过控制肥水，促发分株，可扩大繁殖 3~5 倍，7~8 月分株具 3~4 片叶时，分期定植大田。

【任务提出】

结合生产实践，小组完成一个慈姑生产项目，在学习慈姑生物学特性和生产技术的基础上，设计其慈姑生产方案，同时做好生产记录和生产总结。

【任务资讯】

慈姑栽培技术

1．秧苗准备（以长江流域地区）

（1）种芽准备 选具品种典型特征、大小适中、充分成熟、顶芽较弯曲且粗为 0.6~1.0cm、无病虫为害的球茎，于冬前将顶芽稍带一部分球茎切下，随即用 20%多菌灵可湿性粉剂 300 倍液浸泡 15min。捞出后摊晾至表面干燥后，窖藏越冬备用。每 100kg 慈姑球茎约可切取顶芽 12～15kg，可供 1 亩大田之需。

（2）催芽　一般于 4 月下旬取出留种用顶芽，置洁净筐内，上覆洁净湿稻草，洒水保湿，保持温度 15℃以上，经 10～15d 出芽，即可播于秧田育苗。若播期较晚，气温已至 15℃以上，则可不必催芽，仅需于清水中浸泡 1～2d，即可直接播种苗。

（3）播种　一般于 4 月下旬至 5 月上旬，气温 15℃以上时进行。育苗秧田要求地面平整、土质肥沃、排灌两便、保水保肥。若为早水慈姑育苗，每亩施腐熟农家肥 3000～4000kg，耕深 20～25cm。顶芽播插行、株距均为 9～12cm。土壤肥力较高、苗龄较长者宜稀播；土壤肥力较低、苗龄较短者宜密。播插深度以顶芽自下向上的第 3 节入泥 1.5～2.0cm 为宜。为便于管理，宜将顶芽按大小分级，分区播插。

（4）秧田管理

1）水深调节。播插时秧田水深 2～3cm，插后轻搁田 7～10d，保持土壤湿润以利生根。芽鞘张开，抽生第 1 片过渡叶时，灌一薄层水。秧苗生长期，保持 2～3cm 水层，以利土温升高。若遇晚霜，宜灌深水防冻。气温 25℃以上时，逐渐加水深至 6～10cm，不可搁田受旱。

2）追肥。播插后 7～10d，开始发根，每亩施 20% 的腐熟粪水 1000kg。

3）其他。注意及时除草和防治蚜虫。早水慈姑，幼苗高 25～30cm，并具 3～4 片叶时即可起苗定植大田。但若苗期延长，作晚水慈姑栽培时，则应防止秧苗生长过旺或过弱，及时调节水肥，适当增施磷、钾肥，并定期打去秧苗外围老叶，保留中央新叶 3～4 片。

2. 大田准备　选择具适宜土壤的水田，深耕 20cm 以上，每亩施腐熟厩肥或粪肥 3000kg、尿素 15～20kg、过磷酸钙 30～40kg、复合肥 25kg 作基肥。耕翻耙平，灌浅水。

3. 大田定植　长江流域早水慈姑定植用苗不可太小；晚水慈姑应抢季及时定植，最迟在 8 月上旬定植完毕。华南地区定植期不宜迟于 9 月上旬。早熟栽培者，行株距均为 40～45cm；晚熟栽培者行株距均为 35cm。具体密度还可据土壤肥力、植株大小等调节。定植前，连根拔取秧苗，摘除外叶，保留中心嫩叶及外围叶柄 25～30cm。栽植深度 9～12cm。定植时保水 2～3cm。

4. 大田管理

（1）水深管理　原则是浅水勤灌，严防干旱，高温多雨季节应适当搁田，高温干旱季节适当深灌凉水（如低温井水）。一般植株生育前期 3～6cm，雨季节搁田一次，7～8 月高温季节 12～20cm，8 月以后 8～10cm，9～10 月 3～5cm。

（2）追肥　追肥原则是促、控、促，并注意氮、磷、钾配合施用。早水慈姑定植 10～14d 后，每亩施 20% 腐熟人畜粪水 1500kg，碳铵 30kg 和尿素 10kg。抽生根状茎时，每亩施腐熟人粪尿 2500kg，或尿素 30kg、复合肥 25kg 及氯化钾 10～15kg。晚水慈姑在定植后 25～30d 追肥 1 次，数量与早水慈姑结球肥相似。

（3）除草和打老叶　生长期内，每 15～30d 耘田除草 1 次，直到抽生根状茎为止。通常自定植缓苗后进行第 1 次耘田除草工作，共 2～4 次；慈姑在生长旺盛期，生长过旺，容易造成田间密闭，通风不良，易引发病害的流行，故应及时摘除植株外围发黄老叶，留中央新叶 4～5 片，15～30d 摘 1 次，共 2～4 次，至天气转凉，气温下降到 25℃

以下时为止。另外，还要采取除蘖措施，即在11月上旬于植株四周8～10cm处用镰刀插入泥中10～15cm环割1周，以割断部分根状茎。亦可手工摘除部分细小根状茎。结球前期除蘖可以提高慈姑的商品性，避免了单株结球茎太多而造成球茎瘦小。

5. 采收及留种　　慈姑采收的时间，因栽培地区不同而略有差异。长江中下游地区一般于秋季初霜后（茎叶枯黄时）到翌年球茎萌发前，即11月到翌年3月，随时都可采收。但为了保证慈姑的品质与产量，通常延迟至12月至翌年1月采收，因为茎叶枯黄时，短缩茎中的养分仍可继续向球茎运输，使球茎充实、膨大，进而提高慈姑产品的品质与产量。

采收方式，多采用人工或机械采挖，采挖时应尽可能降低认为损伤球茎的可能性，采收后应用洁净水冲洗干净，要求带泥量不超过0.5%，以备分级包装上市。

慈姑留"种"时应选择具有本品种特征、匍匐茎短而密集、单株球茎数10～14个的优良植株为种株。用于繁殖用的种球或种芽，要达到成熟、肥大、端正、具有本品种特性、顶芽粗短而弯曲。对选择好留种球茎进行切芽留"种"，切芽时一般从顶芽基部下第一茎节切开，使顶芽带1cm左右厚的茎块。切下的种芽要用杀菌剂进行消毒处理。储存要采用真空包装后放在通风、不见光、温度低于15℃以下的地方保存，或者用沙子堆埋，使种芽不见光，堆放环境温度不高于15℃。球茎留种一般可以预留在大田，冬季保持田间最低水位深度不低于10cm。一般多采用整个球茎进行繁殖，这样既省种又省工，效果较好。

【任务注意事项】

慈姑主要病虫害有：慈姑黑粉病、慈姑斑纹病、慈姑褐斑病、莲缢管蚜、慈姑钻心虫。

（1）农业防治　　首先应选育抗病品种，因地制宜地换种抗病品种；收获时应在无病田块内选留种用球茎，以防止种用球茎带病造成病害的发生；实行轮作、间作套种的种植制度，合理密植；搞好田间卫生，及时摘除病老残叶，采收后尤应注意收集病残物，割除田边杂草等，进行集中烧毁；科学施肥，防止偏施氮肥，增施腐熟有机肥或磷钾肥；加强水深管理，根据慈姑生长发育的需要，管好水深，避免长期深灌，以增强慈姑机体抗病的能力。

（2）物理防治　　主要针对莲缢管蚜，采用银灰膜或黄板诱杀蚜虫，减少农药的施用量和使用次数。银灰膜避蚜的具体做法：将银灰色地膜剪成10～15cm宽的膜条，纵横铺于行间株间；黄板法诱杀蚜虫的具体做法：用100cm×20cm的黄板，按照30～40块/亩的密度插于行间，高出植株顶部，一般7～10d重涂一次机油。

（3）生物防治　　保护天敌（如针对防治莲缢管蚜，应保护七星瓢虫等），创造有利于天敌生存的环境条件，选择对天敌杀伤力低的农药。

（4）化学防治　　主要病虫害化学防治农药的使用方法和注意事项。

【任务总结及思考】

1. 简述慈姑的丰产栽培管理措施。
2. 慈姑品种类型有哪些？

【兴趣链接】

1. **功效主治**　　行血通淋。治产后血闷，胎衣不下，淋病，咳嗽痰血。
2. **营养成分**　　慈姑的主要成分是淀粉，也含有维生素 B_1、维生素 B_2、维生素 C 及矿物质钾、钙和食物纤维，蛋白质含量也较多。所以，能促进生长，供给身体热能，对于维持血液中的正常酸碱度也有帮助，能防治贫血，抵抗力弱和营养不良引起的水肿。慈姑含维生素 B_1、维生素 B_2 较多，能维持身体的正常机能，增强肠胃的蠕动，增进食欲，保持良好的消化，是预防和治疗便秘的理想食品。由于慈姑含有较强的苦味，因此在削皮后先用水煮熟后再重新加工食用，能减少苦涩味。
3. **慈姑忌食**　　妇女怀孕初期不宜多食。《日华子本草》："慈姑多食发虚热，及肠风，痔漏，崩中带下，疮疖，怀孕人不可食。"《随息居饮食谱》："多食发疮，动血，损齿，生风，凡孕妇及痈、瘕、脚气、失血诸病，尤忌之。"

任务四　水 芹 栽 培

【知识目标】

1. 了解水芹的生长发育特性及其对环境条件的要求。
2. 掌握水芹的丰产栽培技术。

【能力目标】

熟知水芹的生长发育规律，掌握生产过程的品种选择、茬口安排、整地、种植、田间管理、病虫害防治、适时采收等技能。

【知识拓展】

（一）水芹生产概述

水芹属于伞形科水芹菜属。以嫩茎和叶柄食用。多年水生宿根草本植物。水芹别名水英、细本山芹菜、牛草、楚葵、刀芹、蜀芹、野芹菜等。原产亚洲东部。分布于中国长江流域、日本北海道、印度南部、缅甸、越南、马来西亚及菲律宾等地。中国自古食用，2000 多年前的《吕氏春秋》中称，"云梦之芹"是菜中的上品。我国中部和南部栽培较多，以江西、浙江、广东、云南和贵州栽培面积较大（图 16-4）。

图 16-4　水芹栽培情境图

（二）品种及类型

按其叶形分圆叶和尖叶两种类型，圆叶品种水芹更适合当地人的消费观；按其栽植的水位分为浅水栽培、深水栽培、湿润栽培类型。

（三）生物学特性

1. 形态特征　　多年生水生宿根草本植物。水芹的根从没入土中和接近地面茎的各节，向地下丛生长 30～40cm 的须根，茎上还有细小的分枝。茎有地上茎和匍匐茎两种，都比较细长，两种茎的各节都能生根。茎中空或者被薄壁细胞充填，茎上部白绿色，下部因为在深水中浸泡通常呈白色。茎长因为品种和栽培条件的不同而不同，长度在 30～80cm，茎粗 0.5～1.0cm。水芹的叶为二回羽状复叶，粗锯齿，互生，叶片绿色。冬季气温降到 5℃ 左右的时候，叶片和叶柄通常会变成紫红色。夏季从茎的顶端抽薹开花，花为复伞形花序，花小，白色，但不结实或种子空瘪，因此，生产上不用种子进行繁殖，而采用种苗繁殖。

2. 生长发育周期　　按生长过程分为萌芽期、展叶生根期、迅速生长期、软化期、采收期。

3. 对环境条件的要求

（1）温度　　性喜凉爽，忌炎热干旱，25℃ 以下，母茎开始萌芽生长，15～20℃ 生长最快，5℃ 以下停止生长，能耐 -10℃ 低温。

（2）光照　　长日照有利匍匐茎生长和开花结实，短日照有利根出叶生长。长日植物。喜光不耐阴。

（3）土壤养分　　以河沟及水田旁土质松软、土层深厚肥沃、富含有机质、保肥保水力强的黏质土壤为宜。

（四）栽培季节与茬次

冬水芹。8～9 月中旬排种，11 月至翌年 4 月持续不断上市。一般春季培育母株，秋季栽培，冬季或早春采收。

【任务提出】

结合生产实践，小组完成一个水芹育苗项目，在学习水芹生物学特性和生产技术的基础上，设计水芹育苗生产方案，同时做好生产记录和生产总结。

【任务资讯】

水芹生产技术

　　水芹的栽培方式主要有浅水栽培、深水栽培和湿润栽培 3 种。浅水栽培指的是在整个栽培过程中都采用浅水灌溉，在不同的生长阶段，水位深度变化在 0～10cm，最深不超过 20cm；深水栽培要在水芹生长的后期要逐步灌蓄深水，水位最深要达 50～60cm；湿润栽培则要求小水勤灌，不使畦面干燥发白，经常保持畦面润湿。其中浅水栽培在产量上略低于深水栽培，但是用这种方式栽培出的水芹，一般品质较好、营养成分含量较高。现在，大多数地方都进行的是浅水栽培。

1. 水田的选择　　选择地势不过于低洼、能灌能排的水田，其中水田的淤泥层要较厚，含有丰富的有机质，保水保肥力强。

2. 大田耕耙　　耕深 20～30cm，同时施入比较充足的有机肥，如粪肥、绿肥或厩肥都可以，每亩地施有机肥 2000～3000kg，其中可以掺施氮素化肥，如尿素等 15～20kg，以促进苗期生长。

耕耙、施完基肥以后，在水田的四周开边沟，如果地块比较大还需要开中沟，以利于灌排均匀。田面要尽量做到光、平、湿润，严防高低不平。

3. 催芽　水芹通常采用老熟茎进行繁殖。早芹在 8 月中下旬，晚芹在 9 月上中旬，从留种田中收割种茎，选择那些茎秆粗 0.8～1.0cm，上下粗细一致，节间紧密，腋芽比较多而且充实、无病虫害的成熟茎秆作为种株。由于种株梢部的腋芽多是弱势芽，要求在催芽前把它们切除。然后，把种株理齐，打成直径 20cm 左右的小捆，每捆用稻草或绳子扎上 2～3 道，交叉堆放在通风凉爽的地方，高度以 1.0～1.5m 为好。如果自然条件达不到要求，可以在种堆的周围和上面用稻草覆盖保湿，夜晚再把覆盖物拿走以利于通风。每天上午 8 时左右和下午 4～5 时各用凉水将种堆浇透一次，使种株保持自然的温度，不发热。

一般经过 7～10d 的堆放后，种株各节的叶腋就开始萌动，生出了短根，这时就可以把它们栽到田里了。

4. 浅水育苗　夺取高产，育苗是很关键的一个环节。水芹的适宜栽插期是在 8 月中下旬到 9 月的上旬。为了防止烈日晒蔫芽苗，栽插适宜选择在阴天或者晴天的傍晚进行。栽插前要先排水，只留下 1cm 左右的薄水层，通常采用田边栽插、田中撒种的方式栽插。方法为：把催过芽的种茎基部朝向田埂，梢端朝向田中间，种株间保持3～4cm 的距离，整齐的在水田四周栽插成一圈。田中间部分实行条状撒种，种株间的距离为 5～6cm。撒种时，要尽量减少种株间的交叉重叠现象，最好是一边撒，一边用竹竿或手将种株从较密的地方挑到较稀的地方，使全田种株分布均匀。栽插完后往水田中放水，标准是保持畦沟内有大半沟水、畦面充分湿润而没有积水，避免因水温的升高而烫伤芽。

5. 苗期管理　母种栽插后，日平均气温仍在 25℃左右，最高气温可达 30℃左右，田间应该保持 0.5cm 左右的薄水层，防止积水过深和土壤干裂。如果遇到暴雨天气，应及时抢排积水，防止种苗漂浮或被沤烂。栽种后 15～20d 左右，当大多数母茎腋芽萌生的新苗已经长出新根和放出新叶时，应排水搁田 1～2d，以促进根系深扎。然后灌入浅水3～4cm。此时要追施一次速效氮肥，每亩浇施 20%～25% 的腐熟粪肥液或 10% 的尿素溶液 2000kg 左右。注意，如果直接撒施尿素，一定要趁下雨前施用，或者等露水干后再施，防止尿素被叶片上的露水粘住造成烧苗。

母种茎栽插后 30d 左右，当新生苗长到 13～16cm，水深 4cm 左右时，结合田间除草，进行匀苗移栽，使萌芽均匀一致。把生长过密的苗连根拔起，每 3～4 株为 1 簇，重新栽插于缺苗的地方，使全田每株周围 10～12cm 有苗 2～3 株，并对过高的苗适当深插，促使生长整齐。匀苗移栽后，还需追两次肥，每隔 15～20d 一次，追肥品种和方法与第一次追肥相同，但施肥量要比第一次增加 20% 左右。值得注意的是，腐熟有机肥和尿素液要交替使用，不要单施尿素液，防止水芹品质下降，风味变差。以后植株进入旺盛生长期，要逐渐加深灌水，使水深保持在 5～10cm。

6. 深埋软化　在有些种植水芹的地方，为提高产品的品质，常在日平均气温降到 15℃左右，植株高度达到 35～40cm 的时候，进行深埋软化。即将植株逐一拔起，每 15～20 株并成一簇，理齐根部，双手抱紧，深栽入泥中，使植株下半段没入泥中，在没有光线的条件下植株下半段逐步软化发白。软化期间应停止施肥，以防引起腐烂。

7. 采收 水芹排种后 90d 左右，当水面上的苗高达到 40～50cm 时就可以采收了。一般根据市场的需要，分期分批地陆续采收，从冬季一直采收到春季。

为了便于田间作业，采收前，要先把水芹田里的水排放到 5cm 以下，然后再下田采收。采收方法为：采收人员一只手握着水芹上面的茎部，另一只手握紧镰刀割起水面以上的部分，注意不要伤害到根部，以利于水芹再发新棵，从而保证下一年的留根繁殖，因为镰刀割伤在一定程度上会影响水芹贮藏时间。有的地方在采芹的时候将水芹连根拔起上市。

采收后的水芹要在清水中漂洗干净，洗净上面的污泥，除去病、老、黄叶和残茎，再运到水田旁整理。将清洗后的水芹理顺后，按照大小进行分级，然后把它们一小把一小把地交叉叠放在铺垫物上晾一下水分，等水芹表面见不到水珠时，捆扎成把，每把 1kg 左右，集中运到市场上销售就可以了。

水芹品质柔嫩，植株水分含量高，不耐贮藏，在 5～10℃条件下可以存放 1～2d，存放时不能堆放，要随采随卖。生产安排上也要分批种植，分期采收，以延长水芹的供应期，尤其是要争取使水芹菜在元旦、春节这两大节日里大量上市。

8. 留种 留种的植株不要采取软化措施。水作时在 11 月下旬选择种株。选种标准为：具有所留品种的优良特征。并且株高适中，茎秆粗壮，节间较短，腋芽较多而且健壮，根系发达，无虫无病。选到的种株随即移植到留种田内。

留种田要选择在背风向阳、排灌方便的地方。10 月中旬要精细整地。每亩施厩肥 3000kg，25% 的氮磷钾复合肥 30kg。栽插种株时田间保持 1cm 水层。种株栽插距离 25cm×25cm，每穴栽 3～4 株。栽后 7～8d 可保持 5～6cm 水层。如遇到强寒流则可加水层到 15～20cm，寒流过后再降水层到 5～6cm。

越冬后保持浅水勤灌。一般保持到 4～5 月，每亩追施复合肥 30kg。要控制氮肥用量。在 4 中下旬拔杂草疏苗。如果种株长势过密，则要拔去部分分株。使种间的距离保持在 10cm 左右以利通风透光。

春末夏初，田间青苔影响水温的提高。有的青苔缠绕种株，影响其正常生长。防治青苔的方法为：选择晴天，排干田水。晒田半天后，按每亩 100g 的用量，用纱布包硫酸铜放在进水口。然后放水进田，使硫酸铜溶液随灌溉水均匀地分布于田内，5～7d 后，青苔会全部被杀死。

6～7 月田间保持湿润即可，以矮化种株防止倒伏。留种田要特别注意防治蚜虫、斑枯病等病虫害。6 月以后，治虫等田间管理工作都要在田埂上进行，不能再下田踩踏，以免折断种株。8 月上中旬，即可收割种株催芽。

旱作留种田冬前要适当控制肥水，使种株矮壮。4 月中下旬将选到的种株拔起，切去地上 10cm 的部分。重新定植。一般行株距均为 15cm 左右。要加强肥水管理。在 6 月上旬从泥土以上 5cm 处割去地上部种株使其萌生更多的种株。割后每亩施 25% 的复合肥 35kg，或腐熟的人粪尿 3000kg、氯化钾 10kg。田间经常保持湿润。并注意防治病虫害。8 月中下旬即可拔出催芽。

【任务注意事项】

水芹斑枯病属于真菌性病害。防治方法是：注意栽插的密度，防止植株间拥挤，促进通风透光，以减少感染。施肥要注意氮、磷、钾配合，防止氮肥过多，降低植株的抵抗力。发病初期，用 50% 的多菌灵可湿性粉剂 500 倍液和 50% 的代森锰锌可湿性粉剂 600 倍液，分次进行喷雾，交替使用。一般每周 1 次，共喷 3～4 次。采收前一周应该停止用药，防止对水芹产生药物残留。

【任务总结及思考】

1. 你能描述水芹的育苗方法吗?
2. 水芹水位的管理按照什么灵活掌握?

【兴趣链接】

1. 功效主治　芹菜的平肝降压作用，主要是因为芹菜中含酸性的降压成分；对人体能起安神的作用，有利于安定情绪，消除烦躁；利尿消肿，临床上以芹菜水煎可治疗乳糜尿；芹菜是高纤维食物，具有抗癌防癌的功效，它经肠内消化作用产生一种木质素或肠内脂的物质，这类物质是一种抗氧化剂，高浓度时可抑制肠内细菌产生的致癌物质，它还可以加快粪便在肠内的运转时间，减少致癌物与结肠黏膜的接触，达到预防结肠癌的目的；含铁量较高，能补充妇女经血的损失，是缺铁性贫血患者的佳蔬，食之能避免皮肤苍白、干燥、面色无华，而且可使目光有神，头发黑亮；芹菜是辅助治疗高血压病及其并发症的首选之品。对于血管硬化、神经衰弱患者亦有辅助治疗作用；芹菜的叶、茎含有挥发性物质，别具芳香，能增强人的食欲。芹菜汁还有降血糖作用。经常吃些芹菜，可以中和尿酸及体内的酸性物质，对预防痛风有较好效果；芹菜含有锌元素，是一种性功能食品，能促进人的性兴奋，西方称之为"夫妻菜"，曾被古希腊的僧侣列为禁食。泰国的一项研究发现，常吃芹菜能减少男性精子的数量，可能对避孕有所帮助。

2. 营养成分　可食用部分 60%。每 100g 中所含能量 54kJ，蛋白质 1.4g，脂肪 0.2g，膳食纤维 0.9g，碳水化合物 1.3g，胡萝卜素 380μg，视黄醇当量 63μg，硫胺素 0.01mg，核黄素 0.19mg，烟酸 1mg，维生素 C 5mg，维生素 E 0.32mg，钾 212mg，钠 40.9mg，钙 38mg，镁 16mg，铁 6.9mg，锰 0.79mg，锌 0.38mg，铜 0.1mg，磷 38mg，硒 0.81μg。

任务五　荸荠栽培

【知识目标】

1. 了解荸荠的生长发育特性及其对环境条件的要求。
2. 掌握荸荠的丰产栽培技术。

【能力目标】

熟知荸荠的生长发育规律，掌握生产过程的品种选择、茬口安排、整地、育苗、田间管理、病虫害防治、适时采收等技能。

【知识拓展】

一、荸荠生产概述

荸荠学名 *Eleocharis dulcis*，又名马蹄、水栗、芍、凫茈、乌芋、菩荠、地梨，是莎草科荸荠属一种浅水性宿根草本，以球茎作蔬菜食用。古称凫茈（凫茈），俗称马蹄、地栗。称它马蹄，仅指其外表；说它像栗子，不仅是形状，连性味、成分、功用都与栗子相似，又因它是在泥中结果，所以有地栗之称。中国长江以南各省栽培普遍（图 16-5）。广西桂林、浙江余杭、江苏高邮和福建福州为著名产地。

图 16-5　荸荠栽培情境图

二、主要品种

1. 桂林马蹄　广西桂林市地方品种。株高 100～120cm，开展度 20cm。球茎扁圆形，高 2.4cm，横径 4cm，顶芽粗壮，二侧芽常并立，故有"三枝桅"之称。皮红褐色，肉白色，单个重 30g。以鲜食为主，也可熟食和加工，糖分较高，肉质爽脆，品质优。生势旺盛，抗倒伏力较强。6～7 月用球茎育苗，苗期 25d，生长期 130～140d，亩产 1500～2000kg。

2. 水马蹄　广东地方品种。株高 70～90cm，开展度 15～20cm。球茎扁圆形，高 2cm，横径 2.5～3cm，顶芽较尖长，皮黑褐色，肉白色。单个重 10g。淀粉含量高，以熟食和制作淀粉为主。生势旺盛，抗逆性较强，耐湿，不耐贮藏。6～7 月用球茎育苗，苗期 25d，生长期 130～140d，亩产 1500kg。

3. 韭荠　原产菲律宾。株高 110～120cm。球茎大，椭圆形，横径 4cm，纵径 2.6cm，单个重 25g，质脆味甜，品质好，以鲜食为主，亩产 2000kg 以上。

4. 孝感荠　湖北省孝感市地方品种。株高 90～110cm。球茎扁圆，亮红色，平均单个重 22g，皮薄，味甜，质细渣少，以鲜食为主，品质好。亩产 1000～1500kg。

5. 苏荠　江苏省苏州市地方品种。株高 100～110cm。球茎扁圆形，顶芽尖，脐平，皮薄，肉白色，单个重 15g 左右。适于加工制罐头。亩产 750～1000kg。

6. 余杭荠　浙江省杭州市余杭县地方品种，球茎扁圆形，顶芽粗直，脐平，皮棕红色，皮薄，味甜，单个重 20g 左右。适于加工制罐头和鲜食，亩产 1000～1200kg。

7. 光洪荸荠　由于光洪（位于湖南邵东佘田桥镇）特殊的土壤，每年冬天出产的荸荠肉白、皮红且薄，口感松脆，甘甜。大小适中。每年出产日期，游人抢购络绎不绝！当地人又称之为"慈姑子"。

三、生物学特性

1. 形态特征 用球茎繁殖。萌发后，先形成短缩茎，其顶芽和侧芽向上抽生的绿色叶状茎细长如管而直立。叶片退化成膜片状，着生于叶状茎基部及球茎上部，光合作用靠绿色叶状茎进行。自母株短缩茎向四周抽生匍匐茎，尖端膨大为新的球茎。穗状花序，小花呈螺旋状贴生。小坚果，果皮革质，不易发芽。

2. 生长发育周期 荸荠的生长发育过程包括苗期、发棵期、球茎形成期。

3. 对环境条件的要求

（1）温度 气温达15℃以上球茎开始萌芽，发芽最适温度20～25℃。分蘖、分株和开花最适温度为25～30℃；球茎膨大适温为20℃左右，昼夜温差较大有利于膨大和养分积累。0℃以下球茎就会受冻。

（2）光照 生长需光照充足，形成球茎需短日照。

（3）水分 生育前期和后期要求浅水层2～4cm。旺盛生长期适当加深，最深10～15cm。球茎休眠越冬期保持土壤湿润或浅水。

（4）土壤 要求土壤松软，含有机质较多。以壤土、黏坡土为宜，土壤酸碱度以微酸性至中性为适。对肥料三要素的要求以氮、钾为主，磷肥适值配合。

四、栽培季节与茬次

荸荠不耐霜冻，需在无霜期生长。在长江中下游地区，立秋前可随时育苗移栽。可与水生蔬菜莲藕、茭白，水生经济作物席草、水稻、小麦、油菜等前后接茬。在小满至芒种期间栽植的统称为早水荸荠；小暑至大暑期间栽植的统称为伏水荸荠；在立秋至处暑期间栽植的，统称为晚水荸荠。早水荸荠在立冬前后采收，后茬可栽油菜、三麦或席草；伏水荸荠在冬至至春分采收；晚水荸荠在春分至清明采收完，后茬可作水稻秧田。在华南地区气温较高，早栽不能早结球茎，一般多种植晚水荸荠。

【任务提出】

结合生产实践，小组完成一个荸荠育苗项目，在学习荸荠生物学特性和生产技术的基础上，设计荸荠栽培方案，同时做好生产记录和生产总结。

【任务资讯】

荸荠栽培技术

1. 选地与茬口搭配 荸荠的生命力较强，可利用排灌方便、阳光充足、土层肥沃的洼地和水田栽植，土质以砂壤土为好。荸荠具有着生的特性，栽植前将水田浅耕浅耙2～3次，使田土平整，呈泥糊状。耕前施基肥。荸荠可与水稻和多种水生植物接。生产上，通常将4月催芽，6月移植，立冬前后收获的荸荠，称"早水荸荠"；5月催芽，7月栽种，冬至收获的荸荠称"伏水荸荠"；6月底到7月初育苗，7月下旬以后栽植的荸荠称"晚水荸荠"。前茬为早稻，采用早、中熟品种，立秋之前收割，栽植晚水荸荠，10月中下旬采后，再种油菜。前茬若为莲藕，采用早熟藕种，立秋前采收，栽植荸荠；前茬若为茭白，宜采用早熟两熟茭品种，可边采收夏茭，边套栽荸荠。也可等夏茭采收后再栽荸荠。小暑以后将茭苗套入席草行间，大暑前后收去席草后，留荸荠生长。荸荠不宜连作，连作球茎不易肥大，产量较低，同一块田地一般2～3年栽植1次。

2. 培育壮苗 育苗时间因移栽时期而定。早水荸荠因前期气温低，在移栽前40～45d（3月下旬至4月上旬）开始育苗；晚水荸荠因育苗时气温较高，在栽植前20～25d育苗。育苗方法包括催芽、秧田准备、排种和秧田管理。选荸芽粗长、球茎扁圆端正饱满、大小适中、表皮光滑、深褐色、无病无伤、符合品种特征的种荸催芽。早水荸荠于清明前后催芽，选在避风向阳的室内，周围围成一圈，内铺湿稻草10cm左右厚，将种荸芽朝上排列在稻草上，叠放3～4层，上面覆盖稻草或水草，每日早晚淋水，10～15d，后当芽长1～2cm时，除去上层盖草，继续淋水保持湿润，20d后当叶状茎长高10～12cm，并有3～4个侧芽萌发时，即可移入育秧田。伏水荸荠或晚水荸荠如催芽前种荸表皮皱缩或已萌芽，可先将顶芽摘去1～2mm（使出苗整齐），浸水一昼夜后取出叠放，保持湿润，2～3d后便可全部萌芽，排入育苗田。一般每公顷秧田荸秧可供大田77～150hm²栽植。每公顷大田用种量：早水荸荠300～370kg；伏水荸荠、晚水荸荠荸因栽植晚，栽植密度要大，加上因贮藏期长，温度高，种荸损失较多，每公顷需种荸900～1800kg。秧田分旱秧田和水秧田两种，二者都应选在排灌方便、地势平坦、阳光充足的田块。旱秧田先上足土粪，将田中土锄细，做成畦，畦宽120～150m，畦沟宽30cm，田四周筑土埂，夯实，以保存水分；水秧田的做法与水稻秧田相似，上足农家肥后做成畦，畦宽1m左右，畦沟内灌水。生产上多用水秧田育秧。将催过芽的种荸，按球茎间距15cm见方，排在秧田畦面上。排种时将种荸荸芽朝上，按入泥中，保持芽头高低一致。排种后浇泥浆1～2次，露出芽尖。夏季高温时排种，要防止烈日晒枯幼苗。在畦面浇过泥浆后，搭上棚架，晴天上覆草帘遮阴，保持土壤湿润，夜晚揭帘露苗。10～15d后当叶状茎长10cm左右时，去掉棚架炼苗。苗齐后浇稀粪水1次，并保持1～3cm水层。当荸秧高20～25cm，并有5～6根叶状茎时即可栽植。秧田期20d左右。早水荸荠都用分株繁殖，球茎在室内催芽育苗后，于立夏到小满期间移入秧田，苗距适当稀些。夏至以后，球茎四周抽生分株，即可拔起分株栽植。

3. 移栽 栽前先拔好荸秧，洗去厚泥，去掉叶状茎簇生而纤细的秧苗。因这种秧苗栽植后，不易发生分株，俗称"雄荸荠"。如秧苗发生许多分蘖和分株，应将母株分成3～4股。如秧苗叶状茎过长，应割去削头，留40～50cm，以防栽后折断。栽植密度因栽植时期、土壤肥力和秧苗素质而异。高密度栽植不但不能增产，反而由于地上部分生长茂密而易引起病虫害和倒伏，造成减产；基本苗不足，单位面积株数不够，结果产量也不高。早栽田，生长期长，发棵量大，行穴距可为50～60cm见方，每穴一株或具有3～5根叶状茎的分株一丛，每公顷3.7万～4.5万株；迟栽田应加大密度，行距40～50cm，穴距25～35cm，每公顷3.7万～9万株。栽植时应深浅适宜，过浅发棵少，结荸也小；过深发棵慢，结荸深，不易挖取。带种荸的秧苗，应以球茎入土8～10cm，根系着泥为度。如用分株，应先将根部理齐，栽入泥中12～15cm为宜。

4. 水肥管理 大田基肥在耕地时每公顷施农家肥3万～4.5万kg，过磷酸钙450～750kg。栽后适宜的追肥时期是在分蘖、分株初期进行，以促进植株早发棵。追肥量多少因移栽期和土壤肥力而异。早水荸荠生长期长，以基肥和追施有机肥为主，可在移栽后15～20d。开花前期各追施1次人粪尿或尿素，追肥量不宜过多，以免植株徒长，容易引起病虫害和倒伏。伏水荸荠施肥量适中。晚水荸荠生长期短，为争取短期内发棵封行，应根据土壤肥力适当加大施肥量，并以追施速效肥为主。追肥 2～3 次，可在栽后 10～12d 第 1 次追人粪尿每公顷 1.4 万～3 万 kg 或尿素 150～220kg，以促进提早分蘖分株；第 1 次追肥后 8～10d 第 2 次追施素 75～150kg；第 3 次追肥根据全田生长情况适量追施，一般在开花前追施尿素 45～75kg，以促进结荠。第 2 次追肥量不宜过多，以免植株贪青，延迟结荠期，影响产量。追施时如气温较高，粪水浓度宜稀，尿素应在露水干后撒施，以免烧伤茎叶。可结合追肥，在荠面封行前中耕和除草 3～4 次。球茎形成期，严防人畜下田，以免踩断地下匍匐茎。荸荠一生需水量大，栽后田间不宜缺水。一般移栽至分蘖分株期，田间保持 2～3cm 浅水层。如荠田淤泥层深，可在栽后 25～35d 放水晒田，以促进根系发育和控制无效分蘖。秋分以后为地下球茎膨大期，水层应加深到 5～6cm。球茎成熟后，应在采收前 10～15d 放干田水，以利于下茬种植。如需在第 2 年春季采收，冬季田间应保持湿润，表土不应干裂，以免冻伤球茎。

5. 采收　　选种与贮藏。荸荠采收期可从霜降开始到第 2 年春分为止。早期采收的球茎，肉嫩味淡皮薄，不耐贮藏。冬至到小寒，球茎皮色转为红褐色，味最甜，为含糖量最高期，此时采收最适宜。以后球茎含糖量逐渐减少，表皮增厚，皮色加深，变为黑褐色，表皮之下又产生一层黄衣，品质变差，所以商品用球茎宜在越冬前采收。采收方法：一般在采收前一天放掉田水，因球茎主要集中在 9～20cm 的土层中，先扒掉上层 8～9cm 泥土，然后将下层土扒出，用手仔细捏出球茎（俗称"摸荸荠"）。如抢种茬口（如油菜茬或小麦茬），应在采收前 10～15d 排水晾干，用叉挖取。商品用球茎挖出后，剔去破损的球茎，将完整的球茎连附泥晒干，入窖后，可贮存到翌年 4 月。荸荠的产量与品种、栽植期、水肥条件等有关。早水荸荠每公顷产 3 万～3.7 万 kg；伏水荸荠 2.2 万～3 万 kg；晚水荸荠 1.5 万～2.2 万 kg。晚栽荸荠减产的主要原因是单球茎减少，大多为 2～3 级（10～15g）中、小球茎。种荠应在春分左右挖出，挖前先剪去指甲，取球茎，挑选皮色深，芽粗短，无破损，个大带泥的球茎，摊置荫凉处至八成干，以球茎表皮未皱为宜，撒干细土使球茎外表沾着干泥，然后进行贮藏。贮藏场所应地势较高，温度变化较小。种荠贮藏方法有两种：一是窖藏法。贮种 400～500kg 的地窖，挖穴长、宽、深各为 100cm，窖底略宽。而后将种荠轻轻铺入窖内，每放 20～25cm 厚度的球茎，上撒干细土一层，以吸收球茎中散出的水分，如此层层堆积，至离窖口 20～25cm 时，其上铺干细土封口。窖口搁木板，以免意外压坏球茎和催芽育苗前便于开窖取种。另一种是堆藏法。将种荠堆积在地面上，四周用围席围住，其大小，根据贮种量而定，堆藏的方法和窖藏一样，一般堆高不超过 100cm。围席外用河泥涂抹，堆上盖土和稻草，涂泥封顶。

【任务注意事项】

荸荠虫害主要有蝗虫、蚱蜢等。发生时可用氧化乐果或敌杀死防治。病害主要有枯萎病、茎腐病、菌核病等，农民称"荸荠瘟"，是由这几种病害共同作用的结果。多发生在高温高湿季节，发病早，蔓延快，危害大，是荸荠毁灭性病害。发病初期，病斑呈暗绿色，水渍状，后期扩大成黄色大斑。防治方法：一是杜绝菌源。催芽前将种荠用 25% 多菌灵 500 倍液浸泡 8～10h，排种前将有芽球茎浸泡 1～2h；苗床地和大田前 2～3 年不应栽过荸荠；荠田水源应清新，不宜串灌。二是及早防治。发病初期可用 50% 多菌灵可湿性粉剂水稀释 500～1000 倍，或 45% 代森铵 100 倍液，或 70% 托布津 800 倍液，每隔 5d，连续喷施 2～3 次，防治效果较好。

【任务总结及思考】

1. 荸荠的育苗技术有哪些？
2. 能识别荸荠的主要病虫害，并掌握其主要防治技能。

【兴趣链接】

功效主治：荸荠中含的磷是根茎类蔬菜中较高的，能促进人体生长发育和维持生理功能的需要，对牙齿骨骼的发育有很大好处；同时可促进体内的糖、脂肪、蛋白质三大物质的代谢，调节酸碱平衡，因此荸荠适于儿童食用。英国在对荸荠的研究中发现一种"荸荠英"，这种物质对黄金色葡萄球菌、大肠杆菌、产气杆菌及绿脓杆菌均有一定的抑制作用，对降低血压也有一定效果；这种物质还对癌肿有防治作用；荸荠质嫩多津，可治疗热病津伤口渴之症，对糖尿病尿多者，有一定的辅助治疗作用；荸荠水煎汤汁能利尿排淋，对于小便淋沥涩通者有一定治疗作用，可作为尿路感染患者的食疗佳品；近年研究发现荸荠含有一种抗病毒物质可抑制流脑、流感病毒，能用于预防流脑及流感的传播。

任务六　菱　角　栽　培

【知识目标】

1. 了解菱的生长发育特性及其对环境条件的要求。
2. 掌握菱的丰产栽培技术。

【能力目标】

熟知菱的生长发育规律，掌握生产过程的品种选择、茬口安排、整地、播种育苗、田间管理、病虫害防治、适时采收等技能。

【知识拓展】

一、菱生产概述

菱学名 *Trapa bispinosa* Roxb，又叫菱角、水粟，属于被子植物门双子叶植物纲桃金娘目菱科菱属的一年生浮水水生草本。生于湖湾、池塘、河湾。原产欧洲，我国南方，尤其以长江下游太湖地区和珠江三角洲栽培最多（图 16-6）。幼嫩果可当水果生食，老熟果可熟食或加工制成菱粉，风干制成风菱可贮藏以延长供应，菱叶可做青饲料或绿肥。主要在黑龙江、吉林、辽宁、陕西、河北、河南、山东、江苏、浙江、安徽、湖北、湖南、江西、福建、广东、广西等省（自治区）水域；日本、朝鲜、印度、巴基斯坦也有分布。

图 16-6 菱的栽培情境图

二、类型和品种

菱的品种按来源分为野生菱（小菱）和栽培菱（大菱），按菱角的数目可分为无角菱、两角菱、三角菱和四角菱，按色泽分为青菱、红菱和紫菱等。按栽培条件分浅水栽培菱和深水栽培菱。

1. 适于浅水栽培的品种 以采鲜菱供食的品种应选含水分和糖分较多，淀粉少的，如浙江嘉兴南湖菱、苏州永红菱、杭州永红菱、广州五月菱、广州七月菱等。

（1）南湖菱（和尚菱或元宝菱） 中熟。四角退化，仅留痕迹，嫩果绿白色，壳甚薄，极易剥，菱肉细糯，品质好，最适生食，每 500g 有 40 个左右，成熟的果易脱落，要及时采收。当地处暑到霜降采收，亩产 500kg。

（2）五月菱（红菱） 早熟。耐热不耐肥，果皮紫红色，老熟时黑色，两角平伸，果肉含水分较多，淀粉少，脆嫩，可生食或做菜，品质优，在广州 6~8 月收获，亩产 900~1250kg。

（3）水红菱 早熟。有四角，每 500g 有 25~35 个，果皮水红色，菱肉含水和糖分较多，淀粉少，味甜，多做蔬菜或生食。亩产 400~600kg。

（4）七月菱（大头菱） 晚熟。果较大，两角稍下弯，果皮青绿色，老熟变黑色，厚而硬，肉白色，含淀粉多，广州 8~9 月收获，以老菱供熟食或制淀粉。每亩产 500~750kg。

2. 适于深水浪大的水域栽培的品种 应选择抗风力强、生长势强、适应性广、根茎坚韧的中晚熟种，此类菱富含淀粉，宜熟食或加工制粉，如江苏吴县大青菱、小白菱、苏州馄饨菱、浙江风菱、小种白亮菱等。

（1）馄饨菱 果有四角，皮白绿色，每 500g 有 40~50 个，肩角上翘，腰角下弯，菱腹凹陷，肉厚实，皮薄质优，出粉率高，晚熟，秋分至霜降采收，亩产 500~600kg。

（2）大青菱 果形大，每 500g 有 20~25 个，果四角，皮白绿色，肩部高隆，肩角平伸，果皮较厚，品质中等，中晚熟。亩产 500~600kg。

（3）小白菱 果小，每 500g 有 60~70 个，果四角，皮白色稍绿，肉质硬、含淀粉多、宜熟食。中晚熟，白露到霜降采收。耐深水，抗风浪力较强，较稳产。亩产 400~500kg。

三、生物学特性

（一）形态特征

菱为菱科一年生浮叶水生植物，茎、叶、果实相当特殊。主根较弱，长约数尺伸入水底泥中，有固定植株、吸收养分的作用，茎蔓细长完全沉于水中，上有分枝及"须"也能起吸收作用。叶分两类，聚生于短缩茎上，浮出水面的叫浮叶，倒三角形，相互镶嵌成一盘状，俗称菱盘，每个菱盘有叶 40～60 片，叶柄粗肥，中部膨大成气囊，使叶片能浮于水面，沉于水中的叶狭长为线状，无叶柄和叶片之分。夏末初秋叶腋开一小花，白或红白色，花受精后花便向下弯曲，没入水中，长成果实即为菱。等片发育成菱的硬角，按角的有无和数目分为无角菱、三角菱和四角菱。嫩果色泽为青、红或紫色，老熟后硬壳成黑色，果肉乳白色，食用部分为种子的肥厚子叶。

（二）对环境条件的要求

喜温暖湿润、阳光充足、不耐霜冻，从播种至采收约需 5 个月，结果期长 1～2 个月，因此要求无霜期在 6 个月以上地区才能获得丰产。开花结果期要求白天温度 20～30℃，夜温 15℃。

【任务提出】

结合生产实践，小组完成一个菱的育苗项目，在学习菱的生物学特性和生产技术的基础上，设计菱的栽培方案，同时做好生产记录和生产总结。

【任务资讯】

菱的生产技术

1. 土壤耕作 菱稍能耐深水，菱塘宜选择水深 1.4～1.6m，避风、土质松软肥沃的河湾、湖荡、池塘或活水河道。如湖荡的风浪较大，只要不在风口，并注意固扎蔓垄保护，也可种植。种植前，必须清除野菱、水草、青苔和草食性鱼类等。

2. 直接播种或育苗移栽

（1）直播 水深在 3.3m 以内的浅水面多行直播，长江流域在清明菱种萌芽时播种（华南于冬季 11～12 月），播种方法有撒播和条播两种，大水面以条播为宜，先按菱塘地形，划成纵行行距 2.8～3.3m，两头插竿牵绳作标记，然后用船将种菱沿线绳均匀撒入水中，播种量与密度视品种和水面条件而异。大果品种，瘦塘、深水塘和未种过菱的塘宜密；小果品种，肥塘、浅水塘或连作塘宜稀，一般每亩水面用种菱 20～25kg。

（2）育苗移栽 水深在 3.3m 以上，直播出苗困难，芽细瘦弱而产量低，必须育苗移栽，长江流域春分至清明选避风、水位较浅、土壤肥沃、排灌两便的池塘作苗池。按行距 1m 见方点播育苗，每亩用种量 65～90kg，可供 8～10 倍面积的菱塘使用，播种时控制水深 85～100cm，菱苗出水后，逐渐加深水位进行锻炼。播后 2～3 个月（芒种至小暑），菱苗主茎达 2.3～3m 以上，已生有小菱盘（10 多片叶）时栽植，从菱田拔取苗后，堆于船上，两人操作，一人将 8～10 株菱苗盘成一圈，用小绳扎好，按穴距放入湖中，另一人用长柄菱叉叉住根部小圈插入湖底土中，菱苗结绳的长度以苗充分生长后能浮出水面为度，菱苗绳固定易于成长。栽植密度因品种和栽培条件而异，土壤肥沃，水位较浅，每穴5～8株，穴距1.4～1.6m见方，如水位较深，可增加每穴株数至10～13株，穴距2.3～3.3m见方，以增强抗风能力。华南地区采菱后，从9月至翌年2月即可播种育苗，育苗时把菱种放在浅水塘中（6～10cm），利用阳光保温催芽，每隔5～7d换水一次，发芽后移至繁殖田，茎叶长满后分苗定植，定植时截取33cm长菱苗，按行距1～2m或1.3m见方，每穴3～4苗。

3. 塘田管理　菱苗出水后，要在菱塘外围扎菱栏，一般用毛竹每隔5～7m打一桩，高出水面1m左右，两桩中间拉一草绳，每隔33cm再扎水草，即成为活的防波堤。10亩以上大菱塘，每2000～3000m²再扎一条横垄，5～6月菱叶满布水面后，每隔7d翻盘一次，其方法是用菱桶乘人，每隔1.6～2m从菱叶间划过，使空气透入水中，以免菱的花叶腐烂。菱塘一般不施肥，开花期喷2%过磷酸钙2～3次，使菱皮变薄，增进品质，产量也可提高。

4. 采收留种　一般在开花后25～30d，即可采收嫩（青）菱，65d后菱成熟时，萼片脱落，尖角出现，手触易落，要分次采收，一般每隔7～9d采收一次，共5～7次，一般亩产量都在1000kg左右。采收时要做到三轻，即提盘轻、摘菱轻、放盘轻，尽量少伤植株和防止老菱落水，种菱应于盛果期选择具有本品种特征，果大，形圆整饱满，皮色深，果实背部与果梗分离处有2～3道同心花纹的老菱留种，果实初选后放置水中，除去半浮果，清洗后留下完全下沉的果作种。种菱必须贮藏在湿处，防止干燥，贮藏方法有两种。

（1）水中吊藏　将菱种装筐篓内每篓75～100kg，系绳沉于河池中贮放，要求上不露水面，下不沾泥。

（2）水中库藏　按3.3～6.6m正方形建成竹木架，架底脚高30cm左右，四周用竹条编篱，内用木条分层，底层垫芦席，菱种分层置于库中，每库可存7500kg。置于活水缓流河港中，保持水温0～10℃，若放在死水中，每半个月要翻动淘洗一次，定期检查，防冻、防热、防干，至翌年3～4月发芽后，即可拿出播种。

【任务注意事项】

菱的主要虫害为菱金花虫，初夏发生，以成虫幼苗蚕食叶片，几天繁殖一代，严重年份可造成无收。在发生初期喷90%敌百虫1000倍，蚜虫喷40%乐果300～500倍液。

【任务总结及思考】

1. 你能掌握菱的育苗方法吗？
2. 你能谈谈菱塘的管理技术吗？

【兴趣链接】

1. 功效主治　健胃止痢，抗癌。用于胃溃疡、痢疾、食道癌、乳腺癌、子宫颈癌。菱柄外用治皮肤多发性疣赘；菱壳烧灰外用治黄水疮、痔疮。生食清暑解热，除烦止渴；熟食益气，健脾，益胃。主脾虚泄泻；暑热烦渴；饮酒过度。

2. 化学成分　菱果肉中所含营养成分及无机元素的含量进行分析测定。其中干物质中蛋白质的含量为14.21%、淀粉为68.95%、灰分为3.96%。鲜物质中维生素C的含量为2.24mg/100g、水分为84.90%。菱中含有常见的18种氨基酸，其中包括人体营养必需的8种氨基酸，氨基酸总量占干物质的13.45%，必需氨基酸占氨基酸总量的 36.74%，人体必需微量元素 Zn、Fe、Cu、Ca、Mn 的含量较高，重金属元素 Pb 和总 As 含量均未超过国家标准。

3. 食疗作用 菱实及菱的根、茎、叶具有各种营养成分和显著的药效，因此它是生产滋补健身饮料的适宜原料。

任务七 芡实栽培

【知识目标】

1. 了解芡实的生长发育特性及其对环境条件的要求。
2. 掌握芡实的丰产栽培技术。

【能力目标】

熟知芡实的生长发育规律，掌握生产过程的品种选择、茬口安排、整地、播种育苗、田间管理、病虫害防治、适时采收等技能。

【知识拓展】

一、芡实生产概述

芡实是睡莲科（Nymphaeaceae）芡实属中的栽培种，多年生水生草本植物，作一年生栽培，学名 *Euryale ferox* Salisb，别名鸡头米、鸡头、水底黄蜂。古名雁喙、鸡头、卵菱等。原产中国和东南亚，在中国已有 1000 多年的栽培历史，芡实以其种子内含的种仁供食用，通称"芡米"。芡实属于中药中的收涩药，产于湖北、湖南、江西、安徽等地，又名水流黄、鸡头果、苏黄等（图 16-7）。芡实具有很高的食疗价值，在我国自古作为永葆青春活力、防止未老先衰之良物。

图 16-7 芡实的栽培情境图

二、类型和品种

芡实商品呈类球形，有的破碎成小块。完整者直径 5～8mm，表面有棕红色内种皮，一端黄白色，约占全体的 1/3。有凹点状的种脐痕，除去内种皮显白色，质较硬，断面呈白色，粉性。无臭，味淡。

现芡实商品多用机器脱壳，其商品多有破碎，大部分地区用此法加工。

（一）类型

芡实分无刺和有刺两种类型，但二者的花、果构造和生长发育特性基本相同。

1. 有刺类型　即北芡实。成龄叶片、叶柄、花梗及果实上均长满刚刺。花紫色，为野生种。主要产于江苏洪泽湖、宝应湖一带，适应性强，分布广泛，中国长江南北及东南亚、日本、朝鲜半岛、印度、俄罗斯都有分布。系用刀将种子外壳劈开，簸去外壳者，习称"刀芡"或"北芡"，其果实呈半圆。又有白皮和红皮之分，白皮为优。

2. 无刺类型　即圆芡（南芡）。南芡又称苏芡，花色分白花、紫花两种，比北芡叶大。紫花芡为早熟品种，白花芡为晚熟品种，南芡主要产于江苏太湖流域一带。系江苏镇江一带加工的整个芡实，多已除去内种皮，全体呈白色，有"苏芡实"之称。此品又有两种，认为安徽洪泽湖一带所产为"池芡"，其粒稍大，肉质较硬；苏南一带所产为"南塘芡"，其粒较小，质糯而质佳。两种均运至镇江加工。目前人工栽培多用无刺类型的品种。

（二）品种

（1）紫花苏芡　无刺类型。早熟，当地于4月上中旬播种育苗，6月定植，8月下旬到10月上旬采收。花紫色，成长植株的定型大叶直径可达1.5～2m。

（2）白花苏芡　无刺类型。晚熟，当地于4月中下旬播种育苗，6月中下旬定植，9月上旬到10月下旬采收。花白色，成长植株的定型大叶直径可达2～2.5m。

三、生物学特性

（一）形态特征

（1）根　须根，白色，长1～1.3m，横径0.4～0.8cm，根中有较多小气道，与茎、叶中的气道相通。

（2）茎　短缩茎，成长后呈倒圆锥形，其上节间密接。

（3）叶　实生苗初生叶线形，无叶柄与叶片之分。第2片叶开始，叶柄与叶片逐渐分开，叶片逐步过渡为箭形至盾形。但1～4叶均位于水中，第5～6片叶后生出的叶叶形由椭圆变为圆形，称为定型大叶或成龄大叶。定型大叶常可陆续抽生10多片，叶片纵径和横径均达1.5m左右，最大可达2.9m。

（4）花　植株抽生5～6片定型大叶后，开始从短缩茎的叶腋中抽生花梗，其顶端着生花1朵，雌蕊群由多个心皮合生而成，最初合生心皮着生于花托顶部，随着花器的发育，最后陷入花托之内，形成多室的下位子房，每一子房中具有多枚胚珠。

（5）果实、种子　假果，果大，一般重0.5～1kg。果实越大，内含成熟的种子越多，故生产上要求培育大果。种子呈圆球形，较大，直径1～1.6cm，百粒重（164±40）g。种仁的外胚乳十分发达，内含种子的主要营养。种仁白色，百粒重40～70g。种子有较长的寿命，在潮湿的环境中，可保持6～7年以上的发芽能力。

（二）对环境条件的要求

（1）温度　必须在无霜期内生长，温度在15℃以上时种子才能发芽，20～30℃最适于营养生长和开花结果。

（2）水分　生长发育需要充足的水分。对水位深度的要求，幼苗期宜10～20cm，以后随着植株的长大，水位宜逐渐加深到70～90cm，最深不宜超过1m。

（3）光照　生长发育要求充足的阳光，不耐遮阴，但当夏季气温高达35℃以上时，最好有适当的遮阴。为短日照作物，日照由长转短，有利于开花结果。

（4）土壤营养　芡实的根系发达，要求水下土层深厚，达25cm以上，含有机质达1.5%以上。对肥料三要素要求氮、磷、钾并重，特别是开花结果期内，需要较多的磷、钾肥。

（三）生长发育特性

从芡实的种子萌芽生长开始，到植株结出果实和种子及种子休眠越冬为止，经历了一个完整的生长发育周期。

（1）种子萌芽期　一般在4上中旬，气温回升到15℃时，在保持一定水湿的条件下，种子萌发胚根和下胚轴伸长，从种孔中伸出种皮，开始生根发叶。一般历时7～10d。

（2）幼苗生长期　种子萌芽后，幼苗开始生长，首先抽生线形叶，随后抽生箭形叶和盾形叶，同时发生多数须根，叶面积逐渐增大，根系也逐步发达。一般历时40～50d，即从4月下旬开始，到6月上旬为止。

（3）旺盛生长期　从植株上第1片定型叶展开起，植株生长加快，叶片越来越大，短缩茎越来越细，并略有增高，先后形成5～6片定型大叶，同时，短缩茎中上部四周发生大量新根。植株根、茎、叶的生长速度达到最大，为开花结果构建强大的营养体系。本阶段历经40～45d，即从6月上旬开始到7月中旬为止。

（4）开花结果期　从出现第1朵花蕾开始，植株营养生长转慢，开花结果不断增多，一般每株可先后结果15～24个，大部分果实可达到成熟。一般历时90d左右，即从7月中旬到10月中旬，气温由30℃逐渐下降到15℃左右。开花结果以后，大多数种子成熟，并休眠越冬。

四、栽培季节

芡实性喜温暖，不耐霜冻，必须在无霜期内生长和开花结果。刺芡一般直播，春季播种，秋季一次性采收；苏芡一般育苗移栽，春季播种，夏季定植，秋季多次采收。一般4月播种，6月定植，9～10月收获。

【任务提出】

结合生产实践，小组完成一个芡实的育苗项目，在学习芡实的生物学特性和生产技术的基础上，设计芡实的栽培方案，同时做好生产记录和生产总结。

【任务资讯】

芡实栽培技术

1. 水面选择　一般选浅水湖泊边缘地带或河湾种植，要求水位较稳定，枯水期深10～30cm，汛期100～150cm，水下淤土层较深厚，达25cm，含有机质较多，已有两年未种过芡。

2. 播种育苗　在长江中下游地区，早熟品种于4月上旬，当地平均气温稳定达10℃以上时，浸种催芽；晚熟品种推迟10d左右进行。播前选避风向阳处的水田，做成

2m 见方、深约 20cm 的苗池，灌水深 10cm，待水澄清后播种。播种后 30～40d，当播种田苗池中幼苗已具有 2～3 片箭形叶时，进行假植。按行株距 50cm×50cm 栽入移苗池。移栽不宜过深，只需将种子、根系和发芽茎栽插入泥即可，不可埋没心叶。

3. 定植　　新种植田施肥一般每亩施腐熟入畜粪肥 1000kg 以上，或腐熟鸡粪 500kg、尿素 10～15kg、磷肥 20～25kg。定植一般于 6 月中下旬进行，当幼苗具 4～5 片圆叶时即可定植。定植密度以行距 2.3m、株距 1.8～2.1m 为宜，每穴 1 棵，其中早熟的紫花芡实宜偏密，而晚熟的白花芡实可偏稀。深度以刚埋没根系和短缩茎外围为度，心叶必须露在土外。这样一般经 7～10d，即可成活。

4. 定植后的管理

（1）水层管理　　定植时水深约 30cm，成活后加深到 40～50cm，至旺盛生长期和开花结果初期，水位逐渐加深到 80～100cm，短期涨水不能超过 1.2m，到开花结果后期，即开始采收期，水位又宜逐渐落浅到 50～70cm。水位升降应与植株生长的盛、衰同步。

（2）查苗补缺　　定植后 10d 左右，检查缺株，及时用预备苗补栽。并检视生长不良的植株是否被淤泥淹没心叶，如有应及时清除淤泥。

（3）除草、壅根　　在芡叶封行前，根据杂草生长情况，除草 2～4 次，将所除的草踩入泥中作肥料；并结合除草，分次壅泥护根。

（4）看苗追肥　　根据生长情况，决定是否追肥。一般可施入肥泥团，其配方一般为每 100kg 的河泥或细表土中，加入 50～100kg 的腐熟粪肥或厩肥，外加尿素、过磷酸钙和硫酸钾各 10kg。混匀，塞入芡根四周泥中。开花结果期喷施 0.2% 的磷酸二氢钾和 0.1% 的硼酸混合液，能提高芡米的产量和品质。

5. 采收与留种

（1）采收　　果实一般在开花后 35～55d 采收。一般适度成熟的芡果呈紫红色，光滑无毛，无或极少黏液，果形饱满，手摸已发软。苏州当地早熟的紫花芡一般于 8 月中下旬到 10 月上中旬采收；晚熟的白花芡一般于 9 月上旬到 11 月初采收。采后当天剥去果皮，取出种子，放置木盆中，带水搓擦，漂洗去膜衣状的假种皮，剥除种子的种皮，获得圆整、光洁的鲜芡米。

（2）留种　　一般在第 3、4 次采收时，选符合所栽品种特征，结果较多，果大而饱满的植株作为母株，接着在第 4、5 次采收时选收母株上的大果作种。种子必须湿藏，一般放在深 2m 左右的活水池中保存过冬，也可埋入水下的淤泥土层中保存。

【任务注意事项】

芡实的病虫害防治内容如下。

1）芡炭疽病症状：叶斑圆形至椭圆形，褐色至红褐色，中部色淡略下陷，斑面具轮纹，其上散生小黑点。花梗也可受害。高温、多湿天气利于病害流行。防治：①搞好塘田卫生，及时清除和处理病残体；②合理轮作，不偏施氮肥；③播前撒施石灰 20kg/ 亩，或硫黄粉 0.17～0.2kg/ 亩进行清塘消毒；④发病初期用 50% 多菌灵可湿性粉剂 600 倍液，或 36% 甲基硫菌灵悬浮剂 500 倍液，或 80% 炭疽福美可湿性粉剂 800 倍液等，隔 7～10d 喷 1 次，连续喷 2 次。重病田或发病盛期一般连喷 3～4 次。

2）芡黑斑病症状：叶片病斑圆形、多角形至不定型。初呈水渍状湿腐，后扩大呈褐色软腐，斑面生灰褐色薄霉层，并易破裂或脱落，致叶片残缺或大部分变黑腐烂；花梗受害呈黑褐色枯萎。该病发生规律与炭疽病基本相同，但为害更重。防治：参见芡炭疽病。

3）莲缢管蚜、莲食根金花虫、菱萤叶甲、福寿螺均有危害。福寿螺的防治：①人工捕捉；②用70%贝螺杀可湿性粉剂0.05～0.07kg/亩，拌细土20倍，撒于被害叶上及附近水面进行毒杀，或用80%聚乙醛可湿性粉剂0.3～0.4kg/亩稀释2000倍喷雾。

【任务总结及思考】

1．你能掌握芡实的育苗方法吗？
2．你能谈谈芡实的定植后管理技术吗？

【兴趣链接】

1. 功效主治

（1）治疗慢性前列腺炎　芡实、熟地、金樱子各15g，覆盆子、仙灵脾、锁阳各12g，五味子、山萸肉、刺猬皮各10g，制首乌30g，随证加减，水煎服，治疗肾阳损伤型慢性前列腺炎，效果良好。

（2）治疗遗精　锁阳、芡实、沙苑蒺藜、莲须、金樱子各31g，煅龙骨、煅牡蛎各21g，知母、黄柏各15g，水煎服，每日1剂，治疗青少年遗精120例，结果：6～10剂而止者57例，11～15剂而止者43例，16～20剂而止者8例，无效12例。

（3）治疗带下症

1）白果、芡实、薏仁、山药各30g，土茯苓20g，地骨皮、车前子各12g，黄柏9g，治疗湿热下注型带下38例，痊愈35例，显效2例，无效1例。

2）白术、苍术、薏苡仁、山药各30g，芡实、乌贼骨各15g，杜仲10g，茜草8g，随证加减，治疗白带60例，其中痊愈45例，有效13例，无效2例。

（4）治疗婴幼儿腹泻　泽泻、芡实、滑石、炒车前子各20g，焦楂15g，炒苍术5g，砂仁3g，实热证见便脓血，加黄连6g，蒲公英、白头翁各15g；腹胀加草果6g，虚寒型加肉桂、制附子各3g，上药加水500mL，煎成100～150mL，分6次在24h内服完，治疗110例，治疗4d，其中痊愈者100例，好转6例，无效4例。

2. 化学成分　种子含多量淀粉。每100g中含蛋白质4.4g，脂肪0.2g，碳水化合物78.7g，粗纤维0.4g，灰分0.5g，钙9mg，磷110mg，铁0.4mg，硫胺素0.40mg，核黄素0.08mg，烟酸2.5mg，抗坏血酸6mg，胡萝卜素微量。

3. 禁忌　芡实虽然有很多营养成分如碳水化合物、脂肪、蛋白质、粗纤维、钙、磷、铁等，但芡实性质较固涩收敛，不但大便硬化者不宜食用，一般人也不适合把它当主粮吃。

芡实分生用和炒用两种。生芡实以补肾为主，而炒芡实以健脾开胃为主。炒芡实一般药店有售，因炒制时，要加麦麸，并掌握一定的火候，家庭制作不方便。另外，亦有将芡实炒焦使用的，主要以补脾止泻为主。值得注意的是，芡实无论是生食还是熟食，一次切忌食之过多，否则难以消化。"生食过多，动风冷气，熟食过多，不益脾胃，兼难消化，小儿多食，令不长。"平时有腹胀症状的人更应忌食。

项目十七　芽苗菜栽培

【知识目标】

1. 掌握芽苗菜的种类。
2. 掌握芽苗菜的栽培共性。
3. 掌握芽苗菜生育时期及栽培技术。

【能力目标】

能根据市场需要选择芽苗菜栽培品种，根据当地生产实际确立合适的栽培方式培育壮苗；能根据芽苗菜的长势，做好工厂化管理工作；会采用适当方法适时采收并能进行采后处理。

【芽苗菜蔬菜共同特点及栽培流程图】

芽苗菜是利用植物种子或营养贮藏器官在黑暗或光照条件下直接生长出的可供食用的嫩芽、芽苗、芽球、幼梢或幼茎。芽苗菜具有速生洁净、营养丰富、优质保健、便于实现工厂化生产等优点。芽苗菜分为种芽菜和体芽菜。种芽菜利用种子贮藏的养分直接培育出的幼苗菜如黄豆芽、蚕豆芽、香椿芽、花生芽、萝卜芽、龙须豌豆芽、绿豆芽等。体芽菜利用两年生或多年生作物的宿根、肉质直根、茎根或枝条中积累的养分培育出的芽球、嫩芽、幼茎等，如菊苣芽球、苦菜芽、姜芽、芦笋、蒲公英芽等。

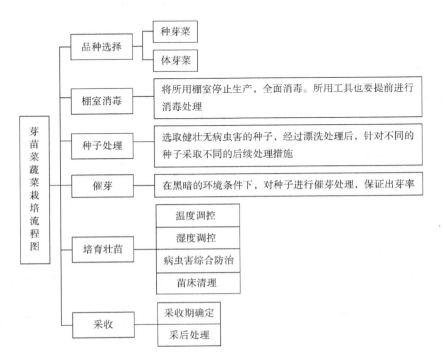

任务一　种芽菜栽培

【知识目标】

1. 掌握种芽菜的种类。
2. 掌握种芽菜的栽培共性。
3. 掌握种芽菜生育时期及栽培技术。

【能力目标】

能根据市场需要选择种芽菜栽培品种，根据当地生产实际确立合适的栽培方式培育壮苗；能根据种芽菜的长势，做好工厂化管理工作；会采用适当方法适时采收并能进行采后处理。

【内容图解】

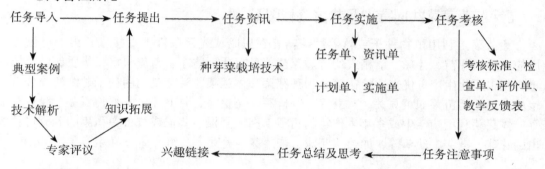

【任务导入】

一、典型案例

为保证北京市民春节期间菜篮子安全，荞麦、苜蓿、花生、萝卜、葵花子等30多个芽苗菜新品种，近千吨的绿色保健食品将投入市场，以丰富百姓餐桌。据了解，芽菜是利用各种谷类、豆类、树类的种子培育出可使用的种芽菜，也称活体蔬菜。作为无污染的保健绿色食品，种芽菜含有人体所需要的维生素、氨基酸等各种营养物质，不仅能满足人体膳食纤维的正常需求，还具有丰富的营养价值，便于人体吸收、品质柔软、口感好、风味独特。

二、技术解析

1. 场地和设施　　场地根据生产规模选择适宜的生产场地。批量生产商品菜的，可选较大的场所，如闲置的房舍、温室或塑料大棚等。由于花生芽生产不需要光照，只要温度能满足就可生长。

栽培架为室内采用多层立体栽培架。可用竹、木、角钢等材料制成，长1.5m，宽0.6m，栽培架层间距40～50cm，视生产场地空间高度，架子作4～6层。架与架之间留

1m作业道。为便于移动，栽培架下可安装4个轮子。

栽培盘：栽培盘采用标准塑料育苗盘［60cm×25cm×（4～5）cm］，也可用木材或金属等材料自制育苗盘，但要求盘底平整，有排水通气孔。

2. 生产方法

1）种子的挑选：选用当年新的、小粒白皮花生品种。种粒饱满、大小一致、完整无损。发芽率95%以上，发芽势强，生长迅速。

2）浸种、催芽：选好的种子用清水浸泡12～24h，使种子充分吸水膨胀。然后将种子捞出用清水冲洗2～3遍，再行催芽。浸种时忌用铁质器皿。催芽应在苗盘中进行，将浸泡好的种子直接播在苗盘内，然后把苗盘摞起来进行叠盘催芽。催芽时在最上面的苗盘表面盖一层黑色塑料薄膜，以便保温保湿。催芽温度以22～25℃为宜。

3）播种：播种前应先将栽培容器清洗消毒干净后再用。播种时将已发芽的种子直接摆播在盘内即可，每个苗盘播量约500g。务必使种子呈单层摆放，不能堆积。

4）播后管理：花生芽生长适温为18～25℃，在此温度范围内，产品质量好，周期短。花生芽生长期间需水量较大。催芽期间，每天淋水2～3次，生长期间每天淋水4～5次，用喷壶喷淋，使芽体全部淋湿，并使水从盘底流出，盘内不能存水，否则会烂种。生长期间始终保持黑暗。可将苗盘叠摞在一起，以便遮光，或在苗盘上盖黑色薄膜遮光。为使芽体肥壮，在生长期间可在芽体上压一层木板或其他物体，给芽体一定压力。

3. 及时采收 当子叶未展开，种皮未脱落，下胚轴粗壮白嫩，粗如筷子，总长度为4～5cm，并无须根发生，且整个芽体洁白、肥嫩、无烂根、无烂籽、无异味时即可采收。

三、专家评议

种芽菜作为新型蔬菜生产形势，具有很多传统蔬菜生产不具备的优点。生产场所广泛，只要能够提供适宜的温度、湿度和光照水平，即可进行种芽菜生产，因此温室、大棚、阳畦甚至仓库、车库等都可以作为生产场所。可以进行立体栽培，大大提高了土地利用率。由于种芽菜生长多在保护地中进行，因此气候因素对其影响较小，可以保证周年生产，添补蔬菜生产淡季的销售缺口。种芽菜多为工厂化生产，生产效率高且便于运输，适合作为北京这样人口规模庞大、蔬菜需求旺盛的大型城市的蔬菜供应补充形式，丰富市民的餐桌。

四、知识拓展

（一）种芽菜生产概述

1. 种芽菜生产特性 利用植物的种子，在特定的黑暗或弱光条件下培育出的供食用的嫩芽、芽苗、芽球、幼梢等蔬菜产品，称为种芽菜、芽菜等，也称"活体蔬菜"。芽苗是从种子发芽到幼苗形成的初期形成的植物个体。目前市场上较为常见的种芽菜有：香椿种芽菜、荞麦种芽菜、苜蓿种芽菜、绿色黑豆种芽菜、相思豆种芽菜、葵花子种芽菜、萝卜种芽菜、龙须豆种芽菜、花生种芽菜、蚕豆种芽菜等。近年来，种芽菜因其富含营养、优质、无污染的等优点而受到广大消费者青睐，种芽菜生产也已成为发展势头良好的新兴蔬菜产业。种芽菜是无污染、安全、有营养的绿色食品。其原料产地必须具备良好的生态环境，各种有害物质的残留量应符合国家规定的标准，原料的栽培管理必须遵循一定的技术操作规程，化肥、农药、植物生长调节剂等的使用必须遵循国家制定的安全使用标准。

2. 种芽菜生产流程简述　　选择通风、透光良好的大棚或空闲房屋，定期消毒后，打开门窗通风。每用过一次的育苗盘首先要清洗去掉上面的杂质，再用 0.1% 高锰酸钾或 0.1% 的多菌灵溶液浸泡 2h。再冲洗晾晒即可使用。

种子选择当年的无虫蛀、霉烂，发芽率能够达到 95% 以上的种子为好。所选种子要经过严格的种子播前处理，再进行播种。播完种以后，要进行叠盘催芽，当幼芽长到一定高度即可移入栽培室培育壮苗。适当降低温度、湿度水平，提高光照强度。

3. 生产种芽菜的优点

（1）营养丰富，品质好，具有一定的保健功能　　种芽菜生产过程中，细胞中的贮藏蛋白、多糖等不溶性大分子物质在酶的作用下转化为易被人体吸收的氨基酸、单糖等可溶性物质。因此在发芽过程中，一些人体必需的营养成分在芽苗中含量骤增。例如，苜蓿种子中不含维生素 C，但种子发芽后维生素 C 的含量迅速升高，每 100g 苜蓿芽中维生素 C 含量可达 118mg，远远高于柑橘、柠檬等公认富含维生素 C 的水果。绿豆芽中维生素 B 的含量比种子高出 30 多倍。大豆发芽之后核黄素增加 2～4 倍，胡萝卜素增加 2～3 倍，烟酸增加 2 倍。

芽苗中的植物蛋白、维生素、矿物质、酶等营养物质的含量远远高于植物生长的其他阶段，因此营养价值优于传统蔬菜产品。种芽菜的氨基酸和维生素的含量比甜椒、番茄、白菜等要高出几倍，甚至十几倍。豌豆苗缬氨酸的含量是番茄的 8.4 倍，亮氨酸的含量是番茄的 7 倍，蛋氨酸是番茄的 17 倍。萝卜芽中的维生素 A 含量是柑橘的 50 倍。

多种种芽菜中含有特殊营养物质，能达到药效及保健的功效。例如，苜蓿芽中富含矿物质钙、钾和多种维生素及人体所需的氨基酸，对高血压、高胆固醇等疾病有良好的疗效；荞麦芽具有显著的杀菌、消炎功能；香椿芽可抑制金黄色葡萄球菌、肺炎双球菌和大肠杆菌等，有健胃祛风除湿、解毒杀虫之功效。在防癌上芽菜更具有独特的功效。萝卜芽中含有丰富的淀粉分解酶，可以将色氨酸在高温下分解产生的强致癌物分解成无害物质。

（2）环境污染少，产品符合绿色食品的标准　　传统蔬菜生产占地多、生产中大量使用化肥农药对环境污染严重。芽菜生产所需营养，主要依靠种子或根、茎等营养器官中所积累的养分，只需要在适宜的环境条件下，保证其水分供应，便可培育成功。因此，种芽菜与其他蔬菜相比较容易达到绿色食品标准。

（3）生长周期短，复种指数高，经济效益大　　种芽菜生长周期短，平均一年可以生产约 30 茬；复种指数高，是一般蔬菜的 10～15 倍。种芽菜生产的经济效益远远高于传统蔬菜生产。

（4）栽培形式多样，容易操作　　芽菜生产场所广泛易得，便于在农村大规模推广。此外种芽菜还可进行无土立体栽培、软化栽培、盘栽、盒栽等多种方式进行栽培，栽培形式多样且易于掌握。

（5）易于进行工厂化、规模化生产　　芽菜多数采用无土立体栽培，易实现工厂化批量生产。如采用无土立体栽培技术，每平方米每日可产 2kg 芽菜，1 年约产 700kg 芽菜，折合亩产约 46 万 kg。

（二）生物学特性

（1）种芽菜类型　利用种子贮藏的养分直接培育出的幼苗菜如黄豆芽、蚕豆芽、香椿芽、花生芽、萝卜芽、龙须豌豆芽、绿豆芽等。

（2）对环境条件的要求　鉴于种芽菜特殊的生理特点，其在生产过程中对环境的要求比较严格。生长适温在20～25℃，最低温度一般不能低于16℃，温差变化小（表17-1）。当平均气温大于18℃时，可露地生产，需用遮阳网遮阴。催芽期间相对湿度90%左右，栽培过程中相对湿度控制在85%左右。注意室内适当通风换气，以保持适宜的温度和清新空气。

表17-1　不同种芽菜生长适宜温度　　　　　　（单位：℃）

种类	生长适宜温度	种类	生长适宜温度
生菜	16～20	苋菜	23～27
苦苣	12～20	叶用甜菜	18～25
结球菊苣	15～24	细叶车前草	12～20
羽衣甘蓝	20～25	芝麻菜	18～22
京水菜	18～20	独行菜	12～15
叶用萝卜	18～22	罗勒	23～27

（三）种芽菜栽培体系

1. 催芽室和绿化室　由于气候条件的局限，露地栽培多为季节性生产，一般难以做到四季生产，周年供应。因此，生产上在冬季、早春及晚秋多选用塑料大棚、温室等环境保护设施或窑窖、地下室、空闲房舍等作为种芽菜的生产场地。

环境保护设施主要包括用于催芽及前期生长的催芽室和后期生长、绿化的绿化室两部分。催芽室应保持黑暗或弱光状态，在夏秋强光条件下栽培室应具有遮光设施。以房室为生产室者，要求坐北朝南、东西延长（南北宽应小于20m）、四周采光、窗户面积占周墙的30%以上。冬季弱光季节近南墙采光区光照强度不低于5000lx，近北窗采光区不低于1000lx，中部区不低于200lx。因为刚催芽的种子在前期的生长期间（10～15d）要在弱光或黑暗中生长（最好是在黑暗中），这样胚轴和嫩茎的伸长速度较快，而且植株中积累的纤维素较少，口感较好。催芽室应具有自来水、贮藏罐或备用水箱等。地面要防水防漏，并设排水系统，其他设施包括种子贮藏库、播种作业区、穴盘清洗区、产品处理区等设施。

绿化室的光照要求较高。在催芽室中生长了10～15d的芽菜，由于没有光照或光照较弱，植株瘦弱，叶绿素含量很低，植株淡黄，此时要将这些芽菜放入绿化室中见光生长2～3d，有些作物生长时间可长达4～10d，即可让植株绿化而长得较为粗壮。

2. 催芽辅助设施　芽菜生产的栽培容器一般选择底部有孔的硬质塑料育苗盘（图17-1）。规格有多种，如62cm×24cm×5cm、50cm×30cm×5cm等。这样统一规格的容器可以适应工厂化、立体化、规范化栽培的需要，同时由于重量轻，易于搬运。也可用专门用于芽菜生产的聚苯乙烯泡沫塑料做成的栽培箱或育苗箱（图17-2）。这种栽培箱内有许多四方形小格，每个小格底部有一小孔，用于多余水分或营养液流出，小格中放置种子，深度约为4cm，而箱上面的四个角较高，高于放置种子小格上部15～20cm。长成的芽菜可将小箱一箱一箱地叠放在一起而使芽菜保持自然生长状态出现在市场上。

还有一些地方进行芽菜生产时将棚内地面挖出宽约100cm、深10～15cm的栽培槽，

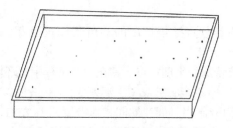

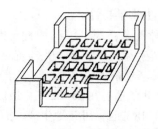

图 17-1　芽菜生产的硬质塑料育苗盘　　　图 17-2　芽菜生产专用泡沫塑料箱

然后在槽的两侧各平放一层红砖，使得栽培槽的深度为 15～20cm，内衬一层黑色塑料薄膜，最后再放入洁净的河沙作为栽培基质（图 17-3）。栽培时将已催芽露白的种子播入栽培槽中，再在种子上面覆盖一层 0.5～1.0cm 厚河沙，生长过程中浇水或喷营养液。待芽菜长成之后连根一起从沙中拔出，用清水洗净根部河沙即可上市。

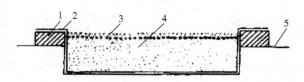

图 17-3　简易槽式沙培芽菜生产种植图

1. 红砖；2. 黑色塑料薄膜；3. 种子；4. 河沙；5. 地面

为了提高生产场地利用率，充分利用栽培空间、便于进行立体栽培，芽菜的生产可在多层的栽培床架上进行。每个栽培架可设 4～6 层，层间距 30～40cm，最底下一层距地面 10～20cm，架长 150cm，宽 60cm，每层放置 6 个苗盘，每架共计 24～36 个苗盘。而且架的四个角应安装万向轮，便于推动（图 17-4）。栽培床架可用角铁制成，也可用木材或竹竿做成。

为便于种芽菜产品进行整盘活体销售，相应的设计研制了产品集装架。集装架的结构与栽培架基本相同，但层间距离缩小为 20cm 左右，以便提高运输效率。

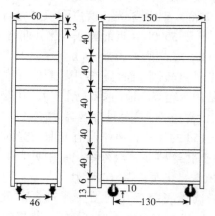

图 17-4　芽菜栽培架示意图（单位：cm）

栽培基质宜选用清洁、无毒、质轻、吸水持水能力较强、使用后其残留物易于处理的基质。以纸张作基质取材方便、成本低廉、易于作业，残留物很好处理，一般适用于种粒较大的豌豆、蕹菜、荞麦、萝卜等种芽菜栽培。其中尤以纸质较厚、韧性稍强的包装纸最佳。以白棉布作基质，吸水持水能力较强，便于带根采收，但成本较高，虽可重复使用，却带来了残根处理、清洁消毒的不便，故一般仅用于产值较高的小粒种子且需带根收获的种芽菜栽培。泡沫塑料（3～5mm）厚基质则多用于种子细小的苜蓿等种芽菜栽培。近年来采用珍珠岩、蛭石作为基质，栽培种芽香椿等种芽菜，效果较好，但根部残渣不易去除，影响美观。用细沙作为基质栽培芽菜，收获后容易去除根部残渣，但搬运较费劲。

3. 供水供液系统 种子较大的种芽菜，由于种胚中含有较多的营养物质，可维持苗期生长所需，其生产过程一般只需供水即可，如豌豆苗、蚕豆苗、菜豆苗、花生苗等。而种子较小的芽菜，如小白菜苗、萝卜苗、油菜苗等，单靠种子中贮藏的营养不足以维持苗期生长，因此，在出芽后几天就要供应营养液。规模化芽菜生产一般均安装自动喷雾装置以喷水或供应营养液。简易的、较小规模的芽菜生产，可采用人工喷水或喷营养液的方法，有条件的也可以安装喷雾装置，以减轻劳动强度和获得较好的栽培效果。

4. 浸种、清洗容器和运销工具 浸种及苗盘清洗容器应根据不同生产规模，可分别采用盆、缸、桶、砖砌水泥池等，但不要使用铁质金属器皿，否则浸种后所接触的种粒呈黑褐色。在容器底部应设置可随意开关的放水口，口内装一个防止种子漏出的篦子，以减轻浸种时多次换水的劳动强度。

由于种芽菜用种量大，产品形成周期短，要求进行四季生产、均衡供应。一般需每天播种、每天上市产品，因此必须配备足够的运输和销售工具。

【任务提出】

结合生产实践，小组完成一个种芽菜生产项目，在学习种芽菜生物学特性和生产技术的基础上，根据不同种类任务设计种芽菜生产方案，同时做好生产记录和生产总结。

【任务资讯】

（一）豌豆苗栽培技术

种芽菜生产条件可控性高、栽培方式多样，因此在生产中一般不会成为生产的主要限制因素。在种芽菜生产的种类选择中，主要考虑市场需求及当地人民的消费习惯。选择长势良好、抗病性强、生长速度快的品种。

豌豆苗口味清香，营养丰富。每100g豌豆苗中含胡萝卜素1.58mg、硫胺素0.15mg、核黄素0.19mg、抗坏血酸53mg、钙15.60mg、磷82mg、铁7.50mg、蛋白质4.90mg。从营养价值上看，明显比黄豆芽、绿豆芽要高。尤其是氨基酸的含量更比普通蔬菜，如大白菜、油菜、番茄、青椒等高出数倍，甚至十几倍。豌豆苗是近年来销量较高的种芽菜品种，本项目以豌豆苗栽培为例，介绍种芽菜栽培的常用技术。豌豆苗栽培所需环境温度为18~25℃，湿度保持在80%左右即可。

1. 品种选择 水培豌豆苗所用的豌豆，可以选择种皮厚、籽粒小的、带有皱纹的麻豌豆或者分枝性较强的青豌豆、中豌4号、中豌6号、白玉豌豆。青豌豆颗粒较小、表皮灰绿、耐高温、菜质上乘，不易纤维化、口味发甜、口感较好，但生长速度较慢，抗病力稍差，成品菜复叶较小、茎苗稍细。麻豌豆颗粒较大，成品菜芽茎特粗、复叶特大、美观漂亮，抗病力强，不易腐烂，生长速度特别快，但易纤维化，口感稍差。原则上要求种子无霉烂、无虫蛀、无杂质、籽粒饱满、大小匀称一致、纯度和净度高，发芽率应在98%以上。尽量不要选购使用黄皮、白皮或者绿皮的大粒豌豆，这类豌豆在生产中很容易糊化烂种和烂苗。

2. 棚室及生产工具消毒 棚室消毒常采用烟剂熏蒸，以降低棚内湿度。用22%敌敌畏烟剂500g/亩加45%百菌清烟剂250g/亩，暗火点燃后，熏蒸消毒或直接用硫黄粉闭棚熏蒸，也可在栽培前于棚室内撒生石灰消毒。注意消毒期间不宜进行种芽菜生产。此外根据大棚面积大小，适当架设几盏消毒灯管，栽培前开灯照射30min进行杀菌消毒。

播种前将栽培容器进行清洗消毒，可用 5% 甲醛溶液或 3% 石灰水溶液或 0.1% 漂白粉水溶液中浸泡 15min，取出清洗干净。栽培基质应高温煮沸或强光暴晒以杀菌消毒。

3. 种子处理

（1）选豆　　豌豆种子在豆科植物中，属于子叶留土型的。在无土培育中，子叶和种皮不脱离而留在育苗盘铺垫的基质上，一直到子叶内部贮藏积累的营养成分全部用完而解体，下胚轴不伸长，由胚芽生长形成肥嫩的苗茎和真叶。根系特别发达，它的根系会形成盘根错节的厚厚的"根毡"，因为豌豆苗的幼嫩茎叶和嫩梢是由豌豆种子的干物质及外界提供的水分吸收而转化成的，所以在种植过程中，不需要喷施营养液。在生产前，筛选和挑拣。由于豌豆颗粒较大，较易剔除虫蛀、残破、霉变、腐烂、畸形的种豆。

（2）漂洗处理　　将豌豆种子先用 20～30℃ 的温水淘洗 2～3 遍，去除种豆表皮的黏液而不要损伤种豆表皮。漂洗到种豆不黏滑、水无白色黏沫为止。

（3）烫豆和泡豆　　先用 55℃ 的温水将豌豆烫 15min 左右，消毒灭菌（可有效地避免豌豆叶片的褐纹病和褐斑病）和启动休眠的作用。然后用相当于豌豆重量 2～3 倍的水浸泡 10～36h，水温保持在 25～28℃。等到种豆充分吸水膨胀、褶皱消失，在透明的种皮里面能够清晰地看到鼓凸的椎状胚芽时开始催芽。

4. 催芽　　在栽培室内黑暗高湿的环境条件下，将经过处理的种子均匀地撒到塑料育苗盘中开始进行催芽。催芽期间既要保证基质和种子湿度，又要保证种子受光受温一致，达到出芽整齐一致的要求。催芽期间要及时取出糊化腐烂的种豆，以免造成大面积的霉变腐烂。

5. 培育壮苗　　经过 48～60h 的催芽，豌豆苗可长到 30～40mm，这时可将育苗盘盖子打开，过渡到采光放绿的培育过程中。由于豌豆苗已经适应了高温高湿的环境条件，因此这一过渡过程要循序渐进，可先在空气湿度相对比较稳定的中弱光区或弱光区，锻炼适应一天，再正式移动到中强光区、强光区。培育壮苗过程中仍然要定期喷水，使豌豆苗始终保持湿润状态。

随着豌豆苗的生长，喷水量应逐渐加大。当苗高 80mm 以上后，要适当减少喷水量，由于其发达的根须已经能够保持足够的水分，过量喷淋易导致烂根烂苗。豌豆苗壮苗培育过程中，光照的控制也很重要。在豌豆苗生长期间，要注意光照不要太强，否则易使豌豆苗纤维含量增高、品质下降，影响食用口感；但光照也不能太弱，尤其是室内湿度大于80% 易引发病害，甚至倒伏、腐烂。生产中要注意豌豆苗的向光性，发现豌豆苗弯曲着向一个方向生长时，要及时将盘倒换位置，以便使豌豆苗笔直挺立、高矮整齐一致。生产绿化型产品时，在芽苗上市前 2～3d，苗盘应放置在光照较强的区域，以使芽苗更好地变绿。

通风管理通风是调节栽培室温度和湿度的重要措施之一。通风可保持栽培室空气清新和降低空气相对湿度，利于减少种芽霉烂和避免空气二氧化碳的缺失。因此，在室内温度能得到保证的情况下，每天应通风换气 1～2 次，即使在室内温度较低时，也要进行短时间通风。

6. 采收　　苗高 15～25cm 时下半截乳白晶莹，上半截嫩绿色，整齐一致，无烂脖、无烂茎、无死叶；其上着生鳞片状小叶，初生叶未展开，柔嫩鲜亮；具有清香豆味，无异味，即达到了采收标准。

如果计划一播三收，第一茬和第二茬剪割时，注意不要将豌豆种割破或将基质破坏，以免芽苗不能再生长而引起腐烂，一般割取表层豆粒 10mm 以上处，即留下一个腋芽或一个分枝，但注意不要留两个以上的分枝，以免影响豌豆苗的生长周期和产品质量；剪割后，即将它放到强光照下培育，以促进第一腋芽或分枝的生长；2d 后腋芽或分枝明显伸长时，可再挪到中强光照下培育，此时如果光照强度低，则腋芽或分枝生长缓慢瘦弱，但如果光照强度过强或长时间在强光下培育，则豌豆苗纤维含量提高，品质下降。一般第一茬的产量占总产量的 40%～50%（质量最好），第二茬产量约占总产量的 30%（质量较好），第三茬产量约占总产量的 20%（质量较差）。生产中能否一播三收，主要取决于种子本身积累贮藏的养分多少。

7. 采收后　由于种芽菜要不间断循环生产，为提高生产效率、降低病害传播速度，采收后的处理也是非常重要的。塑料育苗盘要用生石灰 10g 兑水浸泡 0.5h 以上，进行消毒灭菌。然后用清水洗净风干。

（二）香椿芽苗菜栽培技术

香椿芽是近年来销售前景较好的种芽菜之一。香椿芽可炒食、凉拌、油炸和腌制，香味浓郁，营养丰富，具有开胃、提高免疫力、调节人体内分泌等功能。利用香椿种子生产种芽菜，生产效率更高，且可以使香椿种芽菜生产普及化，不受季节局限，做到全年生产，全年上市，颇受生产者和消费者欢迎。

1. 种子选择　种子要选择当年生香椿种子，要求大小均匀、颗粒饱满、发芽率能达到 95% 以上。种子一定要选择当年采收的新鲜种子，以免降低发芽率。新种子在 11 月到翌年的 3 月要常温贮藏，其他季节一定要在 1～5℃低温条件下贮藏。在种子贮藏期间注意保护好种子的翅膜，以保证种子的发芽率。

2. 种子处理　香椿种子上长有一片翅膜，栽培之前需要先把翅膜去除。方法是把种子装入布袋或簸箕内，用手轻轻地揉搓，将种子上的翅膜搓掉，然后扇去种子的翅膜，并进一步剔除其他杂质。

用常温清水浸种，水量是种子数量的 2～3 倍。夏秋季浸种时间需要 12～16h，春冬季需要 20～24h，浸泡好后清洗干净，沥干水，以备催芽。

3. 催芽　因香椿是含油性种子，在发芽过程中容易产生油腻，阻碍种子发芽，在催芽过程中每天要清洗 1～2 次，以保持种子的清爽透气性。将种子浸泡好后，清洗干净，放入干净的塑料篮子里进行催芽。催芽期间每天淘洗一次。温度保持在 20～30℃，2～3d 种子即可发芽。

播种时，先在育苗盘的底部垫一张种植纸作为基质，这样可起到保持湿度的作用。然后将已萌动的种子均匀撒播到苗盘里，然后将底盘盖上。放在 20～23℃的培养室内光暗处继续进行第二次催芽。催芽期间要注意保持种子表面和空气湿度。3～5d 后，当苗长高至 2～3cm 时，就可以把苗盘移到栽培架上生长。

4. 培育壮苗　保证种芽菜生长期间的各项环境指标，是培育壮苗的关键。适宜温度是香椿苗健壮生长的基础，而香椿苗生长适温为 20～30℃，最高温度不能超过 35℃，最低温度不能低于 15℃，温度过高易促长而芽苗瘦弱、风味差；温度太低生长缓慢，当室内温度降至 5℃时则停止生长。因此，在栽培过程中，一定要控制温度，促进健壮生长，提高品质和产量。种子萌动后植株生长至 5～6cm 高时，宜给予弱光照，最好能用遮阳网减少直射光，当苗高 7～8cm 时，逐步增强光照，除夏季高温需遮阳网降温外，一般不遮光，让整个植株有比较充足的光照（尤其是散射光），良好的光照条件，可使香椿苗叶绿素含量增多，色泽鲜艳光亮，风味浓郁。香椿栽培的室内空气相对湿度要求在 80%

左右。如果低于 80% 种皮不易脱落，超过 80% 容易造成烂根烂苗。因此在栽培过程中每天浇水 2～3 次，每次浇水量不宜过多。浇水后应适当通风，以降低空气湿度。

5. 采收 当香椿苗在盘中长至 12cm，颜色浓绿，有光泽，整齐，子叶充分展开，肥大，真叶尚未长出，下胚轴还没有木质化，无烂根烂种时，就应该及时采收了。

香椿种芽菜生产中，比较容易出现烂根、倒苗现象，这主要是由于：香椿种子在长期低温贮存中，自身营养元素中的钾、镁、锌会严重缺失，影响幼苗的活力，以至烂根；另外，当苗高长到 5cm 后，由于芽苗生命活动加强，容易导致自身营养元素中的钙、铁、硼、铜、锰不能满足生长需求，以致芽苗根部表皮脆弱，出现烂根。解决烂根烂苗问题的关键就是一定要选择当年生的优质种子。

【任务实施】

工作任务单

任务	种芽菜栽培技术	学时	
姓名：			组
班级：			

工作任务描述：
以校内实训基地和校外企业的种芽菜栽培为例，掌握种芽菜栽培技术；了解种芽菜生产的全套流程，对各个流程的关键技术节点重点掌握；全面掌握种芽菜生产对应的原理和要求，以便在今后能够对种芽菜生产触类旁通。

学时安排	资讯学时	计划学时	决策学时	实施学时	检查学时	评价学时

提供资料：
1. 园艺作物实训室、校内、校外实习基地。
2. 各类种芽菜栽培的 PPT、视频、影像资料。
3. 校园网精品课程资源库、校内电子图书馆。
4. 种芽菜生产类教材、相关书籍。

具体任务内容：
1. 根据工作任务提供学习资料、获得相关知识。
  1）种芽菜生产成本核算及效益分析。
  2）根据当地气候条件、设施条件、消费习惯等选择优良品种。
  3）制订种芽菜生产的技术规程。
  4）掌握种芽菜种子处理、催芽、栽培管理等技术流程。
  5）掌握种芽菜生长过程中主要病虫害的防治。
  6）学会进行种芽菜生产管理，并能对生产中的常见问题提出对策。
2. 按照种芽菜生产技术方案组织生产。
3. 各组选派代表陈述种芽菜生产技术方案，由小组互评、教师点评。
4. 教师进行归纳分析，引导学生，培养学生对专业的热情。
5. 安排学生自主学习，修订种芽菜生产安排计划，巩固学习成果。

对学生要求：
1. 能独立自主地学习相关知识，收集资料、整理资料，形成个人观点，在个人观点的基础上，综合形成小组观点。
2. 对调查工作认真负责，具备科学严谨的态度和敬业精神。
3. 具备网络工具的使用能力和语言文字表达能力，积极参与小组讨论。
4. 具备较强的人际交往能力和团队合作能力。
5. 具有一定的计划和决策能力。
6. 提交个人和小组文字材料或 PPT。
7. 学习制作本项目教案并准备规定时间的课程讲解。

任务资讯单

任务	种芽菜栽培技术	学时	
姓名：			组
班级：			

资讯方式：学生分组进行市场调查，小组统一查询资料。

资讯问题：
1. 种芽菜生产方案制订应考虑哪些主要因素？
2. 种芽菜种子处理方法及适用对象？
3. 种芽菜栽培体系包括哪些栽培设备和栽培场所？
4. 常用的种芽菜栽培基质有哪些？它们的特点是什么？
5. 如何对种芽菜生产进行成本核算？
6. 种芽菜栽培的关键技术环节是什么？
7. 北方地区进行种芽菜生产的瓶颈有哪些？怎样克服？

资讯引导：教材、杂志、电子图书馆、蔬菜生产类的其他书籍。

任务计划单、任务实施作业单见附录。

【任务考核】

任务考核标准

任务	种芽菜栽培技术	学时	
姓名：			组
班级：			

序号	考核内容	考核标准	参考分值
1	任务认知程度	根据任务准确获取学习资料，有学习记录	5
2	情感态度	学习精力集中，学习方法多样，积极主动，全部出勤	5
3	团队协作	听从指挥，服从安排，积极与小组成员合作，共同完成工作任务	5
4	工作计划制订	有工作计划，计划内容完整，时间安排合理，工作步骤正确	5
5	工作记录	工作检查记录单完成及时，客观公正，记录完整，结果分析正确	10
6	种芽菜生产包括的主要内容	准确说出全部内容，并能够简单阐述	10
7	品种选择	能够根据当地市场和群众消费实际，以及生产状况进行品种选择	5
8	种子处理	正确进行种子的催芽前处理	10
9	催芽处理	催芽方法正确、催芽环境适宜	10
10	培育壮苗	能够根据所选品种，提供适宜的栽培环境，并合理安排生产	10
11	采收	能够根据商品要求，正确采收；且可以根据种苗生长情况，计划合理的种植与采收茬次	10
12	任务训练单	对老师布置的训练单能及时上交，正确率在90%以上	5
13	数码拍照	备耕完成后的整体效果图	5
14	工作体会	工作总结体会深刻，结果正确，上交及时	5
合计			100

教学反馈表

任务	种芽菜生产技术		学时	
姓名：				组
班级：				
序号	调查内容	是	否	陈述理由
1	种芽菜生产技术规程制订是否合理？			
2	是否掌握常见的种芽菜种子处理方法？			
3	是否能够列举常见的种芽菜？			
4	是否能够简述种芽菜生产流程？			
5	是否掌握种芽菜生产的关键技术环节？			
6	是否掌握种芽菜与体芽菜的区别？			
7	是否掌握种芽菜的病害防治？			
收获、感悟及体会：				
请写出你对教学改进的建议及意见：				

任务评价单、任务检查记录单见附录。

【任务注意事项】

种芽菜生产的技术关键如下。

（1）注意消毒，防止滋生杂菌 种植过程所用的器具、基质和种子均需清洗消毒。种植过程中喷洒的营养液或水也要求是较为干净的自来水，最好是用温（冷）开水，必要时可在种植过程中使用少量的低毒杀菌剂，但需严格控制其使用量和使用时期。

（2）生产过程的温度应控制适当 在暗室的生长过程应将温度控制在 25～30℃，如温度过高，易引起徒长，苗细弱，产量低，卖相差，品质变劣。而温度如果过低，则生长缓慢，生长周期加长，经济效益受到影响。

（3）控制光照 在暗室生长过程要避免光照，一般应始终保持黑暗。在幼苗移出暗室后的光照强度也不能过强，应在弱光下生长。因此在温室或大棚栽培时要进行适当遮光。可在棚内或棚外加盖一层遮光率为 50%～75% 的黑色遮阳网来遮光。

（4）控制水分 在整个生长过程中要控制好水分的供应，如湿度过高，则可能出现腐烂，特别是在暗室培育时更应注意不要供水过多，而放在光照下绿化时要注意不能水分过少，防止幼苗失水萎蔫。

【任务总结及思考】

1. 市场上销售情况良好的种芽菜有哪些？

2. 大规模推广种芽菜工厂化生产的技术瓶颈是什么？

【兴趣链接】

工厂化芽菜生产的过程

利用上述的芽菜生产技术进行生产的规模一般均是较小的，而且生产过程的劳动强度较大，机械化或自动化程度较低。近20多年来国外如日本已进行了规模化、工厂化的芽菜生产。近年来，国内也有一些企业开展了芽菜工厂化生产的尝试，技术上取得了一定的进展，而且经济效益较好。现介绍日本的"海洋牧场"工厂化芽菜生产作为参考。

1984年，日本的静冈县建立了一个以生产萝卜缨为主的"海洋牧场"，它主要由两部分组成，一个是进行种子浸种、播种、催芽和暗室生长的部分，另一个是暗室生长之后即将上市前几天的绿化生长的绿化室。在这个芽菜工厂中，每隔一周时间就可以生产出一次萝卜缨，其生产的步骤主要包括以下方面。

（1）浸种　将种子筛选出瘪粒和其他杂质，然后倒入金属网篮中，并置于20℃恒温水槽内，槽中的水采用循环式流动，每1h循环流动一次，经过3~5h的浸渍之后取出。

（2）催芽　将浸种后的种子倒入50cm×20cm×4cm的木箱中，在倒入前木箱内先放置一层吸水性强的吸水纸，倒入的种子厚3cm左右，再在种子上面放置一层吸水纸，然后移入温度约22℃、相对湿度为70%~75%的催芽室中，催芽的木箱可放在多层的铁架上催芽24~36h。

（3）播种　将已催芽的种子直接倒入自动播种机中，由播种机以每穴播260~280粒的速度播入泡沫塑料育苗箱中。

（4）供水供肥及其他条件的控制　种子播入育苗箱后每天需喷水1~2次，而在发芽后2~4d，要开始供应营养液。可以采用上方喷水的方式供液，也可以直接把营养液灌入绿化池中，让育苗箱浮起来。在整个育苗过程中，育苗室中的环境因子要加以控制。例如，室温、相对湿度及室内照明等均有一定的上下限：室温为22~25℃、相对湿度为75%~80%、照明为1000~1500lx，阴天或下雨天要用荧光灯补光。

（5）绿化　从播种到育成苗需要4~5d，之后要将育苗箱移入绿化室生长2~3d。"海洋牧场"几乎整个绿化室内均做成水培的营养液池，育苗箱漂浮在营养液池上，幼苗从育苗箱播种穴下的小孔吸收到营养液而生长良好。在绿化室中光照强度要有8000~15 000lx，营养液温度控制在20℃左右，而且空气要以60cm/s的速度流动，以保持室内的通气。冬季整个室内密闭时还要通入二氧化碳，以增加芽菜的光合作用能力。

任务二　体芽菜栽培

【知识目标】

1. 掌握体芽菜的种类。
2. 掌握体芽菜的栽培共性。
3. 掌握体芽菜生育时期及栽培技术。

【能力目标】

能根据市场需要选择体芽菜栽培品种，根据当地生产实际确立合适的栽培方式培育壮苗；能根据体芽菜的长势，做好工厂化管理工作；会采用适当方法适时采收并能进行采后处理。

【知识扩展】

（一）体芽菜生产概述

1. 体芽菜生产特性　利用植物的种子以外的其他营养器官，在特定的黑暗或弱光条件下培育出的供食用的嫩芽、芽苗、芽球、幼梢等蔬菜产品，称为体芽菜，也称"活体蔬菜"。近年来，体芽菜因其富含营养、优质、无污染等优点而受到广大消费者青睐，体芽菜生产也已成为发展势头良好的新兴蔬菜产业。体芽菜生产场所广泛，多在棚室等保护地生产，不受外界环境影响。因此体芽菜生产可以保证蔬菜的周年供应，且反季节生产成本较低。

2. 体芽菜生产流程简述　选择通风透光良好的大棚或空闲房屋，定期消毒后，打开门窗通风。每用过一次的育苗盘首先要清洗去掉上面的杂质，然后用 0.1% 高锰酸钾或 0.1% 的多菌灵溶液浸泡 2h，再冲洗晾晒即可使用。

根据市场需求和植物种类、品种，选择合适的植物材料。将材料囤床栽植，培养壮苗。培养过程中，为降低病虫害应适当降低温度、湿度水平，提高光照强度。

（二）生物学特性

1. 体芽菜类型　利用二年生或多年生作物的宿根、肉质直根、茎根或枝条中积累的养分培育出的芽球、嫩芽、幼茎等，如菊苣芽球、苦菜芽、姜芽、芦笋、蒲公英芽等。

2. 对环境条件的要求　鉴于体芽菜特殊的生理特点，其在生产过程中对环境的要求比较严格。生长适温在 15～25℃，最低温度一般不能低于 13℃，温差变化小。当平均气温大于 20℃ 时，可露地生产，需用遮阳网遮阴。催芽期间相对湿度在 80% 左右，栽培过程中相对湿度控制在 75% 左右。注意室内适当通风换气，以保持适宜的温度和清新空气。

【任务提出】

结合生产实践，小组完成一个体芽菜生产项目，在学习体芽菜生物学特性和生产技术的基础上，根据不同种类任务设计体芽菜生产方案，同时做好生产记录和生产总结。

【任务资讯】

花椒脑栽培技术

花椒为芸香科花椒属灌木或小乔木，原产我国，分布范围很广。花椒的嫩枝、嫩叶俗称花椒脑。近年来，采用日光温室（辅助加温）密集囤栽技术进行花椒脑大面积集约化生产，并使产品供应期大大延长。为培育合格率高的苗木，宜选择土层深厚、土质疏松、保水保肥性强、透气性良好、肥力高的砂壤土或中性壤土种植。

北方保护地生产的花椒脑，芽梢长 6～10cm，具 4～5 片羽状复叶，叶色绿或浓绿小叶对生，呈卵圆形或卵状矩圆形，芽梢基部幼枝干上有软皮刺，单株重 1.5～2.0g。花椒脑食用价值很高，既可凉拌，也可腌渍食或作火锅料涮食。花椒脑富含挥发油和辛辣物质，因而具有特殊的芳香和麻辣味，做为特色调味保健蔬菜具有去腥膻、开胃、增进食欲，以及温中散寒、行气止痛、明目等多种药用功效。

1. 囤栽苗木的准备 华北地区一般于11月上旬，当苗木叶片全部脱落时便可收刨，刨挖前应浇水一次，以利收刨时减少风吹日晒的时间，为避免冻害和干燥造成苗木的死亡，大多数采取随刨收随囤栽，一般不再进行苗木露地假植（加速通过自然休眠期）。如苗木不能立即囤栽，则可将苗木假植于背阴处，开沟后，放入沟中，用土埋根假植。用于移栽商品苗木应达到秆高60～100cm，苗秆基部粗5～12mm。囤栽前将苗木按高低分成大80cm、中60cm、小40cm左右三级，剪去梢部后再按级分别囤栽。

2. 囤栽床的准备 在日光温室内按130～150cm距离筑囤栽畦床，床面宽100～120cm，埂宽30～50cm，将畦床深翻24～30cm，不施任何肥料，平整后待用。为方便作业和日常管理，畦床一般为南北向。

3. 囤床方法 一般采用开沟排放，在畦床内开东西向沟，一沟紧挨一沟排苗、埋根，要求棵棵紧挨，排列整齐，埋土深浅一致（埋至根茎部原土痕处），埋后镇压踩实，并保持床面平整以利浇水。囤栽密度每亩5.0万～7.5万株。囤栽完毕后应立即浇一次大水。

4. 囤栽后管理 为促进花椒苗木萌发，在囤栽后10～15d内要逐渐提高室内温度和空气相对湿度，保持白天20～25℃（在夜间温度不足时应采取外制加温）的温度和80%～90%的空气相对湿度（可在每天上午10时到下午3时在苗木枝干上喷雾1次）。经30～40d苗木发芽后，适当降温、降湿，保持白天20～25℃，夜晚10～18℃的温度和80%的空气相对湿度。由于温度较低，室内蒸发量及植株蒸腾量均较小，一般在春节前不再浇水。

5. 采收及产品的保鲜 当芽梢长10cm左右，具5片以上复叶时即可采收，留基部1～2片复叶，采摘芽梢上市。一般每株可抽生4～12个芽梢，采收后留下的底叶，从叶腋处抽生新的嫩芽。囤栽花椒收获期可一直延续至翌年5月，每亩可收花椒脑900kg左右。采摘后的花椒脑产品要注意保鲜，及时用大小适宜的泡沫塑料托盘进行保鲜膜封装，或用透明塑料盒，封口包装上市销售。

【任务注意事项】

体芽菜生产的技术关键如下。

（1）注意消毒，防止滋生杂菌 种植过程所用的器具、基质和种子均需清洗消毒。种植过程中喷洒的营养液或水也要求是较为干净的自来水，最好是用温（冷）开水，必要时可在种植过程中使用少量的低毒杀菌剂，但需严格控制其使用量和使用时期。

（2）生产过程的温度应控制适当 在暗室的生长过程应将温度控制在25～30℃，如温度过高，易引起徒长，苗细弱，产量低，卖相差，品质变劣。而温度如果过低，则生长缓慢，生长周期加长，经济效益受到影响。

（3）控制光照 在暗室生长过程要避免光照，一般应始终保持黑暗。在幼苗移出暗室后的光照强度也不能过强，应在弱光下生长。因此在温室或大棚栽培时要进行适当遮光。可在棚内或棚外加盖一层遮光率为50%～75%的黑色遮阳网来遮光。

（4）控制水分 在整个生长过程中要控制好水分的供应，如湿度过高，则可能出现腐烂，特别是在暗室培育时更应注意不要供水过多，而放在光照下绿化时要注意不能水分过少，防止幼苗失水萎蔫。

【任务总结及思考】

1. 市场上销售情况良好的体芽菜有哪些?
2. 大规模推广体芽菜工厂化生产的技术瓶颈是什么?

【兴趣链接】

蒲公英是菊科多年生草本植物,蒲公英体芽菜是指利用蒲公英营养贮藏器官肉质直根,在适宜的栽培环境下直接培育成的芽苗菜。蒲公英具有很高的营养和医疗保健价值,它的肉质直根生产的体芽菜新鲜、富含营养并且无污染,对推进农村产业结构调整,增加农民收入具有重要的意义。

1. 肉质直根的培育　　用作生产体芽菜的直根可以到野外直接采集,这样虽然比较经济,但直根不肥大,建议人工培育。

肉质根的收获最迟应于上冻前完成。将挖出的根株进行整理,摘掉老叶,保留完整的根系及顶芽。选择背阴地块挖宽1~1.2m、深1.5m(东西延长)的贮藏窖。将肉质根放入窖内,码好,高不超过50cm。贮藏前期要防止温度过高引起肉质根腐烂或发芽,后期要防冻。该技术高产的关键是培育粗大、肥壮和充实的肉质根,并且冬季贮藏合理,营养消耗少。

2. 蒲公英肉质根囤栽技术　　选用温度能稳定维持在8~25℃的保护设施。在设施内做床土厚40~50cm的栽培床,栽培基质用洁净的土壤或河沙等,最后设施内用熏剂消毒。囤栽前应将肉质根提前1d从贮藏窖内取出萌晾。按长度分级,然后按级别一沟一沟地码埋,码埋间距2~3cm,埋入深度以露出根头生长点为度,码埋要整齐。码埋完毕后立即浇透水,水后2~3d插小拱棚、覆盖黑色薄膜。囤栽后一般以床内温度保持在15~20℃,湿度控制在60%~75%为好。当叶片长达到10~15cm时,用手掰或用刀割取叶片,注意保护生长点。收获一般应在清晨进行。芽苗清洗分级包装后及时放入冷库或运往市场销售。为延长市场供应期,可分期分批囤栽。

主要参考文献

安志信，姜黛珠，赵树春，等．2002．无公害蔬菜生产实用技术．银川：宁夏人民出版社

蔡道基．1999．农药环境毒理学研究．北京：中国环境科学出版社

陈杏禹．2010．蔬菜栽培．北京：高等教育出版社

杜学勤，杨貌端，赵利民，等．1987．北京产大白菜苯并（a）芘污染情况调查．环境与健康，（5）：14～18

房德纯．1995．蔬菜病害防治图册．沈阳：辽宁科学技术出版社

费显伟．2005．园艺植物病虫害防治．北京：高等教育出版社

付玉华，李艳金．1999．沈阳市郊区蔬菜污染调查．农业环境保护，（1）：36～37

葛晓光．1996．蔬菜栽培二百题．北京：中国农业出版社

耿建梅，丁淑英．2001．降低蔬菜中硝酸盐含量的途径及其机制．四川环境，20（2）：27～29

国家环境保护局．1988．环境统计资料汇编．北京：中国环境科学出版社

韩世栋．2001．蔬菜栽培．北京：中国农业出版社

韩喜莱．1993．中国农业百科全书·农药卷．北京：农业出版社

韩召军，杜相革，徐志宏，等．2001．园艺昆虫学．北京：中国农业出版社

黑龙江省佳木斯农业学校．2001．蔬菜病虫害防治．北京：中国农业出版社

焦自高，徐坤．2002．蔬菜生产技术（北方本）．北京：高等教育出版社

兰平．1999．萝卜、甘薯、马铃薯栽培技术．延吉：延边人民出版社

李怀方，刘凤权，郭小密，等．2001．园艺植物病理学．北京：中国农业大学出版社

李曙轩．1989．植物生长调节剂与蔬菜生产．上海：上海科学技术出版社

李天来．1999．日光温室和大棚的设计与建造．沈阳：辽宁科学技术出版社

梁金兰．2002．蔬菜病虫实用原色图谱．郑州：河南科学技术出版社

廖自基．1992．微量元素的环境化学及生物效应．北京：中国环境科学出版社

刘东华，蒋悟生，李懋学．1992．Cd对洋葱根尖生长和细胞分裂的影响．环境科学学报，12（4）：439～443

刘明池，陈殿奎．1996．氮肥用量与黄瓜产量和硝酸盐积累的关系．中国蔬菜，（3）：26～28

刘西存．1990．蔬菜病虫害识别与防治．银川：宁夏人民出版社

卢育华．2000．蔬菜栽培学各论（北方本）．北京：中国农业出版社

马凯，侯喜林．2006．园艺通论．北京：高等教育出版社

潘洁，陆文龙．1997．天津市郊区蔬菜污染状况及对策．农业环境与发展，（4）：21～24

彭永康，祁忠占，宋玖雪，等．1990．苯酚对蔬菜幼苗生长及氧化酶同工酶的影响．环境科学学报，10（4）：501～505

覃广泉，张伟峰．1996．苯酚对菜心幼苗生长代谢的影响．仲恺农业技术学院学报，9（1）：62～66

秦天才，吴玉树，王焕校，等．1998．镉、铅及其相互作用对小白菜根系生理生态效应的研究．生态学报，（3）：320～325

山东农业大学．2000．蔬菜栽培学总论．北京：中国农业出版社

沈明珠，孔再德．1987．北京地区烟尘污染对蔬菜的影响．农业生态环境，6（4）：1～6

孙茜．2006．无公害蔬菜病虫害防治实战丛书．北京：中国农业出版社

汪雅谷，张四荣．2001．无污染蔬菜生产的理论与实践．北京：中国农业出版社

王德槟，张德纯．1998．芽苗菜及栽培技术．北京：中国农业大学出版社

王晶．2003．蔬菜中硝酸盐的危害和标准管理．中国蔬菜，（2）：1～3

王丽凤，白俊贵. 1994. 沈阳市蔬菜污染调查及防治途径研究. 农业环境保护，13（2）：84～88

王连荣. 2000. 园艺植物病理学. 北京：中国农业出版社

吴殿林，张桂源. 1997. 茄子嫁接栽培技术. 沈阳：辽宁科学技术出版社

吴国兴. 1998. 日光温室蔬菜栽培技术大全. 北京：中国农业出版社

吴宁永. 2003. 现代食品安全科学. 北京：化学工业出版社

徐铭传，门世恒，周海清，等. 2003. 青州市 2002 年蔬菜产量、产值、成本状况调查. 蔬菜，（9）：5～7

许嘉琳，杨居荣. 1995. 陆地生态系统中的重金属. 北京：中国环境科学出版社

宴国英，宋玉霞. 2003. 蔬菜无公害生产技术指南. 北京：中国农业出版社

杨永岗，胡霭堂. 1998. 南京市郊蔬菜（类）重金属污染现状评价. 农业环境保护，17（2）：89～91

杨永珍. 2003. 中国农药安全管理 // 江树人. 农药与环境安全国际会议论文集. 北京：中国农业大学出版社

尹睿，林先贵，王曙光，等. 2002. 农田土壤中酞酸酯污染对辣椒品质的影响. 农业环境保护，21（1）：1～4

张大弟，张晓红. 2001. 农药污染与防治. 北京：化学工业出版社

张福墁. 2001. 设施园艺学. 北京：中国农业大学出版社

张立今. 2000. 棚室蔬菜果树生理障害及病虫害防治. 北京：中国计量出版社

张清华. 2001. 蔬菜栽培（北方本）. 北京：中国农业出版社

张莹，杨大进，方从容，等. 1996. 我国食品中有机氯农药残留水平分析. 农药科学与管理，17（1）：20～22

张真和，李健伟. 2002. 无公害蔬菜生产技术. 北京：中国农业出版社

张振贤. 2003. 蔬菜栽培学. 北京：中国农业大学出版社

赵玲，马永军. 2001. 有机氯农药残留对土壤环境的影响. 土壤，（6）：309～311

中华人民共和国农业部农药检定所. 2001. 农产品农药残留限量标准汇编. 北京：中国农业出版社

朱国仁，徐宝云，李惠明，等. 2000. 蔬菜产品的农药污染及预防对策 // 中国科学技术协会. 2000 年病虫害防治绿皮书. 北京：中国科学技术协会出版社

朱国仁. 2003. 研发无公害蔬菜拓宽国内外市场. 中国食物与营养，（10）：41～43

宗兆锋，康振生. 2002. 植物病理学原理. 北京：中国农业出版社

附 录

任务计划单

任务		学时	
姓名：			组
班级：			
计划方式：分组讨论，各组制订调研区域			
计划步骤	步骤说明		使用资源
制订计划说明			
计划评价			

任务实施作业单

任务		学时	
姓名：			组
班级：			
生产任务：			
作业方式：			
一、目的			
二、所需设备用品			
三、操作步骤及要求			
四、注意事项			
五、存在问题			
六、解决办法			
成绩			
教师评语			

任务评价单

任务		学时		
姓名：				组
班级：				
评价类别	项目	子项目	个人评价	组内评价	教师评价

评价类别	项目	子项目	个人评价	组内评价	教师评价
专业能力 60%	资讯 10%				
	计划 5%				
	实施 10%				
	检查 5%				
	过程 10%				
	结果 10%				
	作业 10%				
社会能力 20%	团队协作 10%				
	敬业精神 10%				
方法能力 20%	计划能力 10%				
	决策能力 10%				
教师评语					

任务检查记录单

任务			学时		
姓名：					
班级：					组
任务完成时间段					
序号	检查项目	小组学生姓名			
1	出勤				
2	计划单				
3	检查记录单				
4	作业单				
5	调研计划				
6	实施调研				
7	数码照片				
8	问题提出与解决				
9	参与合作				
10	行为规范